PRACTICAL MANUAL OF LANDSCAPE GRAPHICS

景观施工图设计实用手册

王蔚　编著

江苏凤凰科学技术出版社 · 南京

图书在版编目（CIP）数据

景观施工图设计实用手册 / 王蔚编著. — 南京 ：
江苏凤凰科学技术出版社，2022.5
ISBN 978-7-5713-2867-2

Ⅰ. ①景… Ⅱ. ①王… Ⅲ. ①景观设计－园林设计－
工程制图－手册 Ⅳ. ①TU986.2-62

中国版本图书馆CIP数据核字(2022)第050089号

景观施工图设计实用手册

编　　著　王　蔚
项目策划　凤凰空间/周明艳
责任编辑　赵　研　刘屹立
特约编辑　周明艳

出版发行　江苏凤凰科学技术出版社
出版社地址　南京市湖南路1号A楼，邮编：210009
出版社网址　http：//www.pspress.cn
总 经 销　天津凤凰空间文化传媒有限公司
总经销网址　http：//www.ifengspace.cn
印　　刷　河北京平诚乾印刷有限公司

开　　本　889 mm×1194 mm　1/16
印　　张　17
字　　数　435 200
版　　次　2022年5月第1版
印　　次　2022年5月第1次印刷

标准书号　ISBN　978-7-5713-2867-2
定　　价　128.00元

前言

自2009年初从事景观设计以来，已有十余年。常常听到甫入行或在校学生询问：“今后的方向该选方案设计，还是施工图设计？”很多人认为景观施工图设计不像方案设计那样充满创意，且更能体现设计师的理念甚至设计师的价值，其实则不然。景观施工图设计作为项目落地的重要阶段，不仅要对方案设计阶段成果进行深化调整，还需要在安全、规范、科学、经济的理性框架下呈现出方案设计的美。从这个角度来看，景观施工图设计更具挑战性，而施工图所展现的理性与秩序也代表了设计师对于项目的理解与态度。结合材料、做法、技术、制图等条件，将之呈现为使人易读、使施工单位易做的图纸，整个过程充分体现了施工图设计是一门兼顾理性美与感性美的学科。

何谓“易读易做”？设计工作需要设计师尽可能地为他人着想，做到与人方便。比如图纸完整、制图规范、标注清晰、索引正确等，让甲方单位、预算单位、施工单位等易于识图，准确领会设计意图。通过优良的图纸表达，减少因图纸不准确带来的反复沟通，对设计师而言，也是提高工作效率的一种途径。此外，以辩证的思维来看待施工图设计是实践“易读易做”的一种方式。在施工图设计或者学习的过程中，“照图集画”可能是设计师最常听到的一句话，但是项目的情况各有不同，不能一概而论，如果罔顾现实条件，不问“所以然”，最后极可能导致图纸中的细节不符合工程的实际情况。因此我希望把景观施工图中出现的常见问题及其原因，以及核心的施工图设计方法分享给大家，为那些因施工图设计而伤透脑筋的设计师提供一些思路与帮助。这是我写本书的初衷。

本书第1章～第4章介绍景观工程中四类基本的材料及其常见做法、规范、运用实例分析；第5章、第6章讲述铺装设计的常见手法、常见问题、规范分析、制图实例分析；第7章总结了小品图纸绘制的思路，并采用图纸分析的方式，对小品设计中大门、水景、围墙、树池等构筑物设计过程中易出现的问题进行了梳理；第8章阐述景观设计中常用的柱下独立基础与条形基础的相关知识；第9章简要剖析景观竖向设计的基本概念、设计思路，楼梯与坡道的常见问题及解决措施。因书籍篇幅有限，未能逐一列举景观施工图设计中易出现的其他问题，稍感遗憾。

在本书撰写、绘制、修改的几年时间中，涌现了很多新的材料、做法、工艺，甚至一些规范都发生了改变。我和编辑老师一再对书中的知识点进行核查和修正，仍不免有疏漏之处，还请大家指正。同时这个过程也让我不禁感慨：面对如此日新月异的世界，保持不断地学习真的是一件非常不容易的事情。

感谢田艳霞、丁惠和董旭辉为第7章第3节提供了部分大门与水景的图片及图纸，感谢清华大学风景园林专业的各位老师，他们的治学精神和为风景园林学科发展所付出的努力深刻地感染了我，鼓励我在未来的职业生涯中坚持对园林景观专业的这一份热爱与执着。

王蔚

目录

第一篇　景观工程基本材料　6

第1章　砖　7

1.1　概述　7
1.2　砖　7
1.3　灰缝　8
1.4　砖砌筑的基本知识　9
1.5　砖墙的砌筑　10
1.6　砖柱的砌筑　20
1.7　砖墙转角　28
1.8　砖墙附墙柱　31
1.9　砖基础　34
1.10　砖墙绘制中的其他问题　39
1.11　清水砖墙施工图设计示例　42

第2章　石材　49

2.1　概述　49
2.2　大理石　49
2.3　花岗岩　51
2.4　石材标注方式　52
2.5　石材的病害　58

第3章　钢材　61

3.1　概述　61
3.2　型钢　66
3.3　钢筋　68

第4章　混凝土　71

4.1　概述　71
4.2　通用硅酸盐水泥　72
4.3　骨料　75
4.4　砂浆　81
4.5　混凝土　85
4.6　钢筋混凝土　87

第二篇　铺装设计与铺装详图制图基础　92

第 5 章　铺装设计　93

5.1　概述　93
5.2　铺装设计的主要方式　93
5.3　铺装设计示例　94

第 6 章　典型场地铺装详图绘制实例　119

6.1　概述　119
6.2　道路　120
6.3　路缘石　137
6.4　停车位　147
6.5　园路　157
6.6　铺装设计重点　166

第三篇　小品设计　176

第 7 章　施工图小品设计基础　177

7.1　概述　177
7.2　景观施工图的编制　177
7.3　建筑出入口重点概述　187
7.4　无障碍设计　231

第 8 章　地基基础与常见基础形式　240

8.1　概述　240
8.2　地基土质　240
8.3　地基处理方式及基础类型　243
8.4　景观施工图示例　248

第 9 章　竖向设计基础　252

9.1　概述　252
9.2　道路竖向设计　255
9.3　楼梯　267

第一篇

景观工程基本材料

第1章 砖

1.1 概述

砖作为历史悠久的建筑材料之一，从古罗马寺庙建筑到中世纪城堡建筑，从公共建筑到个人住宅，以独有的方式成为最能体现地域特征的建筑材料之一。

随着机械化的发展，砖成为标准建材，被广泛地使用在各种现代建筑中，使砖砌建筑具有独有的魅力。而这源于其两大特征——砖本身与砌筑方式。

国内砖砌建筑

国外砖砌建筑

砖的分类因制作方式、原材料、用途不同而不同：按制作方式的不同可以分为烧制砖和泥砖；按原材料的不同可以分为黏土砖、页岩砖、煤矸石砖、粉煤灰砖等；按用途的不同可以分为砌筑用砖（建筑用砖）和铺装用砖（景观用砖）。本章从砌筑用砖开始，介绍关于砖的基本知识及砌筑方法，再介绍砌筑用砖与铺装用砖的区别与运用。

1.2 砖

砖作为建筑物和构筑物砌筑的基础，是设计师必须了解的基础材料之一。砖的制作方式有烧制和晾晒两种，但是晾晒而成的砖——泥砖，极易被水冲蚀，因此目前烧制砖成为砌筑的主要用砖。

1.2.1 砖的原料

砖的原料有黏土、沙子、淤泥等，成分复杂。黏土作为砖的主要原料，其成分的构成与含量决定了砖的质地与颜色，比如石灰质（碳酸钙）含量高、铁含量低的黏土烧制出来的砖呈黄色或白色，石灰质含量低、铁含量高的黏土烧制出来的砖呈红色。当然烧制的工艺不同，也会影响砖的颜色，因此，除了常见的红色、黄色、青色之外，还有绿色、紫色、黑色的砖。

多姿多彩的砖砌建筑

1.2.2 砖的分类

不同国家对于砖的分类、规格等有不同的定义。在我国，《烧结普通砖》（GB/T 5101—2017）中对烧结普通砖的定义为：以黏土、页岩、煤矸石、粉煤灰为主要原料，经焙烧而成的普通砖，按主要原料分为黏土砖（N）、页岩砖（Y）、煤矸石砖（M）和粉煤灰砖（F）。

黏土砖

页岩砖

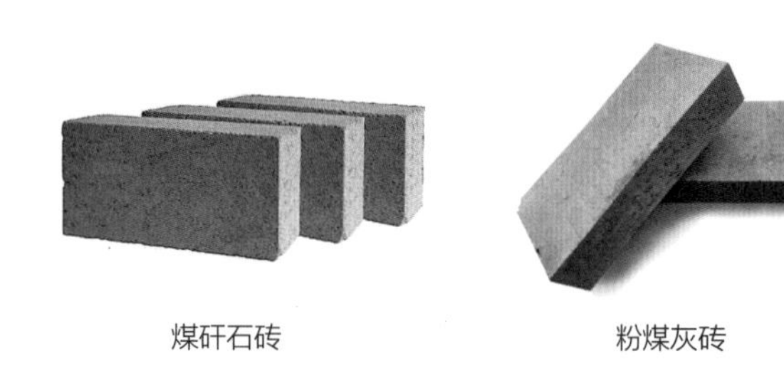

煤矸石砖　　粉煤灰砖

1.2.3 砖的强度与规格

1. 强度等级

根据《烧结普通砖》（GB/T 5101—2017）的规定，烧结普通砖按抗压强度分为 MU30、MU25、MU20、MU15、MU10 五个强度等级。

2. 砖的规格

根据上述标准的规定，烧结普通砖的公称尺寸为长 240 mm、宽 115 mm、高 53 mm，具体尺寸允许有一定的偏差。不论如何，这与景观设计专业常用铺装用砖中 100 mm 或 300 mm 的规格不同。

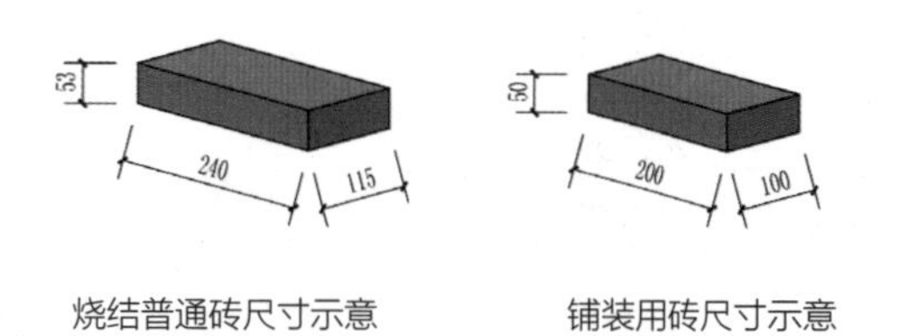

烧结普通砖尺寸示意　　铺装用砖尺寸示意

1.3 灰缝

1.3.1 灰缝与砌筑的关系

砖砌建筑的两大特征，除了砖本身以外，另一个就是灰缝。从砖的历史来看，无论砖的规格、颜色、砌筑方式如何改变，灰缝一直伴随而生。尽管通过砖的形状可以形成密缝的砌筑方式，但灰缝作为砖与砖之间的连接仍然存在。

从下图可以看出，当两块砖并排铺设时，两倍砖宽加上一个灰缝正好等于砖长，这样在砌筑砖柱或者砖墙时就不需要裁切砖块，同理在顺砖和陡砖、立砖等组合形式中也可以通过调整灰缝的宽度来获得完成面的整齐度。

公元前 7600 年到公元前 6600 年，砖的大小开始有了统一的的趋势，公元前 5000 年，模制砖在美索不达米亚平原被发明，公元前 3500 年，该地区出现了至今为止

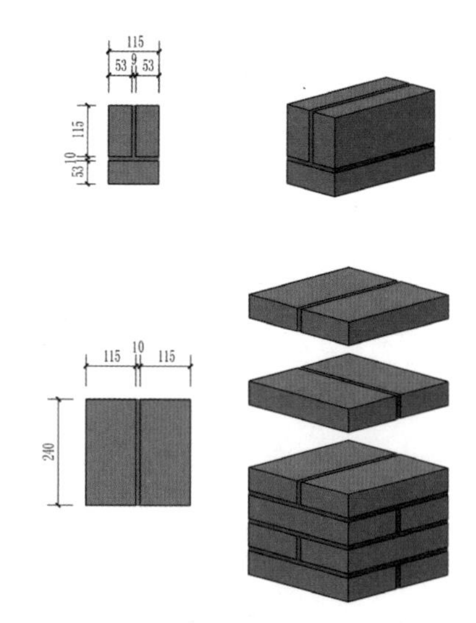

模数化制砖组合图示

发现的最早的烧制砖。早期的手工制砖由于大小和形状都不相同，使得砌筑时砖与砖之间的拼合性较差，因此模制砖的发明成为砖的历史上伟大的技术革新。带有模数的标准砖的引入大幅节省了砖建筑的砌筑时间。

1.3.2 通缝

从实际工程中可以发现，在砌体结构发生破坏的实例中，墙体倾覆是砌体结构破坏的主要现象之一。发生墙体倾覆的主要原因是墙体的抗倾覆能力弱，影响抗倾覆能力的主要因素是墙体厚度和墙体整体稳定性。避免在砌筑过程中产生通缝是提高墙体整体稳定性的主要措施之一。

通缝分为横向通缝和竖向通缝，竖向通缝会对结构造成严重危害，在设计过程中必须避免形成竖向通缝。

《砌体结构工程施工质量验收规范》（GB 50203—2011）规定：砌筑填充墙时应错缝搭砌，蒸压加气混凝土砌块搭砌长度不应小于砌块长度的 1/3；轻骨料混凝土小型空心砌块搭砌长度不应小于 90 mm；竖向通缝不应大于 2 皮。

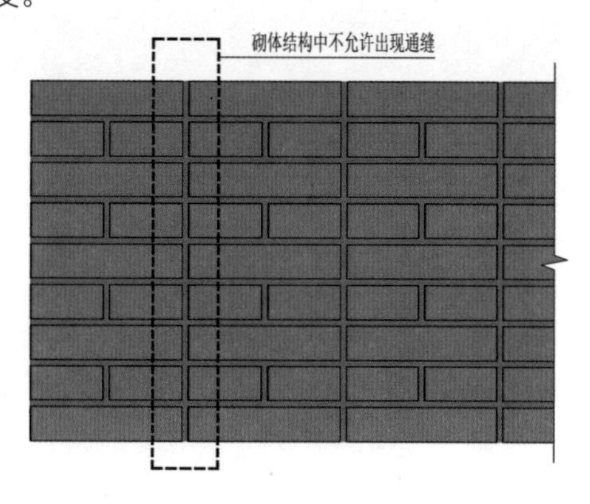

砖墙通缝立面示意

注：本书中图纸尺寸除注明外，均以毫米（mm）为单位。

1.4 砖砌筑的基本知识

在砖的砌筑过程中，影响砖砌体安全性的因素主要有三个——砖的强度、灰缝的强度以及砖墙的厚度与排列方式。砖的强度在前面已经阐述过，灰缝的强度主要由水泥的强度决定。通过工程实例可知，砖墙的倒塌通常不是因为砖体的破损，而是因为发生倾覆。造成墙体倾覆的主要原因之一是墙体的整体稳定性不足，而砖墙的厚度与排列方式对砌体的整体稳定性有着决定性的影响。

1.4.1 砖的基本排列方式与名称

根据砖的尺寸特征，砖墙有顺、丁、陡、立之分。将砖沿长边砌筑称为“顺”，垂直于长边砌筑称为“丁”，沿长边立砌称为“陡”，沿短边立砌称为“立”。在建筑中砖的砌法多种多样，但总体而言都是在这四种排列方式的基础之上发展变化而来的。

1. 顺砖

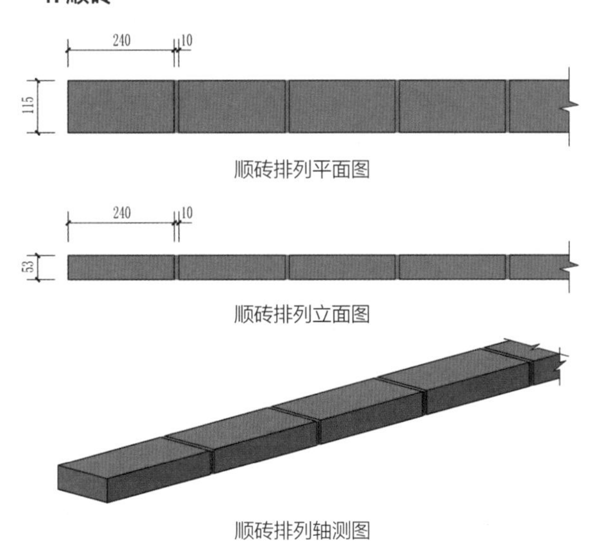

顺砖排列平面图

顺砖排列立面图

顺砖排列轴测图

2. 丁砖

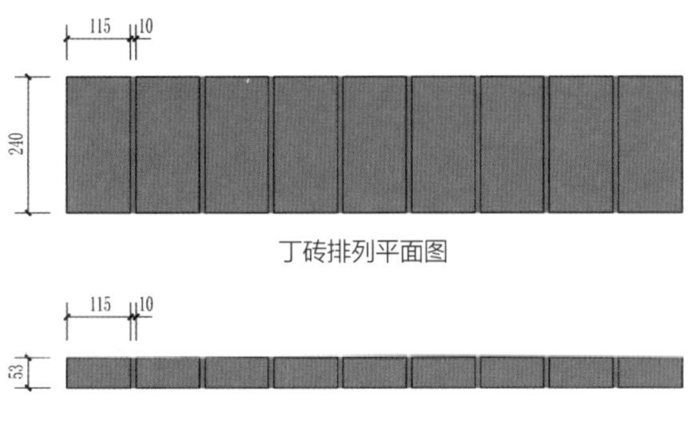

丁砖排列平面图

丁砖排列立面图

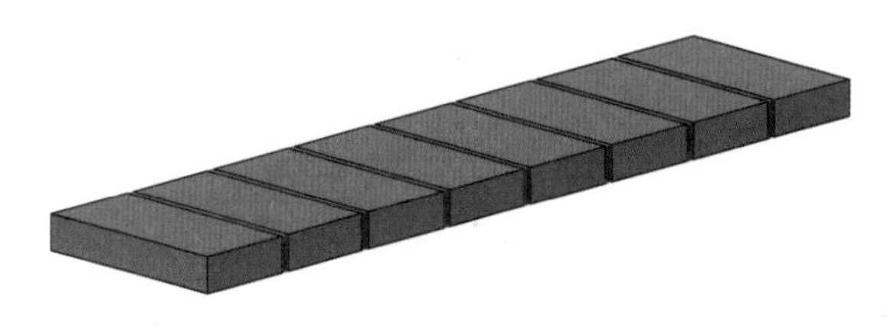

丁砖排列轴测图

3. 陡砖

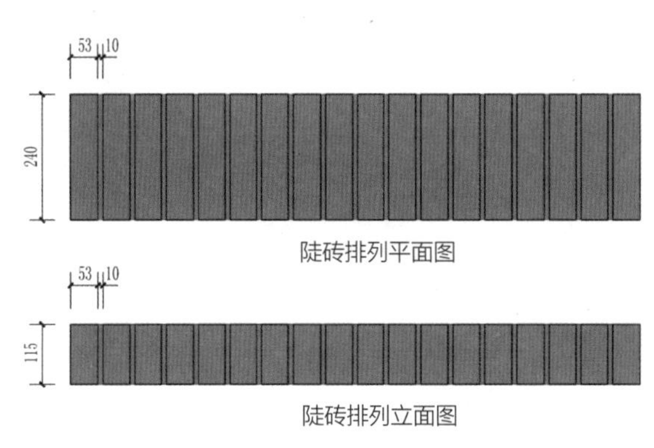

陡砖排列平面图

陡砖排列立面图

陡砖排列轴测图

4. 侧陡砖

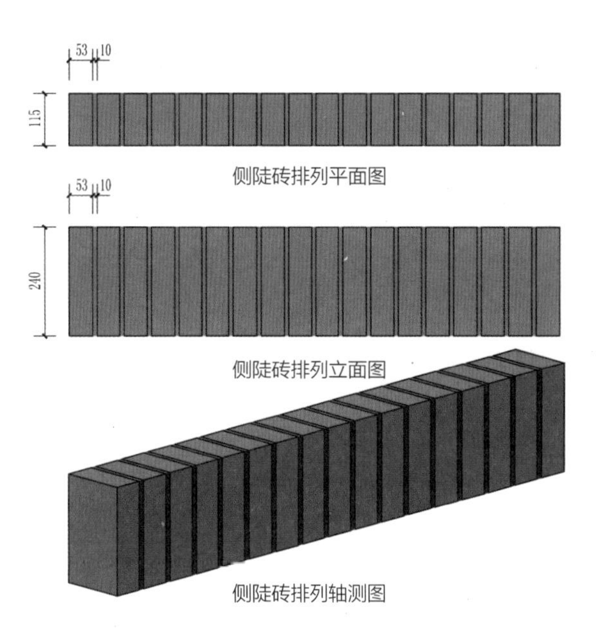

侧陡砖排列平面图

侧陡砖排列立面图

侧陡砖排列轴测图

5. 立砖

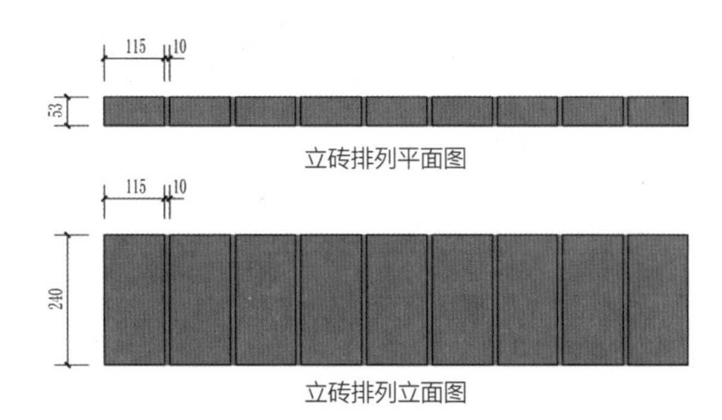

立砖排列平面图

立砖排列立面图

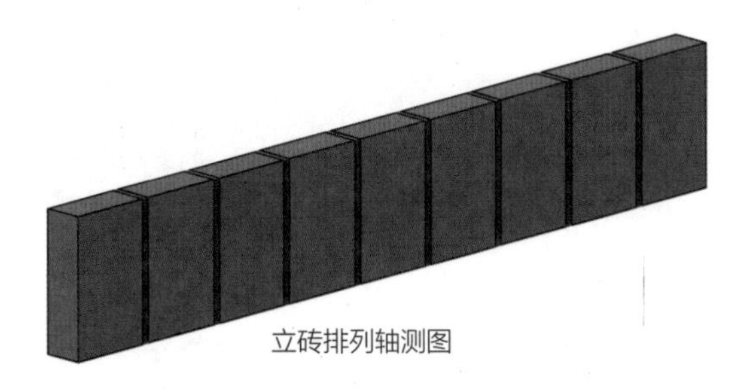
立砖排列轴测图

6. 侧立砖

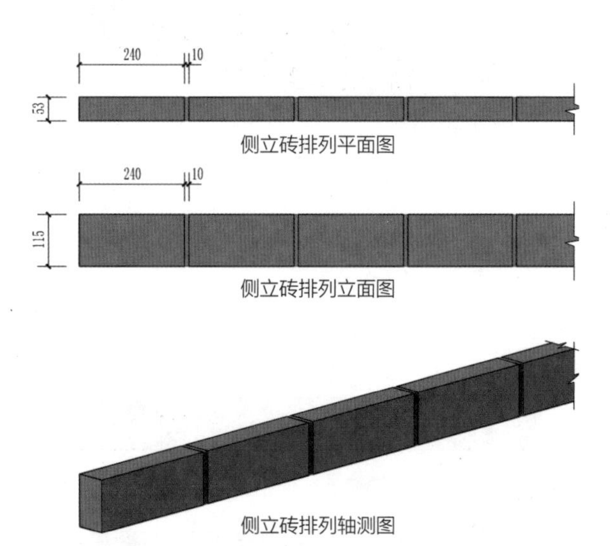

侧立砖排列平面图

侧立砖排列立面图

侧立砖排列轴测图

1.4.2 砖各部位的名称

普通烧结砖每个面都是矩形，根据面的大小不同，可以分别称为：大面（240 mm × 115 mm）、条面（也称走面，240 mm × 53 mm）、顶面（115 mm × 53 mm）。

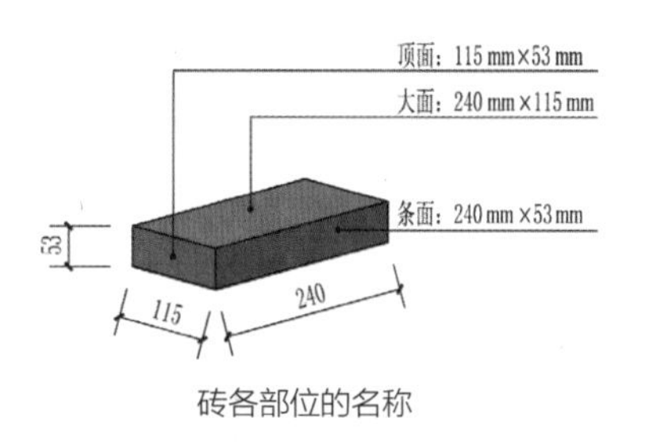

砖各部位的名称

1.4.3 切砖及切砖的类型

在砌筑的过程中，为了避免形成通缝（详见下图），需要在端部砌筑半砖或 3/4 砖等，这些非完整尺寸的砖通常被称为“切砖”，根据不同的尺寸，具体名称有所不同。

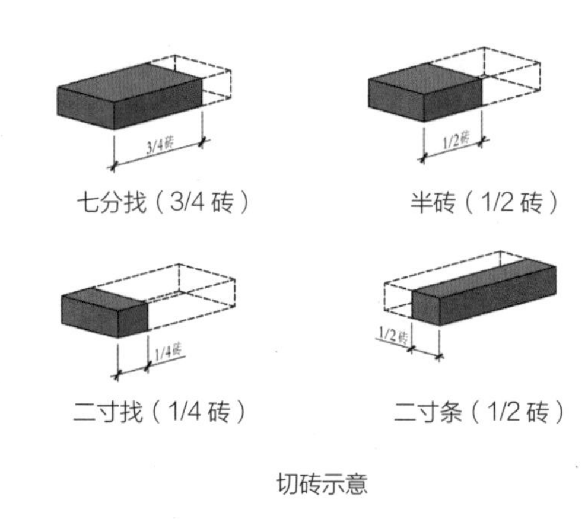

切砖示意

1.5 砖墙的砌筑

砖墙根据厚度主要分为 120 墙、180 墙、240 墙、300 墙、370 墙五种，每种厚度的墙身有不同的砌筑方法。根据相关规范，不同的厚度及砌筑方式的砖墙适用的高度范围也不同。

1.5.1 120 墙

120 墙由于厚度较小，抗倾覆能力较差，因此在景观工程中不适宜砌筑高度大于 600 mm 的景墙（砖墙加筋或以其他方式加固除外），不适用于需要抵御较大侧向压力的情况，如土压力、水压力等。

1. 120 墙砌法一

墙头砖长可以有整砖与半砖、整砖与 3/4 砖结合的方式。不同的头砖搭配会形成不同的立面效果。在这里仅列出了整砖与半砖结合的情况。

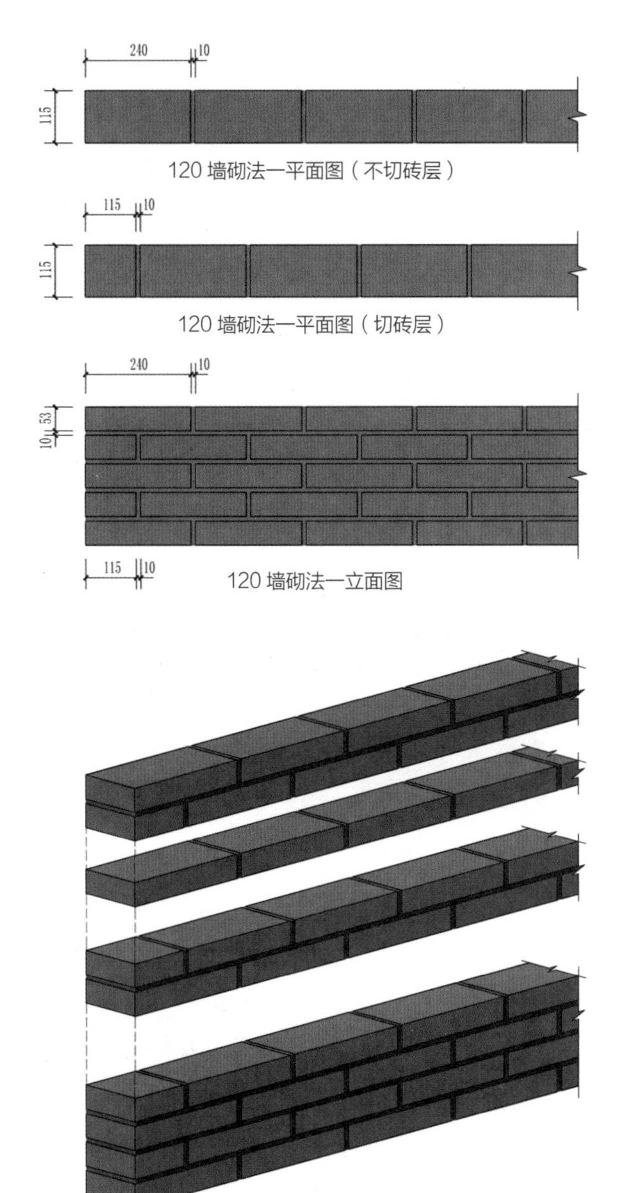

120 墙砌法一平面图（不切砖层）

120 墙砌法一平面图（切砖层）

120 墙砌法一立面图

120 墙砌法一砌筑分解轴测图

2. 120 墙砌法二

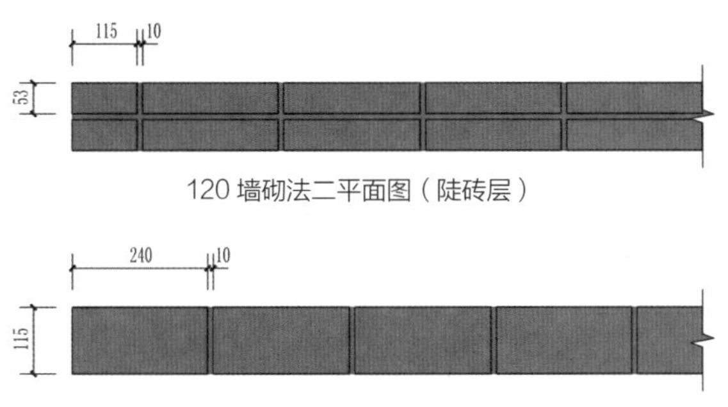

120 墙砌法二平面图（陡砖层）

120 墙砌法二平面图（顺砖层）

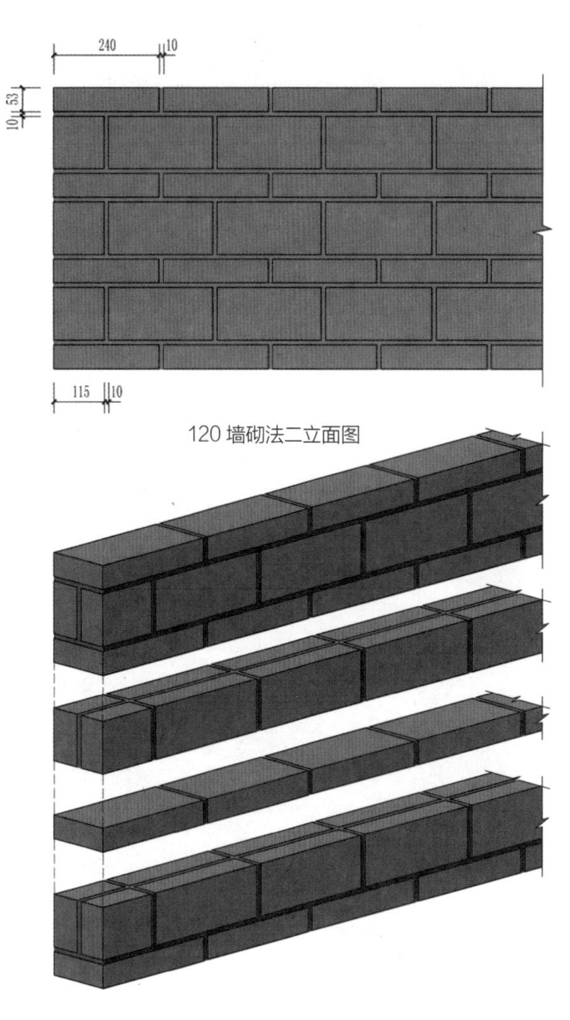

120 墙砌法二立面图

120 墙砌法二砌筑分解轴测图

1.5.2 180 墙

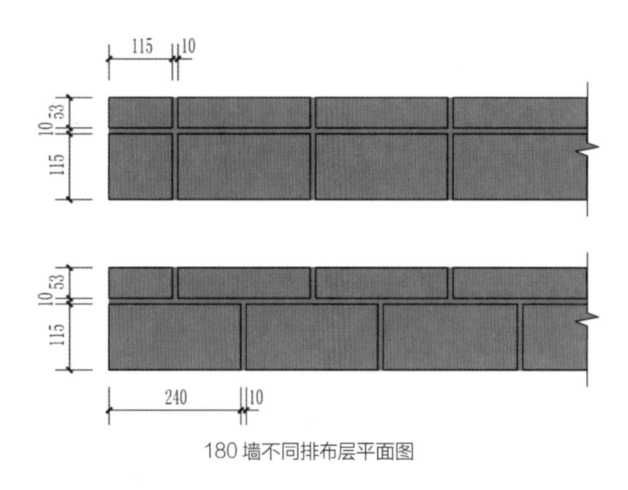

180 墙不同排布层平面图

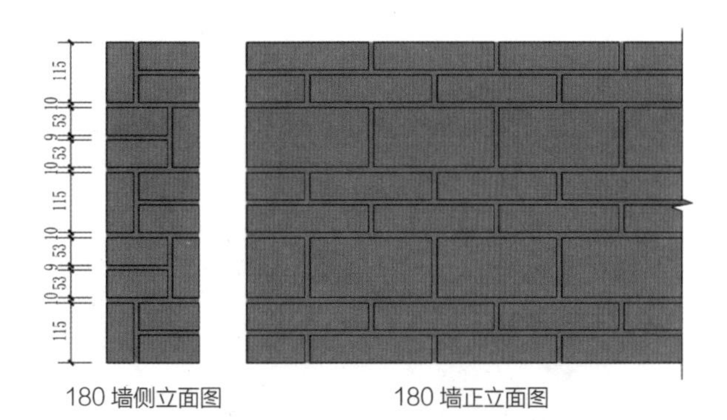

180 墙侧立面图　　180 墙正立面图

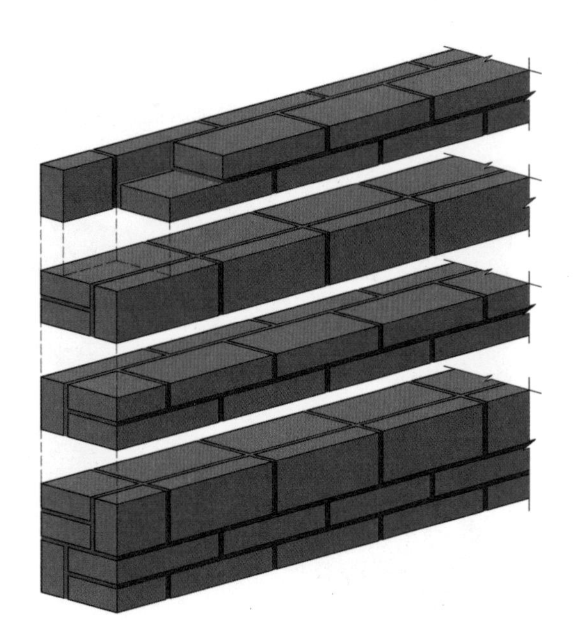

180 墙砌筑分解轴测图

1.5.3 240 墙

240 墙墙体厚度适中，砌筑方式多样，是建筑及景观实际工程中运用最多的砌筑方式。

1. 一顺一丁

“一顺一丁” 式又被称为英国式，它是 240 墙砌筑方式中最基础、最常见的。顺层与丁层交错搭接， 使得一顺一丁式整体稳定性较好，通过端头的切砖，有效地避免了通缝。

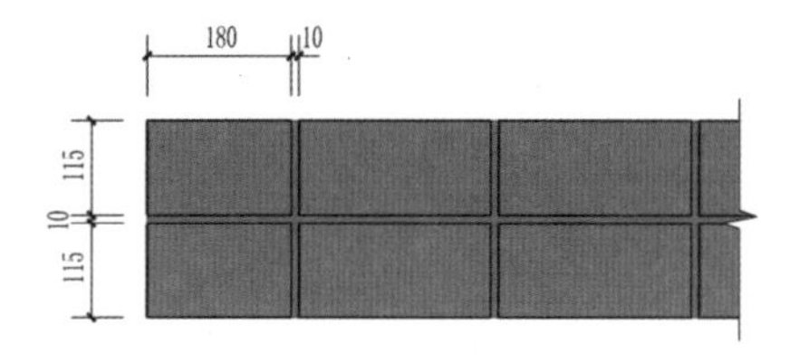

“顺”层平面图

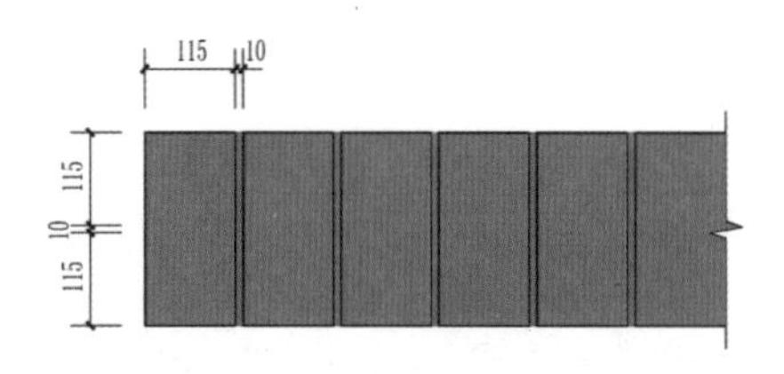

“丁”层平面图

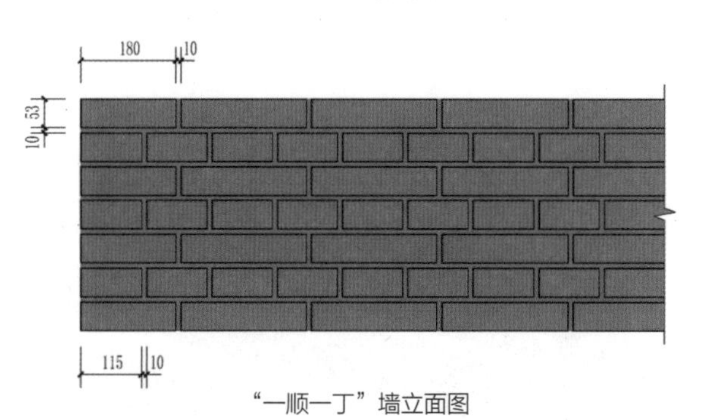

“一顺一丁”墙立面图

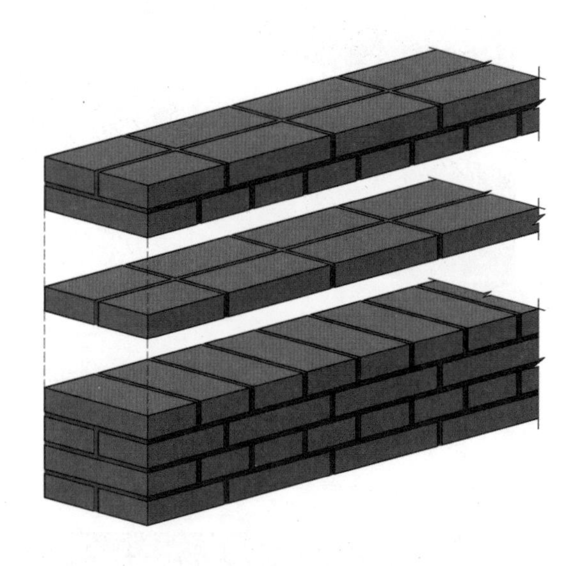

“一顺一丁”墙砌筑分解轴测图

2. 多顺一丁

在“一顺一丁”的基础之上发展出“三顺一丁” “五顺一丁”等砌筑方式，即每隔 3 层或 5 层顺层砌筑一层“丁”层，以此类推。

1）三顺一丁

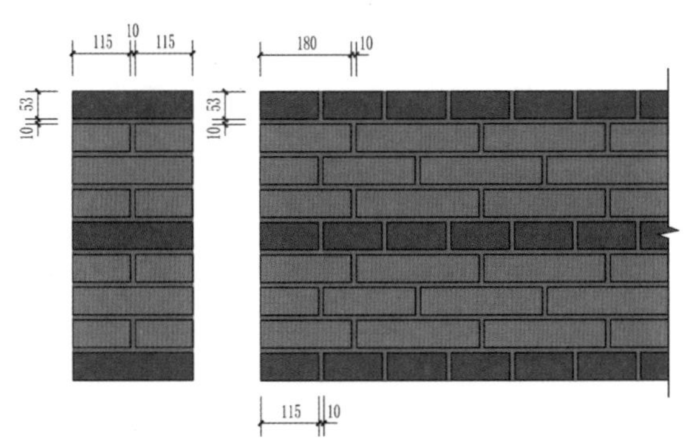

“三顺一丁”墙侧立面图　　“三顺一丁”墙正立面图

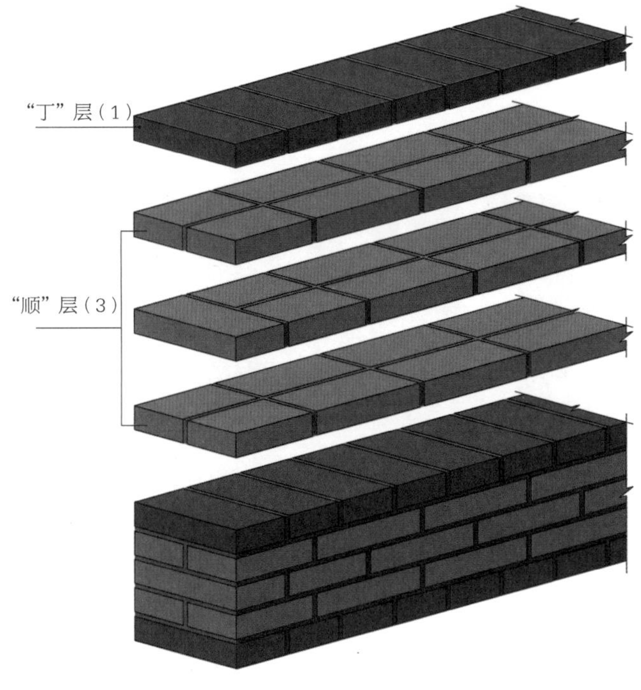

“三顺一丁”墙砌筑分解轴测图

2）五顺一丁

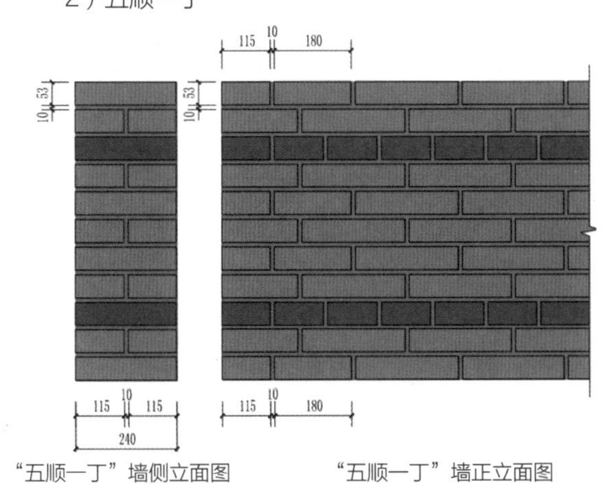

“五顺一丁”墙侧立面图　　“五顺一丁”墙正立面图

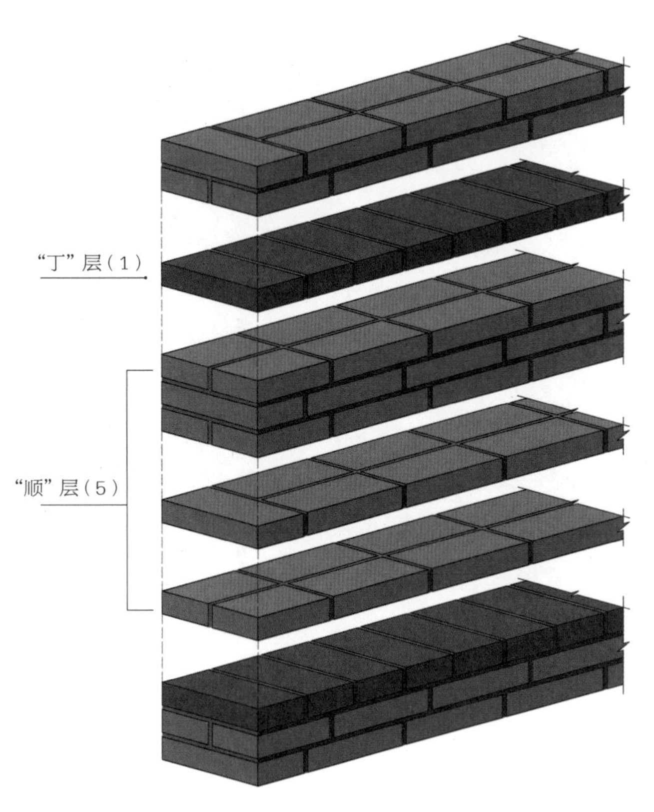

“五顺一丁”墙砌筑分解轴测图

3. 全丁式

除头砖以外墙身均由丁砖砌筑的方式称为“全丁式”。尽管“全丁式”在砖的用量上与顺、丁结合方式相同，但是“全丁式”在墙长方向的抗弯能力较差，更容易产生裂隙，因此实际工程中应该综合考虑各种不利因素后，有选择地使用。

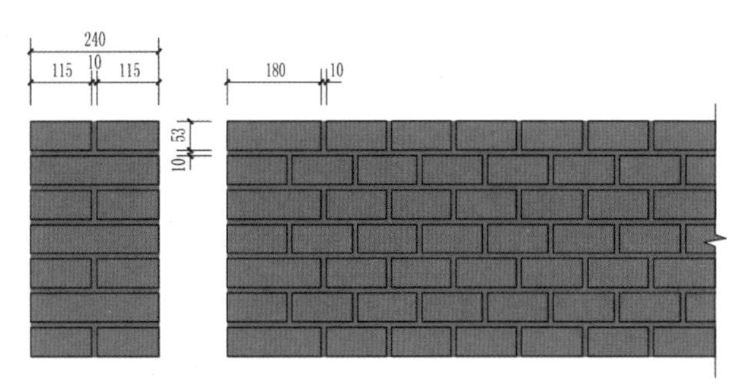

“全丁式”墙侧立面图　　“全丁式”墙正立面图

“全丁式”墙砌筑分解轴测图

4. 关于全顺式的探索

既然有“全丁式”的砌筑方式，那么是否有“全顺式”呢？在此，我们通过绘图进行探讨。从正立面图和侧立面

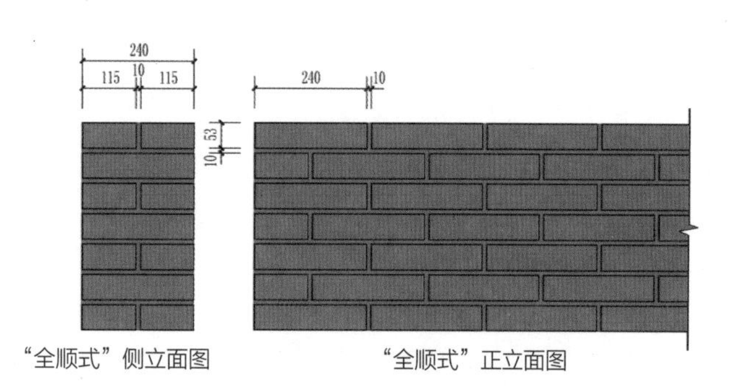

“全顺式”侧立面图　　“全顺式”正立面图

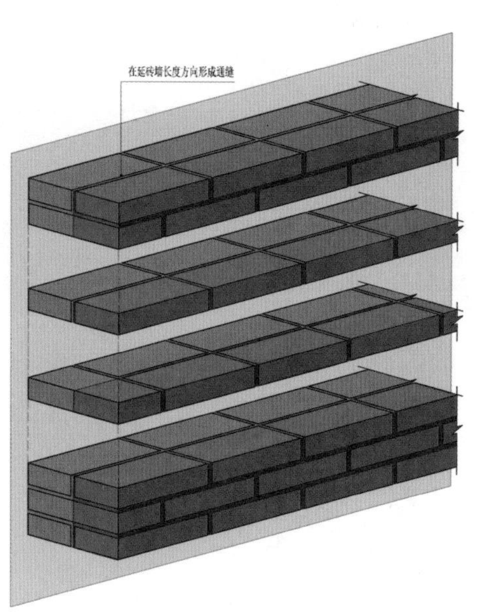

“全顺式”砌筑分解轴测图与通缝示意

图来看，“全顺式”看起来并无问题，但是通过轴测图可以发现，除了墙的两端以外，“全顺式”的中间形成了一条贯穿墙长的通缝，使墙体相当于两面 120 墙贴合，影响了 240 墙的整体稳定性，因此不能采用全顺式砌筑 240 墙。

5. 十字式（梅花丁式）

“十字式”顾名思义就是砌体在立面上形成“十”字，又因形如梅花，也被称为“梅花丁式”。

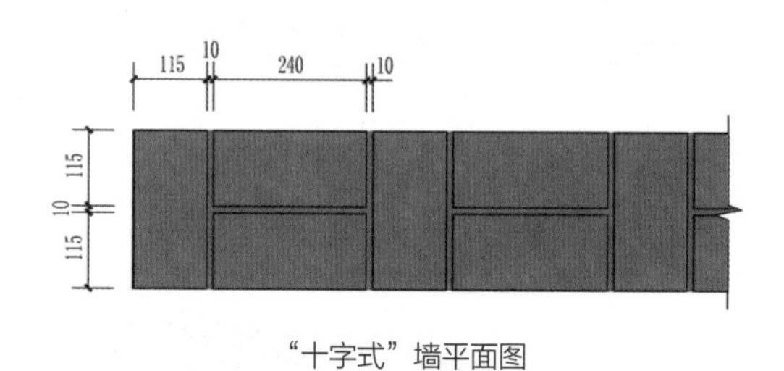

“十字式”墙平面图

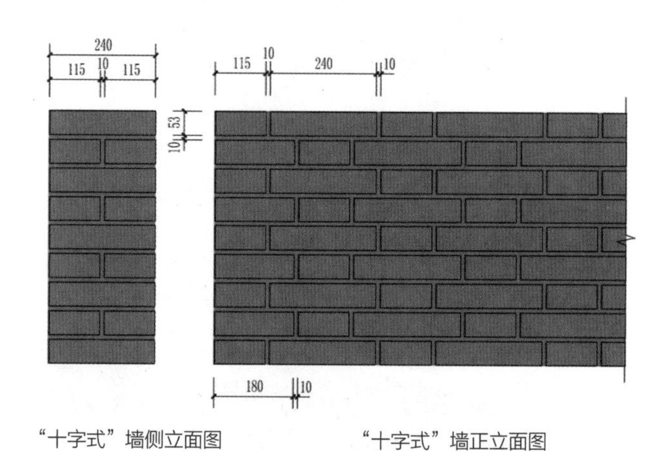

“十字式”墙侧立面图　　“十字式”墙正立面图

“十字式”墙砌筑分解轴测图

6. 混合式

通过几种砌筑方式的混合使用，同时结合不同颜色的砖进行砌筑，营造出丰富的立面效果。

混合样式一正立面图

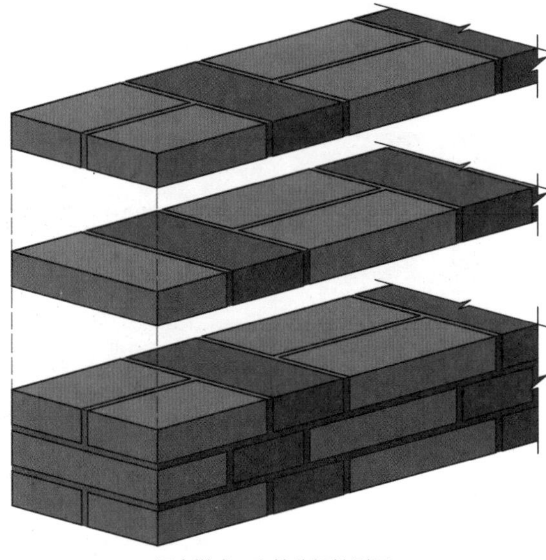

混合样式一砌筑分解轴测图

混合样式三正立面图

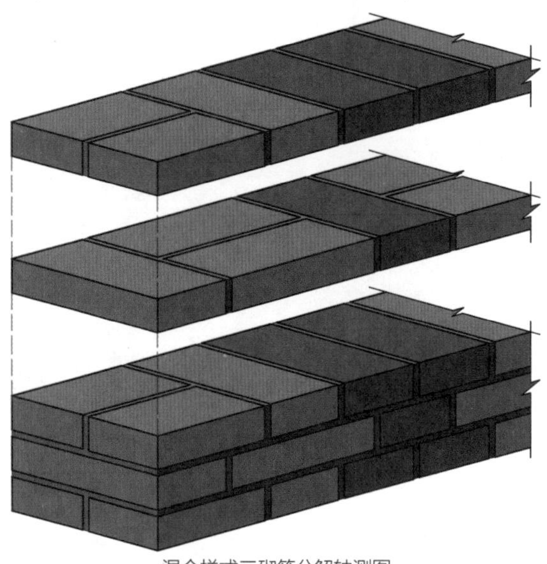

混合样式三砌筑分解轴测图

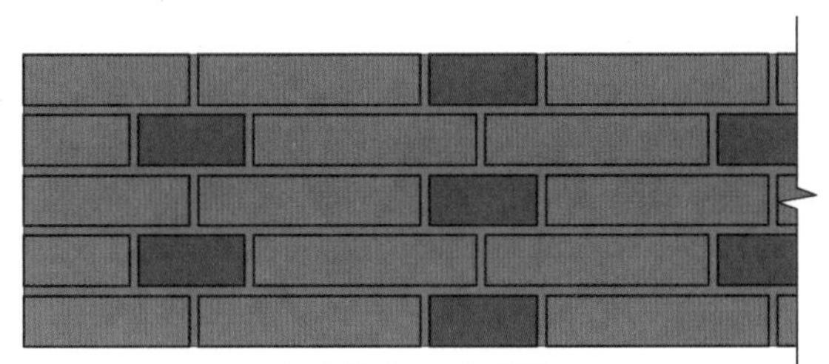

混合样式二正立面图

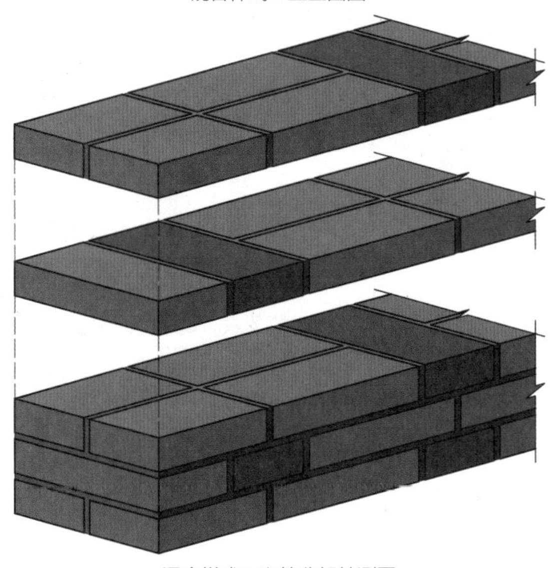

混合样式二砌筑分解轴测图

混合样式四正立面图

混合样式四砌筑分解轴测图

7. 空斗墙

在 240 砖墙中，有一类墙体是用侧砌或平、侧砌交替砌筑，而形成空心墙体。这一类墙体被称为“空斗墙”。空斗墙在隔热、保温等方面具有显著优势，在西南地区、长江流域等区域曾被用于民居建筑砌筑中（见下图）。目前由于抗震的要求，不允许空斗墙再用于建筑砌筑，但空斗墙在景观设计中尚有改造利用的空间。

空斗墙有三种常见类型：“一眠一斗”“一眠三斗”“无眠空斗”。丁砖砌筑层因形似躺卧，因而被称为“眠”层；斗砖围砌形成中空空间，形似古代计量工具“斗”，因此被称为“斗”层。

在使用标准砖砌筑空斗墙的过程中，由于标准砖模数的限制，为了满足砖墙灰缝不能出现通缝以及灰缝对缝要美观等条件，有些地方头砖不能全部是 3/4 砖（七寸头），灰缝的宽度也不完全统一，这些问题在绘制施工图的过程中需要注意。

此外，在建筑砌筑中为了提高墙体的整体稳定性和满足防潮要求，要求在室内地面之上先实砌 3~5 层，再砌筑空斗墙部分，在景观设计中可根据实际情况进行调整。

南京老东门步行街宅院大门

南京老东门步行街院墙

安徽西递村民宿院落

安徽西递村民宿院墙

“无眠空斗”墙因为没有“眠”层又被称为“一丁一斗”空心墙或者“单丁单斗”空心墙。当两块斗砖中间的丁砖不唯一时，丁砖为站立状态，称为“站丁单斗”空心墙；丁砖为卧倒状态，则称为“卧丁单斗”空心墙。

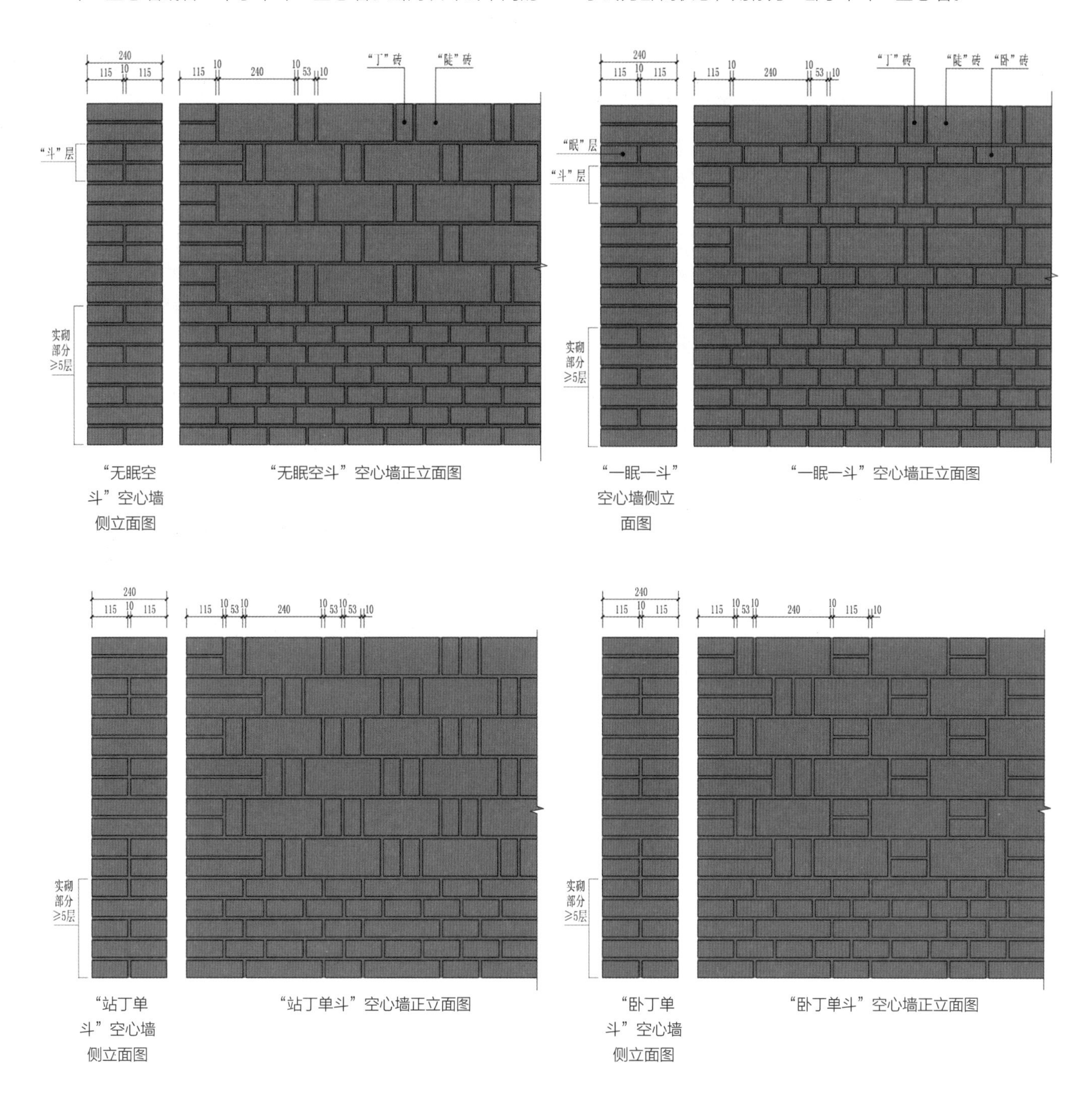

“无眠空斗”空心墙侧立面图

“无眠空斗”空心墙正立面图

“一眠一斗”空心墙侧立面图

“一眠一斗”空心墙正立面图

“站丁单斗”空心墙侧立面图

“站丁单斗”空心墙正立面图

“卧丁单斗”空心墙侧立面图

“卧丁单斗”空心墙正立面图

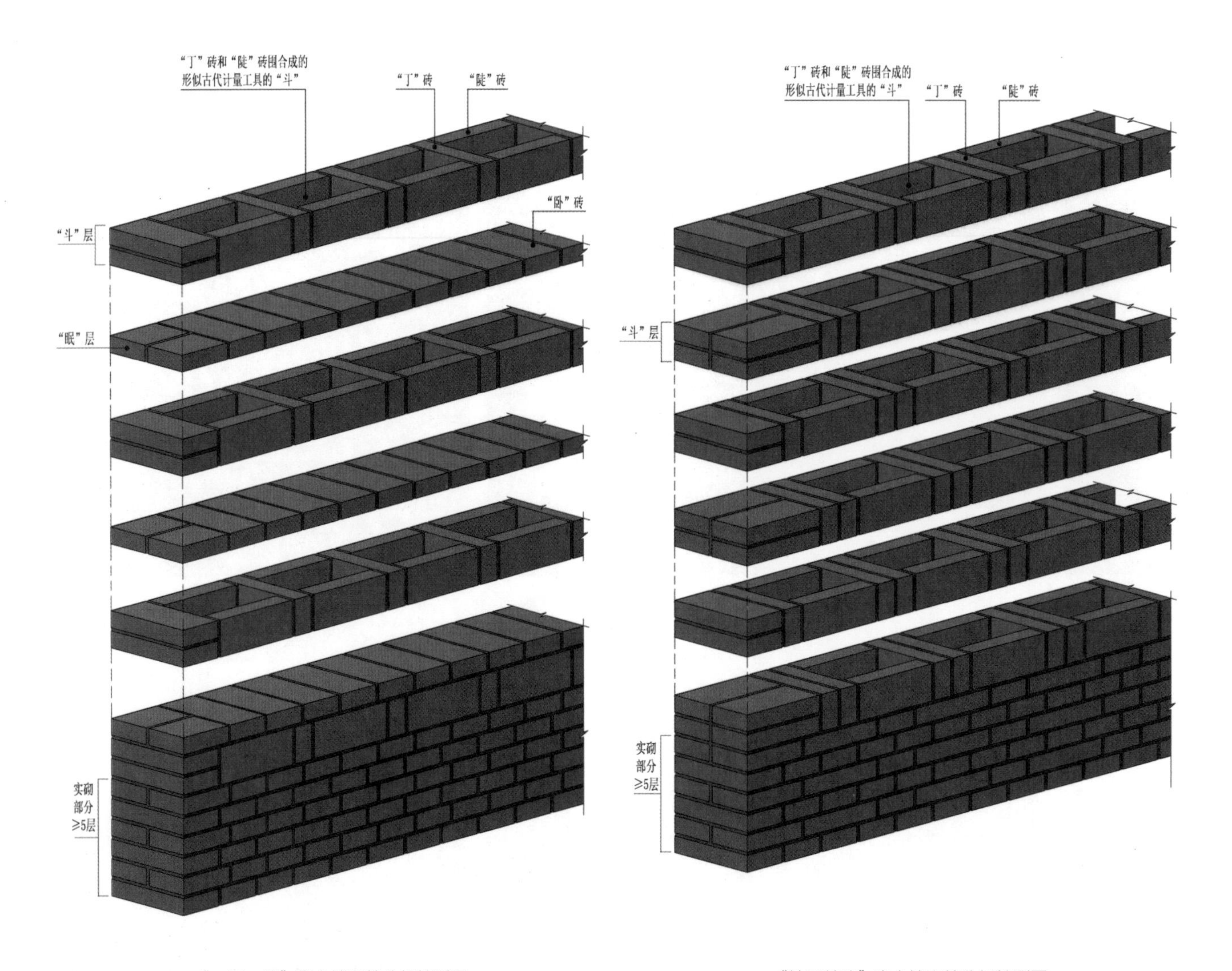

"一眠一斗"空心墙砌筑分解轴测图

"站丁单斗"空心墙砌筑分解轴测图

1.5.4 300 墙

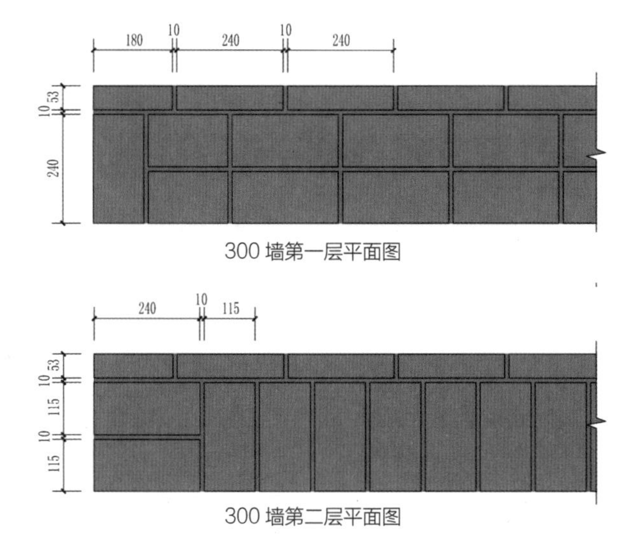

300 墙第一层平面图

300 墙第二层平面图

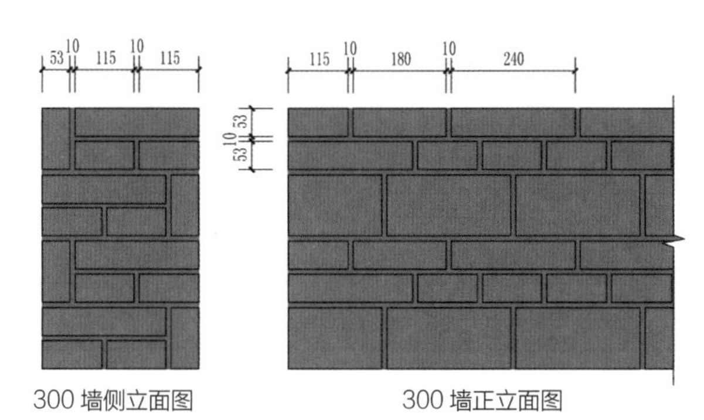

300 墙侧立面图

300 墙正立面图

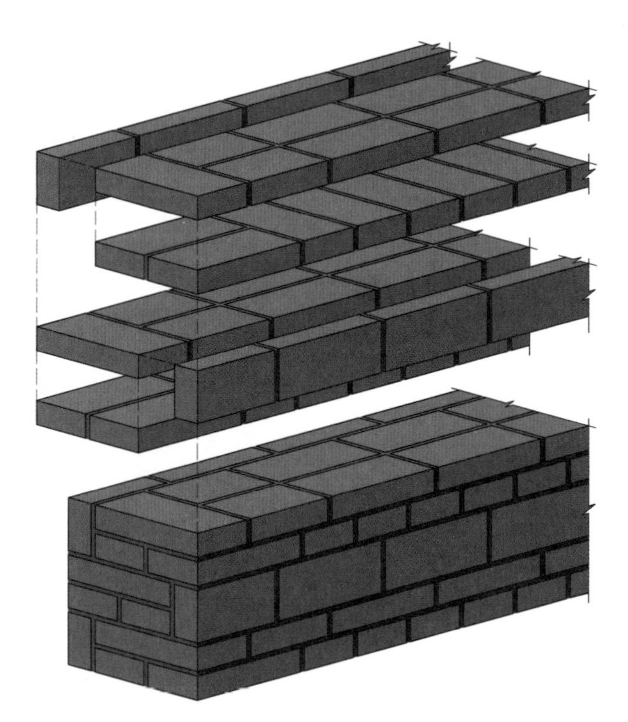

300 墙砌筑分解轴测图

1.5.5 370 墙

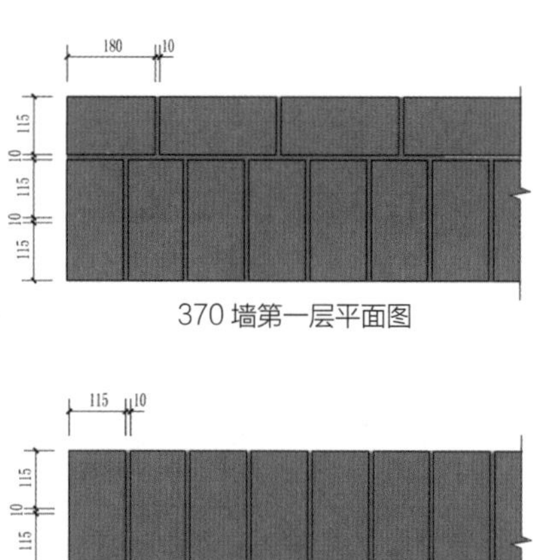

370 墙第一层平面图

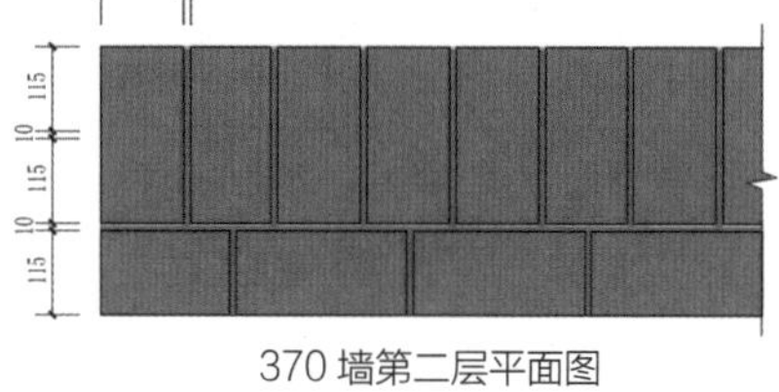

370 墙第二层平面图

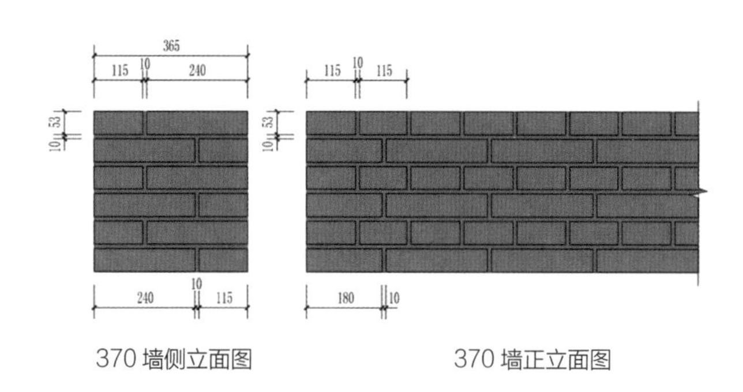

370 墙侧立面图

370 墙正立面图

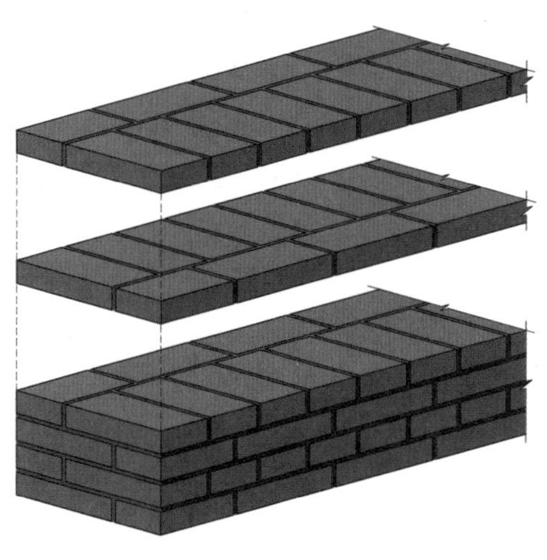

370 墙砌筑分解轴测图

1.6 砖柱的砌筑

砖柱根据截面尺寸主要分为240×240砖柱、240×370砖柱、370×370砖柱、490×370砖柱、490×490砖柱、615×365砖柱、615×490砖柱等形式。

1.6.1 240×240砖柱

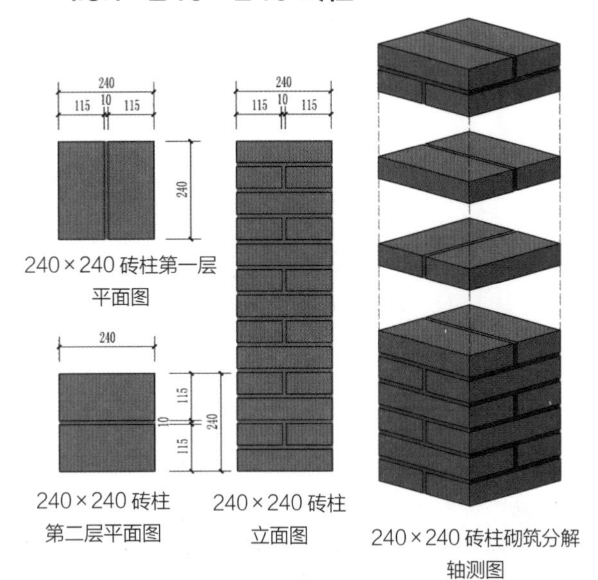

240×240砖柱第一层平面图

240×240砖柱第二层平面图

240×240砖柱立面图

240×240砖柱砌筑分解轴测图

1.6.2 240×370砖柱

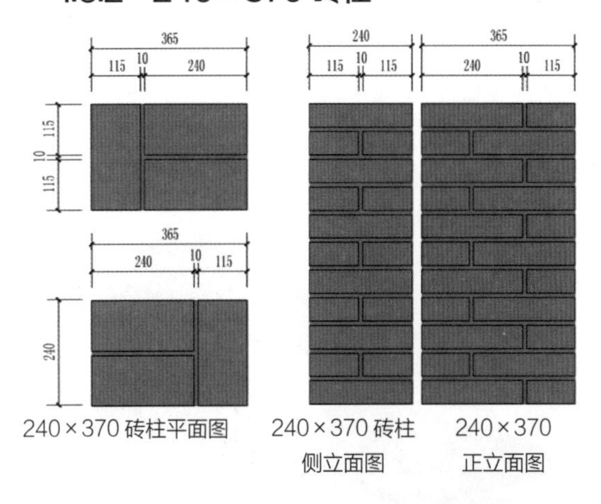

240×370砖柱平面图

240×370砖柱侧立面图

240×370正立面图

240×370砖柱砌筑分解轴测图

1.6.3 370×370砖柱

1. 370砖柱砌筑方法一

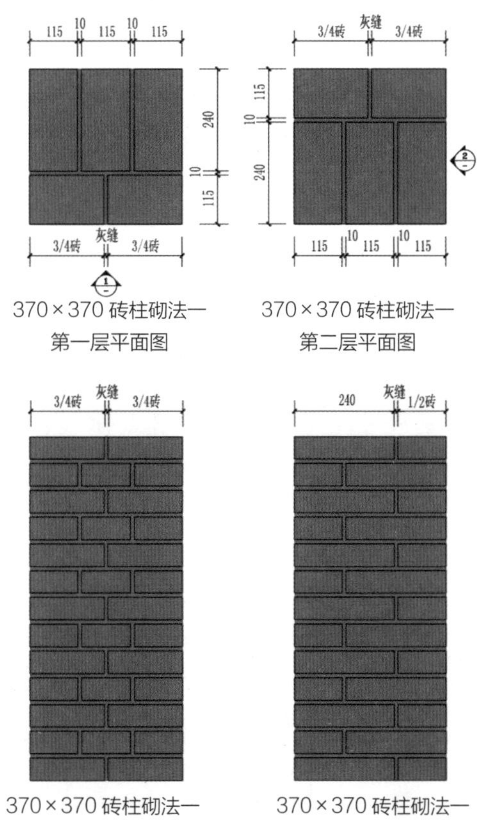

370×370砖柱砌法一第一层平面图

370×370砖柱砌法一第二层平面图

370×370砖柱砌法一立面图一

370×370砖柱砌法一立面图二

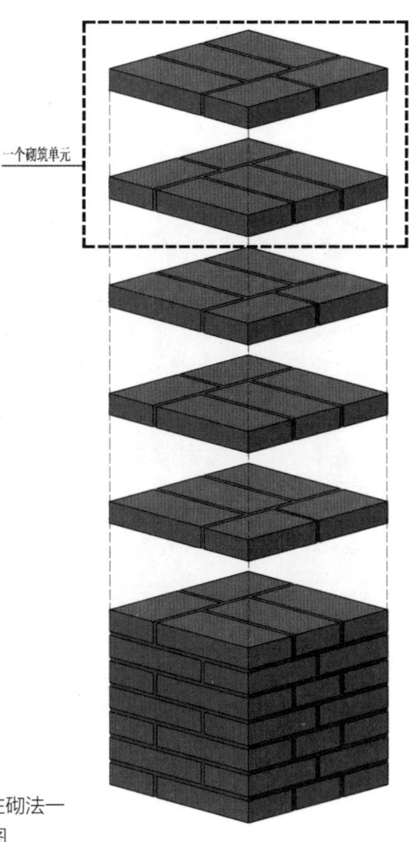

370×370砖柱砌法一砌筑分解轴测图

2. 370 砖柱砌筑方法二

砌法二全部采用 3/4 砖砌筑，虽然构造中没有出现通缝，但是切砖会导致工程量增加，以及砖的浪费，因此在实际项目中可以根据必要性、用量、造价等因素综合考虑是否采用。此外特殊规格的砖虽可以单独定制，但需要考虑造价。

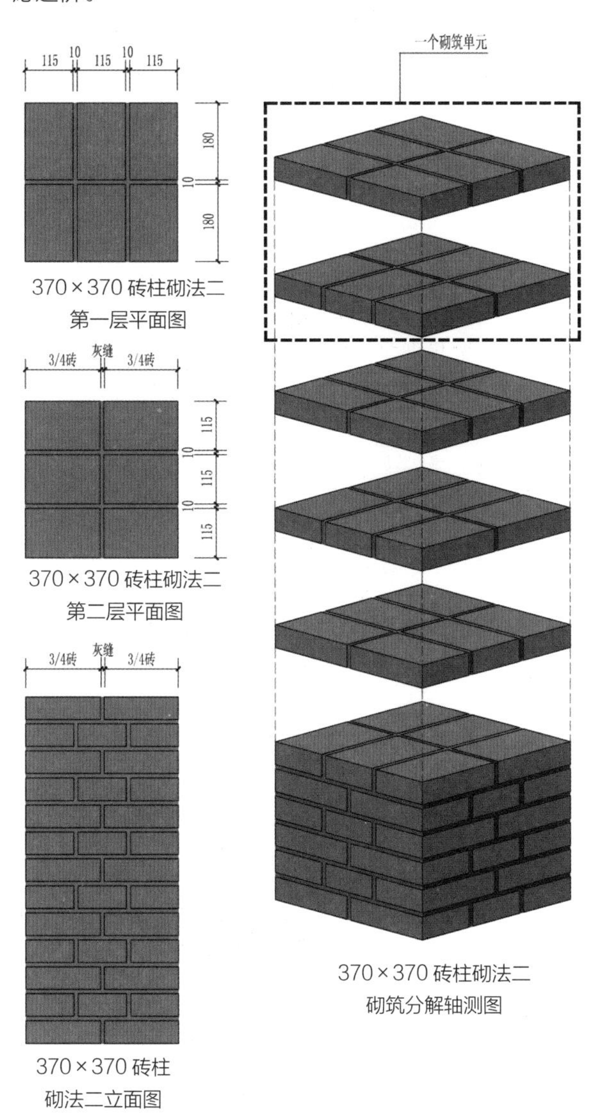

370 × 370 砖柱砌法二
第一层平面图

370 × 370 砖柱砌法二
第二层平面图

370 × 370 砖柱
砌法二立面图

370 × 370 砖柱砌法二
砌筑分解轴测图

3. 370 砖柱错误砌筑方法——包心柱

在这种砌法中，立面灰缝交错并没有出现通缝， 但是从剖面图可以看出，在柱的中心有 4 条垂直通缝。这种砌筑方式也被称为“包心柱”，属于工程中禁止使用的砌筑方式。

右图展示了工程中包心柱砌筑的破坏实例，包心柱的危害主要有两点：第一，由于里外皮砖层相互不咬合，破坏时中心砖体沿通缝处脱离，影响柱体本身的稳定性；第二，包心柱的砌筑方式会导致柱体与两侧墙体不能形成搭接（见第 33 页），从而削弱了围墙的整体性。

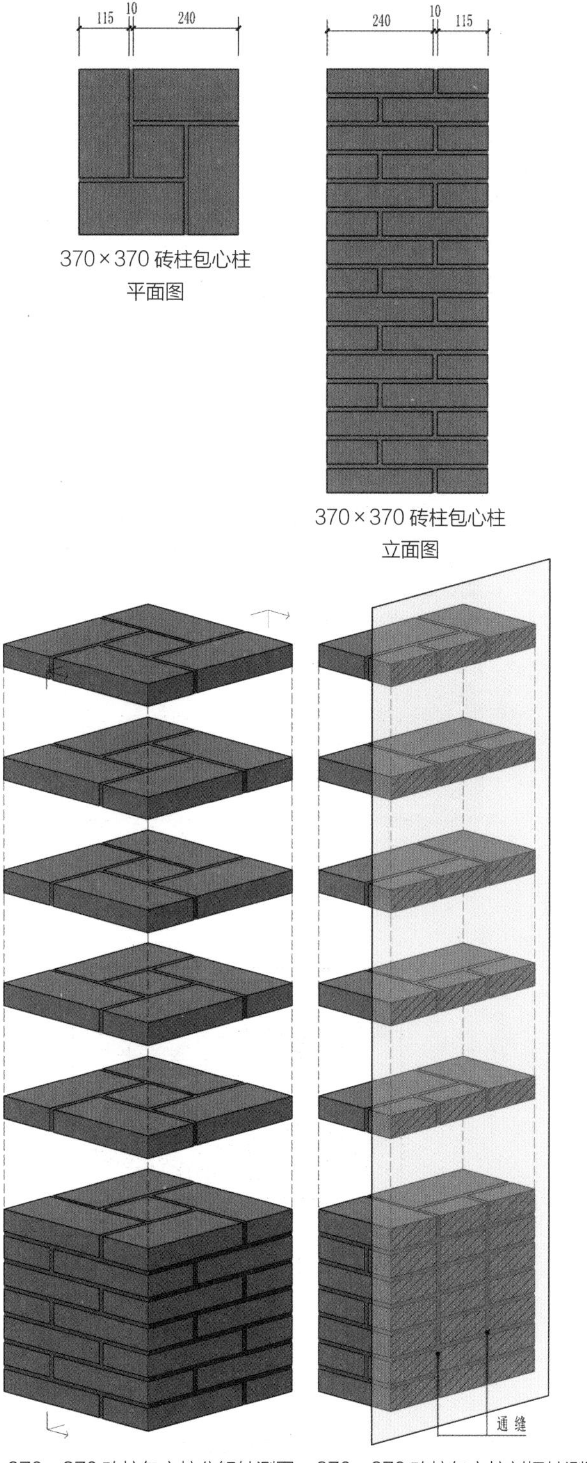

370 × 370 砖柱包心柱
平面图

370 × 370 砖柱包心柱
立面图

370 × 370 砖柱包心柱分解轴测图

370 × 370 砖柱包心柱剖切轴测图

包心柱砌筑危害工程实例

1.6.4 490×370 砖柱

1. 490×370 砖柱砌筑方法一

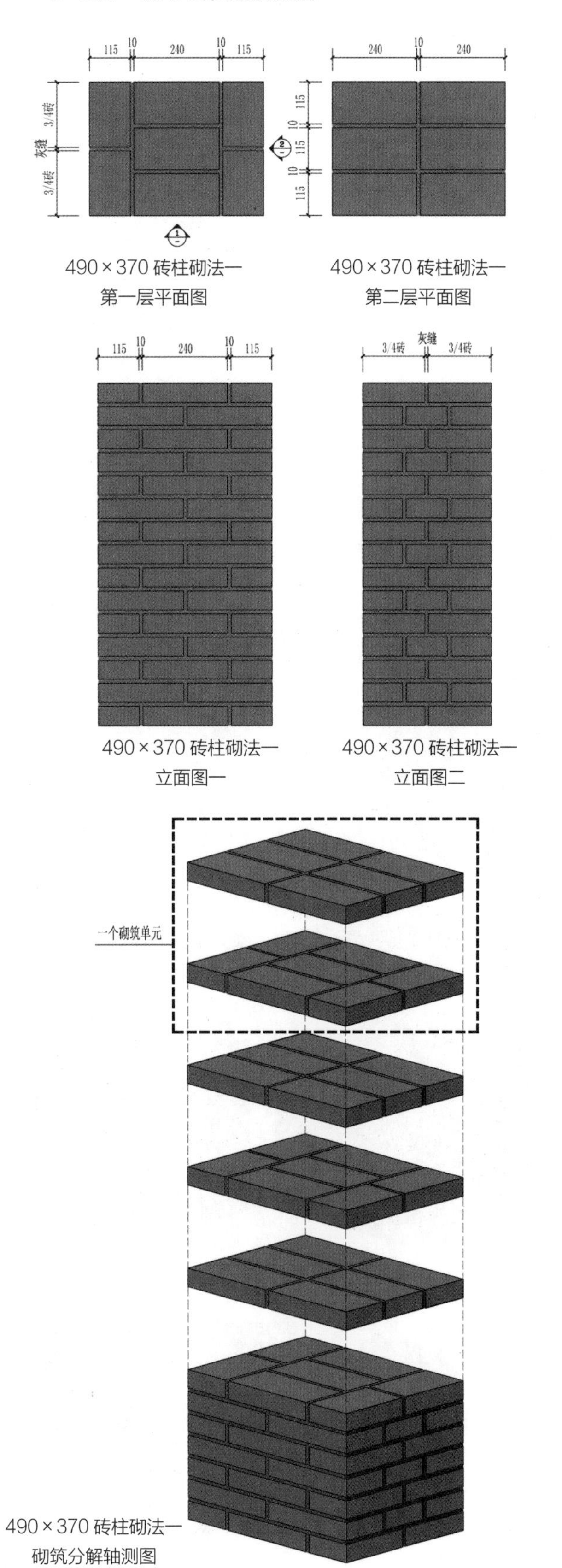

490×370 砖柱砌法一
第一层平面图

490×370 砖柱砌法一
第二层平面图

490×370 砖柱砌法一
立面图一

490×370 砖柱砌法一
立面图二

490×370 砖柱砌法一
砌筑分解轴测图

2. 490×370 砖柱砌筑方法二

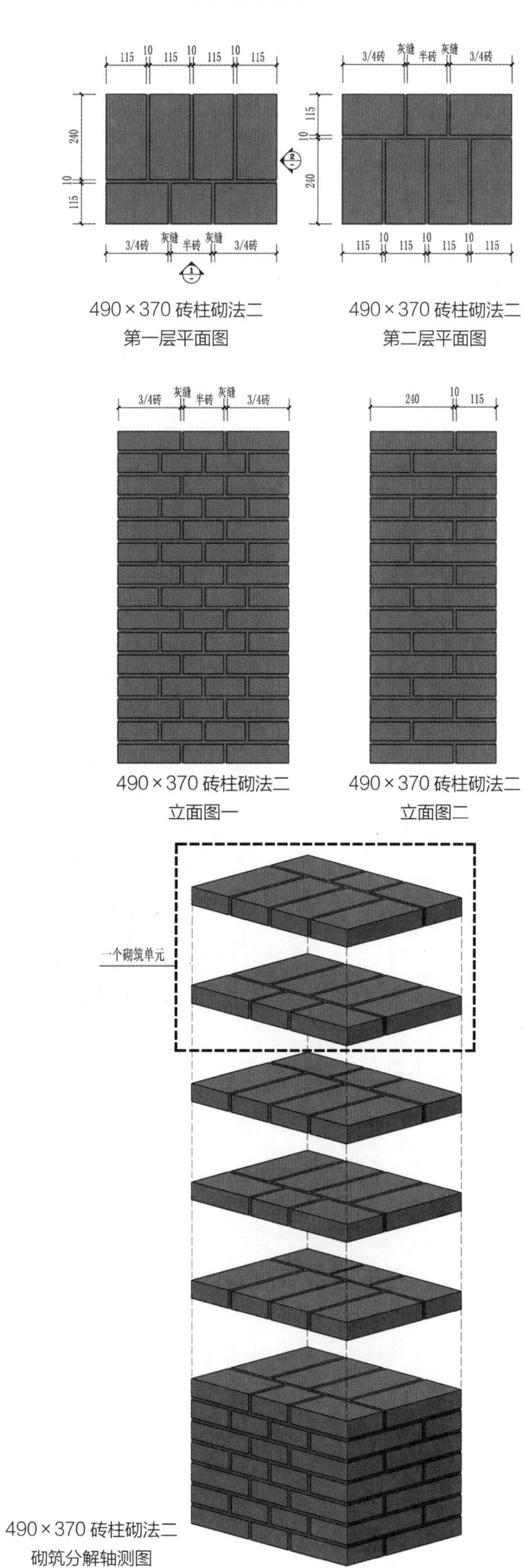

490×370 砖柱砌法二
第一层平面图

490×370 砖柱砌法二
第二层平面图

490×370 砖柱砌法二
立面图一

490×370 砖柱砌法二
立面图二

490×370 砖柱砌法二
砌筑分解轴测图

3. 490×370 砖柱砌筑方法三

490×370 砖柱砌法三
第一层平面图

490×370 砖柱砌法三
第二层平面图

490×370 砖柱砌法三
立面图一

490×370 砖柱砌法三
立面图二

一个砌筑单元

490×370 砖柱砌法三
砌筑分解轴测图

1.6.5 490×490 砖柱

1. 490×490 砖柱砌筑方法一

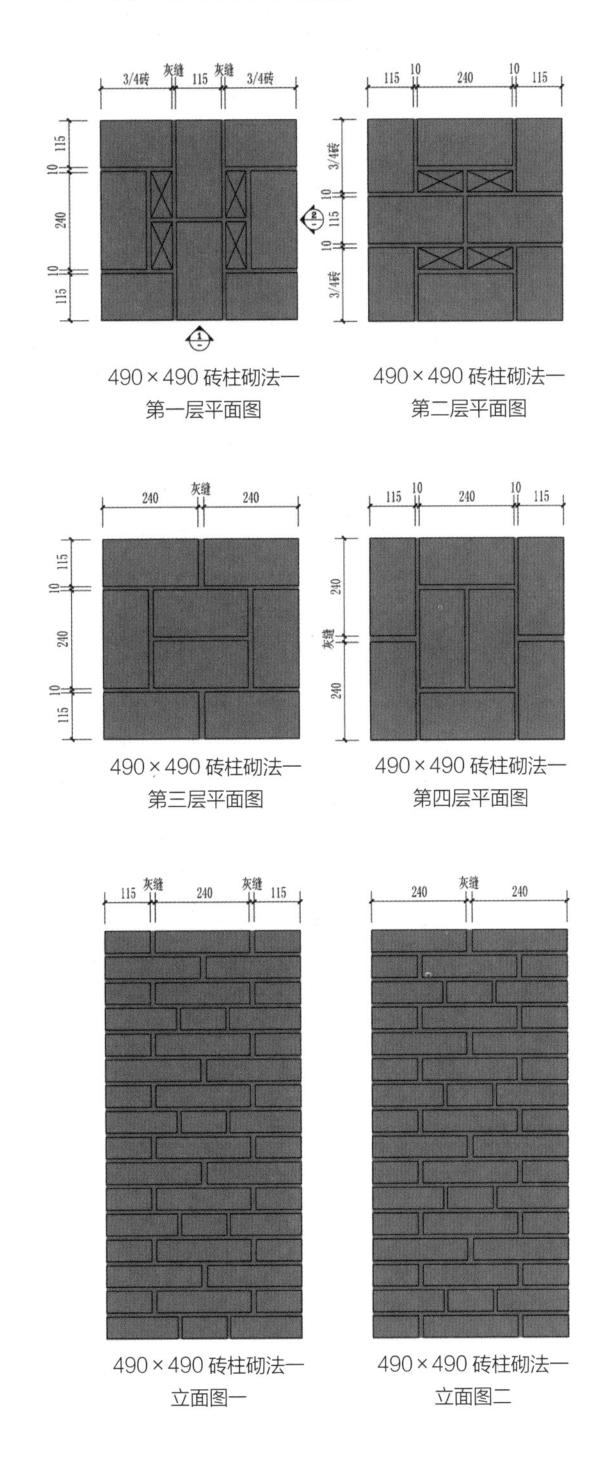

490×490 砖柱砌法一
第一层平面图

490×490 砖柱砌法一
第二层平面图

490×490 砖柱砌法一
第三层平面图

490×490 砖柱砌法一
第四层平面图

490×490 砖柱砌法一
立面图一

490×490 砖柱砌法一
立面图二

一个砌筑单元

490×490 砖柱砌法一砌筑分解轴测图

2. 490×490 砖柱砌筑方法二

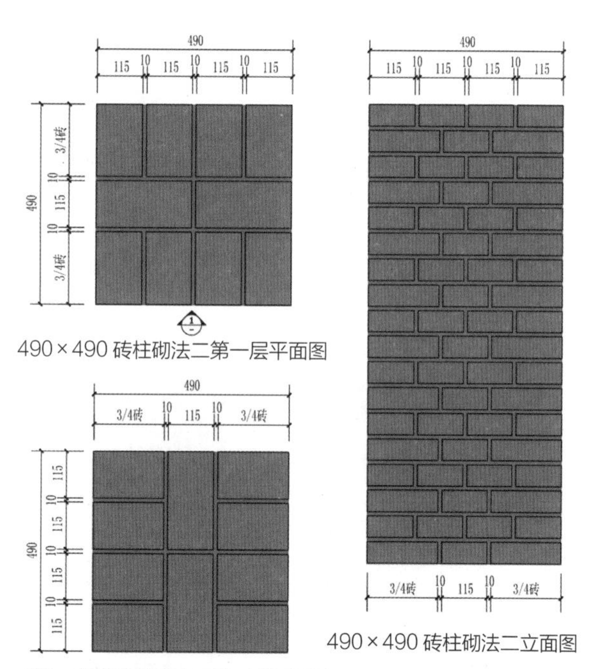

490×490 砖柱砌法二第一层平面图

490×490 砖柱砌法二第二层平面图

490×490 砖柱砌法二立面图

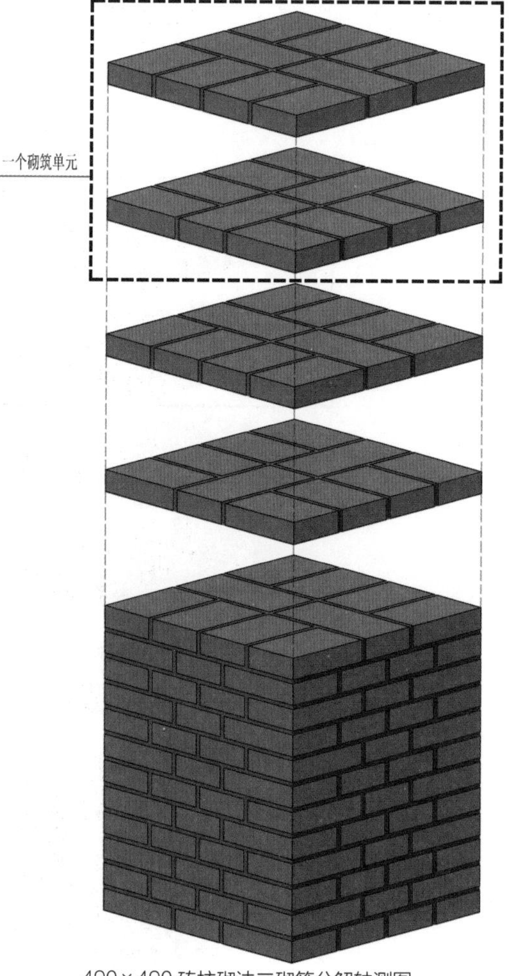

490×490 砖柱砌法二砌筑分解轴测图

3. 490×490 砖柱砌筑方法三

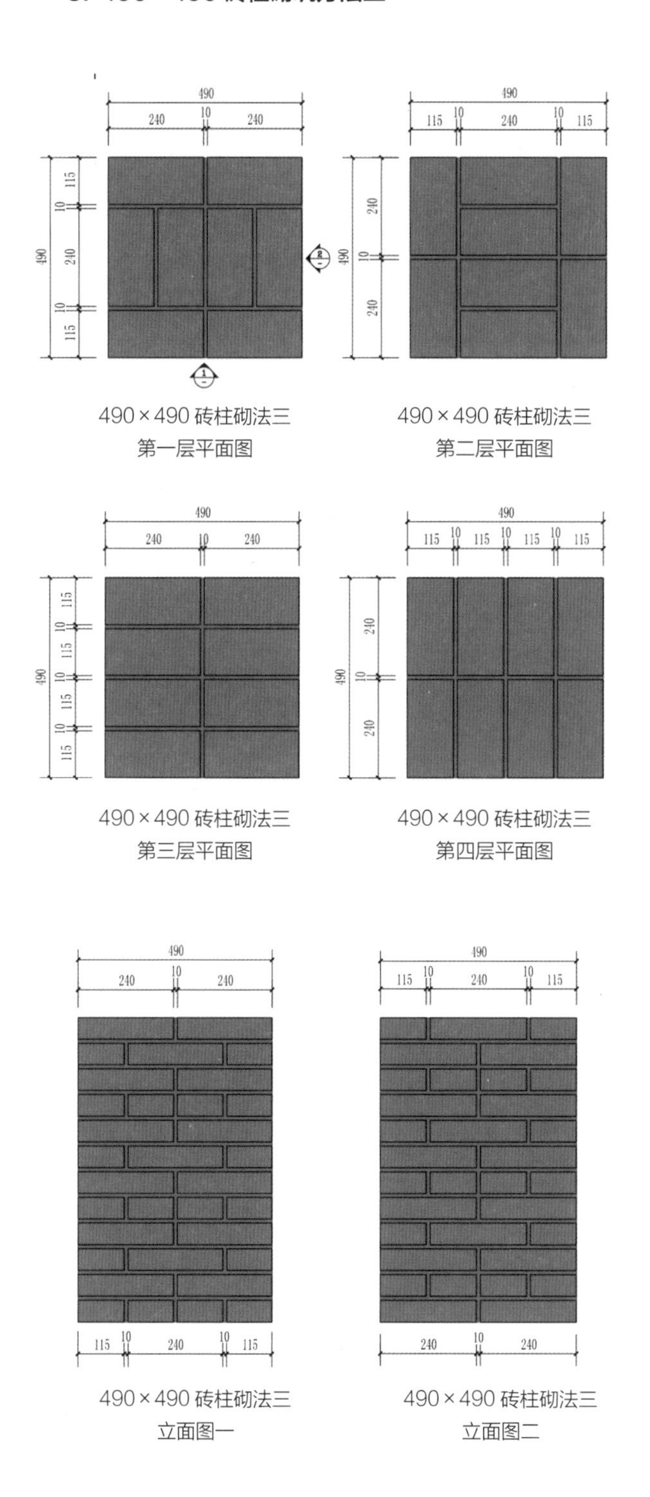

490×490 砖柱砌法三
第一层平面图

490×490 砖柱砌法三
第二层平面图

490×490 砖柱砌法三
第三层平面图

490×490 砖柱砌法三
第四层平面图

490×490 砖柱砌法三
立面图一

490×490 砖柱砌法三
立面图二

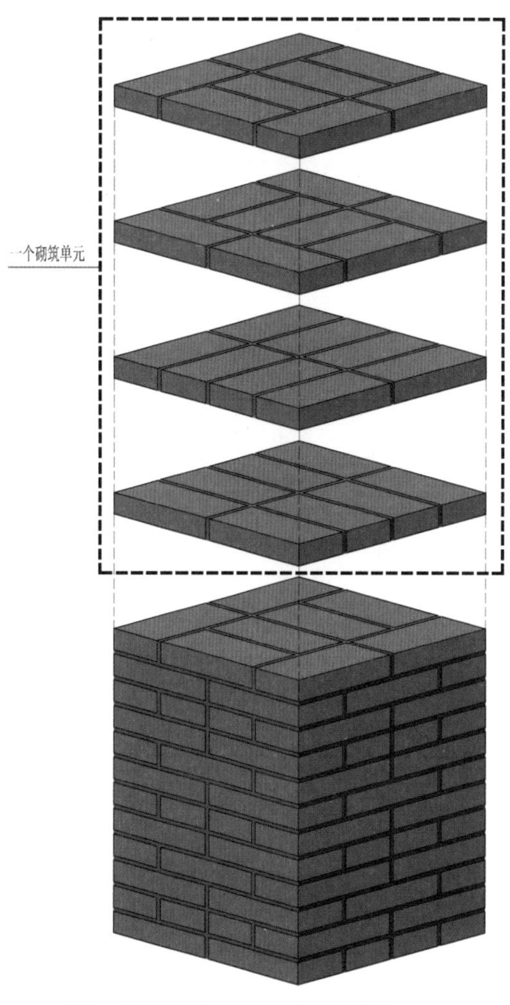

490×490 砖柱砌法三砌筑分解轴测图

4. 490×490 砖柱砌筑错误示例一

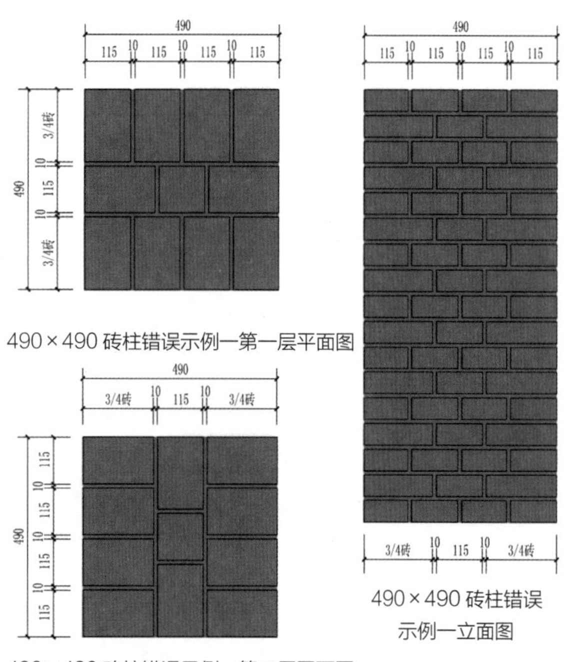

490×490 砖柱错误示例一第一层平面图

490×490 砖柱错误示例一第二层平面图

490×490 砖柱错误示例一立面图

5. 490×490 砖柱砌筑错误示例二

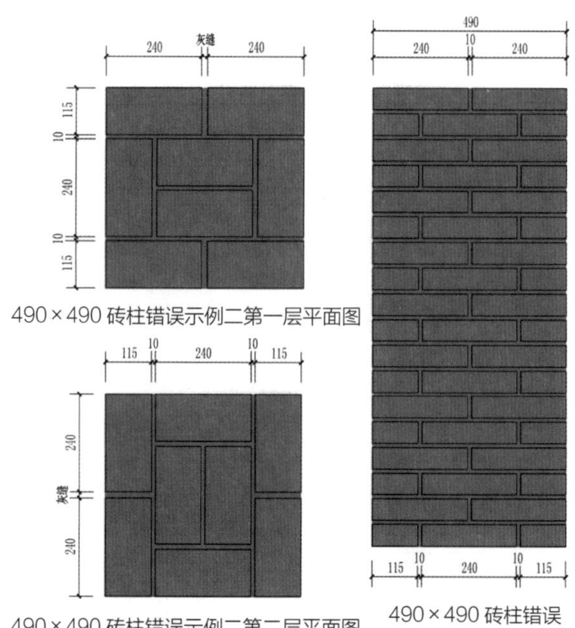

490×490 砖柱错误示例二第一层平面图

490×490 砖柱错误示例二第二层平面图

490×490 砖柱错误示例二立面图

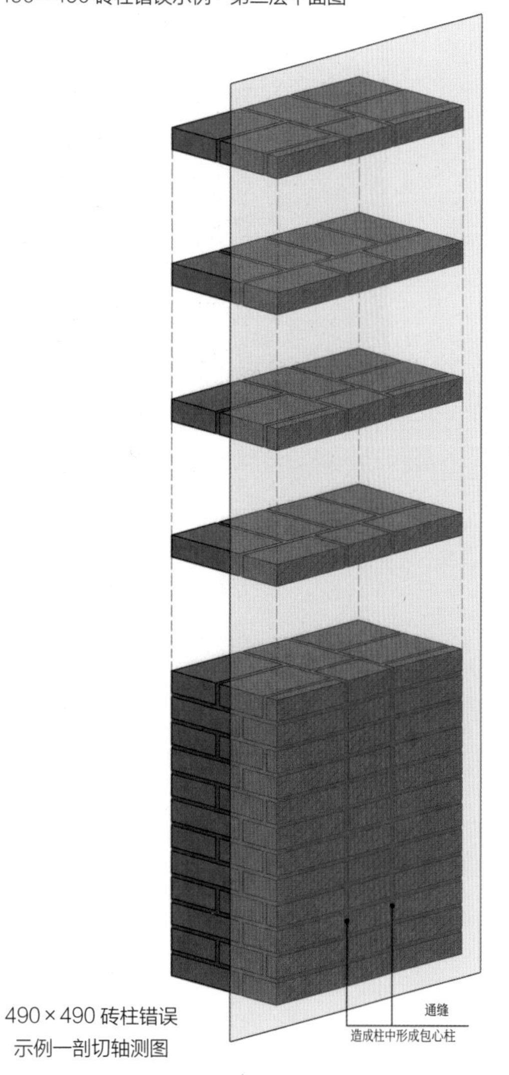

490×490 砖柱错误示例一剖切轴测图

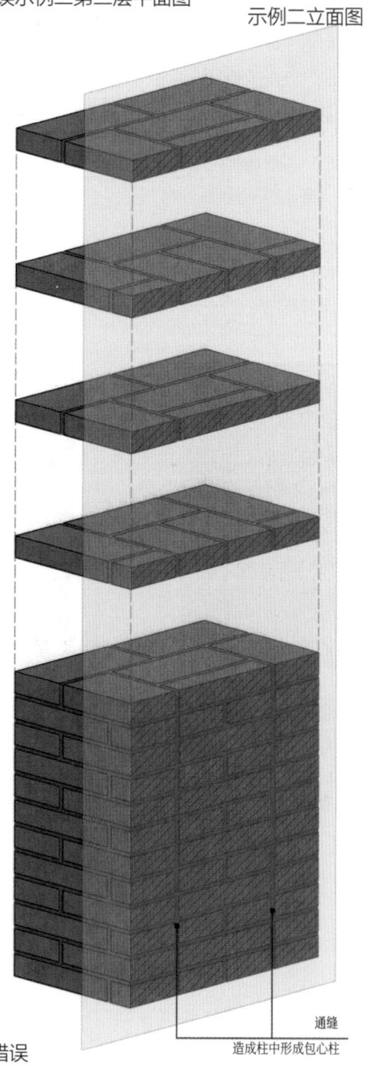

490×490 砖柱错误示例二剖切轴测图

1.6.6 615×365 砖柱

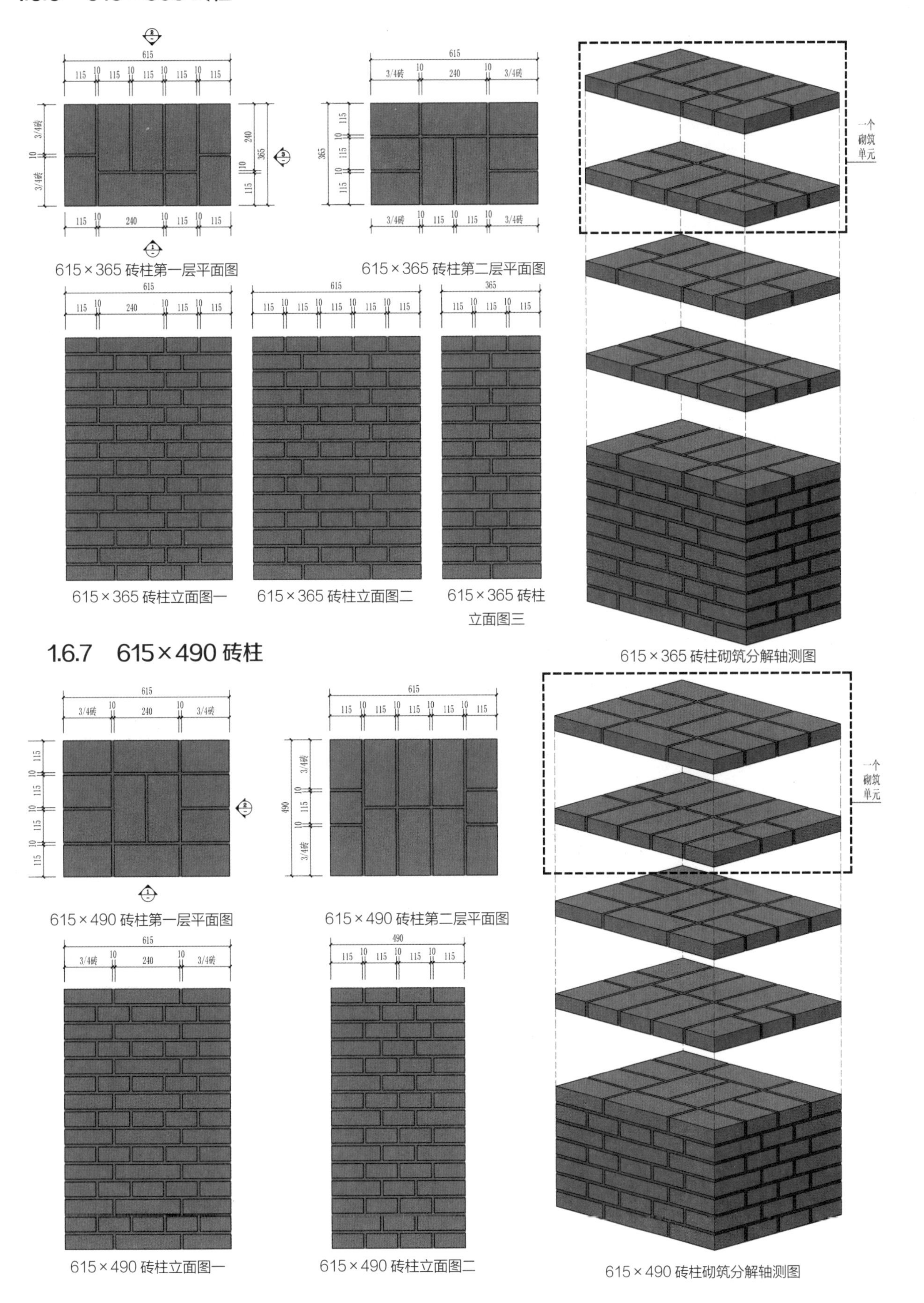

615×365 砖柱第一层平面图

615×365 砖柱第二层平面图

615×365 砖柱立面图一

615×365 砖柱立面图二

615×365 砖柱立面图三

615×365 砖柱砌筑分解轴测图

1.6.7 615×490 砖柱

615×490 砖柱第一层平面图

615×490 砖柱第二层平面图

615×490 砖柱立面图一

615×490 砖柱立面图二

615×490 砖柱砌筑分解轴测图

1.7 砖墙转角

砖墙转角经常出现在围墙、景墙、花池、坐凳等景观构筑物中，因此了解不同厚度砖墙转角的砌筑方式，有利于设计师在施工图设计过程中更好地把握面层材料的规格，或者在清水墙砌筑中正确绘制砖墙的施工图。

1.7.1 120 墙转角

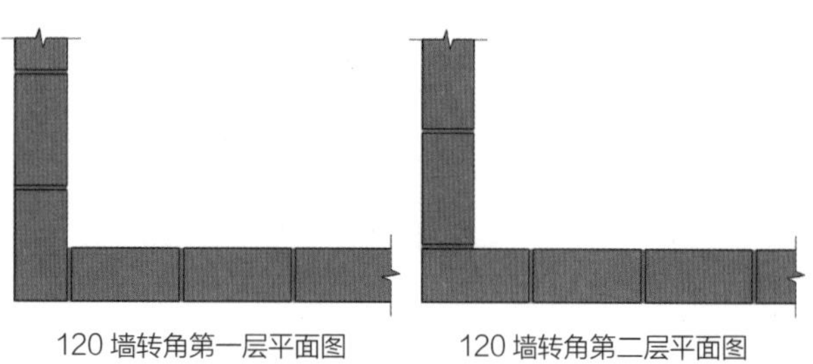

120 墙转角第一层平面图　　120 墙转角第二层平面图

120 墙转角砌筑分解轴测图

1.7.2 180 墙转角

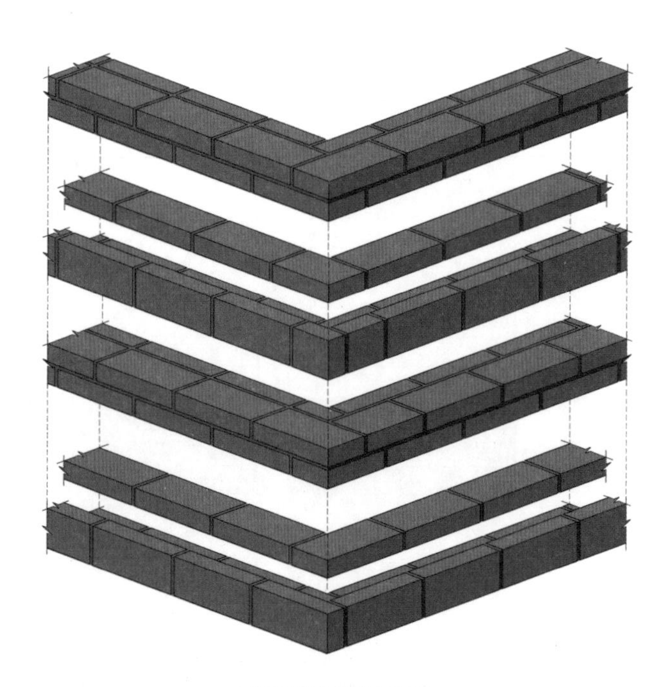

180 墙转角砌筑轴测图

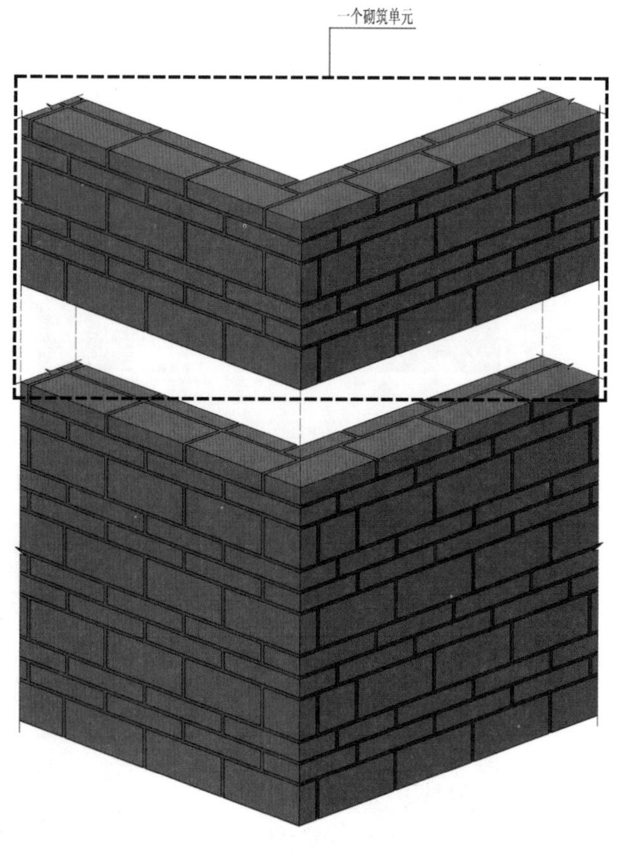

180 墙转角砌筑一个单元分解轴测图

1.7.3 240 墙转角

240 墙的砌筑方式主要包括顺丁式、十字式、空斗墙等，在这一小节中主要介绍 240 墙的两种转角砌筑方式。

1. 一顺一丁式转角

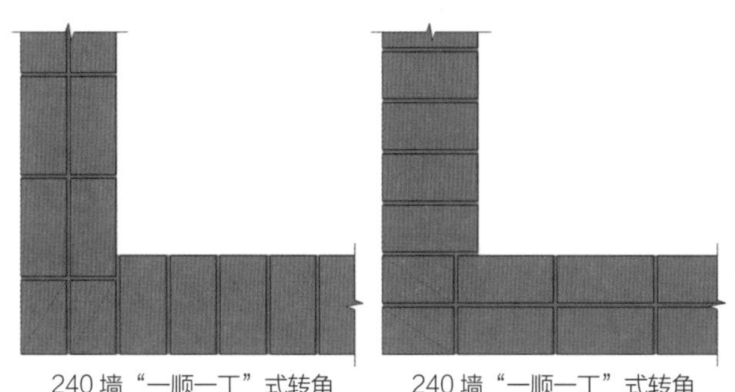

240 墙“一顺一丁”式转角
第一层平面图

240 墙“一顺一丁”式转角
第二层平面图

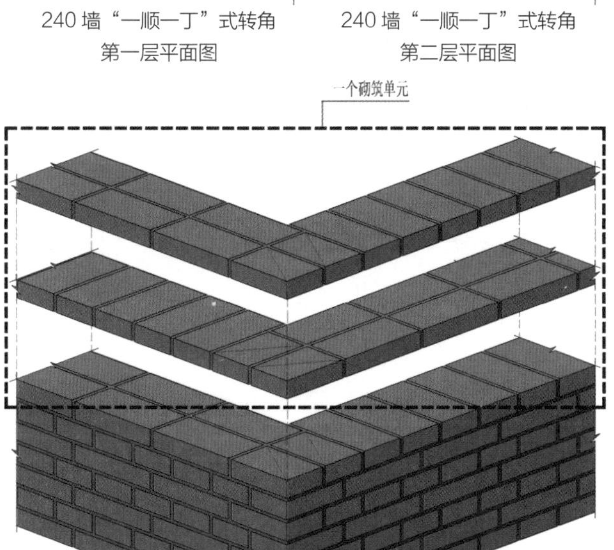

240 墙“一顺一丁”式转角砌筑分解轴测图

2. 十字式转角

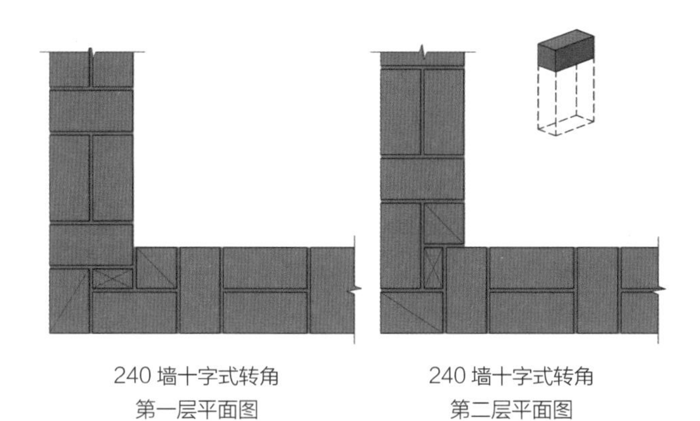

240 墙十字式转角
第一层平面图

240 墙十字式转角
第二层平面图

240 墙十字式转角砌筑分解轴测图

1.7.4 300 墙转角

300 墙转角砌筑单元分解轴测图

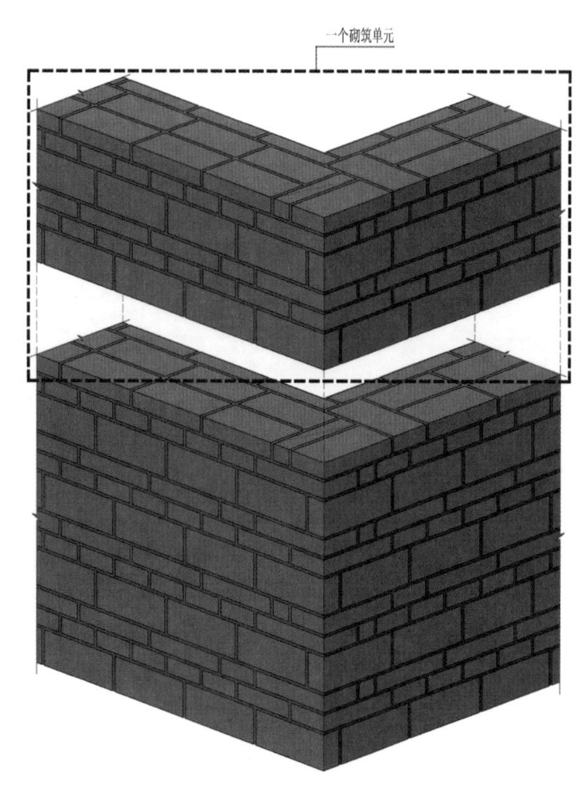

300 墙转角砌筑轴测图

1.7.5 370 墙转角

1. 一顺一丁式转角

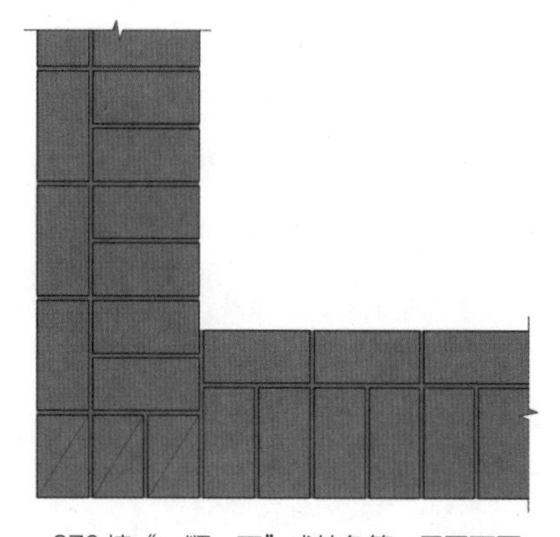

370 墙“一顺一丁”式转角第一层平面图

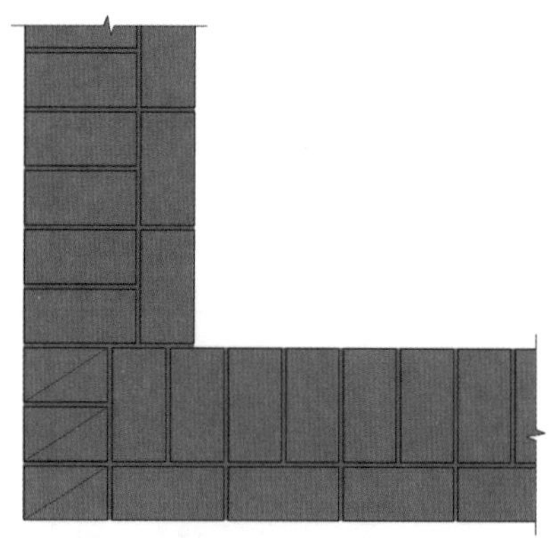

370 墙“一顺一丁”式转角第二层平面图

370 墙“一顺一丁”式转角砌筑分解轴测图

2. 十字式转角

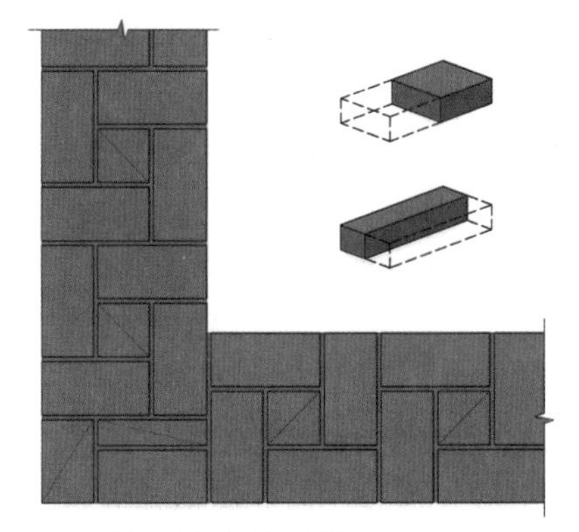

370 墙十字式转角第一层平面图

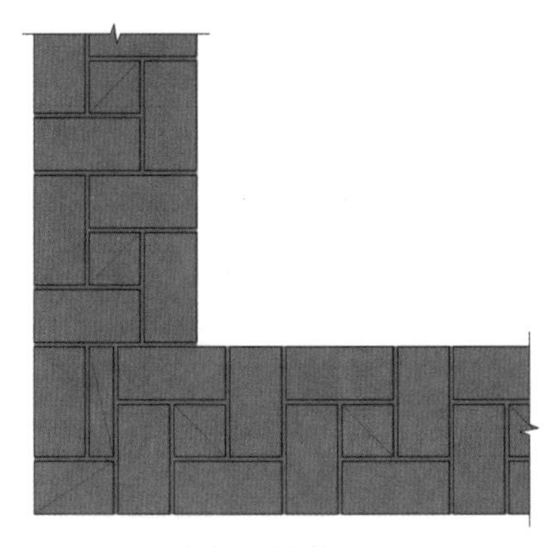

370 墙十字式转角第二层平面图

370 墙十字式转角砌筑分解轴测图

1.8 砖墙附墙柱

通常认为砖砌筑的围墙是由“墙”与“柱”两个独立部分组成的，但实际情况是独立的“墙”“柱”无法保证围墙的整体稳定性。此时看到的“柱”是一种叫作“附墙柱”的构件。了解砖墙附墙柱的基本砌筑方式，可以在砌筑过程中控制贴面石材的规格，以及在清水砖墙的砌筑中对基本样式进行变化，形成新的围墙样式。

1.8.1 240 墙附墙柱

1. 单侧附墙柱（240 墙 +370 单侧附墙柱）

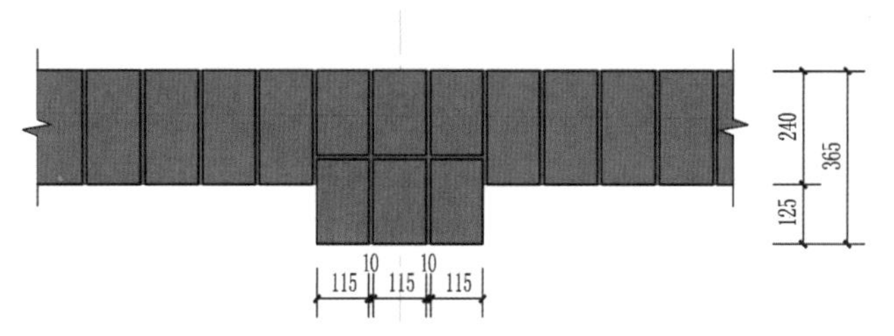

240 墙 +370 单侧附墙柱第一层平面图

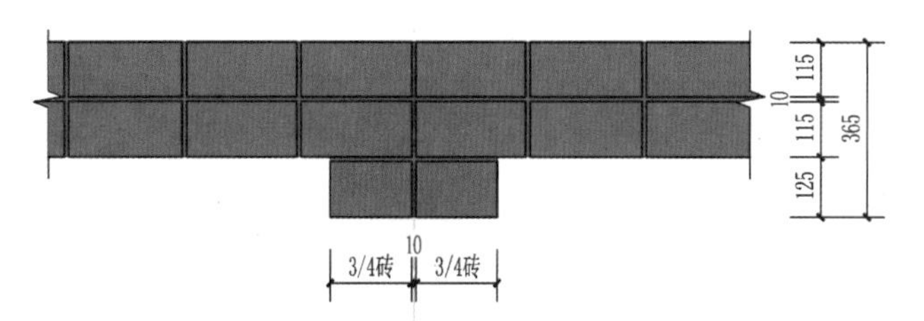

240 墙 +370 单侧附墙柱第二层平面图

240 墙 +370 单侧附墙柱砌筑分解轴测图

2. 双侧附墙柱（240 墙 +490 双侧附墙柱）

240 墙 +490 双侧附墙柱第一层平面图

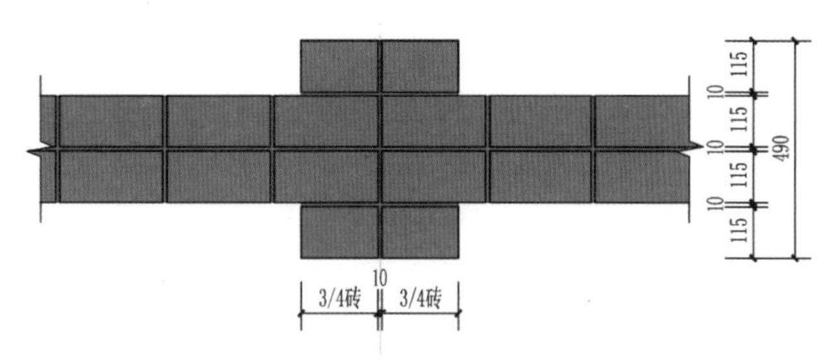

240 墙 +490 双侧附墙柱第二层平面图

240 墙 +490 双侧附墙柱砌筑分解轴测图

1.8.2 370 墙附墙柱

1. 单侧附墙柱（370 墙 +490 单侧附墙柱）

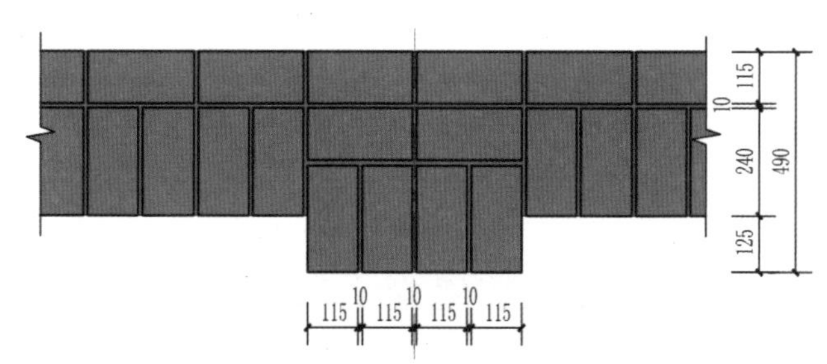

370 墙 +490 单侧附墙柱第一层平面图

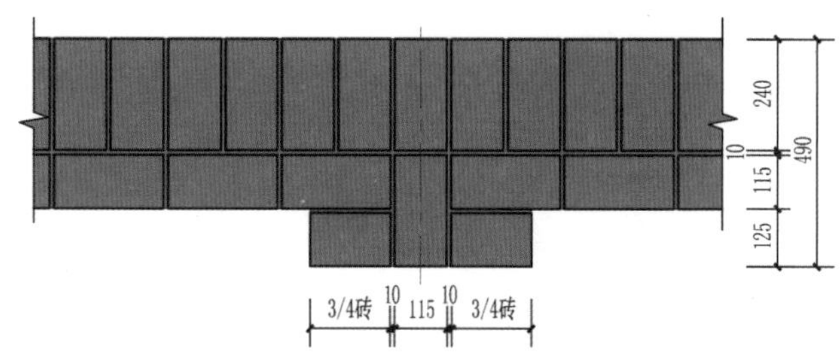

370 墙 +490 单侧附墙柱第二层平面图

370 墙 +490 单侧附墙柱砌筑分解轴测图

2. 双侧附墙柱（370 墙 +615 双侧附墙柱）

370 墙 +615 双侧附墙柱第一层平面图

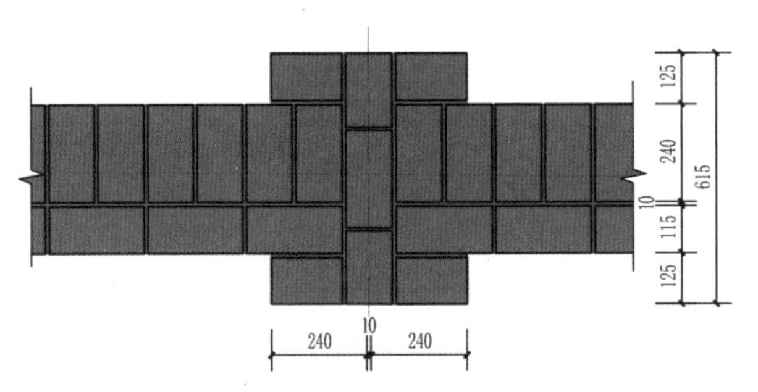

370 墙 +615 双侧附墙柱第二层平面图

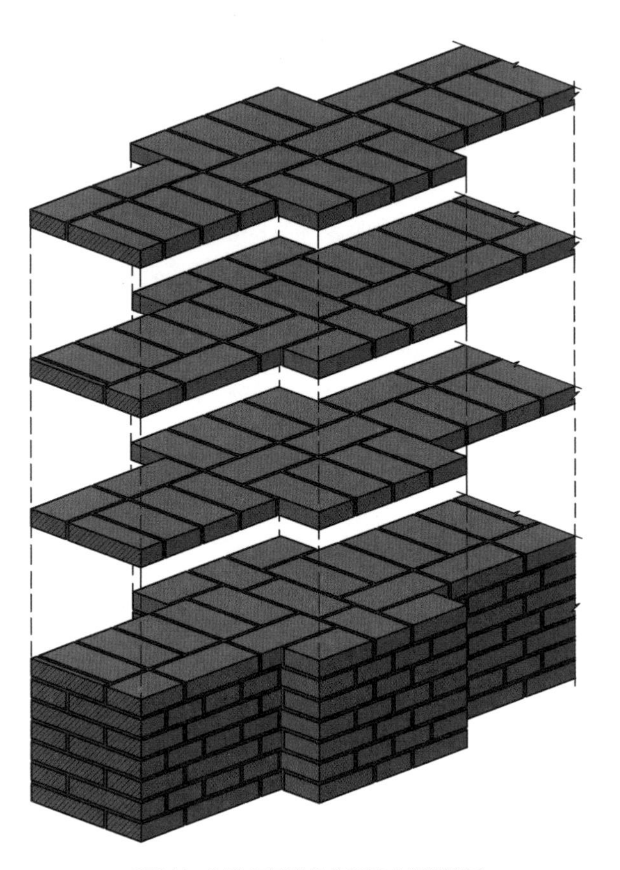

370 墙 +615 双侧附墙柱砌筑分解轴测图

3. 工程实例

下图是实际工程中未按照砌体结构相关技术规范及验收规范要求砌筑附墙柱而导致的工程事故。除了附墙柱问题，从下图中可以看出砖柱采用了包心柱的砌筑方式，此外还存在水泥强度、砂浆拌合比例、砂浆厚度等方面问题，加之恶劣大风天气等诱因，导致 70 m 长的围墙整体倒塌。

在工程实际应用中导致砖墙倒塌的因素有很多，包心柱就是其中一个。从下列图片中可以看出，地面以上柱子完全倒塌，但是墙体部分未出现结构性破坏，说明柱子与墙未形成整体，从而影响了墙的整体稳定性。尽管该工程更多属于施工事故，但是从设计师的角度讲，明白砖砌体的基本规则，了解景观工程中容易出现问题的地方，在施工图交底过程中与施工单位充分沟通，施工过程中及时跟进，是景观设计师的基本责任。或许有人会认为这些工作不属于设计师的工作范畴，但是从提供服务的角度来看，充分沟通，尽可能配合各部门工作，保障工程的质量，也是设计师的职责。

未采用附墙柱危害工程实例

1.9 砖基础

砖基础、毛石基础和砌块基础等都属于刚性基础（详见第 8 章第 246 页）。刚性基础抗压强度较高，但抗拉强度较低。为了保证砖基础能更好地将上部荷载传到地基上，要求刚性基础的高度与出挑的宽度之比（H/L）应在 1.5~2.0 之间，形成的夹角 α 在 26° ~ 34° 之间。这时角 α 也被称为刚性角，砖基础出挑形成的阶梯状部分也被称为大放脚。

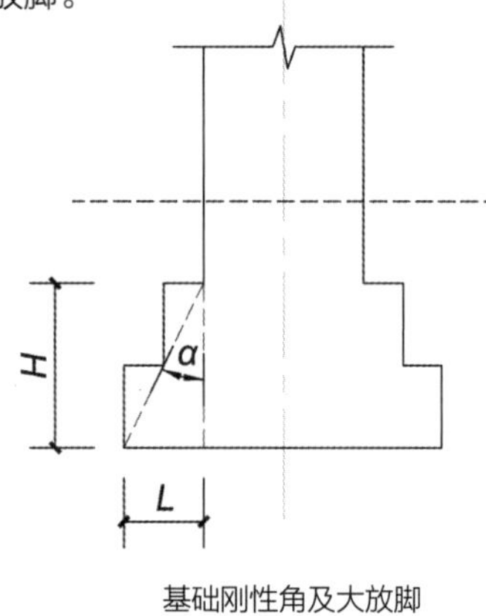

基础刚性角及大放脚

在砖基础施工图的绘制过程中最常见的两个问题是：一是砖基础未画大放脚直接连接混凝土垫层，二是砖基础大放脚不符合刚性角要求。

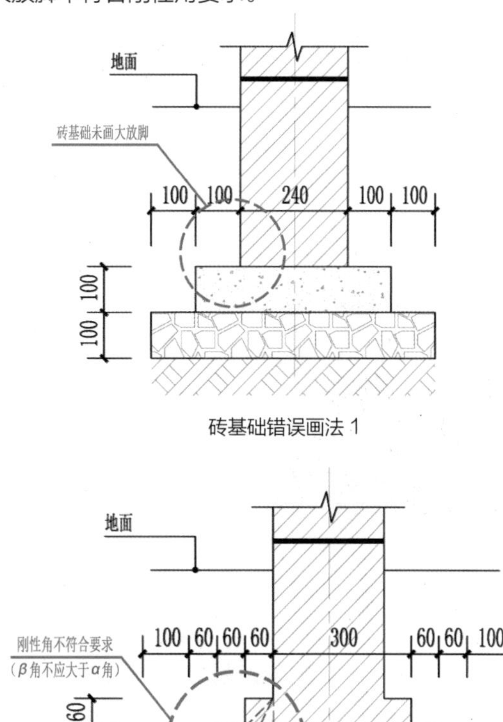

砖基础错误画法 1

砖基础错误画法 2

1.9.1 砖基础大放脚的基本形式

砖基础大放脚通常有等高式和间隔式两种。

1. 等高式

等高式大放脚即每两皮砖高收 1/4 砖（约 60 mm），此时，H/L=2.0，α'=26.6°，如下图所示。

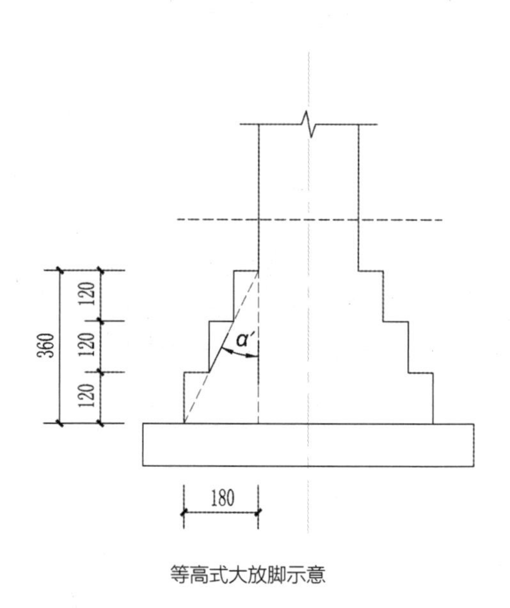

等高式大放脚示意

2. 间隔式

间隔式大放脚即第一个台阶每两皮砖向内收 1/4 砖，第二个台阶每皮砖向内收 1/4 砖，以此类推形成阶梯状。此时，H/L=1.5，α'' =33.7°，如下图所示。

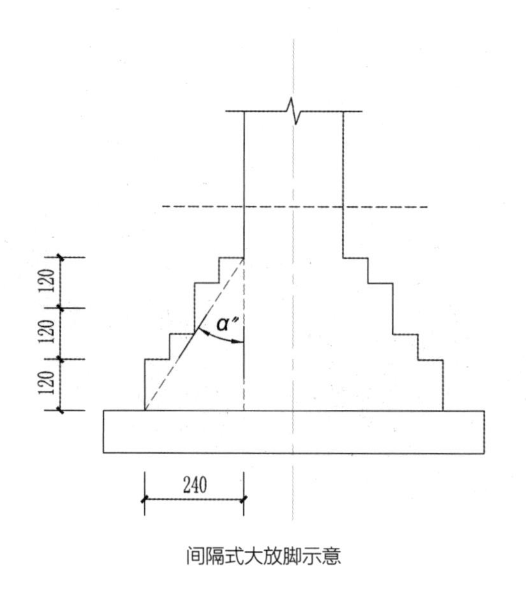

间隔式大放脚示意

1.9.2 砖基础大放脚砌法

砖基础大放脚砌法通常有等高式和间隔式两种。

1. 等高式

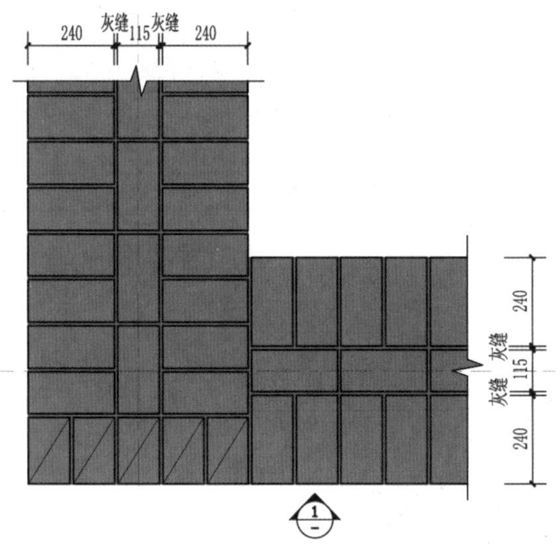

大放脚第一层

大放脚第二层

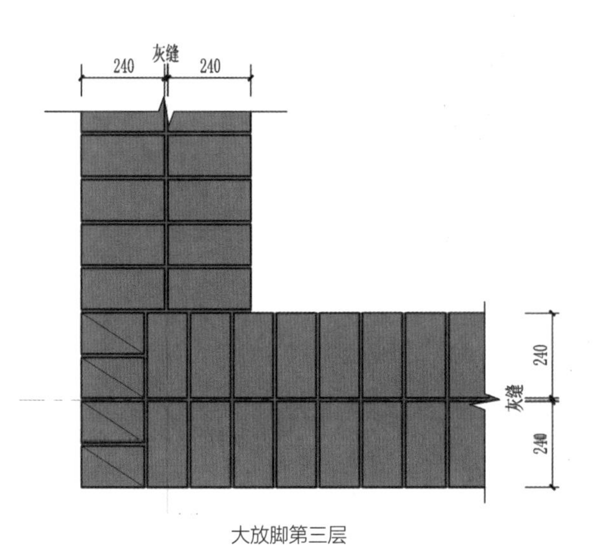

大放脚第三层

大放脚第四层

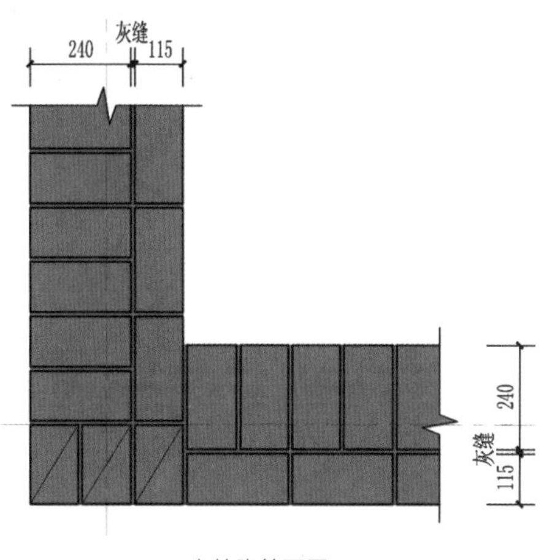

大放脚第五层

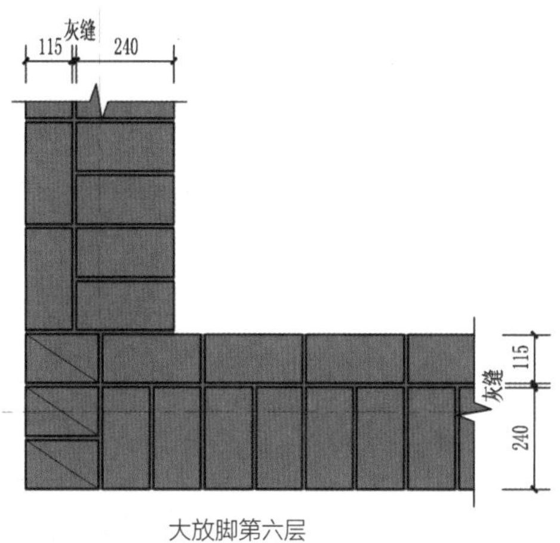

大放脚第六层

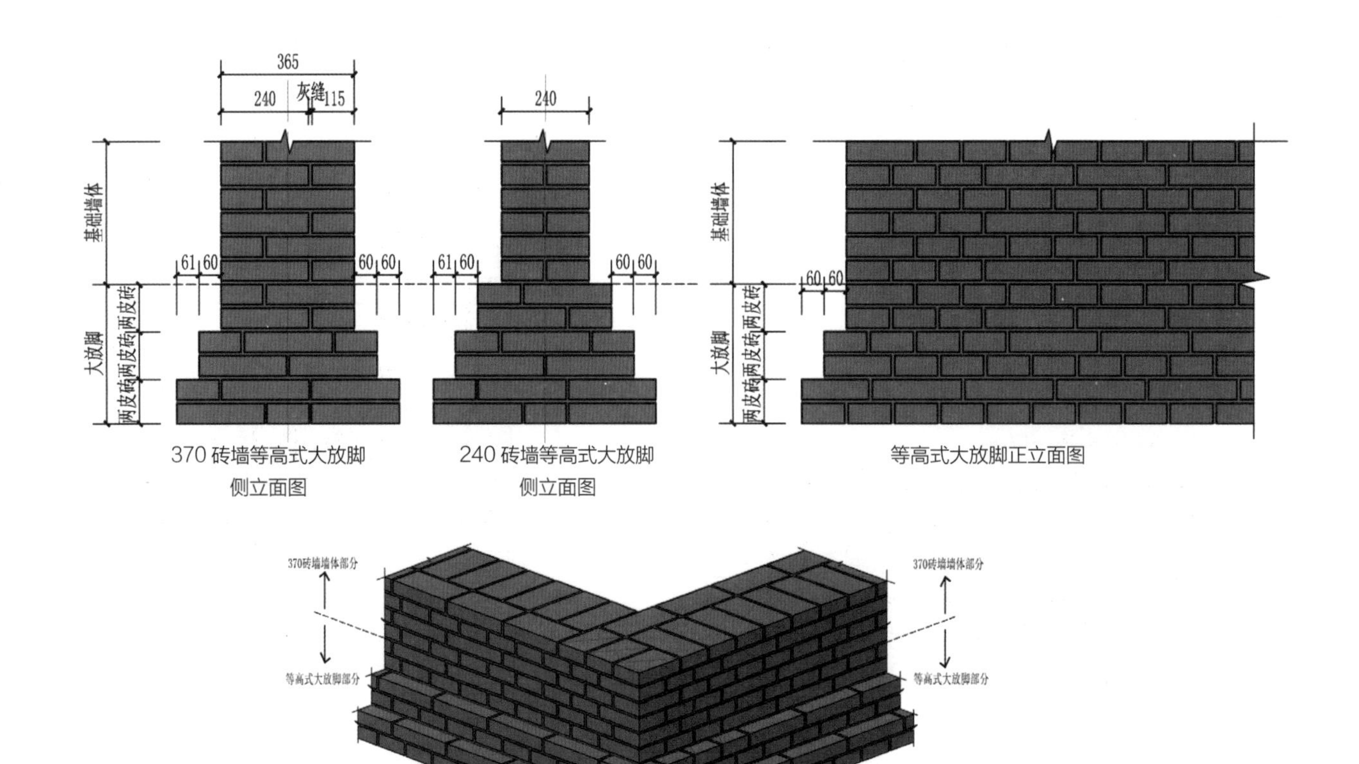

370 砖墙等高式大放脚侧立面图

240 砖墙等高式大放脚侧立面图

等高式大放脚正立面图

370 砖墙等高式基础大放脚轴测图

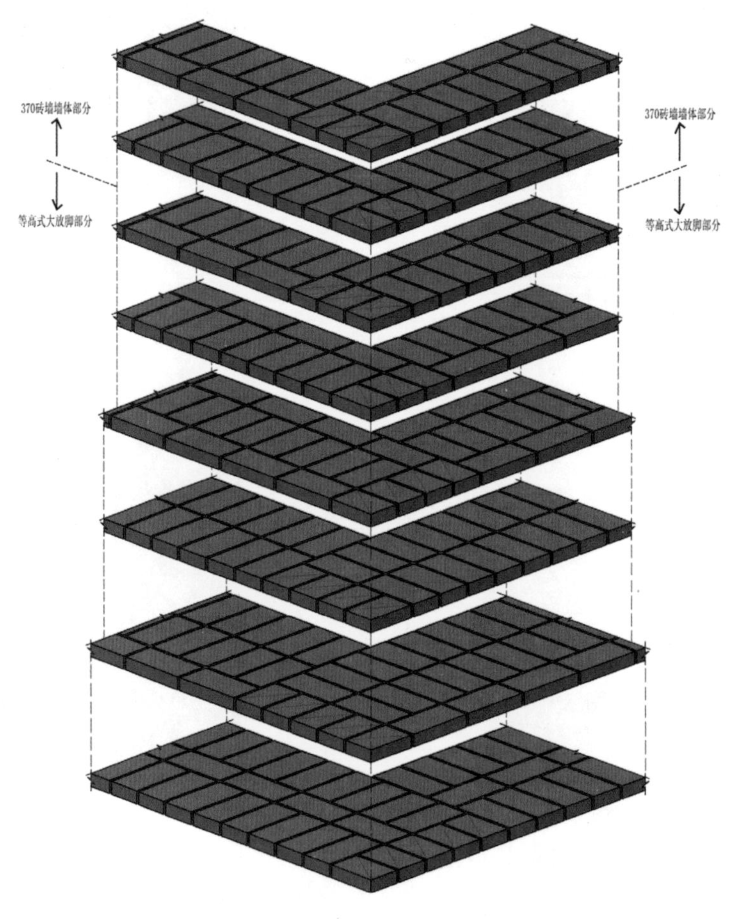

370 砖墙等高式基础大放脚砌筑分解轴测图

2. 间隔式

间隔式大放脚砌法详见下图。

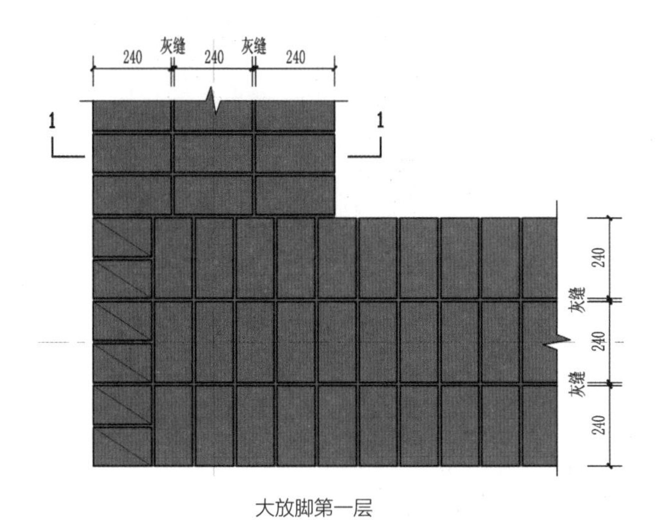

大放脚第一层

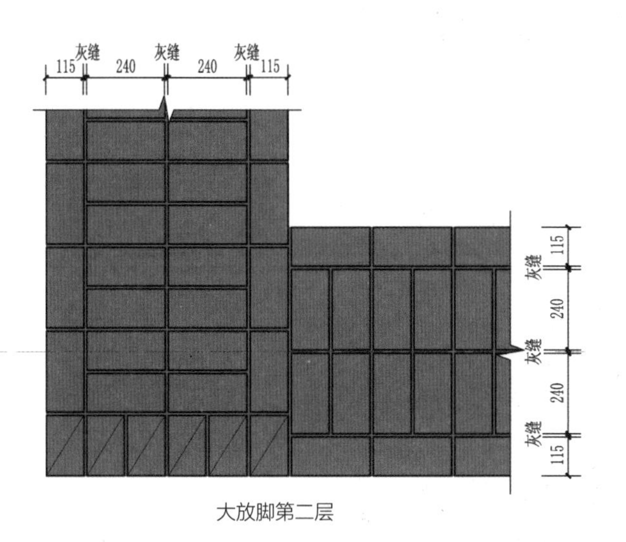

大放脚第二层

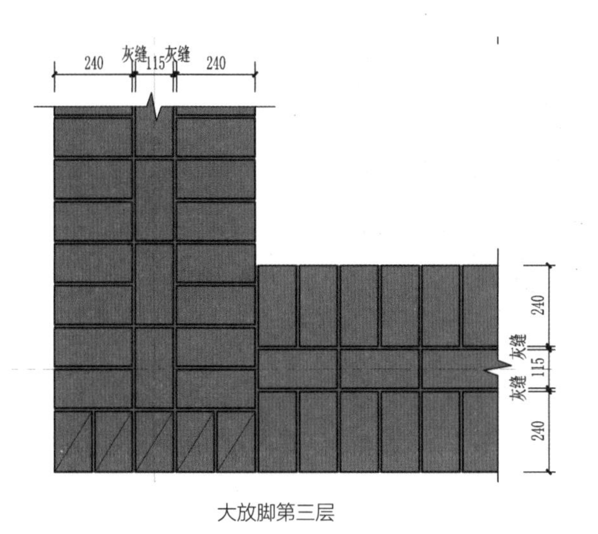

大放脚第三层

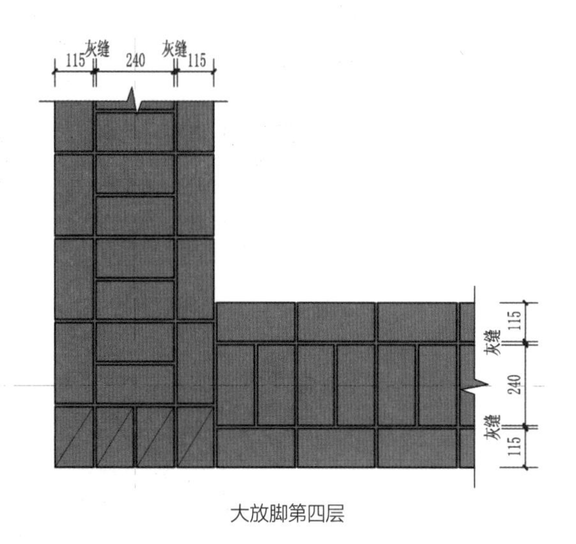

大放脚第四层

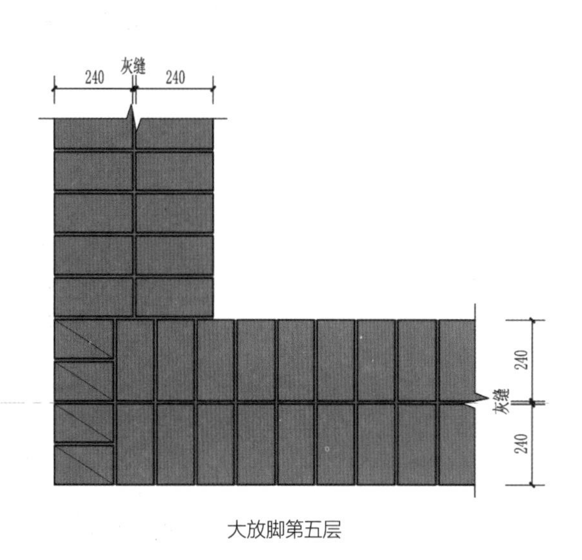

大放脚第五层

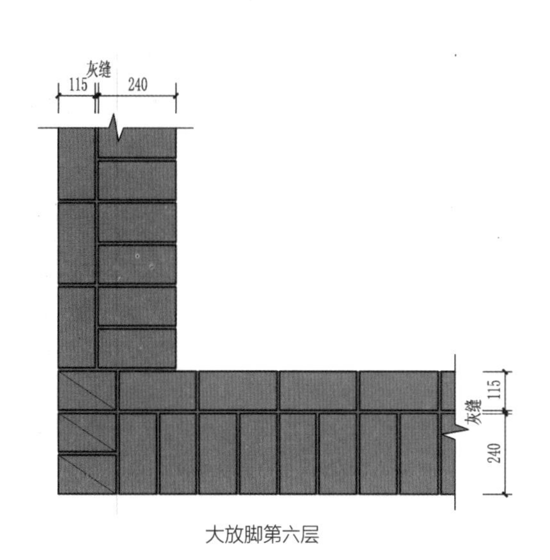

大放脚第六层

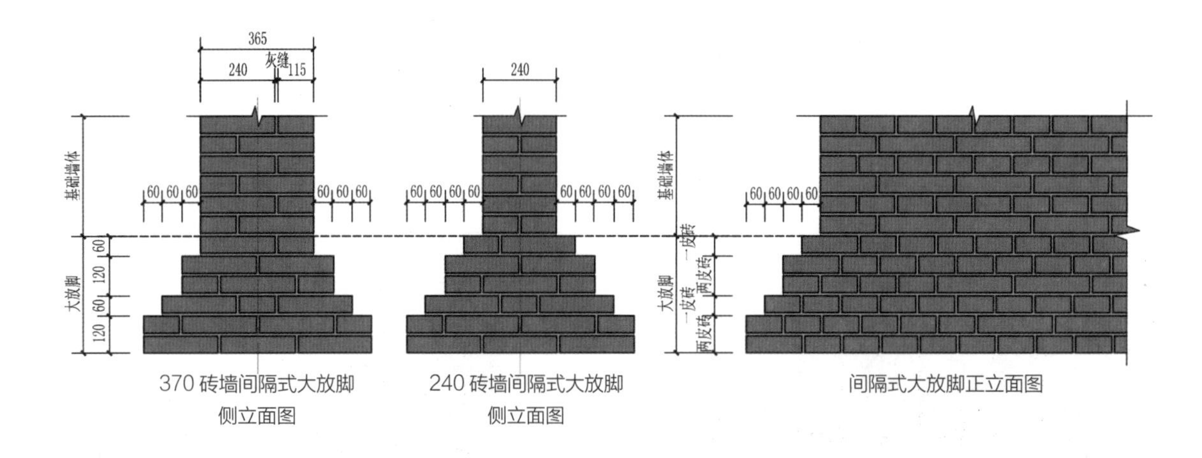

370 砖墙间隔式大放脚侧立面图　240 砖墙间隔式大放脚侧立面图　间隔式大放脚正立面图

240 砖墙间隔式基础大放脚轴测图

240 砖墙间隔式基础大放脚砌筑分解轴测图

1.10 砖墙绘制中的其他问题

1.10.1 砖的外表面填充问题

在景观施工图绘制中填充是常用的工具之一，不同的填充具有不同的属性，比如有的填充只能用于剖面，有的只能用于外立面，有的只能用于地面铺装。在此列出几类与砖砌体结构外立面或地面相关的填充，并对其适用范围进行说明。

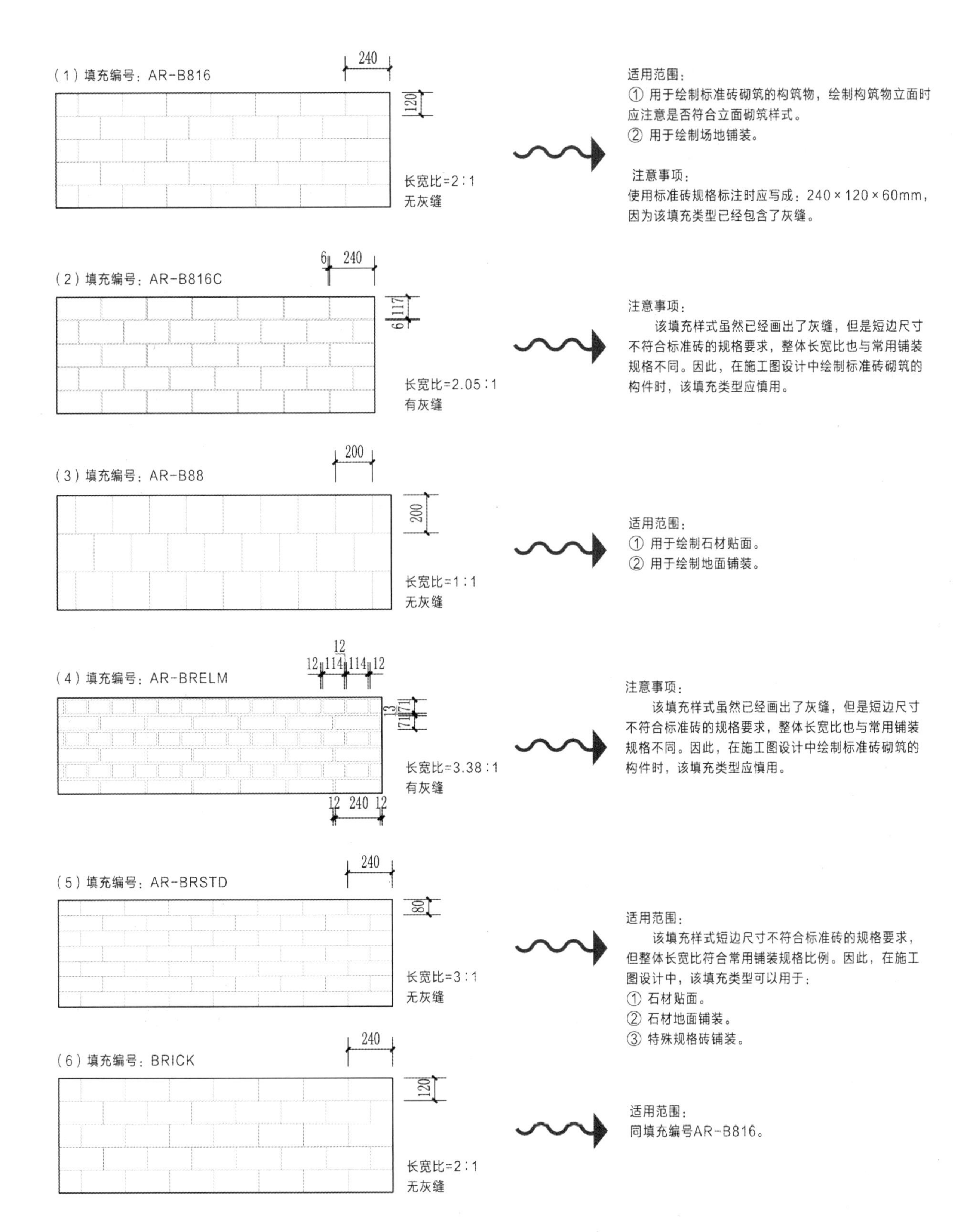

1.10.2 灰缝问题

前文提到砖的模数与灰缝是砖墙砌筑最重要的内容之一，通过灰缝的宽度，调节砖砌体结构的尺寸。

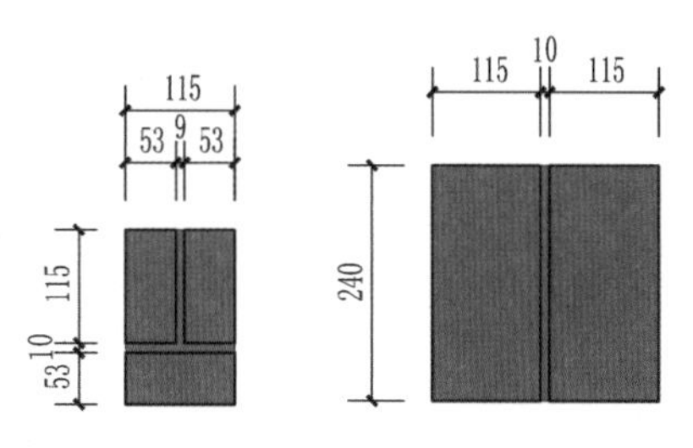

模数化制砖组合图示

通常来说，为了简化砖砌结构的施工图绘制，在制图时，常常将 235 mm × 115 mm × 53 mm 的砖模数简化为 240 mm × 120 mm × 60 mm，但是这个尺寸上的简化也存在一定的问题。那么在实际制图过程中，应该如何处理以保证图纸表达的准确性呢?

下图为一个景墙的方案，以对该景墙进行施工深化为例，介绍灰缝问题以及将方案转化成施工图过程中的其他注意事项。

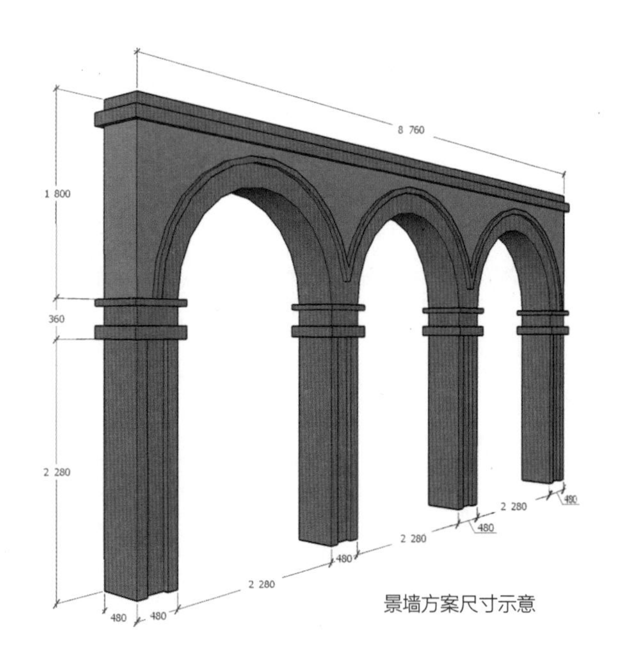

景墙方案尺寸示意

景墙方案尺寸参见上图，要求使用清水砖砌筑。通过对该景墙样式及尺寸的观察，初步确定景墙的施工重点:

① 砖柱尺寸及凹槽。

② 发券部分做法及细部。

③ 压顶的处理。

我们选取其中柱的问题进行分析。方案中提供的柱尺寸为 490 mm × 490 mm，要形成方案中柱身的凹槽样式比例关系，有不同的排砖方式，下面列举出一种作为参考。需要注意的是在排砖的过程中仍然要考虑通缝问题和立面砖缝排列问题。

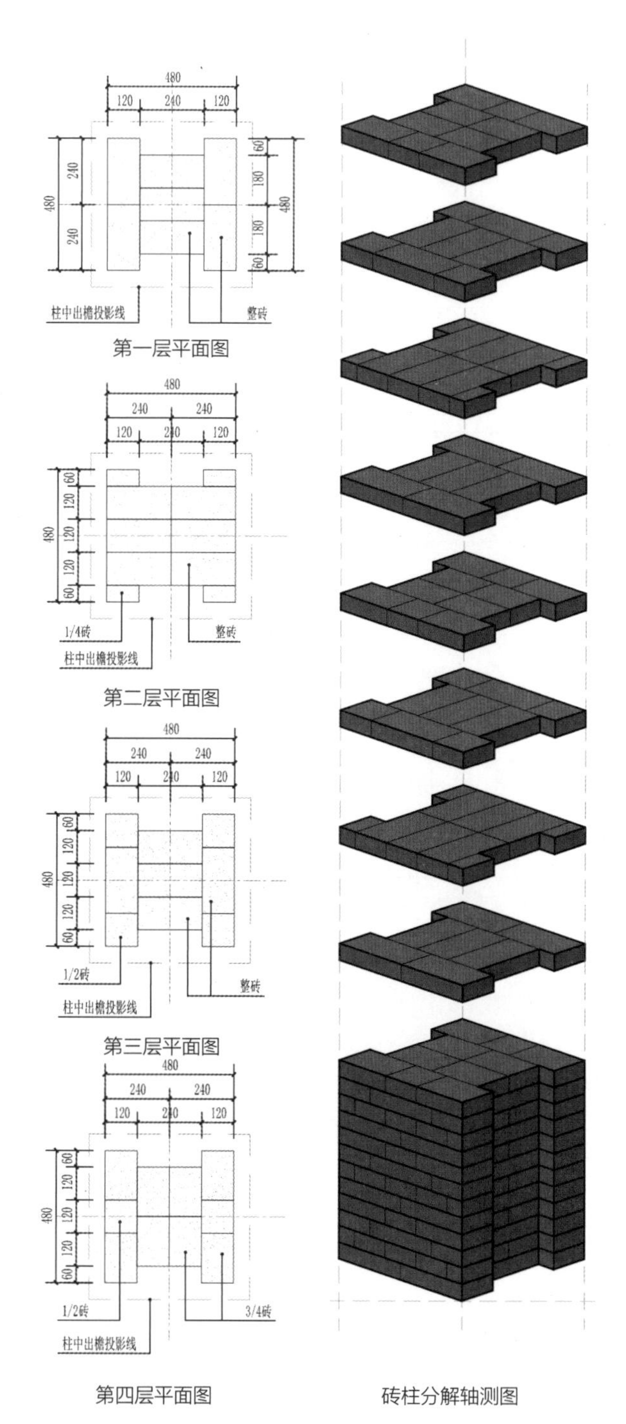

第一层平面图

第二层平面图

第三层平面图

第四层平面图

砖柱分解轴测图

由于使用了砖模数的简化方式，可以看到在上图的砌筑单元格中砖柱的尺寸为 480 mm×480 mm，但是通常情况下，加上灰缝尺寸，砖柱的规格为 490 mm×490 mm，那么在施工图制图中如何解决这个问题呢？

如果如实地绘制出砖的排布以及灰缝，虽然能很好地控制立面排列样式，但是工作量较大，而且在标注过程中存在切砖尺寸标注的不确定性。

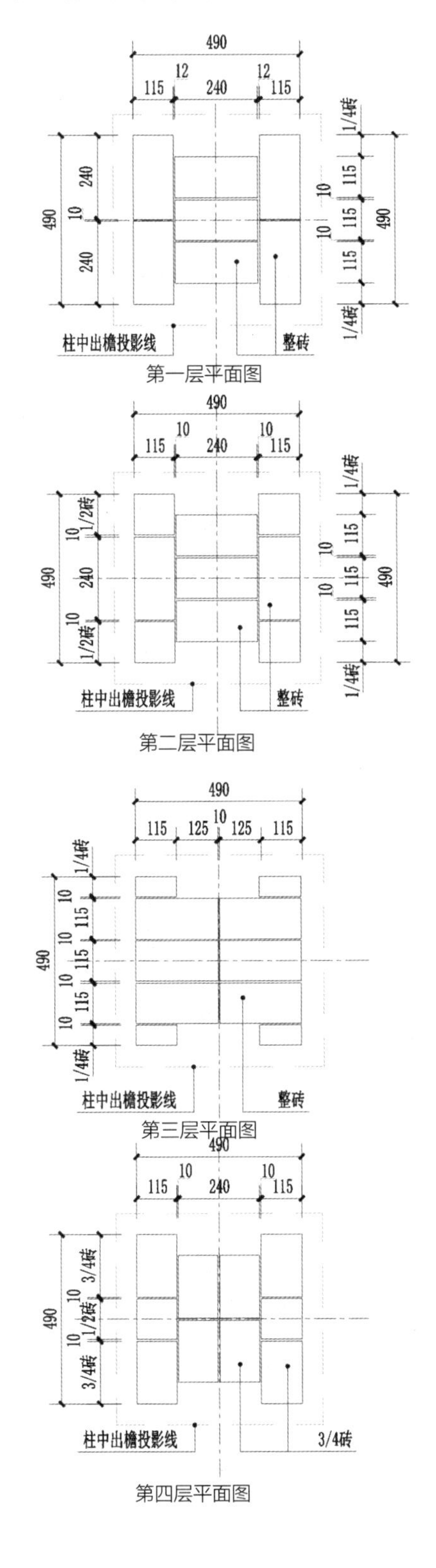

第一层平面图

第二层平面图

第三层平面图

第四层平面图

为了避免出现上述问题，在施工图绘制过程中，可以按照相应砖墙、砖柱的规格表示出砖柱的轮廓，通过填充解决该问题，避免出现砖及砖缝的繁杂的绘制和标注，该景墙完整施工图绘制见砖砌筑示例（详见第 46 页）。

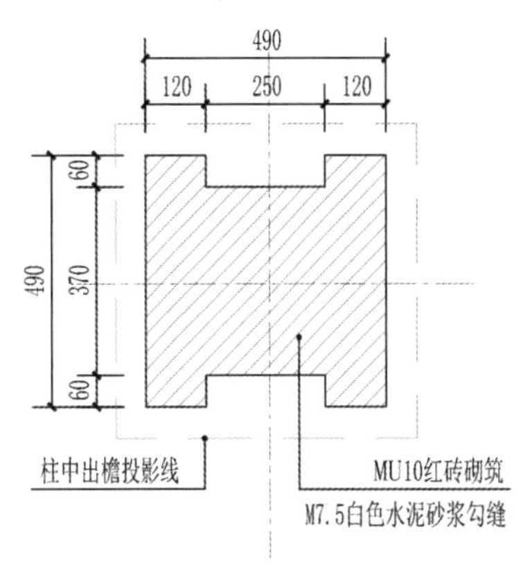

景墙砖砌剖面图

前面讲了砖的外表面填充的使用，下面就施工图中常用的几种材料的剖面填充符号进行说明。

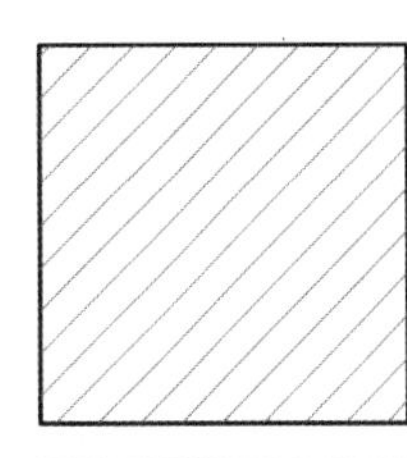

砖填充

由斜向 45° 平行线组成，用于绘制砖砌体的各种剖面图。需要标注砖的强度以及水泥砂浆的强度。

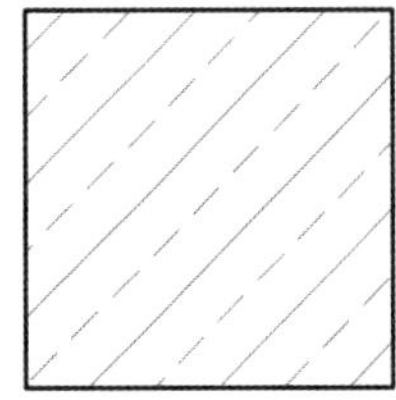

石材填充

由 45° 实线与虚线交替排列组成。一般指天然石材，人造石材也可以使用该填充，但需在标注中注明。

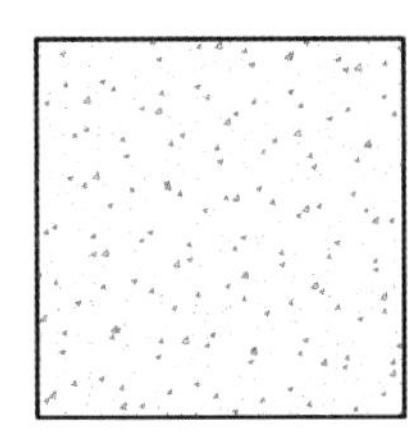

素混凝土填充

由素混凝土填充组成。需要标示出混凝土的强度等级。

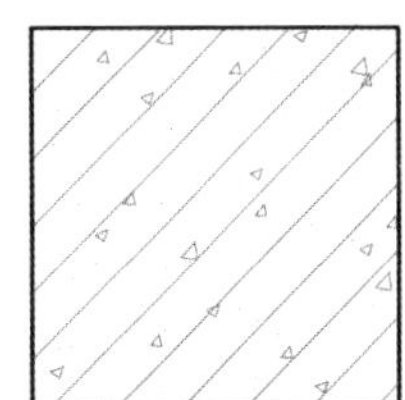

钢筋混凝土填充一

由斜向 45° 平行线及混凝土填充组成。由于没有标示出钢筋，需要在标注中写明“配筋参见结构专业图纸”或者索引配筋图所在图纸的图号。

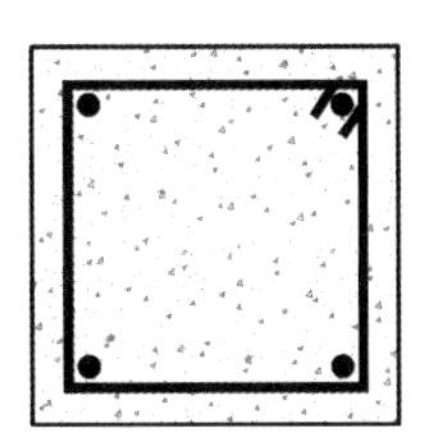

钢筋混凝土填充二

由混凝土填充及钢筋排布组成。由于标示出了钢筋，需要标注出钢筋的规格、数量以及排布方式。

1.11 清水砖墙施工图设计示例

1.11.1 清水砖墙绘制

以景墙设计为例，要求控制尺寸如下：设计一道长 4 000 mm、厚 300 mm、高 1 500 m 的清水砖墙，红砖砌筑，墙不开洞，压顶不出檐。

调整前图纸：

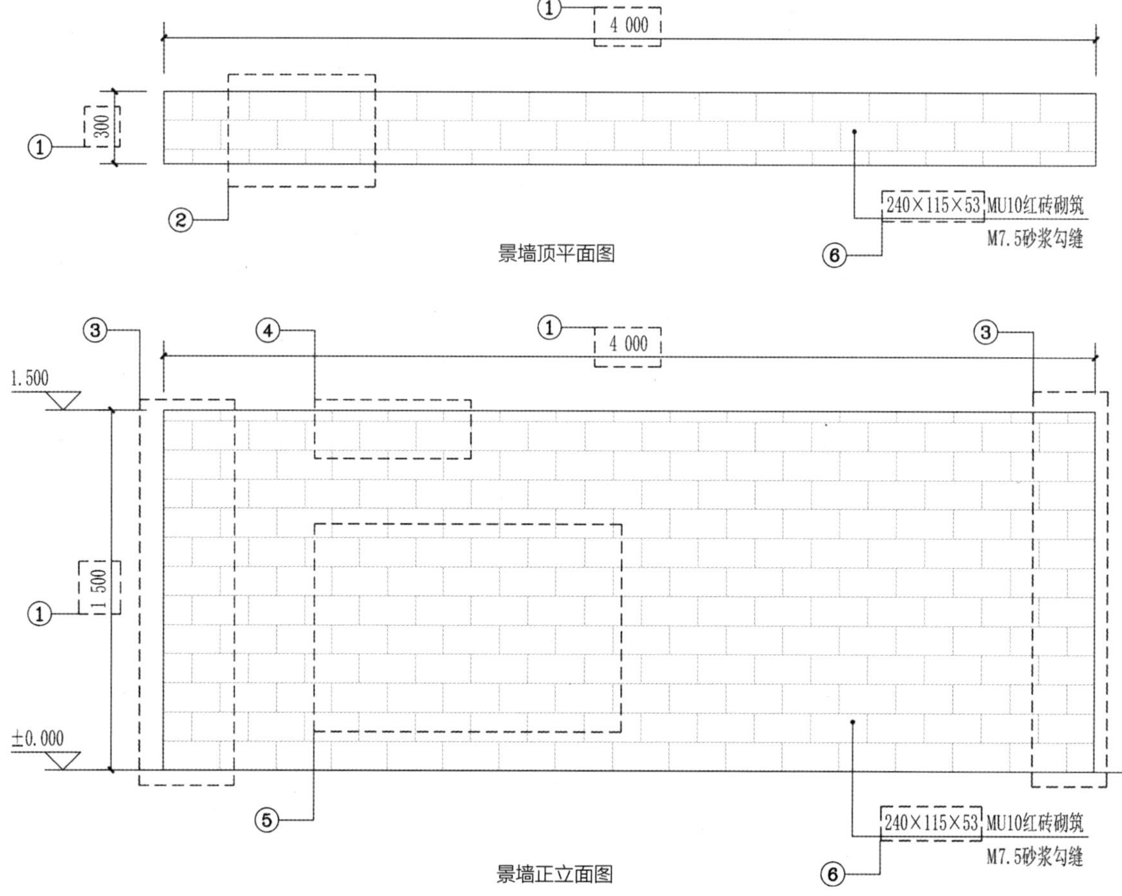

景墙顶平面图

景墙正立面图

上图与右图存在施工图绘制中的常见问题，主要包括:

① 总图给出的控制尺寸与砖模数不符，但详图未对总图提出的控制尺寸进行调整。

② 填充用法错误。

③ 景墙端头做法错误。

④ 砖墙压顶做法错误。

⑤ 景墙排砖错误。

⑥ 砖的规格标注与图纸表达不符。

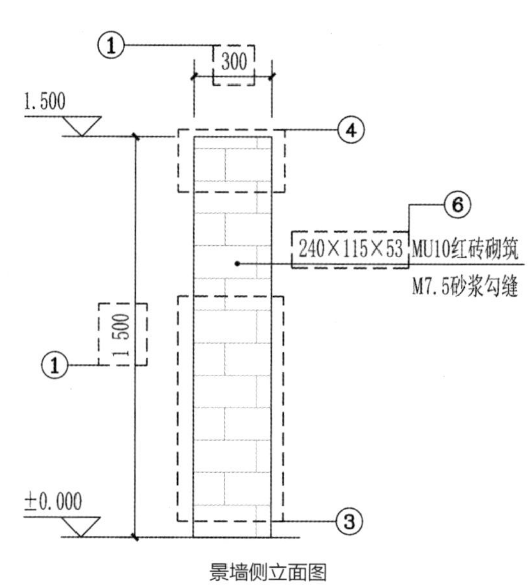

景墙侧立面图

通过第一次调整，对景墙的立面排砖、压顶做法进行了修改。目前的景墙长度符合砖的模数，但是依然存在以下问题：

⑦ 左右两侧墙端做法不协调；

⑧⑨ 不同墙端处理方式导致侧立面出现不同的效果。

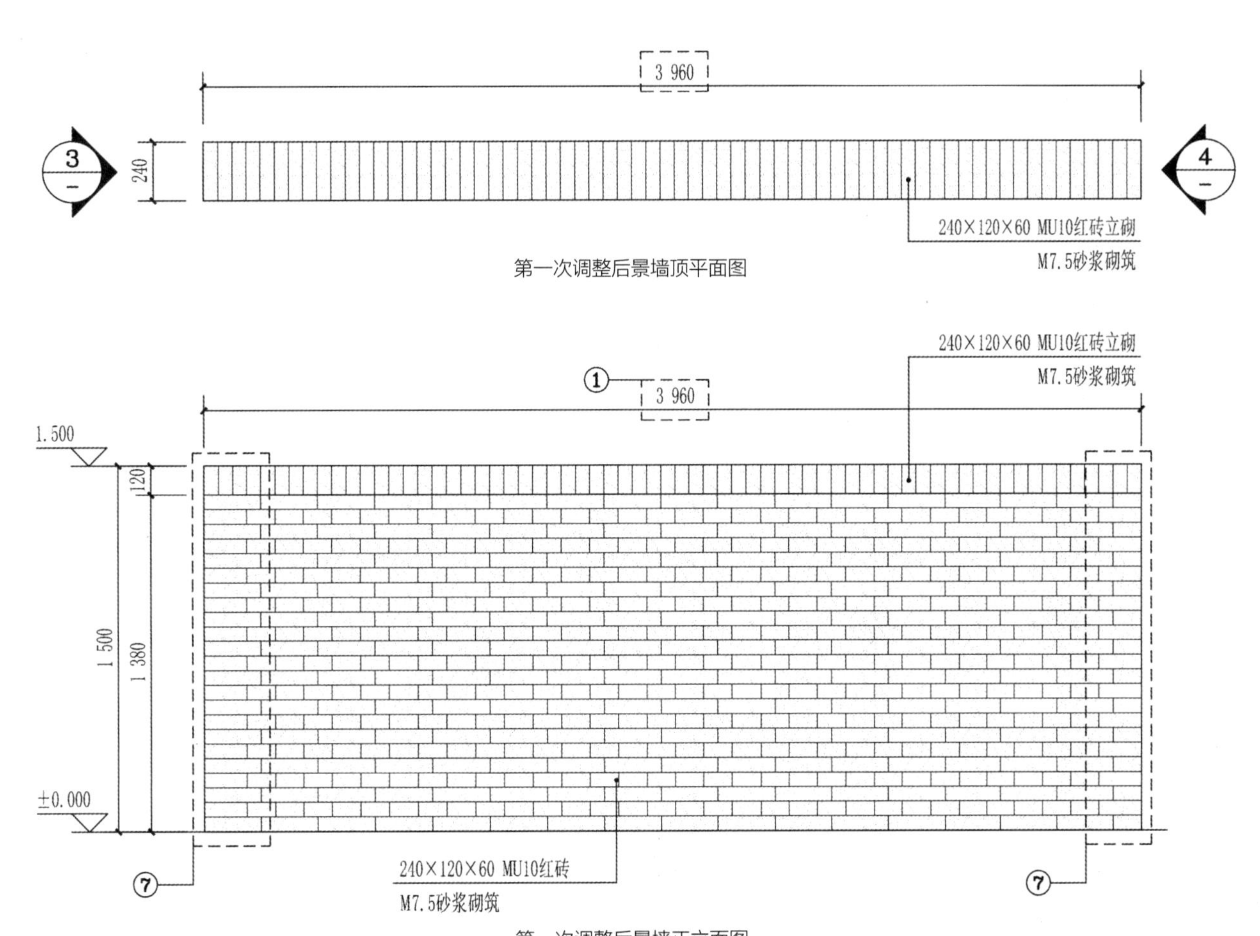

第一次调整后景墙正立面图

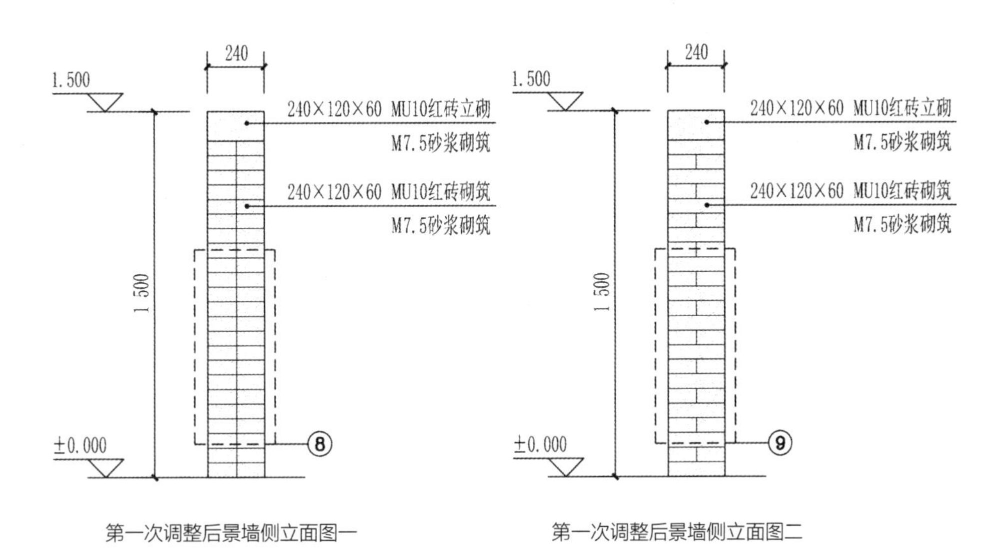

第一次调整后景墙侧立面图一

第一次调整后景墙侧立面图二

从景墙正立面⑦所标注的区域来看，景墙两端形成了不同的砌筑方式，这对两端的侧立面产生了不同的影响，如下图所示。

结合前述景墙设计中的问题对景墙的立面进行第二次调整，形成以下两个方案。在这两个方案中，尽管压顶做法还可优化，但是目前的图纸中正、侧立面排砖合理，没有形成通缝。

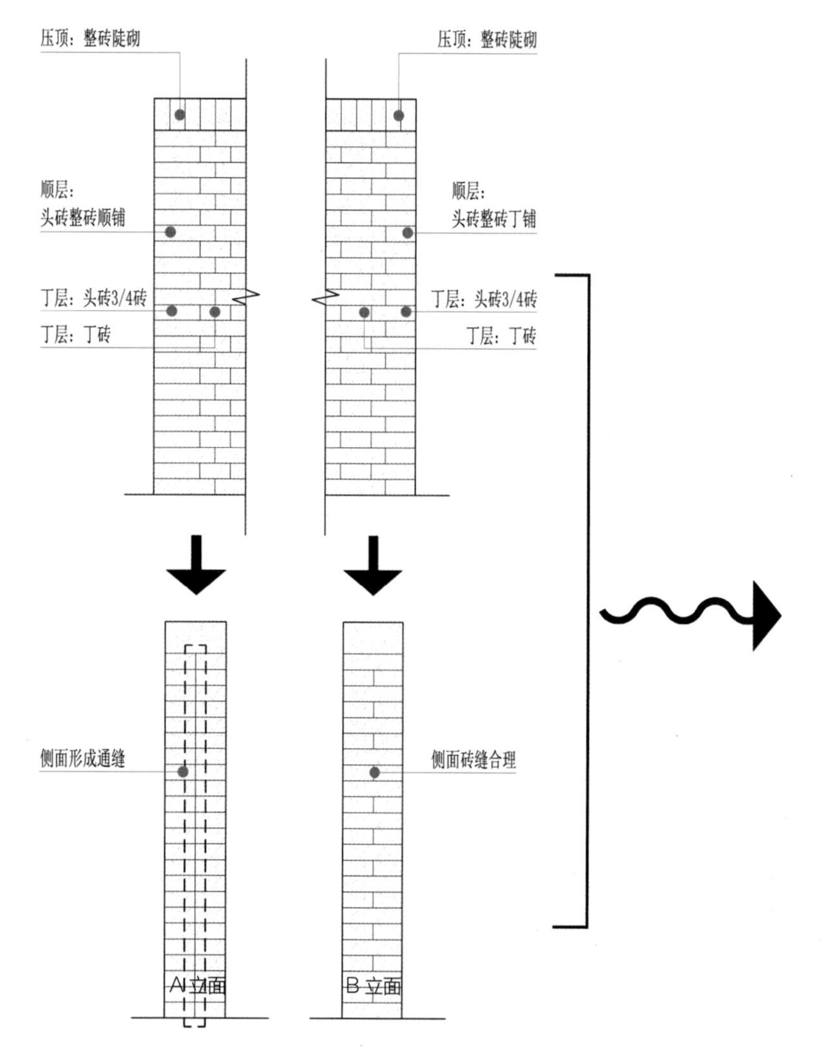

由于两侧墙端砌筑方式不同，导致了立面的不同变化，应采取以下的修改方式：

① 考虑到景墙的美观，两侧的收头应该一致。

② 在相对独立且简单的砖砌构筑物中应该尽量采用整砖，减少切砖。

③ B 立面的排砖合理，应按照 B 立面修改 A 立面，由此造成顶部平面的修改，在施工图绘制中应该注意相关细节的调整。

两种方案虽与设计方案或总图提出的控制尺寸（4 000 mm）有一定的差别，但是该尺寸属于调整尺寸的合理范围，且做法合理。因此，施工图设计的过程中应该对设计方案给出的尺寸切实地进行合理的调整。

此外在施工图设计中，排图出图的顺序虽然是按照平面、立面、剖面、大样等来进行的，但是在绘制过程中往往是平面、立面、剖面等图纸之间相互调整，很难出现一次就绘制完成的情况。因此，需要设计师在了解工程做法的基础上耐心细致，才能减少图纸问题。

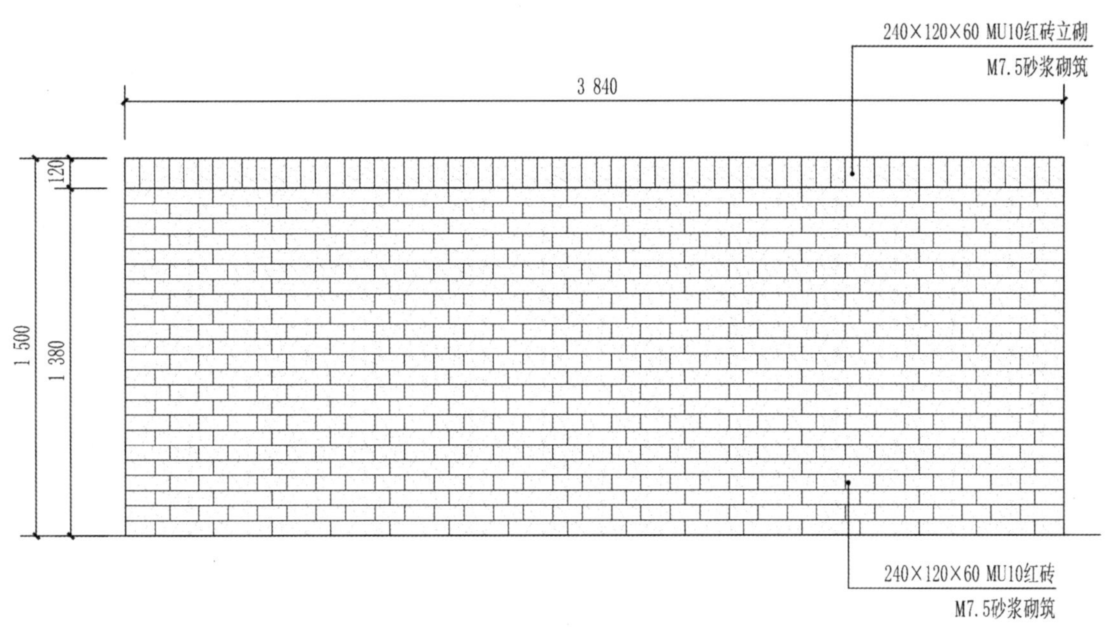

景墙图纸第二次调整方案一立面图

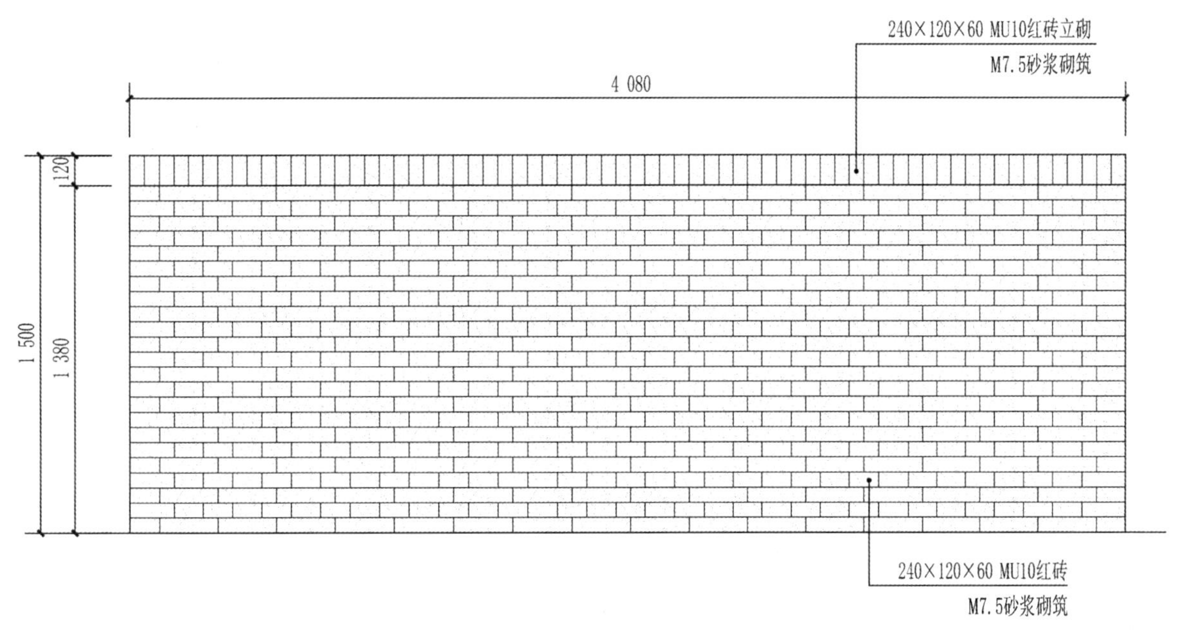

景墙图纸第二次调整方案二立面图

小结：

① 不论采用烧结普通砖还是其他砌块，砖墙砌筑都应该符合相应砌体材料的模数。

② 不要盲目或错误地使用 CAD 软件及天正软件自带的填充功能。

③ 应按照方案进行排砖设计或自行制作符合设计意图及工程做法的填充。

④ 正确认识总图过程版的控制尺寸与总图出图版的施工尺寸之间的差别与联系。

1.11.2 砖柱与景墙绘制示例

前面在讲灰缝时提到砖砌发券景墙如何控制砖柱尺寸及凹槽，接下来通过比较完整的绘制步骤介绍这一类构筑物的绘制顺序及制图过程中的重点。

对于一个构筑物来说，底平面图是不可或缺的，其主要的作用是：①明确构筑物柱子及基础的点位。②明确主体结构及外饰面材料、做法等。③需要表达构筑物和周边铺装的关系。从下图可以看出砖柱的轮廓尺寸已调整，以符合砖柱的规格。

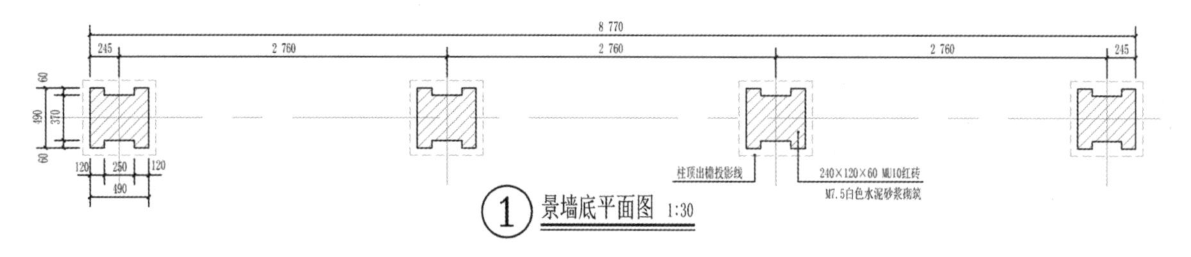

景墙底平面图纸示意

绘制完底平面图之后，接着绘制顶平面图。为了明确表达景墙压顶的砌筑方式，在绘制施工图的过程中，将两层压顶的排砖方式均进行表达，用以明确地指导现场施工。对于砖砌结构是否需要绘制排砖，不同的设计师有不同的看法，但是出于对图纸表达的规范要求、对施工效果的把控，以及项目中可能涉及的法律问题、工程责任等，图纸的严谨表达是设计单位明确设计意图和自我保障的核心手段。

需要注意的是在平面图中所表达的剖面位置，在立面图的相应位置也应该有所表现。另外关于剖面符号也应该正确使用——当剖面位置与所画的剖面在同一张图纸中时，应使用剖切符号（如下图）；当剖切位置与剖切详图不在同一张图纸中时，应按照《房屋建筑制图统一标准》（GB 50001—2017），明确剖切位置，索引应明显易识别，不仅可以明确图号，还可以准确对应剖面图在该图中的图纸编号。

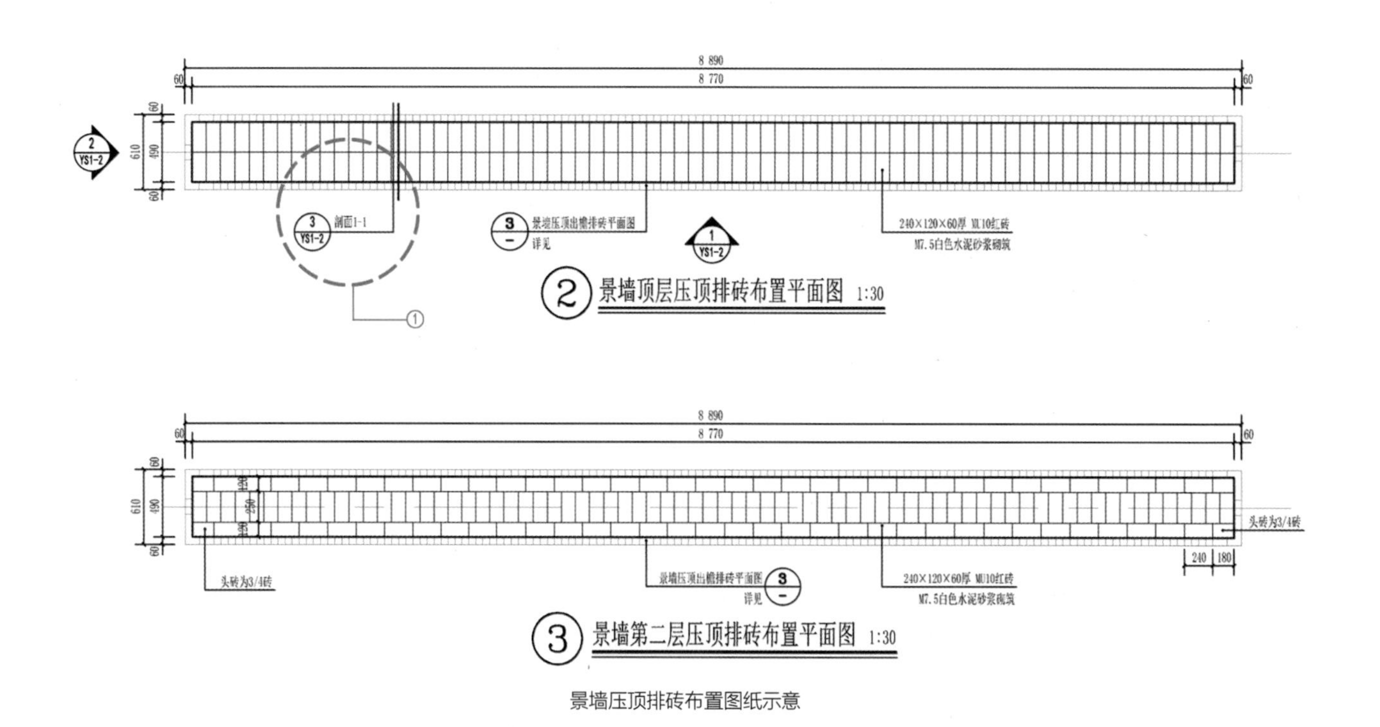

景墙压顶排砖布置图纸示意

从上一节景墙方案尺寸示意图中可以看到在景墙顶部还有一层出檐，根据方案提供的厚度，同时考虑到砌筑的稳定性，在施工图设计中选择了下图的排布方式。采用此排布方式的原因包括以下几点：①主体采用立砖，可以与上两层平砌压顶之间有一些变化。②立砌可以增加出檐的稳定性。③在端头采用平砌，主要考虑到出檐部分与墙体部分的搭接宽度，避免因使用立砌方式而导致端头脱落。

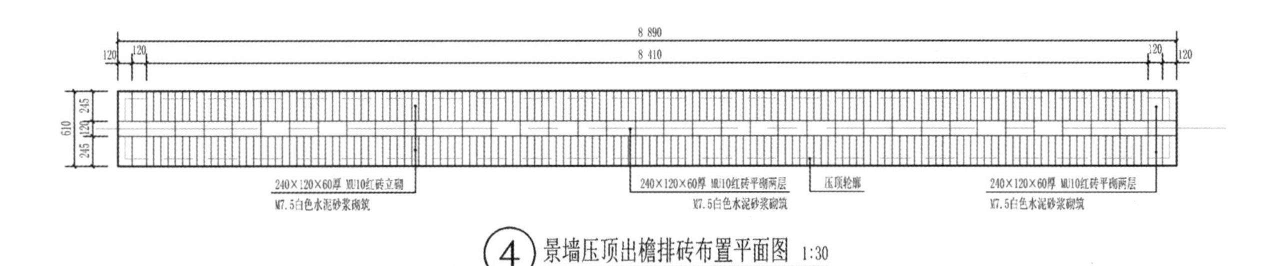

景墙出檐排砖布置图纸示意

绘制完平面图后，开始绘制立面图和剖面图。在立面图的绘制中需要注意以下两点：ⓐ在表达构筑高度时，除了尺寸标注外，还应该增加高差的标注。高差的标注一般将地面设置为相对 ±0.00 标高，如果需要将相对标高与总图竖向的绝对标高相对应，则可以通过在本图中增加备注或者采用说明的方式来表达。ⓑ在平面图、立面图中对剖切位置的表达应该一致，若剖面图和立面图在同一张图纸上，则使用剖切符号；若不在同一张图纸上，则需像第46页平面图中索引剖面时那样使用剖切索引符号。

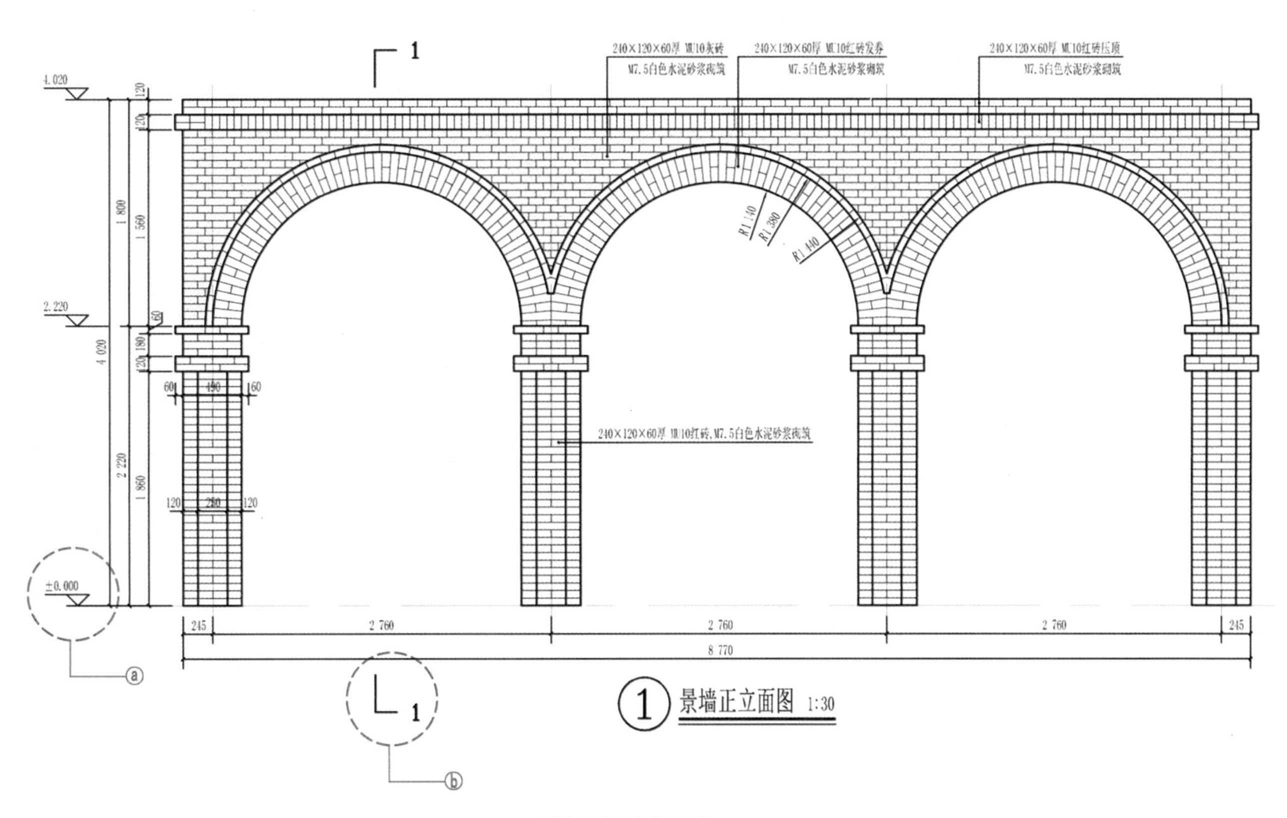

景墙正立面图纸示意

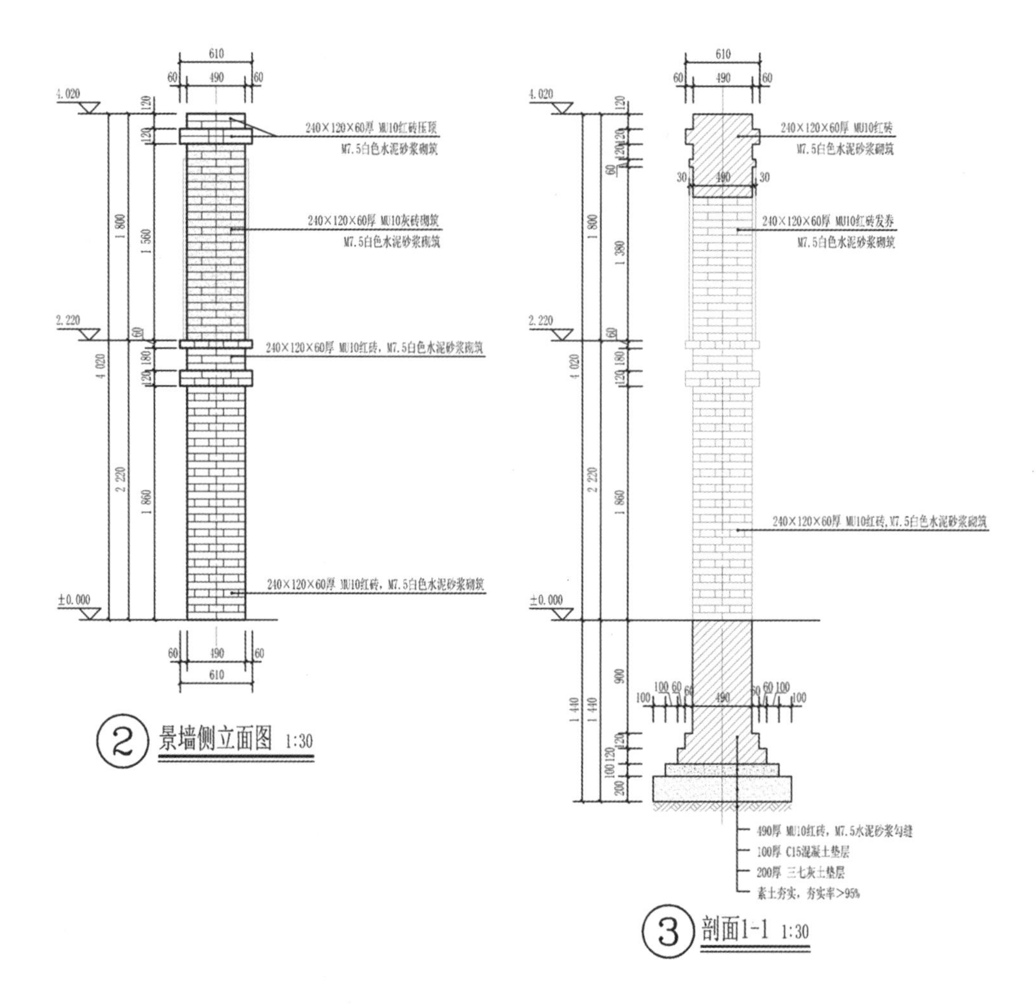

景墙侧立面及剖面图纸示意

需要注意的是该景墙高度较高，又有拱门结构，应该考虑采用多孔砖砌筑，内穿钢筋及灌浆处理，以保证墙体的稳定性。根据规范规定，多孔砖的规格和标准烧结砖有所不同，在制图时应按多孔砖规格进行尺寸的微调，不可以采用通用做法同时指代标准烧结砖与多孔砖做法。

多孔砖砌筑（未穿钢筋）矮墙实例

第 2 章 石材

2.1 概述

2.1.1 石材的分类

1. 按照生成原因分类

石材按照生成原因可分为天然石材和人造石材。

2. 按地质学角度分类

石材按地质学角度可分为火成岩、沉积岩和变质岩。

火成岩从热融化的材料中形成，又可分为花岗岩和玄武岩两种。

沉积岩起源于其他岩石的碎片和残骸，这些碎片在水、风、重力、冰等各种因素的作用下沉积而成，沉积物压缩和胶结后（复杂的成岩作用）形成坚硬的沉积岩。沉积岩的分类比较复杂，一般可按沉积物质分为母岩风化沉积、火山碎屑沉积和生物遗体沉积。石灰石、砂岩、砾岩、页岩及凝灰石是沉积岩中的几种类型。

变质岩形成于其他已经存在的岩石在受热或压力作用下进行了结晶或重结晶。常见的种类有大理石、板岩、片岩、片麻岩等。

3. 按石材用途分类

1）建筑石材

① 建筑基本用石：指用于建筑物、桥梁、纪念碑、塔类建筑的墙基、墙体、台阶、栏杆、石柱、地板、盖瓦等处的石材。

② 辅料用石：指碎石、角石、米石、砾石、砂面石等。如用于混凝土骨料的卵石、碎石等。

2）装饰石材

① 饰面板材：指用天然大理石、花岗岩、板石、砂岩加工成的板状石材。其厚度通常有 8 mm、10 mm、20 mm、25 mm、30 mm、50 mm、60 mm、100 mm 等。

② 工艺雕刻用石：指用于大型石刻、雕塑的石材。

③ 文化石：泛指园林景观石、太湖石、雨花石、太古石、观赏石、鹅卵石，也包括条状板石粘成的板材、片石等。

3）用品石材

一般是指墓葬用石、生活用石（如石枕、石磨、石臼、石桌、石凳等）、工业用石（如工业原料用石等）、农业用石（如粉碎后成为含钙、磷的粉状肥料）、轻工业用石（如石灯、砚台等）。

2.1.2 主要石材分类图表概览

从景观施工图设计角度，在此按照石材生成原因将石材类型进行整理，具体如下：

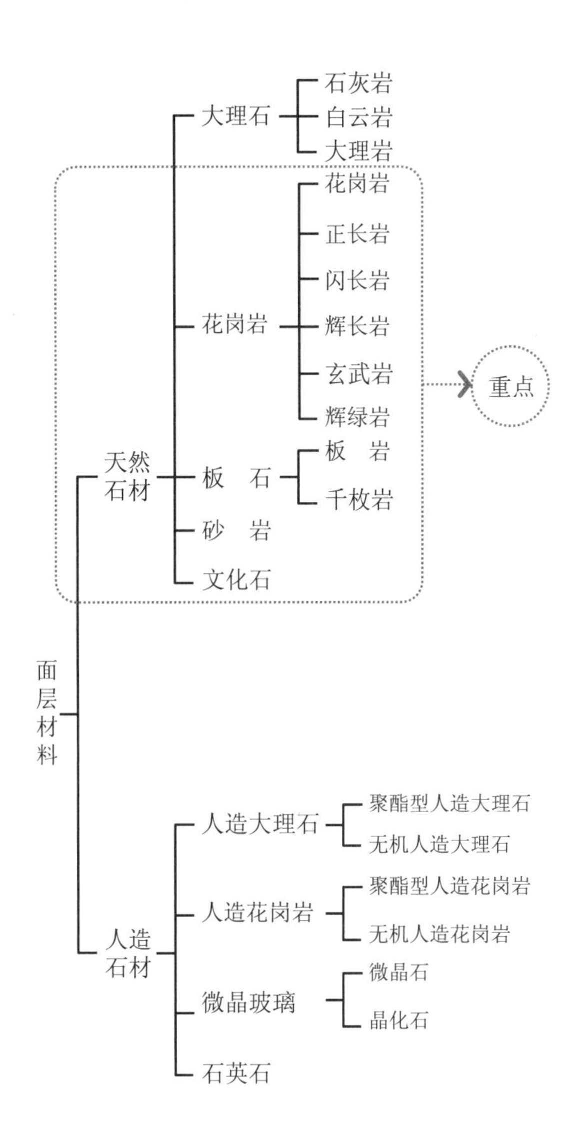

2.2 大理石

2.2.1 来源与组成

天然大理石是石灰岩经过地壳内高温、高压作用形成的变质岩，属于中硬石材。它主要由方解石和白云石组成，主要成分是碳酸钙，约占 50%，因此又被称为碳酸盐岩或钙质岩。此外还含有碳酸镁、氧化钙、氧化镁及二氧化硅等。

方解石和白云石的本色是白色，由高纯度的白云石、方解石和白云石组成的白色大理石又被称为“汉白玉”。如果在大理石变质过程中，混进了其他杂质，就会出现各种不同的色彩、花纹和斑点，如含碳，则呈黑色；含氧化铁，则呈玫瑰色、橘红色；含氧化铁、铜、镍，则呈绿色；含锰，则呈紫色等。

2.2.2 特点及用途

大理石石质细腻、晶粒细小、结构致密、强度大而硬度不大，易于加工成型，表面经磨抛等工序能呈现出鲜艳的色泽，除单色外，大多还具有丰富的颜色与美观的花纹。但由于它一般含有杂质，且碳酸钙在大气中的二氧化碳、硫化物、水汽等作用下容易风化和溶蚀，表面会很快失去光泽而风化崩裂，所以除少数的“汉白玉”“艾叶青”等质地纯、杂质少、比较稳定耐久的品种可考虑用在室外以外，其他品种不宜在室外使用，一般只用于室内装饰。

当白色大理石的结构较粗时，容易受到外界色素的渗入，白云石风化后会变黄，因此结构较粗且镁质矿物含量较高的白色大理石容易泛灰或泛黄，因此在室外景观设计中，大理石的使用有其局限性。

2.2.3 典型类型说明

在我国的石材加工行业内，通常把由石灰岩、白云岩、大理岩三种岩石加工而成的饰面板材称为大理石，但是从地质学的角度来看，这三种岩石的生成原因、矿物成分却不尽相同。

1. 石灰岩

石灰岩是海相、　湖相的沉积岩，通常呈灰色、米黄色、浅绿色、浅红色、黑色等，是隐晶质结构致密块状构造，呈层状、厚层状。主要矿物成分是方解石，次要矿物成分是白云石，常见的还有黏土、石英、长石、海绿石、铁的氧化物等，有的含有生物遗骸。其化学成分以氧化钙（CaO）为主，一般含量在 45%~55%，还有氧化镁（MgO）、二氧化硅（SiO_2）、三氧化二铝（Al_2O_3）等，但含量较少。

根据成分、结构构造、形成机理、所含杂质的不同，可将石灰岩分为化学石灰岩（通常所说的石灰岩）、生物石灰岩、鲕状石灰岩、碎屑石灰岩等。主要的国产石材品种有：杭州的“杭灰”、安徽灵璧的“红皖螺”、湖北通山的“荷花绿”“中米黄”、陕西汉中的“奶油”“汉白玉”“米黄”等饰面石材。进口石材中著名品种有莎安娜米黄、西班牙米黄、金线米黄等，也都是石灰岩加工而成的饰面板。

2. 白云岩

白云岩也是海相、　湖相的沉积岩，多为浅色，有白色、浅灰白色、灰色，偶有黑色。其矿物成分以白云石为主，其次是方解石、少量黏土等。一般情况下白云岩所含的生物碎屑较石灰岩少，所含的石膏硫酸岩类矿物（如重晶石）较石灰岩多。白云岩的化学成分中氧化镁（MgO）含量较高，可达 20% 左右。白云岩的分布不及石灰岩广，但其质地纯净、色彩鲜艳，可以加工出品质上乘的饰面板材，比如江苏宜兴的“红奶油”、云南大理的“苍白玉”、山东乳山的“雪花”等。

3. 大理岩

大理岩属于变质岩，通常为白色、浅白色、灰白色，含色素离子或有机质较多时，可形成各种色调和花纹，加工出极好的饰面板材。大理岩呈细粒至粗粒变晶结构、块状结构。其主要矿物成分是方解石和白云石，有少量的石英、长石等。大理岩是我国天然大理石饰面板材的主要来源，许多名贵品种的大理石板材都是用大理岩加工而成，比如“汉白玉”“艾叶青”“蜀白玉”“雪花白”等。

2.2.4 典型大理石铺装做法

大理石铺装做法如下图所示。

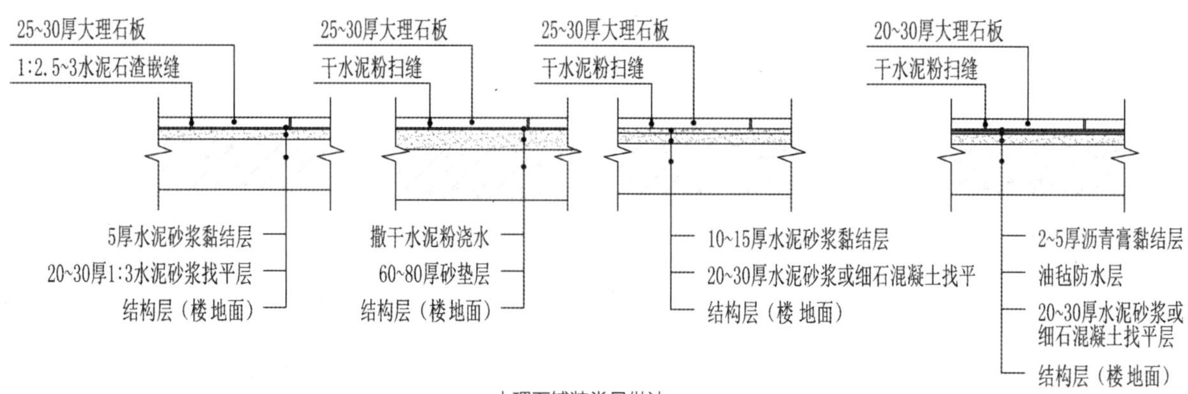

大理石铺装常见做法

2.3 花岗岩

2.3.1 来源与组成

天然花岗石是火成岩，属于硬质岩石，由长石、石英石、云母等主要成分组成，其中长石含量为 40%~60%，石英石含量为 20%~40%。花岗岩属于酸性岩石，其化学成分为：二氧化硅（SiO_2）含量大于 65%，氧化钙（CaO）含量小于 3%，氧化铁（Fe_2O_3）、氧化亚铁（FeO）、氧化镁（MgO）含量一般小于 2%。

2.3.2 特点

花岗岩结构致密，质地坚硬，抗压强度大，耐磨性好，吸水率小，耐风化，耐酸性好，对碱也有较强的抵抗力。此外，它有不同的色彩，如黑色、白色、灰色、粉红色等，纹理呈斑点状。

花岗岩的缺点有：① 自重较大。② 硬度高，给开采加工带来困难。③ 质脆、耐火性差，当温度超过 800 ℃时，由于其中三氧化硫的晶体转化，会造成体积膨胀，导致石材爆裂，失去强度。④ 某些花岗岩石材含有微量放射性元素，应尽量避免室内使用。

2.3.3 花岗岩的颜色与矿物组成的关系

花岗岩因自身的强度与耐腐蚀性等特性成为景观设计的常用石材。在此对花岗岩的色系、矿物组成、硬度、品种与使用情况进行了整理，具体见下表。

花岗岩的颜色与矿物组成的关系及主要品种

花色品种	主要矿物	硬 度	主要品种	景观常用
深红色系列	钾长石、钠长石及石英	大	中国红、岑溪红、古山红	常用
黑色系列	橄榄石、辉石、角闪石、黑云母	中等	中国黑、丰镇黑、福鼎黑、济南青	常用
蓝绿色系列	蚀变矿物绿泥石、绿帘石及深蓝色矿物	中等	中华绿、攀西蓝、新疆天山蓝	不常用
黄色系列	钾长石、酸性斜长石、石英、普通角闪石	中等	黄锈石、黄金钻、卡拉麦里金、金山麻、加州金麻	常用
灰色、灰白色系列	主要是斜长石（包括钠长石、更长石、中长石等），还有石英	中等	芝麻灰、珍珠灰、鲁灰、章丘灰	常用
纯白色系列	白岗岩	大	莲花白（国内产量较少）	不常用
浅红色系列	石英、钠长石、白云母	大	桂林红、西丽红、石岛红	常用
麻花系列	长石、石英、黑云母	中等	芝麻黑、芝麻灰、芝麻白	常用
杂品系列	长石和石英	中等	海浪花	不常用

2.3.4 常用规格

石材因开采难度、运输距离、强度、造价等方面的限制，有几种常见规格。《天然花岗石建筑板材》（GB/T 18601—2009）中规定的花岗岩规格板的尺寸系列见下表。

花岗岩规格板尺寸系列

边长系列 /mm	300*、305、400、500、600*、800、900、1 000、1 200、1 500、1 800
厚度系列 /mm	10*、12、15、18、20*、25、30、35、40、50

* 表示常用规格。

需要说明的是，随着景观设计的发展以及材料开采、处理工艺的进步，越来越多不同规格的石材被运用到实际项目中，因此对于石材规格的选择应该根据景观方案的设计，结合建设成本、建设周期等因素综合考虑。

2.3.5 花岗岩常见面层处理方式

在景观施工中，对于石材面层有多种处理方式，随着新技术的发展，这些方式也在不断发生着变化。我们以福建福鼎黑（珍珠黑）为例来介绍景观施工中对于石材面层的常见处理方式，见下表。

此外还有酸腐面、水洗面、仿古面等面层处理方式。在上述面层处理方式中，需要说明的是禁止将光面石材用于室外景观地面铺装。若必须使用光面石材作为室外铺装，可通过拉槽等方式增加面层的摩擦系数，提高抗滑性。

花岗岩常见面层处理方式

面层处理	抛光面（光面）	亚光面	机切面	喷砂面	酸洗面	火烧面（烧面）
石材样板						
景观用最小厚度	18~20 mm	18~20 mm	18~20 mm	20 mm	20 mm	20 mm
面层处理	荔枝面	剁斧面（斧斩面）	拉槽面	菠萝面	自然面	蘑菇面
石材样板						
景观用最小厚度	20 mm	25 mm	20 mm（最薄处）	30 mm	30 mm	30 mm

2.4 石材标注方式

在景观工程中可以根据石材的形状将其划分为三种主要类型：普型板、弧形板（圆弧板）、异型板。其中异型板又可分为二维异型板与三维异型板。

2.4.1 普型板

普型板指石材长、宽、高均不产生变截面的石材。因此这类石材的规格主要是用长 × 宽 × 高（厚）来表示，根据不同的情况主要分为以下两种方式。

① 长 × 宽 × 高（厚）+ 颜色 + 面层处理方式 + 石材种类 +（部位）。例：600 mm × 300 mm × 50 mm 厚芝麻黑烧面花岗岩，或者 600 mm × 100 mm × 100 mm 厚芝麻黑烧面花岗岩收边。

② 长 × 宽 × 高（厚）+ 颜色编号 + 面层处理方式 + 石材种类 +（部位）。例：600 mm×300 mm×50 mm 厚 G1510 烧面花岗岩，或者 600 mm×100 mm×100 mm 厚 G1510 烧面花岗岩收边。

由于用编号来标注材质需要设计师、甲方、施工单位、监理等使用一样的编号规范，并且对编号所对应的材料熟悉，这无疑给实际工作带来了困难，因此目前主要采用的是第①种编号形式。

另外宽度和厚度主要是根据使用面确定。哪一面是使用面，那么这一面的两条边就分别表示长和宽，如下图（a）所示。有时石材埋深大于石材宽度，但是根据铺装方式，窄面为使用面，则窄面的两边仍然分别标注为长和宽，如下图（b）所示。

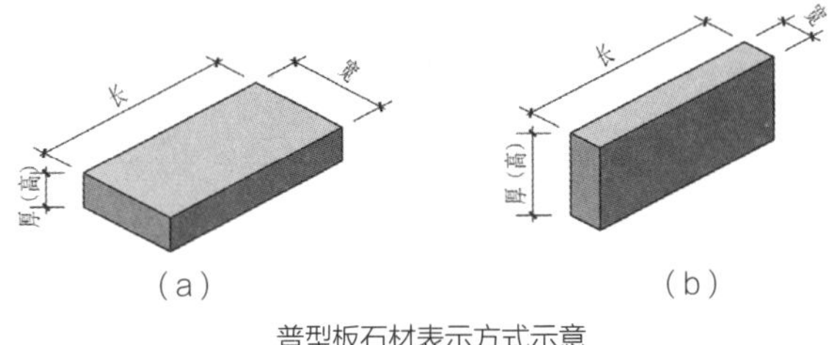

普型板石材表示方式示意

2.4.2 弧形板（圆弧板）

弧形板指的是内弧与外弧为同心圆的弧形石材，如下图所示。此外内外弧不为同心圆的石材，横截面为变截面，此石材应采用异型石材的标注方式。

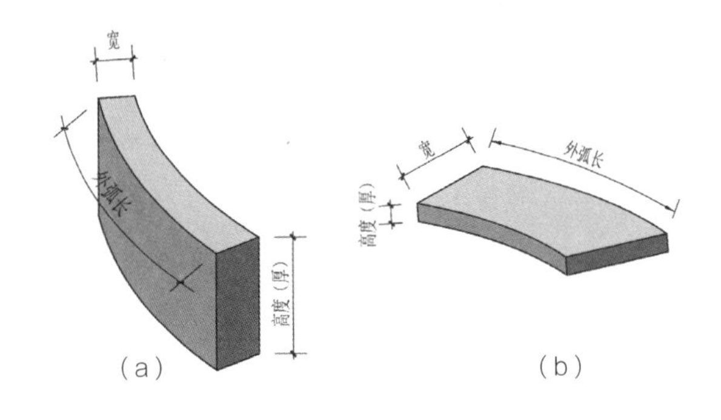

弧形板石材表示方式示意

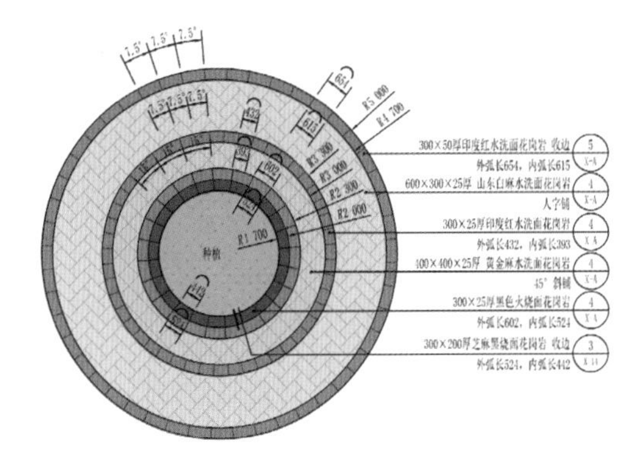

弧形板石材铺装标注方式一

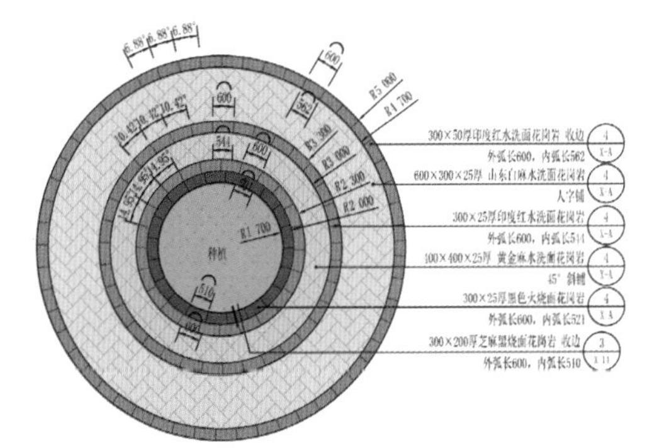

弧形板石材铺装标注方式二

目前对弧形板的标注主要有两种方式：

① 保持弧形板的两条直线边长延长线的夹角 α 为整数，这样的标注方式会导致当石材宽度为整数时，石材内外弧长通常不能同为整数，但是在做圆形铺装中可以控制每一个圆周的石材数量而不产生切砖。比如 α 为 6°、12°，那么铺设圆形场地一周分布需要 60 块与 30 块。

② 保持弧长为整数，这样会导致两条直线边长延长线的夹角不为整数。

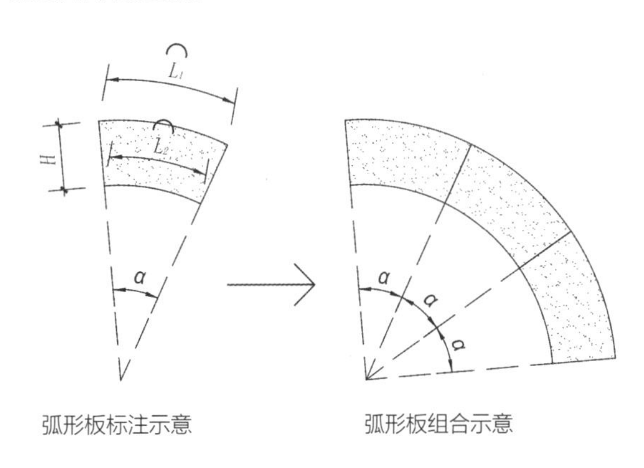

弧形板标注示意　　弧形板组合示意

在弧形板标注中需要注意的是：如果采用方法②标注弧形板，在标注弧长时应尽量控制外弧长为常用整数规格。假如将内弧标为常用规格，比如 300 mm 或 600 mm，则外弧长度会大于 300 mm 或 600 mm，成为一个非整数，这样会导致同样面积的石材大板的出材率降低。因此，在标注弧形板时，通常要保证石材外弧为常用规格或整数。

另外，还需注意两点：① 在相应的石材标注后面应尽可能地标注出该铺装所对应的做法详图的图号，便于工程造价计算时或者施工时相关人员查找；② 当弧形板需要对缝时，应保证外环石材的内弧长与内环石材的外弧长相等，如下图（a）所示。当外弧长数值一致时，石材则不会形成规则的对缝，如下图（b）所示。石材的标注准确度与制图的精细度都决定了图纸表达的质量，以及对施工的指导深度，需要设计师综合衡量各种情况后再进行选择。

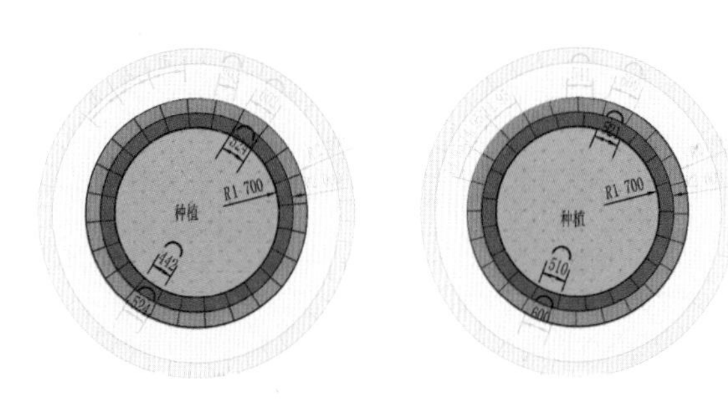

（a）弧形板石材对缝　　（b）弧形板石材未对缝

2.4.3 异型板

异型板指除普型板和弧形板之外其他形状的石材（或材料）。异型板中二维异型指沿 y 轴方向的任意截面形状不同，但高度或厚度相同。三维异型指沿 y 轴方向的任意截面形状不同，高度或厚度也不同。在此我们主要介绍二维异型板类型的深化重点。

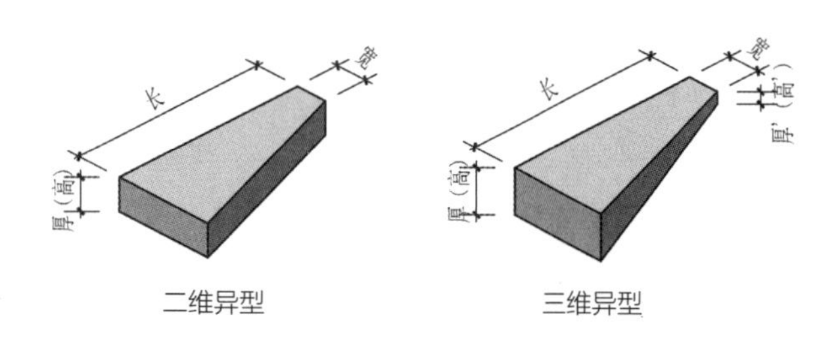

二维异型　　三维异型

二维异型分为三种：几何形异型、模板化异型、非模板化异型。

1. 几何形异型

几何形异型指除正方形、矩形外的其他常见几何图形铺装，比如六边形、圆形、三角形等。对于这样的铺装，需要将其中标准块进行标注，包括边长、角度，或者弧长、半径等相关尺寸。现以三角形铺装为例进行说明。

假设一个正方形场地，采用三角形石材进行铺设。

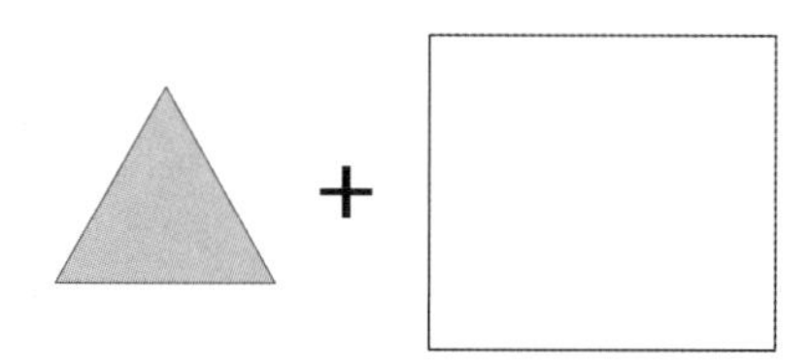
三角形铺装与正方形场地组合

可以组合出不同的铺装样式，比如下列两种：

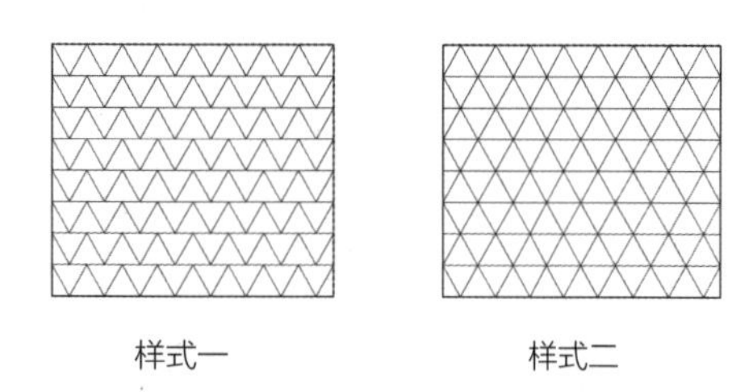
样式一　　样式二

根据前面对石材的介绍可知，石材除了可加工成不同的形状，还有不同的颜色。因此，以上两种样式又可以有不同的颜色搭配，如下图所示。

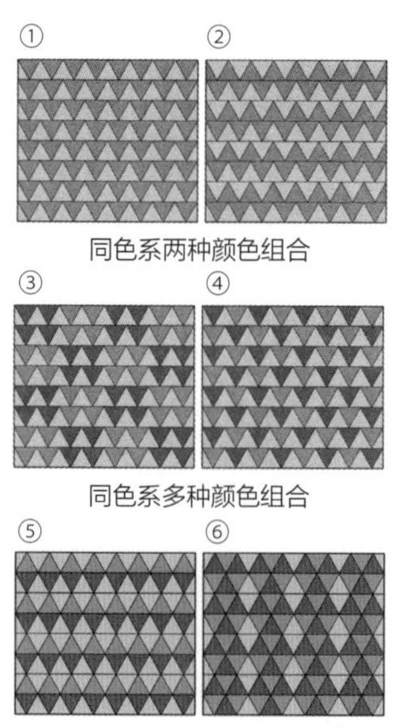

同色系两种颜色组合

同色系多种颜色组合

不同色系多种颜色组合

那么，在景观施工图设计中除了标注以外，图面还有哪些表达方式呢？以样式一为例，列出了景观施工图设计中的一种常见标注方式。可以看出所有关于颜色的变化均由标注完成，这样标注产生的主要的问题是图面不能直观地反映方案设计。

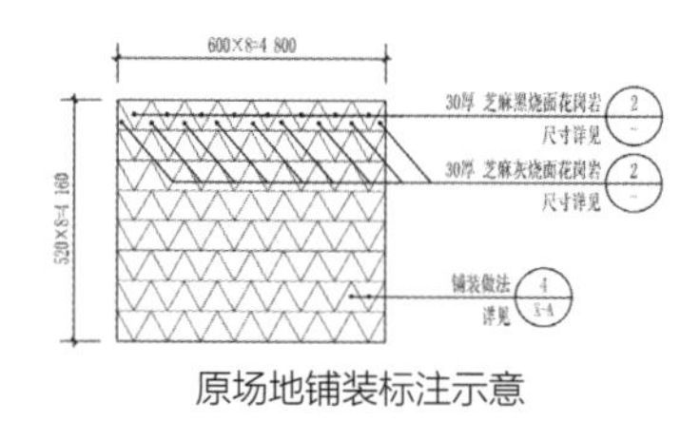

原场地铺装标注示意

那么如何在景观施工图的设计中直观地表现方案设计呢？我们可以通过正确的使用填充来体现铺装颜色的变化。比如利用“点”的填充来体现。此外通过调整填充的密度还可以表现颜色深浅的变化，如下图所示。

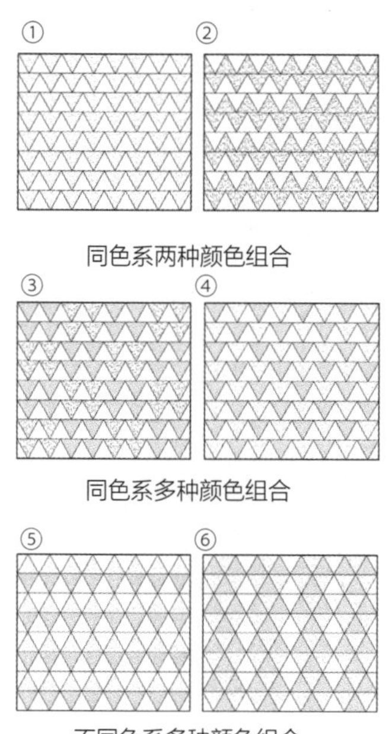

同色系两种颜色组合

同色系多种颜色组合

不同色系多种颜色组合

将图面表达和标注相结合，对铺装详图调整如下。可以看出图面更直观地反映出设计的意图，同时简化了铺装标注。

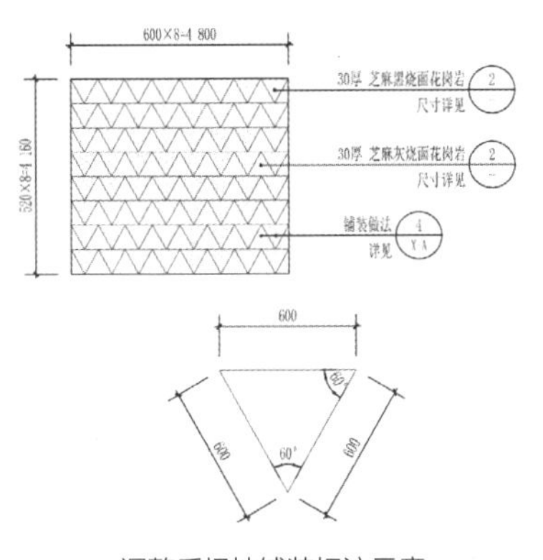

调整后场地铺装标注示意

2. 模板化异型

模板化异型指多个铺装图形组合形成单元格模板，通过模板的复制，进行铺装铺设。这类铺装规格看似不相同，实则可以发现单元格的规律。

下面以荷兰阿姆斯特丹菲英岛社区公园（Funen Park）为例，对模板化异型进行说明。菲英岛社区是一个由 16 栋建筑组成的社区。整个社区的铺装以白色、浅灰、深灰为主，无论是颜色的排列还是图案，都让人感觉复杂且无规律可循。实际上，这些铺装是由一个异型铺装单元格模板组合而成的。

阿姆斯特丹菲英岛社区公园

（图片来源：LANLAB Landscape Architects extraordinaire）

通过观察可以得到以下至少四种不同的单元格样式。接下来以单元格样式一为例，介绍模板化异型石材的标注。

可以看出即使划分成单元格，每一种样式的单元格都还可以划分成两个对应的部分。在划分到最小单元不能再分时，将每一块铺装进行编号，再分别对每一块砖进行标注。

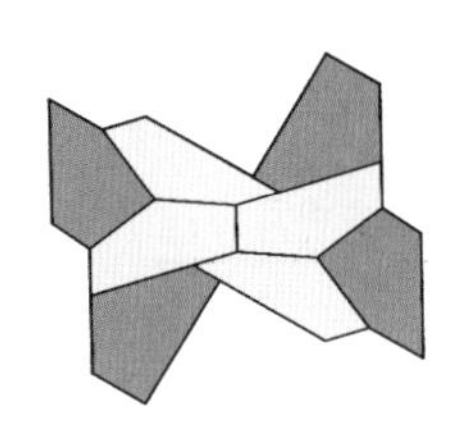

单元格样式一

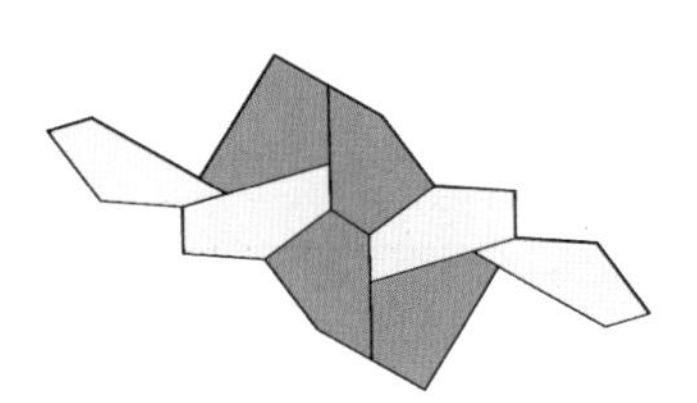

单元格样式二

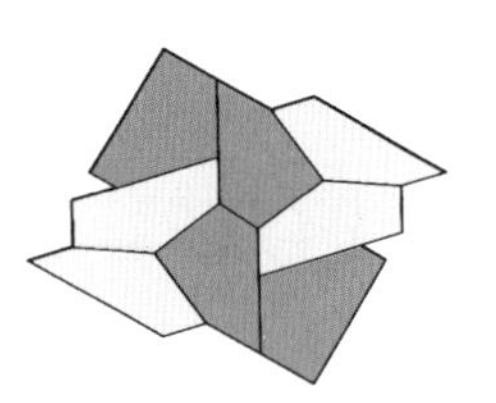

单元格样式三

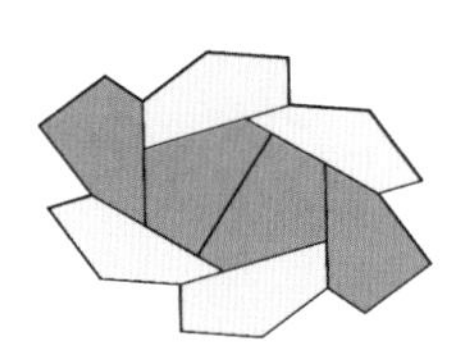

单元格样式四

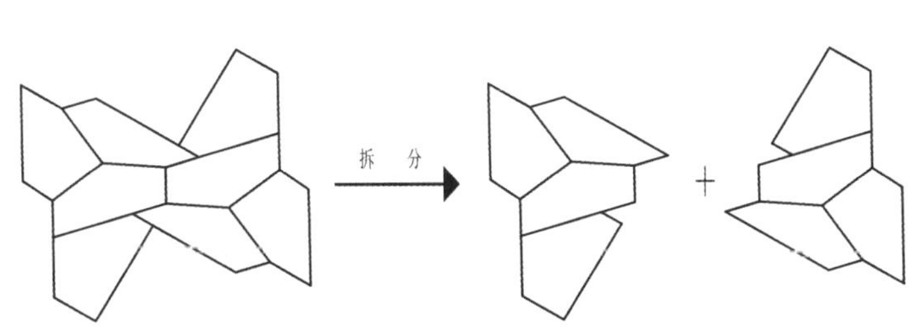

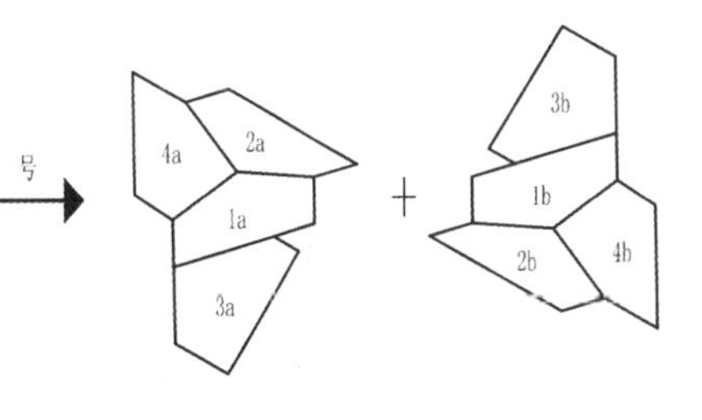

单元格样式一拆分示意

① 1a(1b)尺寸详图 1:100　② 2a(2b)尺寸详图 1:100　③ 3a(3b)尺寸详图 1:100　④ 4a(4b)尺寸详图 1:100

编号后石材尺寸标注示意

虽然单元格样式一还可以再分成相同的两个部分，但是考虑到控制颜色组合的种类，因此将单元格样式一作为一个整体。

由于铺装样式比较复杂，因此在色彩搭配和组合数量上应尽量控制不宜过多，避免图案太过复杂和琐碎造成视觉的疲劳。

在确定好颜色组合以后，应通过不同的填充来表达不同的颜色。需要说明的是如果填充带有明显的工程性质，应尽量避免用天然石材、砖、混凝土、钢筋混凝土的填充来表示颜色。

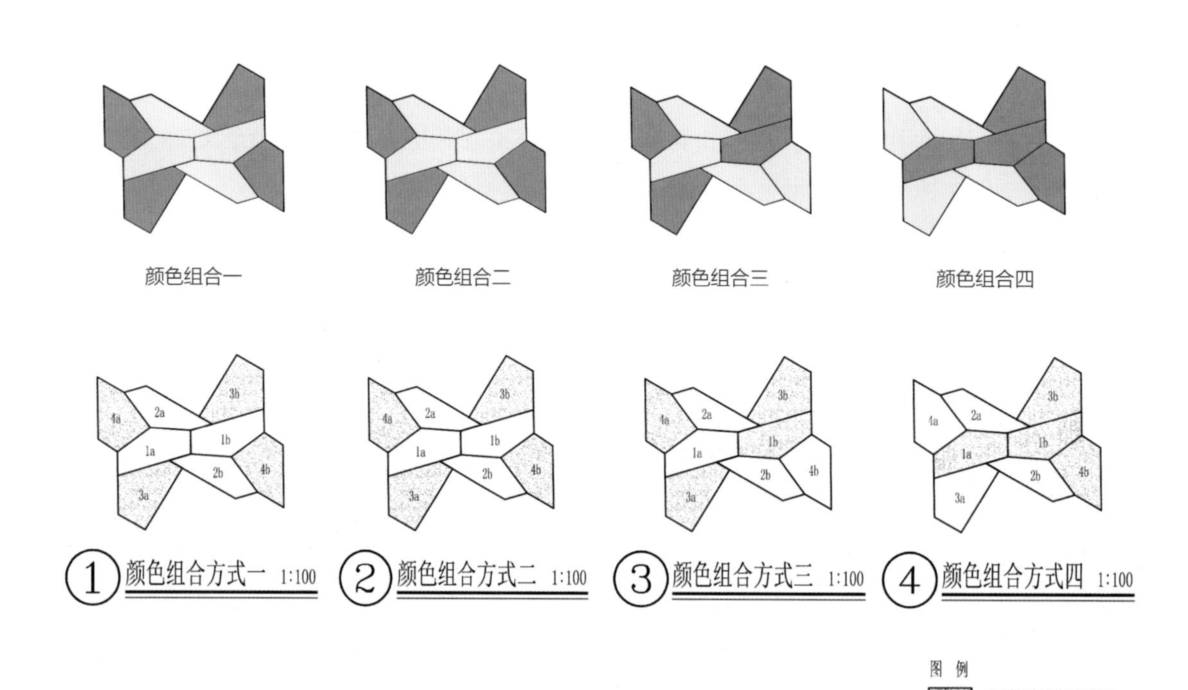

施工图中不同颜色组合铺装详图示意

3. 非模板化异型

非模板化异型指组成铺装的材料规格无固定模块，无规律性。下面以美国佛罗里达州的盖恩斯维尔蓝色螺旋（Blue Spiral）的项目为例，介绍非模板化异型的石材标注。

此项目设计受到佛罗里达州富含化石的石灰岩的启发，如同在考古的过程中慢慢发现化石一样，设计图案中所蕴含的鹦鹉螺形态也需要慢慢地发掘。同时交错的线条象征着水流缓缓地将化石周围的基质冲刷赶走，露出石材的真面目。右图是笔者对场地铺装设计平面图的整理。

盖恩斯维尔蓝色螺旋项目铺装平面图（作者整理）

面对这样复杂且无规律的铺装设计，在绘制施工图时，应首先将方案中的线条进行整理，然后对每一块铺装进行编号（如左下图所示）。编号完成后再逐一画出每一块铺装的尺寸放线详图（如右下图所示）。需要注意的是，在编号的时候应该按照一定的顺序进行，比如从左到右、从上到下等，切不可无规律，否则不便于加工和现场施工。

现在以 19 号和 100 号为例，通过网格放线，以及弧长标注，把板的尺寸信息表达清楚。此外结合相应的项目情况，石材的颜色可以在每一块石材放线图中表示（如右下图所示），也可以在铺装总图中通过不同的填充及图例说明来表示。由于没有该项目准确尺寸，以下数据仅供说明需要标注的内容，数据本身与项目实际存在差异。放线网格应该注明相对坐标值以及放线原点。

铺装编号平面图

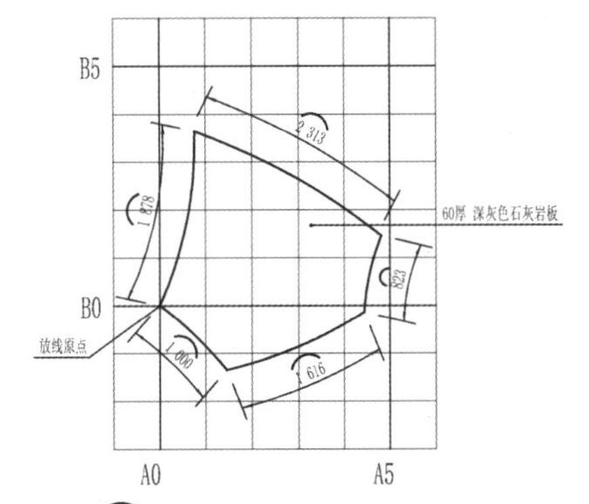

① 19号尺寸放线平面图 1:50

注：图中比例只为适应书稿版面，实际制图中应根据图幅选用正常比例。

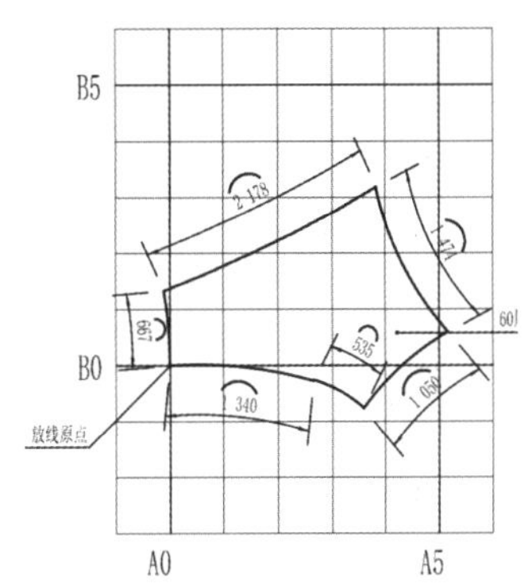

② 100号尺寸放线平面图 1:50

注：图中比例只为适应书稿版面，实际制图中应根据图幅选用正常比例。

铺装尺寸大样图纸示意

2.5 石材的病害

石材在安装及使用过程中受外力、气候或人为等多种因素影响，会产生不利于石材面层美观的问题。对于这些问题，有的需要科学合理的施工来缓解或避免，有的需要后期维护和管理，有的需要在设计过程中予以考虑。对于石材的病害有了初步了解后，设计师才能尽可能地在设计中选择更合理的方案，减少石材面层病害的发生。

2.5.1 石材面层病害的分类

石材面层的病害主要有下表所示的七类。

石材面层的病害

序号	病害类别	备注
1	白华（返碱）	建筑及构筑物外墙的石材表面或缝隙处流挂出一些白色的固体物质，俗称白华，也称返碱
2	锈斑	又称黄斑、吐黄
3	水斑	用水泥湿法粘贴石材时，吸湿性物质渗入石材内部后，使石材表面产生不易自然干燥的湿痕，俗称水斑
4	油污斑及蜡层	油脂或石材蜡通过渗透和扩散，分布在石材的表面层。油脂、蜡层本身会形成油斑、蜡斑，还会吸附、容纳灰尘、油污，形成油污斑。有些油污斑还含有碳化或半碳化的有机物而形成黑污斑
5	色斑、黑垢、污斑	—
6	裂纹与冻损	外部荷载作用或因内部孔隙中水分冻胀而使石材开裂
7	龟裂、粉化、褪色，苔藓、藻类、菌类的生长侵蚀	—

2.5.2 石材病变的原因及预防

1. 白华（返碱）

1）白华的成因

白华生成的主要原因是湿法安装石材时，水泥砂浆中的可溶性物质随着雨水从石材的接缝、裂隙和毛细孔渗出，与空气中的二氧化碳等气体结合形成白色结晶物，酸雨中的酸性化合物与水泥砂浆中的碱性物质发生中和反应生成盐类溶液，盐类溶液中的水分蒸发后，这些盐类以白色晶体状态附着于石材表面，称为白华（返碱）。

这些盐类溶解度较高，遇充足水分后又会水解成离子溶液，游离到石材的其他部位，待水分挥发后会出现大面积白华。

白华

2）白华的预防

① 石材幕墙最好采用干挂施工，要求小面积外墙、墙裙、地面等采取湿法安装施工时，应用底面防护剂、石材密封防护剂分别对石材底面和四个侧面进行刷涂，可以隔离水泥砂浆渗入石材。

② 水泥中掺入水泥白华防止剂，用水灰比低、水化率高的水泥施工，虽然砂浆凝固时间长，施工进度慢，但提高了水泥的致密性，可以减少水泥渗水。

③ 墙面安装完毕清洗后，嵌缝打硅胶密封。

2. 锈斑

1）锈斑的成因

锈斑的成因主要有以下几类：

① 石材中的含铁矿物，在接触空气和水后被氧化成赤铁矿（Fe_2O_3）或褐铁矿（$nFe_2O_3 \cdot mH_2O$），铁离子由二价变成三价，颜色从深黑色变为红褐色、黄褐色，三价铁离子随水通过石材的毛细孔或裂隙渗出形成锈斑。

② 水泥中的碱质在水的作用下与石材中的铁质发生反应，也会形成锈斑。

③ 外来的铁质污染。石材在开采、加工、运输、存储、安装和使用过程中接触铁质，如加工时残留的钢砂，干挂

施工中采用的铁挂件、铁质工具和金属脚手架等。

2）锈斑的预防

锈斑的预防主要是对其形成的三要素，即水、氧、铁质进行有效控制，主要有以下几点：

① 石材在安装前必须采用适当的防护剂进行六面防护处理，使石材具有防水功能，防止含铁矿物氧化后渗出。

② 尽量避免采用高碱性水泥进行石材的粘结施工，减少水泥中碱质与石材中铁质发生反应的机会。

③ 尽量减少施工时水的使用量。

④ 对于易出现锈斑的石材（含铁质丰富的石材），如美国白麻、山东白麻（小花）、锈石（板岩）等宜采用干挂施工，并采用不锈钢挂件。

⑤ 采取相应措施，尽量避免开采、加工、储运中的外界环境影响，如避免铁器（质）以及酸碱性物质与石材的直接接触。

锈斑

3. 水斑

1）水斑的成因

水斑的形成原因及其成分很复杂，不同环境下的石材，形成水斑的原因也各不相同，大多是因为水泥砂浆、水泥外加剂、酸雨环境、地下水上返等多种因素的作用而在石材的毛细孔中形成了水泥硅酸凝胶体、盐碱等吸湿性物质，或是水源直接渗入石材内部而使石材变得潮湿。严格来讲，仅仅是水源直接渗入石材内部，还不能称之为水斑。因为截断与之相连的水源，石材便会慢慢自行干燥，但在潮湿环境下，水泥砂浆中的吸湿性物质会很快渗入石材内部而形成真正的水斑。

这类现象在地铁站的地面铺装中比较常见，由于地下水上返，地面石材长期处于潮湿状态，因此极易形成水斑。

水斑的成因归纳起来主要有以下几类：

① 由于石材安装所用的粘结剂的原因，比如水泥中含碱量过高或使用不当的水泥外加剂。

② 施工安装过程中使用了过多的水分，在施工时，水泥砂浆的流动性即含水率不能很好地控制，含水多则水中溶进的盐碱也较多，容易形成水斑；含水量较少则反之。

③ 由于成分含量、形成的条件不同，不同石材的密度有较大差异，石材的密度、孔隙率不一样，其吸水率就不一样，密度高的吸水率较低，反之则较高。吸水率越高的石材越容易形成水斑。

④ 养护不当，有些石材生产厂家或装饰施工单位为了某种目的而直接用酸、碱清洗石材，残留的酸与水泥中的某些氧化物作用生成可溶性的盐，进而吸收水分形成水斑，而残留的碱则可直接吸收水分形成水斑。

⑤ 由于环境原因，石材的使用环境经常有水源（持续水源），或石材不断处于雨淋状态，则石材相对更容易形成水斑，比如石材安装在底层或地下，而该地区地下水位较高，或石材毗邻潮湿的水池、花坛等，石材表面经常可以看到明显的水斑印迹。

地铁中地面石材水斑实例

2）水斑的预防

目前行业中对于水斑的治理效果并不是特别理想，因此对水斑的预防就显得尤为重要。主要方法有：

① 在安装施工前，使用专用防护剂对石材进行处理，特别是石材的底面防护。

② 石材湿贴安装施工时应尽量减少水泥砂浆中水分的含量和砂浆的用量，即应当使用半干水泥砂浆。

③ 尽量采用石材底面刮浆法而避免采用半干砂浆基底上泼浆的方式粘贴石材。

④ 石材安装时应设计和预留适当的水汽通道，安装后应先保持石材拼缝内的空气通畅，待石材底部的水泥砂浆强化和干燥以后再进行嵌缝处理。

⑤ 湿法粘贴安装的石材应避免被雨淋湿或水洗受潮，尤其是安装后的 2~3 周内应绝对禁止。

4. 油污斑及蜡层

1）油污斑及蜡层的成因

① 石材开采、加工、储运、安装、使用中会接触有机油、润滑油、石材蜡等，造成表面污染。

② 石材抛光、维护中使用石材蜡及不当使用油脂类防护液，会在石材表面形成油污斑。

2）油污斑及蜡层的预防

① 切断、阻隔污染源，在加工、储运中避免接触油脂、蜡类，安装使用场所防止油脂污染，加强日常防护。

② 安装前应做好石材防护，如使用石材防护剂等。

5. 其他石材面层病害

除了上述几种主要的石材脏污纳垢问题之外，还存在色斑、黑垢、污斑，裂纹与冻损，龟裂、粉化、褪色，以及苔藓、藻类、菌类等的生长侵蚀等对石材面层的影响，设计师在设计过程中，应该考虑提供一些积极措施，防止或减少材料的病害。

石材油污斑实例

2.5.3 砖返碱的成因及预防

作为与石材返碱的对比，在此列出砖返碱的相关问题。

1）砖返碱的成因

在砖墙砌筑中通常使用的是硅酸盐水泥作为砂浆，它的主要成分是硅酸钙（弱酸强碱性盐），硅酸钙遇水后发生水化反应，形成游离钙离子、硅酸和氢氧根离子，Ca^{2+}与OH^-结合生成难溶于水的$Ca(OH)_2$。由于烧结砖的多孔结构，使得水分在毛细压作用下，沿毛细孔上升，此时钙离子、氢氧根离子、钠、钾、氢氧化钙等物质在水分向墙体表面渗透并向空气扩散的过程中，随水分渗出，这些物质中形成的微小碱粒在水分蒸发后留在了砖的表面形成返碱现象。

另外，这些物质有的还可以与空气中的二氧化碳反应，生成碱式碳酸钠、碳酸钠等碱性或中性盐类物质，这些盐类也会随着水分的蒸发析出呈白色，产生返碱。

总的来说，石材的白华通常是因为水泥砂浆中的碱性物质盐从石材与石材之间的灰缝渗出，从而污染灰缝附近的石材表面；砖的白华尽管也是由水泥砂浆中的碱性物质成盐后析出，但是由于砖空隙较大，所以这些盐分会从砖本身的空隙中扩散到砖的面层，因此当砖发生白华时，往往污染面积较大，更难清除。

2）砖返碱的预防

① 施工中应使用有经营许可的正规厂家生产的硅酸盐水泥，不应使用非正规厂家生产的矿渣水泥。

② 施工中使用的水应为河水，不应使用海水。在施工中若使用海水，海水中含有的盐分将造成砖面上的白霜。施工中使用的砂子应为河砂，避免使用海砂。

③ 施工的过程中工人一定要注意砖面的清洁，边铺装边撒细沙覆盖，以避免景观施工过程中水泥灰等在砖体表面形成难以清除的污迹。

④ 在烧结砖铺装之前，应尽早打好垫层，以便铺装之前水泥垫层里的碱提前泛出，避免铺装后烧结砖表面出现大量返碱的现象。

⑤ 在烧结砖大面积返碱后，将潮湿的河砂覆盖于铺装表面，此过程有助于碱溶于湿砂，将湿砂扫走后碱一并被湿砂带走。反复几次后，水泥灰中的碱基本会被清理干净。

⑥ 盐酸清除法，用质量分数为 2% 的盐酸来清除砖表面上的白霜；此外，有机硅防水涂料清除法也是一种行之有效的方法。

砖返碱实例

第 3 章　钢材

3.1　概述

金属材料在新石器时代晚期就走进人们的生活，从铜石并用，到青铜时代、铁器时代，直至现当代，金属材料也从最初的简单生产生活工具、兵器逐渐发展到现在，不仅覆盖了居民生活，各种高新科技产业更是与金属材料的发展息息相关。

钢材作为常见的金属材料，在日常的生活生产中发挥着重要的作用。

钢材最早用于制造工具、兵器、饰品等，到 19 世纪末作为结构部件被广泛运用于建筑领域。1851 年伦敦世博会水晶宫，以及 1889 年埃菲尔铁塔的建造都标志着金属成为主要建筑构件。由于金属具有较高的强度、抗弯曲度、延展性等特点，不仅能独立成为建筑元素，还能与混凝土结合，形成既具有较高抗压强度，又具有抗拉强度的钢筋混凝土，或者形成具有更高强度的钢筒混凝土管。

3.1.1　钢材的常用分类

钢材的分类方式有很多，可以按照用途、成分、冶炼设备、化学成分、品质、形态、制造加工形式等进行分类。在这些分类中下表所示的是景观施工中经常涉及的分类方式。

钢材的常用分类

序号	分类方法	类型	备注
1	按化学成分分类	碳素钢	钢材中除了铁元素以外，还含有碳元素，以及少量的锰元素、硅、硫、磷等元素。由于碳元素的含量会影响钢材的性能，根据钢材中碳元素的含量又把碳素钢分为：低碳钢（碳元素含量 < 0.25%）、中碳钢（碳元素含量 0.25%~0.60%）、高碳钢（碳元素含量 > 0.60%）
		合金钢	为了改善钢的性能，在冶炼碳素钢的基础上加入其他的合金，比如锰、铬、镍等元素形成的钢材。根据合金的总含量可以分为：低合金钢（合金含量 < 5%）、中合金钢（合金含量为 5%~10%）、高合金钢（合金含量 > 10%）
2	按形态分类	型钢	按断面形状分为工字钢、H 型钢、槽钢、角钢、圆钢（常用于制造钢筋、螺栓等零件）、扁钢、方钢等
		钢板	①按厚度可分为厚钢板（厚度 > 4 mm）和薄钢板（厚度≤ 4 mm）。 ②按制造加工形式可分为热轧钢板和冷轧钢板。 ③按用途可分为一般用钢板、镀锌薄钢板、屋面薄钢板
		钢带	①按制造加工形式可分为热轧钢带和冷轧钢带。 ②按照用途可分为一般用钢带、镀锌钢带、彩色涂层钢带等
		钢管	①按制造加工形式分为无缝钢管（分热轧和冷轧）和焊接钢管。 ②按表面涂层情况分为镀锌钢管和不镀锌钢管。 ③按管端结构分为带螺纹钢管和不带螺纹钢管
		钢丝	①按制造加工形式分为热轧钢丝和冷轧钢丝。 ②按表面情况分为抛光钢丝、磨光钢丝、酸洗钢丝、镀锌钢丝等。 ③按照用途分为一般用途钢丝、结构钢丝、弹簧钢丝、工具钢丝、织网钢丝等
		钢丝绳	①按结构分为单层股钢丝绳、阻旋转钢丝绳、平行捻密实钢丝绳、扁钢丝绳、单股钢丝绳等。 ②按用途分为航空用钢丝绳、平衡用钢丝绳、输送带用钢丝绳、切割用钢丝绳、渔业用钢丝绳等。 ③按尺寸分为细直径钢丝绳、普通直径钢丝绳、粗直径钢丝绳
3	按用途分类	结构钢	分为建筑及工程用结构钢、机械制造用结构钢
		工具钢	用于制造各种工具
		特殊钢	具有特殊性能的钢，比如防腐耐酸、耐热、高电阻、耐磨等
		专业用钢	指各个专业部分专业用途的钢，比如航天、化工、汽车等

续表

序号	分类方法	类型	备注
4	按制造加工形式分类	铸钢	将金属融化后倒入特殊的模具中冷却成型后形成的铸件
		锻钢	用锤击的方式生产出来的各种锻件，比如早期铸剑，打造各种兵器
		热轧钢	当金属被加热到一定程度经过轧制、切边等工艺形成的钢材。常用的型钢、钢管、钢板等都是采用热轧生产的
		冷轧钢	以热轧钢为原料经过工艺处理不加热轧制形成的钢材
		冷拉钢	只受到两端拉力形成的钢材。冷拉钢材可以提高钢筋的抗拉强度
		冷拔钢	不仅受到拉力，还受到挤压形成的钢材。冷拔不仅可以提高钢材的抗拉强度，还可以提高钢材的抗压强度

常用钢材

3.1.2 景观中常见钢材的用途

景观中常用钢材实例见下表。

景观中常见钢材的用途

序号	名称	备注
1	圆钢	直径为 5.5~25 mm 的小圆钢主要用于制作钢筋、螺栓等，直径大于 25 mm 的圆钢主要用于制造机械零件或做无缝钢管的管坯
2	方钢	常用于各种结构或零件
3	扁钢	常用于金属构件、桥梁、化工机械、焊接坯料等
4	角钢	常用于工业建筑、交通建筑、通信电力构件、设备支架等
5	工字钢	常用于工业建筑、桥梁、车辆、船舶、设备等
6	H 型钢	常用于建筑梁、柱、檩条和农业机械、船舶、车辆等
7	槽钢	常用于檩条、桥梁、船舶、设备骨架等
8	钢丝	常用于捆绑、牵拉、固定等
9	钢板、钢带	常用于焊接、铆接、螺栓连接结构

钢材在景观中的运用实例

3.1.3 景观中常用钢铁产品命名符号

在景观施工图绘制中，经常会遇见对钢材的标注，比如 Q275、Q295 等，这个“Q”表示什么意思呢？这就需要景观设计师对常见的钢铁产品命名符号有一定的了解和认识。

景观中常用钢铁产品命名符号

序号	名 称		汉字缩写	汉语拼音或英文单词	命名符号
1	碳素结构钢		屈	Qū	Q
2	低合金高强度结构钢		屈	Qū	Q
3	耐候钢	普通耐候钢	耐候	NAI HOU	NH
		高耐候钢	高耐候	GAO NAI HOU	GNH
4	焊接用钢		焊	HAN	H
5	碳素工具钢		碳	TAN	T
6	热轧光圆钢筋		热轧光圆钢筋	Hot Rolled Plain Bars	HPB
7	热轧带肋钢筋		热轧带肋钢筋	Hot Rolled Ribbed Bars	HRB
8	细晶粒热轧带肋钢筋		热轧带肋钢筋 + 细	Hot Rolled Ribbed Bars+Fine	HRBF
9	冷轧带肋钢筋		冷轧带肋钢筋	Cold Rolled Ribbed Bars	CRB
10	预应力钢筋混凝土用螺纹钢筋		预应力、螺纹、钢筋	Prestressing, Screw, Bars	PSB
11	沸腾钢		沸	FEI	F
12	半镇静钢		半	BAN	b
13	镇静钢		镇	ZHEN	Z
14	特殊镇静钢		特镇	TE ZHEN	TZ

3.1.4 景观中常用钢产品牌号表示方式

景观中常用钢产品牌号表示方式见下表。

景观中常用钢产品命名符号

<table>
<tr><th>序号</th><th>名称</th><th colspan="2">牌号名称示例</th><th>命名符号</th></tr>
<tr><td>1</td><td>碳素结构钢</td><td colspan="2">Q195F、Q215AF、Q235Bb、Q255A、Q275</td><td>以 Q235Bb 为例：
Q——钢材屈服强度“屈”的拼音首字母；
235——屈服点（强度）值，MPa；
B——质量等级，包含 A、B、C、D 四个等级；
b——脱氧方法，包括沸腾钢（F）、半镇静钢（b）、镇静钢（Z）、特殊镇静钢（TZ），其中后两项可以省略</td></tr>
<tr><td>2</td><td>低合金高强度结构钢</td><td colspan="2">Q295、Q345A、Q390B、Q420C、Q460E</td><td>以 Q390B 为例：
Q——钢材屈服强度“屈”的拼音首字母；
390——屈服点（强度）值，MPa；
B——质量等级，包含 A、B、C、D 四个等级</td></tr>
<tr><td>3</td><td>优质碳素结构钢</td><td colspan="2">08F、08、45、20Mn、50Mn、65Mn、20A</td><td>以 50Mn（F）A 为例：
50——碳含量：表示万分之几；
Mn——锰元素，当锰含量较高（0.70%~1.00%）时标出；
（F）——脱氧方法，同上；
A——质量等级，A 表示高级优质：无符号表示优质</td></tr>
<tr><td>4</td><td>碳素工具钢</td><td colspan="2">T7、T7A、T8Mn、T8MnA</td><td>以 T8MnA 为例：
T——碳素工具钢首字拼音简写
8——碳含量：表示千分之几；
Mn——当锰含量较高（0.40%~0.60%）时标出；
A——质量等级，A 表示高级优质：无符号表示优质</td></tr>
<tr><td>5</td><td>合金结构钢</td><td colspan="2">25Cr2MoVA、30GrMnSi</td><td>以 25Cr2MoVA 为例：
25——碳含量：表示万分之几；
Cr2MoV——化学元素及其含量，表示百分之几，具体见本表格附注①；
A——表示质量等级，A 表示硫、磷含量较低的高级优质钢</td></tr>
<tr><td>6</td><td>合金工具钢</td><td colspan="2">CrWMn、4CrW2Si</td><td>以 4CrW2Si 为例：
4——碳含量。含量 < 1.00% 时，数字表示千分之几；含量≥ 1.00% 时，不标出。
CrW2Si——化学元素及其含量，表示百分之几，但是个别低铬合金的铬含量表示千分之几，在铬含量前加“0”，比如 6‰表示为 Cr06</td></tr>
<tr><td rowspan="2">7</td><td rowspan="2">不锈钢和耐热钢</td><td>旧标表示方式</td><td>00Cr18Ni10N、0Cr25Ni20</td><td>以 0Cr25Ni20 为例：
0——碳含量：表示千分之几。一个“0”表示碳含量≤ 0.09%；两个“0”表示碳含量≤ 0.03%。
Cr25Ni20——化学元素及其含量，表示百分之几，具体见本表格附注②</td></tr>
<tr><td>新标表示方式</td><td>022Cr19Ni10N、06Cr25Ni20</td><td>2007 年《不锈钢和耐热钢牌号及化学成分》（GB/T 20878—2007）新标准中，对于碳含量的表示更明确，划分更细，采用两位或三位阿拉伯数字表示，参见表格附注③</td></tr>
</table>

注：① 平均合金含量 < 1.5%，在牌号中只标出元素符号，不注明其含量。
② 在不锈钢和耐热钢旧标注方式中平均含量为 1.50%~2.49%，2.50%~3.49%，…22.50%~23.49%，…时，相应的标注为 2,3，…23，…
③ 不锈钢和耐热钢新的标注方式可以参见薄鑫涛《不锈钢和耐热钢牌号新旧标准对比》（《热处理》2011 年第 26 卷 第 1 期）。

3.1.5 主要合金元素对钢材性能的影响

主要合金元素对钢材性能的影响见下表。

主要合金元素对钢材性能的影响

序号	元素名称		对钢材主要性能的影响	
	中文名称	化学符号	有利影响	不利影响
1	碳	C	碳含量增加可以提高钢的硬度和强度	碳含量增加，钢的塑性和韧性随之降低
2	铝	Al	主要用于细化晶粒和脱氧，含量高时，能提高高温抗氧化性、耐硫化氢气体的腐蚀性、耐热合金的热强性	碳含量高时，会促进石墨化倾向，从而降低钢材强度和塑性
3	锰	Mn	低合金钢的重要合金元素，能明显提高钢材的淬透性	有增加晶粒粗化和回火脆性的不利倾向
4	镍	Ni	提高塑性及韧性，改善耐腐蚀性；与铬、钼联合使用时能增加热强性，是热强钢及不锈耐酸钢的主要合金元素之一	—
5	硅	Si	常用脱氧剂，有固溶强化作用，提高电阻率，降低磁滞损耗，改善磁导率，提高淬透性、抗回火性，对改善综合力学性能有利，提高弹性极限，增加自然条件下的耐腐蚀性	硅含量较高时，降低焊接性
6	铜	Cu	铜含量较低时和镍的作用相似。在低碳合金钢中，特别是与磷同时存在时，可提高钢的抗大气腐蚀性	铜含量较高对热变形加工不利，含量超过0.30%时，在热加工时会导致高温铜脆现象
7	铅	Pb	适量添加时，改善切削加工性	—
8	氮	N	有不明显的固溶强化及提高淬透性的作用。表面渗氮可以提高硬度及耐磨性与抗蚀性	在低碳钢中，残余氮会导致时效脆性
9	磷	P	固溶强化及冷作硬化作用增强，与铜联合使用可提高低合金高强度钢的抗大气腐蚀性；与硫、锰联合使用能改善切削性	与铜联合会降低其冷冲压性能；与硫、锰联合使用会增加回火脆性及冷脆敏感性

3.1.6 景观常用钢材焊接方式使用程度

景观常用钢材焊接方式使用程度见下表。

景观常用钢材焊接方式使用程度

序号	名称	焊条电弧焊	埋弧焊	CO_2 气体保护焊	惰性气体保护焊	点缝焊	闪光对焊	铝热焊	钎焊	电渣焊
碳素钢	低碳钢	A	A	A	B	A	A	A	A	A
	中碳钢	A	A	A	B	A	A	A	A	B
	高碳钢	A	B	B	B	D	A	A	B	B
	含铜钢	B	B	B	B	A	A	B	B	—

续表

序号	名称	焊条电弧焊	埋弧焊	CO_2气体保护焊	惰性气体保护焊	点缝焊	闪光对焊	铝热焊	钎焊	电渣焊
低合金钢	镍钢	A	A	A	B	A	A	B	B	B
	镍铜钢	A	A	A	—	A	A	B	B	B
	锰钼钢	A	A	A	—	A	A	B	B	B
	镍铬钢	A	A	A	—	D	A	B	B	B
	铬钼钢	A	A	A	B	D	A	B	B	B
	碳素钼钢	A	A	A	—	—	A	B	B	B
	铬钢	A	B	A	—	D	A	B	B	B
	锰钢	A	A	A	B	D	A	B	B	B
不锈钢	铬钢（马氏体）	A	A	B	A	C	B	D	C	C
	铬钢（铁素体）	A	A	B	A	A	A	D	C	C
	铬镍钢（奥氏体）	A	A	A	A	A	A	D	B	C

注：A 代表常用；B 代表有时采用；C 代表很少采用；D 代表不采用。

3.2 型钢

型钢泛指具有特定的断面形状和尺寸的长条形热轧钢材，是区别于板带、钢管的主要钢材品种。

3.2.1 型钢规格的表示方式

在景观设计中除了表达钢材的类型外，还会对型钢的规格进行标注，其标注应符合国家对于型钢的相关规定。

型钢规格的表示方式

对象类型		规格表示方法	标注方式	
			中文 + 规格标注	符号 + 规格标注①
工字钢		高度值 × 腿宽度值 × 腰厚度值	工字钢 450×150×11.5	I 450×150×11.5
槽钢		高度值 × 腿宽度值 × 腰厚度值	槽钢 200×75×9	200×75×9
等边角钢		①边宽度值 × 边宽度值 × 边厚度值。 ②边宽度值 × 边厚度值	① 等边角钢 200×200×24。 ② 等边角钢 200×24	① 200×200×24。 ② 200×24
不等边角钢		长边宽度值 × 短边宽度值 × 边厚度值	不等边角钢 160×100×16	160×100×16
热轧H型钢	宽翼缘	高度 × 宽度 × 腹板厚度 × 翼缘厚度	—	HW 200×200×8×12
	中翼缘		—	HM 200×150×6×9
	窄翼缘		—	HN 175×90×5×8
	薄壁		—	HT 125×125×4.5×6
T 型钢②	宽翼缘	高度 × 宽度 × 腹板厚度 × 翼缘厚度	—	TW 100×200×8×12
	中翼缘		—	TM 100×150×6×9
	窄翼缘		—	TN 87.5×90×5×8

续表

对象类型		规格表示方法	标注方式	
			中文 + 规格标注	符号 + 规格标注
焊接 H 型钢[③]		高度 × 宽度 × 腹板厚度 × 翼缘厚度	—	WH 200×200×5×8
圆钢		直径	直径 10	10
方钢	实心方钢	①边长 × 边长。 ②长边长 × 短边长	方钢 15×15	□ 15×15
	方钢管	①边长 × 边长 × 壁厚。 ②长边长 × 短边长 × 壁厚	方钢管 15×15×3	□ 15×15×3
扁钢		边宽 × 板厚 × 长度	扁钢 80×20×600	— 80×20×600
钢板		厚度 × 宽度 × 长度	钢板 10×1000×2 000	—
圆形钢丝		直径或线规号	钢丝 0.16	ϕ0.16 或 AWG 线规号 34 号
钢丝绳（圆股）		股数 × 每股丝数—线直径	钢丝绳 6×7—3.8	—

注：① HW 中“W”为 Wide 英文头字母；HM 中 M 为 Middle 英文首字母；HN 中“N”为 Narrow 英文首字母；HT 中“T”为 Thin 英文首字母。

② 本表格中 T 型钢指的是由热轧 H 型钢剖分的 T 型钢，不指直接热轧成型的 T 型钢。

③ 焊接 H 型钢代号 WH 中“W”代表焊接。

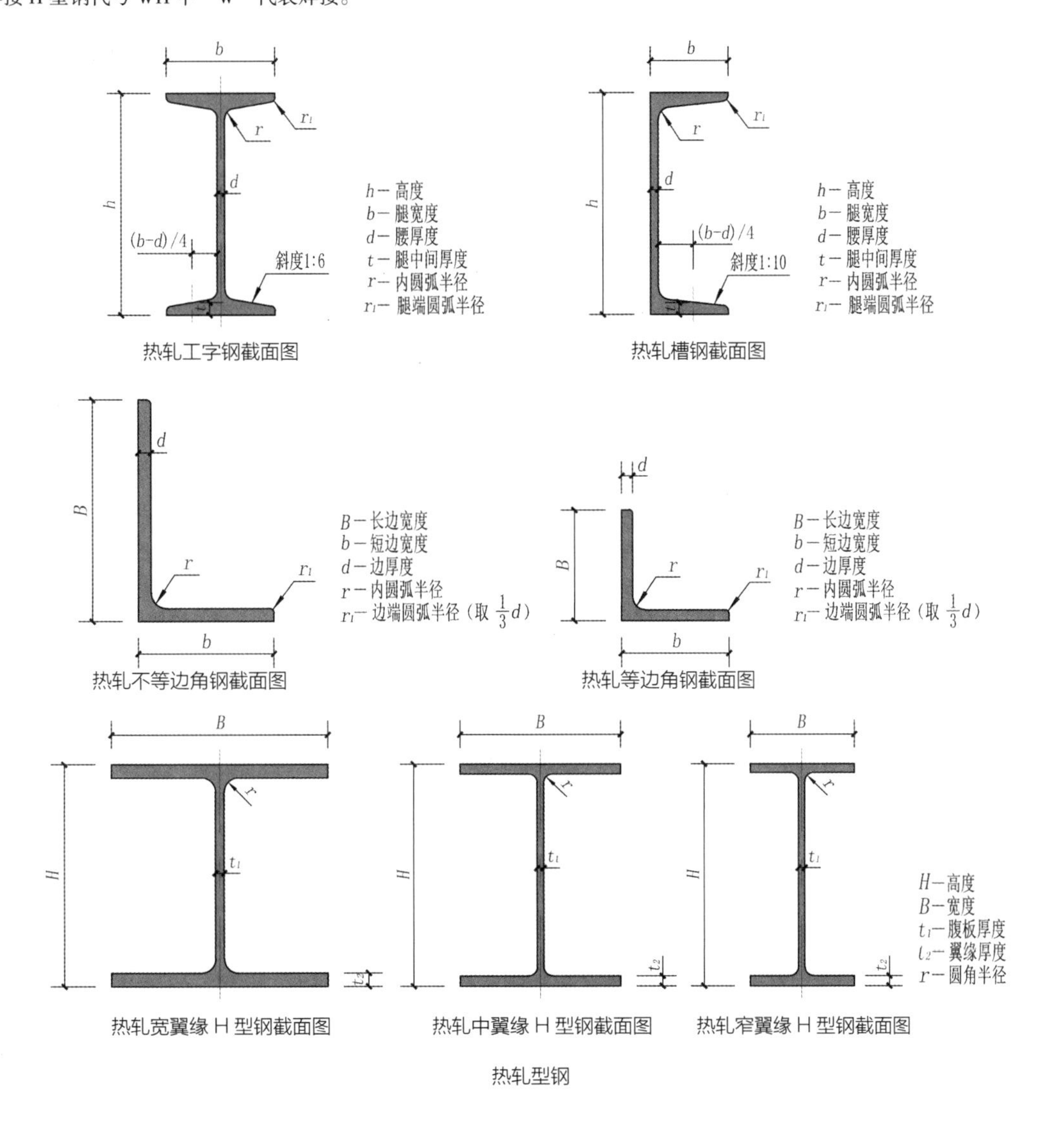

热轧型钢

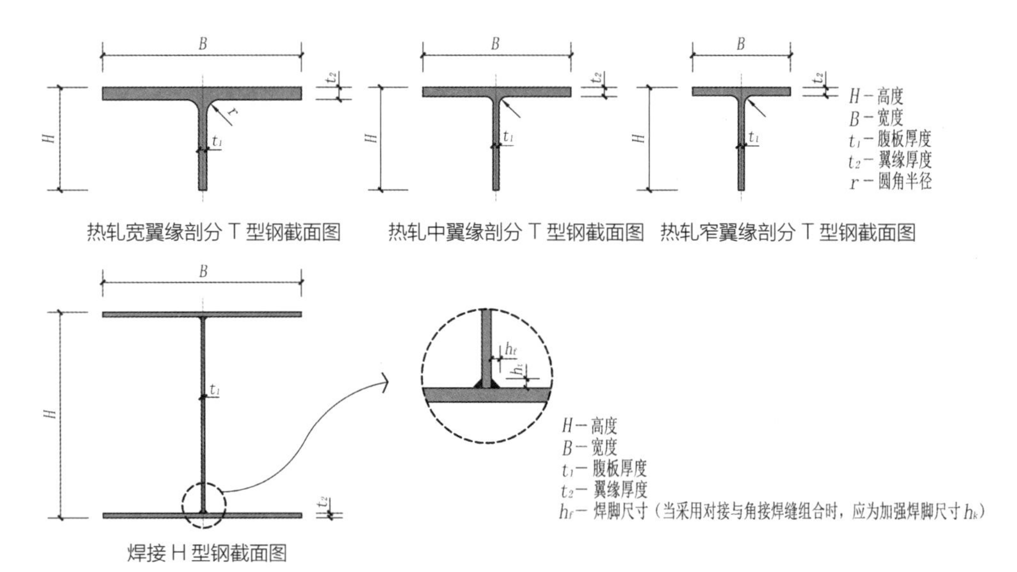

焊接H型钢

3.2.2 常用焊缝符号表示

在景观设计中除了表达钢材的类型外，还会对钢材的规格进行标注。对钢材规格的标注应符合国家对于钢材型号的规定。

3.3 钢筋

3.3.1 钢筋的成分

混凝土结构中使用的钢筋按照化学成分可以分为碳素钢及合金钢两类（参见第61页钢材部分）， 钢材的含碳量越高强度越高，但是相应的钢材的塑性和可焊性会变低。在钢材中加入少量的合金，比如硅、锰、钛、钒、铬等合金元素可以提高钢材的强度和改善钢材的部分性能。近年来为了节约合金资源，研发出细晶粒钢筋，即不需添加或少量添加合金元素，通过控制轧钢的温度形成细晶粒的金相组织，达到与添加合金元素相同的效果，满足混凝土结构对钢筋性能的要求。

3.3.2 钢筋的品种

1. 热轧钢筋

热轧钢筋是用普通低碳钢、普通低合金钢在高温状态下轧制而成的。热轧钢筋是景观施工图设计中最常用的钢筋类型。

钢筋的品种及代号

强度等级代号	符号	直径 d/mm	钢筋类型	备注
HPB300	A	6~22	热轧光面钢筋	国家发改委于2011年3月27日形成、2011年6月1日施行的《产业结构调整指导目录（2011年本）》在“淘汰类”目录中明确指出淘汰号牌HRB335、HPB235热轧钢筋。本表格中未列出HPB235钢筋
HRB335	B	6~50	热轧带肋钢筋	
HRBF335	B^F		细晶粒月牙带肋钢筋	
HRB400	C	6~50	热轧带肋钢筋	
HRBF400	C^F		细晶粒月牙带肋钢筋	
RRB400	C^R		余热处理钢筋 *	
HRB500	D	6~50	热轧带肋钢筋	
HRBF500	D^F		细晶粒月牙带肋钢筋	

* 余热处理钢筋是将屈服强度相当于HRB335的钢筋在轧制后穿水冷却，然后利用芯部的余热对钢筋表面的淬水硬壳回火处理而成的变形钢筋。其性能接近于HRB400的钢筋，但不如HRB400的钢筋稳定。一般可用于对延性及加工性能要求不高的构件中，不宜用于重要部位及直接承受疲劳荷载的构件。

2. 预应力螺纹钢筋

预应力螺纹钢筋又称为精轧螺纹粗钢筋，是用于预应力混凝土的大直径高强钢筋。预应力螺纹钢筋代号 AT，抗拉强度为 980 ~ 1230 MPa。这种钢筋在轧制过程中沿钢筋纵向全部轧有规律性螺纹肋条，可用螺纹套筒连接和螺帽锚固，不需要再加螺栓，也不需要焊接。

3. 中强度预应力钢丝

中强度预应力钢丝有光面和螺旋肋两种，光面预应力钢丝代号 APM, 螺旋肋预应力钢丝代号 AHM。中强度预应力钢丝抗拉强度为 800~1270 MPa，公称直径有 5 mm、7 mm、9 mm 三种。

4. 消除应力钢丝

消除应力钢丝按生产工艺及外形不同分为光面钢丝、螺旋肋钢丝两种。光面钢丝代号 AP，是指将钢筋拉拔后校直，经中温回火消除应力并进行稳定化处理的钢丝。螺旋肋钢丝代号 AH，是以普通低碳钢或低合金钢热轧的圆盘条为母材，经冷轧减径后在其表面冷轧成两面或三面有月牙肋的钢丝。消除应力钢丝抗拉强度为 1470~1860 MPa，直径有 5 mm、7 mm、9 mm 三种。

5. 钢绞线

钢绞线是由多根高强光面钢丝捻制在一起并经过低温回火处理，清除内应力后制成的。钢绞线代号 AS，常用的钢绞线有 3 股和 7 股两种，外接圆直径为 8.6 ~ 21.6 mm，均可盘成卷状。抗拉强度为 1570 ~ 1960 MPa。

3.2.3 钢筋的选用

根据《混凝土结构设计规范》（GB 50010—2010）（2015 年版），混凝土结构的钢筋应按下列规定选用。

①纵向受力普通钢筋可采用 HRB400、HRB500、HRBF400、HRBF500、HRB335、RRB400、HPB300 的钢筋；梁、柱和斜撑构件的纵向受力普通钢筋宜采用 HRB400、HRB500、HRBF400、HRBF500 的钢筋。

② 筋 宜 采 用 HRB400、HRBF400、HRB335、HRB300、HRB500、HRBF500 的钢筋。

③预应力筋宜采用预应力钢丝、钢绞线和预应力螺纹钢筋。

3.3.4 钢筋的强度与变形性能

1. 钢筋的强度

钢筋的强度根据受拉时的应力 - 应变关系曲线特点的不同，可分为有明显屈服点钢筋和无明显屈服点钢筋两类。屈服点指的是钢材或试样在拉伸时，当应力超过弹性极限，即使应力不再增加，钢材或试样仍然继续发生明显的塑性变形，此现象称为屈服，而产生屈服现象时的最小应力值即为屈服点。

1）有明显屈服点钢筋的强度

有明显屈服点的钢筋（如热轧钢筋）也叫软钢，在应力 - 应变试验中会经历六个主要阶段：第一阶段 0~a'，该阶段应力与应变呈线性变化，即应力增加应变也增加；第二阶段 a'~a，应力与应变不呈线性变化，但仍为弹性变形，此时 a 点对应的应力称为弹性极限；第三阶段 a~b'，试件产生非弹性形变，到达 b' 后钢筋出现塑性流动现象，此时 b' 对应的应力称为屈服上限；第四阶段 b'~b~c，该阶段应力不变，应变急剧增加，应力 - 应变关系接近水平线直到 c 点；第五阶段 c~d，随着应变的增加，应力又继续上升直到 d 点应力达到最大值，d 点对应的应力称为钢筋的极限强度，该阶段称为钢筋强化阶段；第六阶段 d~e，金属试件出现颈缩现象截面突然缩小，变形迅速增加，应力随之下降直至 e 点试件被拉断。

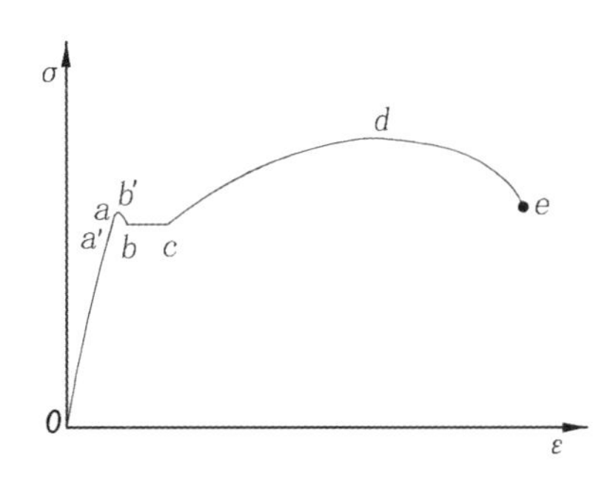

有明显屈服点钢筋的应力 - 应变关系曲线

有明显屈服点钢筋强度的基本指标有两个，即屈服强度和极限强度。屈服强度是有明显屈服点钢筋强度的设计取值依据。由于构件中钢筋的应力达到屈服点后，会产生很大的塑性变形，使钢筋混凝土构件出现很大的变形和过宽的裂缝，导致不能继续使用。而屈服上限不稳定，所以对于有明显流幅的钢筋，应该以屈服下限作为钢筋的屈服强度。钢筋的屈服强度与极限强度的比值称为屈强比，可反映钢筋的强度储备。

2）无明显屈服点钢筋的强度

预应力螺纹钢筋和各种钢丝等没有明显屈服点的钢筋叫作硬钢。这类钢筋的应力 - 应变曲线如下图所示。在该曲线中最大应力 σ_b 被称为极限抗拉强度。0~a 段应力 - 应变为线性关系，a 点对应的应力约为 0.75 σ_b，被称为比例极限；a 点以后，应力 - 应变为非线性关系，该阶段有一定的塑性变形，但是没有明显的屈服点，到达 σ_b 极限抗拉强度以后会很快被拉断，伸长率很小，破坏时呈脆性状态。

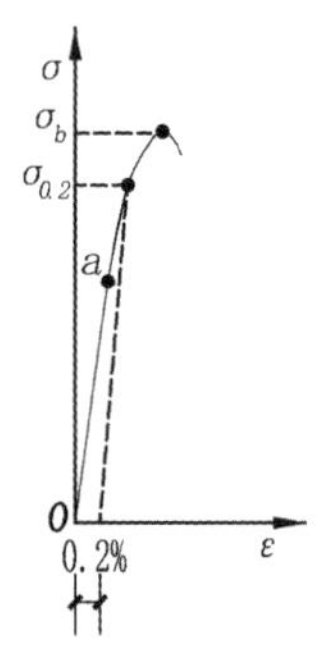

无明显屈服点钢筋的应力－应变关系曲线

在工程设计中对无明显屈服点钢筋一般取残余应变 0.2% 时所对应的应力 $\sigma_{0.2}$ 作为强度设计指标，称为条件屈服强度。《混凝土结构设计规范》（GB 50010—2010）（2015 年版）对于消除应力钢丝及钢绞线取 $\sigma_{0.2}=0.85\sigma_b$，对于中强度预应力钢丝和螺纹钢筋，按工程经验做了适当调整。

2. 钢筋的变形性能

钢筋的屈服强度和极限强度是钢筋的两个强度指标，除此之外钢筋还有两个塑性指标，即延伸率和冷弯性能，这两个指标是衡量钢筋塑性性能和变形能力的主要指标。

1）延伸率

钢筋的延伸率是指钢筋试件上标距为 5*d* 或 10*d*（*d* 为钢筋试件直径）范围内的极限伸长率，记为 δ_5 或 δ_{10}。延伸率越大，塑性越好。热轧钢筋的延伸率较大，拉断前有明显的预兆，延性较好。由于延伸率只能反映钢筋拉断时残余变形的大小，忽略了钢筋的弹性变形，不能反映钢筋受力时的总体变形能力，因此近年来也逐渐采用钢筋最大力下的总伸长率（均匀伸长率）δ_{gt} 来表示钢筋的变形能力。

2）冷弯性能

为了使钢筋在使用时不会发生脆断，加工时不致断裂，要求钢筋具有一定的冷弯性能。冷弯是在常温下将钢筋围绕某个规定直径 *D* 的辊轴弯曲一定的角度，弯曲后的钢筋应无裂纹、鳞落或断裂现象。钢筋直径 *d* 越小，弯折角度 α 越大，则钢筋的塑性性能越好。当钢筋直径 $d \leqslant 25$ mm 时，对不同类型钢筋的弯心直径 *d* 分别为 1*d* 和 3*d*，冷弯角度分别为 180° 和 90° 。

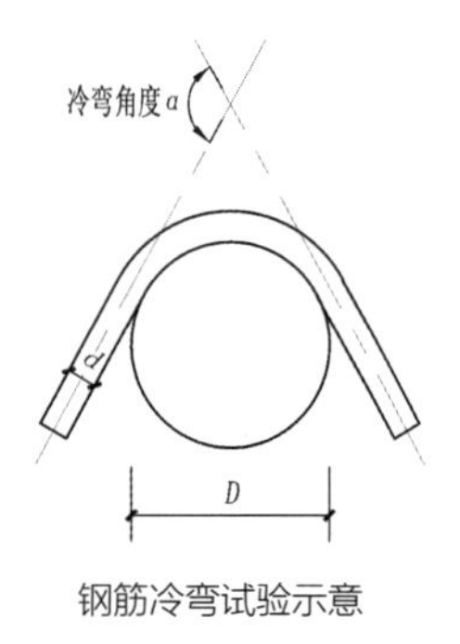

钢筋冷弯试验示意

3. 钢筋的弹性模量

根据《混凝土结构设计规范》（GB 50010—2010）（2015 年版）中规定，普通钢筋和预应力筋的弹性模量 E_s 可按下表采用。

钢筋的弹性模量

牌号或种类	弹性模量 E_s /×10^5 N/mm²
HPB300	2.10
HRB335、HRB400、HRBF400、RRB400、HRB500、HRBF500 预应力螺纹钢筋	2.00
消除应力钢丝、中轻度预应力钢丝	2.05
钢绞线	1.95

4. 钢筋的松弛

钢筋在高应力作用下长期保持不变，其应力随时间增长而降低的现象称为松弛。钢筋应力松弛随时间增长而增大，且与初始应力、温度、钢筋种类等因素有关。初始应力大，应力松弛损失一般也大。冷拉热轧钢筋松弛损失较各类钢丝和钢绞线低，钢绞线的应力松弛大于同种材料钢丝的松弛。随温度增加，钢筋的松弛损失也增大。

5. 钢筋的疲劳性能

在许多工程结构中，比如铁路、公路桥梁、吊车梁、铁路轨枕等都承受着重复荷载的作用。在频繁的重复荷载作用下，结构材料抵抗破坏的情况与一次受力时的情况有本质区别。钢筋的疲劳破坏是指钢筋在承受重复、周期动力荷载作用下，经过一定次数后，钢材发生脆性的突然断裂破坏，而不是单调加载时的塑性破坏。此时钢筋的最大应力低于静力荷载作用下钢筋的极限强度。钢筋的疲劳强度是指在某一规定应力变化幅度内， 经受一定次数循环荷载后，才发生疲劳破坏的最大应力值。

影响钢筋疲劳强度的因素有很多，如应力变化幅度、最小应力值、钢筋外表面的几何形状、钢筋直径、钢筋种类、轧制工艺和试验方法等，主要的是钢筋的疲劳应力幅，即重复荷载作用下同一层钢筋的最大应力和最小应力之差。

第 4 章 混凝土

4.1 概述

混凝土，主要由水泥、骨料、水以及外加剂按照一定比例混合，形成具有塑性及强度的混合物。对于混凝土来说核心是“混”，它是不同原料通过化合作用形成的产物，原料的特性及配比决定了混凝土的多样性。随着现代工艺的发展，各种混凝土制品更是涵盖了建筑结构、建筑装饰、市政、景观、室内、雕塑等专业领域。

北京园博会大师园“凹陷花园”——混凝土的可塑性

4.1.1 混凝土的主要成分

混凝土的基本组成材料包括水泥、水、天然砂、石子、外加剂等。其中砂、石材料起骨架支撑作用，因此又被称为骨料。水和水泥形成的水泥浆包裹在砂的表面，形成水泥浆体，水泥浆体又包裹在石子的表面并填充缝隙，逐渐硬化形成坚硬的整体。为了让水泥浆体充分填充在骨料的缝隙，在浇筑混凝土的过程中经常需要振捣，但是仍不可避免地形成气孔，因此不论是从材料组成角度来看，还是从混凝土整体稳定性来看，混凝土都是一种复合型材料，其强度、稳定性等与其中每一个构成元素息息相关。

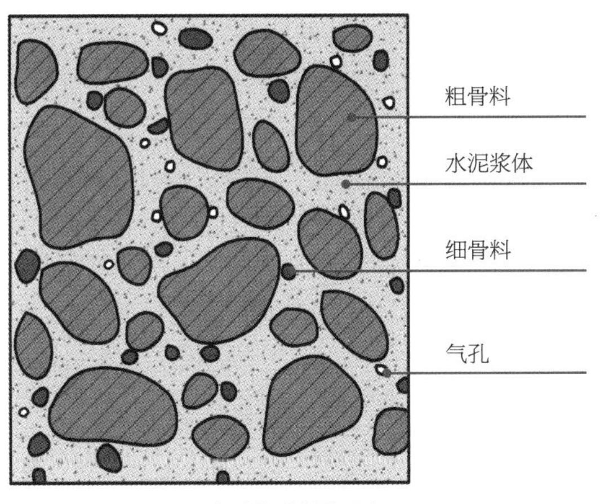

混凝土组成结构示意

4.1.2 混凝土的主要类型

1. 按表观密度分类

1）轻细混凝土

轻细混凝土是指表观密度在 500 kg/m^3 以下的多孔混凝土和用特轻骨料（如膨胀珍珠岩、膨胀蛭石、泡沫塑料等材料）制成的轻骨料混凝土。主要用于保温隔热材料。

2）轻混凝土

轻混凝土是指表观密度在 500 ~ 1900 kg/m^3 之间的混凝土，其中表观密度在 800 ~ 1900 kg/m^3 之间的混凝土叫轻骨料混凝土，表观密度在 500 ~ 800 kg/m^3 之间的混凝土叫多孔混凝土。主要用于保温隔热制品。

3）重混凝土

重混凝土是指表观密度在 1900 ~ 2500 kg/m^3 之间的混凝土，主要于各种承重结构。

4）特重混凝土

特重混凝土是指表观密度大于2500 kg/m^3 的混凝土，主要用于防辐射工程的屏蔽材料。

2. 按结构分类

1）普通混凝土

普通混凝土是指以碎石、砂子、水泥和水制成的混凝土。

2）细粒混凝土

细粒混凝土是指由细骨料和胶结材料制成的混凝土，主要用于制造薄壁构件，如混凝土挂板等。

3）大孔混凝土

大孔混凝土是指由粗骨料和胶结材料制成，骨料之间有较大空隙的混凝土。由于混凝土之间空隙较多，整体强度较低，主要用于不承重的隔层、隔墙填充等。

4）多孔混凝土

多孔混凝土是指由磨细的胶结材料和其他粉料加水拌合而成的混凝土料浆，通过机械方法或化学方法使之形成许多微小的气泡之后再硬化形成。可以制作隔热板、防潮板等，由于具有一定的强度，还可以用于制作浮板、浮桥等简易结构。

3. 按生产和施工方法分类

可以分为现拌混凝土（从 2004 年起国家启动禁止在城市施工现场现拌混凝土）、预拌混凝土、泵送混凝土、喷射混凝土、压力灌浆混凝土、挤压混凝土、离心混凝土、真空脱水混凝土、热拌混凝土等。其中预拌混凝土又被称为商品混凝土，是目前城市建设中使用最多的混凝土种类。

4. 按用途分类

可以分为结构混凝土、大体积混凝土、防水混凝土、耐热混凝土、膨胀混凝土、防辐射混凝土等。

5. 按强度分类

1）低强度混凝土

抗压强度 f_{cu} 小于 30 MPa 的混凝土。

2）中强度混凝土

抗压强度 f_{cu} 大于等于 30 MPa，小于 60 MPa 的混凝土。

3）高强度混凝土

抗压强度 f_{cu} 大于等于 60 MPa，小于等于 100 MPa 的混凝土。

4）超高强度混凝土

抗压强度 f_{cu} 大于 100 MPa 的混凝土。

高强度和超高强度混凝土为预应力混凝土提供了条件，主要用于高层建筑，以及大跨度桥梁、大跨度屋面、漂浮结构、军工防护等建筑，比如车站、机场、海上平台等。

6. 按配筋方式分类

按配筋方式可分为素混凝土（无配筋）、钢筋混凝土、纤维混凝土、钢丝网混凝土、预应力混凝土等。

随着技术的发展和产品的更新，形成许多新的混凝土结构形式，比如高性能混凝土结构、纤维增强混凝土结构、活性粉末混凝土、工程纤维增强水泥基复合材料、钢与混凝土组合结构。

4.2 通用硅酸盐水泥

水泥是混凝土的核心组成部分，水泥类型的不同会导致混凝土的特性不同，水泥和水的配比也会影响混凝土的强度和耐久性。通用硅酸盐水泥主要是指以硅酸盐水泥熟料和适量的石膏及规定的混合材料制成的水硬性胶凝材料。通用硅酸盐水泥主要分为以下几类：硅酸盐水泥、普通硅酸盐水泥、矿渣硅酸盐水泥、火山灰质硅酸盐水泥、粉煤灰硅酸盐水泥和复合硅酸盐水泥。

4.2.1 通用硅酸盐水泥的成分

通用硅酸盐水泥的成分主要有硅酸盐水泥熟料、石膏、活性混合材料、非活性混合材料、窑灰、助磨剂等。

1. 硅酸盐水泥熟料

硅酸盐水泥熟料是由主要含有氧化钙（CaO）、二氧化硅（SiO_2）、氧化铁（Fe_2O_3）、三氧化二铝（Al_2O_3）的原料，按适当比例研磨成细粉至部分熔融所得的以硅酸钙为主要矿物成分的水硬性胶凝物质。其中硅酸钙矿物含量不小于 66%，氧化钙和氧化硅的质量比不小于 2.0。

2. 石膏

通用混凝土中的石膏主要包含天然石膏和工业副产石膏，其中天然石膏按矿物组分分为石膏（代号 G）、硬石膏（代号 A）、混合石膏（代号 M）三类，并按照附着含水量分为特级、一级、二级、三级、四级五种。工业副产石膏是以硫酸钙为主要成分的工业副产物，在采用这类石膏之前，应经过试验证明对水泥性能无害方可使用。

3. 活性混合材料

活性混合材料主要是指符合规范要求的粒化高炉矿渣、粒化高炉矿渣粉、粉煤灰、火山灰质混合材料。

① 粒化高炉矿渣：在高炉冶炼生铁时，所得到的以硅酸盐为主要成分的熔融物，经过淬冷成粒后，具有潜在水硬性的材料。

② 粒化高炉矿渣粉：以粒化高炉矿渣为主要原料，可以掺加少量天然石膏研磨制成的具有一定细度的粉体。

③ 粉煤灰：电厂煤粉炉烟道气体中收集的粉末。但是不包含：和煤一起煅烧城市垃圾或其他废弃物时形成或收集的粉末；在焚烧炉中煅烧工业或城市垃圾时形成或收集的粉末；循环流化床锅炉燃烧收集的粉末。

④ 火山灰质混合材料：具有火山灰性的天然或人工的矿物质材料。

天然火山灰质混合材料主要包含：火山灰、凝灰岩（由火山灰沉积形成的致密岩石）、沸石岩（凝灰岩经环境介质作用而形成的一种以碱或碱土金属的含铝硅酸盐矿物为主的岩石）、浮石（火山喷出的多孔的玻璃质岩石）、硅藻土或硅藻石（由极细致的硅藻介壳聚集、沉积形成的生物岩石）。

人工火山灰质混合材料主要包含：煤矸石（煤层中炭质页岩经自燃或煅烧后的产物）、烧页岩（页岩或油母页岩经自燃或煅烧后的产物）、烧黏土（黏土燃烧后的产物）、煤渣、硅质渣（由矾土提取硫酸铝后的残渣）。

4. 非活性混合材料

非活性混合材料指活性指标低于规范要求的粒化高炉矿渣、粒化高炉矿渣粉、粉煤灰、火山灰质混合材料——石灰石和砂岩，其中石灰石中 Al_2O_3 含量不应大于 2.5%。

5. 窑灰

窑灰指用回转窑生产硅酸盐水泥熟料时，随着气流从窑尾排出的，经收尘设备收集所得的干粉末。

6. 助磨剂

助磨剂指在水泥磨粉时加入的起助磨作用而又不损害水泥性能的外加剂，其加入量不应超过水泥用量的 0.5%。

通用硅酸盐水泥的组成成分

水泥品种	代号	组成成分 /%				
		熟料 + 石膏	粒化高炉矿渣	火山灰质混合材料	粉煤灰	石灰石
硅酸盐水泥	P · Ⅰ	100	—	—	—	—
	P · Ⅱ	≥ 95	≤ 5	—	—	—
		≥ 95	—	—	—	≤ 5
普通硅酸盐水泥	P · O	≥ 80 且 < 95	> 5 且 ≤ 20			—
矿渣硅酸盐水泥	P · S · A	≥ 50 且 < 80	> 20 且 ≤ 50	—	—	—
	P · S · B	≥ 30 且 < 50	> 50 且 ≤ 70	—	—	—
火山灰质硅酸盐水泥	P · P	≥ 60 且 < 80	—	> 20 且 ≤ 40	—	—
粉煤灰硅酸盐水泥	P · F	≥ 60 且 < 80	—	—	> 20 且 ≤ 40	—

4.2.2 常用水泥的性能及适用范围

常用水泥的性能及适用范围详见下表。

常用水泥的性能及适用范围

水泥品种	主要性能	适用范围	
		适用	不适用
硅酸盐水泥	① 快硬早强； ② 水化热高； ③ 抗冻、耐磨性好； ④ 耐腐蚀性差； ⑤ 耐水性差； ⑥ 耐热性较差	适用于快硬早强工程，配制高强度等级混凝土	不宜用于大体积混凝土工程及受化学侵蚀和压力水作用的结构
普通硅酸盐水泥	①早期强度高； ②水化热较高； ③抗冻、耐磨性好； ④耐腐蚀性差； ⑤耐水性差； ⑥耐热性较差	适用于地上、地下及水中的混凝土、钢筋混凝土和预应力混凝土，包括受冻融循环作用及早期强度要求较高的工程	不适用于大体积及受化学侵蚀和压力水作用的结构

续表

水泥品种	主要性能	适用范围	
		适用	不适用
矿渣硅酸盐水泥	① 早期强度低，但后期强度增长较快； ② 水化热较低； ③ 耐热性、耐水性较好； ④ 抗硫酸盐侵蚀性强； ⑤ 抗冻性、耐磨性较差； ⑥ 干缩性较大，常有泌水现象	① 地上、地下及水中的混凝土、钢筋混凝土和预应力混凝土结构及抗硫酸盐侵蚀的结构； ② 大体积混凝土； ③ 蒸养构件及耐热混凝土	① 对早期强度要求较高的工程； ② 经常受冻融循环作用的工程； ③ 需要在低温环境中硬化的工程
火山灰质硅酸盐水泥	① 早期强度较低，后期强度增加； ② 抗渗性较高； ③ 抗硅酸盐侵蚀性较好； ④ 水化热较低； ⑤ 干缩性受混合材料品种比表面积影响较大	① 地下和水中的混凝土和钢筋混凝土结构； ② 大体积混凝土； ③ 蒸养混凝土； ④ 有抗渗要求的混凝土	① 受反复冻融及干湿变化作用的结构； ② 处于干燥环境中的结构； ③ 对早期强度要求较高的结构
粉煤灰硅酸盐水泥	① 抗裂性强； ② 抗淡水和抗硅酸盐的腐蚀能力较强； ③ 粉煤灰掺量越多，水化热越低； ④ 抗大气性较差； ⑤ 干缩性小	① 地下和水中的混凝土和钢筋混凝土结构及抗硫酸盐侵蚀的结构； ② 大体积混凝土	不适用于对早期强度要求较高的结构

4.2.3 通用硅酸盐水泥的强度

1. 测试方式

1）水泥强度

水泥强度又称为水泥胶砂强度，测试水泥强度的方法为：取按照质量计的 1 份水泥、3 份中国 ISO 标准砂，用 0.5（1 ：2）的水灰比拌制的一组塑性胶砂制成 40 mm × 40 mm × 160 mm 的棱柱试体；试体连模一起在湿气中养护 24 h，然后脱模在水中养护至强度试验；到试验龄期时将试体从水中取出，先进行抗折强度试验，折断后每截再进行抗压强度试验。

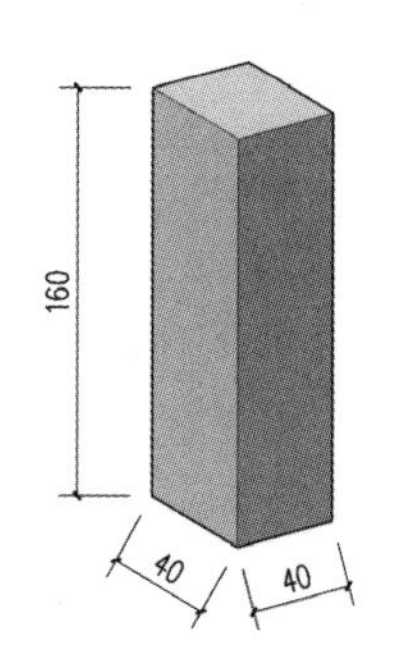

水泥强度棱柱试件

2）强度试验的龄期

强度试验的龄期是指从水泥加水搅拌开始试验时算起，养护到不同龄期强度试验时间截止。由于养护的时间不同，试体的强度不同，因此不同的龄期对于材料强度的影响较大。

一般来说龄期有：24 h ± 15 min、48 h ± 30 min、72 h ± 45 min、7 d ± 2 h、14 d ± 6 h、28 d ± 8 h，其中常用的龄期有：24 h、7 d、14 d、28 d。

3）水泥抗折强度

应以一组三个棱柱体抗折结果的平均值作为试验结果。当三个强度值中有一个超出平均值的 ± 10% 时，应将之剔除后再取平均值作为抗折强度试验结果。

4）水泥抗压强度

应以一组六个棱柱体抗压结果的算数平均值作为试验结果。当六个强度值中有一个超出平均值的 ± 10% 时，应将之剔除后再取剩下五个的平均值作为抗压强度试验结果；如果在剩下五个测定值中载有超过它们平均值的 ± 10% 的数值，则该组结果作废。

2. 通用硅酸盐水泥强度分类

通用硅酸盐水泥按照不同的种类有不同的强度等级分类方式。

①硅酸盐水泥的强度等级为：42.5、42.5R、52.5、52.5R、62.5、62.5R 六个等级。

②普通硅酸盐水泥的强度等级为： 42.5、42.5R、52.5、52.5R 四个等级。

③矿渣硅酸盐水泥、火山灰质硅酸盐水泥、粉煤灰硅酸盐水泥的强度等级为：32.5、32.5R、42.5、42.5R、52.5、52.5R 六个等级。

④复合硅酸盐水泥的强度等级为：32.5R、42.5、42.5R、52.5、52.5R 五个等级。

尽管水泥是混凝土及砂浆的主要组成部分，但水泥强度并不等同于混凝土强度或砂浆强度。下文会分析以上几个较易混淆的强度概念，并结合烧结砖、砌块等的强度，简要介绍砌体材料与粘结材料之间的强度配比。

4.2.4 通用硅酸盐水泥强度要求

不同品种、不同强度等级的通用硅酸盐水泥，其不同龄期的强度应符合下表的规定。

各强度等级的通用硅酸盐水泥对应不同龄期的强度

项目	强度等级	抗压强度 /MPa		抗折强度 /MPa	
		3 d	28 d	3 d	28 d
硅酸盐水泥	42.5	≥ 17.0	≥ 42.5	≥ 3.5	≥ 6.5
	42.5R	≥ 22.0		≥ 4.0	
	52.5	≥ 23.0	≥ 52.5	≥ 4.0	≥ 7.0
	52.5R	≥ 27.0		≥ 5.0	
	62.5	≥ 28.0	≥ 62.5	≥ 5.0	≥ 8.0
	62.5R	≥ 32.0		≥ 5.5	
普通硅酸盐水泥	42.5	≥ 17.0	≥ 42.5	≥ 3.5	≥ 6.5
	42.5R	≥ 22.0		≥ 4.0	
	52.5	≥ 23.0	≥ 52.5	≥ 4.0	≥ 7.0
	52.5R	≥ 27.0		≥ 5.0	
矿渣硅酸盐水泥、火山灰质硅酸盐水泥、粉煤灰硅酸盐水泥	32.5	≥ 10.0	≥ 32.5	≥ 2.5	≥ 5.5
	32.5R	≥ 15.0		≥ 3.5	
	42.5	≥ 15.0	≥ 42.5	≥ 3.5	≥ 6.5
	42.5R	≥ 19.0		≥ 4.0	
	52.5	≥ 21.0	≥ 52.5	≥ 4.0	≥ 7.0
	52.5R	≥ 23.0		≥ 4.5	

4.3 骨料

骨料又被称为集料，是混凝土的主要组成材料之一。

1）根据粒径不同分类

骨料根据粒径不同分为粗骨料和细骨料。粗骨料包括建筑用卵石和碎石，混凝土用再生粗骨料、轻粗骨料等；细骨料包括建筑用砂，混凝土和砂浆用细骨料、轻细骨料等。

2）根据类型不同分类

骨料根据类型不同分为建筑用碎石和卵石，建筑用砂、混凝土，砂浆用再生骨料、轻骨料等。

4.3.1 建筑用卵石和碎石

1. 定义与类型

建筑用卵石和碎石也被称为粗骨料。

卵石：由自然风化、水流搬运和分选、堆积形成的，粒径大于 4.75 mm 的岩石颗粒。

碎石：天然岩石、卵石或矿山废石经机械破碎、筛分制成的，粒径大于 4.75 mm 的岩石颗粒。

2. 强度

在水饱和状态下，岩石的抗压强度：火成岩不应小于 80 MPa，变质岩不应小于 60 MPa，水成岩不应小于 30 MPa。

3. 名词基本定义

针片状颗粒：卵石、碎石颗粒的长度大于该颗粒所属相应粒级的平均粒径 2.4 倍者为针状颗粒，厚度小于平均粒径 0.4 倍者为片状颗粒。

含泥量：卵石、碎石中粒径小于 75 μm 的颗粒含量。

泥块含量：卵石、碎石中原粒径大于 4.75 mm，经水浸洗、手捏后小于 2.36 mm 的颗粒含量。

坚固性：卵石、碎石在自然风化和其他外界物理化学因素作用下抵抗破裂的能力。

碱集料反应：水泥、外加剂等混凝土组成物及环境中的碱与集料中碱活性矿物在潮湿环境下缓慢发生并导致混凝土开裂破坏的膨胀反应。

4. 分类和技术要求

卵石、碎石按技术要求分为Ⅰ类、Ⅱ类、Ⅲ类。技术要求包含含泥量、泥块含量、针片状颗粒总含量、有害物质含量、坚固性、压碎指标、空隙率、吸水率、碱集料反应等方面。

卵石、碎石的技术要求

项目		指标 /%		
		Ⅰ类	Ⅱ类	Ⅲ类
含泥量（按质量计）		≤ 0.5	≤ 1.0	≤ 1.5
泥块含量（按质量计）		0	≤ 0.2	≤ 0.5
针片状颗粒总含量（按质量计）		≤ 5	≤ 10	≤ 15
有害物质含量	有机物（比色法）	合格	合格	合格
	硫化物及硫酸盐（按 SO_2 质量计）	≤ 0.5	≤ 1.0	≤ 1.0
坚固性	质量损失	≤ 5	≤ 8	≤ 12
压碎指标	碎石压碎指标	≤ 10	≤ 20	≤ 30
	卵石压碎指标	≤ 12	≤ 14	≤ 16
空隙率		≤ 43	≤ 45	≤ 47
吸水率		≤ 1.0	≤ 2.0	≤ 2.0
碱集料反应	在规定的试验龄期膨胀率	< 0.1	< 0.1	< 0.1

4.3.2 建筑用砂

1. 类型

建筑用砂包含天然砂和机制砂两类。

天然砂：自然生成的，经人工开采和筛分的，粒径小于4.75 mm的岩石颗粒，包括河砂、湖砂、山砂、淡化海砂，但不包括软质、风化的岩石颗粒。

机制砂：经除土处理，由机械破碎、筛分制成的，粒径小于 4.75 mm 的岩石、矿山尾矿或工业废渣颗粒，但不包括软质、风化的岩石颗粒。机制砂又被称为人工砂。

2. 规格

砂按照细度模数分为粗、中、细三种规格，其细度模数分别是：粗砂为 3.1~3.7 mm；中砂为 2.3~3.0 mm；细砂为 1.6~2.2 mm。

3. 名词基本定义

含泥量：天然砂中粒径小于 75 μm 的颗粒含量。

石粉含量：机制砂中粒径小于 75 μm 的颗粒含量。

泥块含量：砂中原粒径大于 1.18 mm，经水浸洗、手捏后小于 600 μm 的颗粒含量。

细度模数：衡量砂粗细程度的指标。

坚固性：砂在自然风化和其他外界物理化学因素作用下抵抗破裂的能力。

轻物质：砂中表观密度小于 2 000 kg/m^3 的物质。

4. 分类和技术要求

砂按照技术要求分为Ⅰ类、Ⅱ类、Ⅲ类。技术要求包含颗粒级配、含泥量、石粉含量、泥块含量、有害物质含量、坚固性指标、表观密度、松散堆积密度、空隙率、碱集料反应等方面。

砂的技术要求

项目			指标 /%		
			Ⅰ类	Ⅱ类	Ⅲ类
天然砂的含泥量和泥块含量	含泥量（按质量计）		≤ 1.0	≤ 3.0	≤ 5.0
	泥块含量（按质量计）		0	≤ 1.0	≤ 2.0
人工砂的石粉和泥块含量	*MB* 值≤ 1.40 或快速法试验合格	*MB* 值（亚甲蓝值）	≤ 0.5	≤ 1.0	≤ 1.4 或合格
		石粉含量（按质量计）	≤ 10	≤ 10	≤ 10
		泥块含量（按质量计）	0	≤ 1.0	≤ 2.0
	MB 值 > 1.40 或快速法试验不合格	石粉含量（按质量计）	≤ 1.0	≤ 3.0	≤ 5.0
		泥块含量（按质量计）	0	≤ 1.0	≤ 2.0
有害物质含量	云母（按质量计）		≤ 1.0	≤ 2.0	≤ 2.0
	轻物质（按质量计）		≤ 1.0	≤ 1.0	≤ 1.0
	有机物（比色法）		合格	合格	合格
	硫化物及硫酸盐（按 SO_3 质量计）		≤ 0.5	≤ 0.5	≤ 0.5
	氯化物（以氯离子质量计）		≤ 0.01	≤ 0.02	≤ 0.06
	贝壳（按质量计）*		≤ 3.0	≤ 5.0	≤ 8.0
坚固性指标	质量损失		≤ 8	≤ 8	≤ 10
	单级最大压碎指标		≤ 20	≤ 25	≤ 30
表观密度			≥ 2 500 kg/m^3	≥ 2 500 kg/m^3	≥ 2 500 kg/m^3
松散堆积密度			≥ 1 400 kg/m^3	≥ 1 400 kg/m^3	≥ 1 400 kg/m^3
空隙率			≤ 44	≤ 44	≤ 44
碱集料反应	在规定的试验龄期膨胀率应		< 0.1	< 0.1	< 0.1

* 该指标仅适用于海砂，其他砂种不做要求。

4.3.3 混凝土和砂浆用再生骨料

1. 混凝土用再生粗骨料

1）定义

混凝土用再生粗骨料是由建（构）筑废物中的混凝土、砂浆、石、砖瓦等加工而成，用于配制混凝土的，粒径大于 4.75 mm 的颗粒。

2）规格

混凝土用再生粗骨料按粒径尺寸分为连续粒级和单粒级。连续粒级分为 5 ~ 16 mm、5 ~ 20 mm、5 ~ 25 mm 和 5 ~ 31.5 mm 四种规格；单粒级分为 5 ~ 10 mm、10 ~ 20 mm 和 16 ~ 31.5 mm 三种规格。

3）名词基本定义

微粉含量：混凝土用再生粗骨料中粒径小于 75 μm 的颗粒含量。

泥块含量：混凝土用再生粗骨料中原粒径大于 4.75 mm，经水浸洗、手捏后小于 2.36 mm 的颗粒含量。

针片状颗粒：混凝土用再生粗骨料的长度大于该颗粒所属相应粒级的平均粒径 2.4 倍者为针状颗粒；厚度小于平均粒径 0.4 倍者为片状颗粒。

压碎指标：混凝土用再生粗骨料抵抗压碎能力的指标。

坚固性：混凝土用再生粗骨料在自然风化和其他物理化学因素作用下抵抗破裂的能力。

表观密度：混凝土用再生粗骨料颗粒单位体积（包括内部封闭孔隙）的质量。

吸水率：混凝土用再生粗骨料饱和面干状态时所含水的质量占绝干状态质量的百分数。

杂物：混凝土用再生粗骨料中除混凝土、砂浆、砖瓦和石之外的其他物质。

4）分类和技术要求

混凝土用再生粗骨料按性能要求分为Ⅰ类、Ⅱ类、Ⅲ类。技术要求包含微粉含量、泥块含量、针片状颗粒含量、有害物质含量、杂物含量、坚固性、压碎指标、吸水率、表观密度、空隙率、碱集料反应等方面。

混凝土用再生粗骨料的技术要求

项目		指标/%		
		Ⅰ类	Ⅱ类	Ⅲ类
微粉含量（按质量计）		＜ 1.0	＜ 2.0	＜ 3.0
泥块含量（按质量计）		＜ 0.5	＜ 0.7	＜ 1.0
针片状颗粒总含量（按质量计）		＜ 10		
有害物质含量	有机物（比色法）	合格		
	硫化物及硫酸盐（按 SO_3 质量计）	＜ 2.0		
	氯化物（以氯离子质量计）	＜ 0.06		
杂物（按质量计）		＜ 1.0		
坚固性	质量损失	＜ 5.0	＜ 10.0	＜ 15.0
压碎指标		＜ 12	＜ 20	＜ 30
表观密度		＞ 2 450 kg/m^3	＞ 2 350 kg/m^3	＞ 2 250 kg/m^3
空隙率		＜ 47	＜ 50	＜ 53
吸水率		＜ 3.0	＜ 5.0	＜ 8.0
碱集料反应	在规定的试验龄期膨胀率	＜0.1	＜0.1	＜0.1

2. 混凝土和砂浆用再生细骨料

1）定义

混凝土和砂浆用再生细骨料是由建（构）筑废物中的混凝土、砂浆、石、砖瓦等加工而成，用于配制混凝土的，粒径不大于 4.75 mm 的颗粒。

2）规格

混凝土和砂浆用再生细骨料按细度模数（衡量混凝土和砂浆再生细骨料粗细程度的指标）分为粗、中、细三种规格，其细度模数 M_x 分别为：粗，M_x=3.1~3.7；中，M_x=2.3~3.0；细，M_x=1.6~2.2。

3）名词基本定义

微粉含量：混凝土和砂浆再生细骨料中粒径小于 75 μm 的颗粒含量。

泥块含量：混凝土和砂浆再生细骨料中原粒径大于 1.18 mm，经水浸洗、手捏后小于 600 μm 的颗粒含量。

细度模数：衡量混凝土和砂浆再生细骨料粗细程度的指标。

坚固性：混凝土和砂浆再生细骨料在自然风化和其他物理化学因素作用下抵抗破裂的能力。

轻物质：混凝土和砂浆再生细骨料中表观密度小于 2 000 kg/m^3 的物质。

亚甲蓝值（*MB* 值）：用于确定混凝土和砂浆再生细骨料中粒径小于 75 μm 的颗粒中高岭土含量的指标。

再生胶砂：按照标准规定的方法，用混凝土和砂浆再生细骨料、水泥和水制备的砂浆。

基准胶砂：按照标准规定的方法，用标准砂、水泥和水制备的砂浆。

再生胶砂需水量：流动度为 130 mm ± 5 mm 的再生胶砂用水量。

基准胶砂需水量：流动度为 130 mm ± 5 mm 的基准胶砂用水量。

再生胶砂需水量比：再生胶砂需水量与基准胶砂需水量之比。

再生胶砂强度比：再生胶砂与基准胶砂的抗压强度之比。

4）分类和技术要求

混凝土和砂浆用再生细骨料按性能要求分为Ⅰ类、Ⅱ类、Ⅲ类。技术要求包含微粉含量、泥块含量、有害物质含量、坚固性、压碎指标、再生胶砂需水量比、再生胶砂强度比、表观密度、堆积密度和空隙率、碱集料反应等方面。

混凝土和砂浆用再生细骨料技术要求

<table>
<tr><th colspan="2" rowspan="2">项目</th><th colspan="9">指标 /%</th></tr>
<tr><th colspan="3">Ⅰ类</th><th colspan="3">Ⅱ类</th><th colspan="3">Ⅲ类</th></tr>
<tr><td rowspan="2">微粉含量（按质量计）</td><td>MB 值 < 1.40 或合格</td><td colspan="3">< 5.0</td><td colspan="3">< 7.0</td><td colspan="3">< 10.0</td></tr>
<tr><td>MB 值≥ 1.40 或不合格</td><td colspan="3">< 1.0</td><td colspan="3">< 3.0</td><td colspan="3">< 5.0</td></tr>
<tr><td colspan="2">泥块含量（按质量计）</td><td colspan="3">< 1.0</td><td colspan="3">< 2.0</td><td colspan="3">< 3.0</td></tr>
<tr><td rowspan="5">有害物质含量</td><td>云母（按质量计）</td><td colspan="9">< 2.0</td></tr>
<tr><td>轻物质（按质量计）</td><td colspan="9">< 1.0</td></tr>
<tr><td>有机物（比色法）</td><td colspan="9">合格</td></tr>
<tr><td>硫化物及硫酸盐（按 SO_2 质量计）</td><td colspan="9">< 2.0</td></tr>
<tr><td>氯化物（以氯离子质量计）</td><td colspan="9">< 0.06</td></tr>
<tr><td>坚固性</td><td>饱和硫酸钠溶液中质量损失</td><td colspan="3">< 8.0</td><td colspan="3">< 10.0</td><td colspan="3">< 12.0</td></tr>
<tr><td>压碎指标</td><td>单级最大压碎指标值</td><td colspan="3">< 20</td><td colspan="3">< 25</td><td colspan="3">< 30</td></tr>
<tr><td colspan="2" rowspan="2">再生胶砂需水量比</td><td>细</td><td>中</td><td>粗</td><td>细</td><td>中</td><td>粗</td><td>细</td><td>中</td><td>粗</td></tr>
<tr><td>< 1.35</td><td>< 1.30</td><td>< 1.20</td><td>< 1.55</td><td>< 1.45</td><td>< 1.35</td><td>< 1.80</td><td>< 1.70</td><td>< 1.50</td></tr>
<tr><td colspan="2">再生胶砂强度比</td><td>> 0.80</td><td>> 0.90</td><td>> 1.00</td><td>> 0.70</td><td>> 0.85</td><td>> 0.95</td><td>> 0.60</td><td>> 0.75</td><td>> 0.90</td></tr>
<tr><td colspan="2">表观密度</td><td colspan="3">> 2 450 kg/m^3</td><td colspan="3">> 2 350 kg/m^3</td><td colspan="3">> 2 250 kg/m^3</td></tr>
<tr><td colspan="2">堆积密度</td><td colspan="3">> 1 350 kg/m^3</td><td colspan="3">> 1 300 kg/m^3</td><td colspan="3">> 1 200 kg/m^3</td></tr>
<tr><td colspan="2">空隙率</td><td colspan="3">< 46</td><td colspan="3">< 48</td><td colspan="3">< 52</td></tr>
<tr><td>碱集料反应</td><td>在规定的试验龄期膨胀率</td><td colspan="3">< 0.1</td><td colspan="3">< 0.1</td><td colspan="3">< 0.1</td></tr>
</table>

4.3.4 轻骨料（轻集料）

1. 定义

1）轻骨料的定义

轻骨料又被称为轻集料，是堆积密度不大于 1 200 kg/m^3 的粗、细集料的总称。

2）轻骨料混凝土的定义

轻骨料混凝土是指用轻粗骨料、轻砂（或普通砂）、水泥和水配制而成的干表观密度不大于 1 950 kg/m^3 的混凝土。

2. 常见分类及其定义

轻集料的常见分类及其定义见下表。

轻集料的分类及其定义

分类		定义	种类	备注
按形成方式分类	天然轻集料	由火山爆发形成的多孔岩石经破碎、筛分而制成的轻集料	浮石、火山渣	GB/T 17431.1—2010
	人造轻集料	采用无机材料经加工制粒、高温焙烧而制成的轻粗集料（陶粒等）及轻细集料（陶砂等）	页岩陶粒、膨胀珍珠岩骨料及其轻砂、黏土陶粒	
	工业废渣轻集料	工业副产品或固体废弃物经破碎、筛分而制成的轻集料	粉煤灰陶粒、自燃煤矸石①、膨胀矿渣珠、煤渣②及其轻砂	
按性能分类	超轻集料	堆积密度不大于 500 kg/m³ 的保温用或结构保温用的轻粗集料	密度等级为 200 ~ 500 kg/m³ 的黏土陶粒、页岩陶粒、粉煤灰陶粒	为 GB/T 17431.1—1998 中的分类。在 GB/T 17431.1—2010 版规范中已经取消了该分类方式
	普通轻集料	堆积密度大于 510 kg/m³ 的轻粗集料	密度等级为 600 ~ 1100 的黏土陶粒、页岩陶粒、粉煤灰陶粒、煤渣②、自然煤矸石①、膨胀矿渣珠、天然轻集料	
	高强轻集料	强度等级不低于 25 MPa 的结构用轻粗集料	密度等级为 600 ~ 900，且筒压强度大于 4.0 的黏土陶粒、页岩陶粒、粉煤灰陶粒	
按粒型分类	圆球型轻集料	原材料经造粒、煅烧或非煅烧而成的，呈圆球状的轻集料	—	为 GB/T 17431.1—1998 以及 JGJ 51 中的分类。GB/T 17431.1—2010 版规范中已经取消了 GB/T 17431.1—1998 中该分类方式，但未提及 JGJ 51
	普通型轻集料	原材料经破碎烧胀而成的，呈非圆球状的轻集料	—	
	碎石型轻集料	由天然轻骨料、自然煤矸石或多孔烧结块经破碎加工而成的，或由页岩块烧胀后破碎而成的，呈碎石状的轻集料	—	

注：① 自然煤矸石：采煤、选煤的过程中排出的煤矸石，经堆积、自燃、破碎、筛分而成的一种工业废渣轻集料。

② 煤渣：煤在锅炉内燃烧后的多孔残渣，经破碎、筛分而成的一种工业废渣轻集料。

3. 技术指标

1）堆积密度

轻集料堆积密度的大小将影响轻集料混凝土的表观密度和性能。轻粗集料的堆积密度（单位：kg/m³）分为 200、300、400、500、600、700、800、900、1000、1100 十个等级；轻细集料的堆积密度（单位：kg/m³）分为 500、600、700、800、900、1000、1100、1200 八个等级。

2）颗粒级配

各种轻粗集料和轻细集料的颗粒级配应符合下表要求，但人造轻细集料的最大粒径不宜大于 19 mm。

轻集料的颗粒级配

项目		轻集料级配类型							
		细集料	粗集料						
		—	连续粒级						单粒级
公称粒级 /mm		0~5	5~40	5~31.5	5~25	5~20	5~16	5~10	< 46
各号筛的累计筛余（按质量计）/%	方孔筛孔径 37.5	—	0~10	0~5	0	0	—	—	—
	方孔筛孔径 31.5	—	—	0~10	0~5	0~5	—	—	—
	方孔筛孔径 26.5	—	—	—	0~10	—	0	—	—
	方孔筛孔径 19.0	—	40~60	—	—	0~10	0~5	—	0

续表

项目		轻集料级配类型							
		细集料	粗集料						
		—	连续粒级						单粒级
公称粒级		0~5	5~40	5~31.5	5~25	5~20	5~16	5~10	< 46
各号筛的累计筛余（按质量计）/%	方孔筛孔径 16.0 mm	—	—	40~75	30~70	—	0~10	0	0~15
	方孔筛孔径 9.50 mm	0	50~85	—	—	40~80	20~60	0~15	85~100
	方孔筛孔径 4.75 mm	0~10	90~100	90~100	90~100	90~100	85~100	80~100	90~100
	方孔筛孔径 2.36 mm	95~100	95~100	95~100	95~100	95~100	95~100	95~100	—
	方孔筛孔径 1.18 mm	20~60	—	—	—	—	—	—	—
	方孔筛孔径 600 μm	30~80	—	—	—	—	—	—	—
	方孔筛孔径 300 μm	65~90	—	—	—	—	—	—	—
	方孔筛孔径 150 μm	75~100	—	—	—	—	—	—	—

4.4 砂浆

4.4.1 概述

1. 砂浆的分类

1）按拌合方式分类

砂浆按拌合方式多分为现拌砂浆和预拌砂浆。但随着国家对环境保护要求的提高，2005年国务院颁布《国务院关于做好建设节约型社会近期重点工作的通知》（国发〔2005〕21号），要求“落实发展散装水泥的政策措施，从使用环节入手，进一步加大散装水泥推广力度”。2007年商务部等六部委发布《关于在部分城市限期禁止现场搅拌砂浆工作的通知》（商改发〔2007〕205号），从2007年9月1日起分期分批在全国开展禁止施工现场使用现拌水泥砂浆的工作（家装等小型施工现场除外），有的地区还明文规定“设计单位应该在施工图设计文件中明确使用预拌砂浆，并确定其品种和等级”。

2）按用途分类

砂浆按用途不同可以分为砌筑砂浆、抹灰砂浆与粘结砂浆。砌筑砂浆又分为一般砌筑砂浆与专用砌筑砂浆。专用砂浆指为了与某种特定块体材料相匹配的砂浆，在砌筑蒸压砖、蒸压加气混凝土砌块、混凝土小型空心砌块墙体时，通常考虑采用专用砂浆。

2. 砂浆立方体抗压强度试验

通常砂浆立方体抗压强度试验可以采用70.7 mm×70.7 mm×70.7 mm的试件，每组3个，在室温为20℃ ±5℃的环境下静置24 h±2 h， 对试件进行编号、拆模，放入温度为20 ℃ ±2 ℃、相对湿度为90%以上的标准养护室中养护。养护期间，试件彼此间隔不小于10 mm，混合砂浆试件上面应有覆盖，防止水滴在试件上。试件达到养护时间取出后应及时进行试验，承压试验应连续而均匀地加荷，加荷速度应为0.25 ~ 1.5 kN/s（砂浆强度不大于5 MPa时，宜取下限；砂浆强度大于5 MPa时，宜取上限），当试件接近破坏而开始迅速变形时，停止调整试验荷载，直至试件破坏，然后记录破坏荷载。

当三个测试值的最大值或最小值中有一个与中间值的差值超过中间值的15%时，则把最大值及最小值一并舍除，取中间值作为该组试件的抗压强度值；当两个测试值与中间值的差值均超过中间值的15%时，则该组试件的试验结果无效。

4.4.2 预拌砂浆的分类及主要参数

预拌砂浆主要包含两类：湿拌砂浆和干混砂浆。湿拌砂浆指水泥、细骨料、矿物掺和料、外加剂、添加剂和水，按一定比例，在搅拌站经计量、拌制后，运至使用地点，并在规定时间内使用的拌合物。干混砂浆指水泥、干燥骨料或粉料、添加剂以及根据性能确定的其他组分，按一定比例，在专业生产厂经计量、混合而成的混合物，在使用地点按规定比例加水或配套组分拌合使用。

1. 湿拌砂浆的分类及主要参数

湿拌砂浆按用途分为湿拌砌筑砂浆、湿拌抹灰砂浆、湿拌地面砂浆和湿拌防水砂浆。

湿拌砂浆的分类及主要参数

分类	代号	强度等级	抗渗等级*	稠度 /mm	凝结时间 /h
湿拌砌筑砂浆	WM	M5、M7.5、M10、M15、M20、M25、M30	—	50、70、90	≥ 8、≥ 12、≥ 24
湿拌抹灰砂浆	WP	M5、M10、M15、M20	—	70、90、110	≥ 8、≥ 12、≥ 24
湿拌地面砂浆	WS	M15、M20、M25	—	50	≥ 4、≥ 8
湿拌防水砂浆	WW	M10、M15、M20	P6、P8、P10	50、70、90	≥ 8、≥ 12、≥ 24

* 抗渗等级：以 28 d 龄期的标准试件，按标准试验方法进行试验时所能承受的最大水压力来确定。在《混凝土质量控制标准》（GB 50164—2011）中规定混凝土的抗渗强度等级为：P4、P6、P8、P10、P12、＞ P12。

2. 干混砂浆的分类及主要参数

干混砂浆按用途分为干混砌筑砂浆、干混抹灰砂浆、干混地面砂浆、干混普通防水砂浆、干混陶瓷砖粘结砂浆、干混界面砂浆、干混保温板粘结砂浆、干混保温板抹灰砂浆、干混聚合物水泥防水砂浆、干混自流平砂浆、干混耐磨地坪砂浆和干混饰面砂浆。

干混砂浆的分类及主要参数

分类		代号	强度等级	抗渗等级
干混砌筑砂浆	普通砌筑砂浆	DM	M5、M7.5、M10、M15、M20、M25、M30	—
	薄层砌筑砂浆		M5、M10	
干混抹灰砂浆	普通砌筑砂浆	DP	M5、M10、M15、M20	—
	薄层砌筑砂浆		M5、M10	
干混地面砂浆		DS	M15、M20、M25	—
干混普通防水砂浆		DW	M10、M15、M20	P6、P8、P10
干混陶瓷砖粘结砂浆		DTA	—	—
干混界面砂浆		DIT	—	—
干混保温板粘结砂浆		DEA	—	—
干混保温板抹灰砂浆		DBI	—	—
干混聚合物水泥防水砂浆		DWS	—	—
干混自流平砂浆		DSL	—	—
干混耐磨地坪砂浆		DFH	—	—
干混饰面砂浆		DDR	—	—

4.4.3 抹灰砂浆

1. 抹灰砂浆的种类

抹灰砂浆用于大面积涂抹建筑物墙、顶棚、柱的表面，包括水泥抹灰砂浆、水泥粉煤灰抹灰砂浆、水泥石灰抹灰砂浆、掺塑化剂水泥抹灰砂浆、聚合物水泥抹灰砂浆、石膏抹灰砂浆等。

常见抹灰砂浆种类与定义

常见种类	定义
水泥抹灰砂浆	以水泥为胶凝材料，加入细骨料和水按一定比例配制而成的抹灰砂浆
水泥粉煤灰抹灰砂浆	以水泥、粉煤灰为胶凝材料，加入细骨料和水按一定比例配制而成的抹灰砂浆
水泥石灰抹灰砂浆	以水泥为胶凝材料，加入石灰膏、细骨料和水按一定比例配制而成的抹灰砂浆，简称混合砂浆
掺塑化剂水泥抹灰砂浆	以水泥（或添加粉煤灰）为胶凝材料，加入细骨料、水和适量塑化剂按一定比例配制而成的抹灰砂浆
聚合物水泥抹灰砂浆	以水泥为胶凝材料，加入细骨料、水和适量塑化剂按一定比例配制而成的抹灰砂浆。包括普通聚合物水泥抹灰砂浆（无压折比要求）、柔性聚合物抹灰水泥砂浆（压折比≤ 3）以及防水聚合物水泥抹灰砂浆
石膏抹灰砂浆	以半水石膏或Ⅱ型无水石膏单独或两者混合后为胶凝材料，加入细骨料、水和多种外加剂按一定比例配制而成的抹灰砂浆

2. 抹灰砂浆的选用

抹灰砂浆宜根据使用部位或基体种类按下表选用。

抹灰砂浆品种的选用

使用部位或基体种类	抹灰砂浆品种
内墙	水泥抹灰砂浆、水泥石灰抹灰砂浆、水泥粉煤灰抹灰砂浆、掺塑化剂水泥抹灰砂浆、聚合物水泥抹灰砂浆、石膏抹灰砂浆
外墙、门窗洞口外侧壁	水泥抹灰砂浆、水泥粉煤灰抹灰砂浆
温（湿）度较高的车间和房屋、地下室、屋檐、勒脚等	水泥抹灰砂浆、水泥粉煤灰抹灰砂浆
混凝土板和墙	水泥抹灰砂浆、水泥石灰抹灰砂浆、聚合物水泥抹灰砂浆、石膏抹灰砂浆
混凝土顶棚、条板	聚合物水泥抹灰砂浆、石膏抹灰砂浆
加气混凝土砌块（板）	水泥石灰抹灰砂浆、水泥粉煤灰抹灰砂浆、掺塑化剂水泥抹灰砂浆、聚合物水泥抹灰砂浆、石膏抹灰砂浆

3. 抹灰砂浆的强度

抹灰砂浆的强度应满足设计要求，如果没有特殊说明，抹灰砂浆强度不宜比基体材料强度高出两个（含）以上强度等级，并应符合下列规定：

① 对于无粘贴饰面砖的外墙，底层抹灰砂浆宜比基体材料高一个强度等级或等于基体材料强度。

② 对于有粘贴饰面砖的内墙，底层抹灰砂浆宜比基体材料低一个强度等级。

③ 对于有贴饰面砖的内墙和外墙，中层抹灰砂浆宜比基体材料高一个强度等级且不宜低于 M15，并宜选用水泥抹灰砂浆。

④ 孔洞填补和窗台、阳台抹面等宜采用 M15 或 M20 水泥抹灰砂浆。

⑤ 抹灰砂浆的强度等级不应小于 M5.0，粘结强度不应小于 0.15 MPa。

⑥ 外墙抹灰砂浆宜采用防裂砂浆，采暖地区砂浆强度等级不应小于 M15，非采暖地区砂浆强度等级不应小于 M10。

此外，配制强度等级不大于 M20 的抹灰砂浆，宜用 32.5 级通用硅酸盐水泥或砌筑水泥；配制强度等级大于

M20 的抹灰砂浆，宜用强度等级不低于 42.5 级的通用硅酸盐水泥。

4. 抹灰层的厚度

抹灰层的平均厚度宜符合下列规定：

① 内墙：普通抹灰的平均厚度不宜大于 20 mm，高级抹灰的平均厚度不宜大于 25 mm。

② 外墙：墙面抹灰的平均厚度不宜大于 20 mm，勒脚抹灰的平均厚度不宜大于 25 mm。

③ 顶棚：现浇混凝土抹灰的平均厚度不宜大于 5 mm，条板、预制混凝土抹灰的平均厚度不宜大于 10 mm。

④ 蒸压加气混凝土砌块基层抹灰平均厚度宜控制在 15 mm 以内。当采用聚合物水泥砂浆抹灰时，平均厚度宜控制在 5 mm 以内。采用石膏砂浆抹灰时，平均厚度宜控制在 10 mm 以内。

⑤ 强度高的水泥抹灰砂浆不应涂抹在强度低的水泥基层抹灰砂浆上。

⑥ 当抹灰层厚度大于 35 mm 时，应采取与各基体粘结的加强措施。不同材料的基体交接处应设加强网，加强网与各基体的搭接宽度不应小于 100 mm。

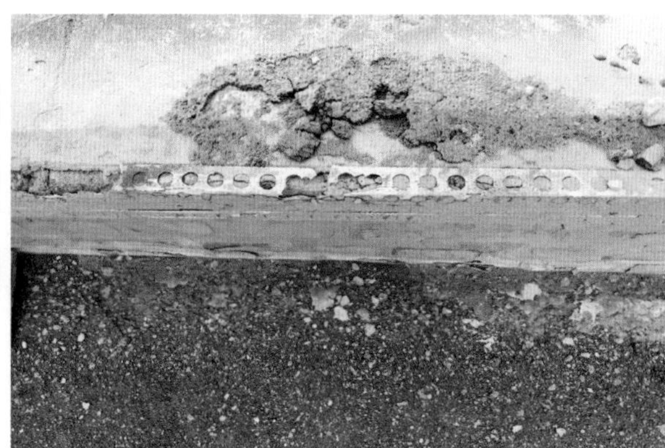

抹灰厚度、配比及材料质量不达标实际案例

4.4.4 砌筑砂浆

1. 定义

将砖、石、砌块等块材经砌筑成为砌体，起粘结、衬垫和传力作用的砂浆叫作砌筑砂浆。

2. 砌筑砂浆的强度等级

① 水泥砂浆及预拌砂浆的强度等级可以分为 M5、M7.5、M10、M15、M20、M25、M30 七个等级。

② 水泥混合砂浆的强度等级可以分为 M5、M7.5、M10、M15 四个等级。

3. 现场配制水泥砂浆的试配

对于现拌水泥砂浆、水泥粉煤灰砂浆的材料配比可以参见下表。

1）水泥砂浆材料用量

每立方米水泥砂浆材料用量见下表。

每立方米水泥砂浆材料用量

强度等级	水泥用量 / kg	砂	用水量 / kg
M5	200~230	砂的堆积密度值	270~330
M7.5	230~260		
M10	260~290		
M15	290~330		
M20	340~400		
M25	360~410		
M30	430~480		

注：① M15 及 M15 以下强度等级水泥砂浆，水泥强度等级为 32.5；M15 以上强度等级水泥砂浆，水泥强度等级为 42.5。
②当采用细砂或粗砂时，用水量分别取上限或下限。
③稠度小于 70 mm 时，用水量可小于下限。
④施工现场气候炎热或干燥季节，可酌量增加用水量。

2）水泥粉煤灰砂浆材料用量

每立方米水泥粉煤灰砂浆材料用量

强度等级	水泥和粉煤灰总量 / kg	粉煤灰	砂	用水量 / kg
M5	210~240	粉煤灰掺量可占胶凝材料总量的 15%~25%	砂的堆积密度值	270~330
M7.5	240~270			
M10	270~300			
M15	300~330			

注：①表中水泥强度等级为 32.5；
②当采用细砂或粗砂时，用水量分别取上限或下限；
③稠度小于 70 mm 时，用水量可小于下限；
④施工现场气候炎热或干燥季节，可酌量增加用水量。

4.5 混凝土

4.5.1 混凝土的强度

普通混凝土是由水泥、骨料和水按照一定比例拌合，凝结硬化后形成的人工石材。由于混凝土在结构中主要承受压力，因此混凝土的强度是否达到要求是衡量混凝土质量的重要指标。

1. 立方体抗压强度标准值

根据《混凝土结构设计规范》（GB 50010—2010）（2015 年版）规定，采用标准方法制作边长为 150 mm 的立方体试件，在标准养护条件（温度 20℃ ±3℃，相对湿度不小于 90%）下养护，采用 28d 龄期，用标准试验方法测得的破坏时的平均压应力作为混凝土的立方体抗压强度。按上述方法测得的具有 95% 保证率的抗压强度为混凝土立方体抗压强度标准值，记为 $f_{cu,k}$。

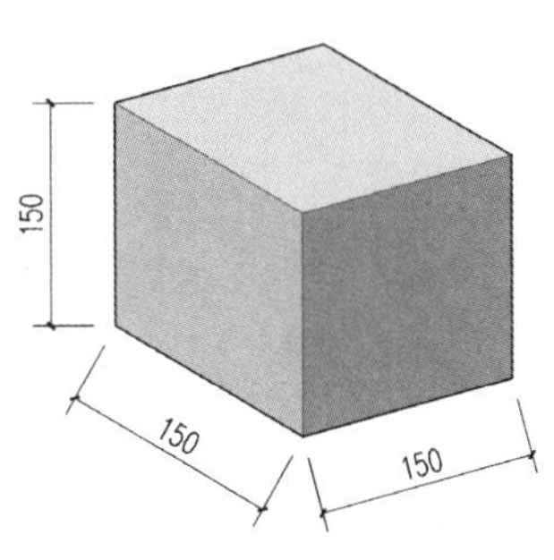

混凝土抗压强度试件

2. 混凝土强度等级

按照混凝土立方体抗压强度标准值划分为 C15、C20、C25、C30、C35、C40、C45、C50、C55、C60、C65、C70、C75、C80 共 14 个等级。

强度等级用符号 C 表示，例如 C15 表示立方体抗压强度标准值为 15 MPa。另外 C50 及其以下为普通混凝土，C50 以上为高强度等级混凝土，简称高强混凝土。

3. 水泥强度与混凝土强度的关系

在前面章节介绍了各种硅酸盐水泥的强度表示方式，比如 42.5 表示的意思是水泥试件轴向抗压强度为 42.5 MPa。

使用 42.5 硅酸盐水泥为什么能配制出 C10、C15 这类比水泥强度低很多的混凝土呢？因为混凝土中骨料和水泥的交界面是混凝土比较薄弱的地方，因此混凝土的抗压强度会出现小于水泥抗压强度的情况。

有一个疑问：“全用水泥，不用骨料，能否提升强度？”事实并不是如此，混凝土中的骨料可以减小胶凝材料在凝结硬化过程中因干缩湿胀引起的体积变化，降低水泥水化热引起的温度应力等，另外水泥的价格较高，骨料的使用可以降低建筑成本。总而言之，混凝土强度是一个受多重因素影响的复杂问题，不能从基体强度的单一因素来判断。

4.5.2 混凝土轴心抗压强度标准值

1. 混凝土轴心抗压强度标准值的测定

除了前面提到的混凝土立方体抗压强度标准值以外，我们还常常遇到混凝土轴心抗压强度标准值。这是为什么呢？在实际工程中结构或构件通常不是立方体，而是棱柱体，因此为了更好地反映构件的实际抗压能力，需要对棱柱进行轴心抗压强度测定。此时采用的试件尺寸为 150 mm × 150 mm × 300 mm 或 150 mm × 150 mm × 450 mm。

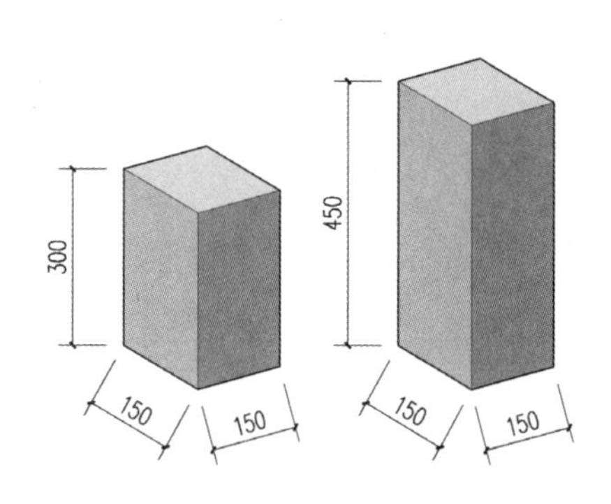

混凝土轴心抗压强度试件

用上述构件测得的轴心抗压强度标准值记为 f_{cu}。试件高度导致试件中部横向变形受端部摩擦力的约束不同，因此实验测得的 f_{cu} 比 $f_{cu,k}$ 小，并且棱柱试件高宽比越大，其强度就越小。

2. 混凝土立方体抗压强度标准值与轴心抗压强度标准值的关系

f_{cu} 与 $f_{cu,k}$ 之间究竟存在怎样的关系呢？由于混凝土是复杂的复合体，无法像其他一些材料得出准确的对应关系，但是经过大量实验计算及工程实践，仍然可以得出混凝土立方体抗压强度标准值与轴心抗压强度标准值之间折算关系的经验公式。

$$f_{cu} = 0.88\alpha_{c1}\alpha_{c2}f_{cu,k}$$

式中：α_{c1}——棱柱体抗压强度与立方体抗压强度之比，同时随着混凝土强度等级的提高而增大。对低于 C50 的混凝土，α_{c1} 取 0.76；对 C80 的混凝土，α_{c1} 取 0.82，其间按线性插值法计算。

α_{c2}——混凝土的脆性系数。当混凝土的强度等级不大于C40时，α_{c2} 取 1.0；当混凝土的强度等级为C80时，α_{c2} 取 0.87，其间按线性插值法计算。

0.88——考虑到结构中的混凝土强度与试件混凝土强度之间的差异等因素的修正系数。

4.5.3 混凝土的变形

混凝土的变形分为两类：一类为受力变形，另一类为非受力变形。

1. 混凝土的受力变形

混凝土的受力变形有以下几种情况：

1）混凝土的一次短期荷载作用变形

混凝土的这种受力情况主要用于建立混凝土应力－应变关系曲线，用来反映混凝土受力全过程的重要力学特征。

2）混凝土在多次反复荷载下的变形

混凝土在多次反复荷载下容易产生疲劳，从而引起的破坏称为疲劳破坏。比如钢筋混凝土吊车梁、钢筋混凝土道桥、港口海岸的混凝土挡墙等都容易因反复荷载而引起疲劳破坏。

3）混凝土在长期荷载作用下的变形

在不变的应力长期持续作用下，混凝土的变形随时间的增加而徐徐增长，这种变形被称为徐变。

影响混凝土徐变的主要因素有以下三个：

① 应力条件。持续施加的应力和加荷时混凝土的龄期是影响徐变的重要因素。

② 内在因素。混凝土的组成和配比是影响徐变的内因。比如骨料硬度越大，弹性模量越高，徐变就越小；水灰比越大，徐变越大等。这也从侧面反映出混凝土强度是受多重因素影响的复杂问题。

③ 环境条件。养护及使用条件的温、湿度是影响徐变的环境因素，养护时温度高、湿度大，水泥水化作用充分，徐变就小。受荷载以后，环境温度越高，湿度越低，徐变就越大。

2. 混凝土的非受力变形

1）混凝土的收缩和膨胀

混凝土在空气中凝结硬化时体积减小的现象称为收缩。混凝土在水中或处于饱和湿度情况下结硬时的体积增大的现象称为膨胀。一般来说混凝土的收缩值比膨胀值大得多。影响混凝土收缩的主要因素有三个：水分、水泥用量、骨料。

①水分：水分蒸发是引起混凝土收缩的重要因素，不论是构件养护环境还是构件使用环境的温度、湿度都对混凝土的收缩有影响。温度越高，湿度越低，收缩就越大。

②水泥用量：水泥用量也影响混凝土的收缩。水泥用量越大，水灰比越大，收缩就越大。

③骨料：骨料级配越好，弹性模量越大，收缩就越小。

此外，构件的体积与表面积比值越大，收缩越小，即形体和形态越简洁，对减少混凝土收缩越有利。因此，为了减小混凝土收缩对结构带来的危害，应尽可能加强混凝土早期养护；减小水灰比；提高混凝土强度、减少水泥用量；浇筑混凝土时振捣密实；选择弹性模量大的骨料等。

2）混凝土的温度变形

温度变化时，混凝土的体积同样会发生变化，分为以下两种情况。第一是混凝土内部温度变化引起的温度变形。混凝土在凝结硬化时会释放大量热量，使混凝土内部温度产生变化。由于混凝土表面较内部收缩量大，加上内部温度比表面温度高，因此内部将对表面的收缩形成约束，在表面产生拉应力，导致混凝土表面开裂。第二是混凝土外部温度变化引起开裂。主要是混凝土空隙中的水分受外部温度的影响，在空隙中结晶，体积增大，导致混凝土胀裂。

3. 混凝土的选用

在混凝土结构中，混凝土强度等级的选用除了和受力状态有关以外，还应该考虑和钢筋强度的搭配。

在《混凝土结构设计规范》（GB 50010—2010）（2015 年版）中规定素混凝土结构的混凝土强度等级不应低于 C15；钢筋混凝土结构的混凝土强度等级不应低于 C20；采用强度等级 400 MPa 及其以上的钢筋时，混凝土强度等级不应低于 C25。预应力混凝土结构的混凝土强度等级不宜低于 C40，且不应低于 C30。承受重复荷载的钢筋混凝土构件（比如铁路、公路桥梁、吊车梁、铁路枕轨等），混凝土强度等级不应低于 C30。

4.6 钢筋混凝土

4.6.1 概述

钢筋和混凝土是两种性质完全不同的材料，钢筋的抗拉和抗压强度都很高，混凝土的抗压强度较高而抗拉强度却很低。钢筋混凝土就是把这两种材料按照合理的方式结合在一起，充分发挥两种材料各自的性能，使混凝土主要承受压力，钢筋主要承受拉力，两者共同工作，用于更高要求的工程结构。

钢筋和混凝土之所以能够有机结合共同工作，主要有以下三个方面的原因：

① 钢筋和混凝土之间具有粘结性。混凝土硬化后与钢筋之间能产生很好的粘结，使两者成为一个整体，从而保证在外荷载作用下协调变形。

② 钢筋和混凝土有相近的温度线膨胀系数。因此当温度变化时钢筋混凝土内部不会因为相对变形而破坏两者的相互粘结。

③ 混凝土对钢筋的保护作用。钢筋暴露在空气介质中很容易发生锈蚀，影响钢筋的强度和使用寿命，而混凝土不仅能很大程度地隔离空气，还因本身呈弱碱性，能够起到保护钢筋免遭锈蚀的作用，从而保证钢筋混凝土结构具有良好的耐久性。

4.6.2 混凝土与钢筋的粘结

为了使钢筋和混凝土更好地共同工作，钢筋与混凝土的粘结是基本保障，它们之间的粘结是一种复杂的相互作用，通过这种相互作用来传递应力，协调变形。

1. 粘结力的组成

钢筋和混凝土的粘结力主要由以下三部分组成。

① 化学胶结力：钢筋与混凝土接触面的化学吸附作用力（胶结力）。这种吸附作用力来自浇筑混凝土时水泥浆体对钢筋表面氧化层的渗透， 以及水化过程中水泥晶体的生长与硬化。该吸附力作用较小。

② 摩擦力：由于混凝土凝固时收缩，对钢筋产生垂直于摩擦面的压力。接触面粗糙程度越大，摩擦力就越大。

③ 机械咬合力：钢筋表面凹凸不平，与混凝土之间产生的机械咬合作用。

2. 粘结应力的分布

混凝土与钢筋的粘结强度通常采用拔出试验来测定，即将钢筋一端埋入混凝土内，另一端施力将钢筋拔出，拉拔力达到极限时的平均粘结应力即为钢筋和混凝土之间的粘结强度。

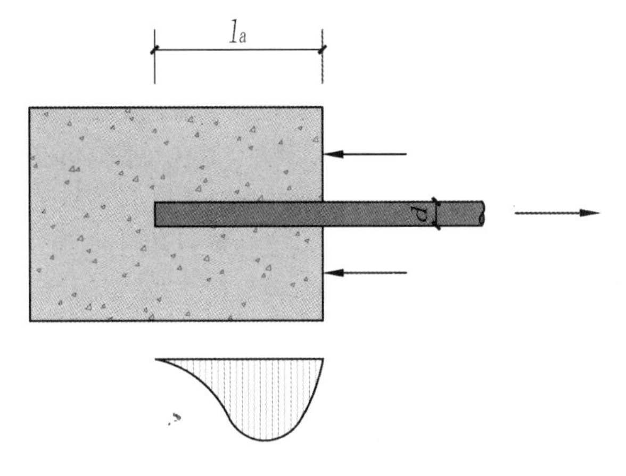

钢筋直接拔出试验示意

试验表明，钢筋与混凝土之间的粘结应力沿钢筋长度方向呈曲线分布并不均匀，最大的粘结应力发生在离端部某一距离处，越靠近钢筋尾部，粘结应力越小。

另外钢筋埋入的长度 l_a 越大，需要的拔出力越大，但是埋入过长，尾部的粘结应力很小，甚至为零。为了保证钢筋与混凝土有可靠的粘结，又尽可能减少无效的埋入长度，钢筋有足够的锚固长度即可，不必过长。

3. 影响粘结强度的主要因素

影响钢筋与混凝土粘结强度的因素很多，主要有以下几方面：

① 混凝土强度。钢筋与混凝土的粘结强度和混凝土强度有关系，混凝土强度提高，粘结强度提高，但是不成正比。

② 混凝土保护层厚度。混凝土保护层厚度也是影响粘结强度的重要因素。若钢筋外围的混凝土保护层太薄，可能会使外围混凝土因径向受力而产生裂缝，从而使粘结强度降低。增加保护层厚度可以提高外围混凝土的抗裂能力，使粘结强度提高。

③ 钢筋的种类。不同种类的钢筋，其与混凝土之间的粘结强度不同。一般情况下，变形钢筋的粘结强度高于光圆钢筋。

④ 钢筋净间距。钢筋混凝土构件截面上有多根钢筋并列在一排时，钢筋间的净距对粘结强度有重要影响。以梁为例，若钢筋净间距过小，外围混凝土容易发生水平劈裂，形成贯穿整个梁宽的劈裂缝，造成整个混凝土保护层剥落，粘结强度降低。一排钢筋根数越多，净间距越小，粘结强度降低越多。

⑤ 横向配筋。横向钢筋（如梁中的箍筋）可以限制混凝土内部裂缝的发展，也可以限制到达构件表面的裂缝宽度，从而提高粘结强度。因此在锚固区、搭接长度范围内设置一定数量的附加箍筋，可以防止混凝土保护层的劈裂崩落，也可以提高粘结强度。

⑥ 侧向压应力。在支座处，如梁的简支端，钢筋的锚固区受到来自支座的横向压力，约束了混凝土的横向变形，使钢筋与混凝土之间抵抗滑动的摩阻力增大，因而可以提高粘结强度。

⑦ 钢筋位置。对于混凝土浇筑深度超过 300 mm 的顶部水平钢筋，由于其钢筋底面的混凝土会出现沉淀收缩和离析泌水，气泡逸出，使混凝土与水平放置的钢筋之间产生强度较低的疏松空隙层，削弱钢筋与混凝土的粘结作用。

4.6.3 受拉钢筋锚固计算

结构计算对于景观设计专业来说相对比较陌生和困难，但是通过相关规范，景观设计专业的同学也可以掌握一些简单的景观工程结构的计算方法。

下面以普通钢筋的锚固计算为例，介绍《混凝土结构设计规范》（GB 50010—2010）（2015 年版）中简单的结构计算，以及钢筋的锚固形式。

对于受拉钢筋来说，主要有两个计算步骤。

步骤一：计算基本锚固长度。

步骤二：当出现规范中列举的各种情况或条件时，在基本锚固长度的基础上乘以相应的修正系数。此外还可以通过受拉钢筋的锚固长度计算受压钢筋的锚固长度。

基本锚固长度计算公式为：

$$l_{ab} = \alpha \frac{f_y}{f_t} d$$

式中：l_{ab} —— 受拉钢筋的基本锚固长度。

f_y —— 钢筋的抗拉强度设计值。

f_t —— 混凝土轴心抗拉强度设计值，当混凝土强度等级高于 C60 时，按 C60 取用。

d —— 锚固钢筋的直径。

α —— 锚固钢筋的外形系数，按下表采用。

钢筋的外形系数 α

钢筋类型	光圆钢筋	带肋钢筋	螺旋肋钢丝	三股钢绞线	七股钢绞线
α	0.16	0.14	0.13	0.16	0.17

注：光圆钢筋末端应做成 180° 弯钩，弯后平直段长度不应小于 $3d$，但作为受压钢筋时可以不做弯钩。

当锚固条件不同或采取不同的埋置方式和构造措施时，锚固长度应在基本锚固长度的基础上乘以相应系数（如下式所示），且不应小于 200 mm。系数的选择按规范中相应的情况取用。

$$l_a = \zeta_a l_{ab}$$

式中：l_a —— 受拉钢筋的锚固长度。

ζ_a —— 锚固长度修正系数。按下列规定取用，当多于一项时可按连乘计算，但不应小于 0.6。

纵向受拉普通钢筋的锚固长度修正系数 ζ_a 按下列规定取用：

① 当带肋钢筋的公称直径大于 25 mm 时取 1.10。

② 环氧树脂涂层带肋钢筋取 1.25。

③ 施工过程中易受扰动的钢筋取 1.10。

④ 当纵向受力钢筋的实际配筋面积大于其设计计算面积时，修正系数取设计计算面积与实际配筋面积的比值，

但对于有抗震设防要求及直接承受动力荷载的结构构件，不应考虑此项修正。

⑤ 锚固钢筋的保护层厚度为 3d 时，修正系数可取 0.80；保护层厚度不小于 5d 时，修正系数可取 0.70，中间按内插法取值，此处 d 为锚固钢筋的直径。

⑥ 当纵向受拉普通钢筋末端采用弯钩或机械锚固措施时，包括弯钩或锚固端头在内的锚固长度（投影长度）可取基本锚固长度 l_{ab} 的 60%。弯钩和机械锚固的形式如下图所示，技术要求应符合下表规定。

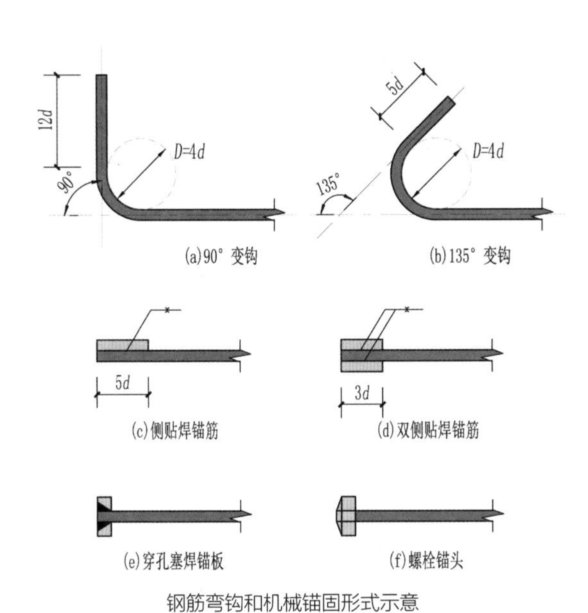

钢筋弯钩和机械锚固形式示意

钢筋锚固形式与要求

锚固形式	技术要求
90° 弯钩	末端 90° 弯钩，弯钩内径 4d，弯后直段长度 12d
135° 弯钩	末端 135° 弯钩，弯钩内径 4d，弯后直段长度 5d
一侧贴焊锚固	末端一侧贴焊长 5d 同直段钢筋
双侧贴焊锚固	末端一侧贴焊长 3d 同直段钢筋
穿孔塞焊端锚板	末端与厚度 d 的锚板穿孔塞焊
螺栓锚头	末端旋入螺栓锚头

注：①焊缝和螺纹长度应满足承载力要求。
②螺栓锚头和焊接锚板的承压净面积不应小于锚固钢筋截面积的 4 倍。
③螺栓锚头的规格应符合相关标准的要求。
④螺栓锚头和焊接锚板的钢筋净间距不宜小于 4d，否则应考虑群锚效应的不利影响。
⑤截面角度的弯钩和一侧贴焊锚筋的布筋方向宜向截面内侧偏置。

另外混凝土结构中的纵向受压钢筋，当计算中充分利用其抗压强度时，锚固长度不应小于相应受拉锚固长度的 70%。受压钢筋不应采用末端弯钩和一侧贴焊锚筋的锚固措施。

以上就是受拉普通钢筋计算的过程及相关规定，下面通过例题进一步说明计算过程。

例：已知受拉钢筋采用 HRB400 级钢筋，直径为 32 mm，采用一般方法施工，混凝土强度等级为 C30。求：

（1）受拉钢筋的锚固长度是多少？

（2）若钢筋受压时，其锚固长度应为多少？

解：查规范中普通钢筋强度设计值表，得 HRB400 级钢筋强度 f_y=360 N/mm^2，钢筋外形系数 α=0.14，查规范中 C30 混凝土轴心抗拉强度设计值为 f_t=1.43 N/mm^2，根据基本锚固长度公式：

$$l_{ab} = \alpha \frac{f_y}{f_t} d = \frac{0.14 \times 360 \times 32}{1.43} = 1128mm$$

由于钢筋直径大于 25 mm，所以需要乘以修正系数 1.10，即受拉钢筋锚固长度为：

$$l_a = \zeta_a l_{ab} = 1.10 \times 1128 = 1241mm$$

受压钢筋的锚固长度为：

$$l_a = 0.7 \times 1241 = 869mm$$

4.6.4 混凝土保护层厚度

关于混凝土保护层的厚度在规范中有明确的要求，因此，在绘制景观施工图的过程中应该根据构件所处的位置，按照规范的要求绘制混凝土的保护层厚度。

根据《混凝土结构设计规范》（GB 50010—2010）（2015 年版）规定，构件中普通钢筋的混凝土保护层厚度应满足下列要求：

① 构件中受力钢筋的保护层厚度不应小于钢筋的公称直径 d。

② 设计使用年限为 50 年的混凝土结构，最外层钢筋的保护层厚度应符合下表规定；设计使用年限为 100 年的混凝土结构，最外层钢筋的保护层厚度不应小于下表数值的 1.4 倍。

③ 当有充分依据并采取下列措施时，可适当减小混凝土保护层厚度：

a. 构件表面有可靠的防护层。

混凝土保护层的最小厚度

环境类别	板、墙、壳 /mm	梁、柱、墙 /mm
一	15	20
二 a	20	25
二 b	25	35
三 a	30	40
三 b	40	50

注：①混凝土强度等级不大于 C25 时，表中保护层厚度数值应增加 5mm。
②钢筋混凝土基础宜设置混凝土垫层，基础上钢筋的混凝土保护层厚度应从垫层顶面算起，且不应小于 40 mm。

b. 采用工厂化生产的预制构件。

c. 在混凝土中掺加阻锈剂或采用阴极保护处理等防锈措施。

d. 当对地下室墙体采取可靠的建筑防水做法或防护措施时，与土层接触一侧钢筋的保护层厚度可适当减少，但不应小于 25 mm。

④ 当梁、柱、墙中纵向受力钢筋的保护层厚度大于 50 mm 时，宜对保护层采取有效的构造措施。当在保护层内配置防裂、防剥落的钢筋网片时，网片钢筋的保护层厚度不应小于 25 mm。

4.6.5 钢筋混凝土受弯构件构造要求

受弯构件指结构中承受弯矩和剪力作用的构件，在土木工程中梁、板是最常见的受弯构件类型。在景观工程中，常见的景观构筑及小品如亭、廊、景墙等虽然没有过多的外部荷载，但是仍然承受自重。而景观桥、坐凳、踏步、平台等构筑物在承受自身承载的同时也承受外部荷载。钢筋混凝土作为景观中常用的工程手段，需要景观设计师对钢筋混凝土受弯构件有基本的了解。

梁的受力情况多种多样，本小节仅以梁正截面承载力为例，介绍梁的构造。

1. 梁的截面尺寸

梁的截面尺寸与梁的跨度及梁的高度有关系，在设计梁截面的时候应该同时考虑这两方面的比例关系。

梁截面尺寸的确定首先应该满足刚度要求。所谓刚度就是材料抵抗变形的能力，对于结构构件来说，刚度取决于组成材料的弹性模量、形状、边界条件等因素。根据以往的经验，梁的截面高度可以按照下表范围取值。

钢筋混凝土梁截面高度

梁的种类	截面高度取值范围
多跨连续主梁	h=l/14~l/10
多跨连续次梁	h=l/18~l/14
单跨简支梁	h=l/16~l/10
悬臂梁	h=l/8~l/5

矩形梁的截面宽度 b 与截面高度 h 的比值（b/h）一般为 1/2.5~1/2。

在建筑设计中，为了施工方便，梁宽 b 的取值一般为 120 mm、150 mm、180 mm、200 mm、220 mm、250 mm，大于 250 mm 时，以 50mm 为模数增加；梁高 h 为 250、300 mm、350 mm、……、750 mm，800 mm，大于 800 mm 时，以 100 mm 为模数增加。另外，在现浇钢筋混凝土结构中，主梁的截面宽度不应小于 220 mm，次梁的截面宽度不应小于 150 mm。

2. 梁内钢筋基础知识

梁内配筋类型一般包含以下几种：

① 纵向受力钢筋：承受梁截面弯矩所引起的拉力或压力。

②弯起钢筋：将纵向受拉钢筋在支座附近弯起而成，用以承受弯起区段截面的剪力。

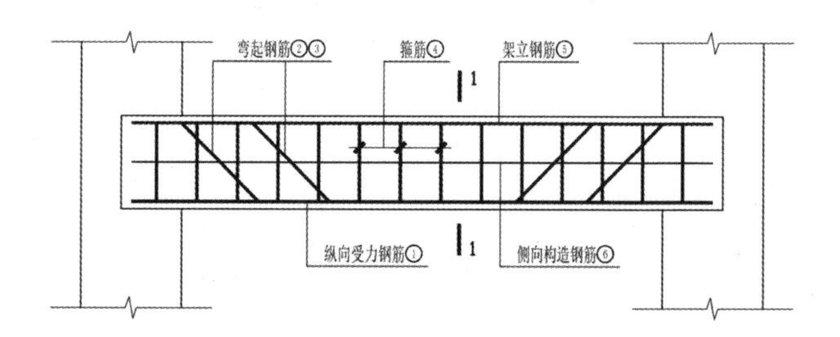

梁的钢筋布置

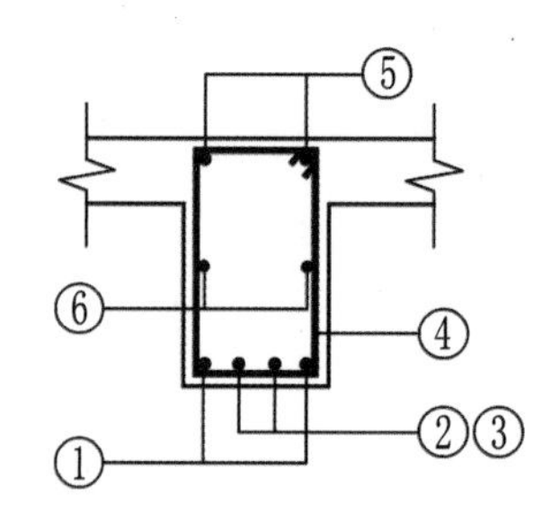

①一纵向受力钢筋
②③一弯起钢筋
④一箍筋
⑤一架立钢筋
⑥一侧立面构造钢筋

截面 1-1 示意

③ 架立钢筋：设置在梁受压区，与纵筋、箍筋一起形成钢筋骨架，并能承受梁内因收缩和温度变化所产生的内应力。

④ 箍筋：承受梁的剪力，同时也能固定梁内纵向钢筋的位置。

⑤ 侧面构造钢筋：增加梁内钢筋骨架的刚性，增强梁的抗扭能力，并承受侧向发生的温度及收缩变形所引起的应力。

3. 各种钢筋基本要求

① 纵向受力钢筋。纵向受力钢筋应采用 HRB400、HRB500、HRBF400、HRBF500 级。

钢筋直径要求如下：当梁高 h 不小于 300 mm 时，不应小于 10 mm；当梁高小于 300 mm 时，不应小于 8 mm。纵向受力钢筋的常用直径为 12 mm、14 mm、16 mm、18 mm、20 mm、22 mm、25 mm。

为了保证钢筋周边浇筑混凝土的密实度，同时考虑便于浇筑混凝土，纵向钢筋的净间距应满足下图所示要求。

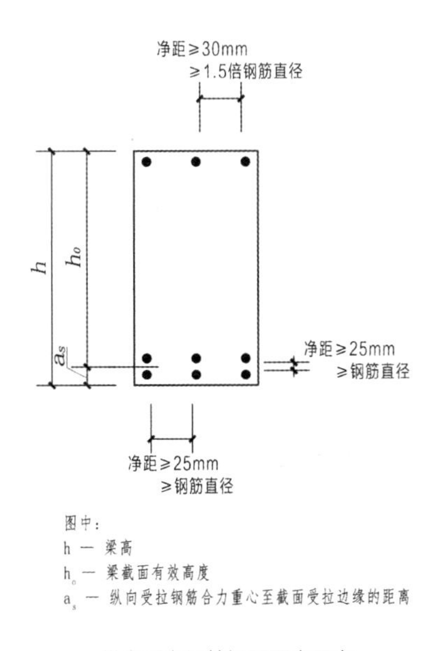

纵向受力钢筋间距要求示意

其中 a_s 为纵向受拉钢筋合力重心至截面受拉边缘的距离，一般情况下当梁的受拉钢筋为一排时，a_s 等于 40 mm；当受拉钢筋为两排时，a_s 等于 65 mm。当梁的下部纵向钢筋配置多于两排时，两排以上钢筋的水平方向的中距应比下面两排的中距增大一倍。另外钢筋应上下对齐，不能错列，以方便混凝土的浇筑和捣实。

② 架立钢筋。架立钢筋和侧面构造钢筋都属于构造钢筋，但两者的要求不同。梁内架立筋的直径要求：当梁的跨度小于 4 m 时，钢筋直径不宜小于 8 mm；当梁的跨度为 4 ~ 6 m 时，直径不宜小于 10 mm；当梁的跨度大于 6 m 时，直径不宜小于 12 mm。

③ 侧面构造钢筋。当梁的腹板高度 h_w 不小于 450 mm 时，梁的两个侧面应沿高度配置纵向构造筋，每侧纵向构造钢筋（不包括梁上、下部受力钢筋及架立筋）的截面面积不应小于腹板截面面积 bh_w 的 0.1%，且间距不宜大于 200 mm。矩形截面腹板高度 h_w 的取值为截面有效高度，T 形截面取截面有效高度减去翼缘高度。

第二篇

铺装设计与铺装详图制图基础

第 5 章 铺装设计

5.1 概述

铺装作为景观设计中的重要组成部分，也是景观效果的重要表现之一。一般来说方案阶段会给出不同场地的铺装样式，但是方案和施工图的表达重点与精度不同，因此施工图设计师需要根据方案的整体风格和场地铺装方案进行铺装的深化设计。

铺装设计与平面构成类似，但铺装设计属于景观工程的范畴，因此它不仅包含艺术性，还应包含工程的可实施性。铺装设计的这一特性使得在进行铺装深化时，需要结合效果、地域、成本、施工水平等因素综合考虑。

由于铺装设计与平面构成具有相似性，为了便于从事景观设计的新手设计师对铺装设计有直观的了解与运用，本章借鉴平面构成的方式介绍铺装设计的主要方法。此外，还介绍了铺装设计中容易出现的问题，并提供相应的解决方案作为参考。

5.2 铺装设计的主要方式

常见铺装设计的主要方式及说明详见下表。有时铺装设计并不单是一种方式，可能是多种方式的混合使用，同时每一种方式之间也没有严格的界限，比如局部的旋转可能是特异的一种方式等，需要在项目中不断积累。

铺装设计的主要方式

序号	设计方式	内容	典型场地	备注
1	基础样式	常见规则材料与基础铺装方式	广场、园路	—
2	渐变	以基本样式为基础，循序渐进地逐步变化	—	需要考虑材料加工的难度和工程造价
3	旋转	通过对图形的局部或整体旋转，得到新的铺装设计样式	—	—
4	重复	以一组或几组基本单元格为主体，出现两次或两次以上	城市广场、商业中心	—
5	近似	构成铺装的基本元素相似但不同	—	—
6	发散	以一点或多点进行连续或非连续的扩散	—	常与渐变混合使用
7	密集	图形、颜色、比重等向某一点或某条线聚集	—	—
8	特异	在稳定的构图中出现与场地基本图形或构成规律不同的元素，或形式所形成的突变	—	—
9	对比	以形状、颜色、密集度、材料质感等形成对比	—	与特异的不同点在于“异”“同”的比例不同
10	规则分割	通过一定的规律划分场地	—	—
11	自由分割	通过不规律的方式划分场地	城市广场、商业中心	可以用于局部场地，也可用于整体设计
12	空间	使二维图形具有三维的立体感	—	—
13	随机	颜色、形状的随机组合	—	—
14	原生态	保持材料的自然状态或类自然状态	—	—
15	图案化	直接将铺装裁剪、拼贴形成图案	儿童活动区	—
16	混合式	多种设计方式的结合	—	—

5.3 铺装设计示例

5.3.1 基础样式

在景观工程中基础样式是铺装设计最基础最常用的样式，很多的铺装设计都是通过基础样式变形完成的。同一个样式还可以通过变换颜色、材质、面层处理等方式达到不同的效果。

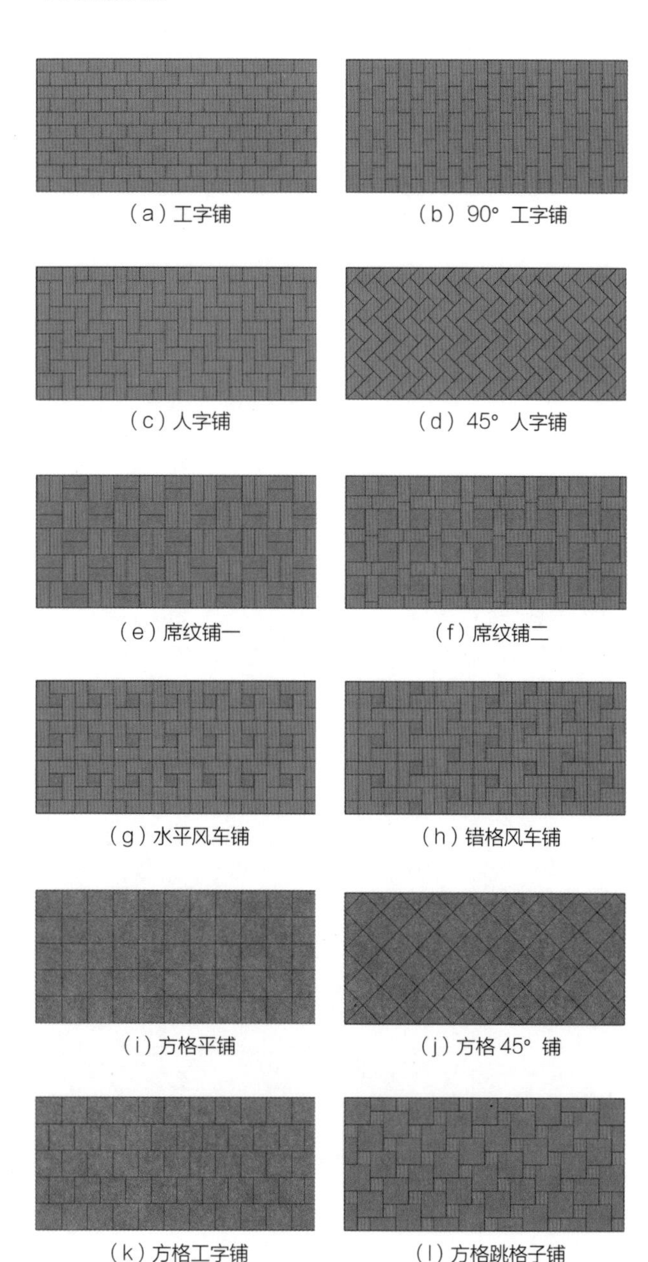

（a）工字铺　（b）90° 工字铺

（c）人字铺　（d）45° 人字铺

（e）席纹铺一　（f）席纹铺二

（g）水平风车铺　（h）错格风车铺

（i）方格平铺　（j）方格 45° 铺

（k）方格工字铺　（l）方格跳格子铺

铺装的常见方式

5.3.2 渐变

铺装的渐变按照总体样式分为规则渐变和不规则渐变两种；按照渐变手法分为颜色渐变、规格渐变、位置渐变、不规则渐变等。需要注意在实际工程中要充分考虑成本、工艺难度、施工难度、实际效果等各种因素合理设计渐变。

1. 示例一：颜色渐变

假设方案中现有一圆形场地，直径 12~13 m，铺装设计样式如下图所示。

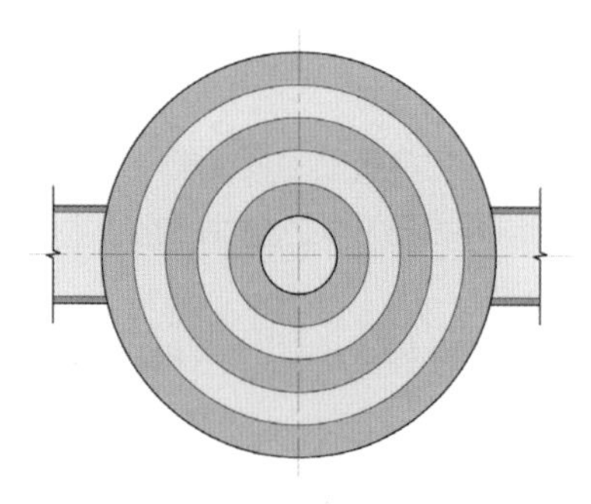

圆形场地铺装方案设计

经过施工图组与方案组的沟通之后，决定对场地的铺装方案进行调整，采用颜色渐变进行深化设计，如下图所示。

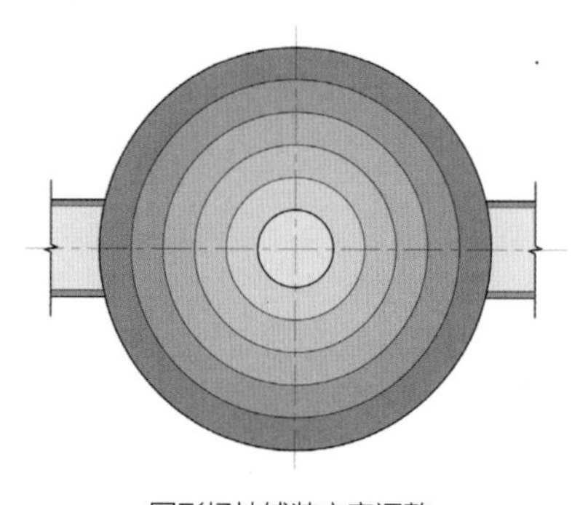

圆形场地铺装方案调整

如何绘制颜色渐变铺装的施工图呢？考虑到圆形场地的放射状特性，或者说向心性，可以选择采用 200 mm × 100 mm × 50 mm 的混凝土透水砖作为主要的铺装材料，如下图所示。为使边界稳定可以用不锈钢收边，也可用较大规格的石材收边。

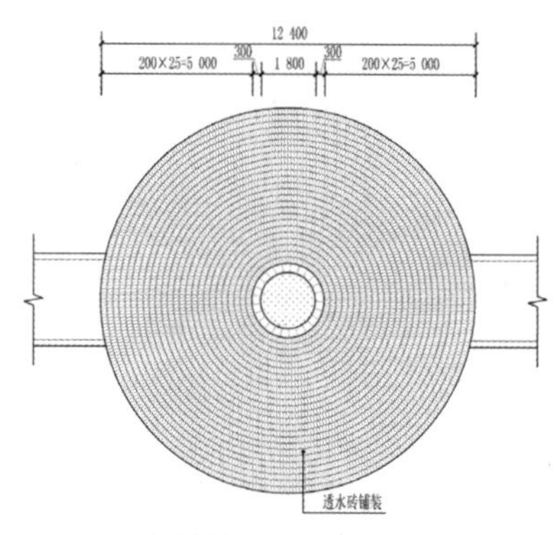

圆形场地铺装设计步骤一示意

为了体现颜色的变化，通过改变点状填充的密度表现颜色的渐变（填充的使用参见第 2 章第 54 页中异型板相关内容）。最后把尺寸、材料标注，以及小品索引添加完整，成为一个圆形节点的铺装详图，如下图所示。

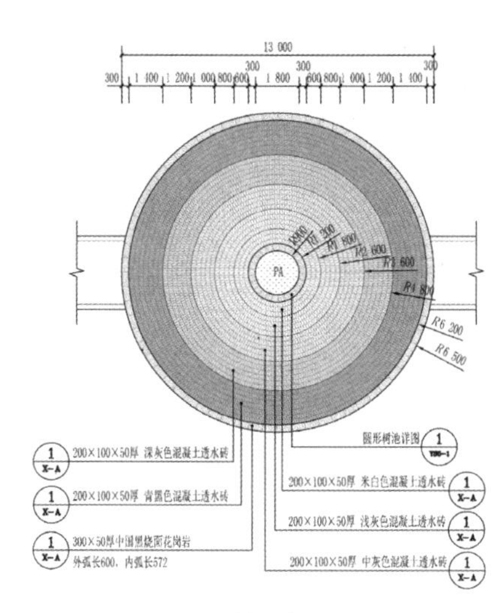

圆形场地铺装详图

在企业制图规范中还要求在所有铺装的标注后索引出该处铺装所对应的剖面做法图号，尽管此做法会增加工作量，但可以使制图逻辑更为严密，同时便于检查铺装的剖面做法是否完整。

对于圆心部分的处理常见的有三种情况：种植、圆心整石或整砖、异型板拼接。

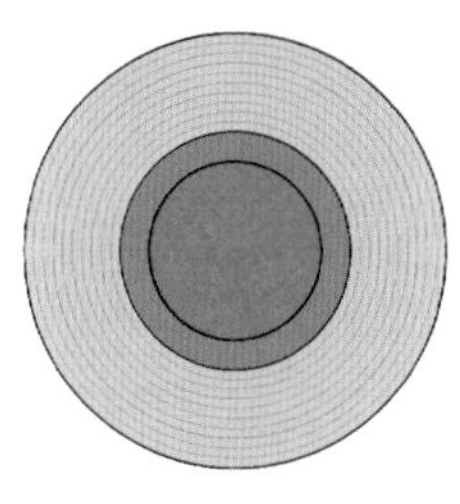

1）种植

注意事项：需要考虑种植圈的大小是否满足植物移栽和生长需求。

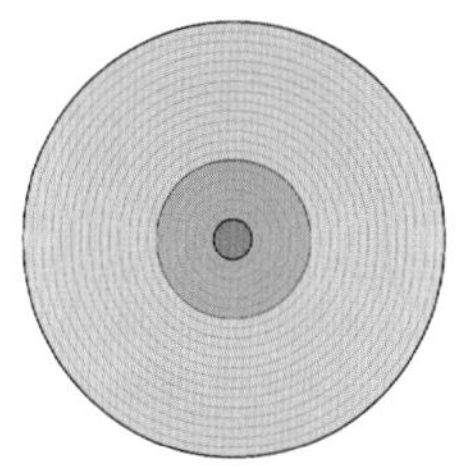

2）圆心整石或整砖

注意事项：需要考虑整石或整砖的规格，成本较高，且规格过大容易发生受压破坏。

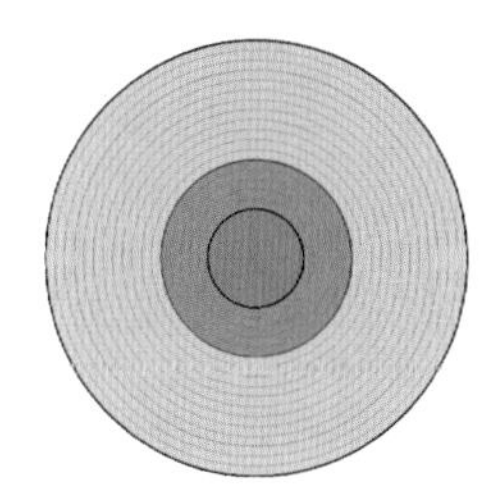

3）异型板拼接

注意事项：左图采用的是 4 块异型板拼接，除此之外还可以采用别的拼接或拼花来处理圆心部分。

圆心常见处理方式及说明

对于圆形、曲线形一类的场地，我们常常会遇到一个问题——所选的普通规格材料在靠内径的一侧转弯时会面对灰缝过大、线条不流畅等问题，面对这样的情况可以有以下几种处理方法：

方案一，将普通规则的砖或石材换成弧形板。

方案二，现场切砖。

方案三，改方案，采用不受形状限制的铺装材料，比如碎拼、洗米石、混凝土等。

方案四，使用普通规格的砖可合理控制砖缝宽度。

在以上四种方案中，每个方案都有各自的优势和局限，方案一接缝最严密，但会导致成本提高；方案二方便但不能保证现场切砖的质量；方案三会增加调图时间，且好的碎拼铺贴对施工技术要求较高；方案四节约成本，施工方便，但需要对砖缝进行控制。

关于方案一采用弧形板我们在“2.4　石材标注方式”一节（详见第 53 页）已经介绍过，接下来主要对方案四，同时也是施工中最常见的方式进行分析和说明。

利用数学知识得知，圆形可近似被看作直线段组成的图形，直线边数量越多，圆形就越圆滑。利用这个原理可知，当砖与砖之间的灰缝越小，围成一个圆形所需要的砖越多，圆的半径越大；反之当灰缝越大的时候，围成一个圆形所需的砖越少，圆的半径越小。

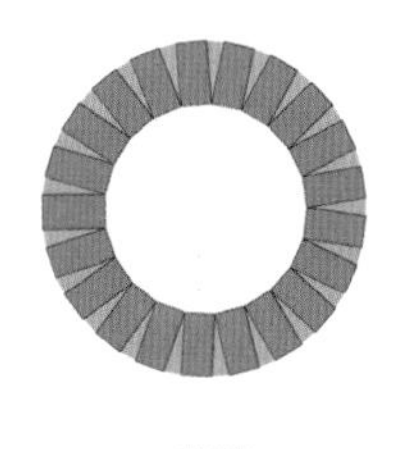

①灰缝大，砖数量小，半径小。

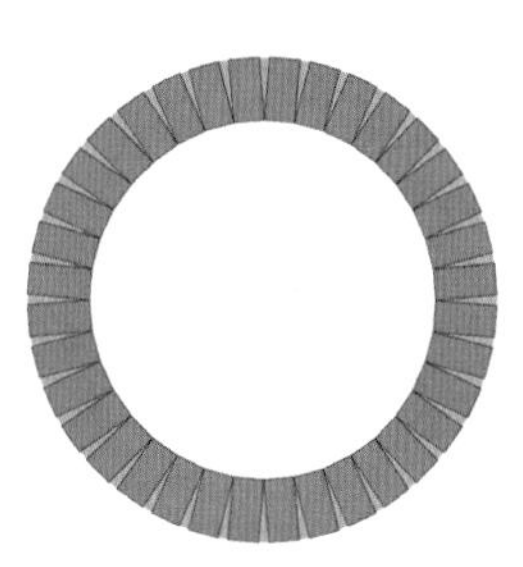

②灰缝变小，砖数量变大，半径变大。

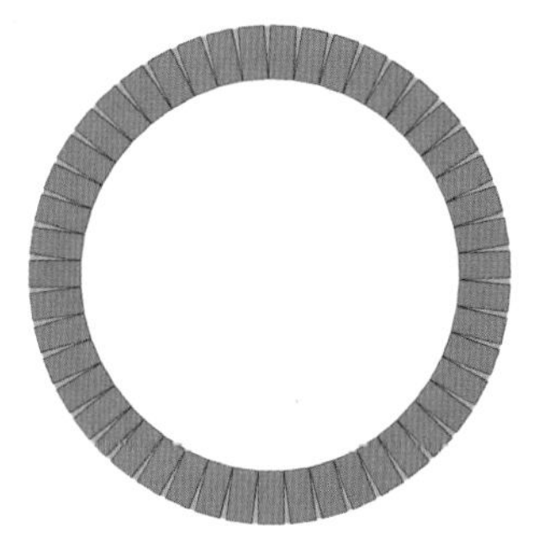

③灰缝继续变小，砖数量继续变大，半径继续变大。

灰缝宽度对圆形半径的影响

当圆的半径为多少的时候，铺设出来的灰缝宽度是我们采用某种规格材料铺设时可以接受的呢？我们以常见的 200 mm × 100 mm 混凝土透水砖为例进行计算。

假设最大灰缝宽度控制为 10 mm，我们从下图中截取一段进行放大，如下图所示。

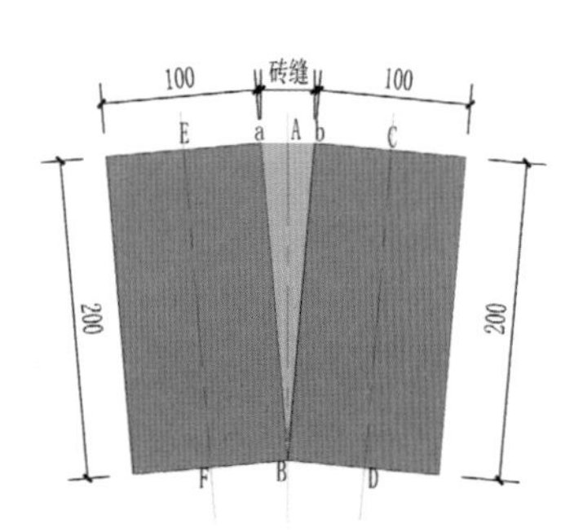

灰缝与圆形半径计算图示一

解：假设圆心在 O 点，材料规格为 200 mm×100 mm，灰缝为 10 mm。

以 O 点为圆心画圆 1，a、b 点及砖的角点均在圆上。

因为圆的半径垂直于弦，且在弦的中点，所以 Ab = 5 mm。

根据勾股定理，$AB^2 = Bb^2 - Ab^2$，所以 $AB^2=200^2-5^2$，AB=199.94 mm。

又因为 AB 与 EF 的延长线必定交于圆心 O 点，根据相似三角形定理得△ BAb 与△ OFB 相似，所以 $Ab/FB=Bb/OB$，即 5/50=200/OB，所以 OB=2000 mm。

以 O 点为圆心，OB 为半径画圆 2。半径越大，OF 越接近半径 OB 的长度，该题旨在取内半径下限值，下限越大越有利，因此从 F 点到圆 2 边界的长度可忽略不计。

综上所述，当采用面层为 200 mm × 100 mm 的材料转圈时，若要保证最大灰缝不大于 10 mm，则材料内侧圆 2 的最小半径不能小于 2000 mm。

同理，当采用 100 mm × 100 mm 小料石铺设圆形场地时，通过前面的计算过程可知，在下图中：

因为 $AB^2=Bb^2-Ab^2=100^2-5^2$，所以 AB=99.87 mm，所以 OB=1000 mm，即材料内侧圆的最小半径不能小于 1000 mm。

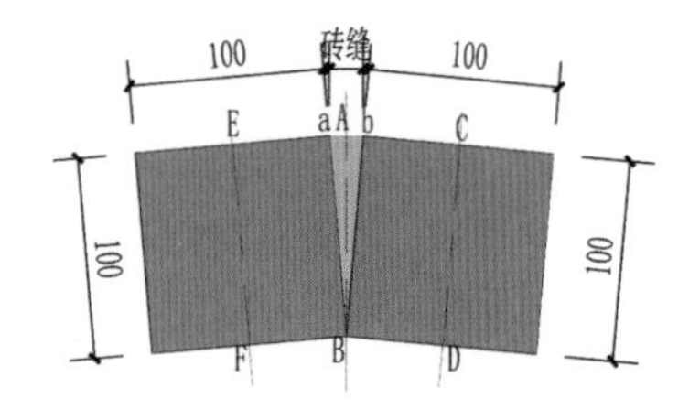

灰缝与圆形半径计算图示二

另外在项目成本允许的情况下可以采用弧形石材对圆形进行铺设，能得到比较好的效果。

未采用弧形石材的弧线收边

采用弧形石材的弧线收边

2. 示例二：规则渐变

规则渐变与不规则渐变都可以通过形状、大小、颜色、位置、间隔、角度等方式来实现，规则渐变指这些变化之间有明显的规律可言，而不规则渐变则多是随机性的渐变，两者间没有明确的壁垒，可以混合使用。

规则渐变的构成方式很多，比如形状上的规则渐变可以通过给定一个变化定义来设置，颜色渐变可根据色相的变化来设置等。

假设现有一矩形场地，如下图所示。可以根据康托尔集原理（从基本区间开始，不断去掉自区间的 1/3），构建出方案一的铺装样式。

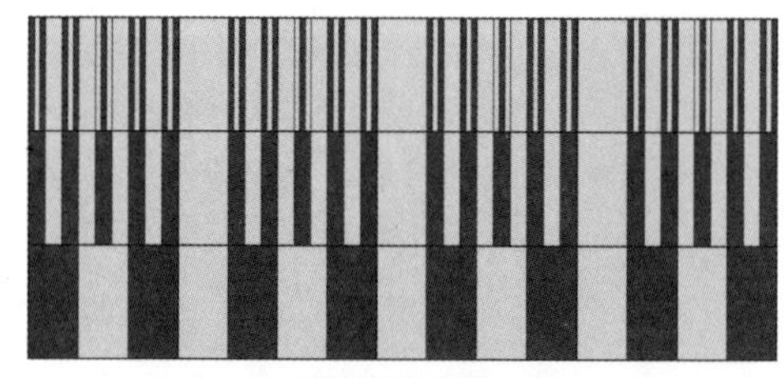

形状渐变方案一

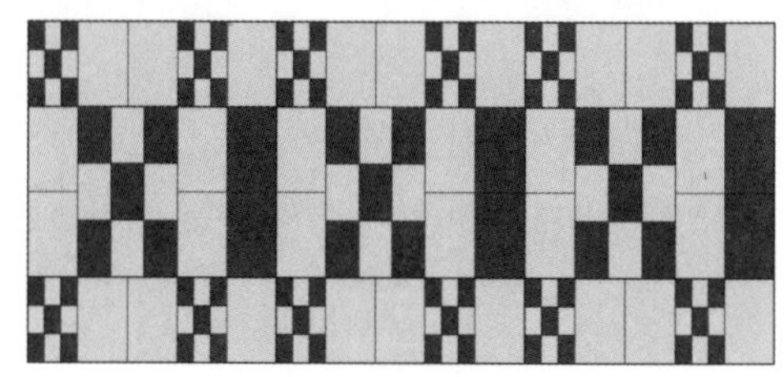

形状渐变方案二

或者采用材料规格的规则渐变，同时搭配颜色的渐变。

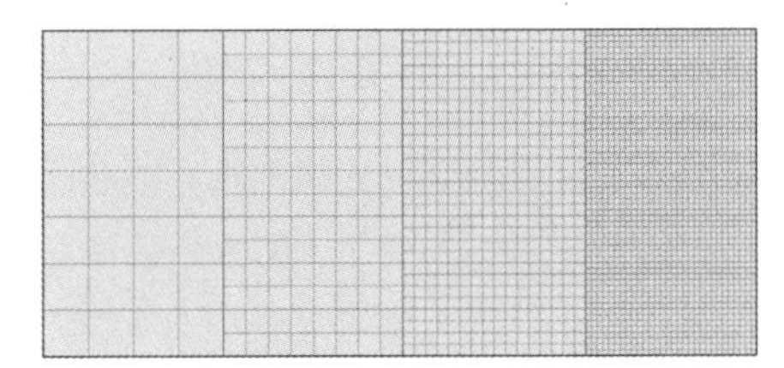
材料规格渐变，颜色不变

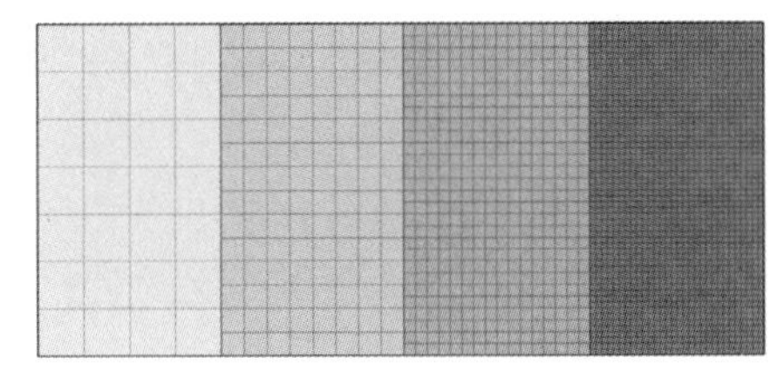
材料规格及颜色同时渐变

此外，可以利用“在规定区间，此消彼长”的构成原则，设计出如下图所示的颜色和形状都在渐变的铺装样式。

材料规格与颜色自定义渐变

还有如下图所示的按比例渐近的跳色渐变等。

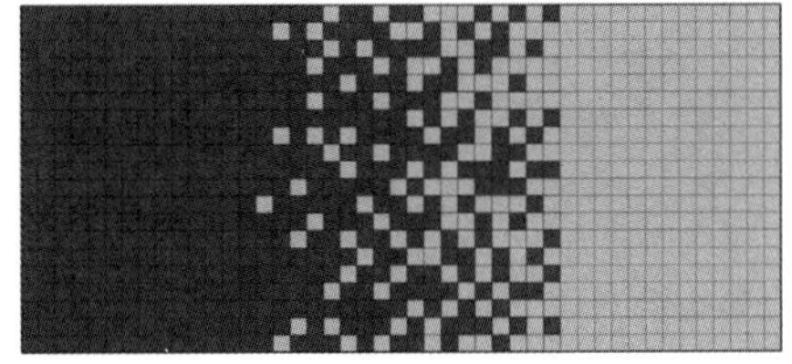
颜色跳色渐变

考虑到施工难度与工程成本等多重现实因素，分形学与平面构成中的图形并不都适用于景观铺装设计。在设计场地铺装之初，要利用材料的基本模数来进行铺砖原则的构建，使最后设计出的铺装更具有可实施性，也更利于控制成本。

此外，构建好的铺装设计方案如何用施工图设计的语言来表达呢？ 我们以方案一为对象，进行铺装的细化和标注。在该铺装施工图详图中，可以看到原本通长的深灰色与浅灰色的线条在铺装施工图设计中并不是通长的，而是由一块块的铺装组合在一起的，因此合理选择铺装的基本规格以及搭配，才能更好地体现设计理念。不同的施工图详图设计，效果不同。

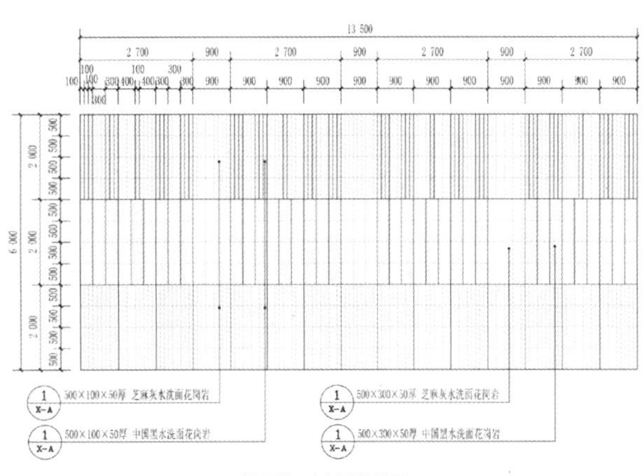

规则渐变铺装详图

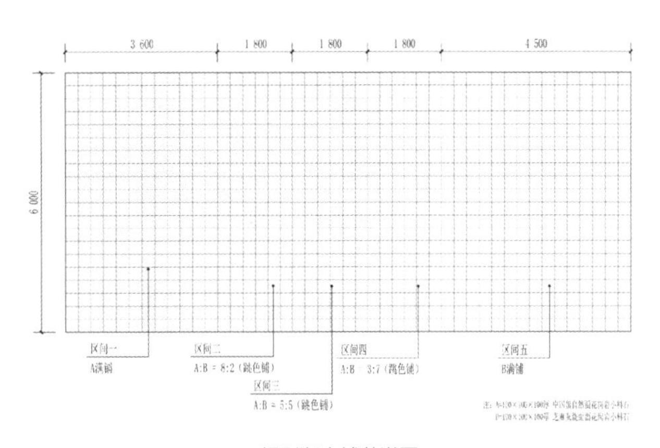

规则渐变铺装详图

3. 示例三：不规则渐变

除了规则渐变以外，铺装还可以根据场地的特征进行随机的渐变。这种渐变在整体上呈现一定规律，但是又无法用某一变化规则进行确定描述，因此在施工图绘制过程中应采用带有控制性、范围性的语言来表达铺装特征。

下图为一碎拼节点，可以看出碎拼由圆形种植池逐渐向外延伸，并呈现出碎拼大小和缝隙两方面的渐变趋势，但是这种变化趋势又无法用确定的数字或者某一规律来描述。对于这样的不规则渐变应该如何用施工图的语言表达呢？

不规则渐变铺装方案示意

对于这一类不规则渐变的铺装，为了保证其图纸的准确性，需要注意以下两点：

1）图纸绘制的精确性

如对设计有特殊要求，则应尽量避免使用 CAD 软件或天正软件默认的碎拼填充，需自行绘制，如果同类节点数量较大还可以制作成“块”或者“填充图案”。总之应该在图纸中表达清楚节点的变化特征。

2）文字语言的控制性

由于这类铺装的设计变化比较随机，在描述时应尽量使用带有范围或控制性的语言，但是应该注意范围的区间不宜过大或过小，过大容易让变化不连续，过小变化不明显。

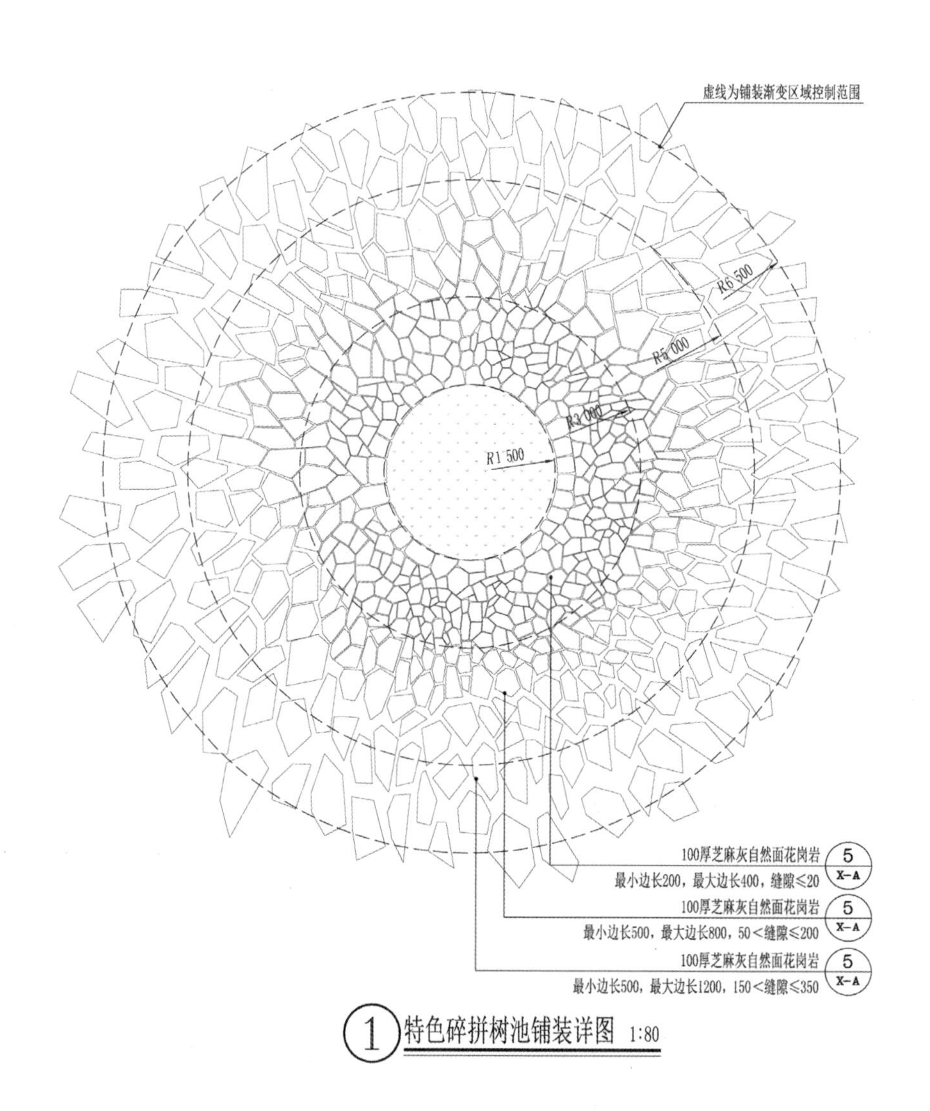

不规则渐变铺装施工设计示意

5.3.3 特异与对比

特异指在稳定的图案或者同一规律构成的图案中出现与场地基本图形或构成规律不同的元素所形成的突变。

对比指两种不同的铺装形成相互对立又平衡的关系，包括颜色、形状、材质等方面。特异和对比之间的界限比较模糊，两者有时可以相互转换。比如下面两张图，从左图来看是颜色的特异，但是当重复采用这种方式做铺装设计之后却演变成了右图“对比”的铺装样式，因此铺装设计是非常灵活的。

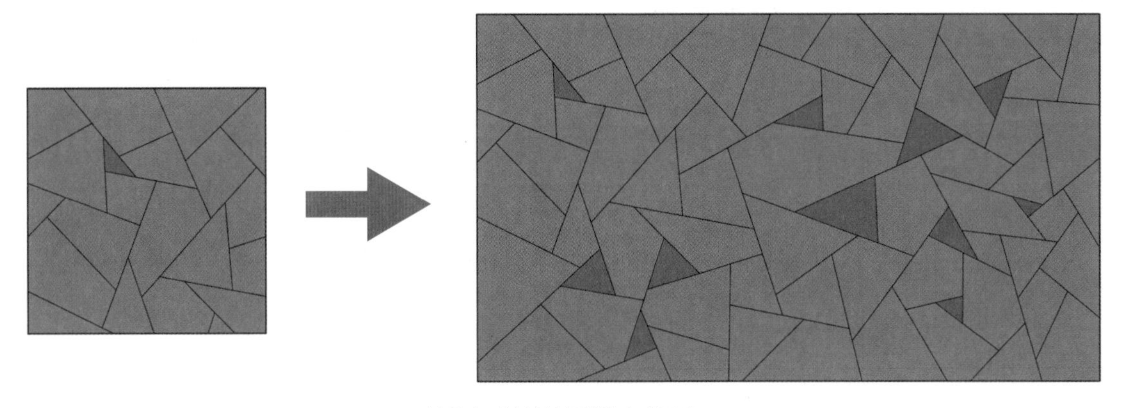

特异向对比过渡的铺装方式示意

根据特异与对比的特点，下面列出铺装设计中一些常见的设计手法供参考。在这些设计中不仅可以通过扩散、重复等手法使特异转变为对比，还可以通过改变材料的颜色、面层、规格、材质，或者增加细节等方式，使铺装改变风格。

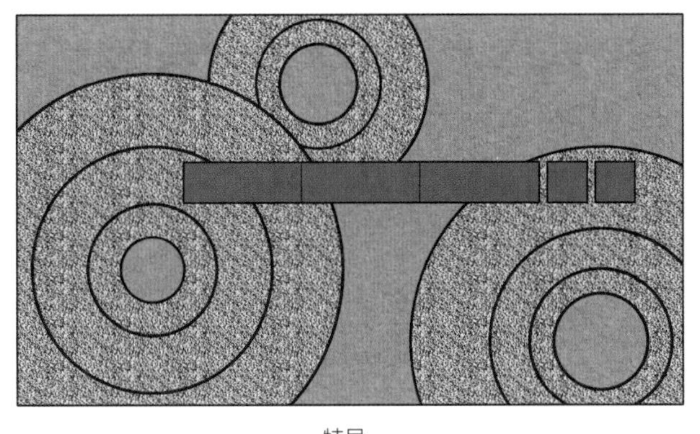

特异

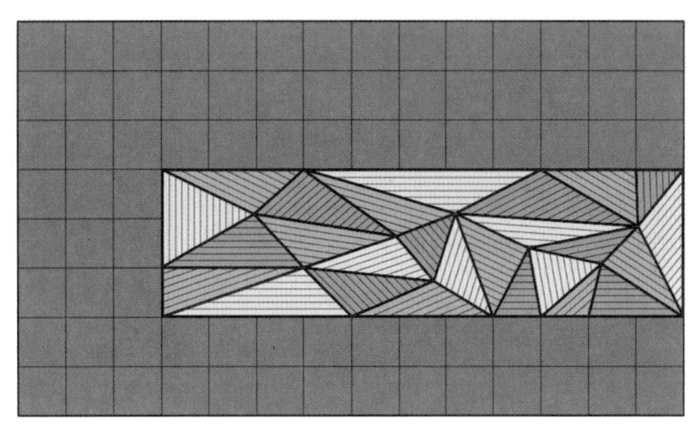

特异

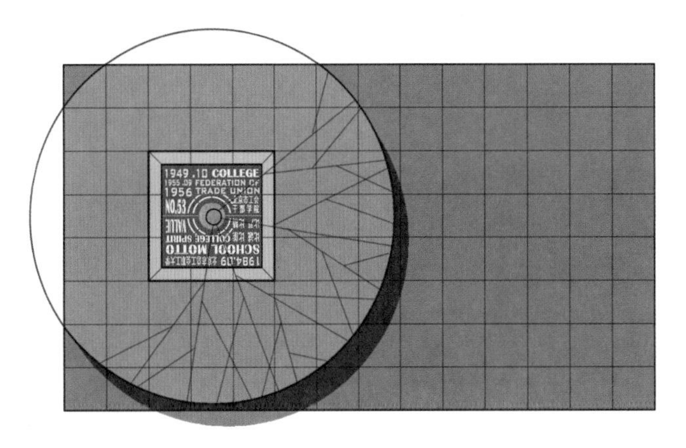

特异

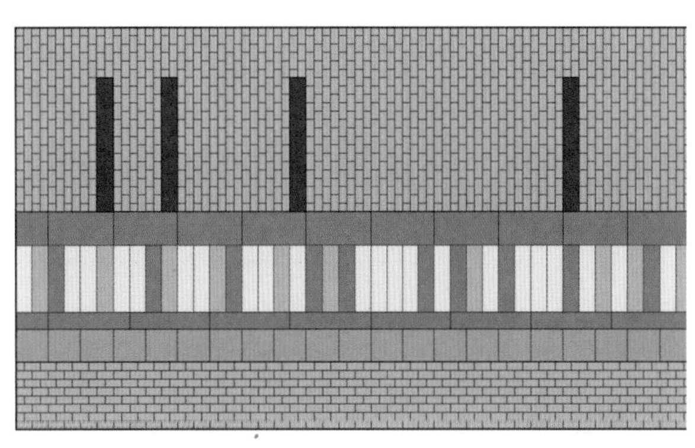

特异 / 对比

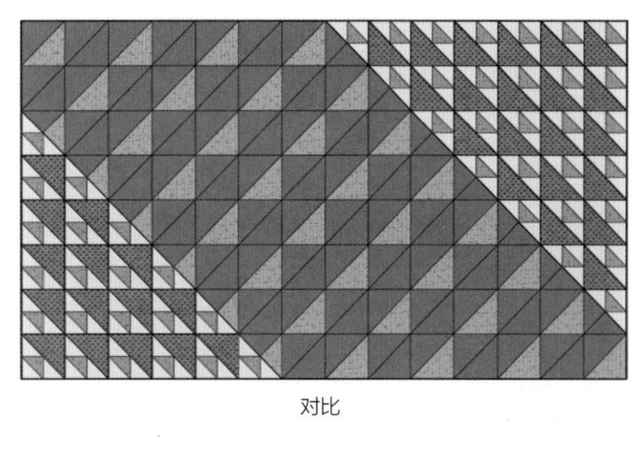

对比

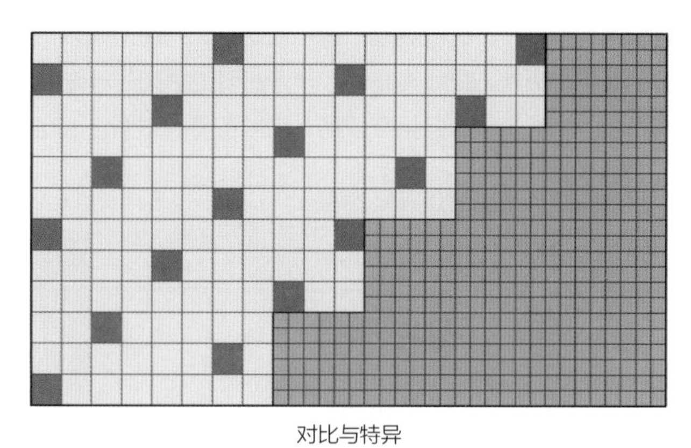

对比与特异

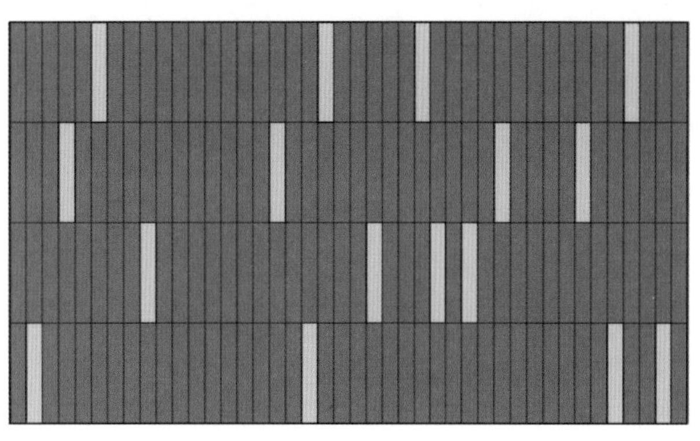

特异与对比

对比与特异

5.3.4 旋转

旋转是指在铺装初步设计之后对整体或局部进行旋转变形得到新的铺装设计，当旋转的部分占总设计面积比例较小时，又可以成为特异。

1. 示例一：整体旋转

现假设建筑之间有一块矩形的中庭，两侧建筑有出挑的平台。下面采用旋转的设计方法对中庭进行设计。

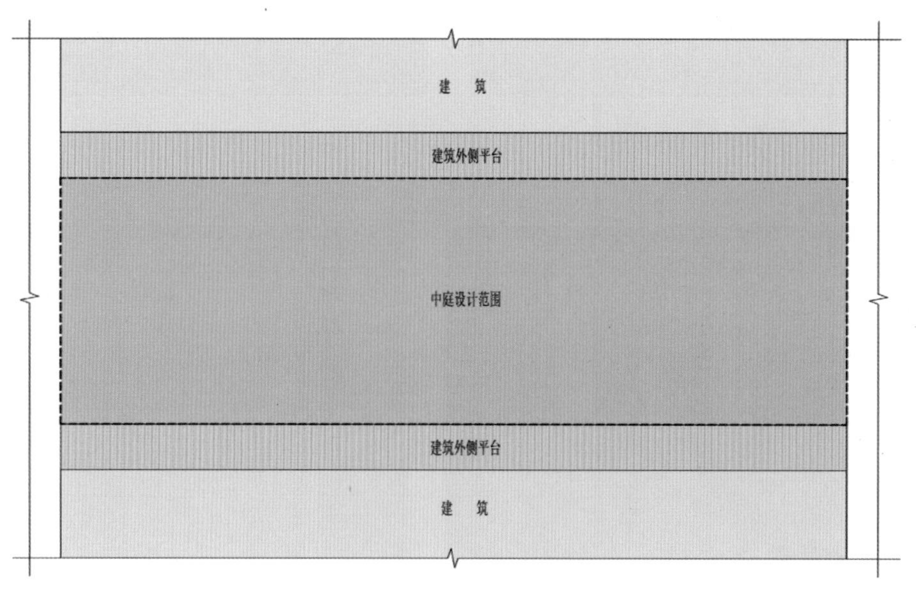

场地概况及设计范围平面图

第一步，先设计出铺装的整体样式。

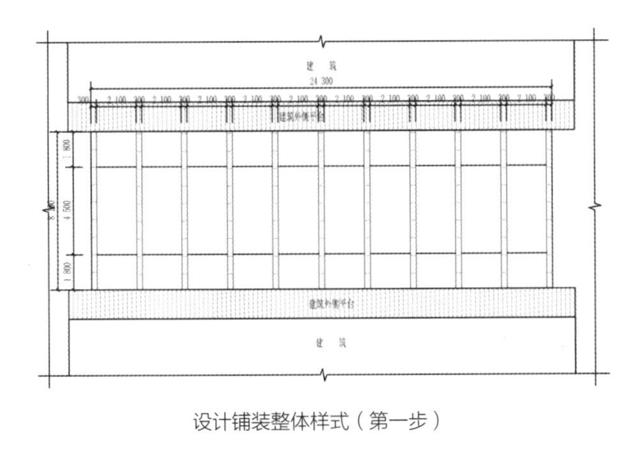

设计铺装整体样式（第一步）

第三步，根据场地的性质设计铺装细部。不同的细部表达会改变局部甚至整个景观方案的整体风格，现分别以日式庭院风格与简洁现代风格为例说明铺装细节对整体风格的影响。

第二步，将整体铺装进行旋转得到新的平面样式。

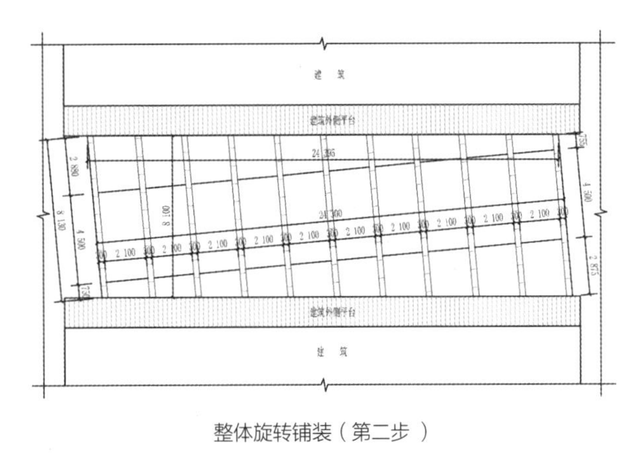

整体旋转铺装（第二步 ）

1）铺装深化方案一——日式庭院风格

以日式庭院风格为深化方向，强调两栋建筑的内向性，室外空间转变为两栋建筑之间的灰空间，功能也以观赏性为主。石材的线条增加一些凹凸的画法，以表达自然条石的质感，如下图所示。

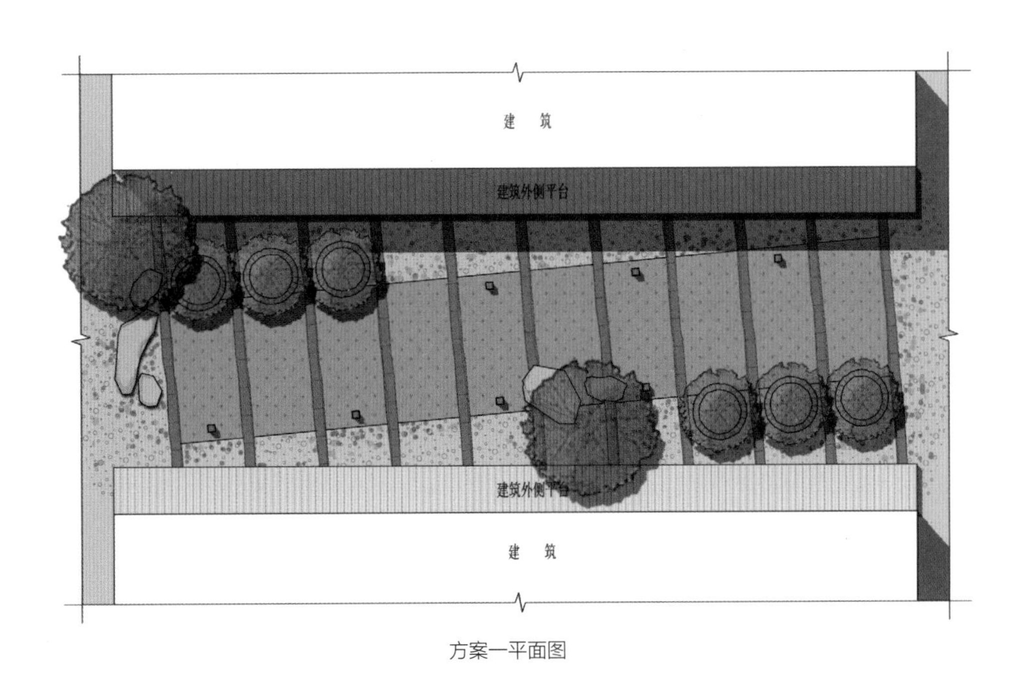

方案一平面图

2）铺装深化方案二——简洁现代风格

以简洁的办公空间为深化方向，中庭不再像方案一样作为两栋建筑的内庭，而是强调建筑与室外以及通道交通的联系，从观赏性空间，转变为交通性和参与性空间，如下图所示。

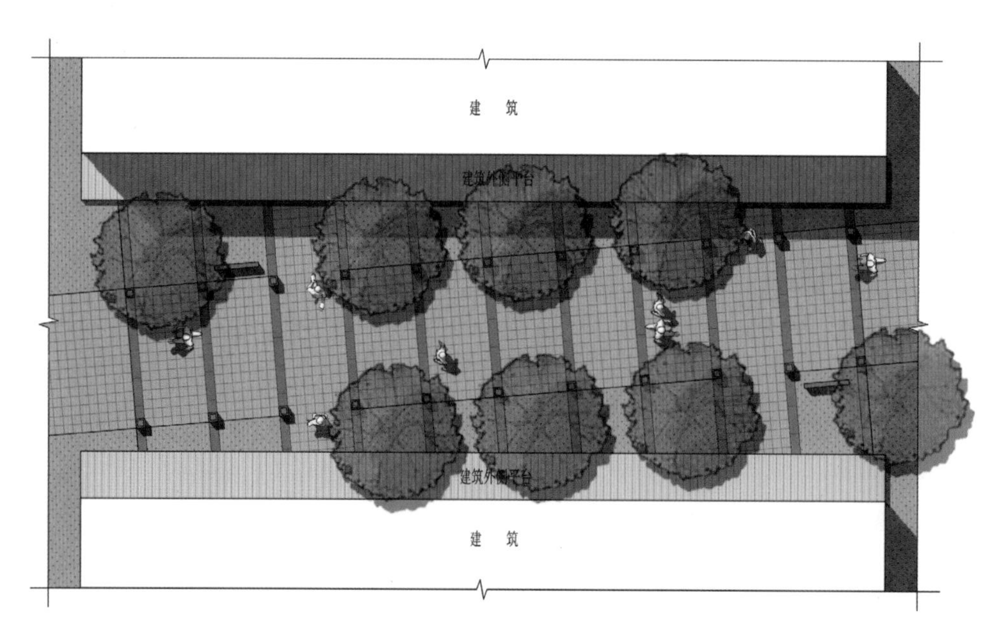

方案二平面图

第四步，根据选取的铺装方案进行标注。进行到这一步对于施工图的绘制来说还远未结束，但本章节重点在于介绍施工图中铺装详图的设计，因此这一步之后的施工图调整不在此赘述。

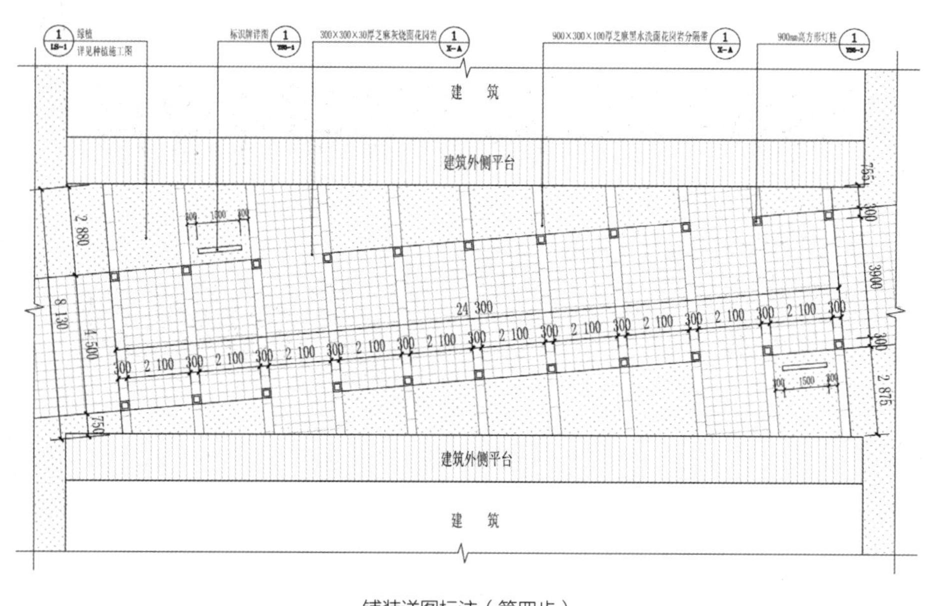

铺装详图标注（第四步）

2. 示例二：局部旋转

局部旋转可以是不同形状材料的旋转，也可以是同样形状不同纹样材料的旋转。下面以一些简洁的纹样作为示例进行说明。

以下是 12 种简单的方形基础纹样，通过赋予这些纹样不同的处理方式可以得到不同的效果。

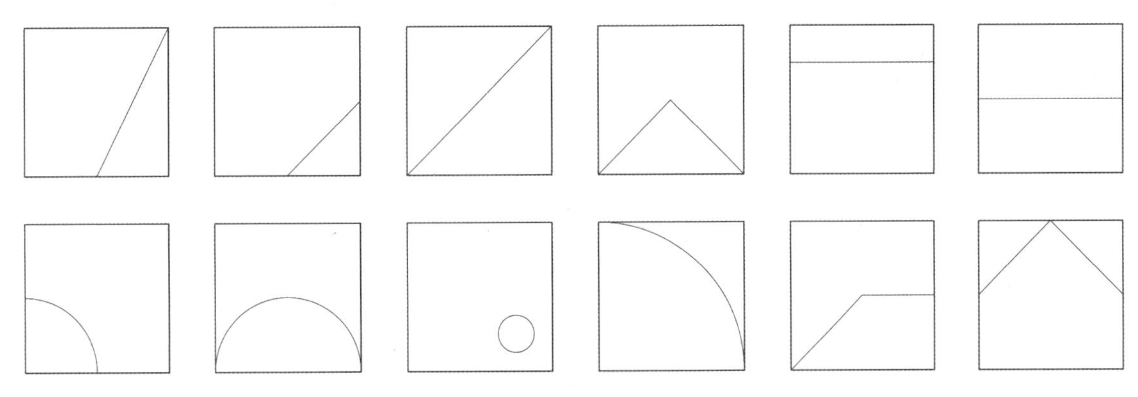

方形基础纹样

根据上述纹样，可以通过不同的面层处理方式，比如花岗岩可以采用水洗面 + 荔枝面、烧面 + 拉槽面、烧面 + 亚光面等不同的处理手法，使同一块石材表面获得不同的质感。同时，方形材料本身比异型材料加工更为方便，且节约成本。

不同面层处理方式形成的基础材料样式

开制新的模具，制作出以下不同颜色代表的不同形状的透水砖、石英砖、石材等材料拼合到一起的方形基础材料样式。需要注意的是，虽然这里提供了 12 种基础材料样式，但是在一块场地的设计中不宜同时采用很多基础样式，以避免视觉上过度混乱。接下来以虚线框中的材料为例，进行铺装的旋转设计。

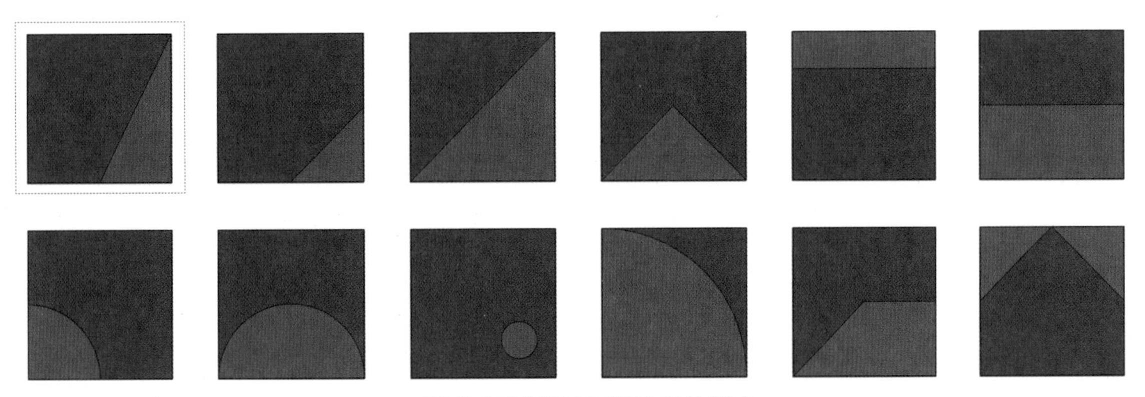

不同颜色和形状拼合形成的基础材料样式

通过同一种基础材料样式的规则旋转就能得到丰富的铺装设计样式。

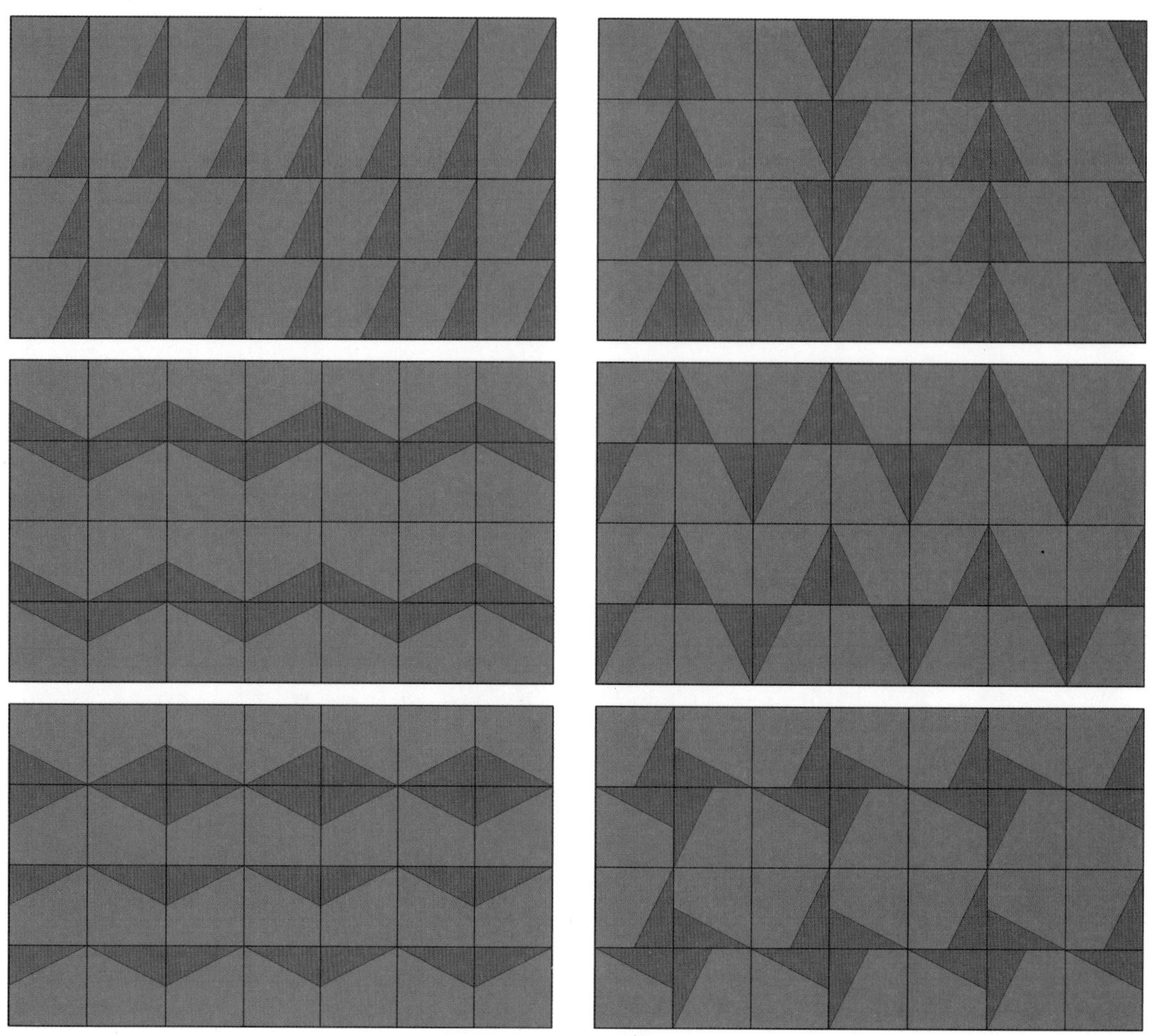

同一种基础材料样式的规则旋转

同一种材料还可以通过不规则的旋转得到随机的铺装设计样式，由于每一个矩形有四个方向，随着场地的增加，形成的随机纹样会成级数增长，为设计师提供多种选择，丰富铺装设计。鉴于工程造价，还是需要控制所采用的基础材料样式数量。另外需要考虑所选材料能否得到预期的方案拼色效果。

同一种基础材料样式的不规则旋转

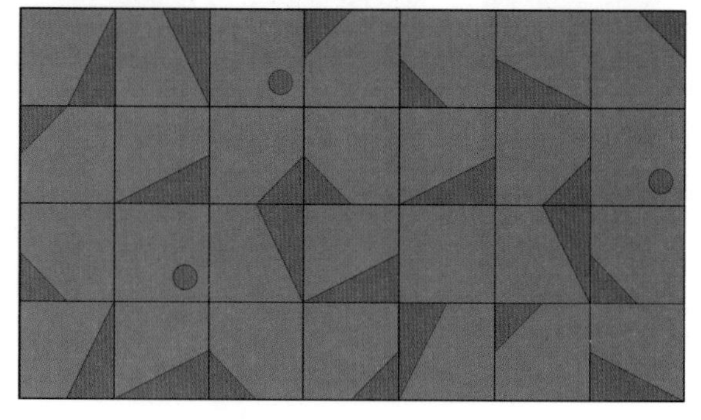

三种基础材料样式的不规则旋转

5.3.5 单元格

在商业、城市公共空间中，硬质广场往往成为项目的主要载体。如何快速有效地设计出有特点的铺装，单元格的重复拼接和切分是常用的手段之一。

1. 示例一：矩形单元格构成

以意大利米兰喷泉广场为例，通过对项目的观察，可以发现整个场地由基本单元格构成。为了便于选取模数，将长宽比 2 ： 1 的矩形作为基本单元，制作两种大小的单元格，并以此进行组合。然后对场地进行细分并确定场地的内容。之后对场地进行尺寸和详图索引的标注。

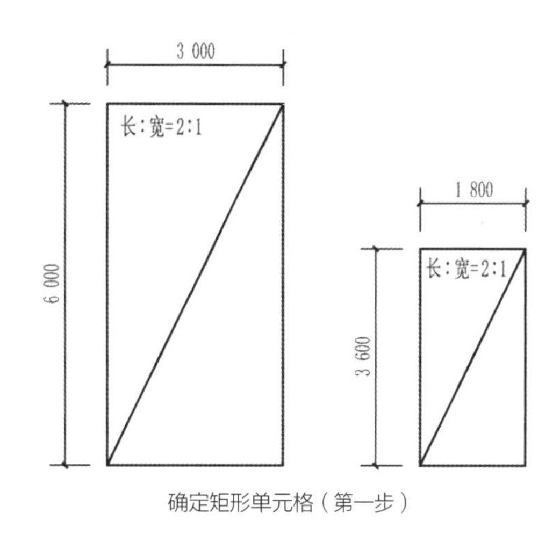

确定矩形单元格（第一步）

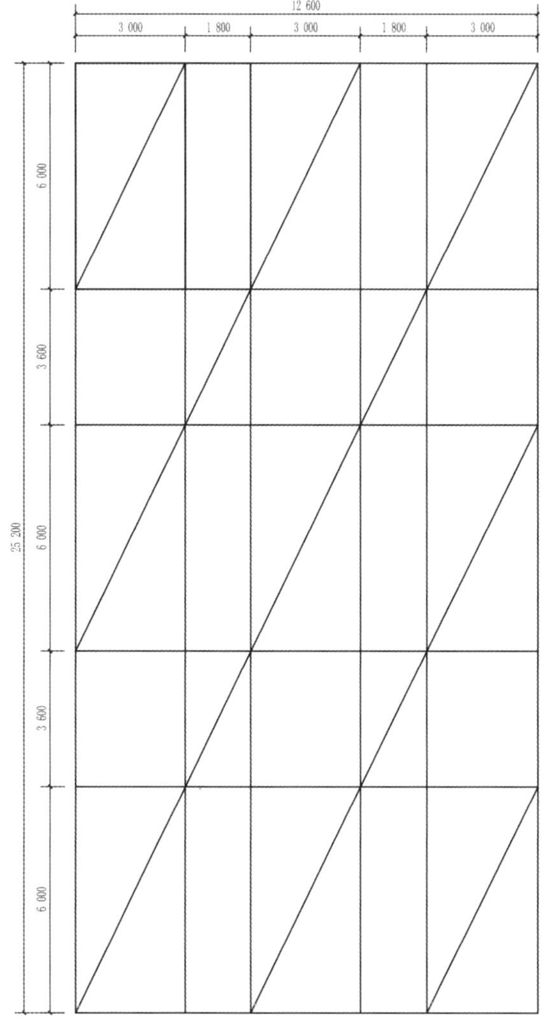

确定单元格总体组合方式（第二步）

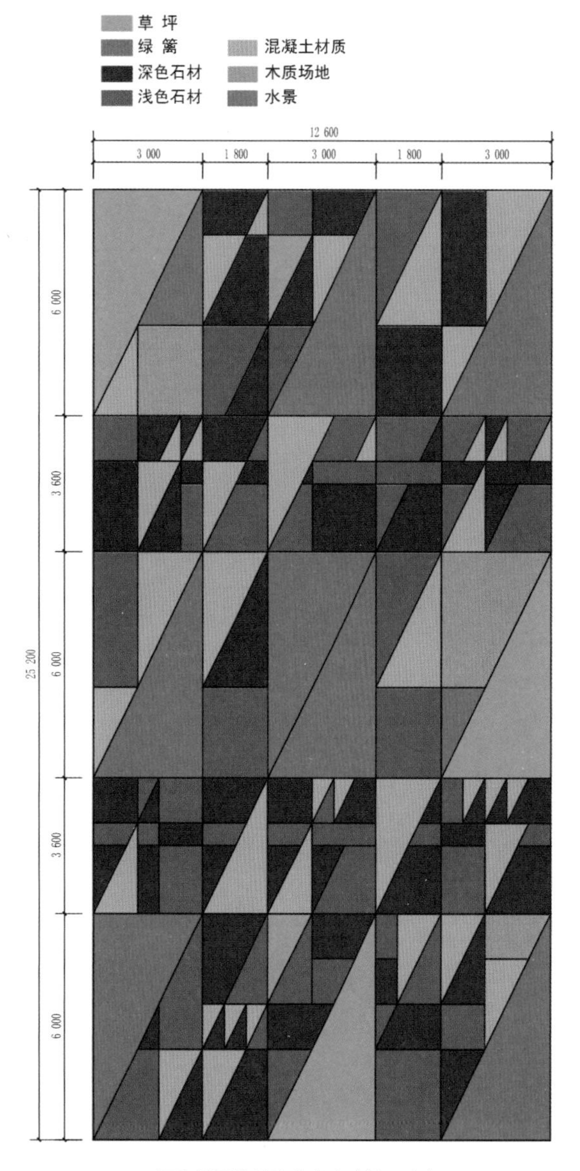

细分单元格并确定内容（第三步）

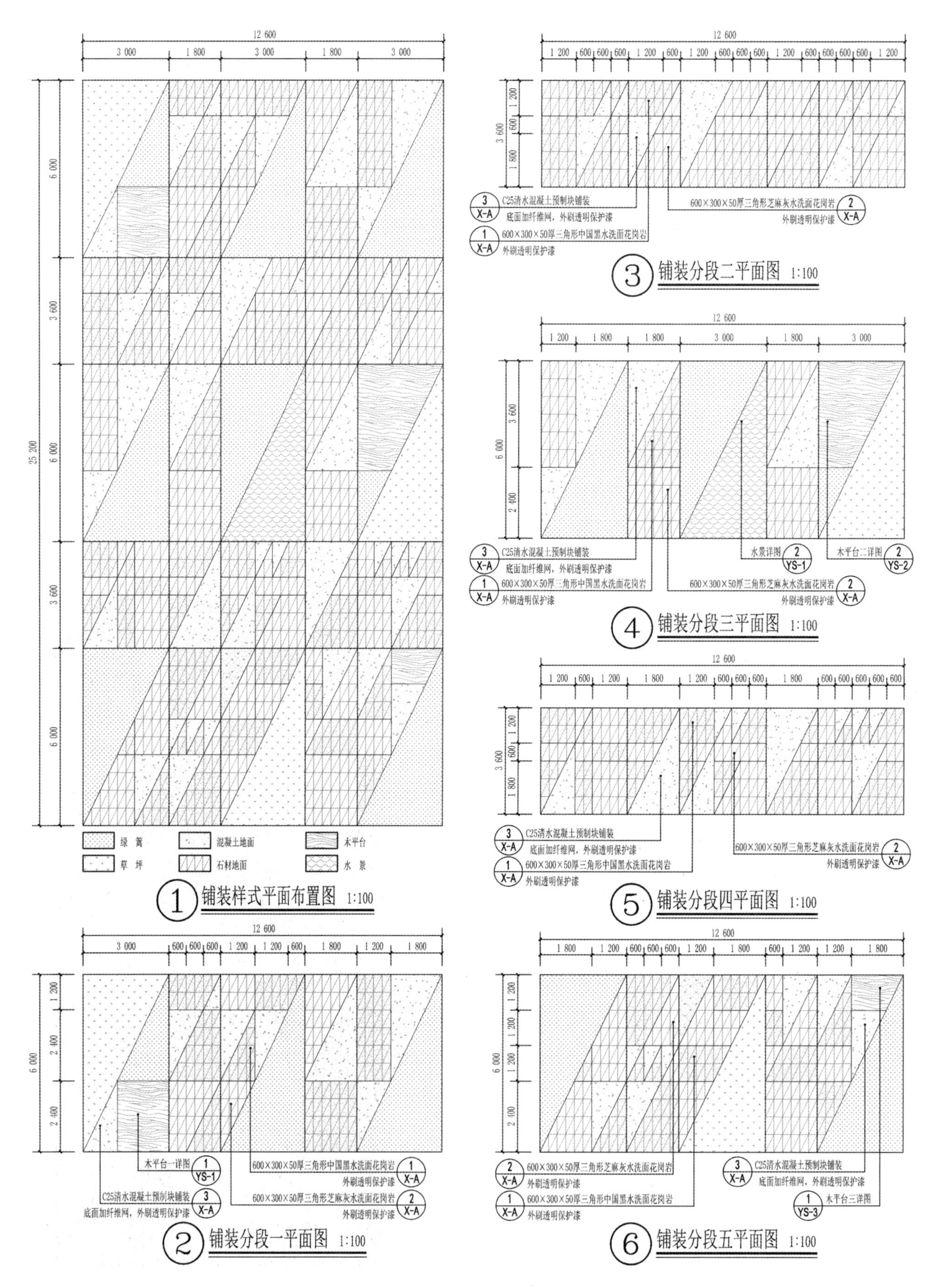

场地总体布置图与详图标注（第四步）

2. 示例二：三角形单元格构成

在第 2 章中简单介绍了以等边三角形为元素的铺装构成，从材料加工和成本的角度考虑，在景观工程中采用特殊三角形的情况比较多见。以下列举出一些利用特殊三角形形成的铺装样式。

特殊三角形

特殊三角形构成的铺装样式

从上述铺装设计可以发现，特殊直角三角形和矩形关系密切，因此可以和示例一矩形单元格中的合用。另外颜色对于铺装设计的影响较大，同样的样式，因为颜色排列的不同，可以形成完全不同的铺装设计，这一点极大地丰富了铺装样式。 但是设计出前述铺装只是铺装详图设计的第一步，接下来以下图样式为例说明景观施工图设计中铺装详图容易出现的问题。

铺装设计样式示意

假设上述图形代表一个长 21 m、宽 12 m 的场地。首先对图形进行观察，可以看出场地主要是由等边三角形组成的，竖向线条又将等边三角形划分出了直角三角形。其次需要确定材料基础规格。在上图中深灰色、浅灰色区域都需要相应规格的材料来组成。考虑到材料模数最后选择边长为 600 mm 的等边三角形石材进行铺贴，在这个基础之上再进行铺装的细化。

对比铺装设计样式示意图与铺装详图（下图）可以看出，详图基本忠实地反映了设计样式，但是受限于工程的客观情况，需要考虑材料的拼贴、颜色的选择。此外，用三角形与矩形等规则图形进行组合时，通常会造成规则材料的尺寸不能符合整数或者模数要求，导致工程造价的增加，增加施工时拼接的难度。

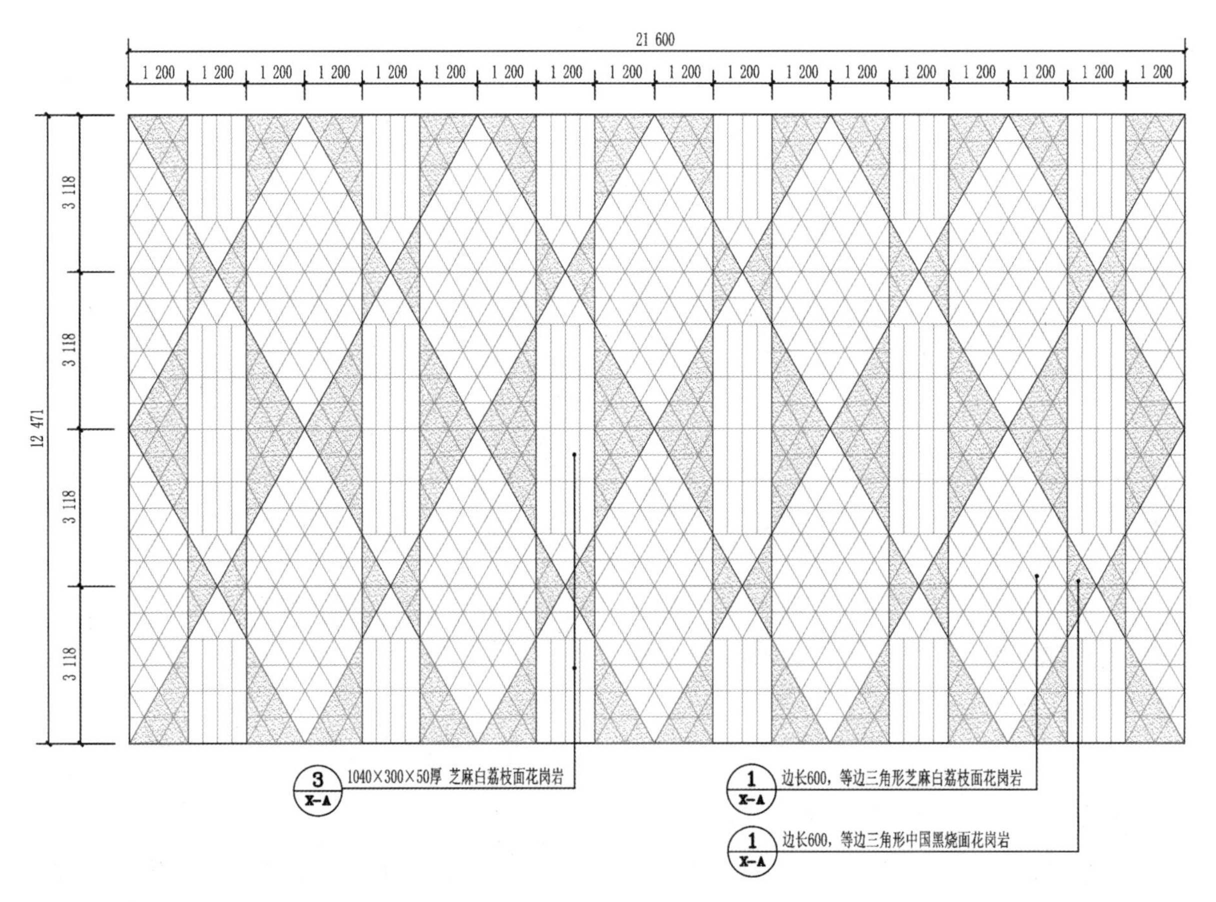

铺装详图

3. 示例三：多边形单元格构成

在目前计算机技术长足发展的背景下，计算机辅助数字化、模板化设计比较普遍，比如在第 2 章提到阿姆斯特丹菲英岛社区公园案例。在没有计算机辅助计算时，对于铺装模块化设计的思路是怎样的呢？我们可以采用逆向思维，从简单的矩形开始，逐步形成复杂的单元格。先来看下列简单矩形的构建过程。

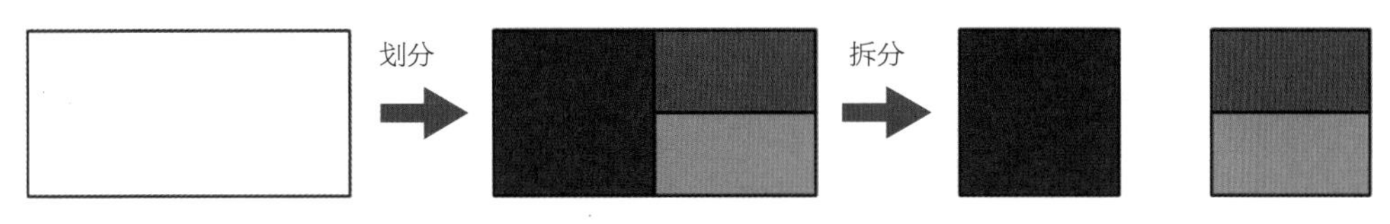

矩形构建铺装组合方案

将上图中拆分以后的两部分重新组合，组合方式有很多，列出下列六种供参考。

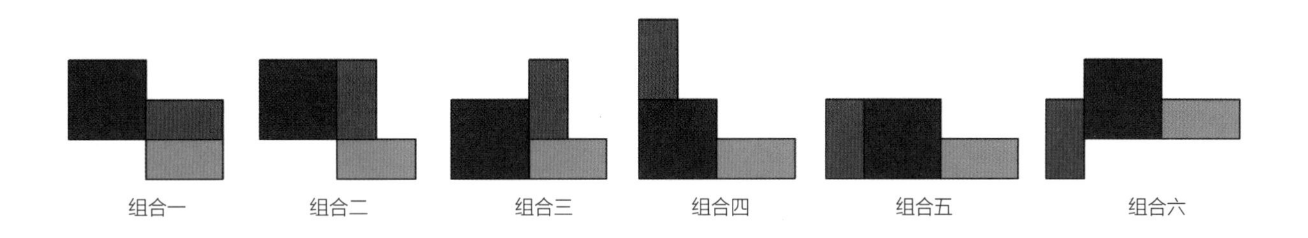

选取其中的组合重新形成铺装，就可以形成新铺装样式，而被选用的组合也就成为单元格。

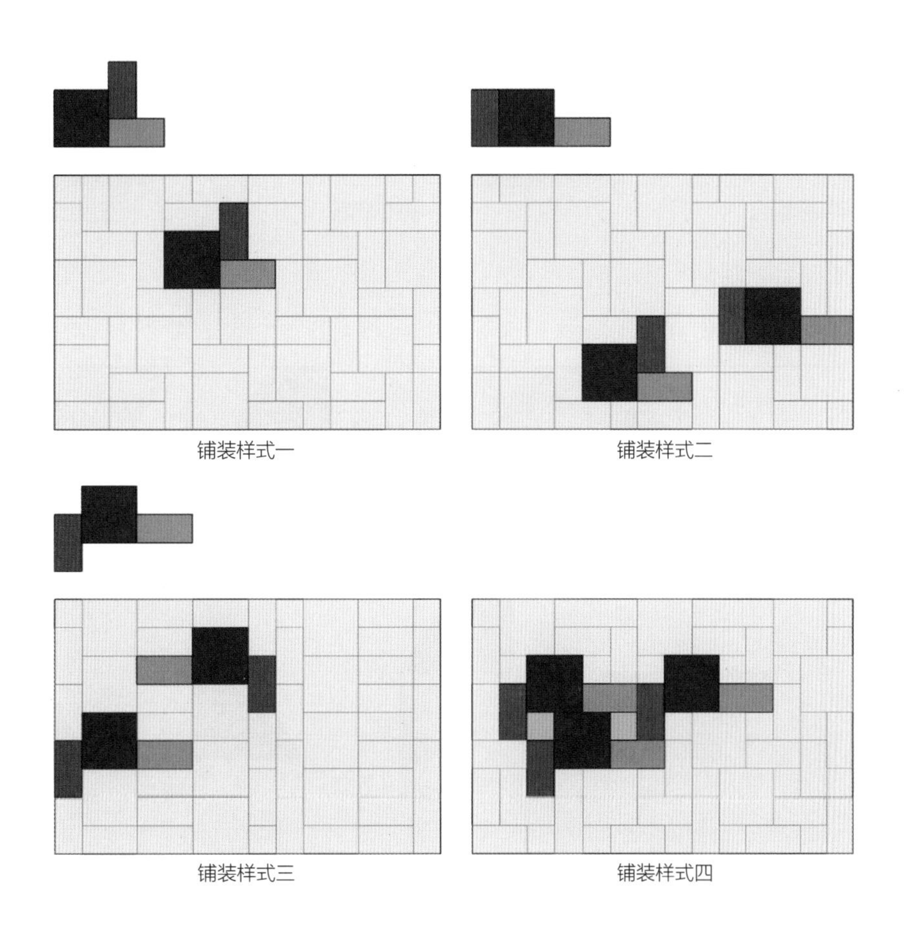

从上述四张图来看，根据不同的观察角度由同一种组合形成的样式中也可以看出别的组合形式（如铺装样式二），或者同一种组合可以形成不同的铺装样式（如铺装样式三、四）。在阿姆斯特丹菲英岛社区公园案例中也划分出了不同的组合类型。造成此现象主要是因为我们一开始用于构建组合的矩形是完形，由这个完形分化出来的图形组合才能再次以单元格的方式进行组合。有了这一点作为支撑，就能构建更复杂的组合方式。

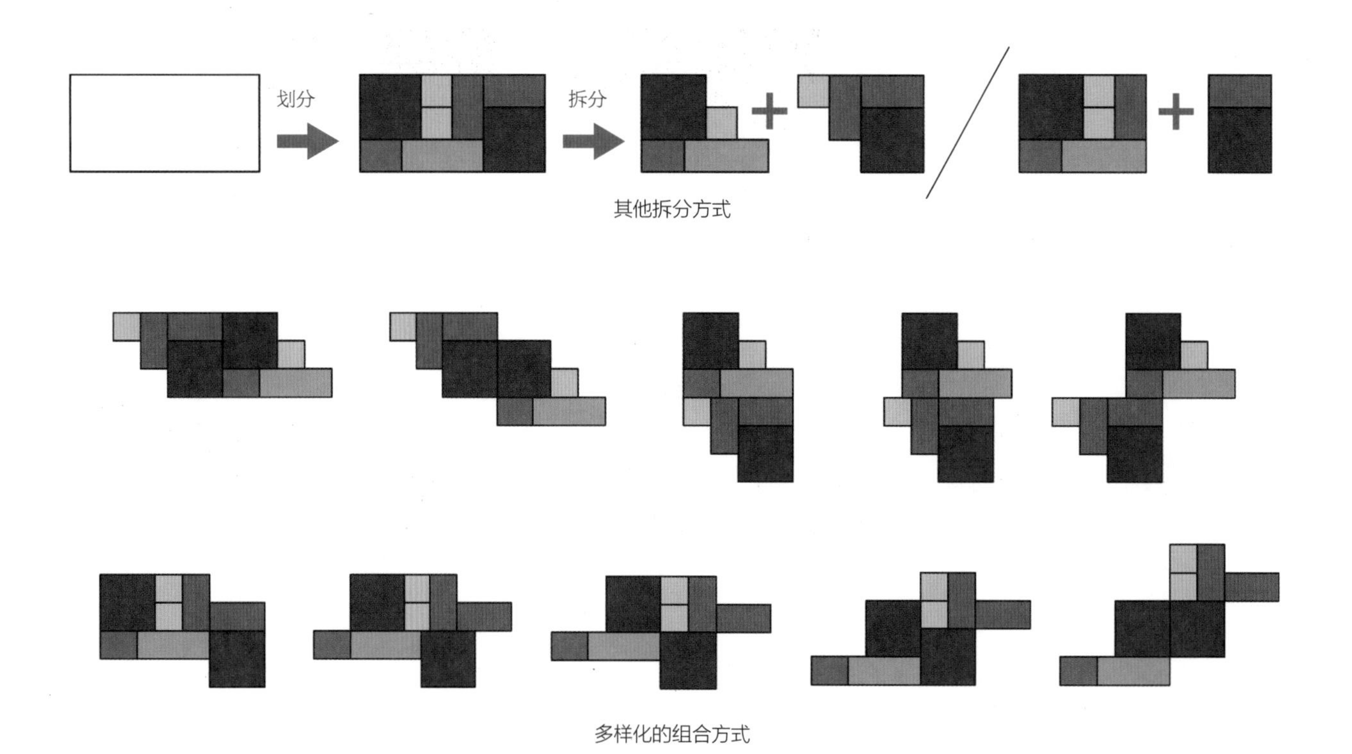

其他拆分方式

多样化的组合方式

同样，那些看似复杂的异型铺装也可设计出来。比如将同样的矩形拆分为两个相同的梯形，再进行相应的组合，就可以形成复杂的异型铺装组合。

在最后生成的异型铺装图形中，还可以发现这些图形不仅可以用于地面铺装，同样可以适用于墙体，或是镂空的景墙等。大家不妨试一试，相信会出现许多有意思的设计。

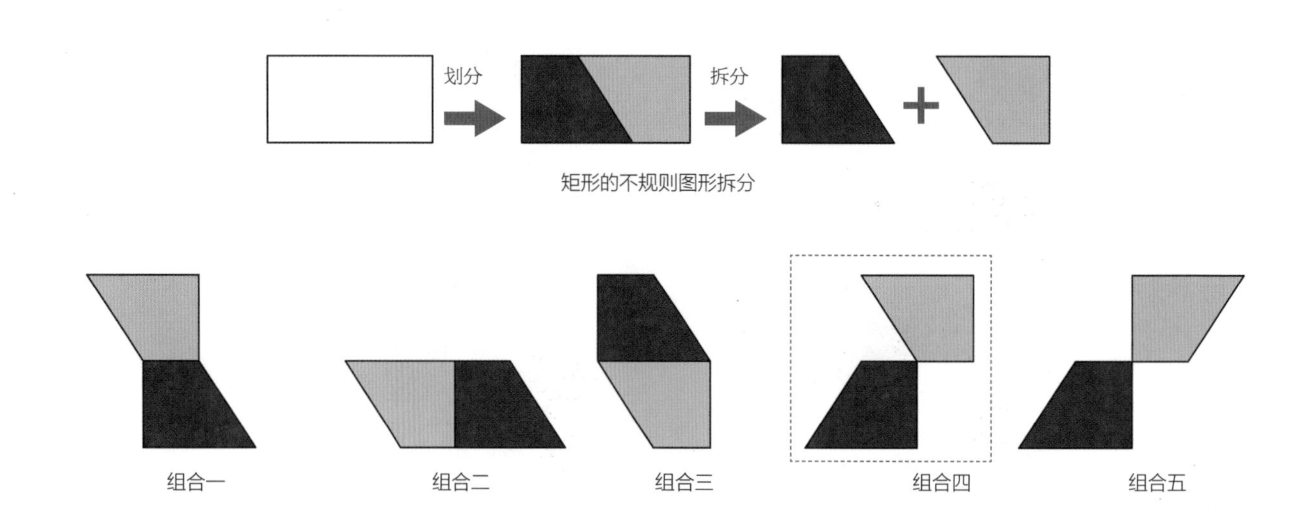

矩形的不规则图形拆分

组合四形成的异型铺装

4. 示例四：不规则图形的单元格构成

总体来说，示例三还是在一个规则图形的框架下构建单元格，有没有更为简便的形成单元格的方法呢？仍然从阿姆斯特丹菲英岛社区公园案例出发来思考这个问题。

再次将第 2 章中的单元格作为基础，由于这个单元格形成了菲英岛社区公园的整体铺装，因此，将这个单元格的轮廓线提取出来重新合成时，轮廓线势必会重合形成整体。

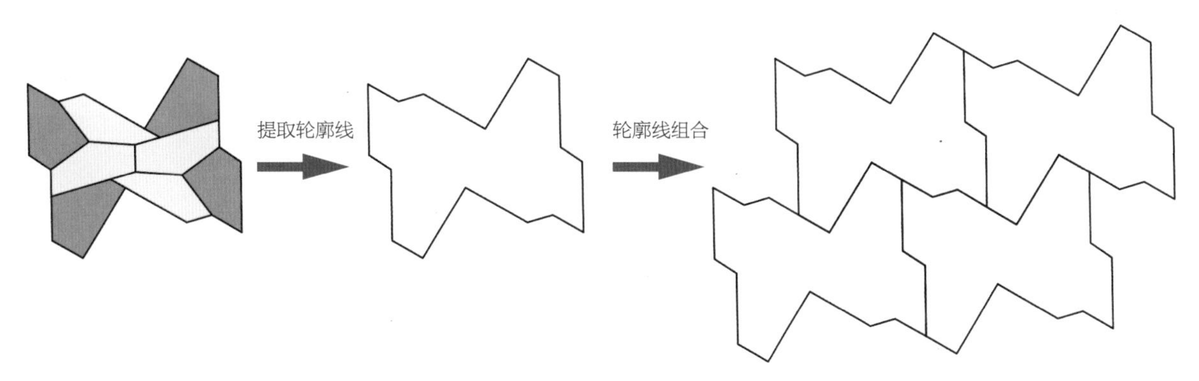

提取不规则图形轮廓线

由于轮廓线重合，那么无论怎样填充轮廓的内部，都会形成以轮廓为一个单元的单元格，因此可以形成各种各样的单元格铺装样式了。

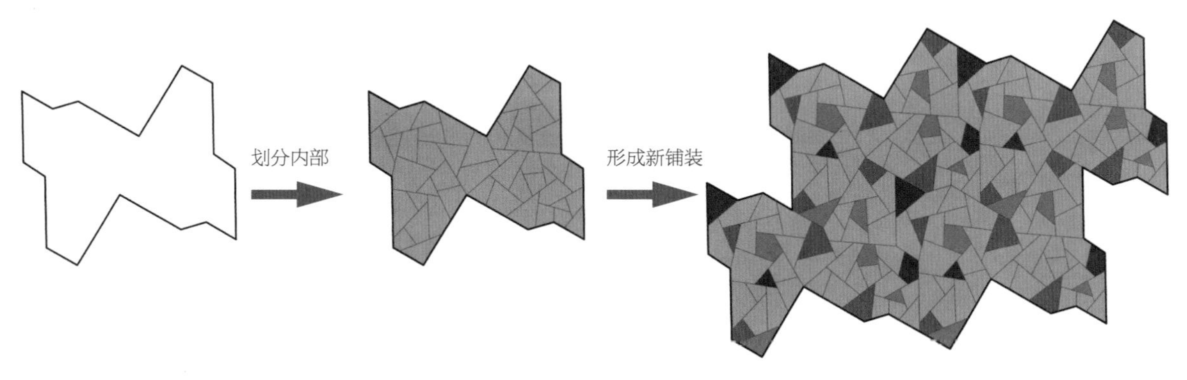

利用轮廓线形成新的铺装

如何设计出不规则的单元格呢？经过观察，发现最初的轮廓是由四条折线构成的，而这四条线又可以分为两组，即天蓝色线 a 和大红色线 b，经过复制或镜像后分别形成了深蓝色线 a' 和暗红色线 b'。

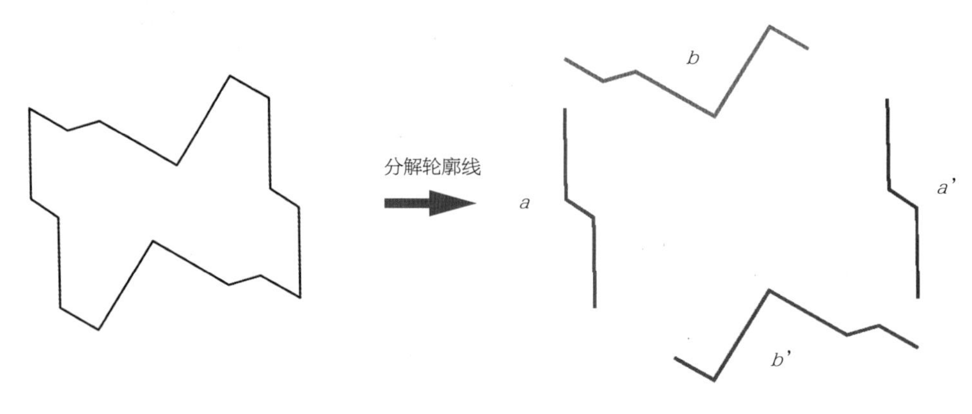

轮廓线的分解

连接四条折线的端点，可以将轮廓线看作一个四边形，即四边形相对的两条边之间可能存在可以形成单元格的对应关系。为了验证这个想法，将折线 a 和 b 直接进行对边复制，看看得到怎样的结果。

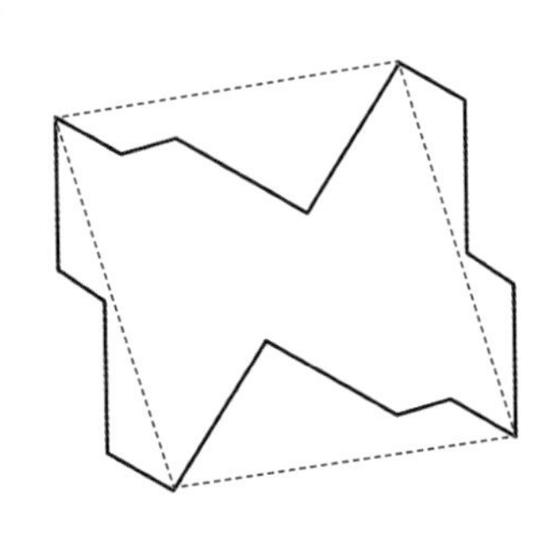

轮廓线近似为四边形

可以看到折线 a 和折线 b 直接对边复制以后得到一个新的轮廓，再将这个新的轮廓作为单元格进行复制，看看能否得到相互咬合的边线。

从新轮廓的组合中可以发现不仅能形成新的样式，还可延伸出两种及其以上的单元格的组合形式。

当保证对边彼此相同（或镜像关系）时，就能够形成不规则的复杂单元格。通过复制这个单元格就能形成新的铺装样式。这个原理也能在六边形、八边形等边数为双数的多边形中应用，设计出多种不规则的单元格铺装。

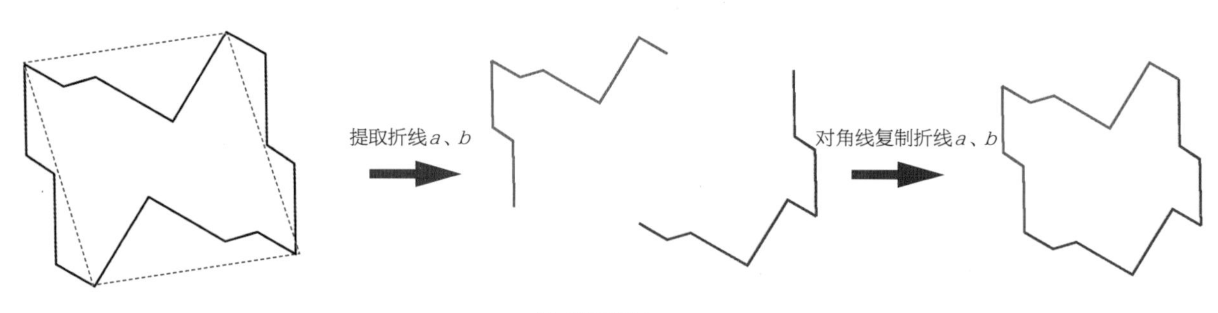

形成新的轮廓

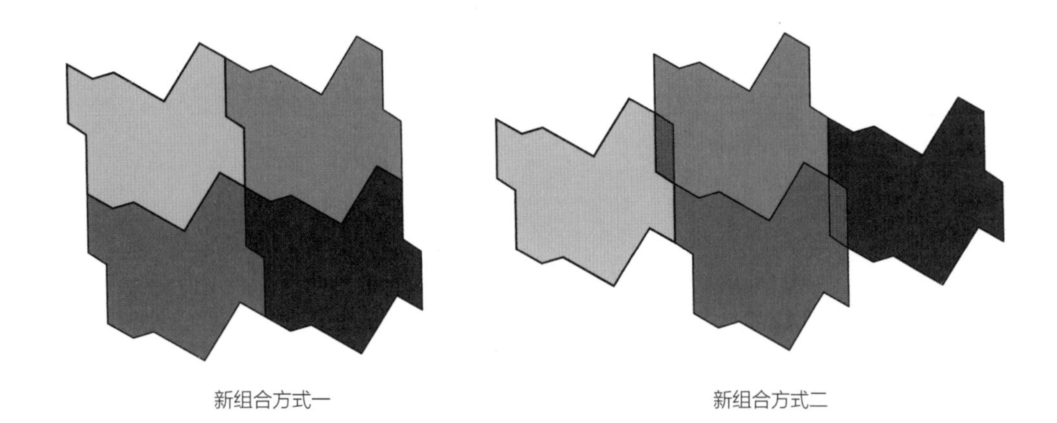

新组合方式一　　新组合方式二

5.3.6 自由分割

自由分割适用于直线、曲线、规则图形或不规则图形。因此通过自由分割的方式设计铺装时，会产生很多不规则的形状。如何调整使得最终的铺装方案在实施性与成本控制上都具有可行性是设计的关键之一。

示例：直线分割场地

假设现有一矩形场地，场地北侧有一组景墙与花池结合的景观，景墙分三段，墙高 1.35 m；花池池壁由锈板构成，高 0.9 m。场地北侧与西侧各有一条园路，具体尺寸及位置如下图所示，现要求对场地进行铺装设计。

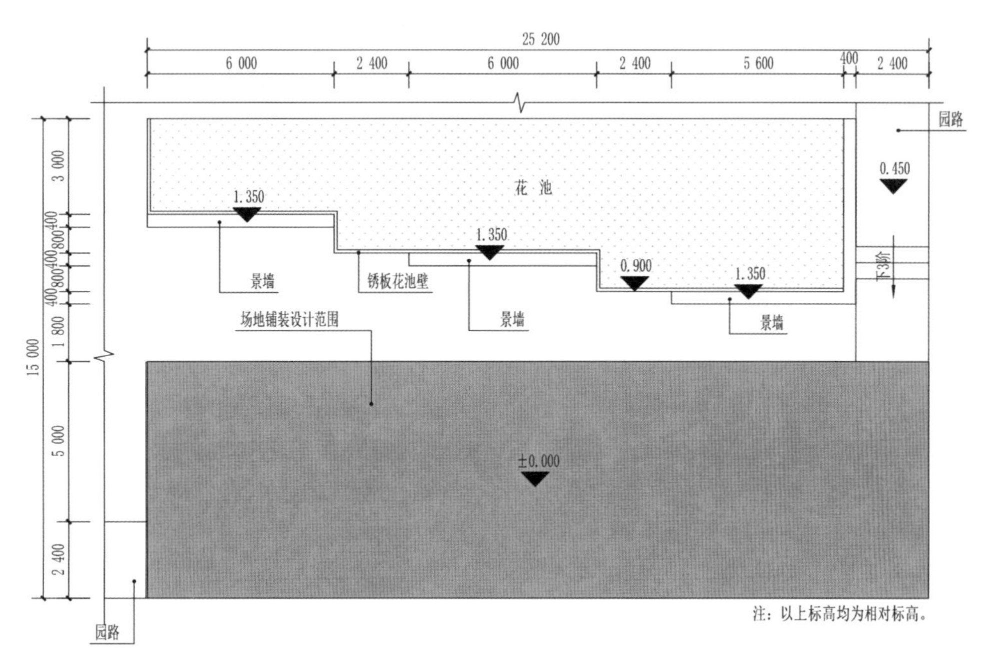

场地概况及铺装设计范围

该示例提供了较多的节点信息，在进行铺装设计之前，需要考虑以下两点。

1）节点的布局特征

从整个场地的平面图来看，可以看出该场地最重要的两个组成元素是景墙花池与园路。景墙花池的特殊平面布局使设计铺装时需要考虑整体铺装与花池的关系。两条园路的分布使场地更多地属于交通性空间而非停留式空间。

2）初步考虑铺装材质和颜色的选择

花池池壁采用了锈板，景墙的材料尽管没有提供，但从布局形式上来看应该比较现代。

根据以上分析，应选择现代风格进行整体的铺装设计，同时注重铺装的方向性和引导性，以便有效地联系北侧和西侧园路。

在介绍该场地铺装设计之前，先介绍施工图设计中关于尺寸标注的相关问题。

尺寸标注作为施工放线的依据，在标注的过程中需要做到“有效标注”，即图纸中的标注既便于施工人员识图，又可有效指导施工放线。因此，标注绝不是越多越好、越密越好。如何做到“有效标注”，除了制图课程中提及的制图规范以外，还有以下几点注意事项：

1）选择适当的场地放线起点

根据景观施工的顺序，一般是先施工地下管线，接着施工构筑物的基础及主体结构，然后是铺装的垫层，再到地面以上构筑物其余部分的施工，最后是铺装。因此在这个场地中，花池基础与景墙的砌筑是先于场地铺装的，那么在选择铺装场地放线原点的时候，应该以相对固定的建筑物或构筑物的角点作为铺装放线的起点，然后根据铺装设计的主要方向确定基线。

2）建立尺寸标注的逻辑体系

在景观施工图的尺寸标注中存在三个主要的等级问题：总图尺寸、节点尺寸、详图尺寸。这三者之间暗含逻辑关系，因此每一个等级的图纸只要表达清楚这一等级需要明确的尺寸关系就足以满足施工定位的需求。景观施工图是由总图和详图两部分组成，总图尺寸表达节点定位以及节点与节点之间的尺寸关系，节点尺寸表达每个节点内部与相关构筑物的尺寸关系，是各个构筑物的详图尺寸，三个层次关系步步递进，形成一套完整的尺寸标注系统。很多新手设计师总是希望在总图尺寸上表达清楚每一个节点内部的尺寸，甚至是每一个构筑物的尺寸，这样会导致总图尺寸密集不堪，既影响识图，又容易出现重复或者遗漏标注的情况。

3）明确尺寸标注的基本规律

定位一个对象，可选用尺寸、网格、坐标三种主要形式，每一种定位都有其主要适用范围。对于需要定位的对象来说，归根结底就是“线”，不论是简单的直线还是复杂的曲线。因此，施工才有“放线”这个术语。在复杂的工程中会有复杂的科学设备来精确定位，但不论如何我们需要了解放线的基本规律，比如对于斜线的放线，既可以选择角度加长度来放线（如下图所示），也可以根据两点确定一条直线的规律选择斜线中A、B两点的x和y坐标来确定这条斜线（如下图所示）。结合现场施工的难易程度，可优先考虑使用后者来对斜线进行定位。在施工现场利用极坐标进行放线容易产生较大误差，因此多利用两点确定一条直线的原理进行放线。

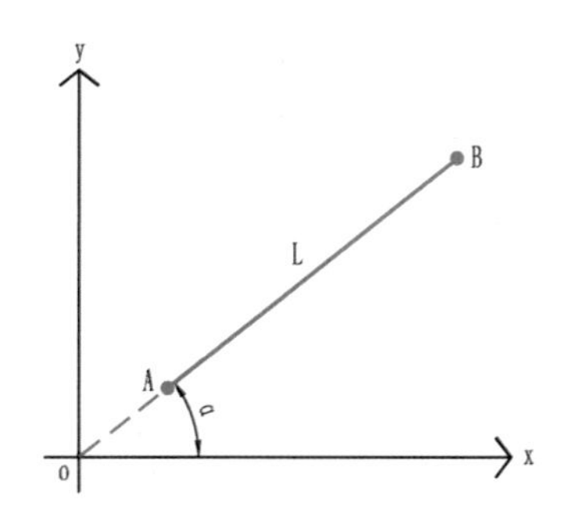

角度加长度定位斜线

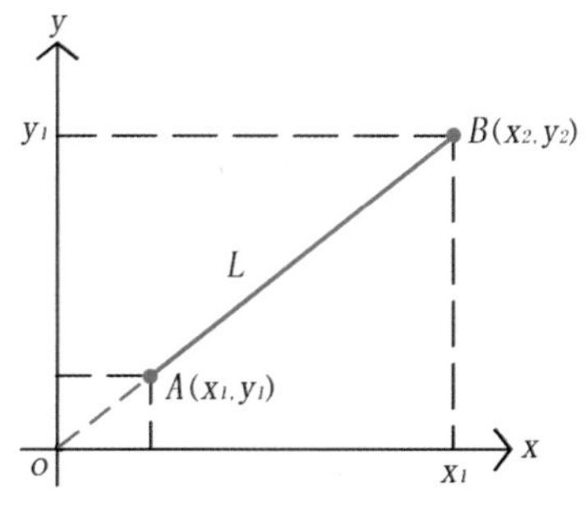

两点定位斜线

此外，如果采用的是预制板材，想要在施工中准确安放到指定位置需要两点的坐标，例如定位A、B两点坐标，或者A、C两点坐标，此时只要在标注尺寸时确定出两点，就能确定预制板材的安装位置。为了减小安装误差，如果条件允许，应注意选取的标注点相互距离不宜太近。或者可以在定位了两个点以外再多定位一个点，用于提高材料铺装时的准确度。

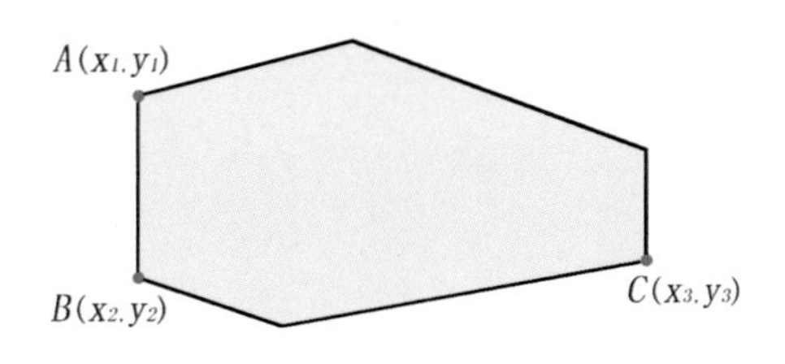

异型板材铺装安放点位标注示意

为了说明自由分割的设计方式，以及结合前面的分析，笔者设计了如下图所示的方案。该方案通过竖向的两条主要铺装与斜向的浅色铺装将景墙、园路和场地结合成一个整体。

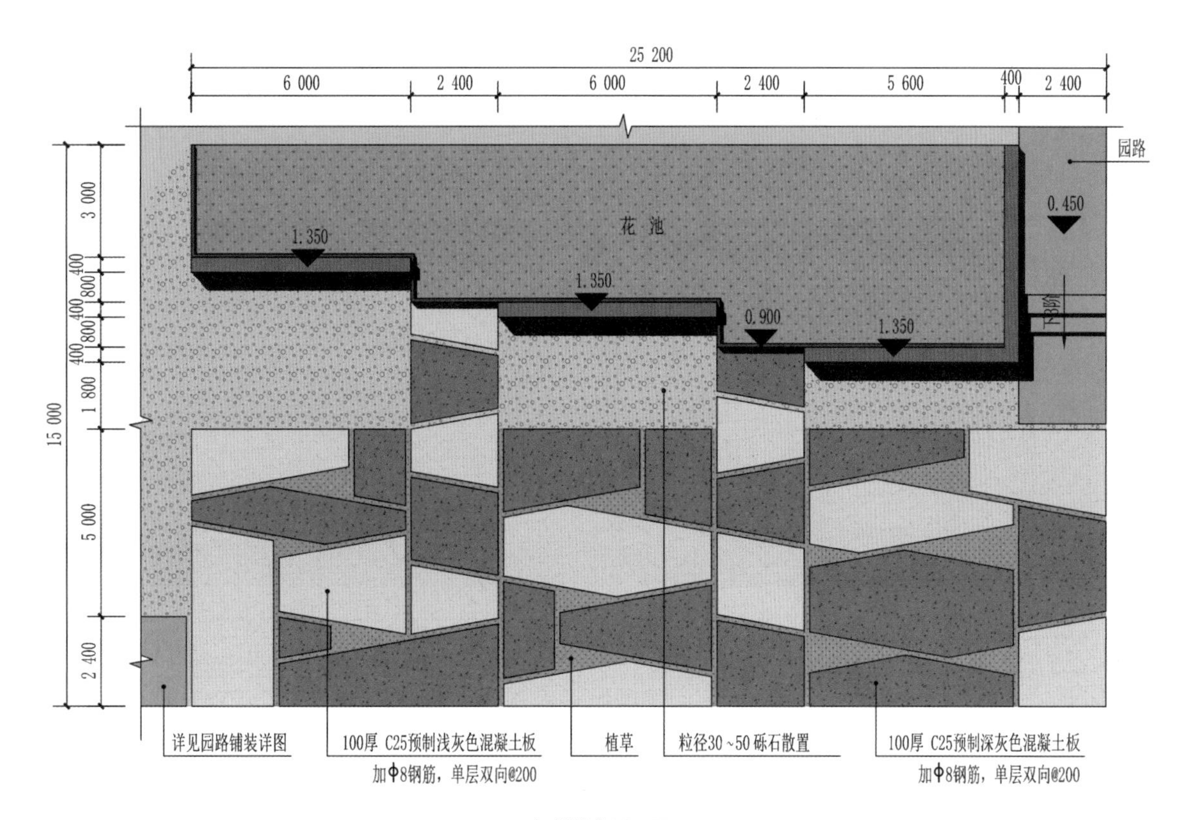

场地铺装平面图

可以看出整个铺装设计是由深浅两色不规则的预制混凝土板组成，在异型石材标注中已经介绍过对于不规则石材的标注方式。这里仅列出混凝土板的编号，每块板如何标注请参见第 2 章第 57 页异型板相关内容。

如何标注才能既保证有足够的点位让施工单位现场放线或拉设辅助线，又避免不必要的标注增加设计师的工作量呢？

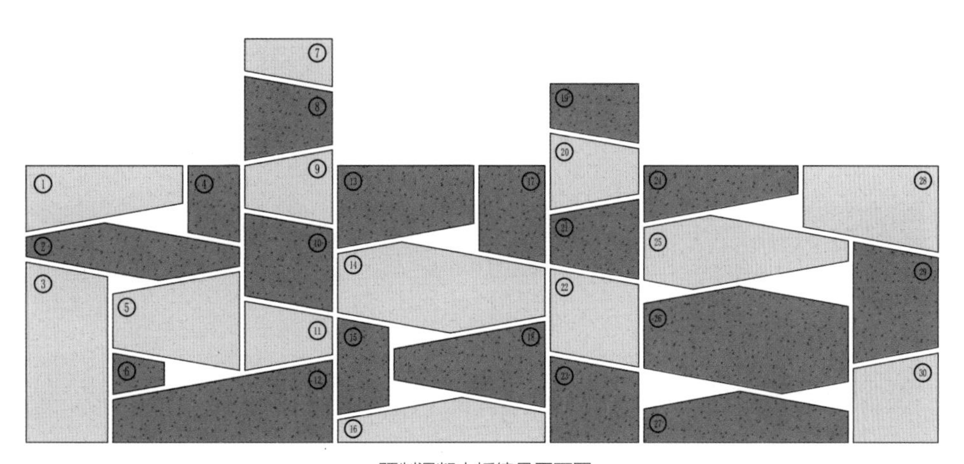

预制混凝土板编号平面图

在上述的平面方案中，采用预制板铺装铺设，可以看出场地外轮廓呈矩形，内部由不规则的图形组成。根据前面介绍的尺寸标注注意事项，我们先选择场地周边相对固定构筑物作为场地放线起点。外轮廓的标注完成后，可以发现矩形场地四边的每块异型板（如下图深绿色部分所示）点位至少有两点被定位出来（紫色由于横向较长，需要增加点位以减小放线误差）。

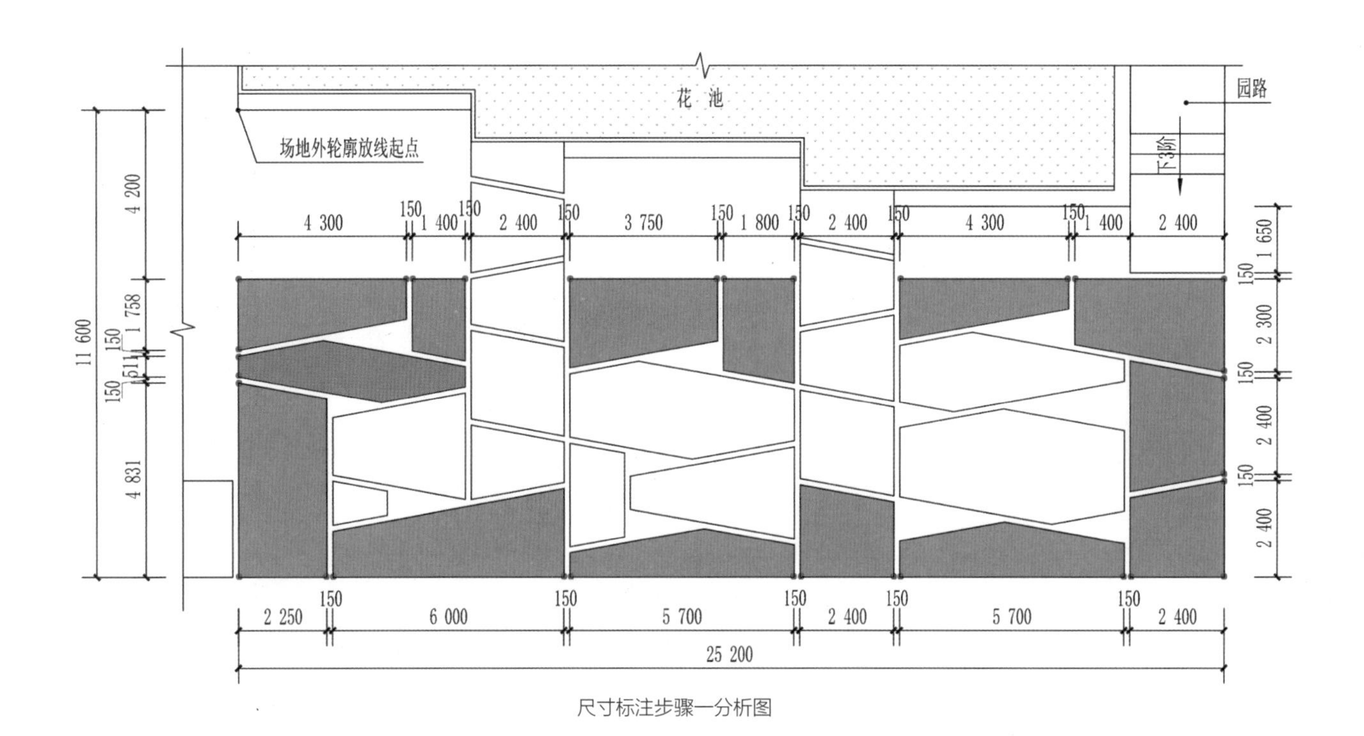

尺寸标注步骤一分析图

首先对两条南北向铺装进行定位标注（如下图黄色构件部分所示），再对内部剩余部分（如下图绿色构件部分所示）进行标注。为了便于说明，现将每一块外轮廓上的板标注的角点用红色圆点表示，内部构件标注的角点用深红色圆点表示，可以发现场地中每一块板都至少有两个点被定位，但是并不是每一块板的每一个角点都被定位了，这就说明我们在施工图设计中对对象进行尺寸定位标注时，并不一定是“求全求多”，而是要求提供的标注“有效”，以保证既避免增加不必要的工作量，又便于阅读图纸和施工。

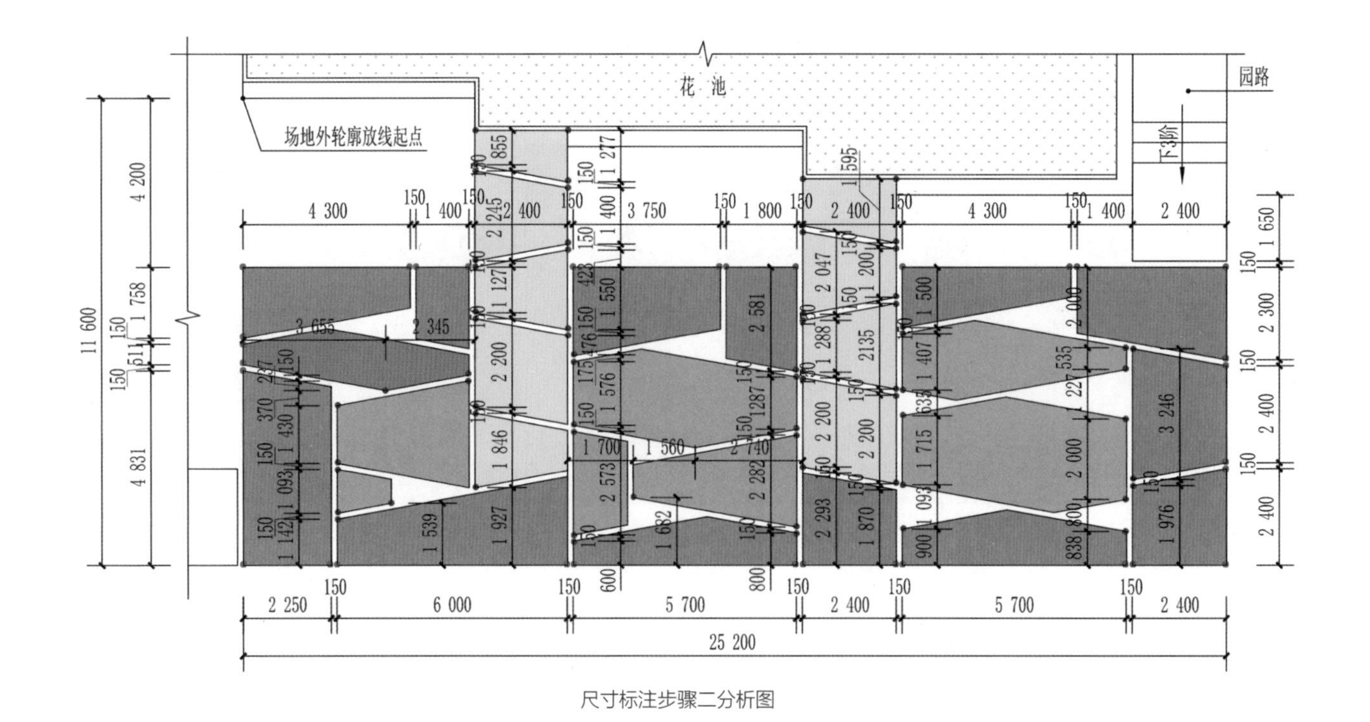

尺寸标注步骤二分析图

5.3.7 图案化

广义而言所有铺装设计均可认为是图案，但是为了区分设计的图案与构成的图案，笔者把抽象图案、具象图案、纹饰、文字等具有独立图形结构的铺装作为采用了图案化的设计手法。

抽象图案

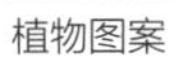

植物图案

动物图案

纹饰图案

纹饰图案拼花

在绘制施工图时，对于图案化的铺装，主要采用网格放线的方式进行定位。但是随着工艺加工技术的进步，在提供给厂家 CAD 图纸或 SU 模型的基础上，可以通过机器在工厂切割材料或者喷绘图案，再运送到现场安装。

另外，对于材料的选择也不仅限于石材，混凝土、金属、高分子材料等都可以通过现代工艺加工出各种复杂的图形。因此，在本书介绍的基本材料之外，设计师还应多关注各类材料和加工工艺的发展，结合新材料、新工艺，做出新的设计。

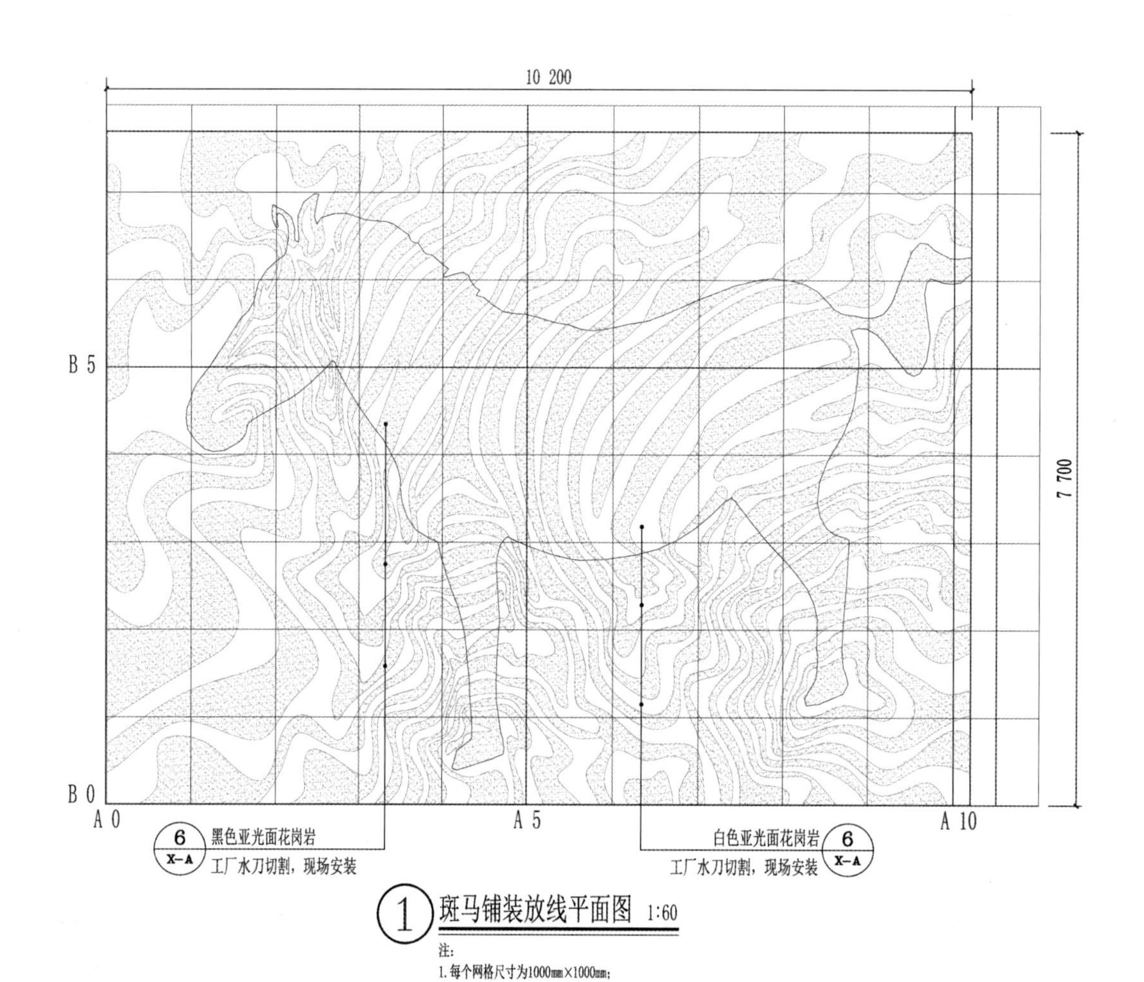

图案化铺装放线详图

第 6 章　典型场地铺装详图绘制实例

6.1　概述

在制图规范和标准要求下，不同的设计公司的制图要求不尽相同，笔者经过调查并凭借长时间的绘图试验，将详图的制图方式分为铺装详图和小品详图两部分，此方式在图纸逻辑关系以及图纸修改方面都有较强的优势。因此，从本章开始，将从铺装详图和小品详图两方面介绍景观施工图详图部分的图纸绘制。

在第 5 章中，介绍了铺装深化中的常见设计思路及设计方法，在本章中将结合施工图设计中常出现的几类典型场地介绍铺装详图的绘制，以及铺装详图设计中难点问题的整理和分析。

景观施工图铺装详图主要包含三部分：铺装详图、铺装做法详图、铺装物料表。其中铺装详图指铺装平面图，包含节点的铺装平面表达、尺寸标注以及做法索引；铺装做法详图指铺装的做法详图，不同区域的铺装平面对应的铺装做法不同，比如面层为 50mm 厚花岗岩的做法，或者 30mm 厚花岗岩与 60mm 厚透水混凝土砖搭接时的做法，或者收边的做法、汀步的做法等。简而言之，所有在铺装详图中出现的铺装设计在铺装做法详图中都应有对应的做法详图，因此在每一个铺装平面的标注后都应该紧跟该铺装做法的图号索引。

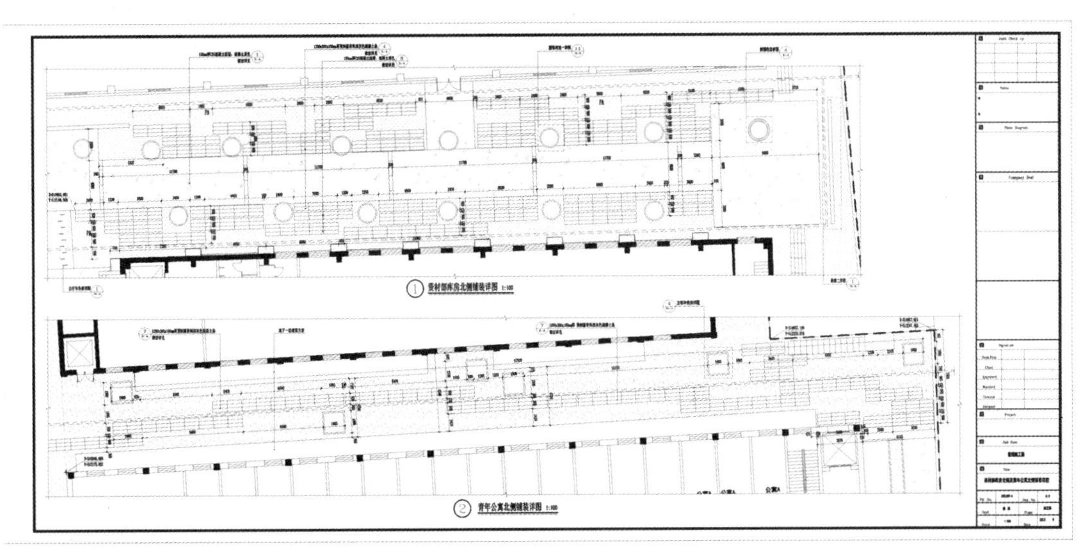

节点铺装详图（图框为 A2 加长 1/2）

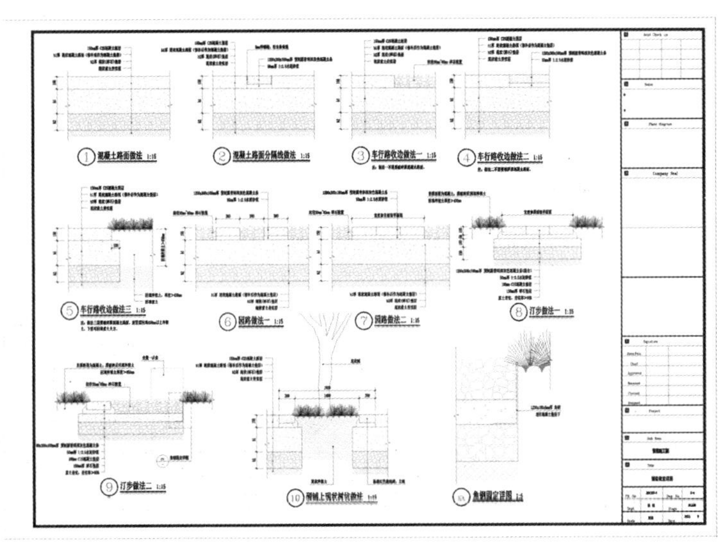

铺装做法详图（图框为 A2）

6.2 道路

《城市用地分类与规划建设用地标准》(GB 50137—2011)将城市用地分为八大类，分别是居住用地(R)、公共管理与公共服务用地(A)、商业服务业设施用地(B)、工业用地(M)、物流仓储用地(W)、交通设施用地(S)、公共设施用地(U)、绿地(G)。除了交通设施用地中的道路以外，每一类用地中都有用于交通的用地。为了便于对景观施工图制图中不同类型道路的重点进行说明，在本书中暂且将道路划分为城市道路和内部道路两类，另外城际道路属于城乡用地范畴，不在城市用地范围中讨论。

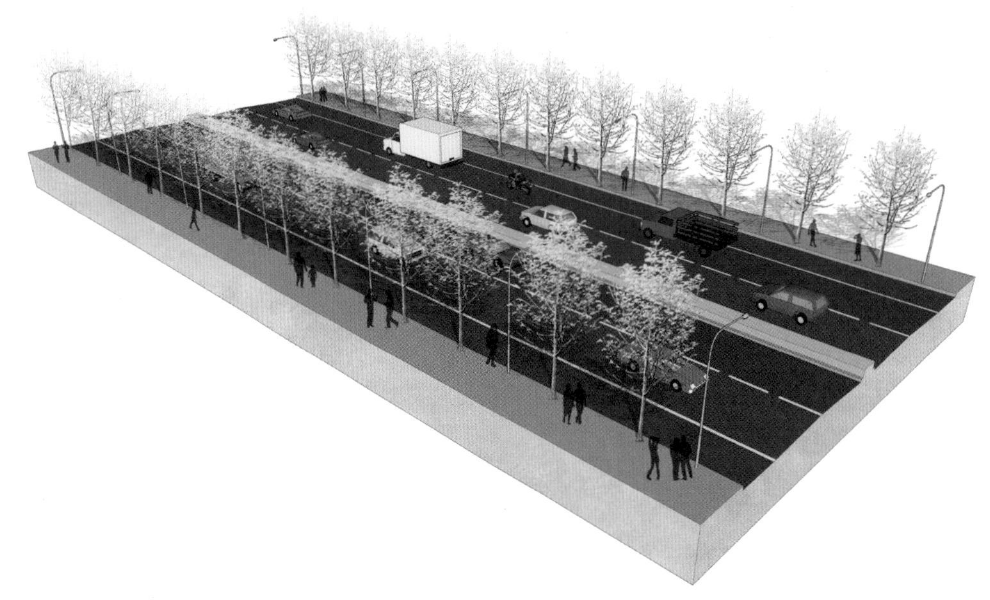

城市道路示意

内部道路示意

6.2.1 城市道路

1. 概述

《城市道路工程设计规范》(CJJ 37—2012)(2016 年版) 中指出城市道路应按照道路在道路网络中的地位、交通功能及对沿线的服务功能等，划分为快速路、主干路、次干路和支路四个等级，同时规范中还指出支路宜与次干路和居住区、工业区、交通设施等内部道路相连接。

此外，城市道路与城际道路由于速度、建设目的等的不同，在附属结构、景观处理等方面也不尽相同。本节主要介绍城市道路。

2. 分类与常用范围

道路有多种分类方式，按照面层材料来分主要有三大类，面层材料不同，常用范围也不同，见下表。

道路按面层材料分类

<table>
<tr><th>序号</th><th>类型</th><th colspan="3">内容</th><th>常用范围</th></tr>
<tr><td rowspan="4">1</td><td rowspan="4">沥青混凝土路面</td><td colspan="3">一般沥青混凝土路面</td><td rowspan="4">城市道路</td></tr>
<tr><td rowspan="3">彩色沥青铺装</td><td colspan="2">沥青混合物中加颜料</td></tr>
<tr><td rowspan="2">沥青混合物中加彩色骨料</td><td>先混合再铺设</td></tr>
<tr><td>先铺设沥青，再压入彩色粒料</td></tr>
<tr><td rowspan="4">2</td><td rowspan="4">现浇混凝土路面</td><td colspan="3">一般混凝土铺装</td><td rowspan="3">城市道路、内部道路</td></tr>
<tr><td colspan="3">彩色混凝土图铺装</td></tr>
<tr><td colspan="3">压印混凝土铺装</td></tr>
<tr><td colspan="3">水磨石地面铺装</td><td>内部道路</td></tr>
<tr><td rowspan="11">3</td><td rowspan="11">块材路面</td><td colspan="3">石材</td><td rowspan="3">内部道路</td></tr>
<tr><td colspan="3">砖</td></tr>
<tr><td colspan="3">木材</td></tr>
<tr><td colspan="3">预制混凝土</td><td>城市道路、内部道路</td></tr>
<tr><td colspan="3">金属</td><td>内部道路</td></tr>
<tr><td rowspan="6">其他</td><td colspan="2">砂</td><td rowspan="6">内部道路</td></tr>
<tr><td colspan="2">塑胶</td></tr>
<tr><td colspan="2">碎石、砾石、卵石</td></tr>
<tr><td colspan="2">陶瓷面砖</td></tr>
<tr><td colspan="2">草坪</td></tr>
<tr><td colspan="2">瓦</td></tr>
</table>

3. 城市道路常见断面图

城市道路断面可以分为单幅路、双幅路、三幅路、四幅路及特殊形式的断面。

下图中，W_r 表述红线宽度，W_a 表示路侧带宽度，W_{pc} 表示机动车道或机非混行车道的路面宽度，W_{dm} 表示中间分隔带宽度，W_{pb} 表示非机动车道（自行车道）路面宽度，W_{db} 表示两侧分隔带宽度。

1）单幅路断面

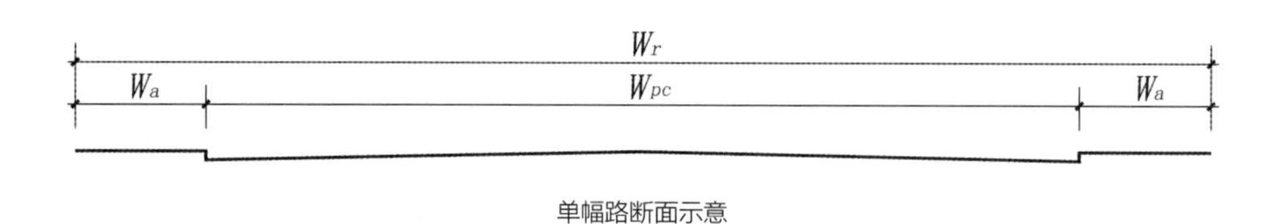

单幅路断面示意

2）双幅路断面

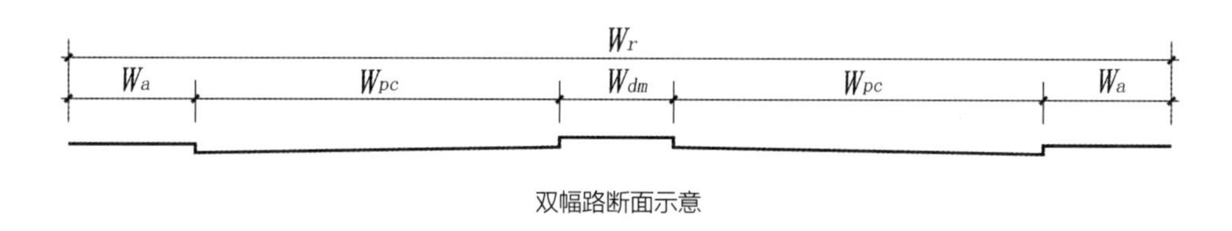

双幅路断面示意

3）三幅路断面

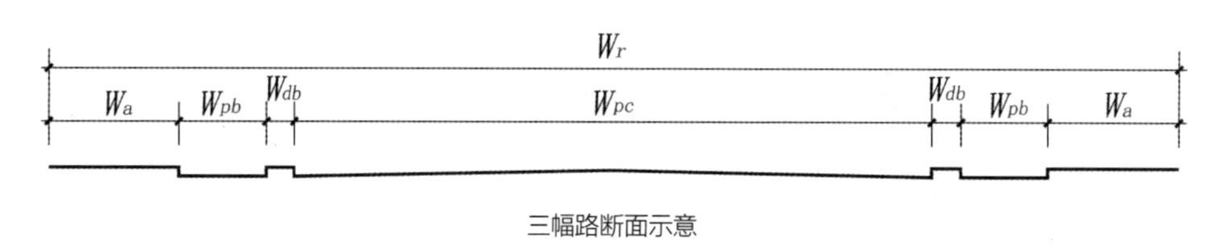

三幅路断面示意

4）四幅路断面

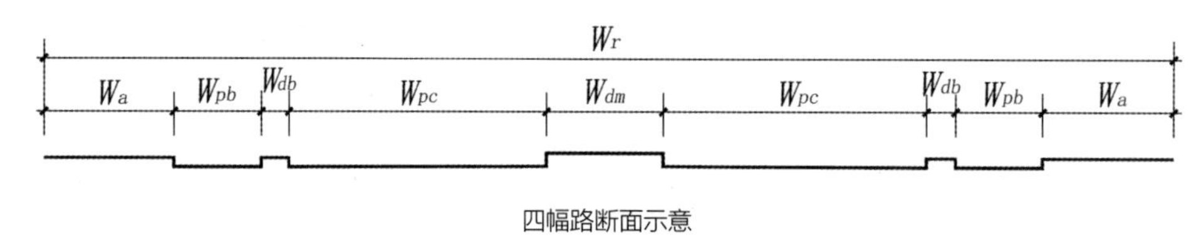

四幅路断面示意

4. 车辆宽度

车辆宽度是道路宽度设计及停车位设计的重要依据。不同的车辆尺寸不同，根据宽度范围，《城市道路工程设计规范》（CJJ 37—2012）（2016 年版）中将机动车分为小客车、大型车、铰接车，其设计宽度见下表。

机动车设计车辆及其外廓尺寸

车辆类型	总长 /m	总宽 /m	总高 /m	前悬 /m	轴距 /m	后悬 /m
小客车	6	1.8	2.0	0.8	3.8	1.4
大型车	12	2.5	4.0	1.5	6.5	4.0
铰接车	18	2.5	4.0	1.7	5.8+6.7	3.8

注：①总长：车辆前保险杠至后保险杠的距离。
②总宽：车厢宽度（不包括后视镜）。
③总高：车厢顶或装载顶至地面的高度。
④前悬：车辆前保险杠至前轴轴中线的距离。
⑤轴距：双轴车，为前轴轴中线到后轴轴中线的距离；铰接车，分别为前轴轴中线至中轴轴中线、中轴轴中线至后轴的距离
轴中线的距离。
⑥后悬：车辆后保险杠至后轴轴中线的距离。

非机动车中自行车和三轮车的宽度见下表。

非机动车设计车辆及其外廓尺寸

车辆类型	总长 /m	总宽 /m	总高 /m
自行车	1.93	0.60	2.25
三轮车	3.40	1.25	2.25

注：①总长：自行车为前轮前缘至后轮后缘的距离；三轮车为前轮前缘至车厢后缘的距离。
②总宽：自行车为车把宽度；三轮车为车厢宽度。
③总高：自行车为骑车人在车上时，头顶至地面的高度；三轮车为载物顶至地面的高度。

在《车库建筑设计规范》（JGJ 100—2015）中对机动车外廓尺寸规定见下表。

机动车设计车型的外廓尺寸

<table>
<tr><th colspan="2">车型</th><th>总长 /m</th><th>总宽 /m</th><th>总高 /m</th><th>机动车换算当量系数</th></tr>
<tr><td colspan="2">微型车</td><td>3.80</td><td>1.60</td><td>1.80</td><td>0.7</td></tr>
<tr><td colspan="2">小型车</td><td>4.80</td><td>1.80</td><td>2.00</td><td>1.0</td></tr>
<tr><td colspan="2">轻型车</td><td>7.00</td><td>2.25</td><td>2.75</td><td>1.5</td></tr>
<tr><td rowspan="2">中型车</td><td>客车</td><td>9.00</td><td>2.50</td><td>3.20</td><td rowspan="2">2.0</td></tr>
<tr><td>货车</td><td>9.00</td><td>2.50</td><td>4.00</td></tr>
<tr><td rowspan="2">大型车</td><td>客车</td><td>12.00</td><td>2.50</td><td>3.50</td><td rowspan="2">2.5</td></tr>
<tr><td>货车</td><td>11.50</td><td>2.50</td><td>4.00</td></tr>
</table>

注： 专用机动车库可以按所停放的机动车外廓尺寸进行设计。

在《机动车运行安全技术条件》（GB 7258—2017）中对摩托车、拖拉机运输机组的外廓尺寸限值的规定见下表。

机动车设计车型的外廓尺寸

机动车类型		长 /m	宽 /m	高 /m
摩托车	两轮普通摩托车	≤ 2.50	≤ 1.00	≤ 1.40
	边三轮摩托车	≤ 2.70	≤ 1.75	≤ 1.40
	正三轮摩托车	≤ 3.50	≤ 1.50	≤ 2.00
	两轮轻便摩托车	≤ 2.00	≤ 0.80	≤ 1.10
	正三轮轻便摩托车	≤ 2.00	≤ 1.00	≤ 1.10
拖拉机运输机组	轮式拖拉机运输机组	≤ 10.00	≤ 2.50	≤ 3.00
	手扶拖拉机运输机组	≤ 5.00	≤ 1.70	≤ 2.20

注：①对于警用摩托车、发动机排量不小于 800 mL 或电动机额定功率总和不小于 40 kW 的两轮普通摩托车，长≤ 2.8 m，宽≤ 1.30 m，高≤ 2.00 m。
②对于标定功率大于 58 kW 的轮式拖拉机运输机组，长≤ 12.00 m，高≤ 3.50 m。

此外，《中华人民共和国道路交通安全法实施条例》第七十一条规定："非机动车载物，应当遵守下列规定：①自行车、电动自行车、残疾人机动轮椅车载物，高度从地面起不得超过 1.5 m，宽度左右各不得超出车把 0.15 m，长度前端不得超出车轮，后端不得超出车身 0.3 m；②三轮车、人力车载物，高度从地面起不得超过 2 m，宽度左右各不得超出车身 0.2 m，长度不得超出车身 1 m；③畜力车载物，高度从地面起不得超过 2.5 m，宽度左右各不得超出车身 0.2 m，长度前端不得超出车辕，后端不得超出车身 1 m。自行车载人的规定，由省、自治区、直辖市人民政府根据当地实际情况制定。"

个别要求与前述规范中规定的高度有所不同，设计师应结合规范及相关法律法规，根据实际情况综合确定。

5. 道路横断面组成及宽度

横断面宜由机动车道、非机动车道、人行道、分车带、设施带、绿化带等组成，特殊断面还应包括应急车道、路肩及排水沟等。

1）机动车道宽度设计

① 机动车道最小宽度应符合下表的要求。

一条机动车道最小宽度设计

车道类型	最小宽度 /m	
	设计速度 > 60 km/h	设计速度≤ 60 km/h
大型车或混行车道	3.75	3.50
小客车专用车道	3.50	3.25

② 机动车道路面宽度应包括车行道宽度及两侧路缘带宽度，单幅路及三幅路采用中间分隔物或双黄线分隔对向交通时，机动车道路面宽度还应包括分隔物或双黄线的宽度。

2）非机动车道宽度设计

① 非机动车道最小宽度应符合下表的要求。

一条非机动车道最小宽度设计

非机动车量类型	最小宽度 /m
自行车	1.0
三轮车	2.0

② 与机动车道合并设置的非机动车道，车道数单向不应小于 2 条，宽度不应小于 2.5 m。

③ 非机动车专用道路面宽度应包括车道宽度及两侧路缘带宽度，单向不宜小于 3.5 m，双向不宜小于 4.5 m。

3）人行道宽度设计

① 人行道最小宽度应符合下表的要求。

一条人行道最小宽度设计

类型	最小宽度 /m	
	一般值	最小值
各级道路	3.0	2.0
商业或公共场所集中路段	5.0	4.0
火车站、码头附近路段	5.0	4.0
长途汽车站	4.0	3.0

② 人行道宽度必须满足行人安全顺畅通过的要求，并应设置无障碍设施。

③ 绿化带的宽度应符合现《城市道路绿化规划与设计规范》（CJJ 75—1997）的相关要求。

④ 设施带宽度应包括设置护栏、照明灯柱、标志牌、信号灯、城市公共服务设施等的要求，各种设施布局应综合考虑。设施带可与绿化带结合设置，但应避免各种设施与树木间的干扰。

6. 道路结构组成

道路结构主要包含路面、路基、附属工程三个部分，特殊需求的道路结构会有不同，在这里只介绍常见道路的做法。

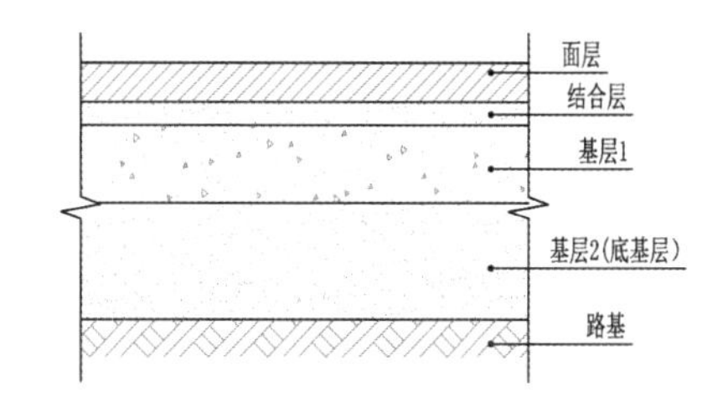

道路剖面结构示意

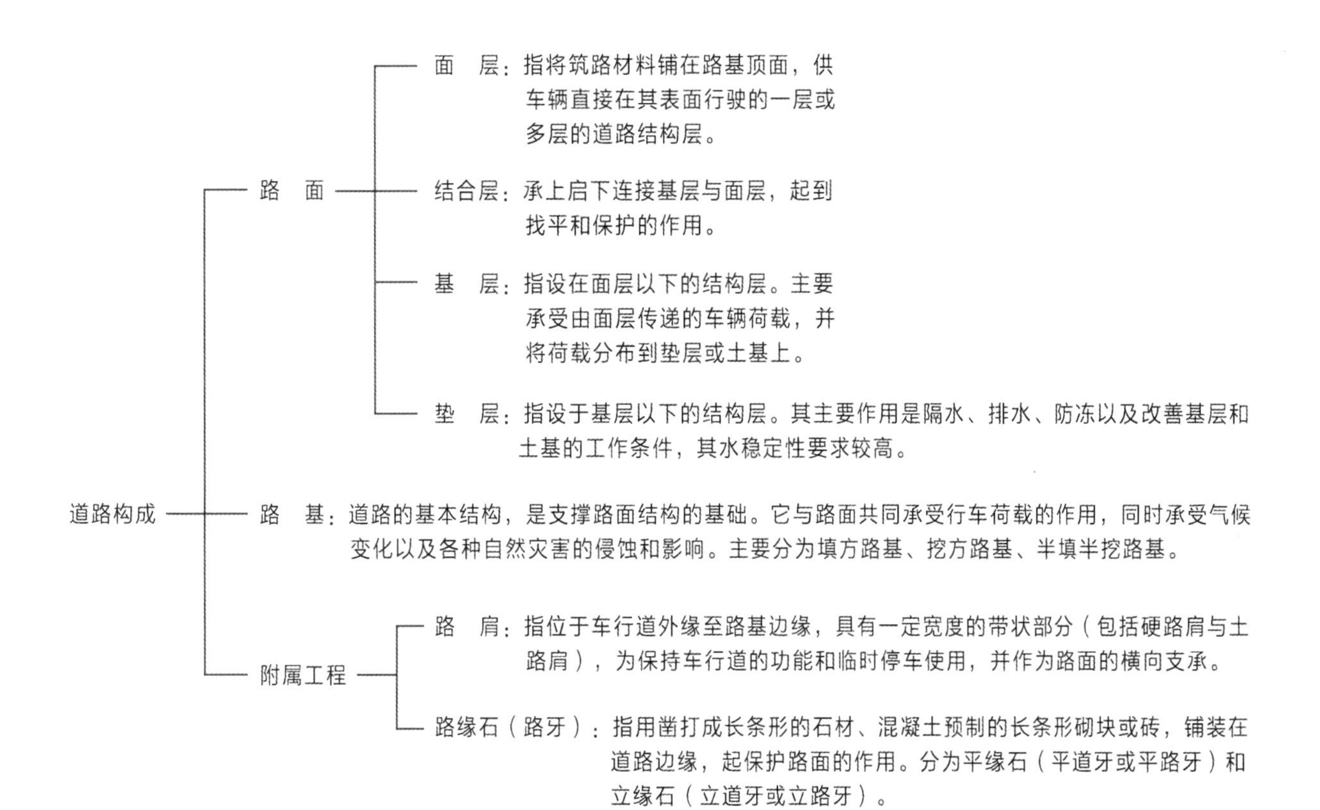

道路结构组成

7. 道路面层分类

1）按面层等级分类

城市道路按路面面层的等级、材料组成类型以及结构强度和稳定性，将路面分为四个等级——高级路面、次高级路面、中级路面与低级路面，每个等级路面的面层材料及对应道路等级见下表。

道路类型及对应道路等级

道路等级	路面等级	面层类型
高速公路、一级道路	高级路面	沥青混凝土
二级道路	高级路面	沥青混凝土
	次高级路面	热拌沥青碎石混合料、沥青贯入式
三级道路	次高级路面	乳化沥青碎石混合料、沥青表面处治
四级道路	中级路面	水结碎石、泥结碎石、级配碎（砾）石、半整齐石块路面
	低级路面	粒料改善土

2）按面层力学特性分类

城市道路按路面结构的力学特性将路面分为柔性路面、刚性路面和半刚性路面三类，具体见下表。

城市道路按面层力学特性分类

类型	定义	面层主要类型	强度	土层（基础）受力	路基、路面受力
柔性路面	在柔性基层上铺筑沥青面层或用有一定塑性的细粒土稳定各种集料的中、低级路面结构，因具有较大的塑性变形能力而称这一类结构为柔性路面	各种用沥青处理和未经处理的粒料基层，各类沥青面层、碎（砾）石面层或块石面层组成的路面结构	总体刚度较小，抗弯拉强度较低	受较大的单位压力	主要靠抗压和抗剪强度承受荷载
刚性路面	用水泥混凝土做面层或基层的路面结构	素混凝土、钢筋混凝土、连续配筋混凝土、碾压式混凝土、钢纤维混凝土	刚度较大，抗弯拉强度高，抗压强度高	受到的单位压力比柔性路面小得多	主要靠抗弯拉强度承受荷载
半刚性路面	也叫半刚性基层，是指采用无机结合料稳定集料或稳定土类，且具有一定厚度的基层结构	石灰或水泥加固土、石灰多合土、煤渣灰土、煤矿灰碎（砾）石等路面	介于柔性路面和刚性路面之间（前期具有柔性路面的力学性质，后期的强度和刚度均有较大增长，但最终强度和刚度仍远小于水泥混凝土）	—	—

8. 柔性路面

这里仅列出柔性路面做法及结构厚度选择，关于柔性路面的材料选择及要求可以参见相关规范与图集。

1）常见做法

柔性路面常见做法如下图所示。

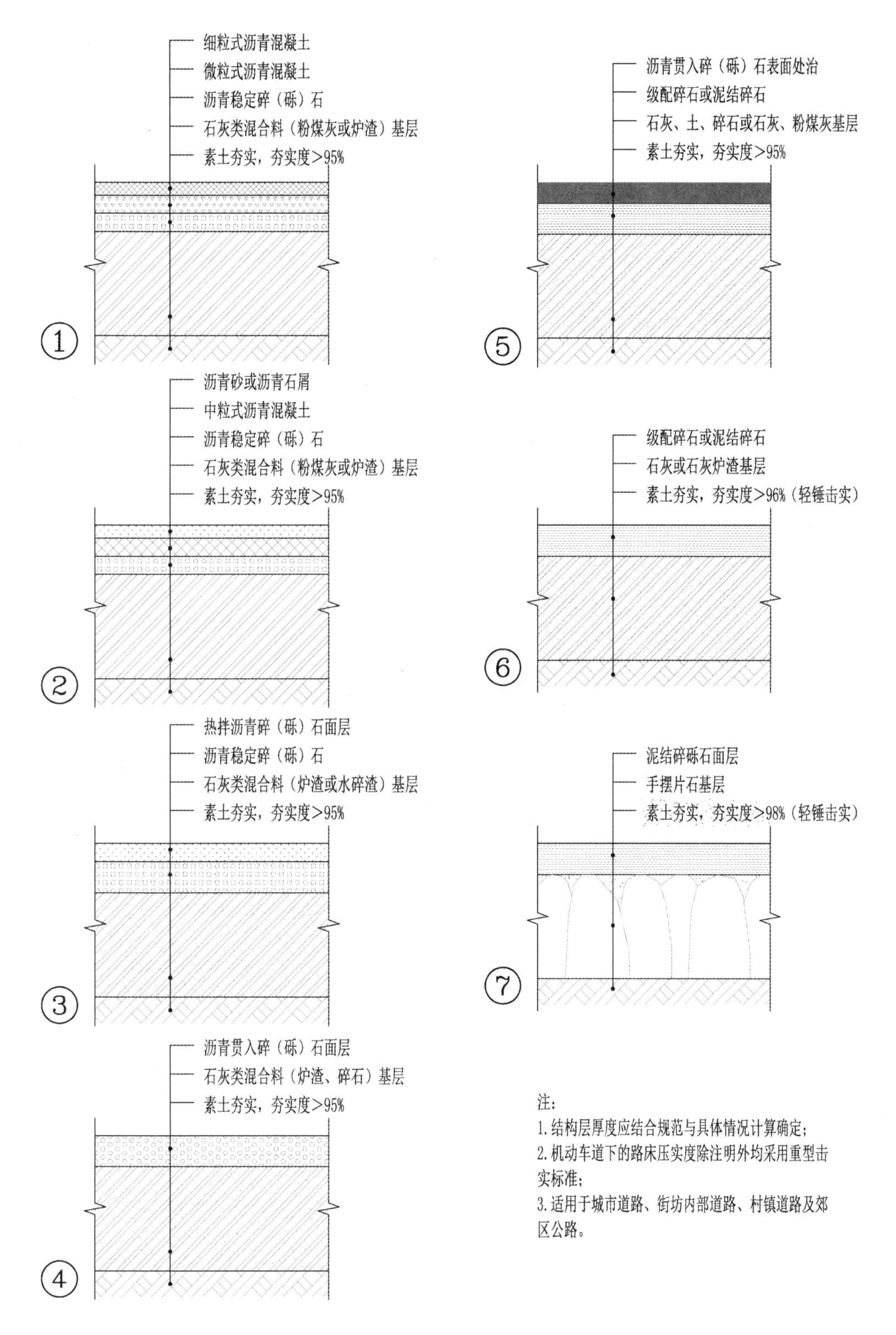

柔性路面常见剖面结构示意

2）结构层厚度

路面面层、基层、底基层的结构和厚度应与公路等级、气候、水文、材料、交通量及其组成相适应。

柔性路面各类结构层的最小厚度

结构层类型		施工最小厚度 /mm	结构层适宜厚度 /mm
沥青混凝土、热拌沥青碎石	粗粒式	50	50~80
	中粒式	40	40~60
	细粒式	25	25~40
沥青石屑		15	15~25
沥青砂		10	10~15
沥青贯入式		40	40~80
沥青上拌下贯式		60	60~100
沥青表面处治①		10	层铺 10~30，拌合 20~40
水泥稳定类		150	160~200
石灰稳定类		150	160~200
石灰工业废渣类		150	160~200
级配碎、砾石		80	100~150
泥结碎石		80	100~150
填隙碎石		100	100~120

注：①沥青表面处治，指用沥青和集料按层铺法或拌合法铺筑而成的厚度不超过 3 cm 的沥青面层。按施工方法不同分为层铺法和拌合法。层铺法厚度宜为 10 ~ 30 mm，分为单层、双层、三层，单层表处厚度为 10 ~ 15 mm；双层表处厚度为 15 ~ 25 mm；三层表处厚度为 25 ~ 30 mm。

公称最大粒径①

按集料公称粒径分类	公称最大粒径 /mm	最大粒径 /mm
特粗式	37.5	53
粗粒式	26.5 和 31.5	31.5 和 37.5
中粒式	16 和 19	19 和 26.5
细粒式	9.5 和 13.2	13.2 和 16
砂粒式	4.75	9.5

注：①公称最大粒径。公称最大粒径指保留在最大尺寸的标准筛上的颗粒含量不超过 10%（也就是指混合料中筛孔通过率为 90% ~ 100%）的最小标准筛筛孔尺寸。通常比集料最大粒径小一个粒级。

9. 刚性路面

1）常见做法

刚性路面常见做法如下图所示。

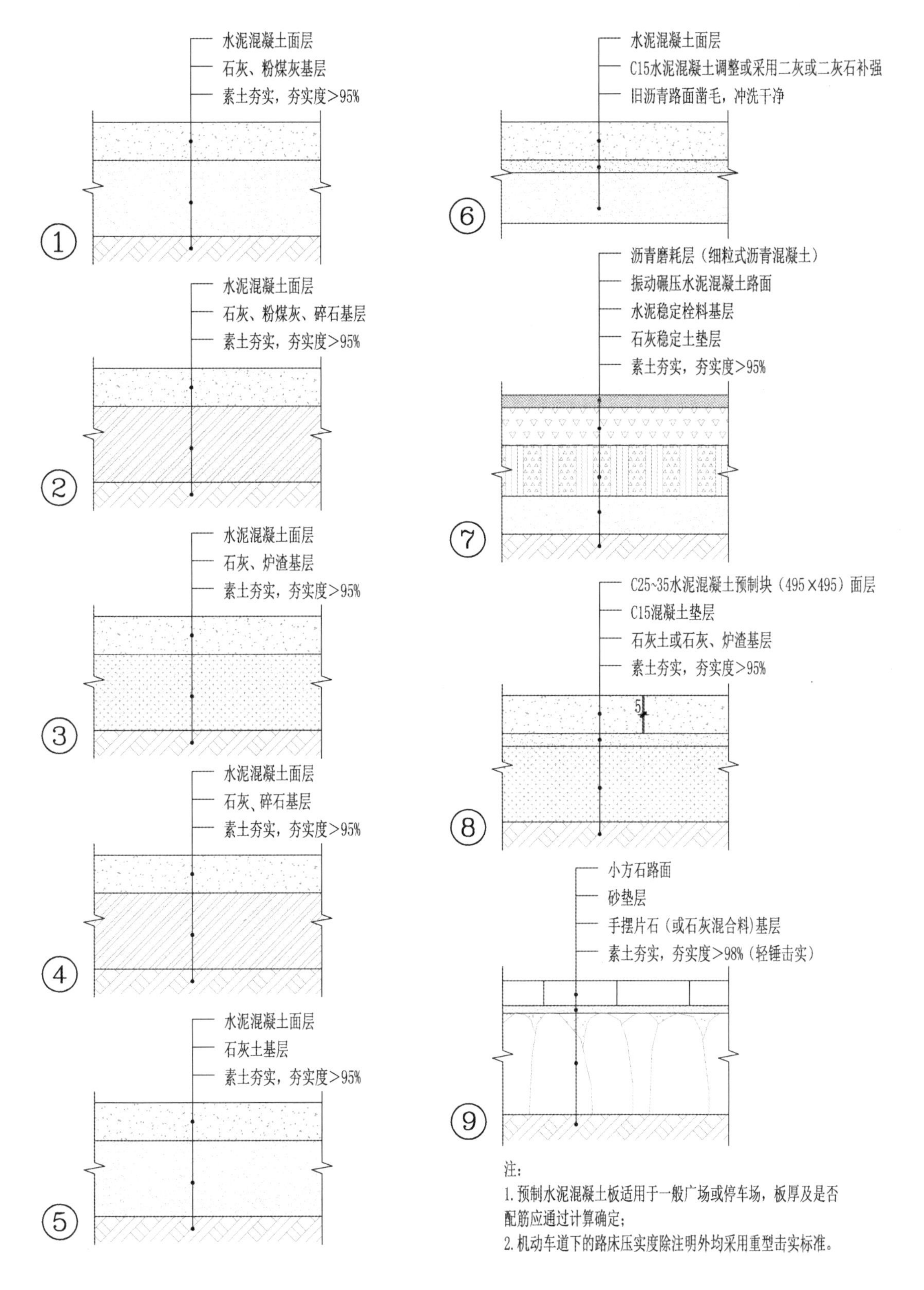

刚性路面常见剖面结构示意

2）刚性路面与柔性路面衔接

在实际工程中有时会出现刚性路面与柔性路面相接的情况，由于柔性路面弹性模量较小、变形较大，而水泥混凝土路面弹性模量较大、变形较小，若两者之间不设置过渡带会使衔接处柔性路面下沉，刚性路面出现啃边。

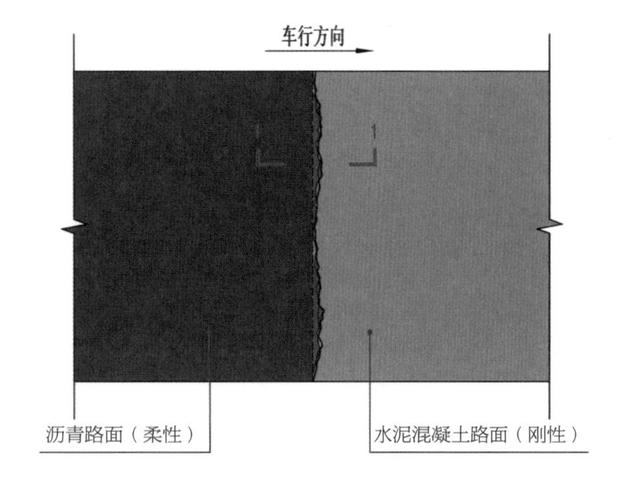

刚性路面与柔性路面直接衔接破坏平面图

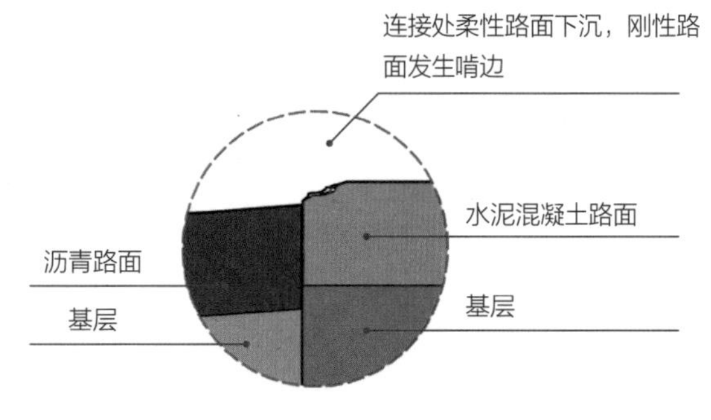

剖面 1—1 局部放大示意

为了避免上述情况发生，在刚性路面与柔性路面衔接处应做过渡处理。在这里列举出其中一种衔接方式。需要说明的是如果是内部道路接市政道路，应该将衔接部分设在内部道路一侧，尽量不破坏市政道路，如果需要破坏市政道路则必须提前向相关单位提出申请，获得许可后方可进行市政道路破路。

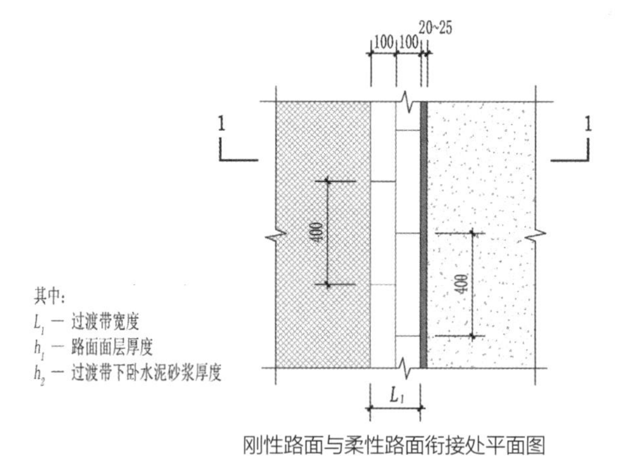

刚性路面与柔性路面衔接处平面图

剖面 1-1

6.2.2 内部道路

本节将《城市用地分类与规划建设用地标准》（GB 50137—2011）中除交通设施用地的道路以外，每一类用地中用于交通的道路都划分为内部道路。内部道路中属于工业、物流仓储、公共设施等用地性质的道路由于受服务对象影响较大，在这里不展开讨论。本节介绍的内部道路主要包括居住区、公园，以及科技产业园区内的道路。

1. 内部道路设计要点

《2009 年全国民用建筑工程技术措施——规划 · 建筑 · 景观》中关于道路的要点主要有以下几点:

① 小区内主要道路至少应有两个出入口；居住区规模较大时，居住区内主要道路至少应有两个方向与外围道路相连。

示例：假设某小区只能开两个出入口，出入口的布局关系主要有以下三种情况——在同侧、在邻侧、在对侧。考虑到使用的合理性与便捷性，应尽量避免两个出入口在同侧。

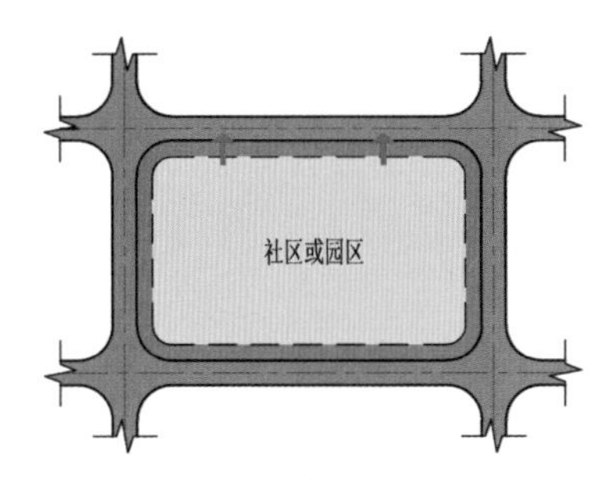

两个出入口在同侧平面图

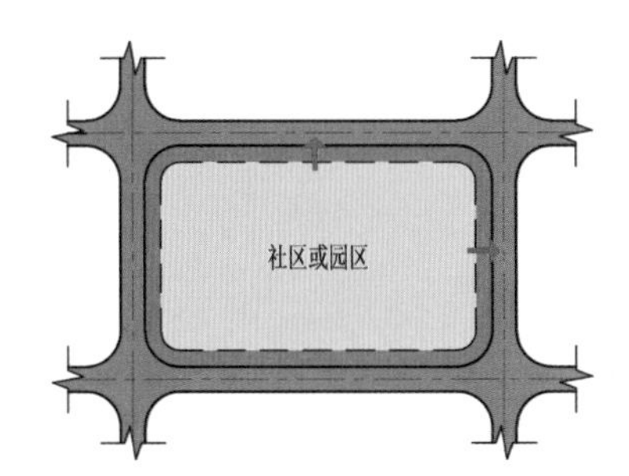

两个出入口在相邻两侧平面图

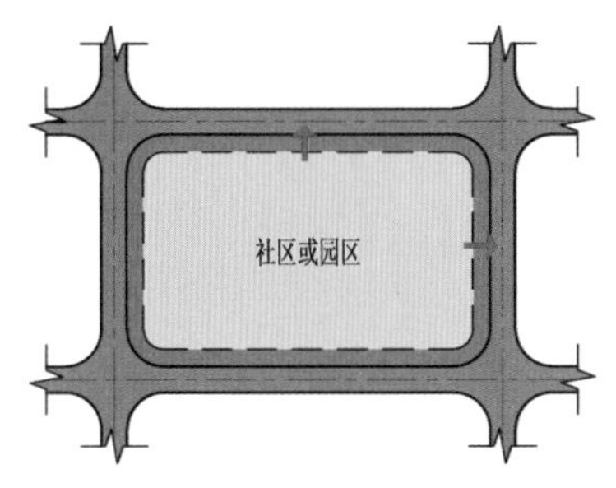

两个出入口在相对两侧平面图

② 机动车道对外出入口间距不应小于 150 m。

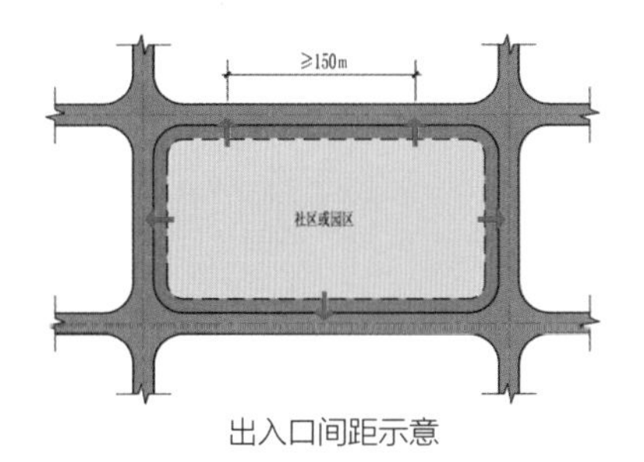

出入口间距示意

③ 沿街建筑物长度超过 150 m 时，应设不小于 4 m×4 m 的消防车通道。人行出口间距不宜超过 80 m，当建筑物长度超过 80 m 时，应在底层加设人行通道。

④ 居住区内道路与城市道路相接时，其交角不宜小于 75°；当居住区内道路坡度较大时，应设缓冲段与城市道路相接。

当交角小于 75° 时，机动车转弯时视线死角增加，交通隐患增加。同时，同样的转弯半径在锐角处形成的路面空间变大，在设置人行横道时也增加了人行横道的长度。

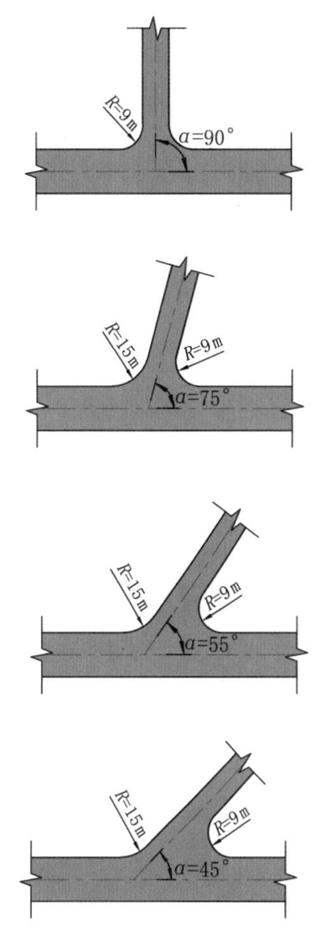

道路交角不小于 75° 平面图

⑤ 在居住区内公共活动中心，应设置无障碍通道。通行轮椅车的坡道宽度不应小于 2.5 m，纵坡的坡度不应大于 2.5%。

⑥ 居住区内尽端式道路的长度不宜大于 120 m，并应在尽端设不小于 12 m×12 m 的回车场地。

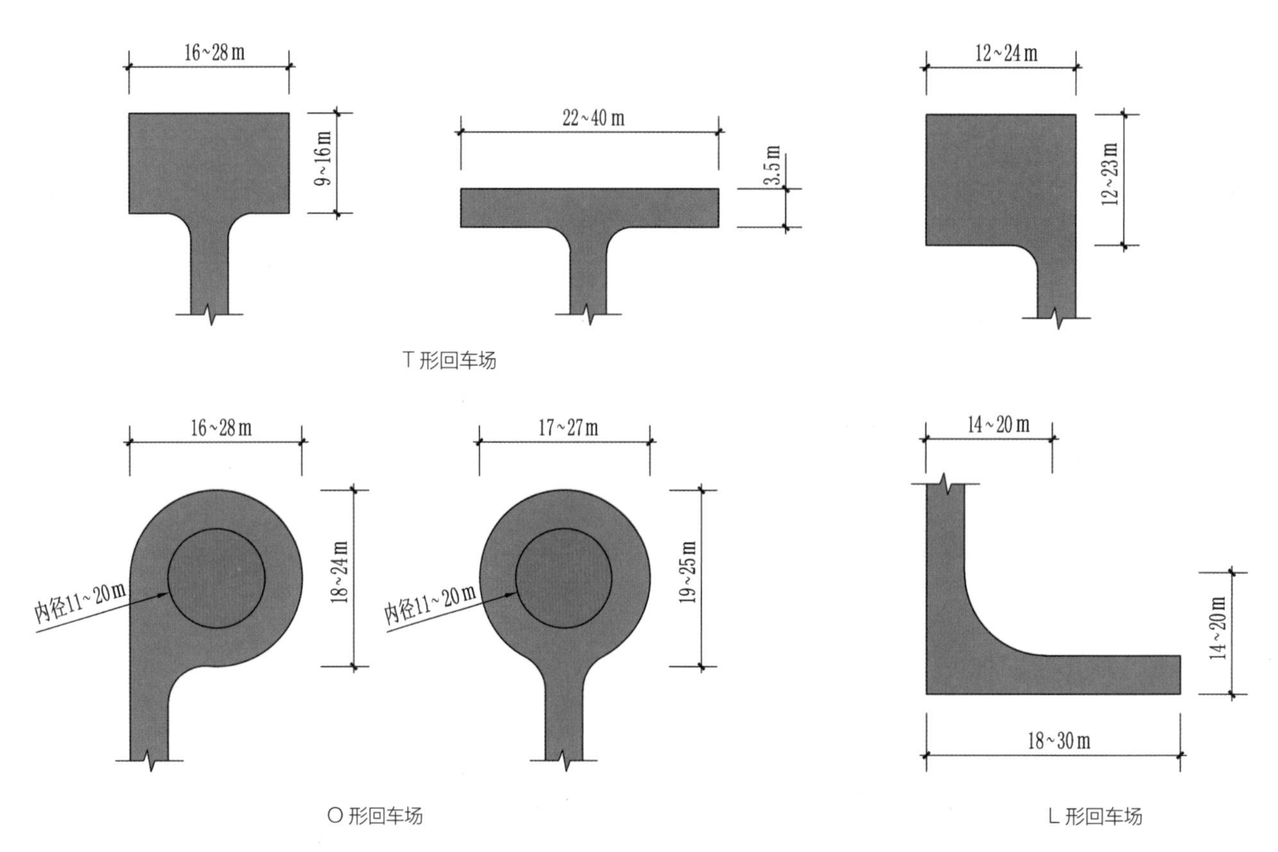

T 形回车场

O 形回车场

L 形回车场

注：图中下限值适用于小汽车（车长 5 m，最小转弯半径 6 m）；上限值适用于大汽车（车长 8~9 m，最小转弯半径 10 m）。

⑦ 基地出入口道路边缘距相邻城市干道交叉口距离，自道路红线交叉点起不小于 70 m。

⑧ 与人行横道、人行过街天桥、人行地道（包括引道、引桥）的最边缘线不应小于 5 m，若条件允许最好不小于 30 m。

⑨ 距离学校、公园、儿童及残疾人等使用的建筑出入口不小于 20 m。

⑩ 距地铁出入口、公共交通站台边缘不应小于 15 m，若条件允许最好不小于 30 m。

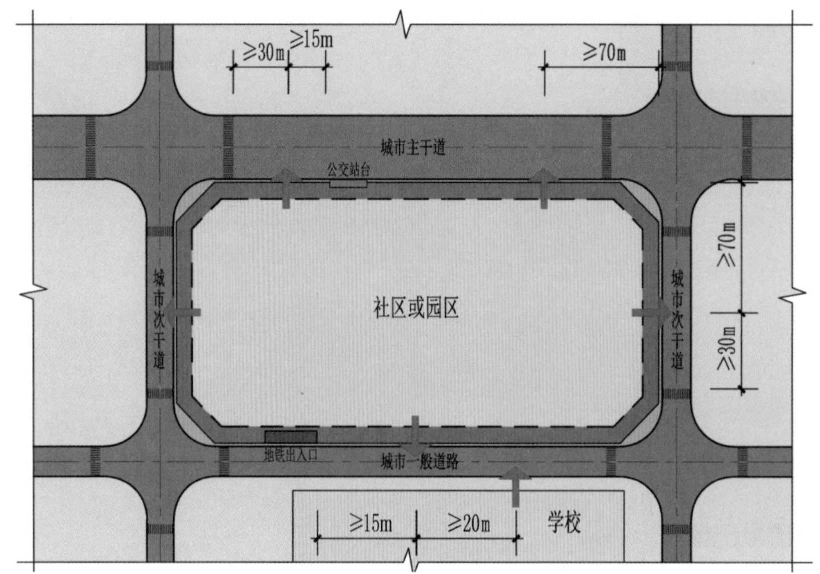

基地出入口与道路红线、人行道边线、学校出入口距离示意

⑪ 当居住区内用地坡度大于 8% 时，应辅以梯步解决竖向交通问题，并宜在梯步旁附设推行自行车的坡道。

⑫ 在多雪严寒的山坡地区，居住区内道路路面应考虑防滑措施；在地震设防地区，居住区内的主要道路，宜采用柔性路面。

⑬ 居住区内道路边缘至建筑物、构筑物的最小距离，应符合下表的规定。

居住区内道路与建筑物、构筑物距离

道路级别 与建筑物、构筑物关系			居住区道路 /m	小区路 /m	组团路及宅间小路 /m
建筑物面向道路	无出入口	高层建筑	5	3	2
		多层建筑	3	3	2
	有出入口		—	5	2.5
建筑物山墙面向道路	高层建筑		4	2	1.5
	多层建筑		2	2	1.5
围墙面向道路			1.5	1.5	1.5

注：居住区道路的边缘指红线；小区路、组团路及宅间小路的边缘指路面边线；当小区路设有人行便道时，其道路边缘指便道边线。

2. 道路等级与宽度问题

《城市居住区规划设计规范》（GB 50180—93）（2016 年版）中将居住区内的道路分为“居住区道路、小区路、组团路和宅前小路”四个等级，但是在《城市居住区规划设计标准》（GB 50180—2018）中已经没有相应的划分，只规定了附属道路要根据消防、救护、搬家等车辆通达要求设计路宽。

① 支路红线宽度宜为 14~20 m。

② 道路断面形式应满足适宜步行及自行车骑行的要求，人行道宽度不应小于 2.5 m。

③ 主要附属道路路面宽度不应小于 4.0 m，其他附属道路的路面宽度不宜小于 2.5 m。

《公园设计规范》（GB 51192—2016）中将园路分为主路、次路、支路、小路四个等级，在公园面积小于 10 hm^2 时可以只设置三级园路，并按照公园的面积给出了每级道路宽度的尺寸范围。

《2009 年全国民用建筑工程技术措施——规划 · 建筑 · 景观》对于居住区园路还是沿用了原有规范，将居住区内部道路分为居住区道路、小区路、组团路和宅间小路四级，其道路宽窄，应符合下列规定：

① 居住区道路：红线宽度不宜小于 20 m。

② 小区路：路面宽 6 ~ 9 m，建筑控制线之间的宽度，需敷设供热管线的不宜小于 14 m；无供热管线的不宜小于 10 m。

③ 组团路：路面宽 3 ~ 5 m；建筑控制线之间的宽度，需敷设供热管线的不宜小于 10 m；无供热管线的不宜小于 8 m。

④ 宅间小路：路面宽不宜小于 2.5 m。

3. 车行路设置需求

内部道路中的车行路荷载主要来自以下两方面的需求：日常车行需求、特殊车行需求。

1）日常车行需求

主要指居民日常出行中的用车需求，车辆一般是家庭用小型汽车、摩托车等。另外，物流配送等使用的三轮摩托车，以及老年人使用的三轮、四轮代步车等，也应被考虑到日常车行需求中。

2）特殊车行需求

主要指搬家、装修、医疗救助、社区维修、消防等车行需求。由于消防车道设置要求较高，消防用车载重较大，一般来说满足消防车行需求，通常即可满足居民生活中的其他要求。

4. 消防车道

《建筑设计防火规范》（GB 50016—2018）中关于民用建筑消防车道设置有以下规定：

① 街区内的道路应考虑消防车的通行，道路中心线间的距离不宜大于 160 m。当建筑物沿街道部分的长度大于 150 m 或总长度大于 220 m 时，应设置穿过建筑物的消防车道。确有困难时，应设置环形消防车道。

说明：

a. 由于我国市政消火栓的保护半径在 150 m 左右，按规定一般设在城市道路两旁，故将消防车道的间距定为 160 m。

b. 计算建筑长度时，其内折线或内凹曲线，可按凸出点间的直线距离确定；外折线或凸出曲线，应按实际长度确定。

② 有封闭内院或天井的建筑物，当内院或天井的短边长度大于 24 m 时，宜设置进入内院或天井的消防车道；当该建筑物沿街时，应设置连通街道和内院的人行通道（可利用楼梯间），其间距不宜大于 80 m。

说明：

a. “街道”为城市中可通行机动车、行人和非机动车，一般设置有路灯、供水和供气、供电管网等其他市政公用设施的道路，在道路两侧一般建有建筑物。

b. “天井”为由建筑或围墙四面围合的露天空地，与内院类似，只是面积大小有所区别。

③ 在穿过建筑物或进入建筑物内院的消防车道两侧，不应设置影响消防车通行或人员安全疏散的设施。

说明：

影响消防车通行或人员疏散的设施有：与车道连接的车辆进出口、栅栏、开向车道的窗扇、疏散门、货物装卸口等。

④ 车道的净宽度和净空高度均不应小于 4.0 m。

⑤ 转弯半径应满足消防车转弯的要求。

⑥ 消防车道与建筑之间不应设置妨碍消防车操作的树木、架空管线等障碍物。

⑦ 消防车道靠建筑外墙一侧的边缘距离建筑外墙不宜小于 5 m。

⑧ 消防车道的坡度不宜大于 8%。

说明：

a. ④ ~ ⑧为强制性条款。

b. 消防车的转弯半径通常为 9 ~ 12 m 。

c. 道路坡度为满足消防车安全行驶的坡度，不是供消防车停靠和展开灭火行动的场地坡度。

⑨ 环形消防车道至少应有两处与其他车道连通。尽头式消防车道应设置回车道或回车场，回车场的面积不应小于 12 m × 12 m；对于高层建筑，不宜小于 15 m × 15 m；供重型消防车使用时，不宜小于 18 m × 18 m。

说明：

我国普通消防车的转弯半径为 9 m，登高车的转弯半径为 12 m，一些特种车辆的转弯半径为 16 ~ 20 m，少数消防车的车身全长为 15.7 m，而 15 m × 15 m 的回车场可能也满足不了使用要求，因此，设计还需根据当地具体建设情况确定回车场大小，但最小不应小于 12 m × 12 m。供重型消防车使用时不宜小于 18 m × 18 m。

《建筑设计防火规范》（GB 50016—2018）中关于民用建筑救援场地设置有以下规定：

① 高层建筑应至少沿一个长边或周边长度的 1/4 且不小于一个长边长度的底边连续布置消防车登高操作场地，该范围内的裙房进深不应大于 4 m。建筑高度不大于 50 m 的建筑，连续布置消防车登高操作场地确有困难时，可间隔布置，但间隔距离不宜大于 30 m，且消防车登高操作场地的总长度仍应符合上述规定。

说明：

①为强制性条款。

② 消防车登高操作场地应符合下列规定：

Ⅰ. 场地与厂房、仓库、民用建筑之间不应设置妨碍消防车操作的树木、架空管线等障碍物和车库出入口。

Ⅱ. 场地的长度和宽度分别不应小于 15 m 和 10 m。对于建筑高度大于 50 m 的建筑，场地的长度和宽度分别不应小于 20 m 和 10 m。

Ⅲ．场地及其下面的建筑结构、管道和暗沟等，应能承受重型消防车的压力。

Ⅳ．场地应与消防车道连通，场地靠建筑外墙一侧的边缘距离建筑外墙不宜小于 5 m，且不应大于 10 m，场地的坡度不宜大于 3%。

说明：

a. ②为强制性条款。

b. 暗沟及盖板应考虑开洞方式与布置方向，横穿消防车道的暗沟及盖板应采用钢筋混凝土进行结构强化。

c. 一般情况下，灭火救援场地的平面尺寸不小于 20 m × 10 m，场地的承载力不小于 10 kg/cm^2，转弯半径不小于 18 m。

d. 一般举高消防车停留、展开操作的场地的坡度不宜大于 3%，坡地等特殊情况，允许采用 5% 的坡度。

各种消防车的满载总质量

名称	车辆型号	满载质量 /kg	名称	车辆型号	满载质量 /kg
水罐车	SG65、SG65A	17 286	泡沫车	CPP181	2 900
	SHX5350、GXFSG160	35 300		PM35GD	11 000
	CG60	17 000		PM50ZD	12 500
	SG120	26 000	供水车	GS140ZP	26 325
	SG40	13 320		GS150ZP	31 500
	SG55	14 500		GS150P	14 100
	SG60	14 100		东风 144	5 500
	SG170	31 200		GS70	13 315
	SG35ZP	9 365		GS1802P	31 500
	SG80	19 000	干粉车	GF30	1 800
	SG85	18 525		GF60	2 600
	SG70	13 260	干粉—泡沫联用消防车	PF45	17 286
	SP30	9 210		PF110	2 600
	EQ144	5 000	登高平台车、举高喷射消防车、抢险救援车	CDZ53	33 000
	SG36	9 700		CDZ40	2 630
	EQ153A-F	5 500		CDZ32	2 700
	SG110	26 450		CDZ20	9 600
	SG35GD	11 000		CJQ25	11 095
	SH5140、GXFSG55GD	4 000		SHX5110、TTXFQJ73	14 500
泡沫车	PM40ZP	11 500	消防通信指挥车	CX10	3 230
	PM55	14 100		FXZ25	2 160
	PM60ZP	1 900	火场供给消防车	FXZ25A	2 470
	PM80、PM85	18 525		FXZ10	2 200
	PM120	26 000		XXFZM10	3 864
	PM35ZP	9 210		XXFZM12	5 300
	PM55GD	14 500	其他	TQXZ20	5 020
	PP30	9 410		QXZ16	4 095
	EQ140	3 000		—	—

5. 转弯半径

机动车道最小转弯半径根据《2009 全国民用建筑工程设计技术措施——规划 · 建筑 · 景观》道路最小转弯半径视道路等级及通行车辆不同而定。最小转弯半径为 6 m，机动车道最小转弯半径如下图所示。

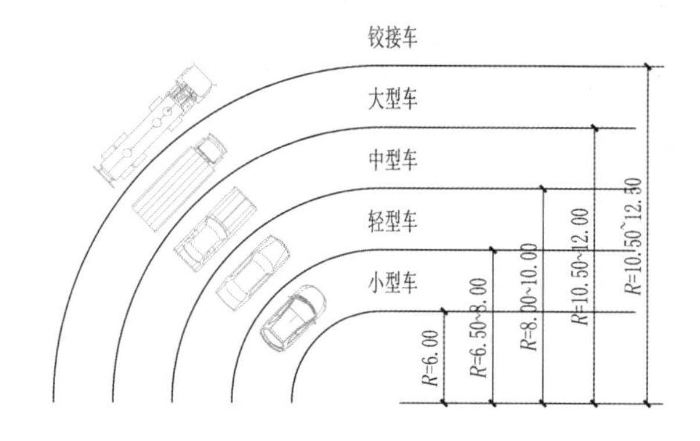

机动车道最小转弯半径（m）示意

可以看出在《2009 全国民用建筑工程设计技术措施——规划 · 建筑 · 景观》中对于最小转弯半径的定义为道路内半径。但是在《车库建筑设计规范》（JGJ 100—2015）中对于机动车最小转弯半径的定义为“机动车回转时，当转向盘转到极限位置，机动车以最低稳定车速转向行驶时，外侧转向轮的中心平面在支撑平面上滚过的轨迹圆半径，表示机动车能够通过狭窄弯曲地带或绕过不可越过的障碍物的能力”，即下图中左前轮画出的半径为 r_1 的轨迹。《车库建筑设计规范》中给出的汽车最小转弯半径值见下表。

机动车最小转弯半径 r_1 取值

车辆类型	最小转弯半径 r_1/m
微型车	4.50
小型车	6.00
轻型车	6.00~7.20
中型车	7.20~9.00
大型车	9.00~10.50

此外在《建筑设计防火规范》（GB 50016—2018）中规定消防车道转弯半径一般为 9 ~ 12 m，但并未注明是道路内半径为转弯半径，还是外侧转向轮划出的轨迹为最小半径。若场地条件不允许道路内半径最小 9 m，建议可以考虑以转向轮轨迹为最小转弯半径轨迹。

在设计中我们通常更关注道路的内半径的取值以确定平面布局中道路体系，那么如何通过计算来验核不同车型的最小道路内半径呢？

在《车库建筑设计规范》（JGJ 100—2015）中提出了机动车的环形车道最小外半径（R_0）和内半径（r_0）的尺寸计算方式，具体如下：

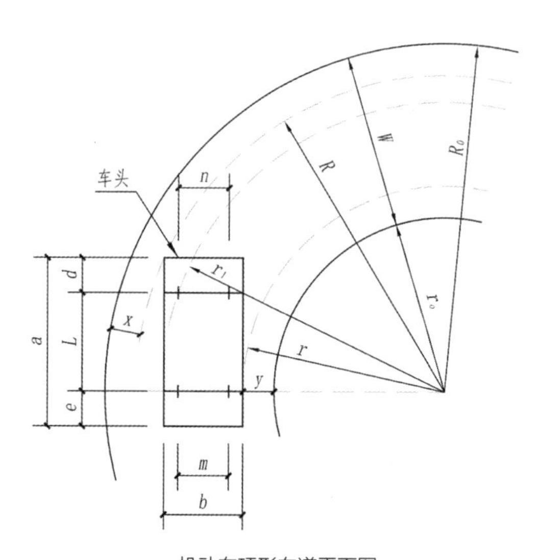

机动车环形车道平面图

$$W = R_0 - r_0 \quad (6—1)$$

$$R_0 = R + x \quad (6—2)$$

$$r_0 = r - y \quad (6—3)$$

$$R = \sqrt{(L+d)^2 + (r+b)^2} \quad (6—4)$$

$$r = \sqrt{r_1^2 - L^2} - \frac{b+n}{2} \quad (6—5)$$

式中：

a —— 机动车长度；

b —— 机动车宽度；

d —— 前悬尺寸；

e —— 后悬尺寸；

L —— 轴距；

m —— 后轮距；

n —— 前轮距；

r_1 —— 机动车最小转弯半径；

R_0 ——环形车道外半径；

r_0 —— 环形车道内半径；

R —— 机动车环形转弯外半径；

r —— 机动车环形转弯内半径；

W —— 机动车道最小净宽；

x —— 机动车环形转弯时最外点至环道外边安全距离，宜大于或等于 250 mm，当两侧为连续障碍物时宜大于或等于 500 mm；

y —— 机动车环形转弯时最内点至环道内边安全距离，宜大于或等于 250 mm，当两侧为连续障碍物时宜大于或等于 500 mm。

例：某排量 1.8 T 的小型车，车长为 4792 mm，车宽为 1814 mm，前悬 1016 mm，后悬 1089 mm，轴距 2687 mm，前轮距 1476 mm。求该车最小道路内半径为多少。

解：将上述数值带入式 6—5，得：

$$
\begin{aligned}
r &= \sqrt{r_1^2 - L^2} - \frac{b+n}{2} \\
&= \sqrt{6^2 - 2.687^2} - \frac{1.814+1.476}{2} \\
&= \sqrt{36 - 7.22} - 1.645 \\
&= 5.365 - 1.645 \\
&= 3.72(\text{m})
\end{aligned}
$$

又因为
$$
\begin{aligned}
r_0 &= r - y \\
&= 3.72 - 0.25 \\
&= 3.47(\text{m})
\end{aligned}
$$

又因为
$$
\begin{aligned}
R &= \sqrt{(L+d)^2 + (r+b)^2} \\
&= \sqrt{(2.687+1.016)^2 + (3.72+1.814)^2} \\
&= \sqrt{13.712+30.625} \\
&= 6.659(\text{m})
\end{aligned}
$$

所以
$$
\begin{aligned}
R_0 &= R + x \\
&= 6.659 + 0.25 \\
&= 6.909(\text{m})
\end{aligned}
$$

所以
$$
\begin{aligned}
W &= R_0 - r_0 \\
&= 6.909 - 3.47 \\
&= 3.439(\text{m})
\end{aligned}
$$

综上所述，将小型车的各项数据带入公式中进行计算，可以发现小型车的最小道路内半径为 3.47 m 时，此时道路宽度为 3.439 m，因此当现场情况不允许设置 6 m 的最小道路内半径时，若该道路不作为消防车道，则最小道路内半径为 3.5 m 时小型车可以低速转弯，同时要保证道路宽度达到要求。

6.3 路缘石

6.3.1 定义

路缘石指铺设在路面边缘或标定路面界限的界石。

6.3.2 分类

路缘石按铺设形式及位置可以分为平缘石、平面石和立缘石三种。

①立缘石：顶面高出路面的混凝土路缘石。有标定车行道范围以及引导排除路面水的作用。

②平缘石：顶面与路面齐平的混凝土路缘石。有标定路面范围、整齐路容、保护路面边缘的作用。

③平面石：铺设在路面与立缘石之间的平缘石。

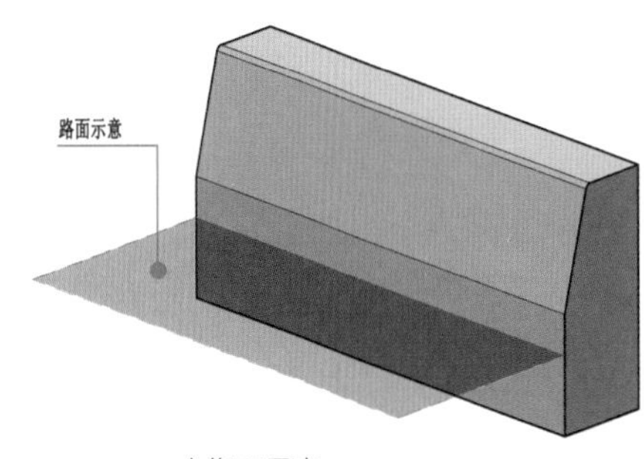

立缘石示意

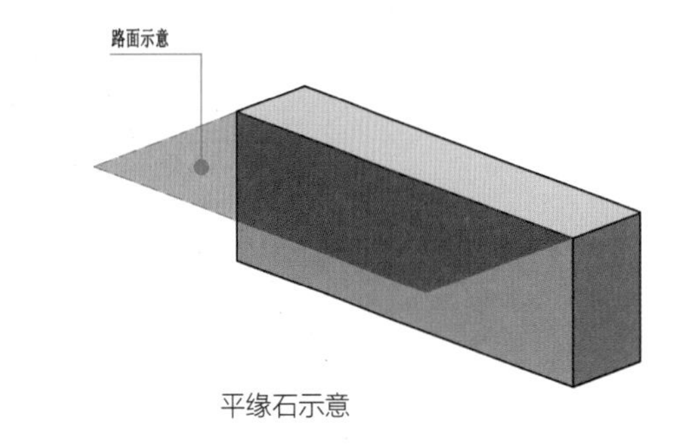

平缘石示意

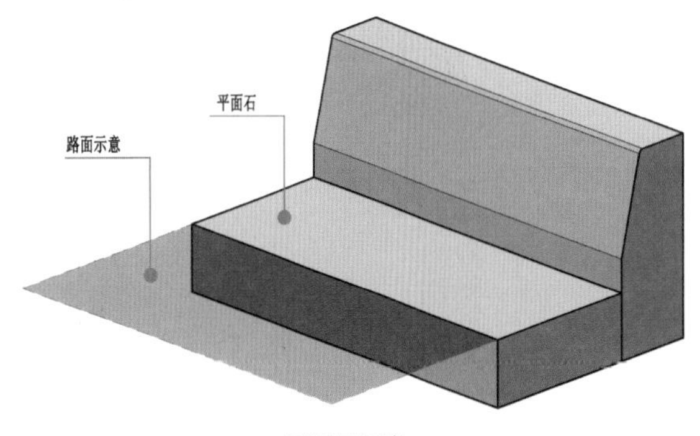

平面石示意

路缘石按结构形状可分为直线形路缘石和曲线形路缘石。

①直线形缘石。

各部分名称如下图所示。

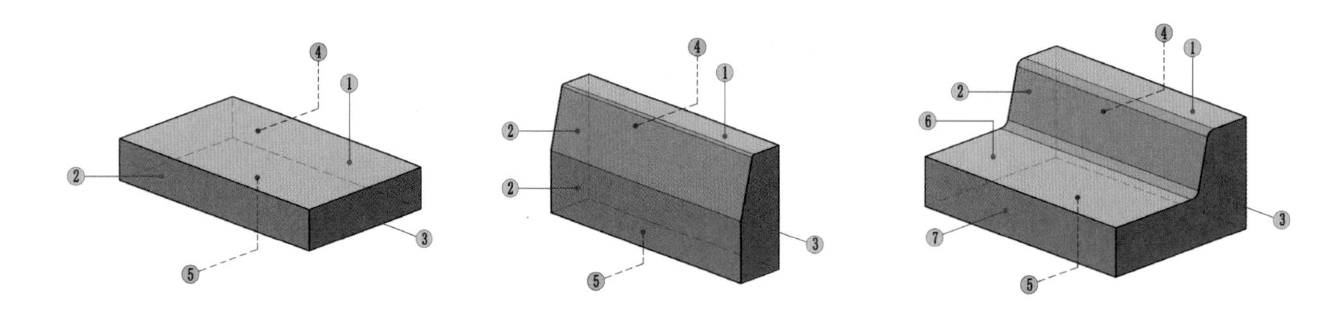

①顶面 ②侧面 ③端面 ④背面 ⑤底面 ⑥下顶面 ⑦底侧面

截面直线形与 L 形路缘石

②曲线形路缘石。

曲线形路缘石主要用于道路转角处，使道路转角处线形流畅，同时也保护路面。曲线缘石分为倒角与不倒角。倒角按照倒角与圆心的位置关系分为外倒角、内倒角和双面倒角。

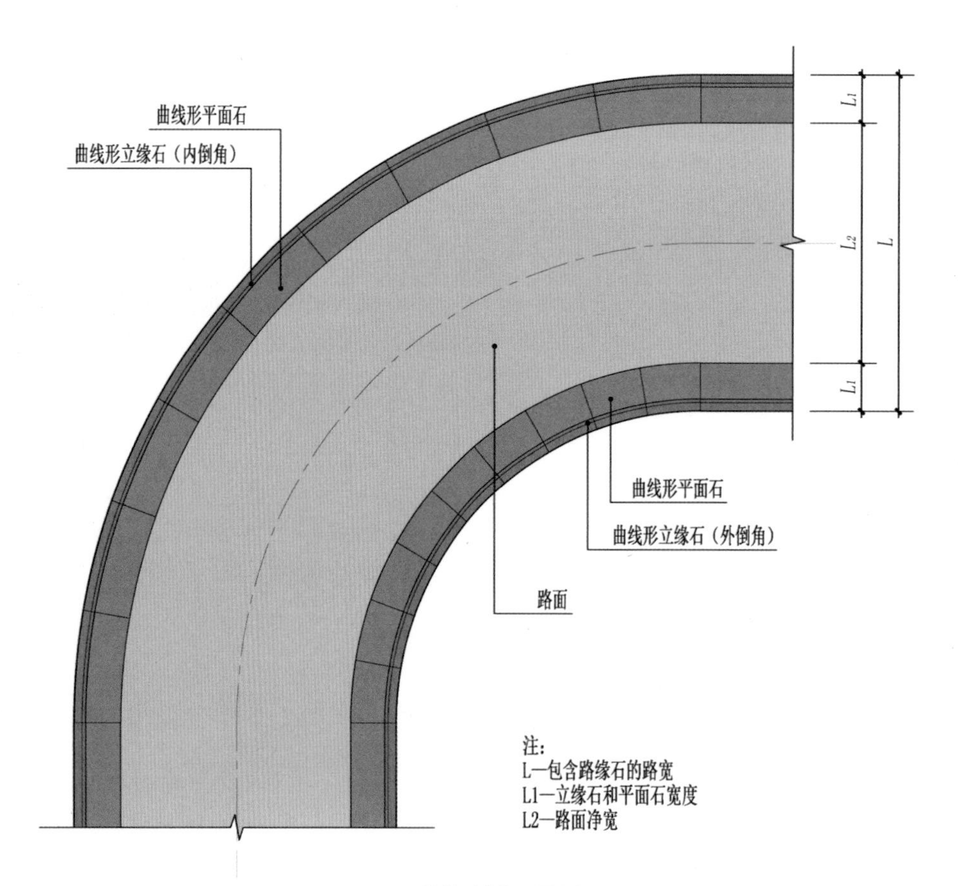

曲线形路缘石平面图

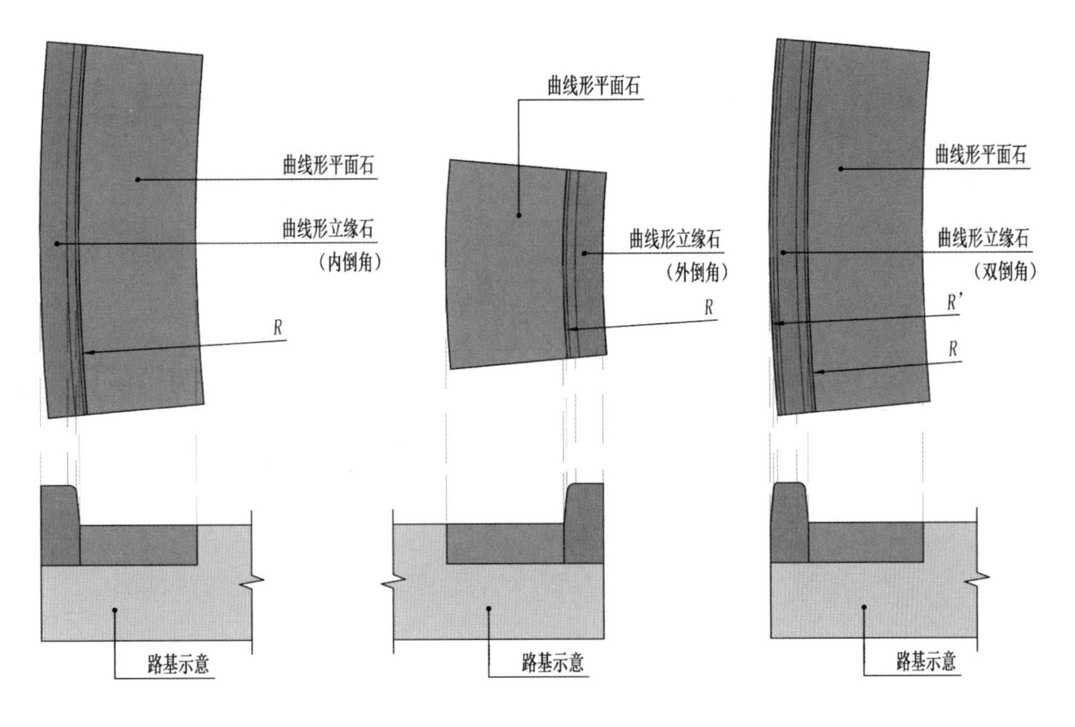

曲线形路缘石倒角示意

6.3.3 主要型号及截面样式

1. 路缘石主要型号

路缘石主要型号有 H 型、T 型、R 型、F 型、P 型、TF 型、TP 型、RA 型八种。此外也有按供需双方约定的其他型号。

2. 规范中型号的主要规格尺寸

路缘石主要型号及截面形式

类型名称	基本特征	截面形式
H 型	前有斜面，倒圆角，圆角半径 $R \leqslant 30$ mm	b, c, r, d, R, h
T 型	直立，倒圆角，圆角半径 $R \leqslant 30$ mm	b, c, R, h
R 型	圆角明显，圆角半径 $R \geqslant 50$ mm	b, c, d, R, h
F 型	有切角，切角面与顶面倒角，圆角半径 $R \leqslant 30$ mm	b, c, d, R, h

续表

类型名称	基本特征	截面形式
P 型	平面石	
TF 型	按 T 系列的规定控制尺寸，倒 45 °切角	
TP 型	按 T 系列的规定控制尺寸，不倒圆角，不切角	
RA 型	呈 L 形	

3. 其他常用路缘石截面形式

型号与主要规格尺寸

类型名称	规格尺寸
H 型	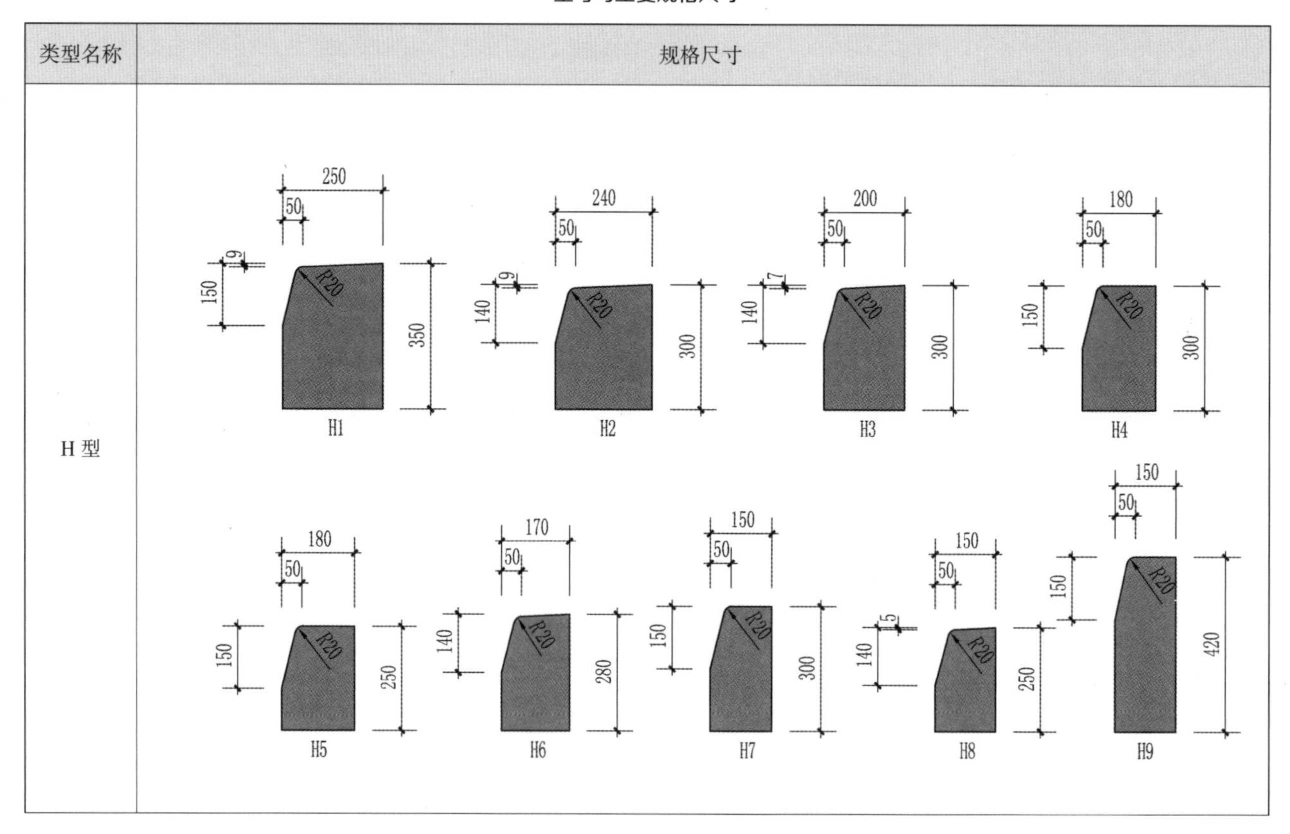

续表

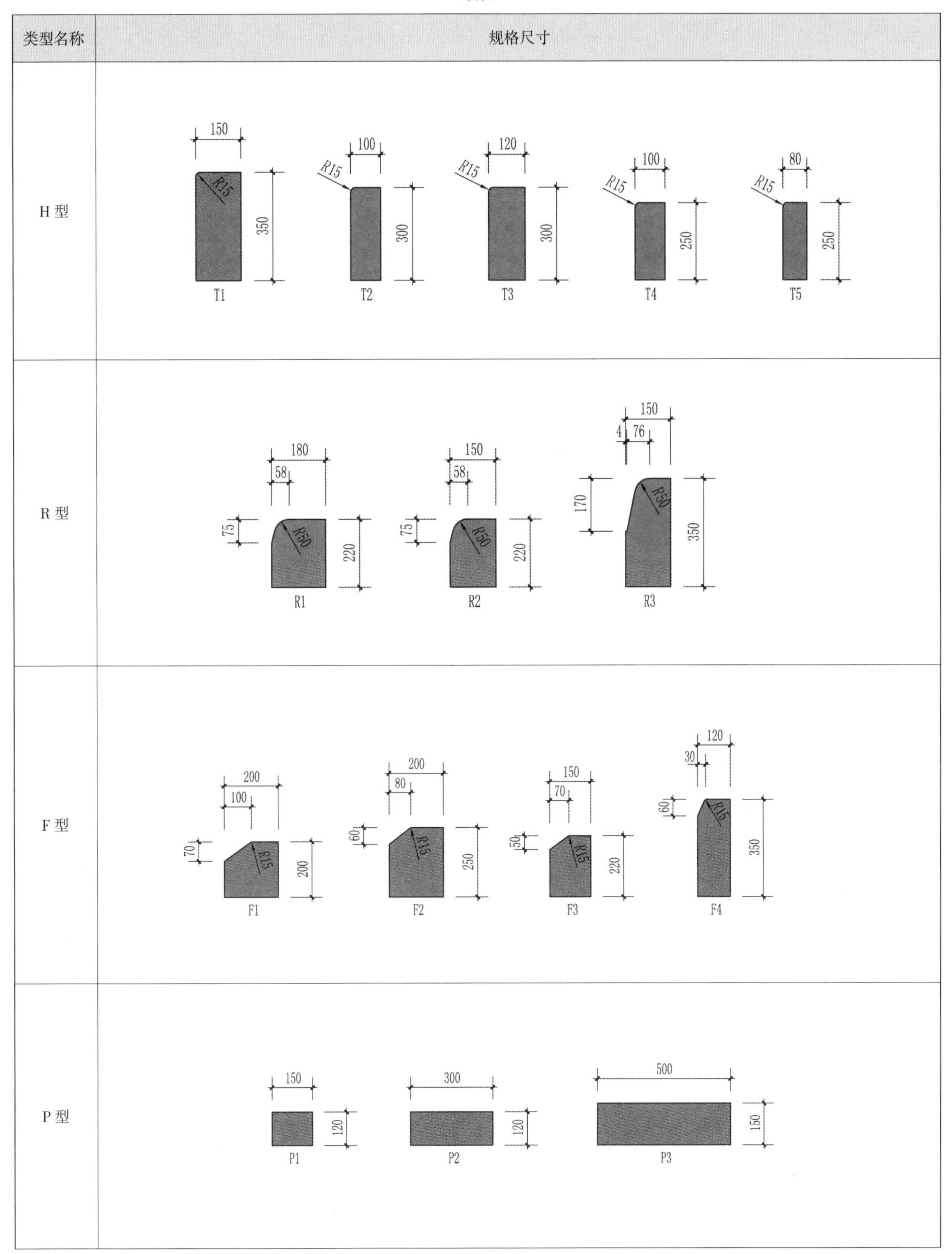

类型名称	规格尺寸
H 型	T1 T2 T3 T4 T5
R 型	R1 R2 R3
F 型	F1 F2 F3 F4
P 型	P1 P2 P3

续表

类型名称	规格尺寸
RA 型	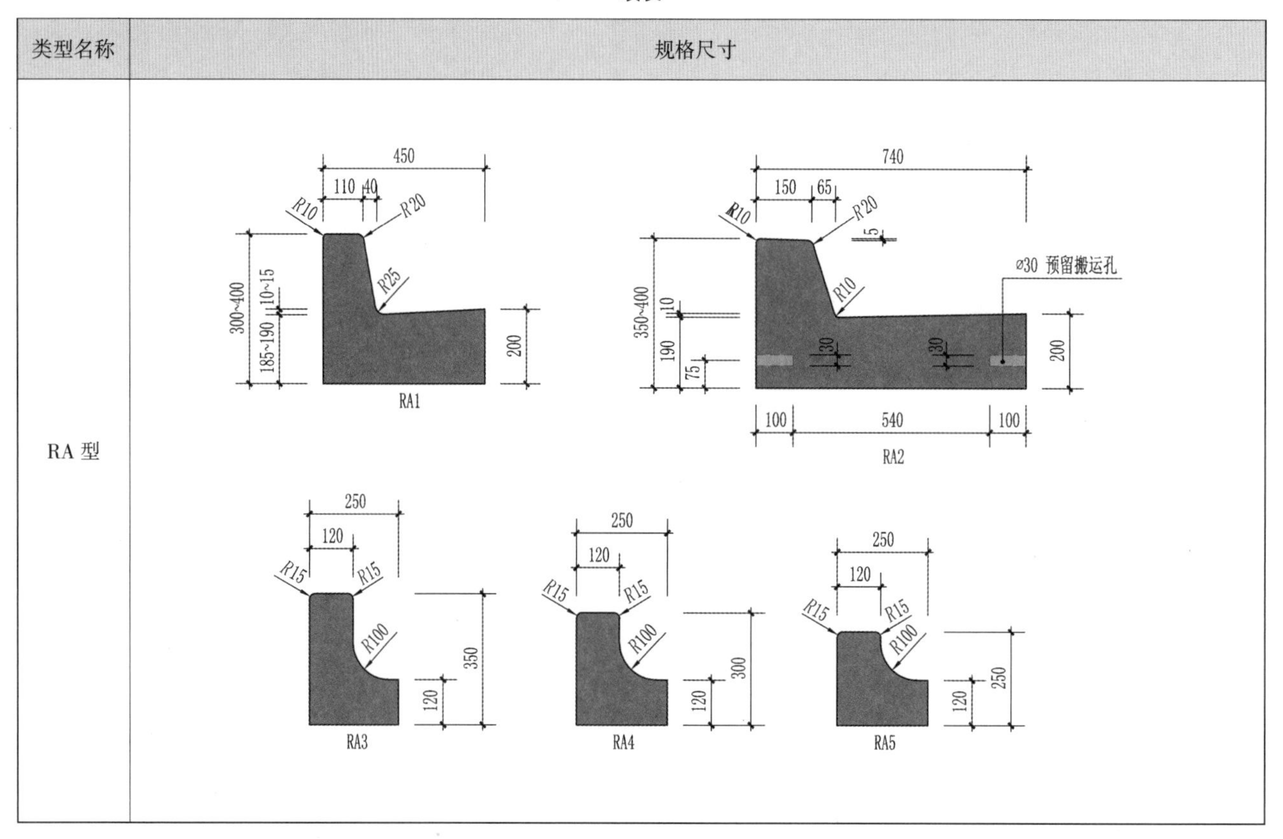

6.3.4 路缘石做法详图

工程中常用路缘石截面形式

类型名称	截面形式
直线型	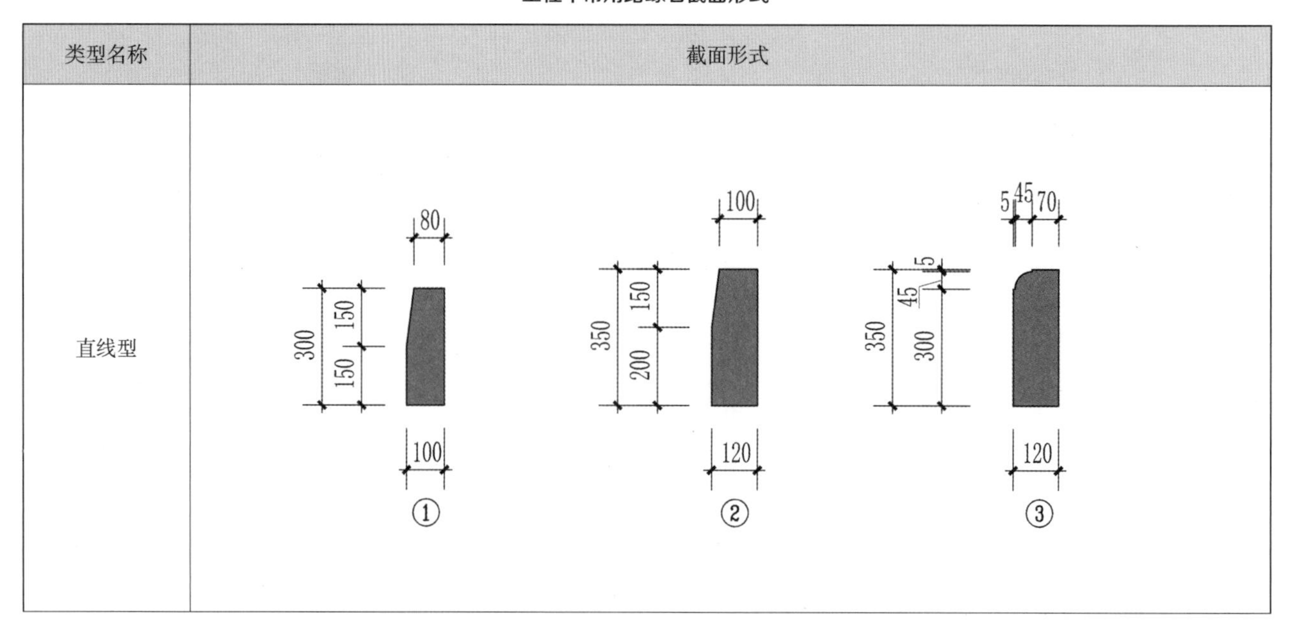

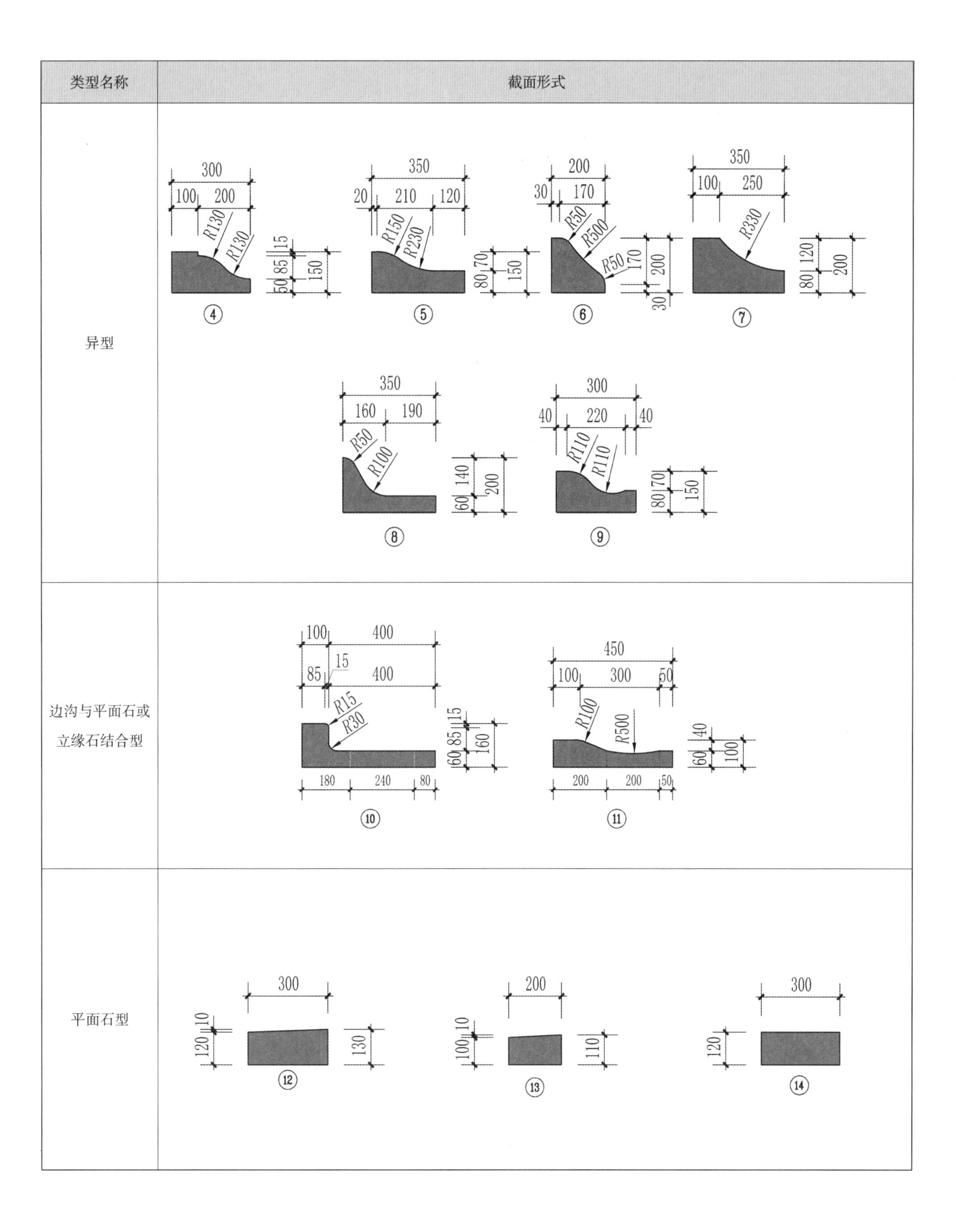

类型名称	截面形式
异型	④ ⑤ ⑥ ⑦ ⑧ ⑨
边沟与平面石或立缘石结合型	⑩ ⑪
平面石型	⑫ ⑬ ⑭

以下列出路缘石及靠背做法详图，“6.2.2　内部道路”小节中若有与城市道路路缘石类似做法，均参照本小节。

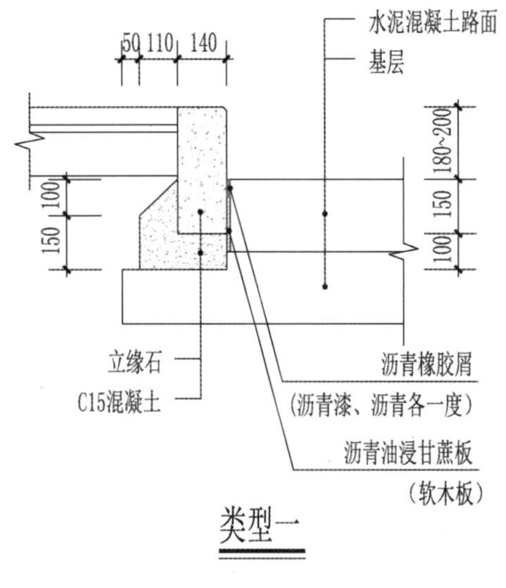

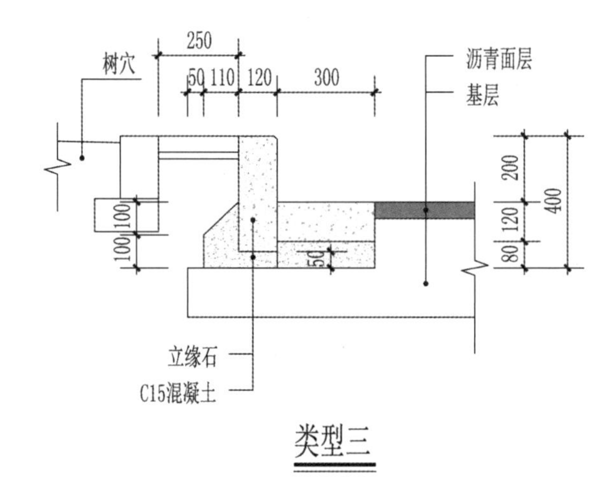

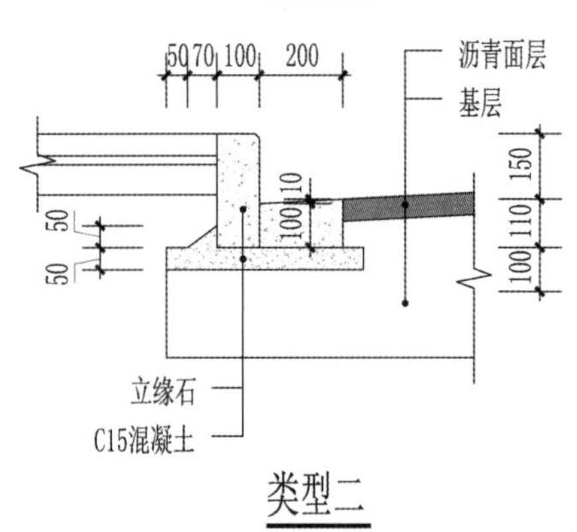

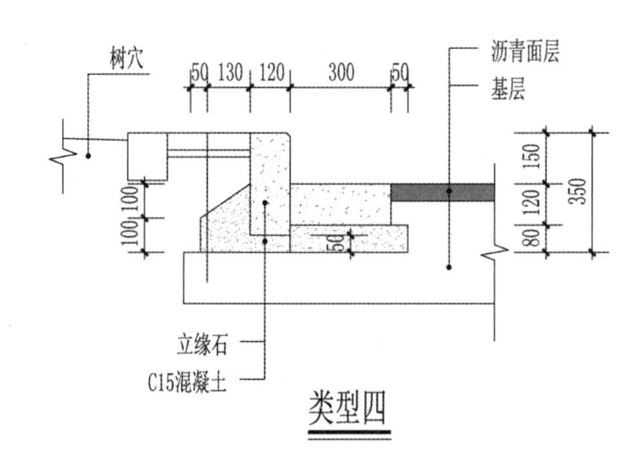

注：
1. 类型一适用于桥梁及主干道；类型二、三适用于干道及次干道；类型四适用于支路；类型五适用于内部道路。
2. 现浇路缘石每20 m设一道断缝，每1 m设一道假缝、填缝料用沥青油浸木板和沥青橡胶屑。侧石或平石在道路直线段一般采用长800 mm。曲线半径小于1.5 m或圆角部分，视圆角的半径大小，按需要采用长500 mm或300 mm。
3. 刚性路面不设平面石。

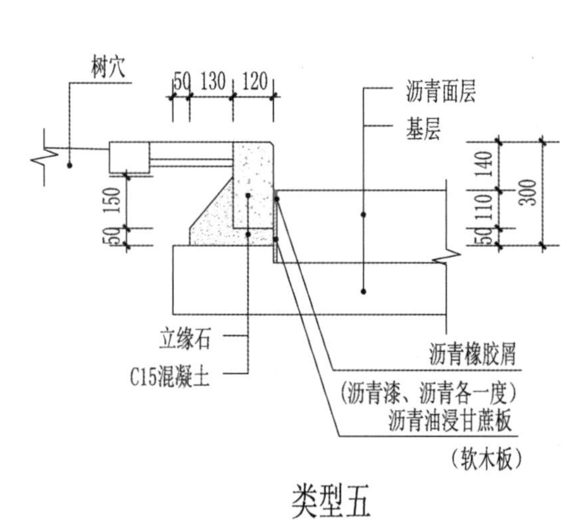

路缘石及靠背做法详图

各种各样的路缘石

6.3.5 路缘石绘制重点

1. 结合雨水篦子的路缘石

在绘制这类型路缘石或雨水篦子详图时，主要注意以下几点：

① 平面与剖面方向一致，并且保持对齐。

② 篦子空隙间隔应考虑排水流速、流量要求，同时标注不宜过密，应该选择适当的制图比例。

③ 对于比较复杂的样式，除了绘制平、立、剖面图以外，还应该绘制轴测图或者添加模型图片作为辅助说明。

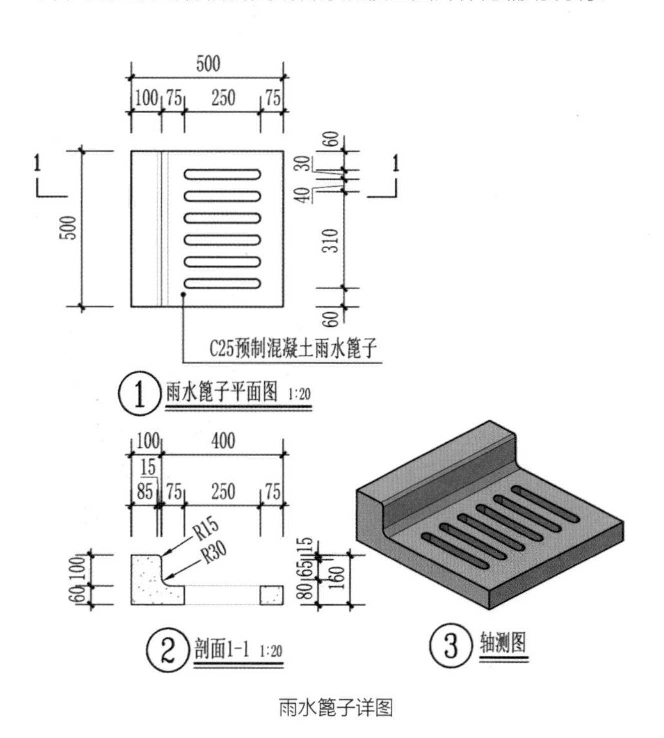

雨水篦子详图

2. 转角路缘石（立缘石与平面石）

转角路缘石可以采用长度较小的直线形路缘石铺设，也可以采用曲线形路缘石铺设。同一段弧线采用曲线形路缘石可以减小块材的数量，拼缝数量也减少。同时，曲线形路缘石使转角更流畅。在绘制曲线形路缘石，除了掌握前面所述的路缘石基本知识外，还应该注意：

① 转角立缘石与平面立缘石的标注参考弧形石材标注，尽量保持外弧长为整数。

② 要保持立缘石与平面石对缝，在道路外径处需要使平面石的外弧等于立缘石的内弧；在道路内径处，需要使平面石的内径等于立缘石的外径。

③ 曲线形路缘石的长度规格和直线形路缘石一样，主要有 1 000 mm、800 mm、500 mm、300 mm 四种规格，如需特殊规格，应根据实际情况绘制详图。

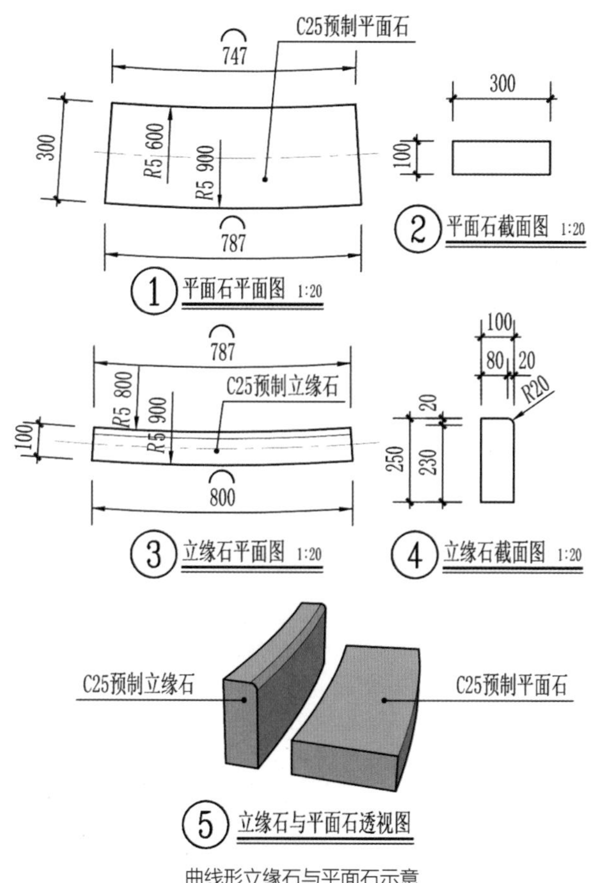

曲线形立缘石与平面石示意

3. 路缘石灰缝标注问题

路缘石灰缝一般有密缝、3 mm、5 mm 三种。当为密缝标注时，应在标注中写明密缝。若不写密缝，但是尺寸与文字说明一致时，也表示密缝。

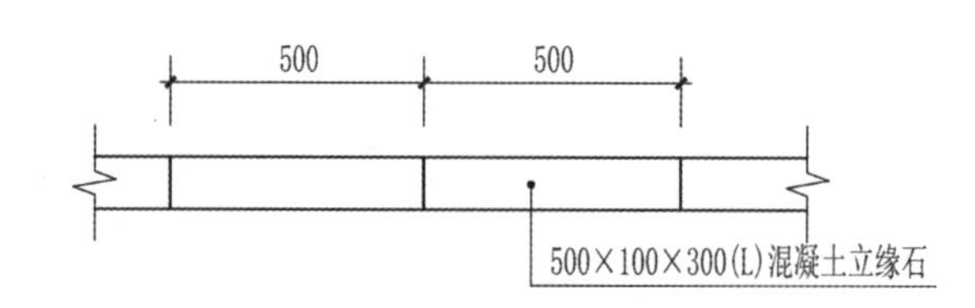

路缘石尺寸含灰缝示意

若绘制灰缝，则石材规格不含灰缝的尺寸。

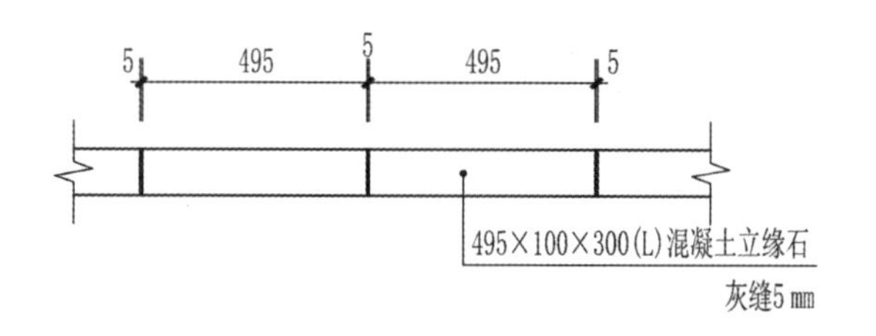

路缘石尺寸不含灰缝示意一

若不画灰缝，但有灰缝，则标注时写实际尺寸，并标明灰缝宽度。

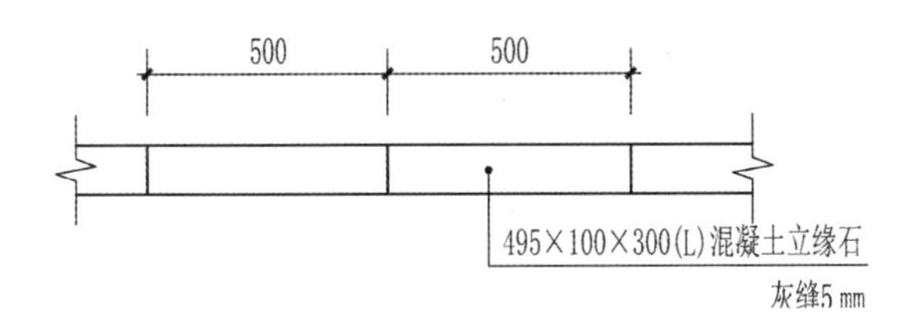

路缘石尺寸不含灰缝示意二

6.4 停车位

6.4.1 规范要求

《城市居住区规划设计标准》(GB 50180—2018)中关于停车场(位)的要点如下。

当前我国城市的机动化发展水平和居民机动车拥有量相差较大，居住区停车场(库)的设置应因地制宜，评估当地机动化发展水平和居民机动车拥有量，满足居民停车需求，避免因居住区停车位不足导致车辆停放占用市政道路。具体指标应结合其所处区位、用地条件和周边公共交通条件综合确定。如城市郊区用地条件往往较中心区宽松，可配建更多停车场(库)；城市中心区的轨道站点周围，可以结合城市规划相关要求，适度减少停车配置。

使用多层停车库和机械式停车设施，可以有效节省机动车停车占地面积，充分利用空间。对地面停车率进行控制的目的是保护居住环境。在采用多层停车库或机械式停车设施时，地面停车位数量应以标准层或单层停车数量进行计算。

无障碍停车位应靠近建筑物出入口，方便轮椅使用者到达目的地。随着交通技术的迅速发展，新型交通工具也不断出现，如残疾人专用车、老年人代步车等，停车场(库)的布置应为此留有发展余地。

非机动车停车场(库)的布局应考虑使用方便，以靠近居住街坊出入口为宜。根据《国务院安委会办公室关于开展电动自行车消防安全综合治理工作的通知》(安委办〔2018〕13 号)提出的“鼓励新建住宅小区同步设置集中停放场所和具备定时充电、自动断电、故障报警等功能的智能充电控制设施”等要求，当城市使用电车自行车的居民较多时，鼓励新建居住区根据实际需要，在室外安全且不干扰居民生活的区域，集中设置电动自行车停车场；有条件的宜配置充电控制设施，集中管理，因此对其服务半径做出要求。

在居住街坊出入口外应安排访客临时车位，为访客、出租车和公共自行车等提供停放位置，维持居住区内部的安全及安宁。

为落实国家《关于印发〈电动汽车充电基础设施发展指南(2015—2020 年)〉的通知》(发改能源〔2015〕1454 号)的要求，本标准提出新建住宅配建停车位应预留充电基础设施安装条件，按需建设充电基础设施。

《2009 年全国民用建筑工程技术措施——规划·建筑·景观》中关于停车场(位)的要点如下。

居住区内必须配套设置居民汽车(含通勤车)停车场、停车库，并应符合下列规定：

① 居民汽车停车率不应小于 10%。

② 居住区内地面停车率(居住区内居民汽车的停车位数量与居住户数的比率)不宜超过 10%。

③ 居民停车场、库的布置应方便居民使用，服务半径不宜大于 150 m。

④ 居民停车场、库的布置应留有必要的发展余地。

其他要求：

① 机动车停车场内必须按照《道路交通标志和标线》(GB 5768—2009)设置交通标志，施画交通标志线。

② 机动车停车场的出入口应有良好的视野。

③ 出入口距离人行过街天桥、地道和桥梁、隧道引道须大于 50 m；距离交叉路口须大于 80 m。

④ 机动车停车场车位指标小于或等于 50 个时，可设一个出入口，其宽度采用双车道；停车位指标为 51 ~ 300 个的停车场应设两个出入口；停车位指标大于 300 个的停车场出入口应分开设置，出入口之间的净距不小于 7 m；停车位指标大于 500 个时，应设置不少于 3 个双车道的出入口。

⑤ 机动车停车场内的主要通道宽度不得小于 6 m。

⑥ 机动车停车场车位指标以小型汽车为计算当量，设计时应将其他类型车辆按下页上表所列的换算系数换算成当量车型，以当量车型核算车位总指标。

⑦ 停车场车位宜分组布置，每组停车数量不宜超过 50 辆，组与组之间距离不小于 6 m。

⑧ 停车场坡度不应超过 0.5%，以免发生溜滑。

⑨ 残疾人停车位与相邻停车位之间应留有轮椅通道，其宽度不小于 1.2 m。

⑩ 为公共建筑服务的停车场，当停车位数量大于 50 辆时，应在主体建筑人流出入口附近设置专用的出租车候车道。

⑪ 汽车与汽车、墙、柱、护栏之间最小净距参见下表。

机动车尺寸及换算当量

车辆类型	车辆尺寸 /m			车辆换算系数
	总长	总宽	总高	
微型汽车	3.5	1.6	1.8	0.7
小型汽车	4.8	1.8	2.0	1.0
轻型汽车	7.0	2.1	2.6	1.2
中型汽车	9.0	2.5	3.2	2.0
大型汽车（客）	12.0	2.5	3.2	3.0
铰接车	18.0	2.5	4.0	4.0

汽车与汽车、墙、柱、护栏之间最小净距

车辆类型	平行式停车机动车间纵向净距 /m	垂直式、斜列式停车时机动车间纵向净距 /m	机动车间横向净距 /m	机动车间与柱间净距 /m	机动车与墙、护栏及其他构筑物间净距 /m	
					纵向	横向
微型车、小型车	1.2	0.5	0.6	0.3	0.5	0.6
轻型车	1.2	0.7	0.8	0.3	0.5	0.8
中型车、大型车	2.4	0.8	1.0	0.4	0.5	1.0

注：①纵向指机动车长度方向，横向指机动车宽度方向。
②净距指最近的距离，当墙、柱外有凸出物时，从其凸出部分外缘算起。

6.4.2 停车位布置方式

根据《车库建筑设计规范》（JGJ 100—2015），停车位布置的方式主要有四种：平行式、斜列式（倾角 30°、45°、60°）、垂直式或混合式。

1）平行式

平行式与垂直式停车位实景

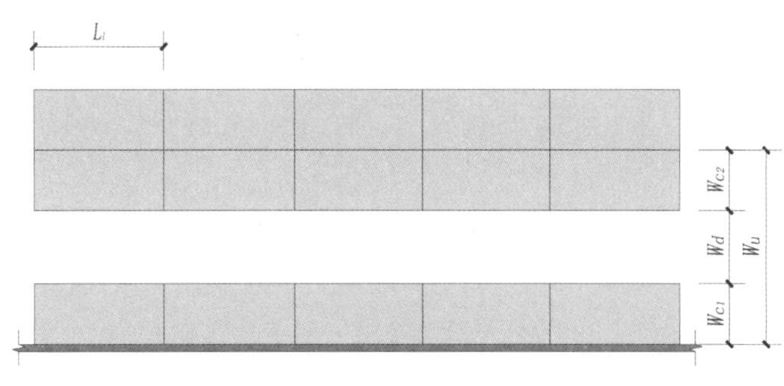

平行式停车位布置示意

2）斜列式

斜列式停车位实景

L_1
W_{C2}
W_d
W_u
W_{C1}
α

斜列式停车位布置示意

3）垂直式

垂直式停车位实景

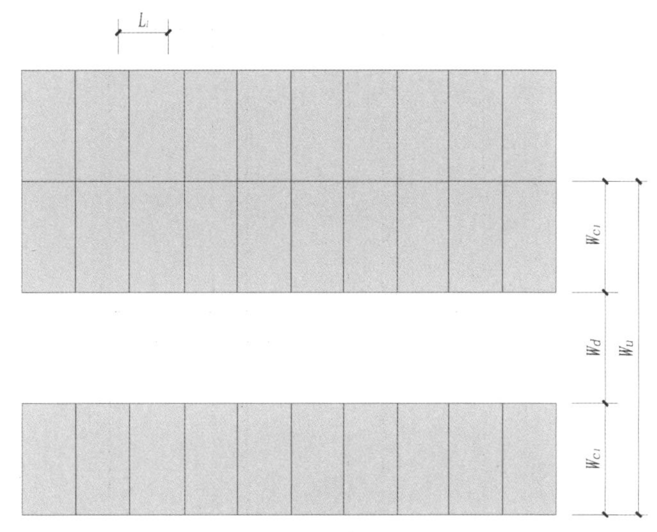

垂直式停车位布置示意

注：

W_u —— 停车带宽度

W_{C1} —— 停车位毗邻墙体或连续分割物垂直于通（停）车道的停车位尺寸

W_{C2} —— 停车位相毗邻时，垂直于通（停）车道的停车位尺寸

W_d —— 通车道宽度

L_1 —— 平行于通车道的停车位尺寸

α —— 机动车倾斜角度

6.4.3 小型车的最小停车位、通（停）车道宽度

小型车的最小停车位、通（停）车道宽度详见下表。

小型车的最小停车位、通（停）车道宽度

停车方式			垂直通车道方向的最小停车位宽度 /m		平行通车道方向的最小停车位宽度 L_1/m	通（停）车道最小宽度 W_d/m
			W_{e1}	W_{e2}		
平行式		后退停车	2.4	2.1	6.0	3.8
斜列式	倾角 30°	前进（后退）停车	4.8	3.6	4.8	3.8
	倾角 45°	前进（后退）停车	5.5	4.6	3.4	3.8
	倾角 60°	前进停车	5.8	5.0	2.8	4.5
	倾角 60°	后退停车	5.8	5.0	2.8	4.2
垂直式		前进停车	5.3	5.1	2.4	9.0
		后退停车	5.3	5.1	2.4	5.5

注：在垂直式停车中，通（停）车道的最小宽度为 5.5 m，这与前面规范中提到的最小宽度为 6 m 不符，建议在施工图设计中若条件允许尽量采用 6 m 宽度。

6.4.4 停车位尺寸计算

1. 垂直停车位计算

示例：现有小型车车长 4.8 m，车宽 1.8 m，垂直停车。

根据车辆尺寸与车位纵向间距 1.2 m，横向间距 0.6 m，得到了车位的轮廓线，如左下图虚线所示。整合数据后可以看出停车位的最小尺寸应该为 5.05 m × 2.4 m，如右下图所示。同时考虑到其他因素对停车位长度的影响：①按规范提供的数据目前多款小型车尺寸较大；②开启后备厢后人拿取物品的距离；③人的心理安全距离等。

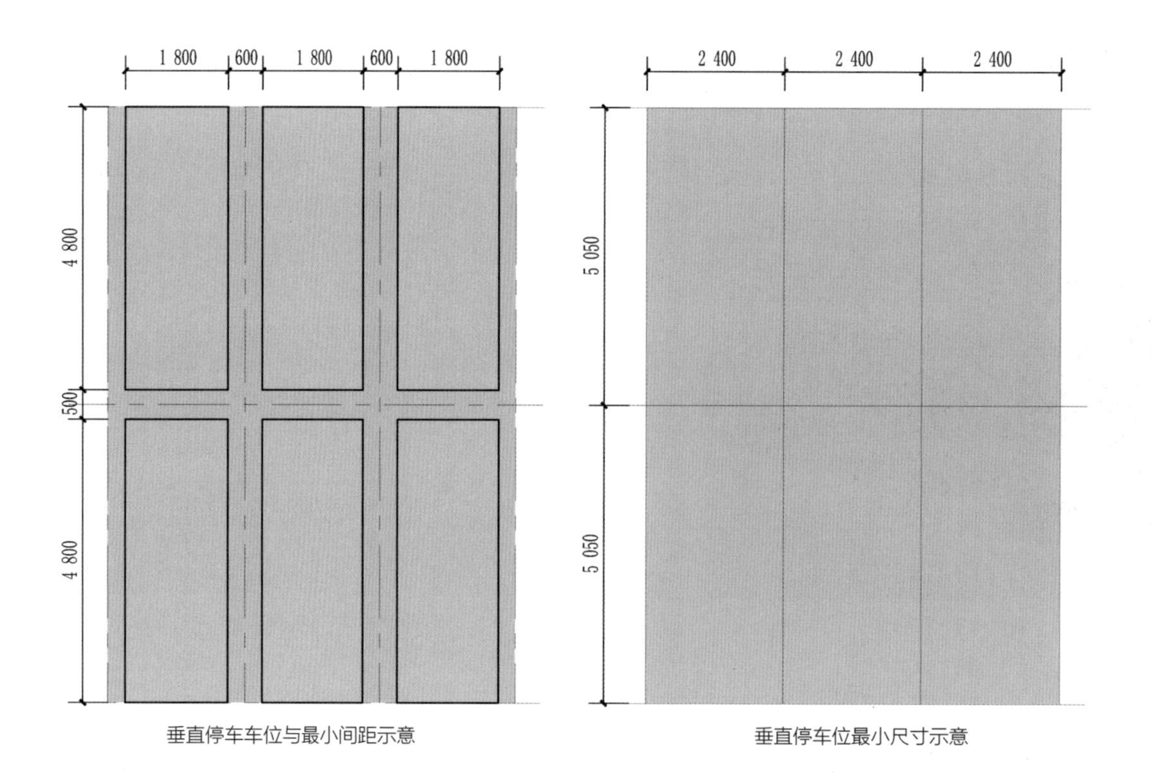

垂直停车车位与最小间距示意　　垂直停车位最小尺寸示意

2. 平行停车位计算

示例：现有小型车车长 4.8 m，车宽 1.8 m，平行停车。平行停车前后间距 1.2 mm，宽度 0.6 mm，可以算出侧边停车最小长度为 6 m，考虑到实际车辆的长度以及其他因素，平行停车位长度通常介于 6.5 ~ 7.2 m 之间。

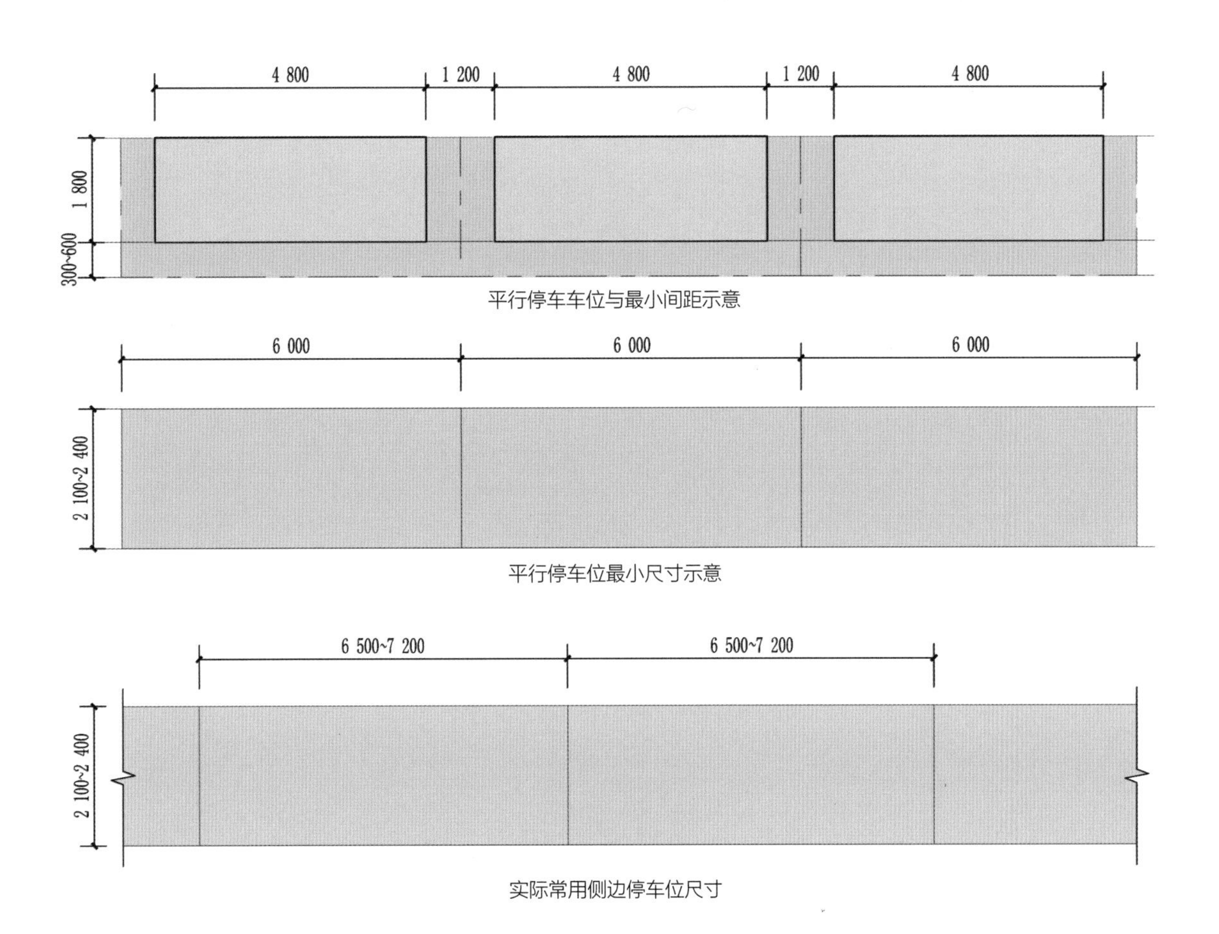

平行停车车位与最小间距示意

平行停车位最小尺寸示意

实际常用侧边停车位尺寸

3. 景观设计中常用垂直停车位与平行停车位尺寸对比

垂直停车位与平行停车位尺寸对比详见下表。

垂直停车位与平行停车位尺寸对比

停车位布置方式	垂直停车位	平行停车位
停车位长度设计 (m)	5.0~6.0	6.5~7.2
停车位宽度设计 (m)	≥ 2.4	2.1~2.4
车挡设计	可以设置	不应设置
中间植草区域	可以设置	不应设置

6.4.5 停车位施工图绘制

1. 施工图绘制重点说明

1）平行停车位铺装详图施工图绘制重点

① 车位长度应根据城市或区域主力车型车长设计，同时应适当考虑特殊车长停车需要。

② 路缘石应该结合道路缘石考虑选择平缘石或立缘石。

③ 每个停车位中间不应设置植草区域，停车位与停车位之间可以设置种植区，但不宜每隔一个就设置一处种植区，宜每 2~3 个停车位之间设置一处种植区。

④ 不应设置车挡。

⑤ 应结合车行路平面石综合考虑停车位收边做法，比如是否和车行路共用平面石铺装，还是停车位有单独铺装收边。

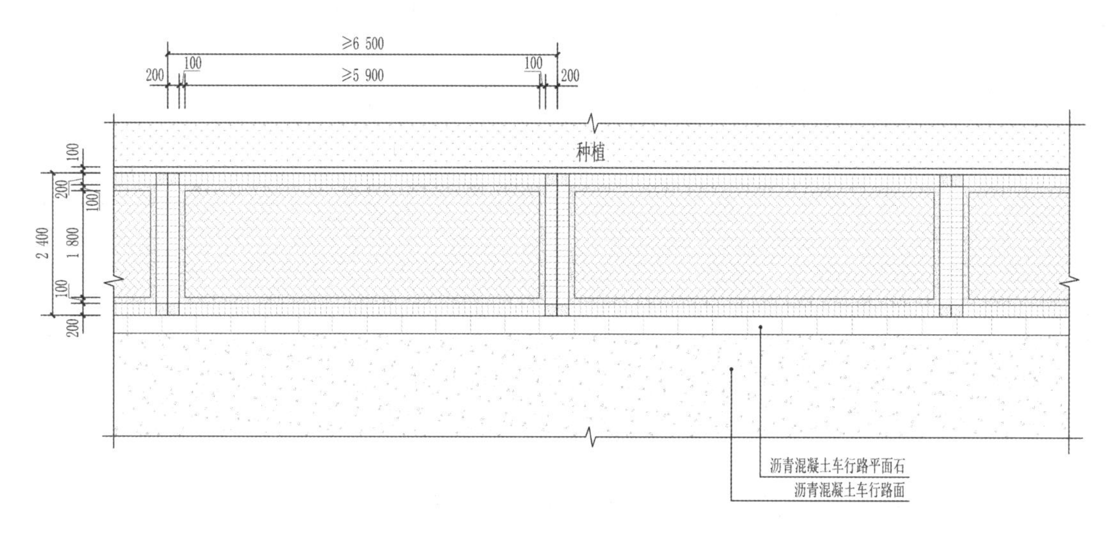

平行停车位铺装平面图（车位间不含种植带）

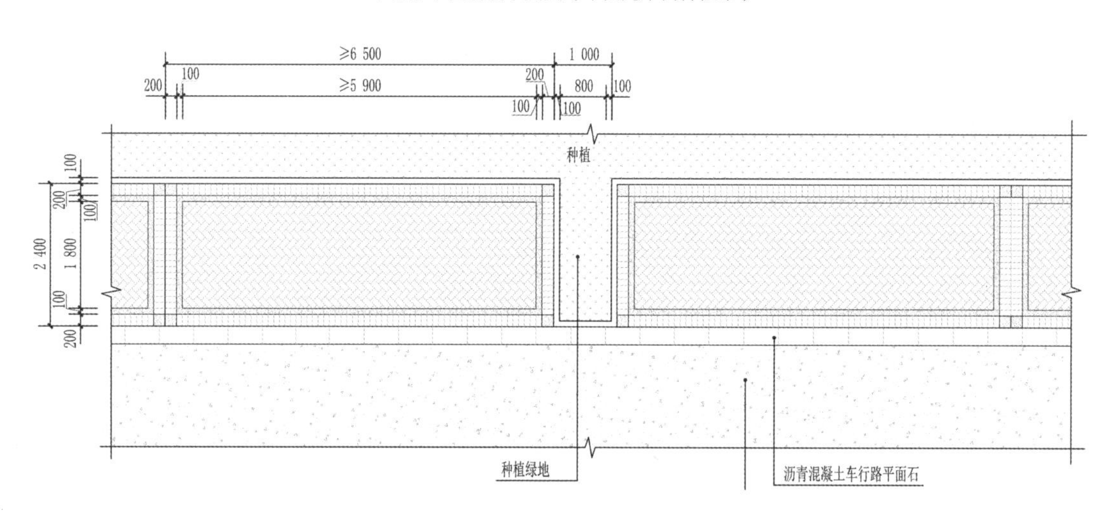

平行停车位铺装平面图（车位间含种植带）

平行停车位实景（车位间不含种植带）

2）垂直停车位铺装详图施工图绘制重点

① 端头车位应设置倒角，同时考虑倒角处的铺装设计。

② 应综合考虑收边的稳定性、草坪植物的选择以及后期草地的养护等因素，判断是否设置植草区域。

③ 车挡位置应该考虑车辆后悬距离及整体车长设计，同时为后备厢取拿物品预留使用距离。

④ 应结合车行路平面石考虑此处收边设计，比如是与车行路共用平面石收边，还是单独设计停车位铺装收边。

⑤ 无障碍车位应尽量靠近停车区域的边缘设置，宽度应根据相关规范设计。

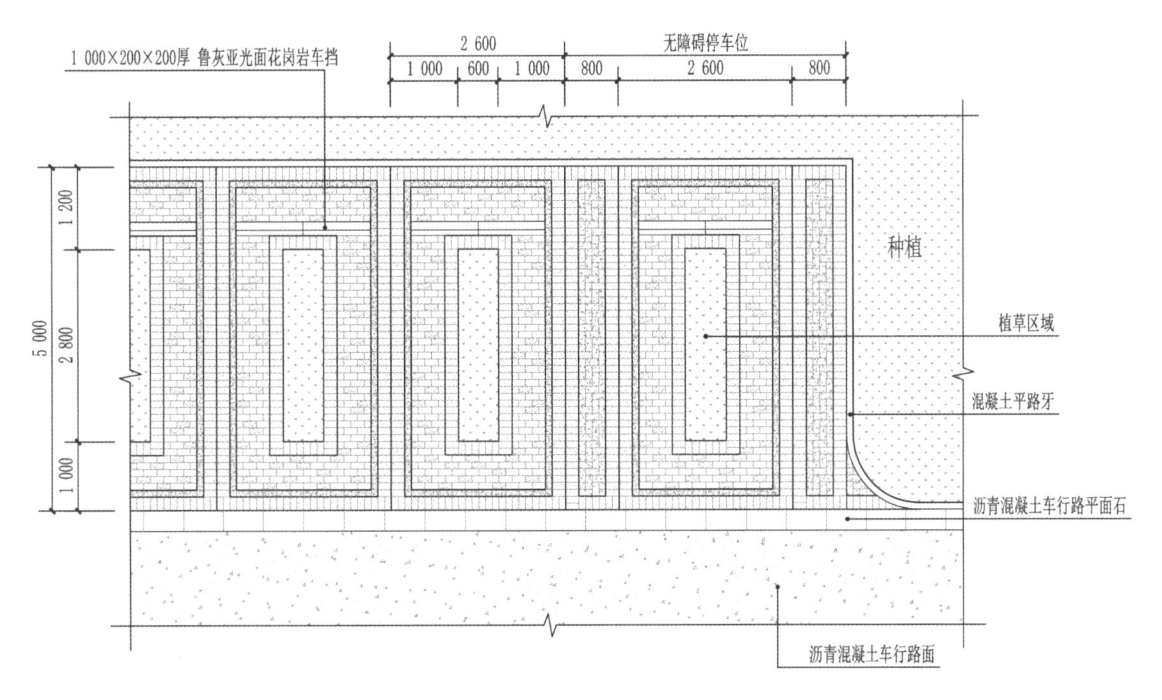

垂直停车位铺装详图

垂直停车位实景

2. 垂直停车位设置种植槽分析

1）常见停车位铺装设计

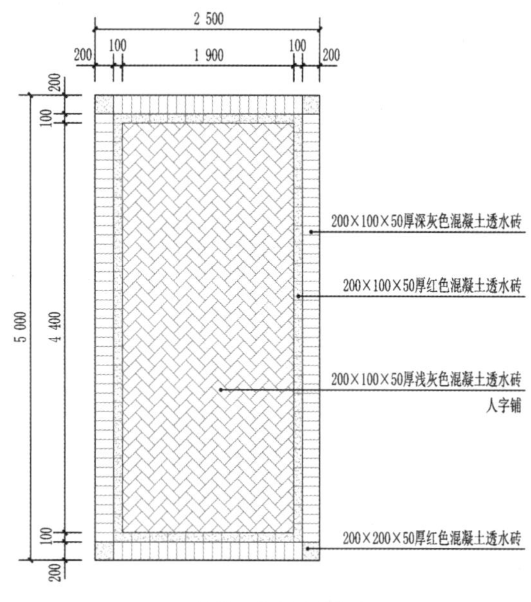

无植草区停车位铺装详图

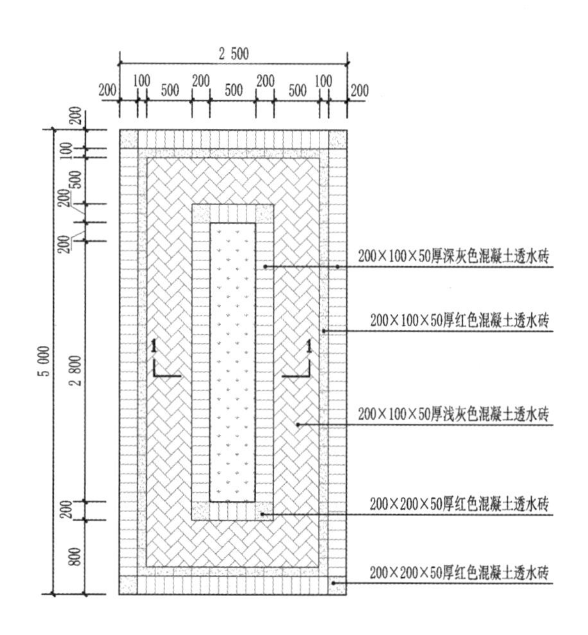

有植草区停车位铺装详图

2）主要问题

① 种植区域收边处由于经常受车辆碾压，若不采用其他收边做法，该区域面层容易脱落。

② 碎石垫层是否要依据以往做法再出挑 100 mm，需要根据种植槽的宽度确定，如果种植区域宽度较小，则不建议再出挑，以免影响植物生长和排水。

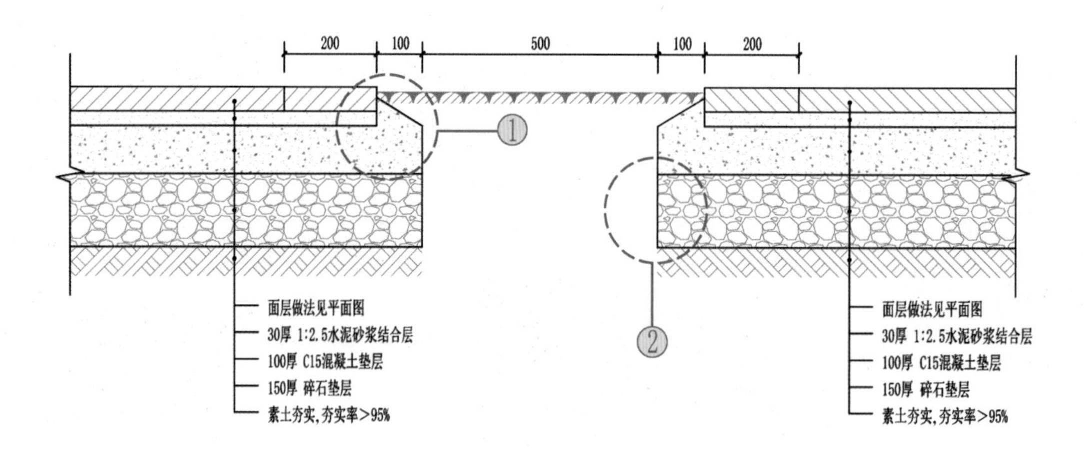

1—1 剖面图

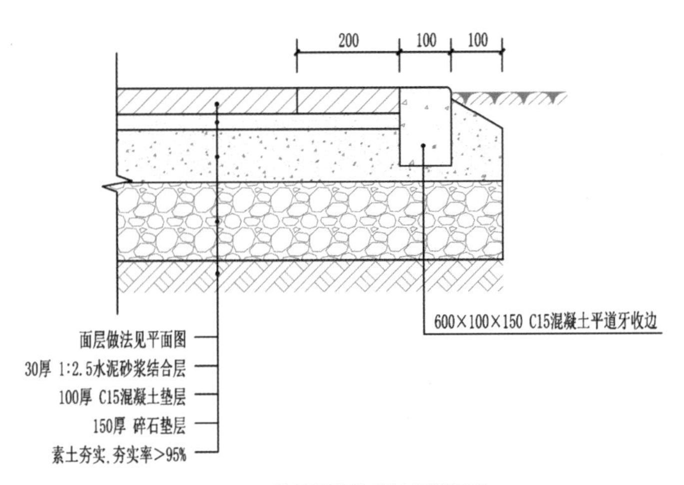

种植槽收边做法调整示意

种植区域带收边设计实例（图片来源于网络）

3. 常见停车位铺装设计样式

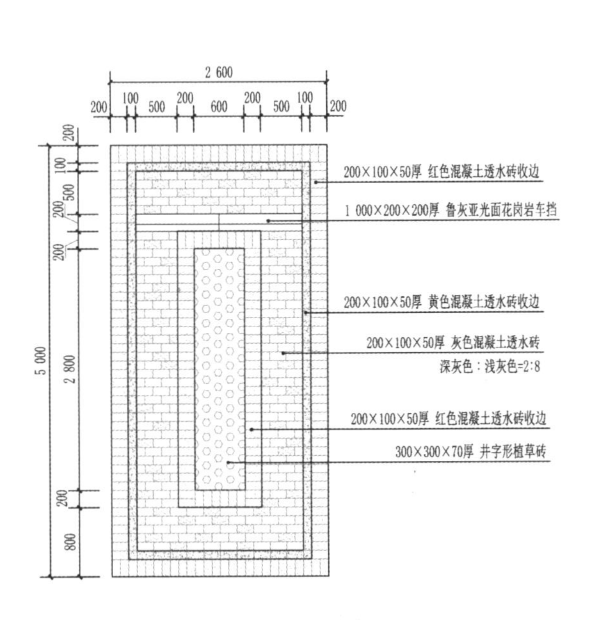

带植草格的停车位铺装详图

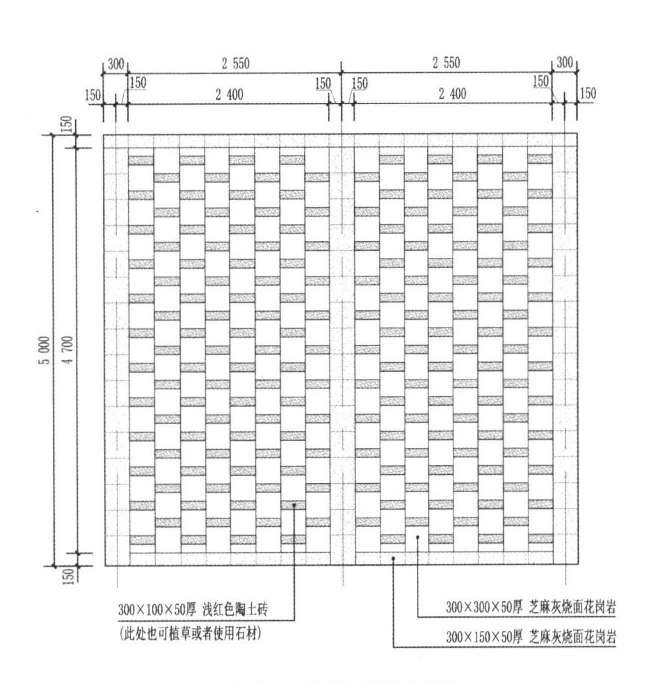

石材与砖混铺的停车位铺装详图

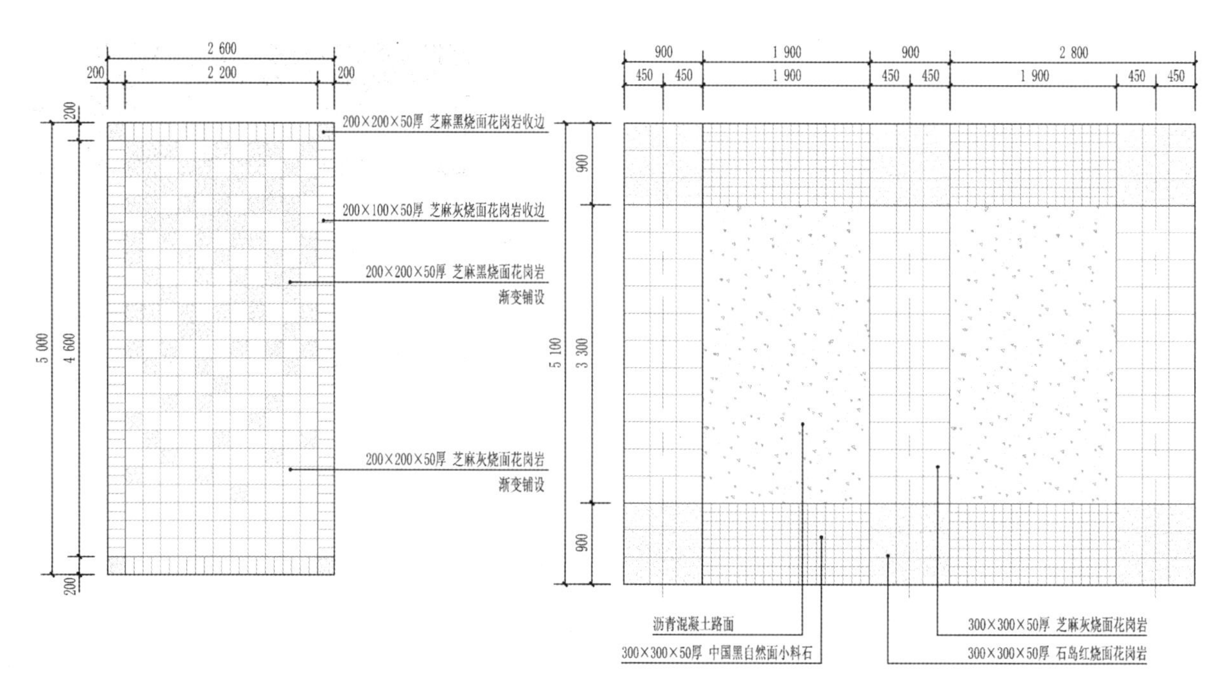

渐变铺设的停车位铺装详图

石材与沥青混凝土混铺的停车位铺装详图

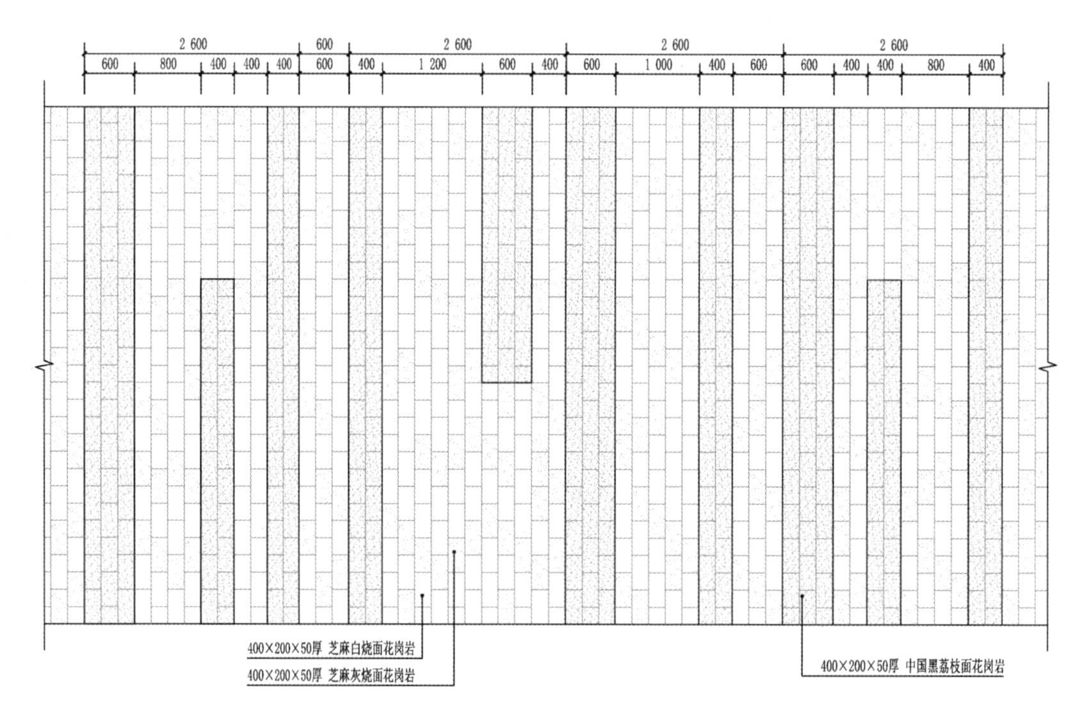

通过分隔线暗示停车位铺装详图

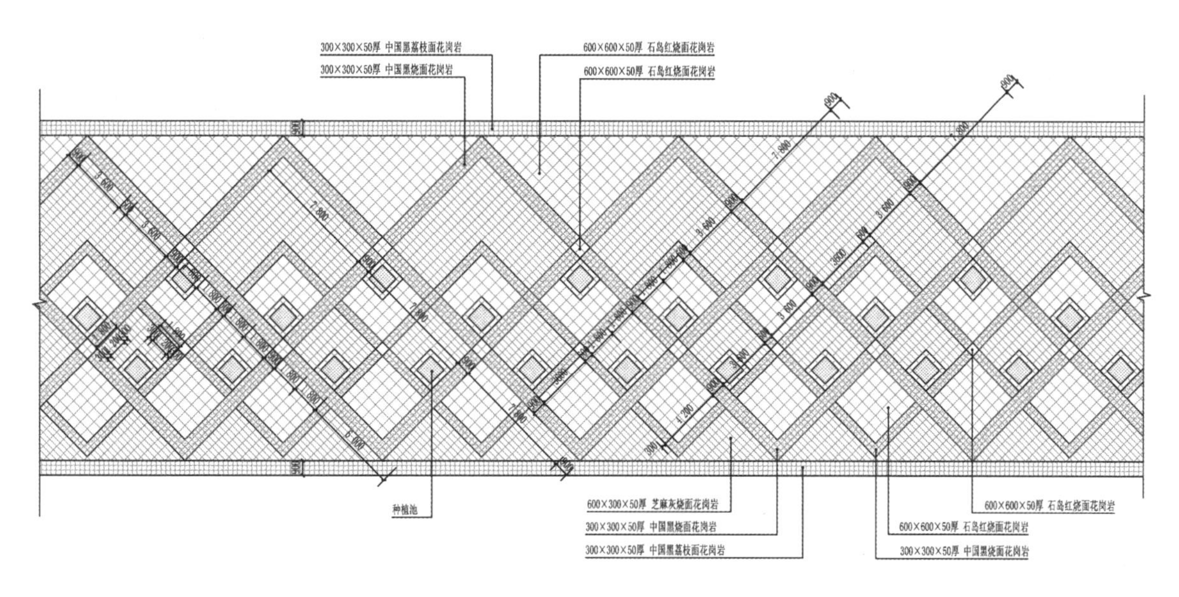

结合树池倾角 45° 斜列式停车位铺装详图

6.5 园路

园路一般包含三个部分：园路收边、铺装分隔线、主体铺装样式。

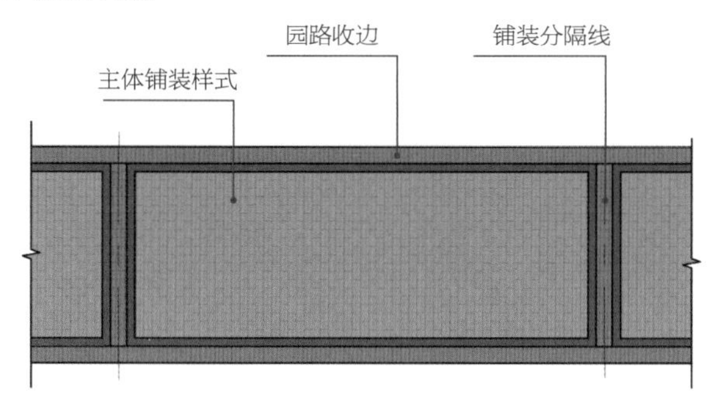

园路路面铺装组成示意

6.5.1 园路铺装详图设计

1. 园路收边

作用：园路收边除了美化铺装以外，还有防止路面发生啃边的作用（详见第 163 页 6.5.3 园路的病害）。

1）收边的常用材料

园路收边除了使用前面介绍的预制混凝土平、立缘石以外，景观施工中还经常采用砖、石材、卵石、金属等结合铺装设计做园路的收边。

常见问题：收边宽度与路宽的比例问题。若设计与路面不同的铺装方式作为收边时，可以考虑将单侧收边宽度控制在路面总宽度的 7%~14%。下面以规格为 200 mm × 100 mm 透水砖为例，通过不同收边宽度与相同路宽的比例来反映收边宽度的选择及排列效果。

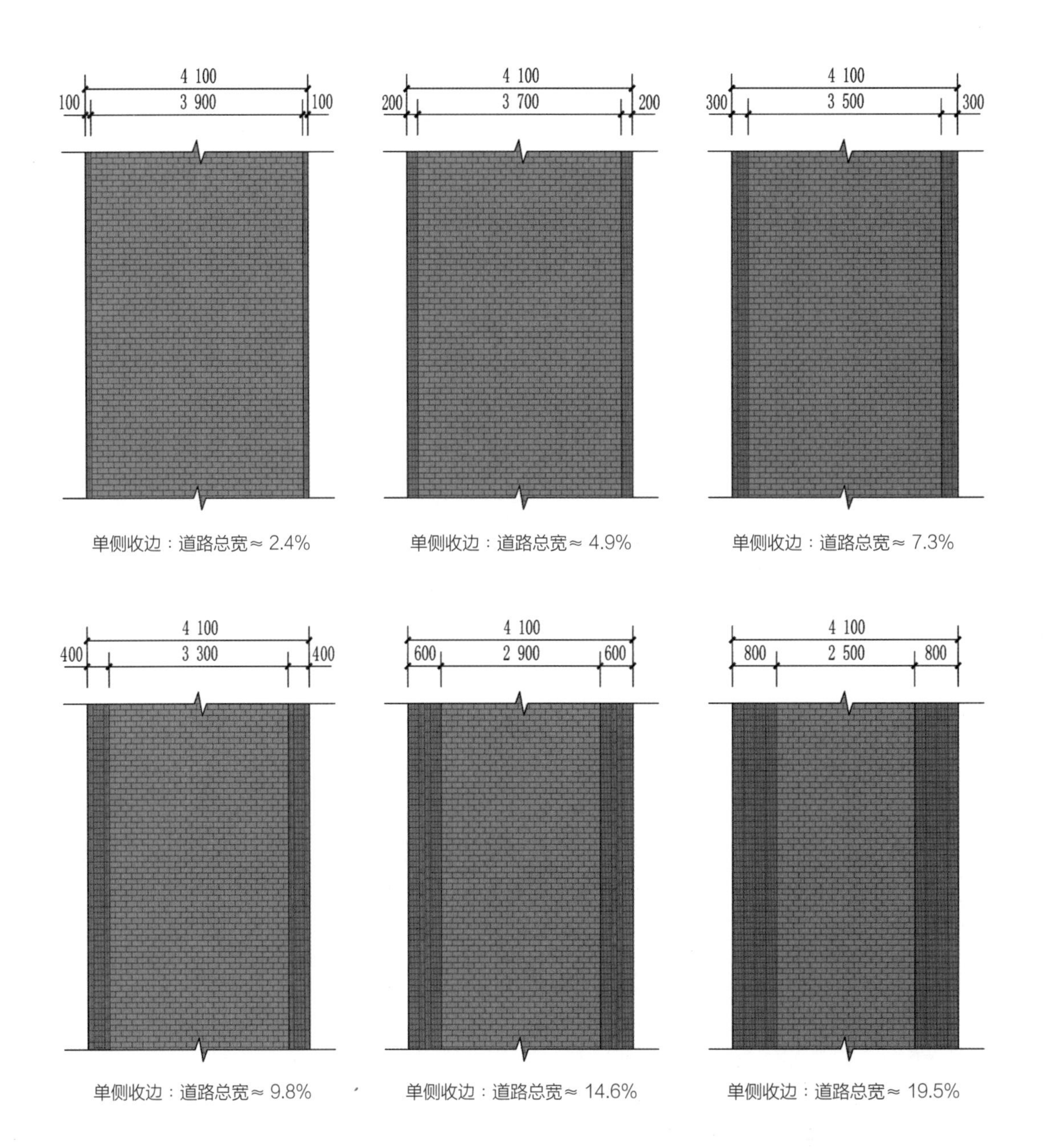

单侧收边：道路总宽≈ 2.4%　　单侧收边：道路总宽≈ 4.9%　　单侧收边：道路总宽≈ 7.3%

单侧收边：道路总宽≈ 9.8%　　单侧收边：道路总宽≈ 14.6%　　单侧收边：道路总宽≈ 19.5%

2）收边材料的规格与做法搭配

当使用小规格的材料如小料石做收边时，应该考虑基础的做法是否能固定，是否需要别的手段来固定小料石，以防其在使用过程中脱落。或者在使用石材做收边时遇到特别小的切角时，应该考虑是否采用整石切假缝的方式做收边等。

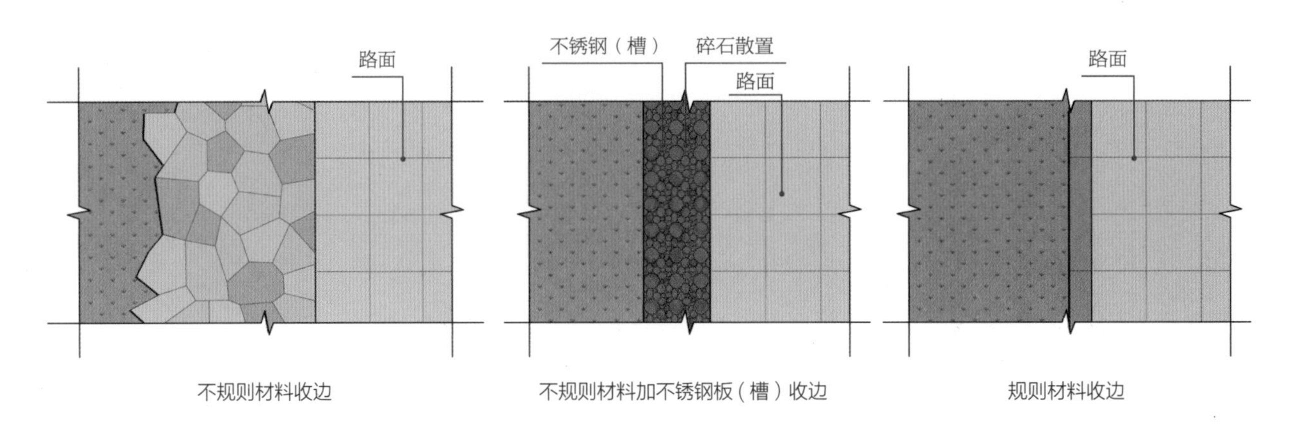

不规则材料收边　　不规则材料加不锈钢板（槽）收边　　规则材料收边

3）收边的宽度与厚度选择

为了防止收边脱落，材料的厚度和宽度应该成比例关系，如宽度较小的收边材料，应增加厚度；宽度较大的材料，厚度可以适当减少。下面提供了四种园路收边做法，当边界材料宽度较大时，材料的厚度可以与路面材料厚度相同或略大于路面，但是当作为收边的材料宽度较小时，应该加大材料的厚度使其深入至混凝土垫层，或者单独浇筑收边的混凝土基础，使其收边牢固。在实际项目中若只是用小料石收边，不使用钢板勒边，边缘的小料石容易脱落。使用钢板收边造价较高，在设计时应综合考虑实际使用和成本造价，选择合适的做法。

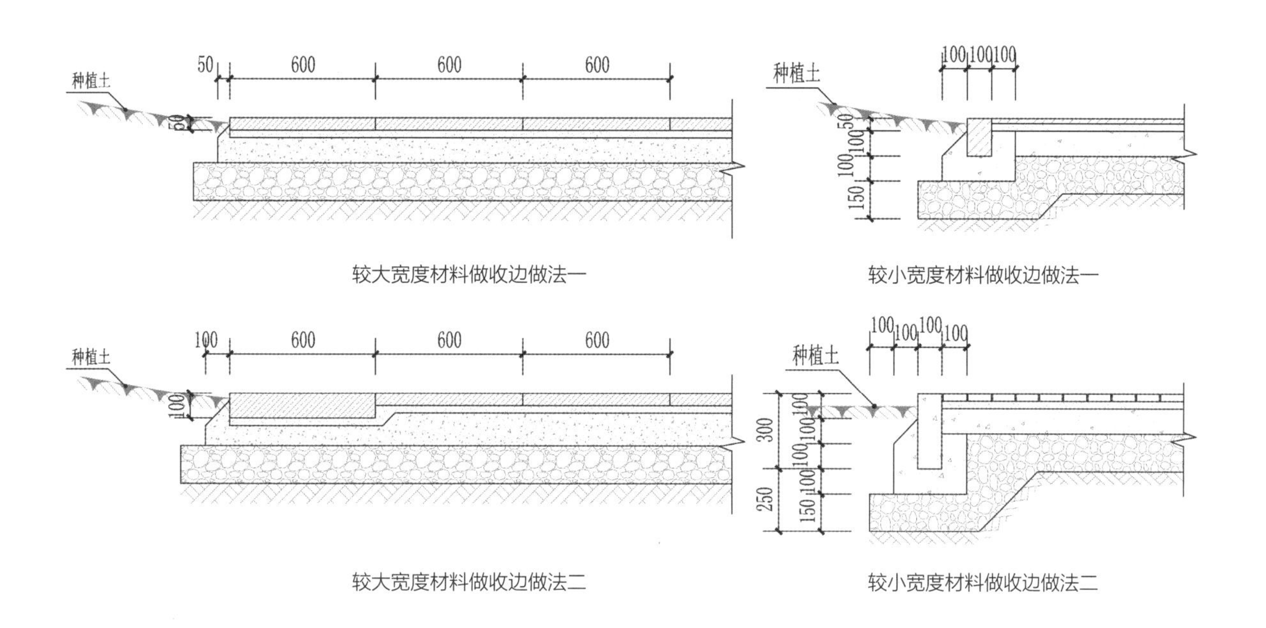

2. 铺装分隔线

铺装分隔线有两个作用：一是避免铺装单调；二是在转弯或者转角处调整铺装。混凝土路面做分隔线同时充当混凝土的伸缩缝，用以缓解混凝土胀缩引起的损害。

常见问题：

1）分隔线与收边搭配问题

分隔线与收边形成的矩形将路面划分为标准段，因此分隔线与收边的设计应该尽量保持协调。

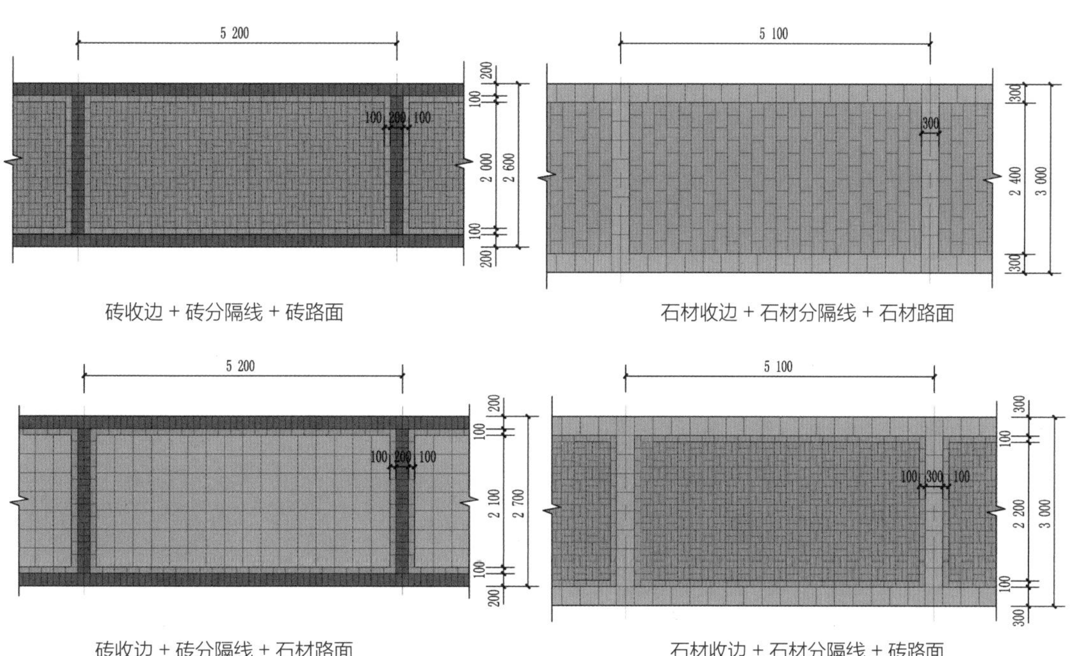

砖收边 + 砖分隔线 + 砖路面

石材收边 + 石材分隔线 + 石材路面

砖收边 + 砖分隔线 + 石材路面

石材收边 + 石材分隔线 + 砖路面

石材收边 + 砖分隔线 + 砖路面　　　　无分隔线

2）分隔线间距问题

分隔线间隔与所在园路的部位有关，如在园路直线段，园路分隔线间距较长；在园路转弯处，铺装分隔线距离较短（也可根据转弯半径设计）。还与园路的主要服务对象有关，如园区内车行路铺装分隔线较长，人行路分隔线较短。一般来说人行路铺装分隔线 5 ~ 8 m，车行路铺装分隔线 8 ~ 12 m（按车速与警示间隔折算）。

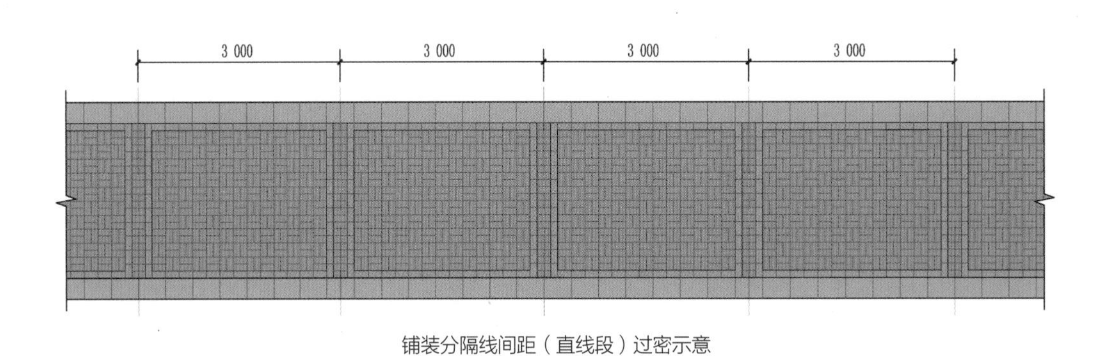

铺装分隔线间距（直线段）过密示意

3. 主体铺装样式

主体铺装作为园区道路的核心部分，主要有三方面作用：体现方案风格、美观、防滑。因此在铺装材料的选择上应该至少满足以上三点。

搭配示例如下所示，图中路面材料和收边材料可以换用。

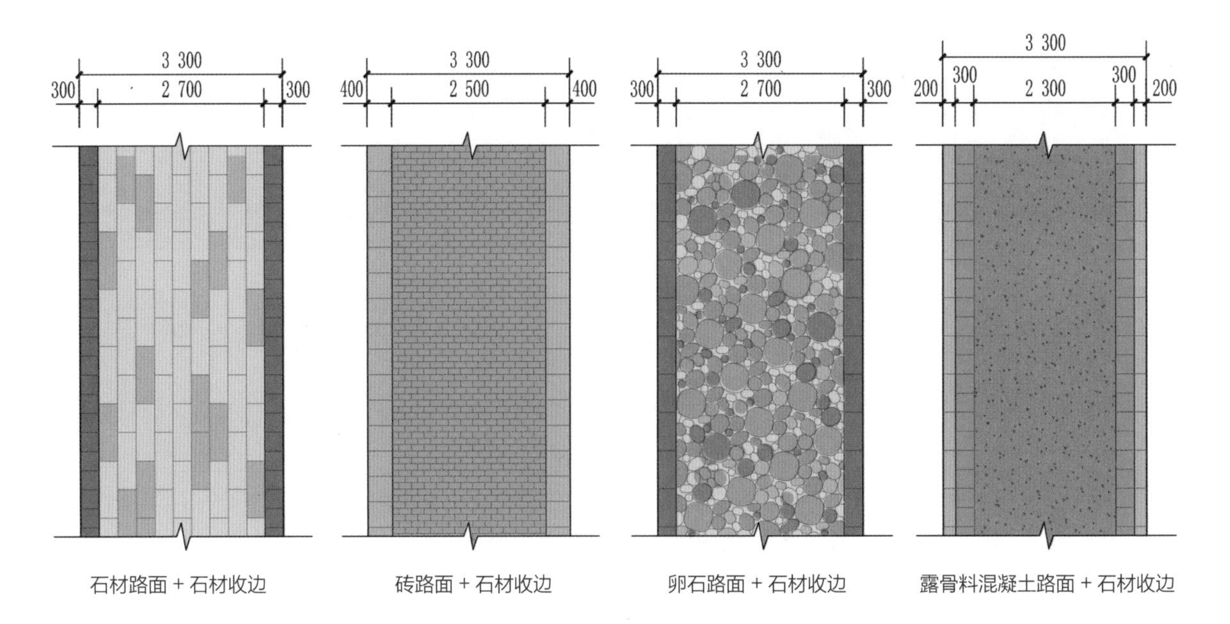

石材路面 + 石材收边　　砖路面 + 石材收边　　卵石路面 + 石材收边　　露骨料混凝土路面 + 石材收边

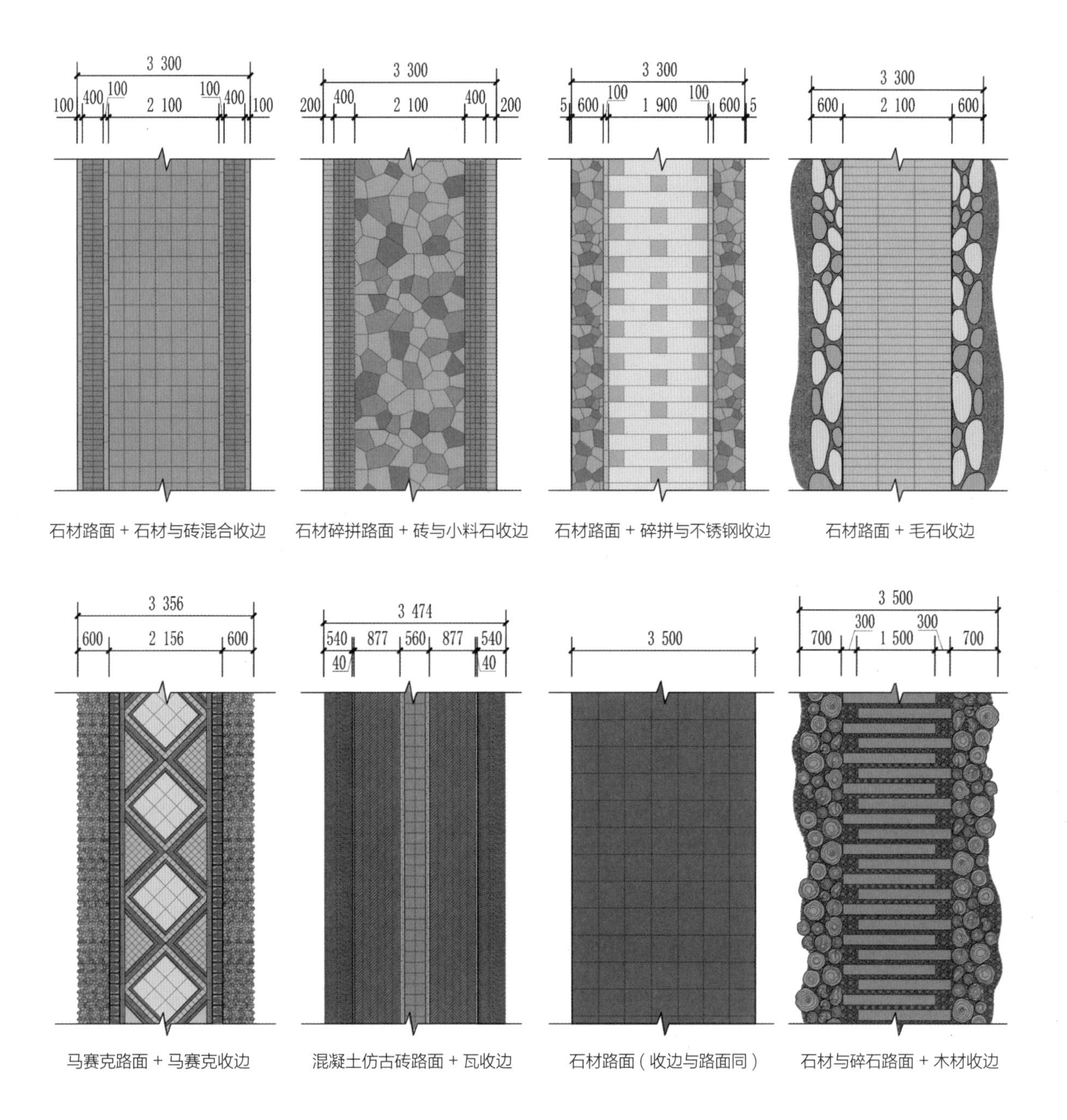

石材路面 + 石材与砖混合收边

石材碎拼路面 + 砖与小料石收边

石材路面 + 碎拼与不锈钢收边

石材路面 + 毛石收边

马赛克路面 + 马赛克收边

混凝土仿古砖路面 + 瓦收边

石材路面（收边与路面同）

石材与碎石路面 + 木材收边

6.5.2 常见砖园路铺装详图绘制

注意事项：

① 应标明砖的类型，比如陶土砖、混凝土透水砖、真空烧结砖、大连砖等。

② 明确铺贴角度或方向。

③ 如有跳色或特殊设计应画出详图，同时用文字辅助进行详细说明。

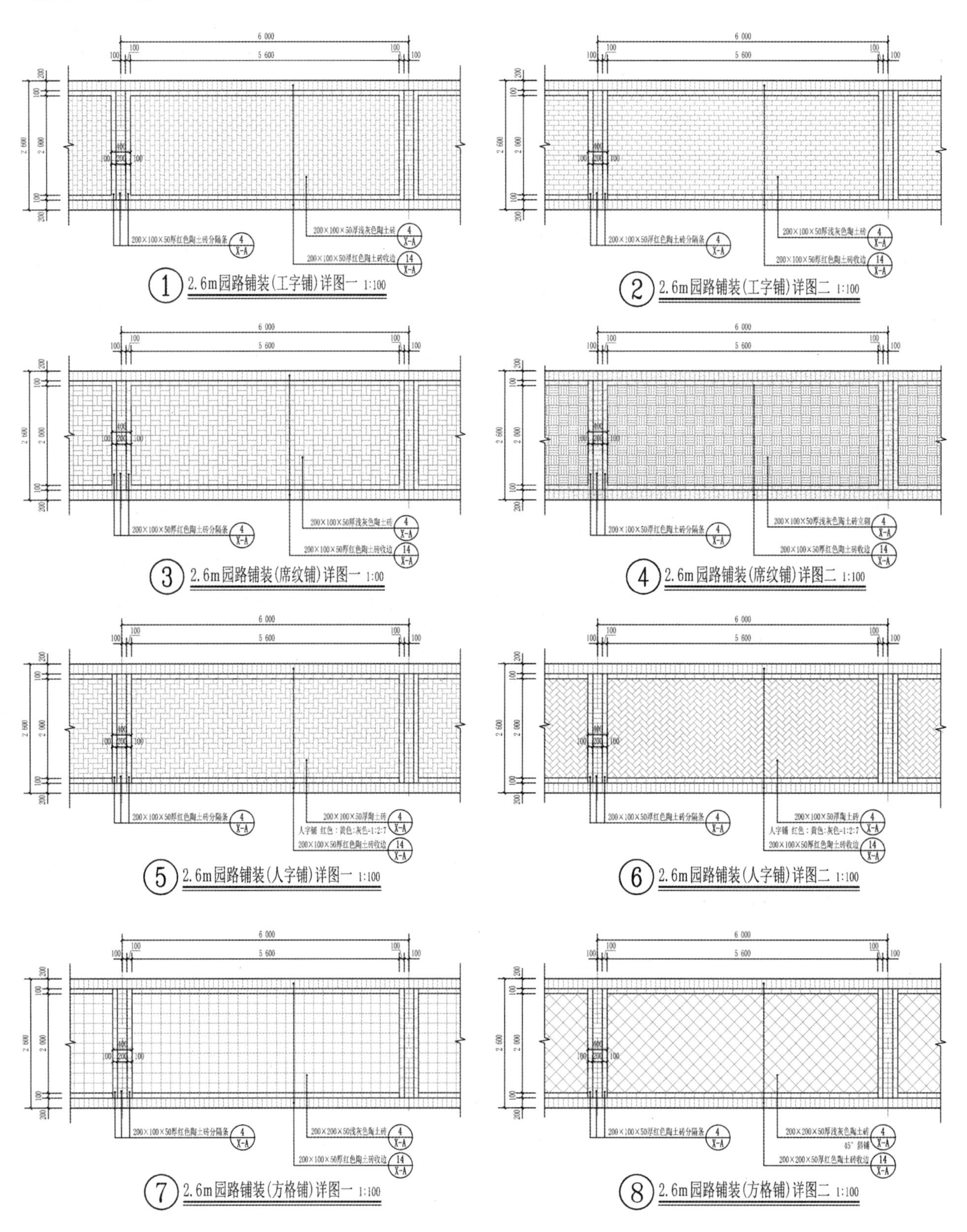

常见园路铺装详图

6.5.3 园路的病害

园路的病害是指园路被破坏的现象，一般常见的病害有裂缝、凹陷、啃边、翻浆等。

1. 裂缝与凹陷

造成裂缝与凹陷破坏的主要原因是地基土过于湿软或基层厚度不够，强度不足，路面荷载超过地基土的承载力。地基的不均匀沉降也是其原因之一。

裂缝、塌陷、不均匀沉降导致的路面破坏

2. 啃边

由于雨水侵蚀和车辆行驶对路面边缘的啃蚀作用，使之损坏，并从边缘向中心发展，此现象叫啃边。因此在景观工程中，应结合道路美观要求设置平、立道牙，或者采用金属勒边。此外道路基础做法也会影响道路边缘的结构稳定。

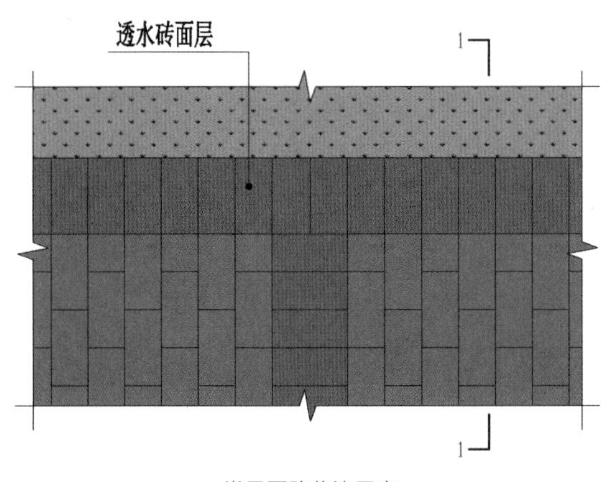

常见园路收边示意

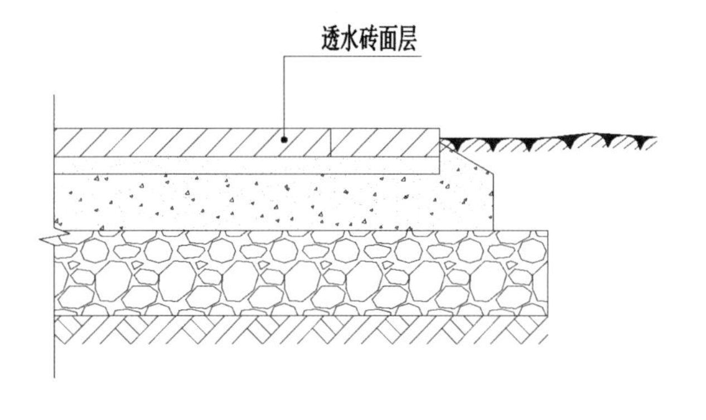

剖面 1—1（常见园路做法详图）

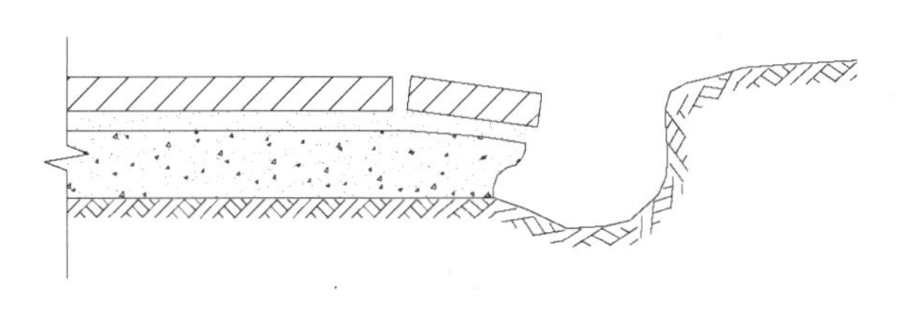

无稳定基层及路肩的路面啃边破坏

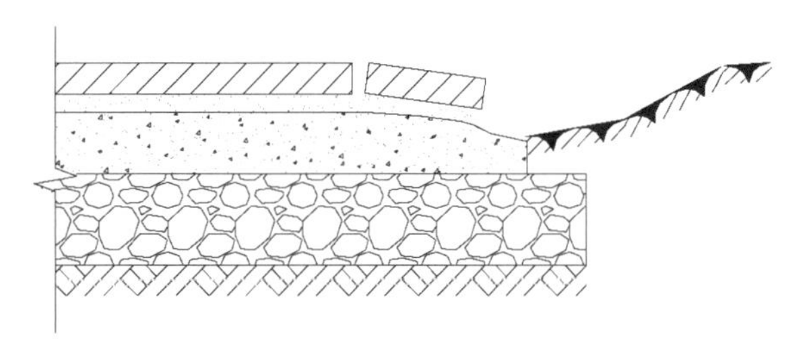

有稳定基层及路肩的路面啃边破坏

在工程造价允许的情况下，也可以采用不锈钢板或者铜条收边，避免出现啃边。

园路啃边破坏

钢板收边

3. 翻浆

道路翻浆主要受土质、温度、水分等因素的影响，尤其是在粉质土基中，由于毛细水上升，冬季气温下降，水分在路面下形成冰粒，体积增大，导致路面出现隆起现象，春季上层冻土融化，而下层尚未融化，这样使土基变成湿软的橡皮状，路面承载力下降，如果有车辆通过，路面下沉，临近部分隆起，并将泥土从裂缝中挤出来，使路面破坏，这种现象叫作翻浆。

翻浆

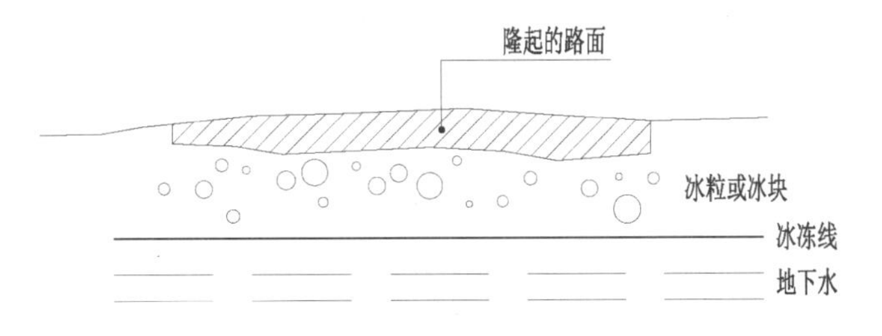

翻浆原理剖面示意

4. 植物生长破坏

在园路或场地中还存在一类常见破坏，就是植物生长对硬质铺装的破坏。主要体现在设计过程中对植物生长情况估计不足，未给植物生长留出足够的空间；或者建成年代过于久远，树木根系扩展，导致周边铺装如树篦子开裂、起翘等问题。

植物生长导致铺装起翘、变形、开裂

5. 面层脱落

面层脱落一般发生在墙面与地面。墙面材料脱落的主要原因是砂浆配比不合理造成粘结性低，石材厚度与做法不匹配，或者施工的质量问题等。

地面材料脱落多发生在碎料路面中，如卵石铺装、洗米石铺装、碎石铺装等。造成这种破坏的原因有砂浆粘结强度不够或者面层材料与砂浆接触面积较小等，此外场地铺装边缘的切砖也会造成切砖部分脱落。因此，在施工图设计中必须结合实际使用，采用合理施工工艺，确保墙面、路面结构稳定、耐用。

立面材料开裂与脱落

6.6 铺装设计重点

6.6.1 常见问题

在铺装详图的设计中，经常出现以下四类问题。

1. 对总图控制尺寸的误解

在施工图设计之初，总图会根据方案设计给出节点、小品（包含构筑物）的大致尺寸，在设计详图时会根据控制尺寸进行深化。因此，总图最初给予详图的尺寸只是控制尺寸，而并非不可变更的尺寸。许多初学施工图设计的设计人员对此容易产生误解，导致在施工图设计过程中因迁就总图控制尺寸而出现很多不合理情况。

示例：总图对某一方形场地的控制尺寸为 5 000 mm×5 000 mm。在严格遵循控制尺寸，并使用常见规格铺装进行场地设计之后，出现铺装收边与主体铺装排砖不对缝，以及主体铺装切砖不合理的问题（如下图 所示）。

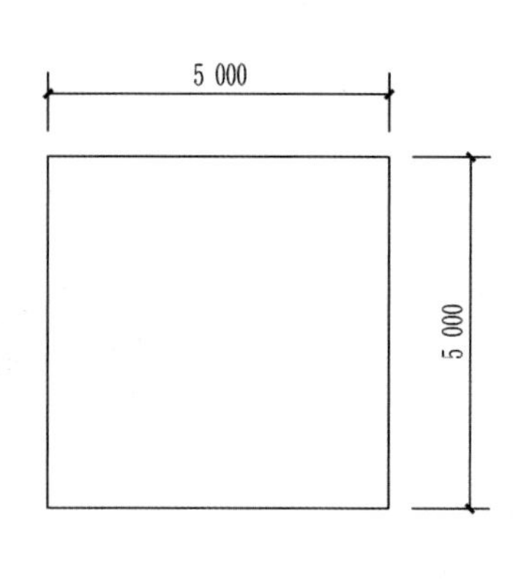

总图中场地控制尺寸

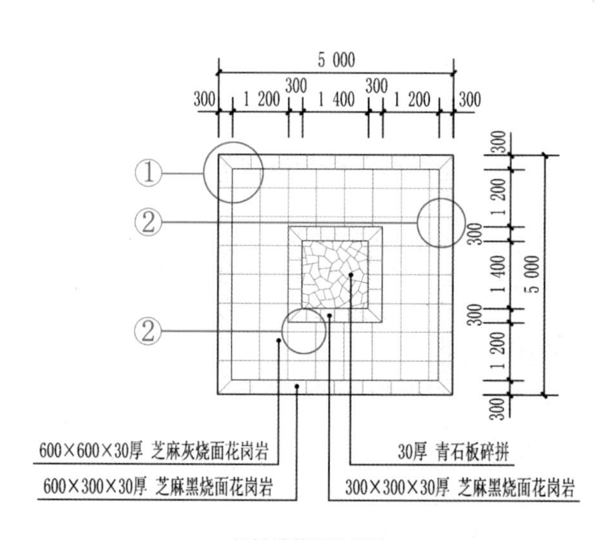

场地铺装深化设计一

调整后，可以看出场地轮廓尺寸不再是 5 000 mm×5 000 mm，而是由 5 000 mm×5 000 mm 增大到 5 400 mm×5 400 mm，或者减小到 4 800 mm×4 800 mm，但仍然在总图尺寸允许的调整范围内。同时避免了使用不常见规格的材料而导致造价的增加。

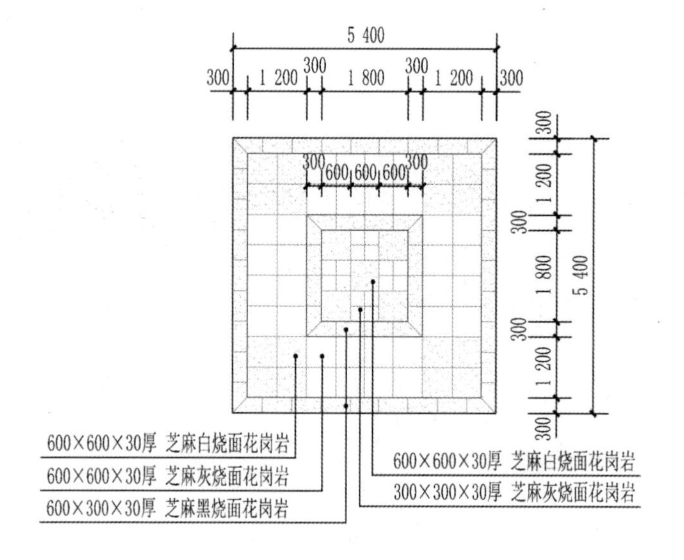

场地铺装深化设计二

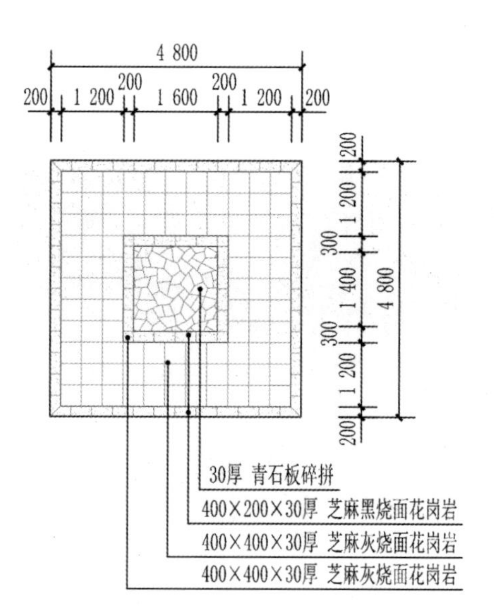

场地铺装深化设计三

2. 总图与详图、详图与详图之间互不顾及

总图与详图、详图与详图之间经常会出现图纸对不上的情况，这不仅存在于铺装详图设计，在小品详图设计中也常常出现。例如在有廊架的场地，绘制廊架详图的设计师与铺装详图的设计师之间缺乏有效沟通，负责廊架的设计师调整了廊架的跨度，却没有及时告知铺装详图的设计师，最后合图时发现廊架柱子的位置与铺装设计的边线不匹配，造成工作量的增加。因此分配绘图任务的项目负责人应综合考虑每个场地及构筑物的特点再进行合理分配，而非简单地按照铺装详图和小品详图进行划分。同时施工图设计师之间应加强图纸相互配合意识，而非孤立看待施工图设计工作。

3. 材料规格、面层处理方式、颜色缺乏统一控制

在绘制施工图之前，方案组与施工图组应该进行全面的交接，包括整体的颜色控制、材料选择、重要节点的设置，在绘制过程中项目负责人应及时对过程图纸进行跟踪。若是缺少此过程，就有可能导致施工图中使用的材料规格、面层处理方式、颜色等缺乏有效控制，显得杂乱，反而需要更多的时间修改。

面层材料缺乏统一

4. 铺装细部处理不合理

在铺装设计中，铺装转角处、不同铺装材质交界处、平面与竖向交界处等都是铺装设计中容易忽略，又会影响整体效果的重要部分。因此，铺装细节的设计尤为重要。

铺装与置石水景衔接处不合理

铺装对缝不合理

切砖、对缝不合理

6.6.2 铺装转角常见做法

道路转角处铺装是铺装设计的难点部位，这个区域的设计涉及铺装拼接、铺装规格变化、铺装方向变化等问题，若处理不合理会造成对缝不齐、切砖不合理等情况，影响美观。

1. 转直角收边常见做法

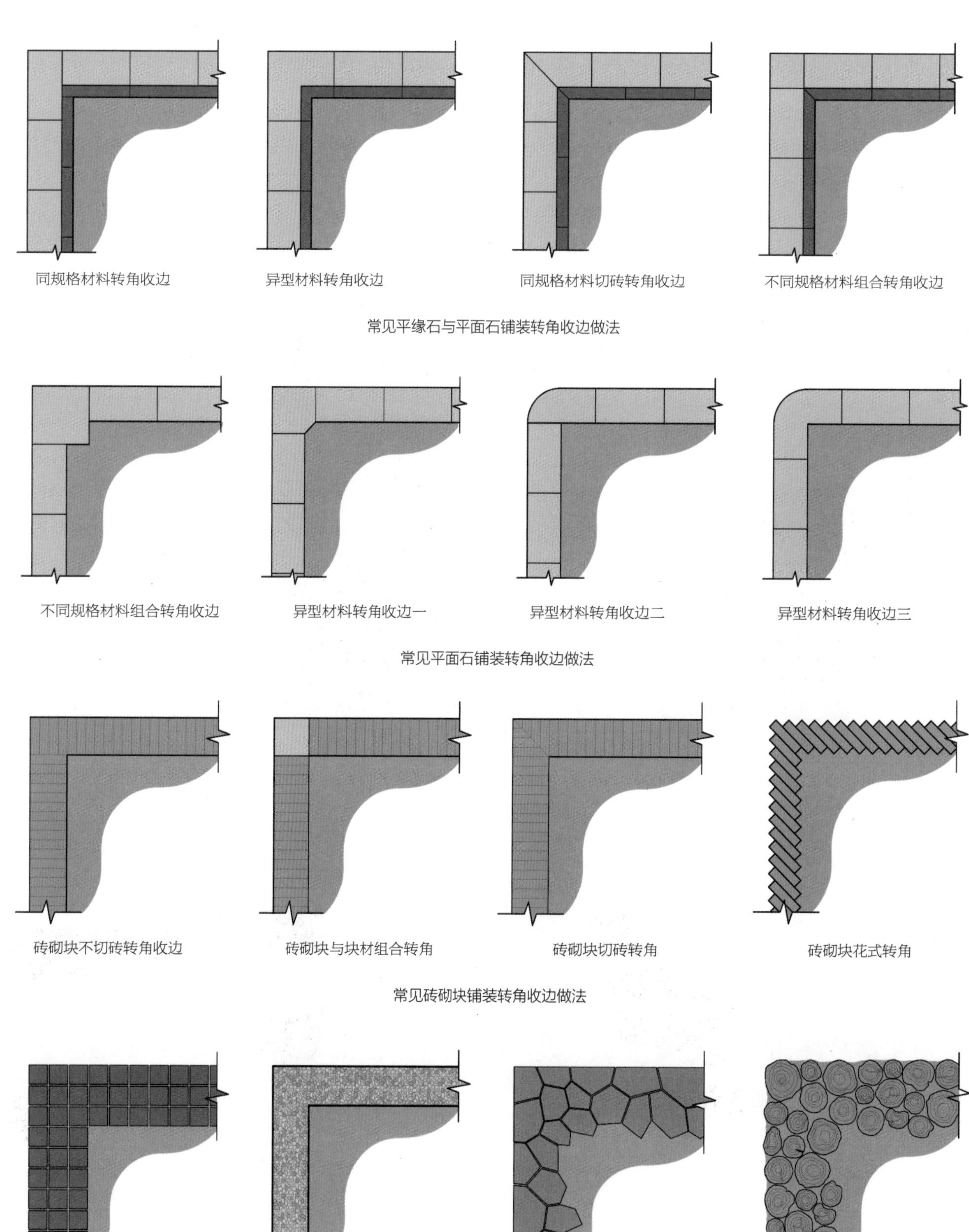

同规格材料转角收边　异型材料转角收边　同规格材料切砖转角收边　不同规格材料组合转角收边

常见平缘石与平面石铺装转角收边做法

不同规格材料组合转角收边　异型材料转角收边一　异型材料转角收边二　异型材料转角收边三

常见平面石铺装转角收边做法

砖砌块不切砖转角收边　砖砌块与块材组合转角　砖砌块切砖转角　砖砌块花式转角

常见砖砌块铺装转角收边做法

料石铺装转角收边　碎石与不锈钢收边转角收边　不规则材料转角收边　木质材料转角收边

其他常见材料铺装转角收边做法

2. 转直角铺装常见做法

1）转直角铺装做法一

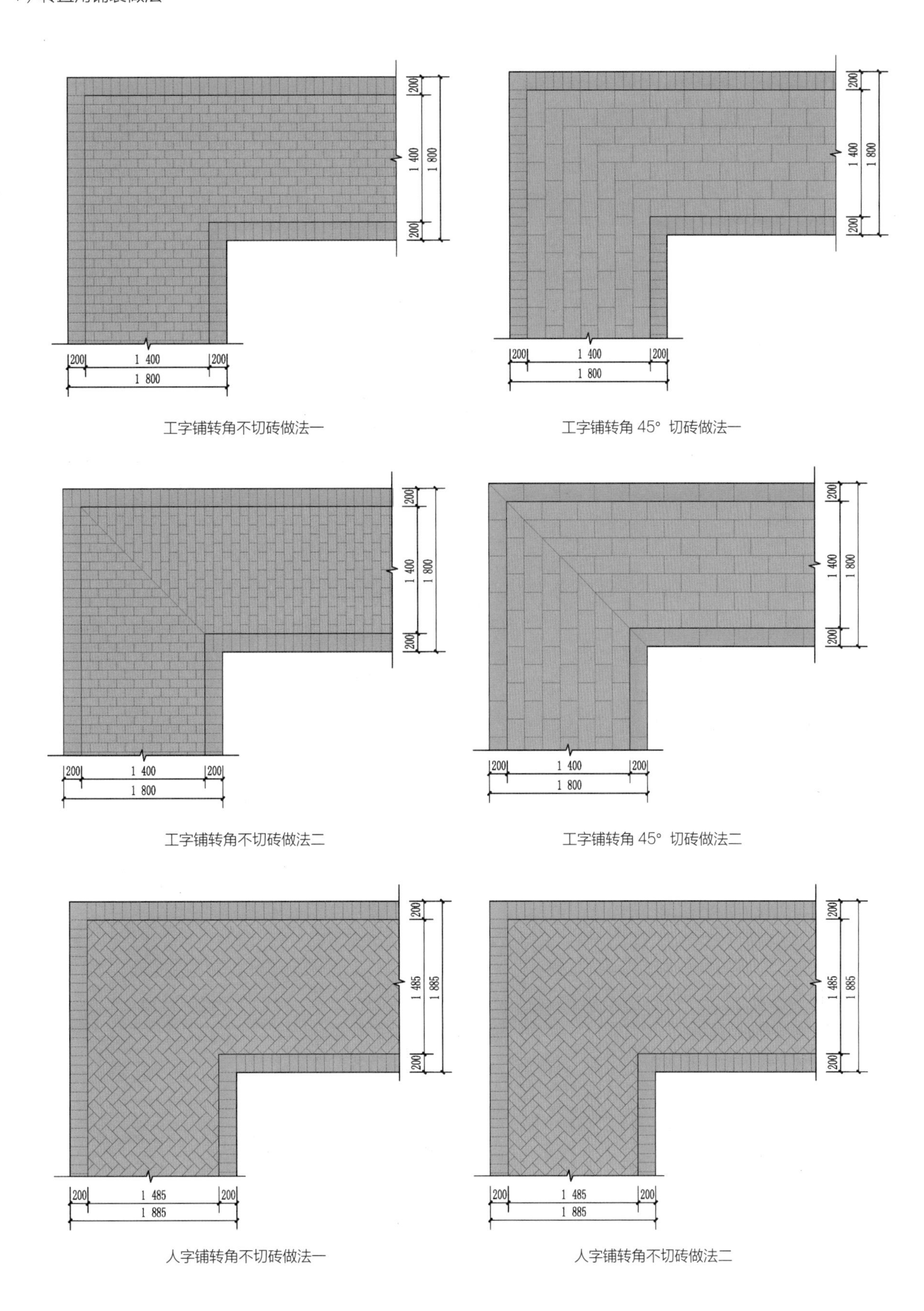

工字铺转角不切砖做法一

工字铺转角 45° 切砖做法一

工字铺转角不切砖做法二

工字铺转角 45° 切砖做法二

人字铺转角不切砖做法一

人字铺转角不切砖做法二

2）转直角铺装做法二

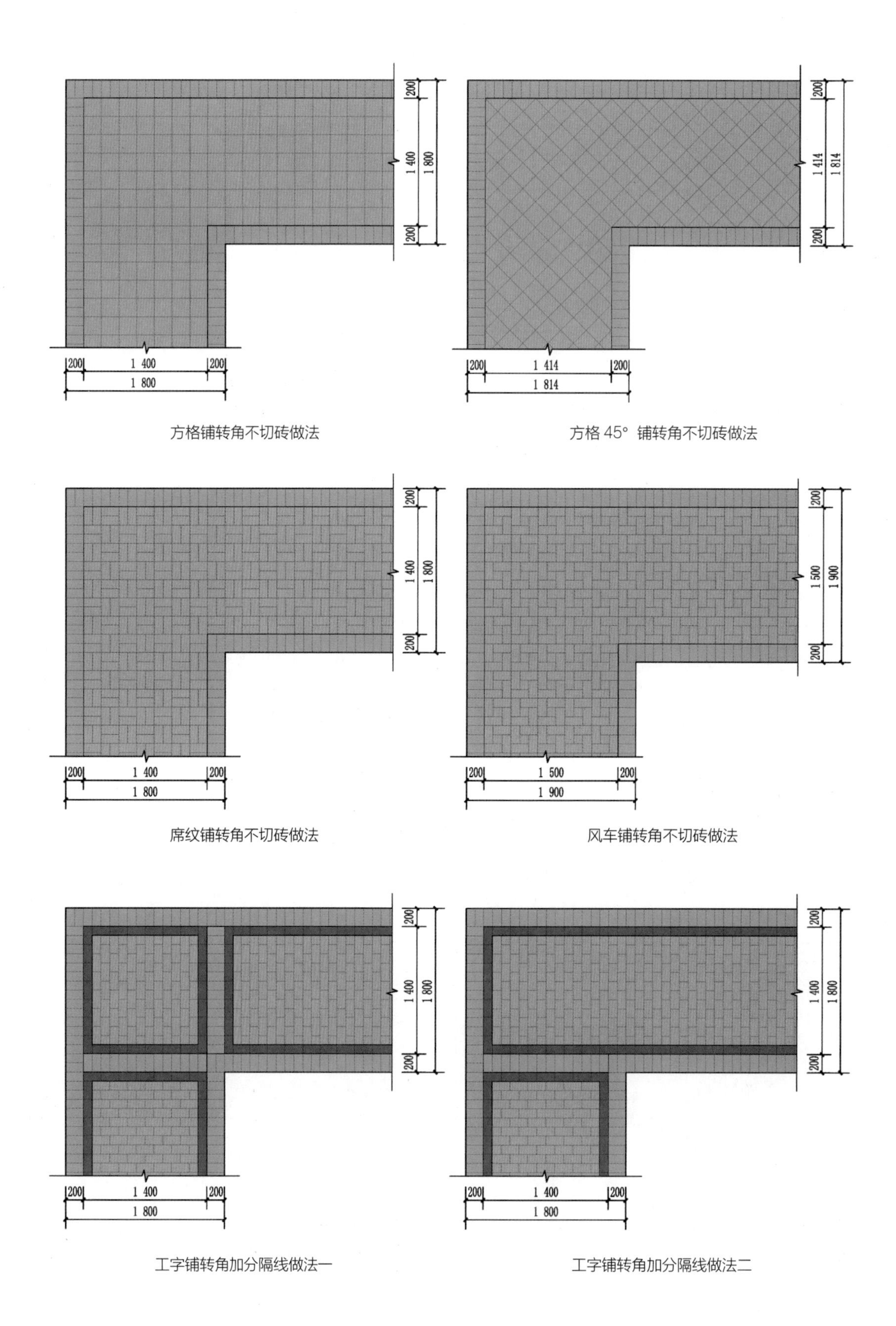
200
1 400
1 800
200
200
1 400
200
1 800
方格铺转角不切砖做法
200
1 414
1 814
200
200
1 414
200
1 814
方格 45° 铺转角不切砖做法
200
1 400
1 800
200
200
1 400
200
1 800
席纹铺转角不切砖做法
200
1 500
1 900
200
200
1 500
200
1 900
风车铺转角不切砖做法
200
1 400
1 800
200
200
1 400
200
1 800
工字铺转角加分隔线做法一
200
1 400
1 800
200
200
1 400
200
1 800
工字铺转角加分隔线做法二

3）转直角铺装做法三

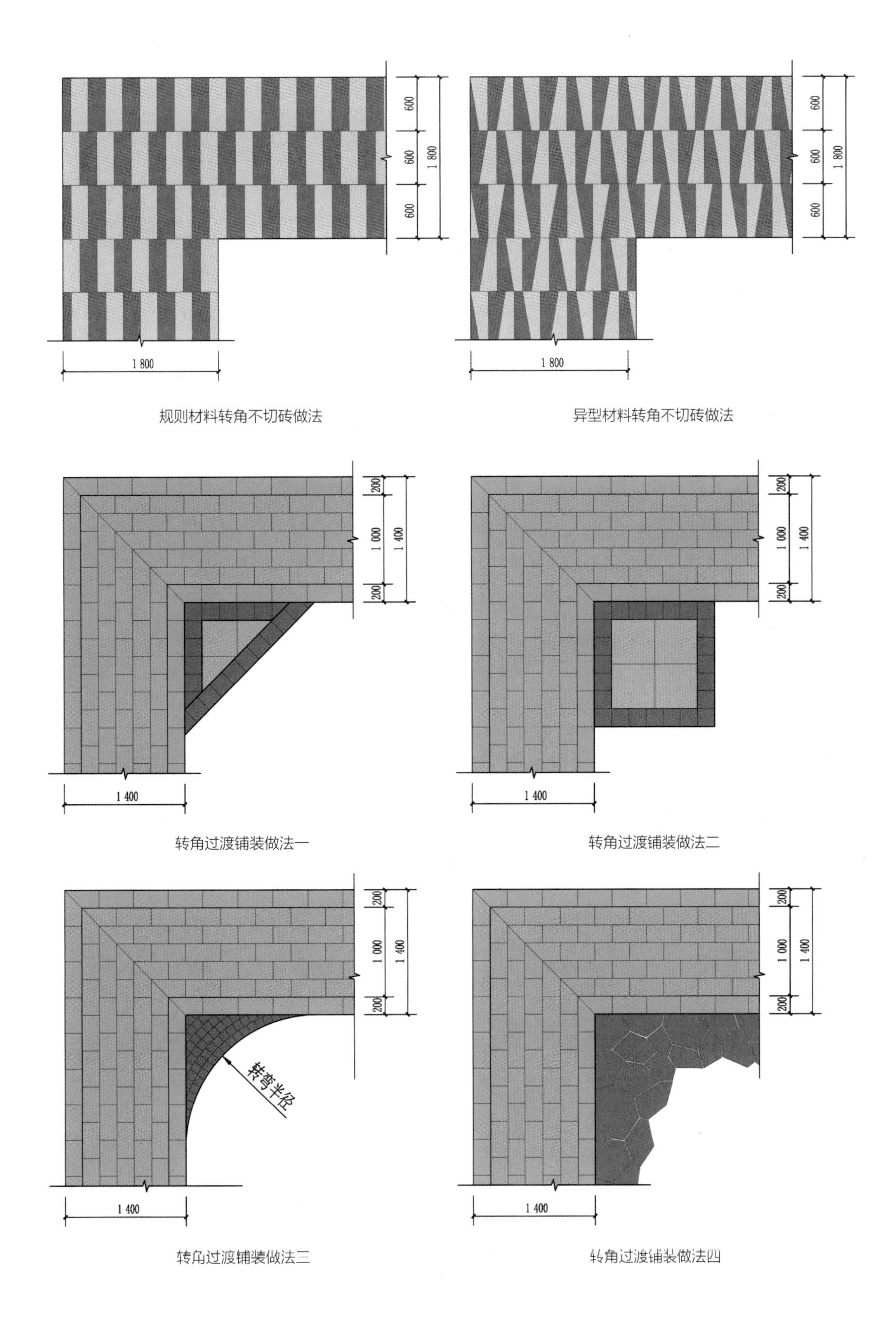

规则材料转角不切砖做法

异型材料转角不切砖做法

转角过渡铺装做法一

转角过渡铺装做法二

转角过渡铺装做法三

转角过渡铺装做法四

4）转直角铺装做法四

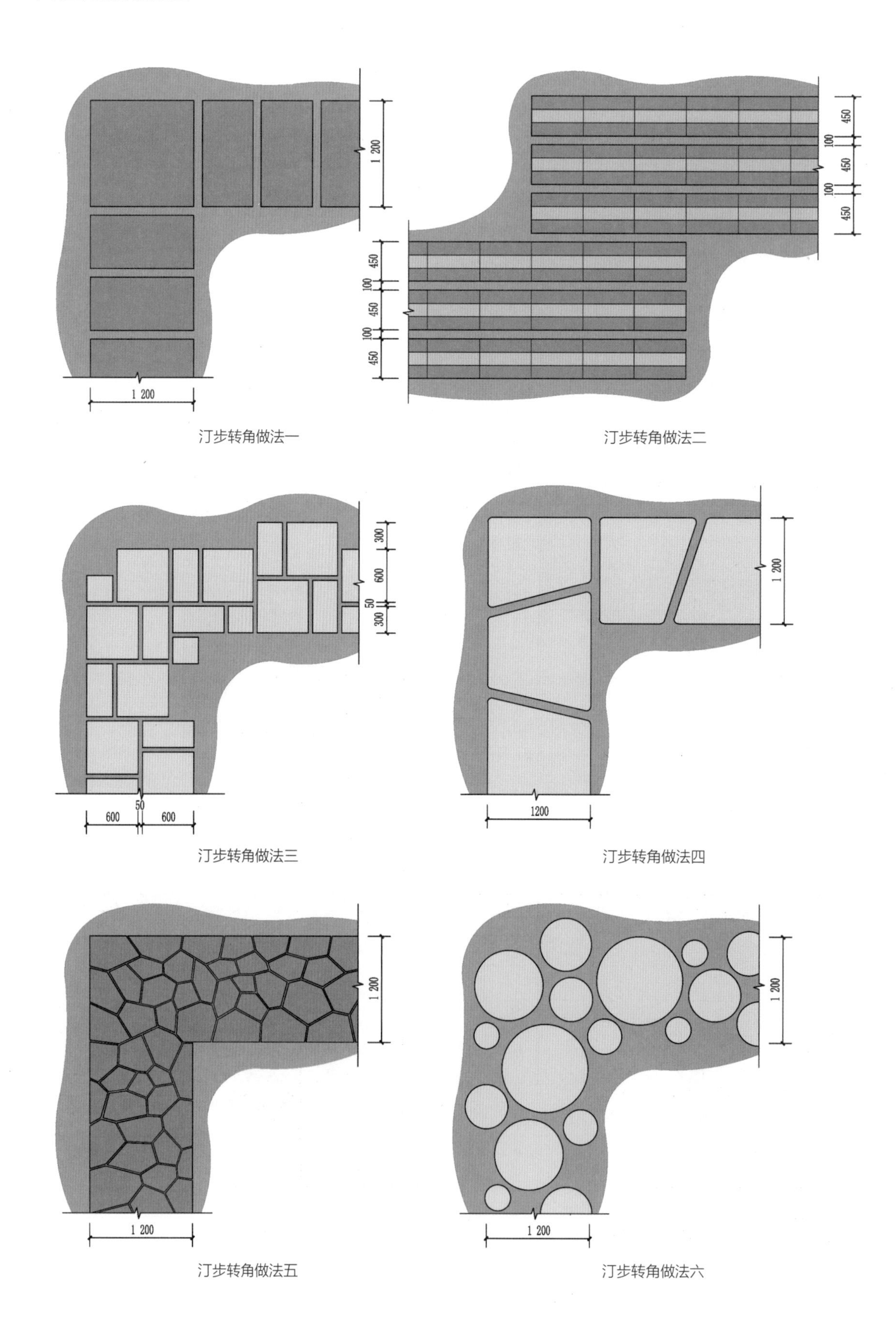

汀步转角做法一

汀步转角做法二

汀步转角做法三

汀步转角做法四

汀步转角做法五

汀步转角做法六

3. 转直角圆形倒角常见做法

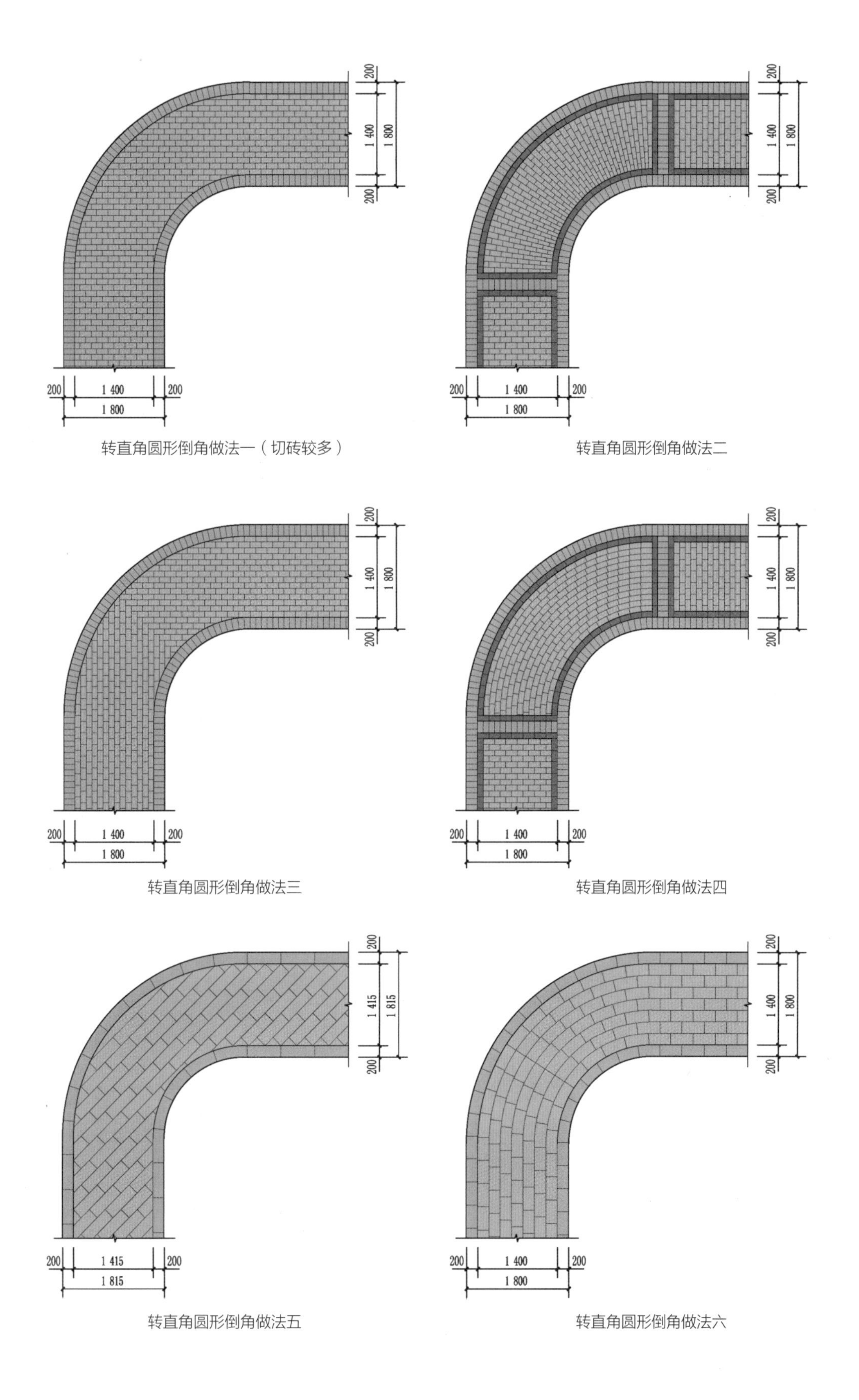

转直角圆形倒角做法一（切砖较多）

转直角圆形倒角做法二

转直角圆形倒角做法三

转直角圆形倒角做法四

转直角圆形倒角做法五

转直角圆形倒角做法六

4. 不同铺装样式衔接方式

1）垂直衔接方式

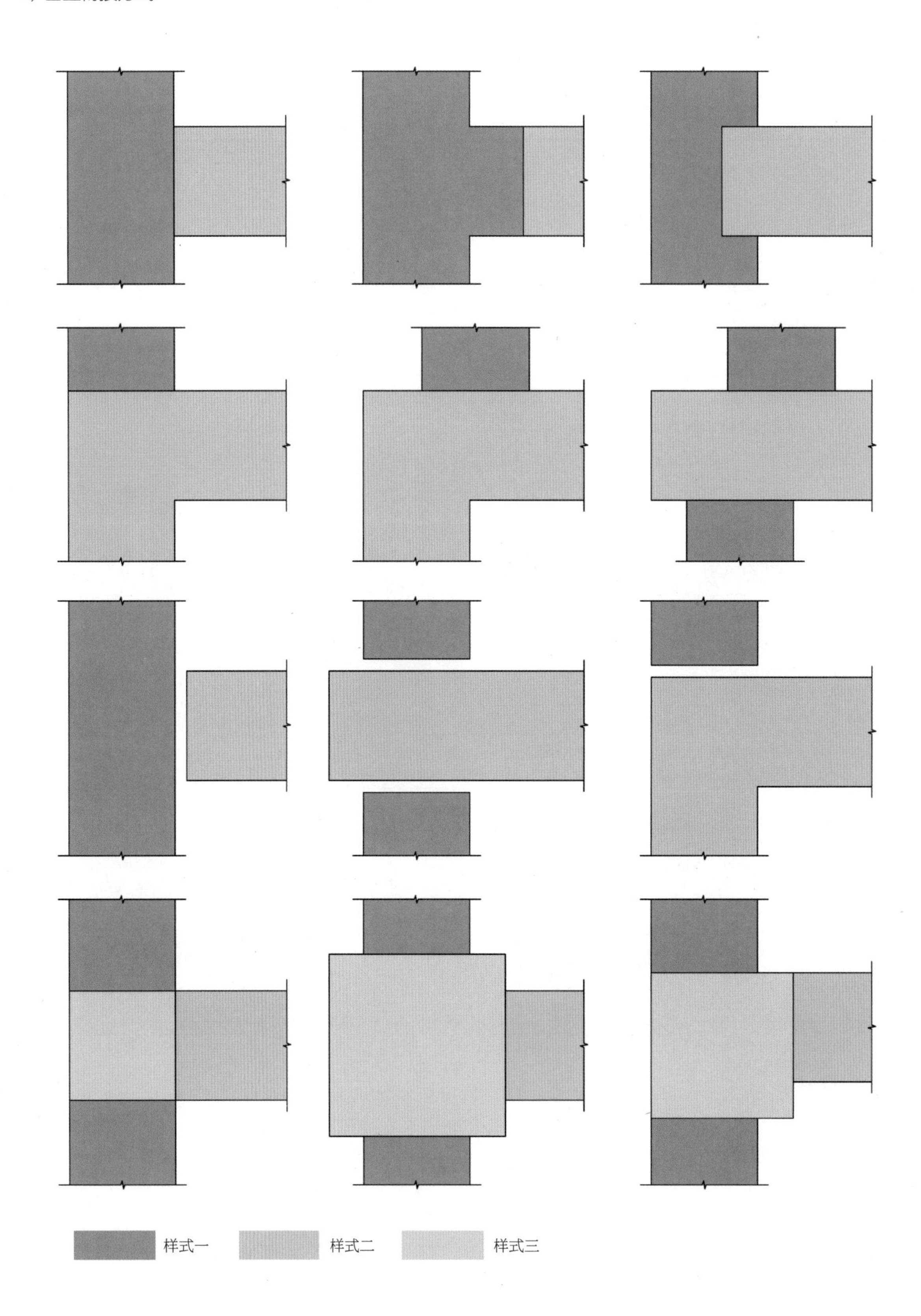

铺装垂直衔接常见方式

2）非垂直衔接方式

铺装非垂直衔接常见方式

第三篇

小品设计

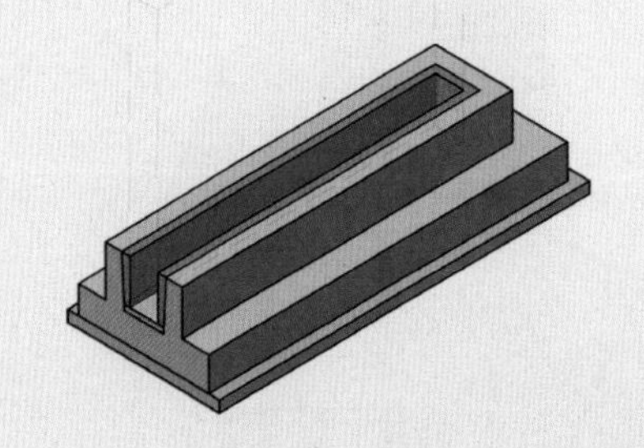

第 7 章 施工图小品设计基础

7.1 概述

一个景观项目的施工图主要包含几个专业的图纸——园林专业、给水排水专业、电气专业、结构专业等图纸，在一些复杂的项目中还包括土壤修复专业、水利专业、道桥专业等多专业的配合。笔者受当前的专业局限，本书主要针对园建施工图中铺装设计和小品设计两方面进行介绍，不包含对植物设计、照明设计等部分的探讨。作为本书撰写的初衷，笔者希望本书中给出的施工图设计思路能为景观设计师们提供不同的看待施工图设计的角度。

工程图纸作为指导施工、预算的重要依据，要求表达准确。除了我们经常提到的材质、尺寸等要准确以外，施工图编制顺序的逻辑性，也是图纸准确的一个重要方面。总体而言，施工图编制应该先总图后详图，总图部分应该先园建后其他专业，详图部分应该先铺装详图后小品详图，再是其他专业图纸。具体针对详图部分来说，总体在先，局部在后，主要在先，次要在后；布置图在先，构件图在后；顶底在先，立剖在后。在实际工作中，或许不同的公司要求不同，因此建议大家在学习和工作的过程中多总结，寻找一些比较有效的制图方式。

第 6 章主要分析了园建图纸中的铺装设计的方法及相关问题，而本章主要是针对园建图纸中的景观小品设计思路进行阐述，通过具体示例对小品详图中的典型问题进行说明。

7.2 景观施工图的编制

7.2.1 景观施工图的编制内容及编制要求

1. 编制内容

景观工程图纸的编制内容通常包含：景观专业图纸、结构专业图纸、给水排水专业图纸、电气专业图纸，若特殊工程有其他相关专业，也应包含其他相关专业图纸。

景观专业图纸主要包含总图部分与详图部分，有时为了便于施工单位现场翻阅图纸，也将水电专业图纸与总图部分合并装订，结构专业图纸与详图相应节点合并装订。合并装订的图纸需在封面明显位置标明图纸所包含的专业情况。

景观专业总图部分包含：封面、图纸目录、设计说明、索引平面图、坐标定位图、尺寸放线图、灯具布置图、景观服务设施布置图、种植平面图等。详图部分包含：铺装详图、小品详图、通用做法详图、物料表等。

以上部分内容会因项目类型、难易程度等不同而产生差异，需要视具体情况而定。

2. 编制要求

初步设计文件包含设计说明及图纸，其内容达到以下要求：

① 满足编著施工图设计文件的需要。

② 达到各专业的技术要求，协调与相关专业之间的关系。

③ 用以编制工程概算。

施工图设计文件包含设计说明及图纸，其内容达到以下要求：

① 满足施工安装及植物种植需要。

② 满足设备材料采购、非标准设备制作和施工需要。

③ 用以编制工程预算。

3. 景观初步设计与施工图设计图纸基本内容及深度对比

景观初步设计与施工图设计图纸基本内容及深度对比详见下表。

景观初步设计与施工图设计图纸基本内容及深度对比

序号	图纸名称	初步设计	施工图设计
1	总平面图	（1）用地边界线及毗邻用地名称、位置； （2）用地内各组成要素的位置、名称、平面形态或范围，包括建筑、构筑物、道路、铺装场地、绿地、小品、水体等； （3）设计地形等高线	同初步设计

续表

序号	图纸名称	初步设计	施工图设计
2	定位图 / 放线图	（1）用地边界坐标。 （2）在总平面图上标注各工程的关键点的定位坐标和控制尺寸。 （3）在总平面图上无法表示清楚的定位应在详图中标注	除初步设计所标注的内容外，还应标注： （1）放线坐标网格。 （2）各工程的所有定位坐标和详细尺寸。 （3）在总平面图上无法表示清楚的定位应绘制定位详图
3	竖向设计图	（1）用地毗邻场地的关键性标高点和等高线。 （2）在总平面图上标注道路、铺装场地、绿地的设计地形等高线和主要控制点标高。 （3）在总平面图上无法表示清楚的竖向应在详图中标注。 （4）土方量	除初步设计所标注的内容外，还应标注： （1）在总平面上标注所有工程控制点标高，包括下列内容： ①道路起点、变坡点、转折点和终点的设计标高、纵横坡度。 ②广场、停车场、运动场的控制点设计标高、坡度和排水方向。 ③ 建筑、构筑物室内外地面控制点标高。 ④工程坐标网格。 ⑤土方平衡表。 （2）屋顶绿化的土层处理，应做结构剖面
4	水体设计图	（1）水体平面图。 （2）水体的常水位、池底、驳岸标高。 （3）驳岸形式、剖面做法节点。 （4）各种水体形式的剖面	除初步设计所标注的内容外，还应标注： （1）平面放线。 （2）驳岸不同做法的长度标注。 （3）水体驳岸标高、等高线、最低点标高。 （4）各种驳岸及流水形式的剖面及做法。 （5）泵坑、上水、泄水、溢水、变形缝的位置、索引及做法
5	种植设计图	（1）在总平面图上绘制设计地形等高线和现状保留植物名称、位置，尺寸按实际冠幅绘制；设计的主要植物种类、名称、位置、控制数量和株行距。 （2）在总平面上无法表示清楚的种植应绘制种植分区图或详图。 （3）苗木表标注种类、规格、数量	除初步设计所标注的内容外，还应标注： （1）工程坐标网格或放线尺寸，设计的所有植物的种类、名称、种植点位或株行距、群植位置、范围、数量。 （2）在总平面上无法表示清楚的种植应绘制种植分区图或详图。 （3）若种植比较复杂，可分别绘制乔木种植图和灌木种植图。 （4）苗木表包括序号、中文名称、拉丁学名、苗木详细规格、数量、特殊要求等
6	园路铺装设计图	（1）在总平面上绘制和标注园路和铺装场地的材料、颜色、规格、铺装纹样。 （2）在总平面上无法表示清楚的应绘制铺装详图表示。 （3）园路铺装主要构造做法索引及构造详图	除初步设计所标注的内容外，还应标注： （1）缘石的材料、颜色、规格，说明伸缩缝的做法及间距。 （2）在总平面定位图中无法表述铺装纹样和铺装材料变化时，应单独绘制铺装放线或定位图
7	小品设计图	（1）在总平面上绘制小品详图索引图。 （2）小品详图，包括平、立、剖面图。 （3）小品详图的平面图应标明下列内容： ① 承重结构的轴线、轴线编号、定位尺寸、总尺寸。 ② 主要部件名称和材质。 ③ 重点节点的剖切线位置和编号。 ④ 图纸名称及比例。 （4）小品详图的立面图应标明下列内容： ① 两端的轴线、编号及尺寸。 ② 立面外轮廓及主要结构和构件的可见部分的名称及尺寸。 ③ 可见主要部位的饰面材料。 ④ 图纸名称及比例。 （5）小品的详图的剖面图应准确、清楚地标示出剖到或看到的地上部分的相关内容： ① 承重结构的轴线、轴线编号和尺寸。 ② 主要结构和构造部件的名称、尺寸及工艺。 ③ 小品的高度、尺寸及地面的绝对标高。 ④ 图纸名称及比例	除初步设计所标注的内容外，还应标注： （1）平面图应标明： ① 全部部件名称和材质。 ② 全部节点的剖切线位置和编号。 （2）立面图应标明： ① 立面外轮廓及所有尺寸和构件的可见部分的名称和尺寸。 ② 小品的高度和关键控制点标高的标注。 ③ 平面、剖面未能表示出来的构件的标高或尺寸。 （3）剖面图应标明： ① 所有结构和构造部件的名称、尺寸及工艺做法。 ② 节点构造详图索引号

《建筑场地园林景观设计深度及图样》（06SJ805）中指出初步设计可只绘制工程重点部位详图。施工图设计应绘制出工程所有节点的详图。道路绿化的初步设计可仅绘制道路绿化标准段的平面图、立面图及断面图。

此外，该图集深度说明中还明确，对于具体工程项目可根据项目内容和设计规范对本规定条文进行合理的取舍。

7.2.2 关于图框

1. 图幅基本规格与图纸加长

图纸幅面及图框尺寸应符合下表规定。

图框加长应符合下表规定，且不可加长短边。

幅面及图框尺寸

尺寸代号	幅面代号 /mm				
	A0	A1	A2	A3	A4
bxl	841 × 1 189	594 × 841	420 × 594	294 × 420	210 × 297
c	10			5	
a	25				

图纸长边加长尺寸

幅面代号	长边尺寸	长边加长后尺寸 /mm					
		加长 1/4*l*	加长 1/2*l*	加长 3/4*l*	加长 *l*	加长 5/4*l*	加长 3/2*l*
A0	1 189	1 486	1 783	2 080	2 378	—	—
A1	841	1 051	1 261	1 471	1 682	1 892	2 102
A2	594	743	891	1 041	1 189	1 338	1 486
A3	420	630	841	1 051	1 261	1 471	1 682

需要说明的是：第一，在绘制景观施工图时，如遇需要加长超过 1/2*l* 的图框（不含 1/2*l*），设计师应尽量调整分区或者调整排图比例，当需要加长 *l* 时，则要考虑拆图，以免图纸过长，这一点与建筑或者工艺管线等专业略有不同；第二，从上表中来看，并没有规定 A4 图纸的加长，建议在施工图设计中尽量避免使用 A4 加长的图框。

另外规范还规定，在一个工程中，每个专业所使用的图纸不宜多于两种幅面，不含目录及表格所采用的 A4 幅面。需要注意的是幅面指的是 A0、A1、A2、A3、A4，而非同一个幅面的加长。

2. 图纸样式及标题栏

图纸中应有标题栏、图框线、幅面线、装订边线和对中标志。此外，图纸还分为横式和立式两种，在采用加长图纸时，图纸以短边作为垂直边应为横式，以短边作为水平边应为立式。A0~A3 图纸宜作横式使用；必要时，也可作立式使用。

除了图纸的图幅以外，图纸最重要的地方是标题栏。规范规定：

① 涉外工程的标题栏内，各项主要内容的中文下方应附有译文，设计单位上方或左方应加“中华人民共和国”字样。

② 在计算机辅助制图文件中使用电子签名与认证时，应符合《中华人民共和国电子签名法》的有关规定。

③ 当由两个以上的设计单位合作设计同一工程时，设计单位名称区可依次列出设计单位名称。

另外参考《工艺系统专业工程设计文件校审细则》（HG 20557.4—1993）中给出的定义，图框标题栏的会签栏里各级责任定义如下。

1）设计和编制

设计和编制由工艺系统专业设计人员担任。

2）校核

校核由指定的、具有校核或审核资格的工艺系统专业内水平较高、工作经验较丰富的设计人员担任。

3）审核

审核由指定的、具有审核资格的工艺系统专业人员、专业负责人或工艺系统专业组长担任。必要时，部分文件的审核由具有审核资格的室主任或主任工程师担任，或由设计经理认可或批准。

4）审定

对于图框中经常会出现的“审定人”主要是指从院或室的行政角度对成品质量负责。

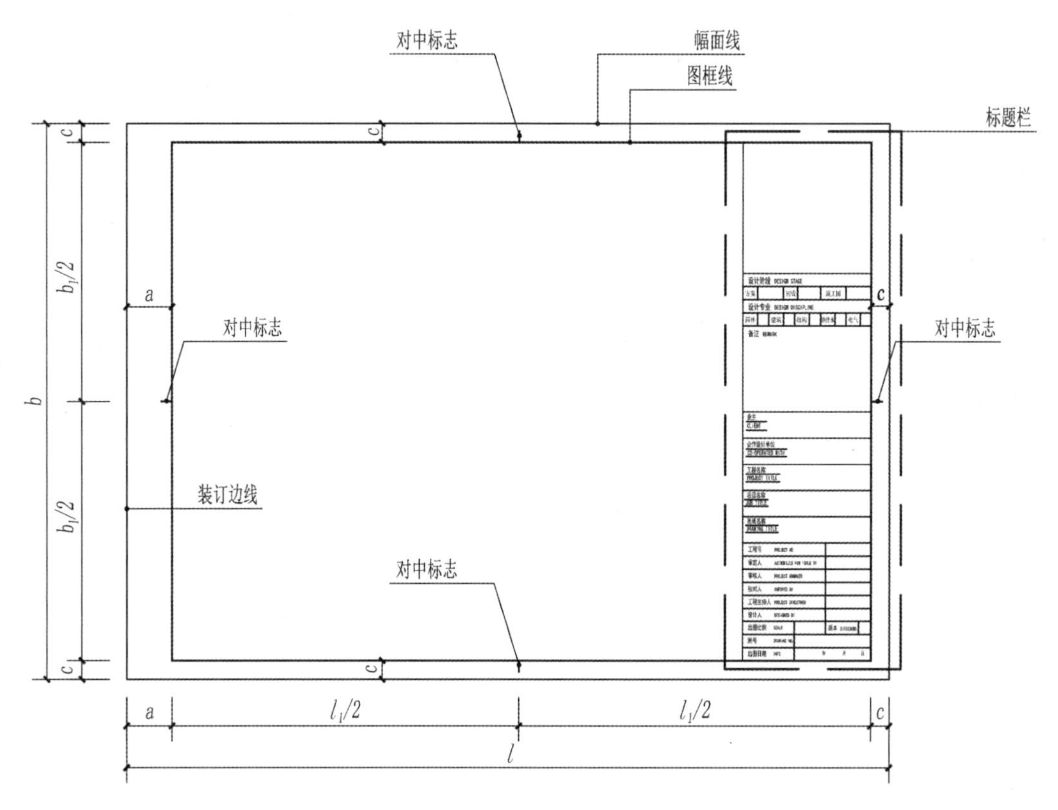

图框组成示意

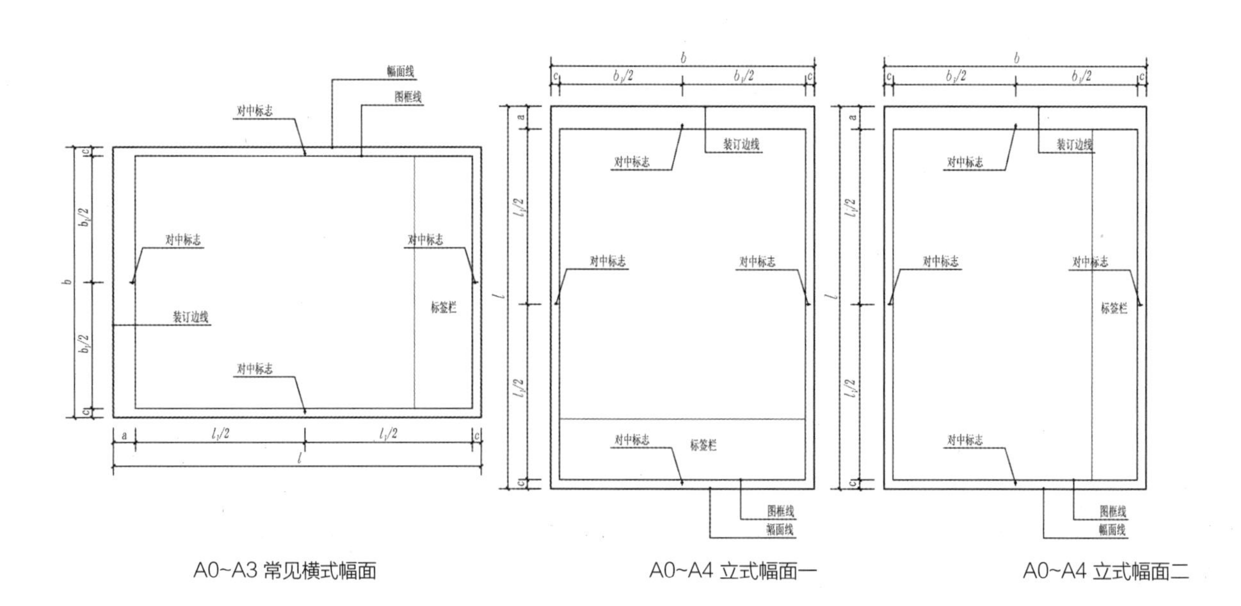

A0~A3 常见横式幅面　　A0~A4 立式幅面一　　A0~A4 立式幅面二

7.2.3 图纸常见命名方式及问题

在这里将图纸命名方式单独列出来分析主要是因为图纸命名看似简单，但是在实际操作过程中由于命名方式不合理，会导致制图时索引图纸图号不清晰，新增图纸时图号改动工作量无谓增加，翻阅图纸时无法迅速找到目标图纸等。在此通过对比不同的图纸命名方式，提出建议供设计师参考。

由于目前国内景观设计专业暂时尚无一套完整的标准化制图规范，在制图过程中主要借鉴建筑制图规范、结构设计规范等相关专业规范及图集，综合来看主要有以下几种方式：

① 直接引用国外建筑景观命名方式。

② 参照国内建筑专业制图规范的命名方式。

③ 混合式。

④ 其他。

我们通过举例及横向对比，讨论不同的图纸命名方式对制图及识图的不同影响。

1. 直接引用国外建筑景观公司图纸命名方式

近 30 年景观设计行业的发展深受欧美景观行业的影响，反映在施工图制图中除了详图制图习惯受其影响以外，图纸命名也是其中一个典型特点。

美国威力（Wiley）公司出版的《景观建筑绘图标准》中提到通常图纸命名是由五部分组成，分别包括：① 学科代号；②工作类型（即专业细分）； ③图纸类型代号；④图纸序号；⑤自定义。具体内容见下表。

学科代号

G	一般	F	消防
H	有害材料	P	管线
C	民用	M	机械
L	景观	E	电力
S	结构	T	通信
A	建筑	R	资源
I	室内	X	其他工程
Q	设备	Z	合约或制图

工作类型（景观）

S	硬质景观
I	灌溉
P	植树（种植）
L	灯光
G	路基平整
D	铲除
R	位置改变

根据以上的组成，该书中景观施工图图纸命名结构见下图。

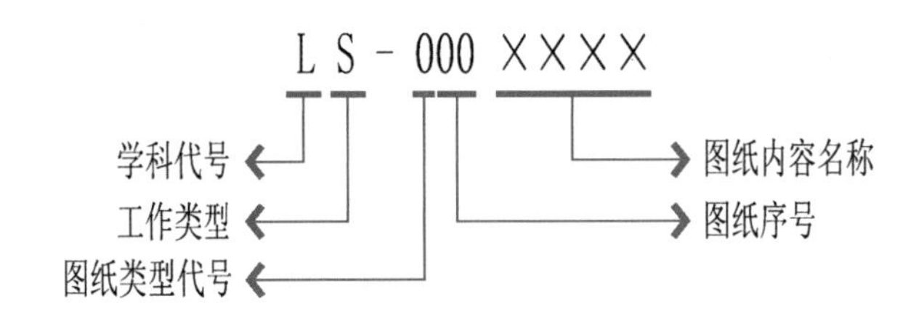

境外建筑景观施工图图纸命名结构

部分图纸目录摘录见下表。

图纸类型名称

图纸编号	图纸内容	图纸编号	图纸内容
G–001	封面	LS–511 THRU LS–519	运动场详图
L–001	图纸目录	LS–601 THRU LS–602	进度表
L–002	标注与图例	F–1 THRU F–12	喷泉
LS–101 THRU LS–130	场地平面图	FE–1 THRU FE–4	电动喷泉
LS–201 THRU LS–205	立面图	LP–101 THRU LP–130	绿化平面图
LS–301 THRU LS–303	场地剖面图	LP–501 THRU LP–502	绿化详图
LS–401 THRU LS–402	场地平面放大图	LP–601 THRU LP–605	绿化日程表
LS–415 THRU LS–417	运动场平面放大图	LI–101 THRU LP–130	灌溉平面图
LS–501 THRU LS–506	入口详图	LI–501	灌溉详图

2. 参照国内建筑专业制图规范中的命名

根据《房屋建筑制图统一标准》（GB/T 50001-2017）中对建筑行业相关专业及相关阶段专业代码规定如下表所示。

常用专业代码列表

专业	专业代码名称	英文专业代码名称	备注
通用	—	C	—
总图	总	G	含总图、景观、测量 / 地图、土建
建筑	建	A	—
结构	结	S	—
给水排水	给水排水	P	—
暖通空调	暖通	H	含采暖、通风、空调、机械
	动力	D	—
电气	电力	E	—
	电讯	T	—
室内设计	室内	I	—
园林景观	景观	L	园林、景观、绿化
消防	消防	F	—
人防	人防	R	—

常用阶段代码列表

设计阶段	阶段代码名称	英文阶段代码名称	备注
可行性研究	可	S	含预可行性研究阶段
方案设计	方	C	—
初步设计	初	P	含扩大初步设计阶段
施工图设计	施	W	—
专业深化设计	深	D	—
竣工图编制	竣	R	—
设施管理阶段	设	F	物业设施运行维护及管理

常用版本代码列表

版本	版本代码名称	英文阶段代码名称	备注
部分修改	补	R	部分修改，或提供对原图的补充，原图仍使用
全部修改	改	C	全部修改，取代原图
分阶段实施	阶	P	含预期分阶段作业的图纸版本
自定义过程	自	Z	设计阶段根据需要自定义增加

常用类型代码列表

工程图纸文件类型	类型代码名称	数字类型代码
图纸目录	目录	0
设计总说明	说明	0
平面图	平面	1
立面图	立面	2
剖面图	剖面	3
大样图（大比例视图）	大样	4
详图	详图	5
清单	清单	6
简图	简图	6
用户定义类型一	—	7
用户定义类型二	—	8
三维视图	三维	9

目前园林景观行业设计院多采用拼音字母的缩写来作为专业代码，比如园林设计总图部分就是“Z-”，例如园林设计说明就是“Z-0”，园林设计总平面图就是“Z-1”，铺装索引平面图就是“Z-2”以此类推。如果设计说明需要几张图才能表达完整，也有采用“Z-A”“Z-B”……这样的情况来编号的，以保证园林设计总平面图是从“Z-1”开始往后编号。再比如园林施工详图的专业代号就是“YS-”，园林电气施工图就是“DS-”等等。

景观专业施工图常用代码列表

图纸类型	代码名称	英文代码	备注
园林设计说明及总图	总 -	Z-	—
园林施工详图	园施 -	YS-	有时为了分别表达铺装详图与小品详图，会用 X- 代表铺砖详图，YS- 代表小品详图
种植设计说明及总图	绿施 -	LS-	—
给水排水设计说明及总图	水总 -	SS-	—
给水排水详图	水施 -		—
电气设计说明及总图	电总 -	DS-	—
电气详图	电施 -		—
结构施工图	结施 -	JS-	含设计说明

3. 混合式

结合国外建筑景观的命名方式，同时参考国内公司的命名方式，形成混合式的图纸命名方式。笔者翻阅了很多景观公司的图纸，整理出最常见的两种混合式图纸命名，见下表。除了这两种以外，还有其他混合式，但基本是在这两种方式基础上再混合其他的命名方式，比如结构专业图纸采用国内制图标准中的“JS-”来代替等。

混合式图纸命名常见代码列表一

图纸编号	图纸内容	图纸编号	图纸内容
S-	图纸目录、设计说明、铺装物料表	LT-	乔木种植平面图
L-	总平面图、分区平面图、室外家具布置平面图、消防系统定位平面图、围墙定位平面图	LS-	小乔及灌木种植平面图
LG-	竖向平面图	LGR-	地被种植平面图
LL-	尺寸放线平面图	LD-	通用详图、铺装详图、小品详图
LN-	网格定位平面图	LW-	给水排水设计说明、系统图，给水排水总平面图、详图
LP-	铺砖索引平面图	LE-	电气设计说明、系统图、大样图，电气平面图，灯具选型意向图等
LTS-	种植设计说明、种植施工做法、苗木表、种植总平面图	LST-	结构专业图纸

混合式图纸命名常见代码列表二

图纸编号	图纸内容	图纸编号	图纸内容
L-	图纸目录、设计说明、铺装物料表	LTS-	种植设计说明、种植施工做法、苗木表、种植总平面图
LI-	总图索引平面图	LT-	乔木种植平面
LG-	竖向平面图	LS-	灌木及地被种植平面
LL-	坐标定位平面图、尺寸放线平面图	LD-	通用详图、铺装详图、小品详图
LP-	铺装平面图	LW-	给水排水设计说明、系统图、给水排水总平面图、详图
LX-	小品索引平面图	LE-	电气设计说明、系统图、大样图、电气平面图、灯具选型意向图等
LEL-	灯具布置平面图	LS-	结构专业图纸

4. 其他

除了前面提到的几种主要方式，实际上每家公司的图纸命名都有一些相似之处，也存在一定差异。在上述三种常见类型之外，有一种方式让笔者印象比较深刻。在制图中，有的项目在制图时将图纸划分为 A、B、C、D 四个区，每个区的图纸按照总图、种植、园建详图（包括铺装和小品详图）、给水排水专业、电气专业、结构专业的顺序，以下面的顺序对每张图纸逐一命名：A-1、A-2、A-3、A-4……；B-1、B-2、B-3、B-4……；C-1、C-2、C-3、C-4……；D-1、D-2、D-3、D-4……

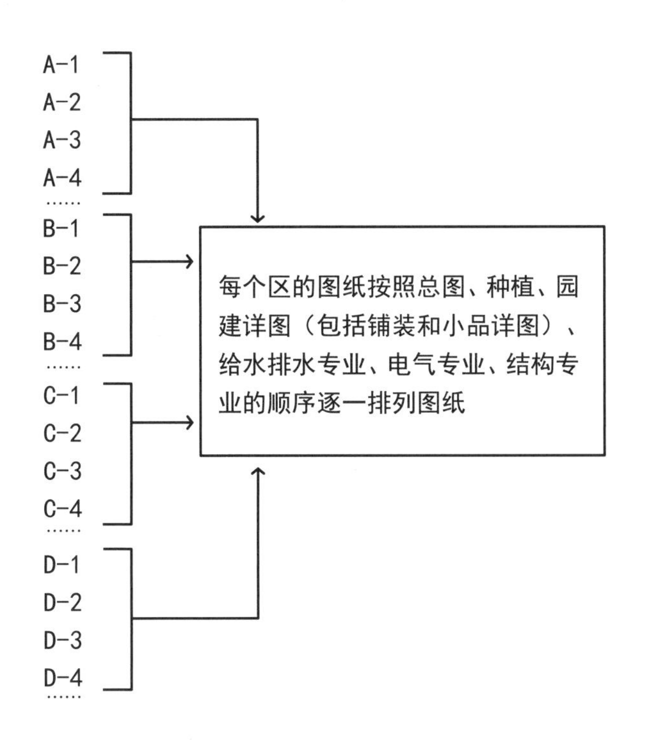

根据分区平面采用的图纸命名结构示意

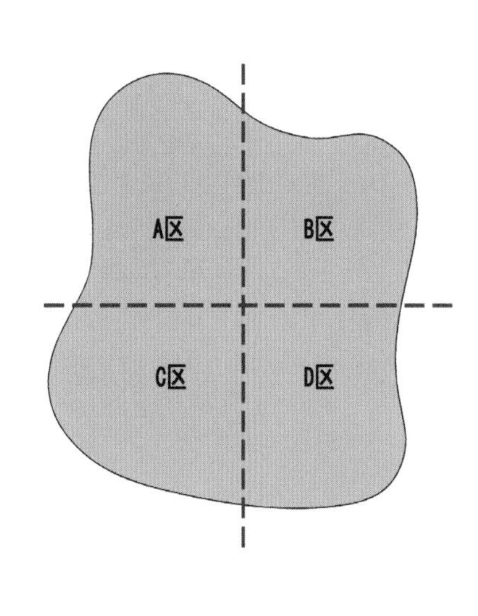

分区平面示意图

这种方式让笔者颇为不解。如果某一个区的图纸有删减，那么是否意味着图纸的序号从删减处起， 后面所有的图纸序号都需要调整呢？而图纸的序号调整则意味着图纸中索引图号的调整，这不仅工作量巨大，而且极易出错。如果不删只加，将增加的图纸放在最后，且不论这种情况出现的概率，即使出现也可能意味着放在后面的图纸和整个图纸的逻辑关系会产生问题，比如水景增加的图纸为什么要放在结构专业图纸之后呢？结构专业图纸也增加的话，又该放在何处呢？

在列举了上述几种命名方式之后，我们来思考一个问题：判断图纸命名方式是否合理的根本依据是什么？

无论是国外公司的图纸命名方式，还是国内的图纸命名方式，施工图设计图纸的目的是一致——便于识图，不论是给相关单位进行图纸报审、归档、评审，还是给施工单位识图、施工，或者是给预算单位进行工程量计算，图纸的根本目的是被准确、便捷地识图。国外的命名方式之所以适合其景观项目，是因为其图纸命名方式达成了共识，大家既能通过英文的缩写明白图纸的内容，也能通过缩写明白施工图排图的顺序。那么将它引进国内是否合适呢？

在现场配合施工时，笔者注意到，国内的施工单位对于以英文缩写命名的图纸有时会出现找图纸不顺畅的情况，因为他们既不知道英文缩写的含义，同时这些英文字母也不是按照 A—Z 的顺序排列的，导致很多现场施工人员不知道图纸的先后顺序（除非已经按照图纸内容熟悉图纸前后关系，而非熟悉图纸命名顺序）。有很多设计师可能觉得这是施工人员文化素养不够造成的，但是，既然图纸最终目的是准确指导施工、为施工提供便捷服务，那么为何不采取更便于施工单位查图、找图的方式来命名图纸或者绘制施工图呢？

对上述几种命名方式进行横向对比，笔者的对比判断标准为：①流行程度，汇总 2010 ~ 2015 年搜集的 15 家行业知名景观设计公司图纸命名情况；②繁复程度，判断标准为是否对同一专业或同一类型图纸设置了 3 个及以上代号；③识图难易程度，判断标准为各类型图纸在 10 人首次阅读中，对 3 个小品、铺装大样、图中索引图所在位置的找图时间长短；④实际操作图纸中 3 个详图修改便捷程度。现将情况整理汇总见下表。

几种图纸命名常见代码列表比较

图纸命名方式	流行程度			繁复程度			识图难易程度			修改便捷程度		
	较流行	一般	不流行	繁复	一般	粗略	难	一般	易	便捷	较便捷	不便
国外图纸命名方式		√			√		√				√	
参照国内建筑规范的园林图纸命名	√				√				√	√		
混合式	√			√			√			√		
按分区逐一命名			√			√	√					√

笔者结合在修改图纸及实际项目交底、配合过程中遇到的情况，对景观施工图设计图纸命名提出以下几点建议：

① 符合我国景观施工当下实际情况，关注景观施工发展，未形成国家统一标准前及时调整、更新各公司自定义图纸命名规范。

② 立足图纸绘制根本目的，使图纸代号简洁明了，避免繁复，便于施工单位现场识图。

③ 图纸代号应尽量符合国家相关规范，若规范未提及之处，应尽量采用便于识别的编号。

④ 调整设计制图心态，勿以工种不同分贵贱，提高服务意识。

7.3 建筑出入口重点概述

7.3.1 树池详图

树池详图是景观施工图设计中最基础的一类小品详图，也是我们了解景观小品绘制的载体。通过树池的绘制，可以初步了解施工图的基本问题。

1. 施工图中的“线”

施工图中的“线”不同于艺术中的“线”，后者可以有多重理解，有模糊含义，有主观欣赏等，但是前者必须是明确的、准确的，每一条线都必须有其准确的含义，才能避免出现工程问题。施工图初学者往往在绘制施工图的过程中不清楚自己画的线代表的实际含义，照葫芦画瓢，导致图纸出现平、立、剖面不对应等问题。

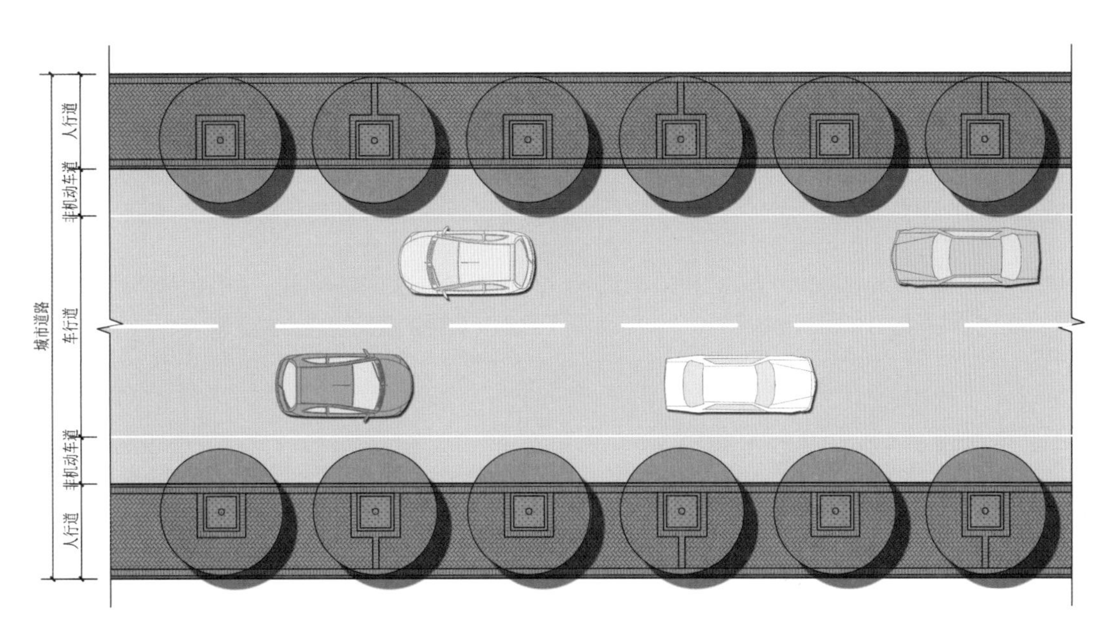

常见城市道路中人行道与树池平面图

常见城市道路中人行道与树池实景

我们以市政道路不含树篦子的树池为例介绍施工图中的“线”。树池最常见的形式为平缘石作为收边的树池样式，常见做法如下图所示。树池收边在材料的选择上以混凝土、石材居多，也有以钢板作为收边的情况，考虑到行走安全，市政人行道及内部道路多采用平缘石。

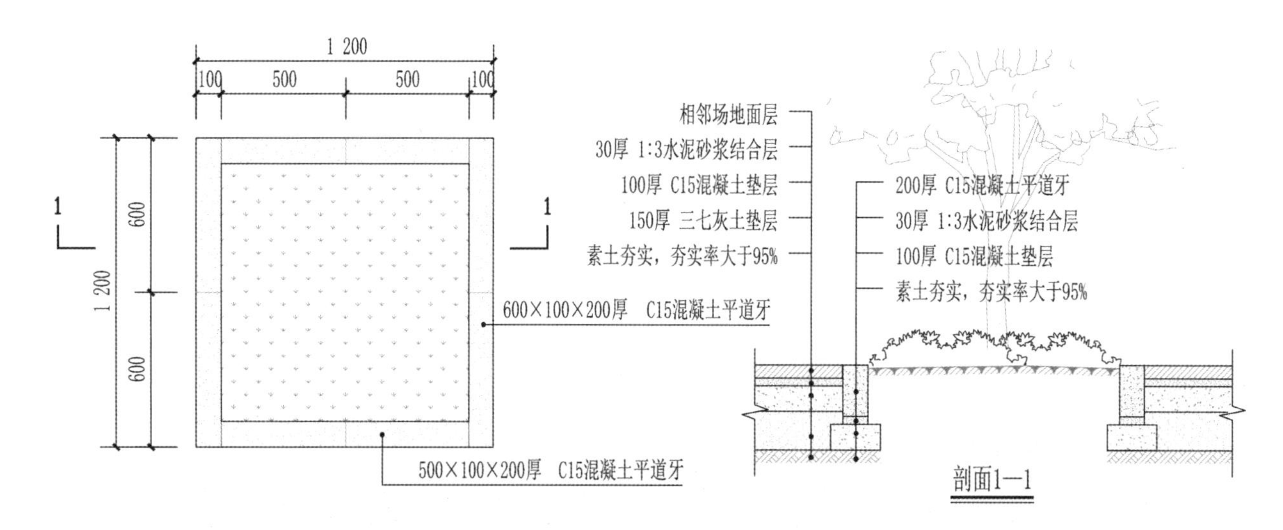

以混凝土平缘石为收边的树池平面及剖面做法

下面以尺寸 1 800 mm × 1 800 mm 树池为例，对施工图的“线”以及“层次”进行说明。

在树池的基本样式中，当我们在树池的收边中加一条线时，树池的实际情况会发生怎样的变化？

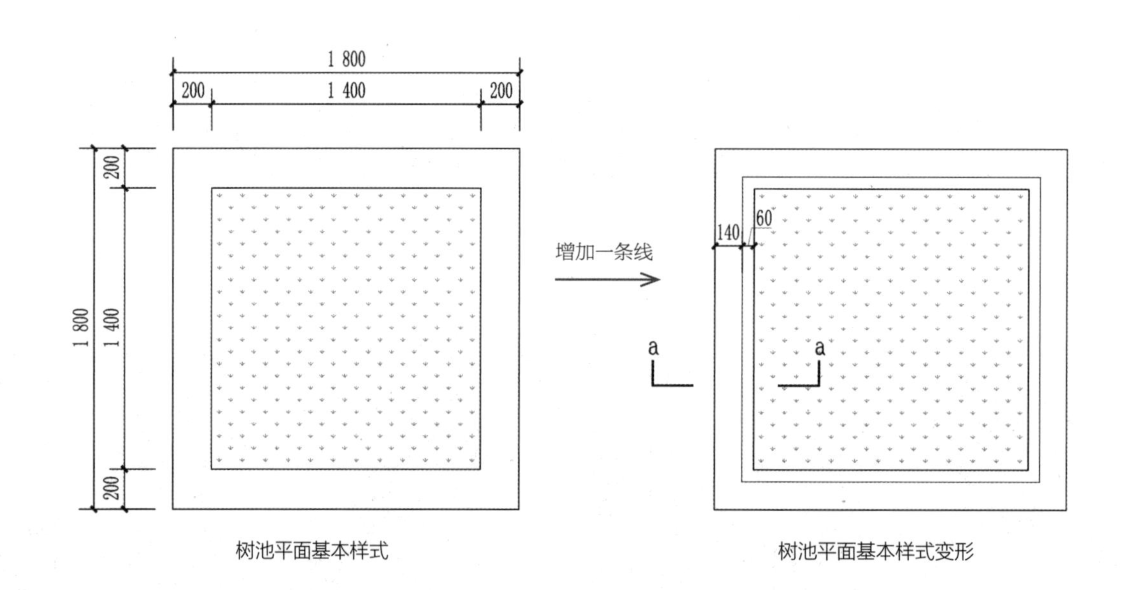

树池平面基本样式　　树池平面基本样式变形

在平面中增加一条线意味着有两个方面的改变：第一，竖向不发生变化，仅铺装方式变化；第二，竖向发生变化。我们重点讨论竖向发生变化的情况。增加一条线会导致剖面发生多种情况，列举出四种作为参考。

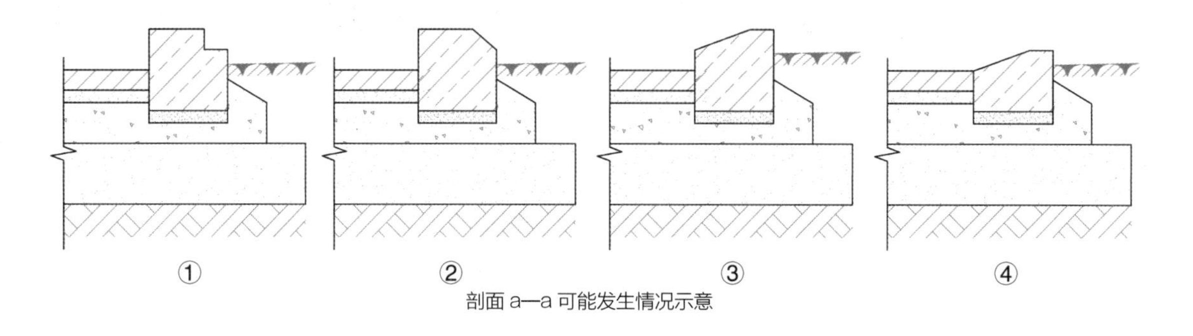

剖面 a—a 可能发生情况示意

从上面四张剖面图可以看出，同样一张平面图在立面关系上却有不同的变化，因此在施工图绘制过程中平面、立面、剖面三者的对应关系非常重要，应力求完整、准确地表达物体的客观情况，正确地指导施工过程。

除了能表达变截面处的“线”，还有表达材料分割的“线”。下面两张平面图以第④种剖面为例，分别表示不同规格材料组成的树池平面图，可以看到线的位置变化也代表材料规格的变化，同时代表标注的变化、材料加工的变化、成本的变化等。对于树池、花池、景墙等构筑物，在转角处的衔接尤为重要，在第 1 章我们讲了不同厚度、不同砌法的砖的转角砌筑方式，下面两张树池平面图在转角处的表达是否正确呢?

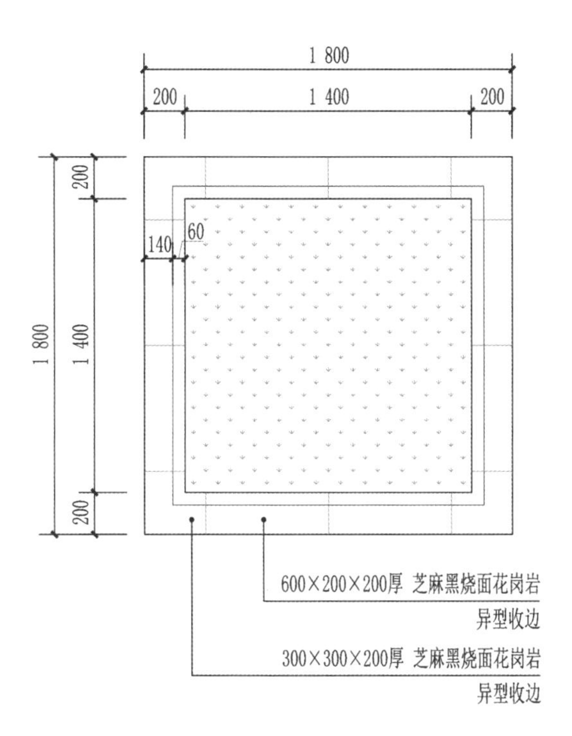

树池一平面图

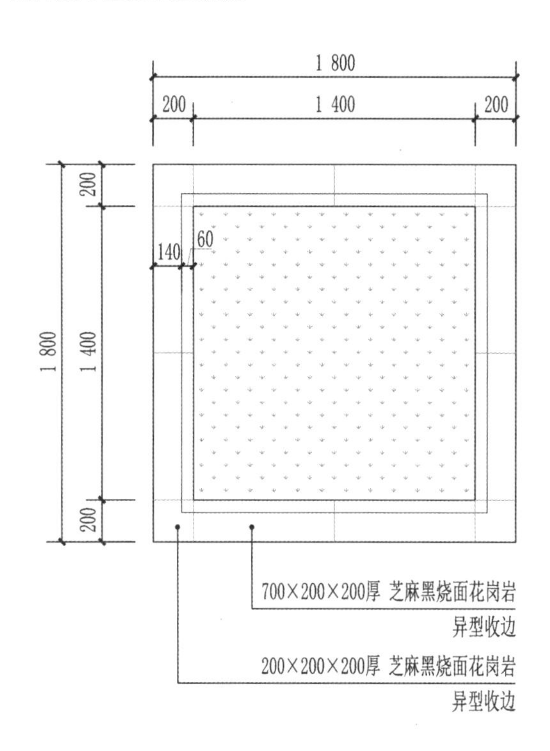

树池二平面图

我们按照第④种剖面的样式建立模型，可以发现在转角处两种材料都形成了一条折线，但是在上面两个平面图中并没有表示出这条变截面的线，因此上图在树池转角处的表达是不准确或者说有错误的，调整后的树池平面图如下所示，可以看到在转角处有一条小对角线表达了石材在该处存在变截面的情况，再配合剖面图，可以明确地表达树池转角异型石材收边的样式。

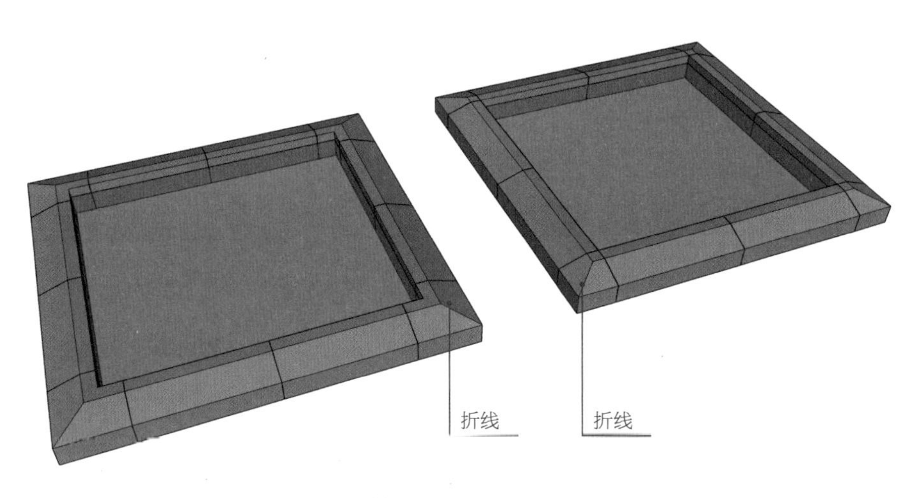

树池一、二轴测图

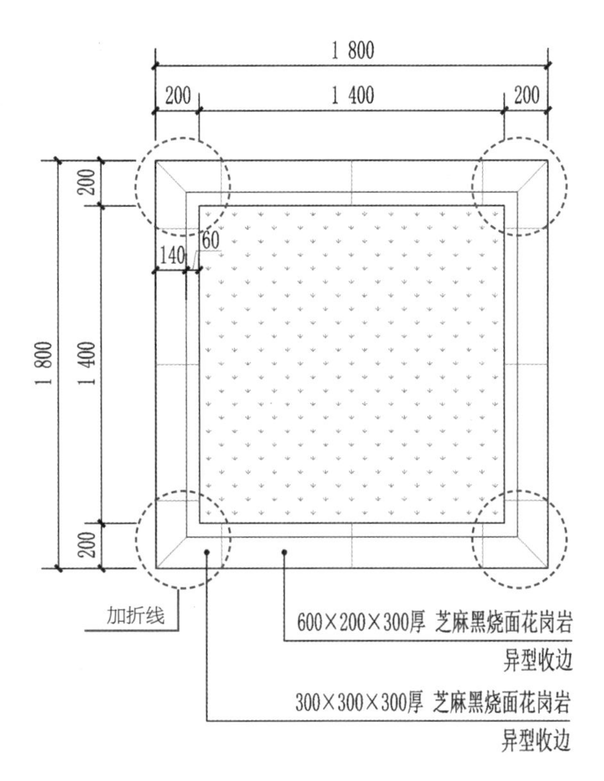

调整后树池一平面图

1 800
200
1 400
200
200
140
60
1 800
1 400
200
加折线
700×200×300厚 芝麻黑烧面花岗岩
异型收边
200×200×300厚 芝麻黑烧面花岗岩
异型收边

调整后树池二平面图

另外，转角处这条看似微不足道的对角线却能直接影响树池收边的样式。从左侧两张平面图及其对应的模型来看，是符合设计意图的——设计师想要的效果为内侧 60 mm 是平的，外侧 140 mm 是倾斜的，但是当转角处多了一根短线以后，平面图和对应的树池样式就会变成如右侧错误表达图纸所示，使树池的内侧 60 mm 窄边也变成倾斜的，这就不符合此时的设计意图。因此，在施工图表达中，每一条线都有代表的含义，不能任意为之。正确、严谨地对待施工图设计，既是对设计师自己负责任，也是对项目负责任。

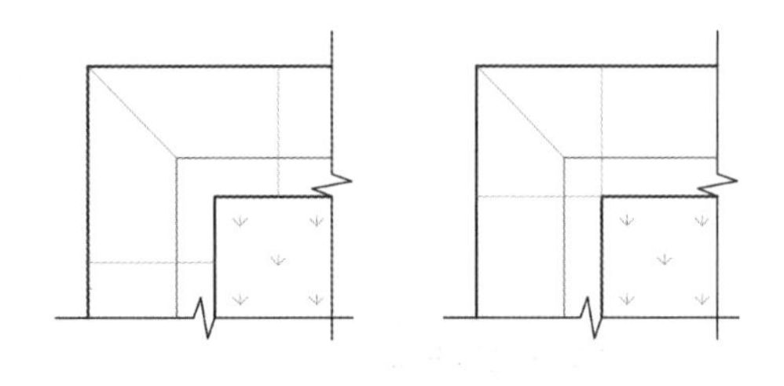

转角处正确表达图纸示意

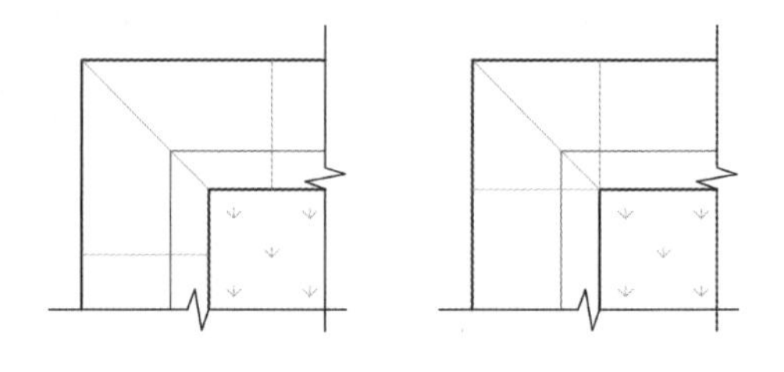

转角处错误表达图纸示意

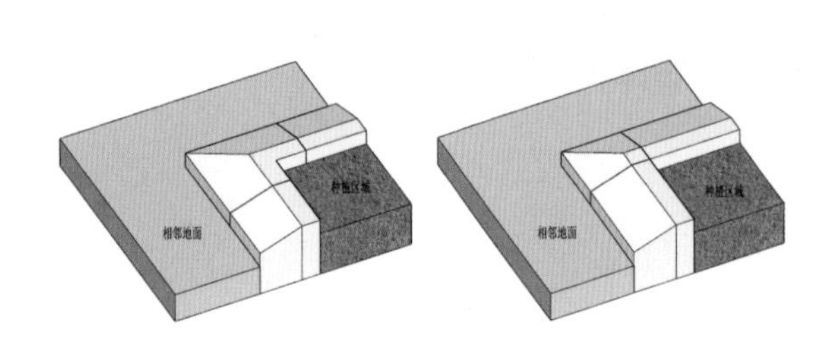

正确表达的三维示意

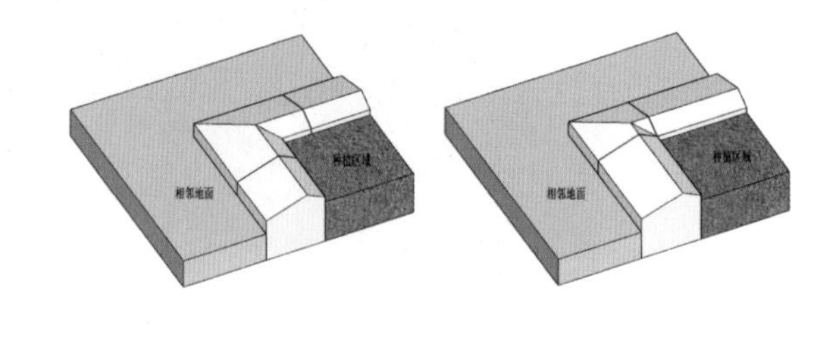

错误表达演变成新的收边样式的三维示意

2. 施工图的“层次”

景观施工图的层次主要通过两个层面共五点来实现：第一，绘制对象本身的前后关系、上下关系等客观关系；第二，线条的粗细；第三，线条的颜色；第四，线条的深浅；第五，填充方式。第一点和第五点是通过对绘图对象的理解和准确制图来实现的，第二、三、四点是通过合理设置线型与打印样式来实现的。通过这五点相互配合，可以使施工图的表达清晰明了，同时也可以增加图纸的美观度。

如何使用填充辅助图面表达在铺装设计一章已进行了分析，在这里着重说明施工的线型及打印样式对图纸表达的影响。

每个设计公司都有一套基于制图规范的专属打印样式和制图要求，但不论是何种类型，其核心都是有利于图纸表达。下面两组图纸分别展示了不使用线型及与之相匹配的打印样式与使用以后的图纸之间的出图区别。可以看到使用以后构筑物轮廓线更分明，图纸层次更加丰满（受限于本书的页面大小，局部标号不清楚，是由于原图为 A2 图幅，放进本书 A4 版面以后，对清晰度有一定影响）。

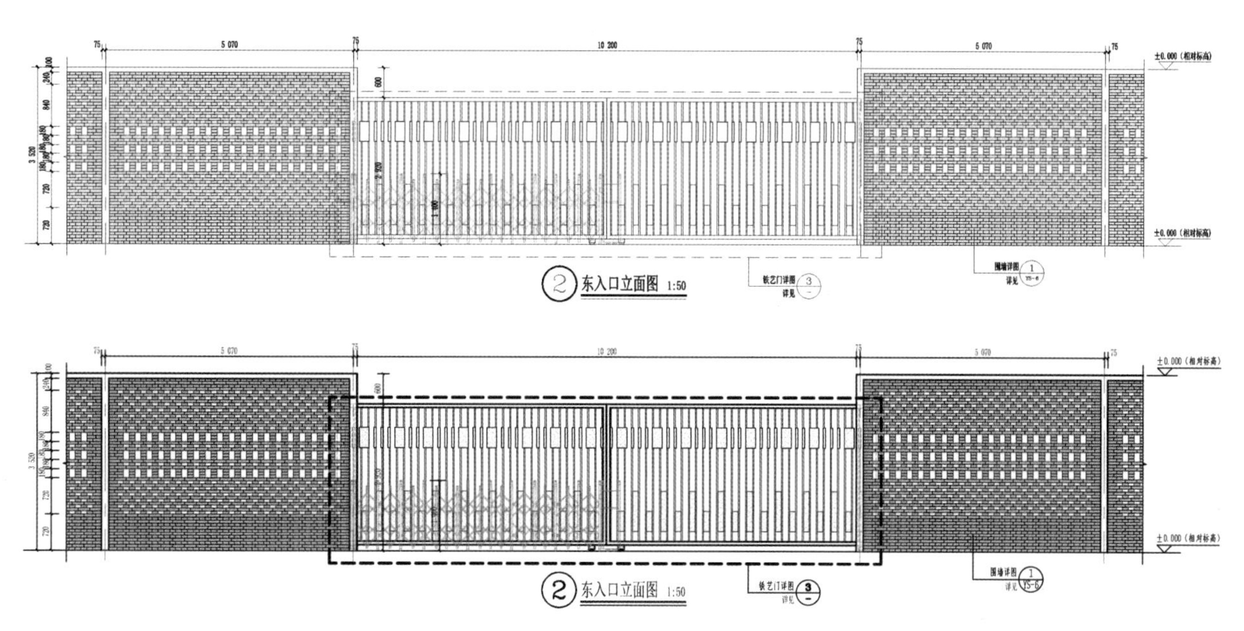

东入口立面图图纸层次对比示意

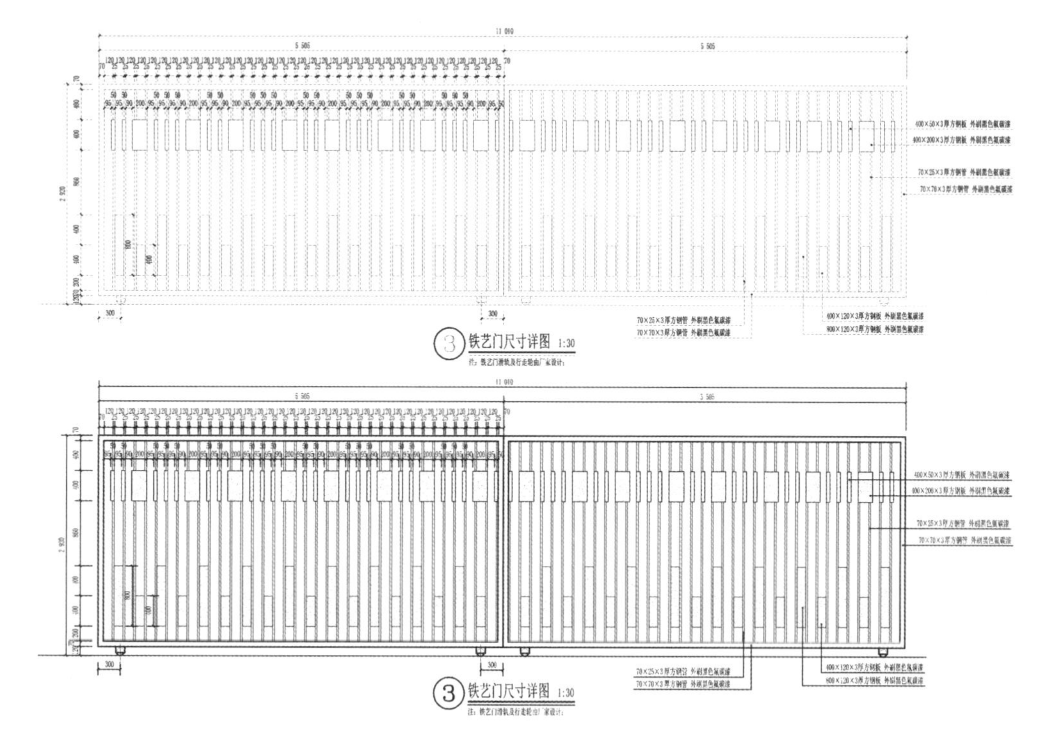

铁艺门尺寸图纸层次对比示意

7.3.2 廊架详图

廊架作为景观中常见构筑物，是景观设计的重要组成元素。对于构筑物的绘制来说，通常需要借鉴建筑或结构的基本制图知识，还会涉及结构专业的配合等问题。下面以某社区弧形廊架为例，介绍廊架绘制过程中出现的简单的主要问题，再逐步深入，了解景观工程中简单的结构设计问题。

笔者在右侧列出了该廊架节点的所有图纸。先整体浏览图纸。廊架为弧形双臂廊，整个图纸按照平面图、立面图、剖面图、详图大样的顺序进行绘制。这个制图顺序我们会通过后续的小品详图的介绍加以强化，在目前的施工图制图现状下，这个顺序是最为科学且容易发现图纸错漏的制图方式。

在第一张平面图中包含廊架顶平面图、底平面图两张平面图纸，它们分别用于表达廊架顶部结构、材料和廊架整体定位及其与周边场地、铺装、构筑物的关系。

第二张图纸包含廊架侧立面图、剖面图、柱体详图。

第三张图主要是一些构件、节点的尺寸详图、做法详图等。

从右侧三张图纸可以看到，绘制的对象按从大到小的变化，从廊架整体到一些边角细部，而制图比例按从小到大变化。在廊架平面图中采用的是 1 ： 50 的比例，立面以及剖面图中为 1 ： 30，细部详图开始出现 1 ： 10、1 ： 5 的比例，有时还会用到 1 ： 2、1 ： 1 的大样比例。这就是很多制图规范在一开始就提到的制图比例问题，什么类型的图纸适用于什么比例，需要大家根据出图的图幅大小反复练习与积累，才能对使用什么比例有一个正确的预判，避免标注过程中反复修改和修改过程造成的错漏。

下面逐张图纸拆解分析，指出制图过程中经常遇见的问题。

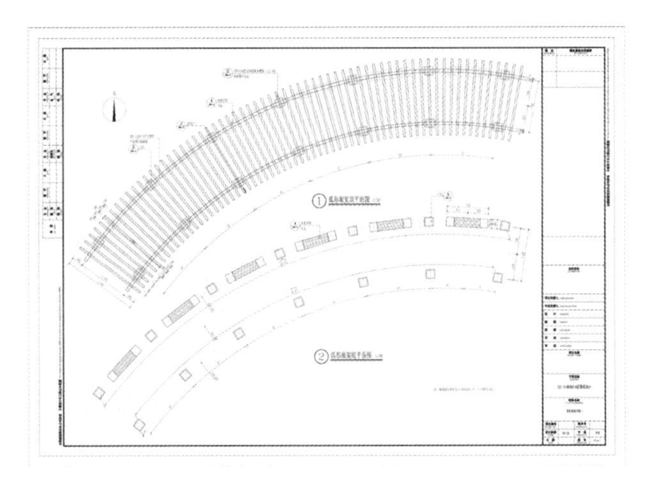

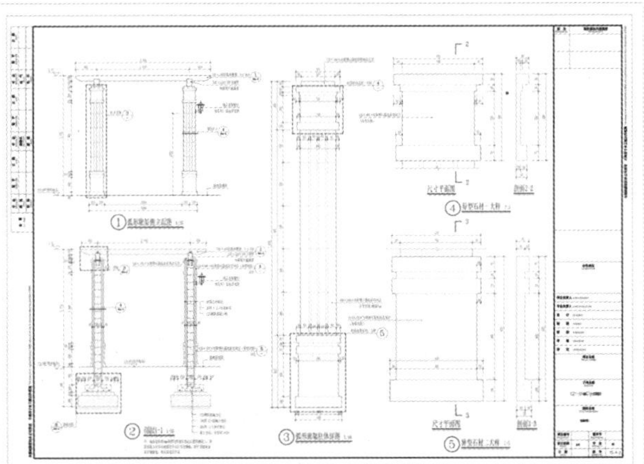

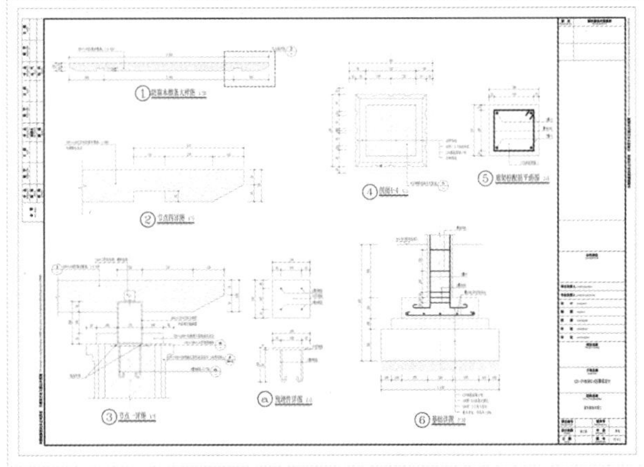

弧形廊架图纸总览

入口大门图纸重点说明

图纸内容及重点说明	
平面图	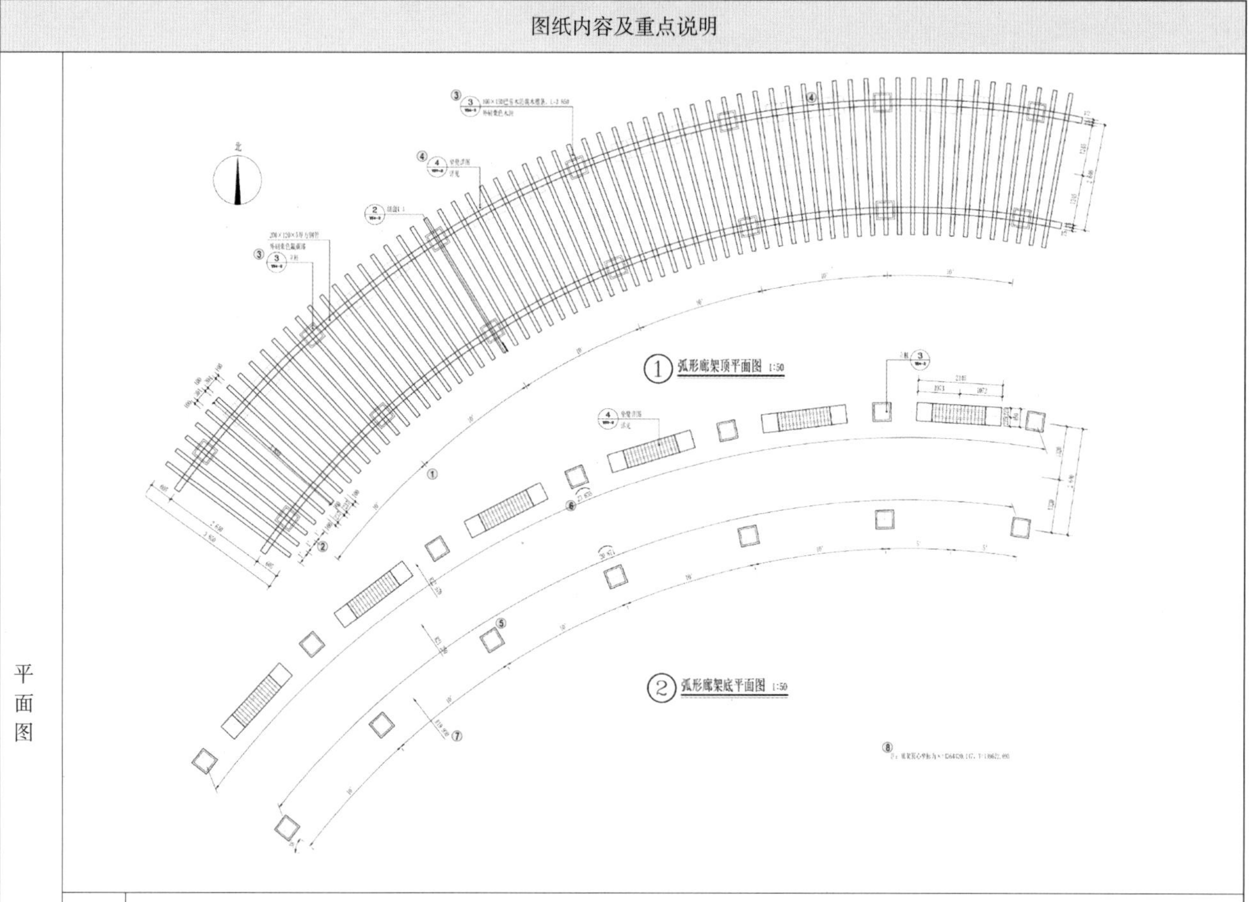
重点说明	①廊架顶平面图需要表达的核心有廊架中心线、柱点位、大梁与檩条分布，在表达这些关系时需要参考建筑专业或者结构专业的表达方式，柱中、梁中需要有轴线（较复杂的情况下还应按照建筑制图标明轴号），轴线与轴线间标注尺寸或者定位角度。 ②为了便于识图，不需要绘制出所有檩条的中心线（有特殊布置的除外），标注檩条时应该先标注檩条间的尺寸或角度，然后标注檩条的长度和宽度；平面中不能体现高度，但文字标注需标明。 ③柱、横梁、纵梁有需要特别说明之处，应采用索引详图的方式标注出详图所在的图纸位置。 ④廊架下有坐凳、摆件、平台等时，从顶面图上可以画出看线，并索引该部分所在图纸位置。 ⑤在廊架底平面图中要贯彻顶平面图中的柱位置，进一步明确柱的点位、截面样式，同时可以用虚线表达柱基础范围（大小），可以检查是否与周边相关结构埋深有碰撞。 ⑥表示出内侧和外侧柱中心线弧长，同时还要表示出每个柱中心线间的角度，与顶平面图标注保持一致。 ⑦在表示出弧长之余，也可以再标注弧形廊架内外弧和中心线的半径，有助于现场定位。 ⑧对于整个廊架的起始定位有两种情况：第一种如图所示给出弧形廊架的绝对坐标值，配合总图中廊架在平面图上的位置进行定位；第二种方式是以廊架某一端角柱中心线为廊架的放线起点，通过邻近建筑物角点为基准点，标注出建筑角点距离廊架角柱中心的 x、y 两个方向距离，可以定位廊架的起点，再根据上图给出的角度、弧长等尺寸定位出整个廊架的底平面图或者基础平面图

续表

<table>
<tr><th colspan="3">图纸内容及重点说明</th></tr>
<tr><td rowspan="4">立面图与剖面图</td><td colspan="2">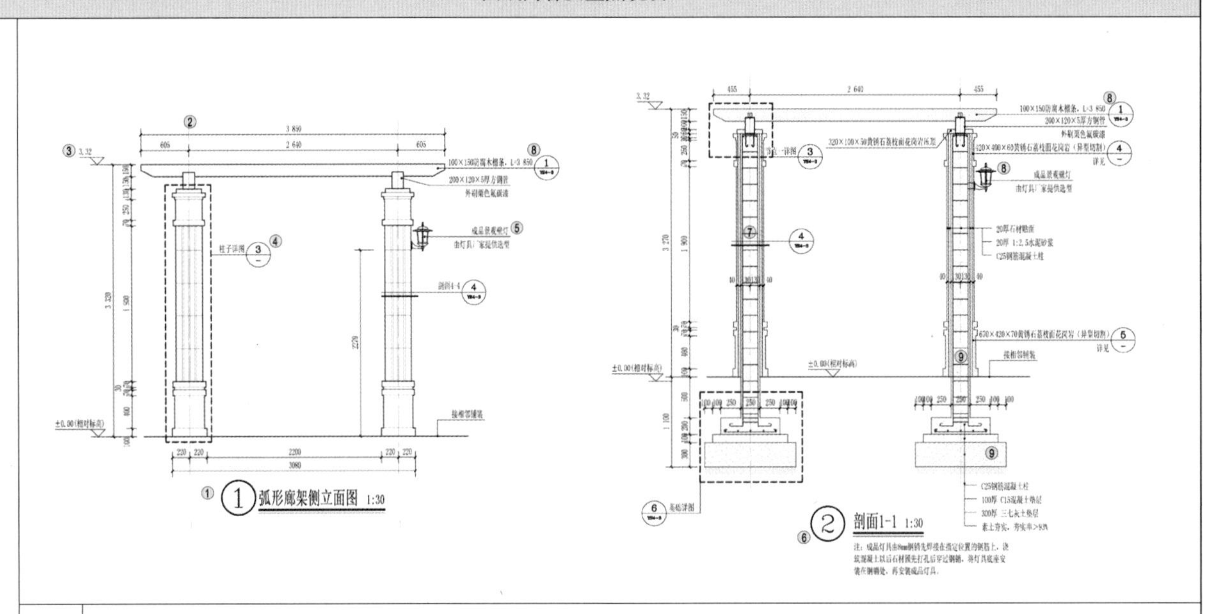
</td></tr>
<tr><td>重点说明</td><td>①廊架立面图是对平面图的一个补充，在平面图中不能表现的物体高度、厚度都需要在立面图中进行直观表达。
②从平面图到立面图、柱头节点详图等，均需要明确表达柱中轴线。
③立面尺寸标注除了尺寸以外，要注意标高的标注，采用相对标高时要在 ±0.00 标高处予以说明。
④柱身复杂的情况下，可不在廊架立面图中追求对柱子的细节尺寸及材料的标注，通过索引的方式绘制柱身大样详图进行单独标注。
⑤有附属灯具、挂件等需要安装预埋件、预埋管线的情况时，对于附属物要进行位置标注、形态说明，附属物为非成品时还应绘制该附属物详图。
⑥剖面图主要表达的是内部结构在地面以下做法，地面以上部分结构与外饰面关系、构件衔接处做法等构筑物内部情况。剖面图是对平、立面图可行性的补充。
⑦构筑物需要验证构件尺寸合理性、选择构筑物结构方式时，需要结构设计专业对其进行验证并提供工程实施方案，一旦结构提供的构件最小尺寸与方案不符，景观设计专业需调整整个构筑物以满足结构要求，因此在绘制体量较大、结构复杂的景观构筑物图纸之前，应就方案与结构专业提前沟通，尊重结构设计师提出的专业意见。
⑧出现在平面、立面、剖面的同一个对象必须保证标注一致，不能漏标、错标；有详图索引的地方也应该统一进行索引，不能因为平面图已经有索引，立面图、剖面图便不再索引。
⑨正确使用填充，参见相关章节中对如何正确使用填充的介绍。对于有明确填充要求的地方应尽可能按照要求进行填充</td></tr>
<tr><td colspan="2">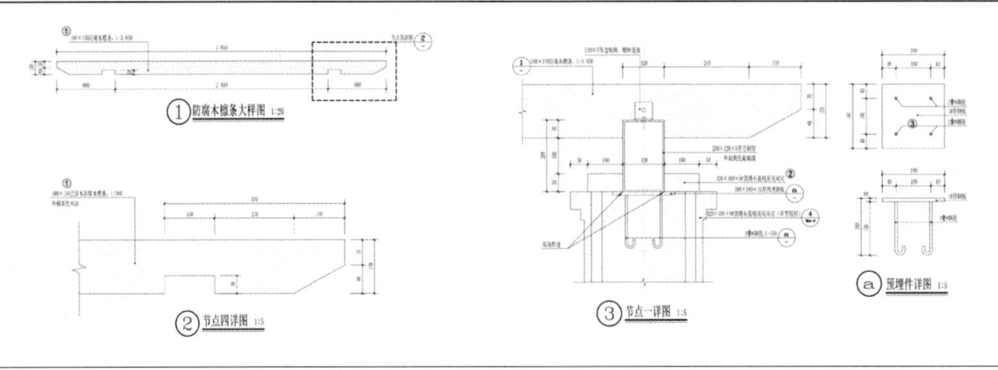
</td></tr>
<tr><td>重点说明</td><td>①防腐木应标明材料类型，对于外露的木材需要选择密度较大、更能抵抗变形开裂的木材，但是这种木材自重较大，价格较高，市面上出现了一些替代木材的复合材料，比如塑木等，选用时要考虑这些新型材料的基本规格和安装方式。另外各种金属材料滚涂、电镀、粘贴等方式也可以达到预想的效果，这类金属材料制成的各种钢管、方通等自重较轻，节点固定方式也相对简单，是目前采用比较多的材料。
②需要考虑柱顶细部，第一可以防止靠近顶部的贴面材料脱落；第二可以减缓顶部预埋件的锈蚀；第三当顶部可见时（比如周边有高于廊架的构筑物）可以更美观。
③预埋件锚板的长度、宽度、厚度，锚筋的直径、长度等可以参考图集《钢筋混凝土结构预埋件》（16G362）。此外对于景观中构筑物预埋件的选用建议咨询结构专业，避免构件节点出现问题</td></tr>
</table>

续表

<table>
<tr><th colspan="3">图纸内容及重点说明</th></tr>
<tr><td rowspan="2">立面图与剖面图</td><td>④ 尺寸平面图　④ 剖面2-2
④ 异型石材一大样 1:5
④ 尺寸平面图　④ 剖面3-3
③ 弧形廊架柱体详图 1:10　⑤ 异型石材二大样 1:5</td><td>①在绘制具体构件标注立面尺寸时则不需要标注标高。另外从左图中可以看出整个柱子分为三段式，在第二级标注中应体现每一段的总体尺寸，比如柱底整体高度为670 mm，柱身为1 900 mm，柱头为450 mm。
②对于柱头、柱底，或者其他类型构筑物中的檐口、女儿墙等细部做法比较复杂的地方，应该再一次索引，绘制节点大样详图。
③不论是平面还是立面，对于石材拼缝都应进行表示。柱体立面材料出现不同规格时应单独进行标注，或者调整柱身整体高度，以保证柱身材料为同一规格，避免量少、规格多的石材加工带来的成本增加（特殊设计除外）。
④大样详图应至少包括立（平）面、剖面，对于复杂构件平面、立面、剖面缺一不可。
⑤若局部构件有详图索引，在绘制大样详图时，被索引的区域则可不标注材料种类、规格及细部尺寸（比如出檐、收边、凹槽等细小尺寸），具体信息可在大样详图中标注。
⑥为了直观地表示柱子的三段式结构，可通过线型的粗细来强化边线（详见第 7 章第 191 页），增加图面的层次感，辅助识图。
⑦正确使用填充</td></tr>
<tr><td> 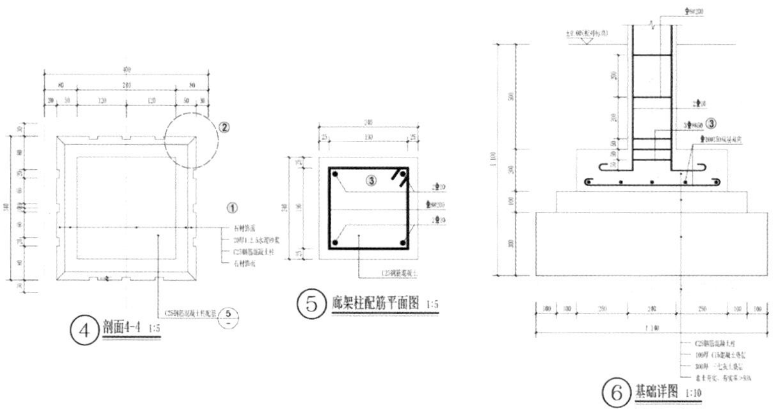④ 剖面4-4 1:5　⑤ 廊架柱配筋平面图 1:5　⑥ 基础详图 1:10</td><td>①柱中心线与顶、底平面图保持一致。
②应绘制出柱转角拼缝样式（第 196 页附常见柱转角做法示意）。
③柱配筋应与结构设计专业衔接，由结构专业提供配筋图纸或交由结构设计专业对配筋图进行验核</td></tr>
</table>

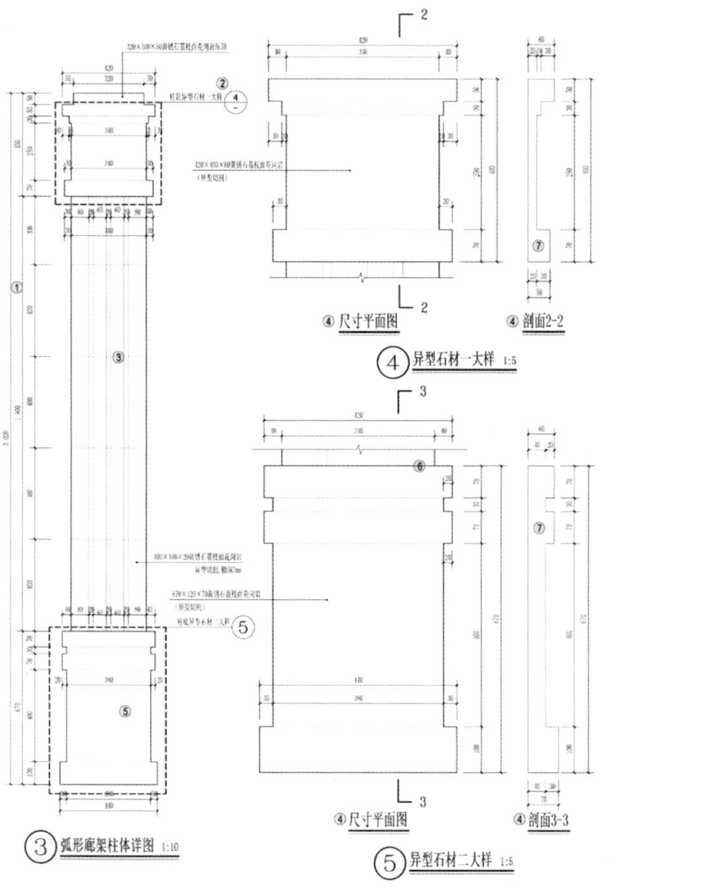

在第 6.6.2 小节（第 167 页）列出了铺装转角的常见做法，这里列出柱转角拼缝常见做法，两者有相似之处，也存在明显的不同，对于铺装转角由于能看见顶面，因此更关注整体拼缝的美观，对于柱转角只能看见立面。不论拼缝如何，核心目标是使立面美观。

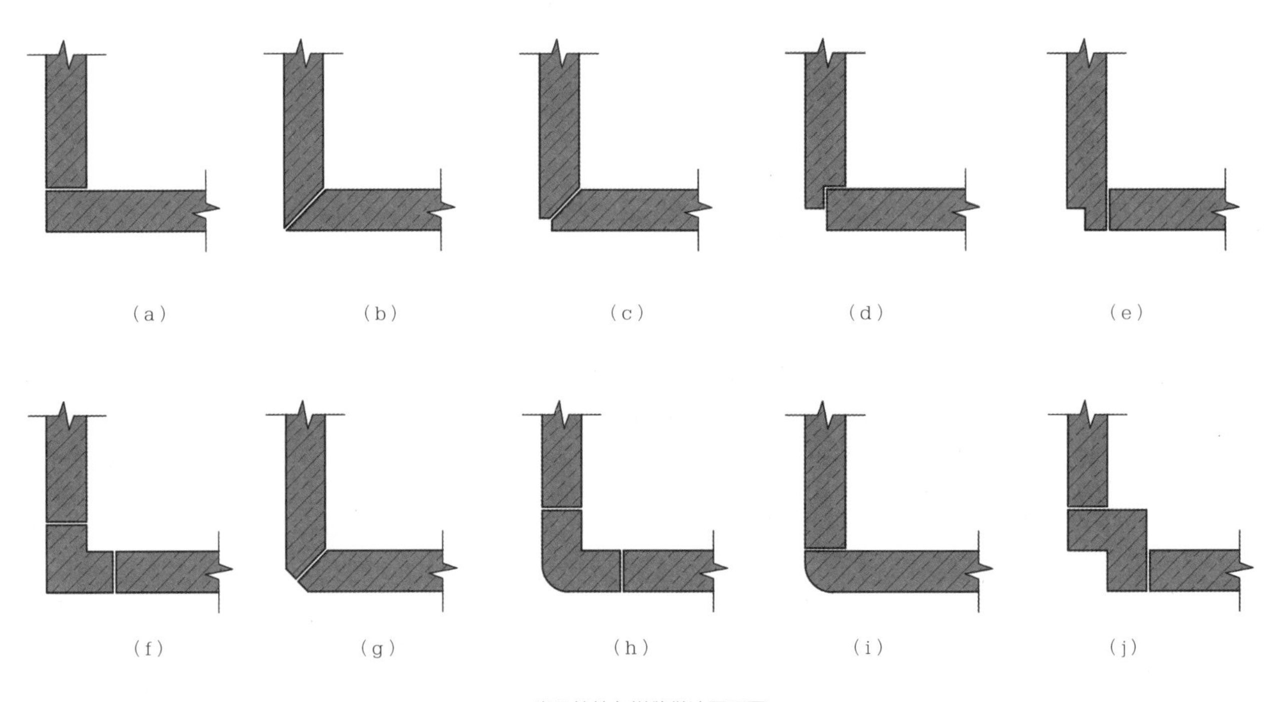

常见柱转角拼缝做法平面图

常见柱转角拼缝做法轴测图

7.3.3 水景详图

水景既可以增添景观的活力，又能调节片区小气候，因此，不少设计中都会加入水景。水景的形式多种多样，如假山跌水、涌泉喷泉、旱溪旱喷等，无不反映出不同地域的设计师为设计水景所做的各种尝试和努力。值得注意的是景观设计中水景的现状，除了昂贵的造价之外，后期的维护和冬季无水的现状是北方景观设计师无法回避的重要挑战。无论如何，水景施工图是避不开的绘制重点，景观施工图设计师在绘制水景过程中需要考虑哪些问题呢？主要有以下四方面：

① 水景本身的园建施工图部分。

② 水景中的电。

③ 水景中的水。

④ 水景中的结构。

从以上四点来看，水景设计需要综合考虑，不仅需要景观设计专业的设计师，还需要其与相关专业设计师的协同配合，在绘制水景园建部分图纸的过程中如何考虑专业衔接的问题呢？下面通过一个居住区水景来进行说明。

下图是河北省某居住区入口水景。拿到方案时，首先需要整体阅读该方案，整理出重点和难点问题。为了便于说明，笔者将制图思路用表格的形式进行梳理。

入口迎宾水景效果图

入口水景详图绘制思路

<table>
<tr><th>思路</th><th colspan="2">主要对象及问题</th><th>具体问题梳理</th></tr>
<tr><td rowspan="9">整体思路</td><td colspan="2" rowspan="3">入口水景的主要组成部分</td><td>水景</td></tr>
<tr><td>LOGO 景墙</td></tr>
<tr><td>种植池</td></tr>
<tr><td colspan="2" rowspan="3">入口水景周边衔接内容</td><td>人行道</td></tr>
<tr><td>园路铺装</td></tr>
<tr><td>绿地</td></tr>
<tr><td colspan="2" rowspan="3">专业衔接问题</td><td>与给水排水专业衔接</td></tr>
<tr><td>与电气专业衔接</td></tr>
<tr><td>与结构专业衔接</td></tr>
<tr><td rowspan="4">分项思路</td><td rowspan="4">水景</td><td>整体颜色、形状</td><td>①池壁、池底颜色及搭配，根据颜色考虑材料的选择。
②水景形状整体特点，特殊形状要结合考虑方便施工放线</td></tr>
<tr><td>收边材质</td><td>①根据方案主要材料选用石材。
②北侧池壁与 LOGO 墙基座有衔接，方案是否提供材料选择？如果没有提供则需要考虑两者面层材质选择，并与方案设计师沟通</td></tr>
<tr><td>材料厚度</td><td>①根据模型提供池壁石材厚度，同时要考虑池壁的做法、石材的规格。
②与材料厚度相对应的工程做法及其可实现性。
③水景水深度及其与池底面层厚度关系</td></tr>
<tr><td>喷泉</td><td>①喷泉形式。采用涌泉还是喷泉？设计是否有特殊要求？
②间距控制。
③预留泵坑位置。需要与给水排水专业提前沟通。
④喷泉高度控制需要与给水排水专业对接</td></tr>
</table>

续表

思路	主要对象及问题		具体问题梳理
分项思路	水景	材料规格	①方案设计有无特殊要求。 ②喷泉点位间距对排砖的影响。 ③泵坑宽度对材料规格的影响
	LOGO 景墙	主要特征	①为不规则石材面层，且两种颜色间隔出现。 ②立面有线形灯具，且景墙正立面与北立面灯具位置相对应。 ③设有 LOGO 文字
		立面灯具	立面有线形灯具，位置正反对应，且数量较多，这意味着围墙内部要预留许多等线空间，石材还要预留灯孔，考虑到灯具安装问题，景墙考虑用钢架及石材干挂的方式
		石材面层	①石材厚度。若采用石材干挂，则石材厚度不低于 30 mm。 ②石材规格整合。根据项目造价控制和方案设计，景墙面层石材采用标准段方式。 ③不同颜色的石材厚度不同
		LOGO 文字	①颜色、材质、厚度等。 ②字体做法及其与景墙的安装
	种植池	主要形式	①方案提供材料为锈板。 ②分两层台阶，一层为种植层，一层为置石层，其中置石层外接草坪
		与水景衔接	①锈板与水池壁衔接问题，包括两者基础做法。 ②锈板的防锈蚀处理。是否在设计说明中就锈板防锈蚀问题作出要求，还是在本图中注明等
		材料厚度	①锈板本身的厚度。 ②锈板弯折成花池壁的厚度
		材料材质	综合考虑方案要求、材料客观情况等，选择适合的材料
		置石	①置石的种类。是卵石、砾石，还是自然石、人造石等。 ②置石的粒径。 ③置石的颜色。 ④置石安装方式，如固定或者散置等。 ⑤置石总体厚度要求。 ⑥置石下面铺设排水沟等隐蔽工程的，需要考虑渗漏、过滤、检修等问题
		景观小品	①置石中有鱼形景观小品。 ②小品材料。 ③小品的安装
	其他	与周边的关系	与道路、出入口、其他节点的关系。比如水景的立面材料与周边地面材料是否要相互衔接，花池的收边与人行道的收边如何衔接等

在对水景进行上述的大致分析和判断后，可以明确图纸应该绘制的内容，具体有：水景的尺寸平面图、竖向平面图、铺装平面图、水景整体的剖面图（包括 x、y 两个方向的剖面）、LOGO 墙的立面图、LOGO 墙剖面图或者结构设计图、花池壁做法详图、置石基层做法详图（若有特殊处理应单独表示）、LOGO 文字大样等图纸，前述图纸也会根据内容进行合并表示，但是不能因为有的地方觉得简单而不表示。通过上面思路的整理，大致明确图纸中需要表达的重点内容后，可以开展图纸绘制工作。对于该节点，笔者绘制了 6 张图纸，基本包括节点需要交代和

表达的内容，当然不同的项目对于图纸的表达是不同的，有的地方还可以细化，但是需要绘制的内容不能随意减少，否则会导致工程量不准确，同时不利于施工单位正确识图。先整体列出该水景的图纸情况，再分别对这些图纸的重点进行说明。

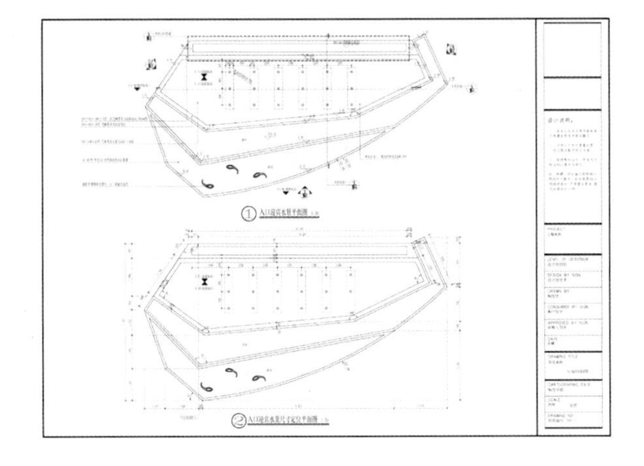

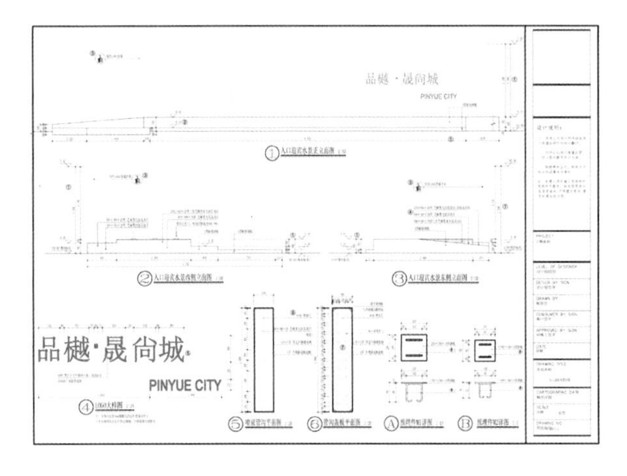

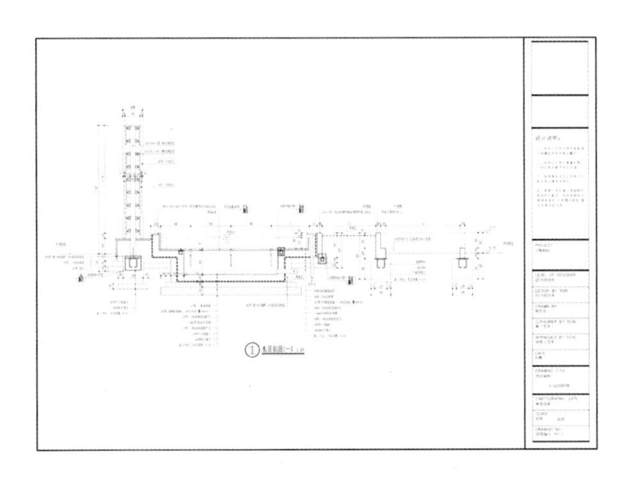

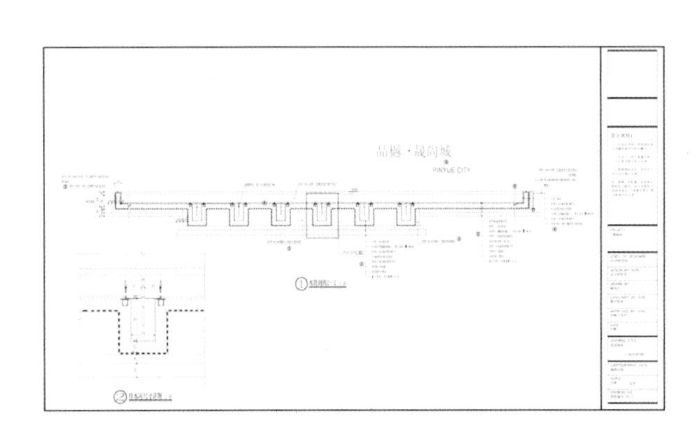

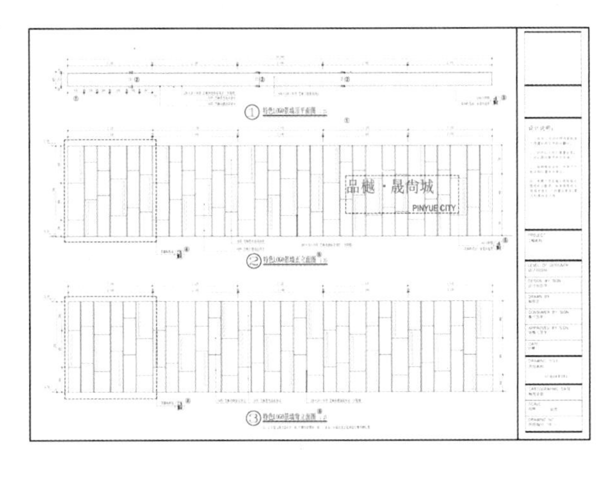

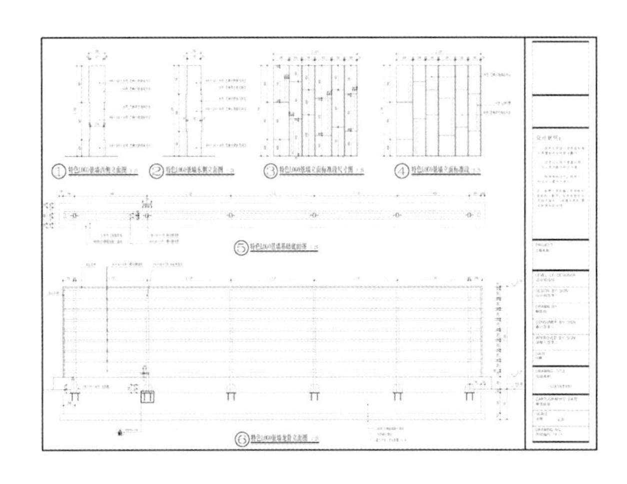

入口水景节点施工图纸总览

入口水景图纸重点说明

图纸内容及重点说明	
平面图	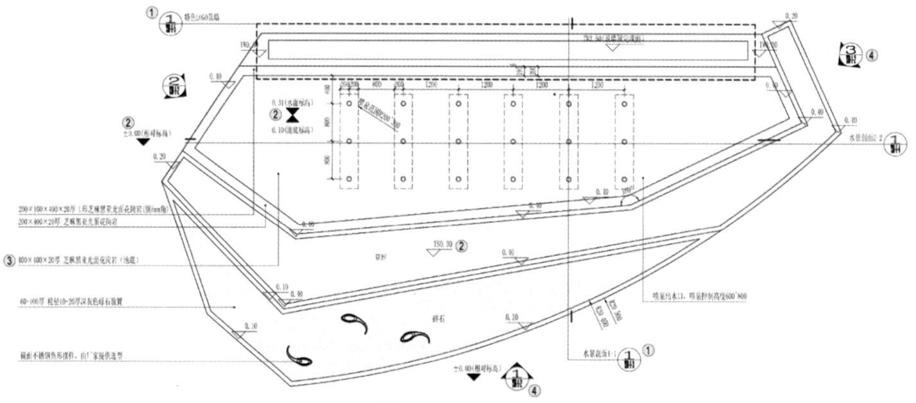 ① 入口迎宾水景平面图 1:50 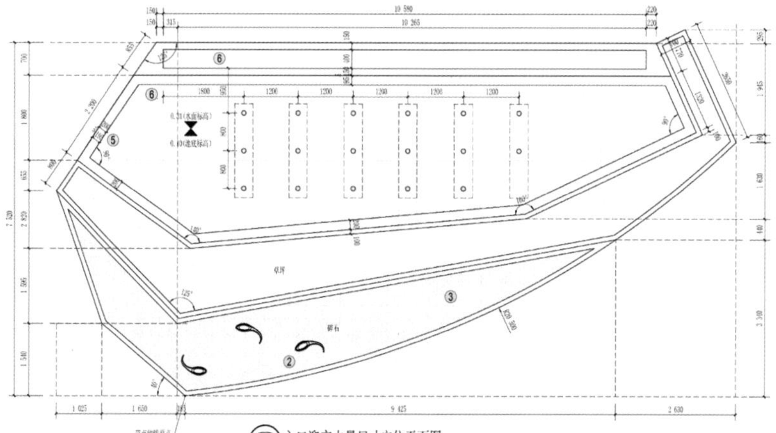 ② 入口迎宾水景尺寸定位平面图 1:50
重点说明	该节点平面图包括两个，一个是节点平面图，另一个是尺寸定位平面图。有的节点竖向比较复杂，也会单独列出节点竖向设计图。另外笔者的制图体系是把场地铺装详图和小品详图分开表达的，小品详图中绘制周围场地铺装只是为了交代景观小品、构筑物等和周围的关系，而不会在小品详图里对周边场地铺装进行细致表达，只会用索引方式引导识图人查看相应铺装详图。 图①为入口迎宾水景平面图： ①节点中所有有详图的内容的索引，包括 LOGO 景墙索引、剖面索引（笔者习惯用剖切索引号表达剖面不在本图的情况）。 ②节点竖向关系，包括节点与周边场地、节点本身的竖向变化等。水景需要表达池底标高和常水位标高；景墙、池壁等需要表达完成面标高。 ③节点材料。需要注意的是已经有索引的绘图对象不会在节点平面图中标注材料，只会标注没有索引的对象。比如 LOGO 墙已经有索引了，在 LOGO 墙详图中关于墙的材料、做法等都会有明确交代，因此在这张图里就不会标注 LOGO 墙顶面的材料，能使图面简洁，表达更清晰。 ④从每一个立面看的方向，需要用带三角方向的索引号表达。另外圆圈中的字不会随三角转动而转动，会一直保持竖直。 图②为入口迎宾水景尺寸定位平面图： ①节点的整体尺寸表达。对于异型可以通过先定角点、然后定角度、再定尺寸的方式来表达，因此尺寸平面中需要有 x、y 两个方向的尺寸用于确定这些角点的点位，同时还有角度的标注，以及沿斜线方向的尺寸，三者结合就能确定节点的轮廓。而关于这个节点在总图中的位置，则是在总图部分尺寸定位平面图中表达，因此不要在总图尺寸中对于节点的细节尺寸表示得过于复杂，既影响图面，也没有必要在总图的级别中表示详图尺寸。 ②节点中重要位置的尺寸定位表达，包括两个层面，第一是它们在节点中的定位以何为放线依据，第二是本身的尺寸关系，比如该图中喷泉点位的表示首先是以 LOGO 墙角点定位出左上角第一个泉眼，然后以此为依据明确其他的泉眼，不可以没有第一个层次，会导致泉眼无法准确落位

续表

图纸内容及重点说明	
平面图	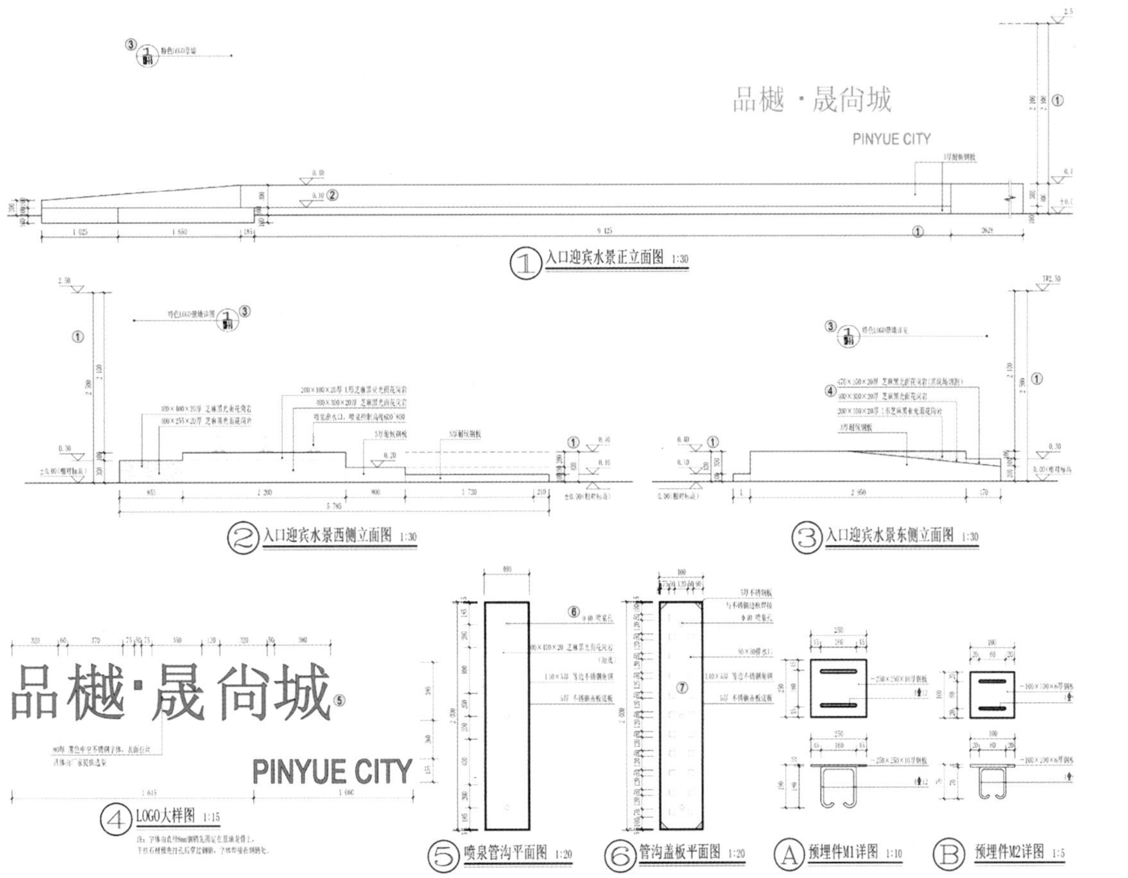 品樾·晟尚城 PINYUE CITY ① 入口迎宾水景正立面图 1:30 ② 入口迎宾水景西侧立面图 1:30 ③ 入口迎宾水景东侧立面图 1:30 品樾·晟尚城⑤ PINYUE CITY ④ LOGO大样图 1:15 ⑤ 喷泉管沟平面图 1:20 ⑥ 管沟盖板平面图 1:20 Ⓐ 预埋件M1详图 1:10 Ⓑ 预埋件M2详图 1:5
重点说明	平面图绘制完成以后是立面图的绘制。根据制图顺序依次绘制正立面、背立面、侧立面。图纸布图不饱和时，可以考虑将相关的详图或大样图放置在该页图纸中，上图将 LOGO 大样图和喷泉盖板详图及立面图放在一起，这一点可以根据每个人的制图习惯而定，只要不缺图、索引明确、不影响图纸逻辑关系即可。 图①～图③分别为入口迎宾水景正立面图及西侧、东侧立面图： ①正立面尺寸，包括横向和竖向，竖向上应把标高和尺寸结合，标注规范在围墙详图中有详细阐述。 ②不同标高的完成面应标注标高。 ③平面图中出现的小品索引还应该继续索引，并且要和平面图的索引对象、索引编号一致。 ④立面材料标注应该符合材料标注要求。 图④为 LOGO 大样图： ⑤需要表示出样式、字体、材质、控制尺寸等，若需要厂家二次设计则需要用文字注明。 图⑤、图⑥分别为喷泉管沟、管沟盖板平面图： ⑥喷泉喷孔直径、点位，以及盖板石材规格、材质。 ⑦盖板排水口位置、大小，盖板材质、规格等。 除了上述内容以外，本书在前面章节提到了线的运用、填充的运用等都应该在图纸中体现。另外细节的表达，比如喷泉的样式、立面材料的拼缝等都能使施工图的表达更准确，使图纸的图面更美观、更丰满

续表

<table>
<tr><th colspan="3">图纸内容及重点说明</th></tr>
<tr><td rowspan="4">剖面图</td><td colspan="2">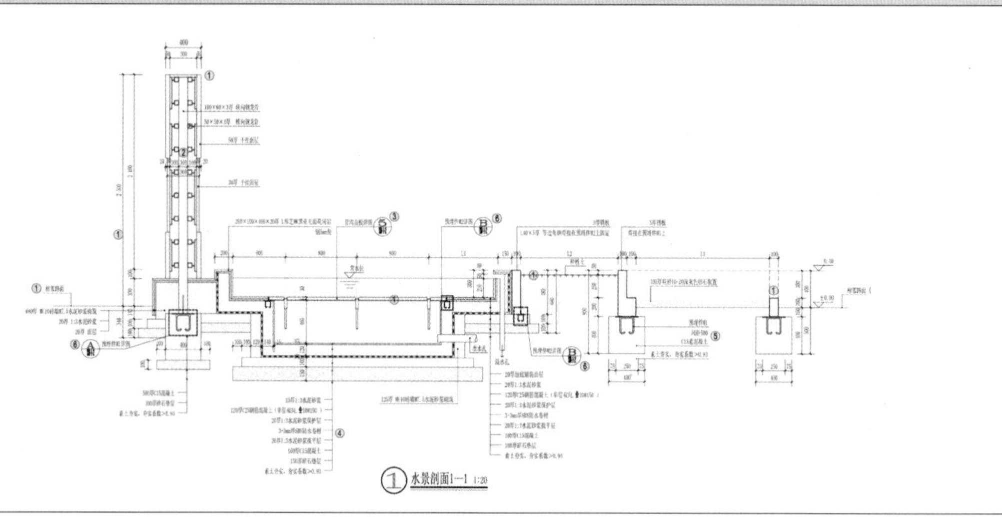</td></tr>
<tr><td>重点说明</td><td>立面图绘制完成后，再绘制剖面图。在该水景详图中水景剖面的表达重点主要集中在以下几点：
①水池与 LOGO 景墙、锈板花池、周边道路、场地等的位置关系，以及常水位标高和溢水孔高度。
② LOGO 景墙剖面图需绘制做法。在这里若表达了 LOGO 景墙沿某一方向的剖面，则应该在前面平面图与立面图，以及后面 LOGO 景墙详图中予以索引。
③喷泉管沟尺寸及管沟详图索引。需要在该图中示意泄水孔位置，便于与给水排水专业交接。
④不同部位池底的做法。需要注意的是做法标注只需标注厚度，而不需要标注面层的长宽规格。
⑤各种构筑物下基础做法。
⑥应该索引做法的构件、节点等。
⑦防水的方式及池壁等需要特别交代之处的做法索引</td></tr>
<tr><td colspan="2">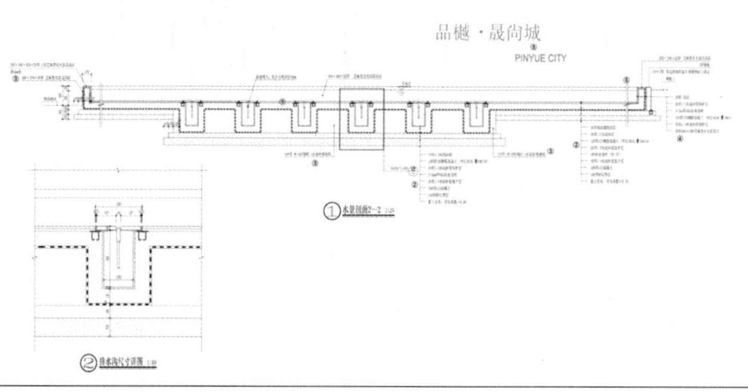</td></tr>
<tr><td>重点说明</td><td>该水景的纵向剖面主要是反映 LOGO 墙、水池、种植池、周边场地四者之间的关系，水景的横剖面主要是体现水景中几个喷泉管沟的做法及相对位置，重点包括以下几点：
①管沟沟顶及盖板的尺寸。由于节点平面图中已经明确了管沟与管沟之间的尺寸以及管沟的定位尺寸，所以这里只要交代管沟及盖板的细部尺寸，这个尺寸等级是节点尺寸平面图上不需要标注的。另外，由于该水景为不规则形状，管沟到池壁的距离不同，不需要在这张图标注。设计师需要明白什么等级的图纸对应什么样的尺寸标注等级，而不是在所有标注尺寸的图纸上什么样的尺寸都标注，这样反而会导致图纸图面混乱。
②不同部位池底做法标注。
③有特殊处理的部位需要单独标注。
④池壁做法标注。由于前面剖面 1—1 中没有能够单独标注池壁做法的位置，因此在剖面 2—2 中必须体现。另外如果剖面 1—1 和剖面 2—2 对于同一个位置都有标注，那么两个图的标注必须保持一致。
⑤景墙中 LOGO 的位置。在此处可以标注 LOGO 的索引，但是笔者认为该图主要是突出水池剖面，而且 LOGO 墙在后，已经做了淡显处理，没有在该图中标注 LOGO 的索引，仅将景墙当作该剖面的背景图案表示水池与景墙的关系。
⑥该水景长度较长，为了使重点区域在图纸中保持核心位置，尽可能突出重点，增大显示比例（能用 1 ∶ 25 就尽量不用 1 ∶ 30 或者 1 ∶ 50），这就要求设计师尽可能有效地排图和简化图纸中没有必要显示的部分，因此有的地方可以用打短线进行长度或者高度的简化</td></tr>
</table>

续表

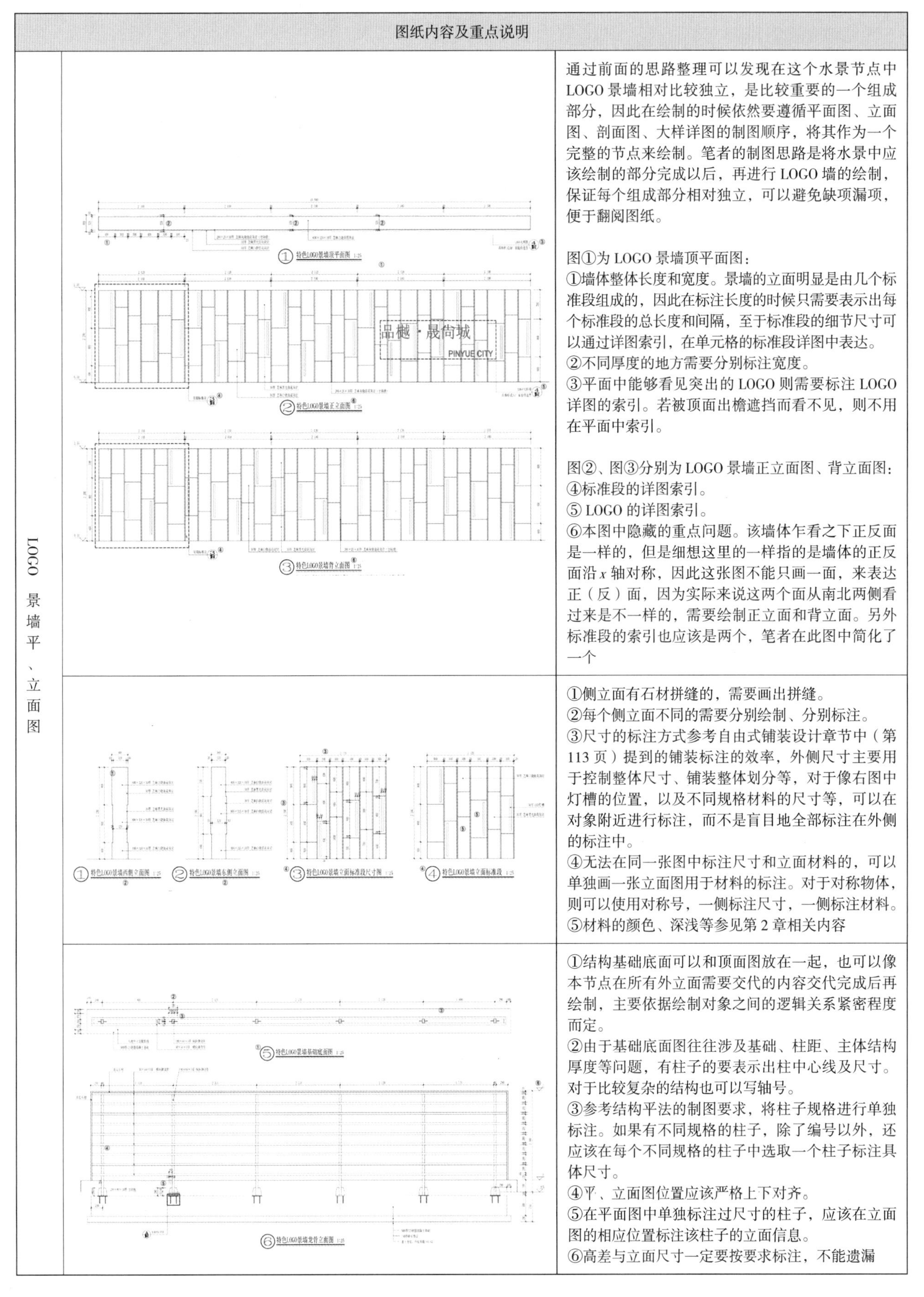

图纸内容及重点说明		
LOGO 景墙平、立面图		通过前面的思路整理可以发现在这个水景节点中 LOGO 景墙相对比较独立，是比较重要的一个组成部分，因此在绘制的时候依然要遵循平面图、立面图、剖面图、大样详图的制图顺序，将其作为一个完整的节点来绘制。笔者的制图思路是将水景中应该绘制的部分完成以后，再进行 LOGO 墙的绘制，保证每个组成部分相对独立，可以避免缺项漏项，便于翻阅图纸。 图①为 LOGO 景墙顶平面图： ①墙体整体长度和宽度。景墙的立面明显是由几个标准段组成的，因此在标注长度的时候只需要表示出每个标准段的总长度和间隔，至于标准段的细节尺寸可以通过详图索引，在单元格的标准段详图中表达。 ②不同厚度的地方需要分别标注宽度。 ③平面中能够看见突出的 LOGO 则需要标注 LOGO 详图的索引。若被顶面出檐遮挡而看不见，则不用在平面中索引。 图②、图③分别为 LOGO 景墙正立面图、背立面图： ④标准段的详图索引。 ⑤ LOGO 的详图索引。 ⑥本图中隐藏的重点问题。该墙体乍看之下正反面是一样的，但是细想这里的一样指的是墙体的正反面沿 x 轴对称，因此这张图不能只画一面，来表达正（反）面，因为实际来说这两个面从南北两侧看过来是不一样的，需要绘制正立面和背立面。另外标准段的索引也应该是两个，笔者在此图中简化了一个
		①侧立面有石材拼缝的，需要画出拼缝。 ②每个侧立面不同的需要分别绘制、分别标注。 ③尺寸的标注方式参考自由式铺装设计章节中（第 113 页）提到的铺装标注的效率，外侧尺寸主要用于控制整体尺寸、铺装整体划分等，对于像右图中灯槽的位置，以及不同规格材料的尺寸等，可以在对象附近进行标注，而不是盲目地全部标注在外侧的标注中。 ④无法在同一张图中标注尺寸和立面材料的，可以单独画一张立面图用于材料的标注。对于对称物体，则可以使用对称号，一侧标注尺寸，一侧标注材料。 ⑤材料的颜色、深浅等参见第 2 章相关内容
		①结构基础底面可以和顶面图放在一起，也可以像本节点在所有外立面需要交代的内容交代完成后再绘制，主要依据绘制对象之间的逻辑关系紧密程度而定。 ②由于基础底面图往往涉及基础、柱距、主体结构厚度等问题，有柱子的要表示出柱中心线及尺寸。对于比较复杂的结构也可以写轴号。 ③参考结构平法的制图要求，将柱子规格进行单独标注。如果有不同规格的柱子，除了编号以外，还应该在每个不同规格的柱子中选取一个柱子标注具体尺寸。 ④平、立面图位置应该严格上下对齐。 ⑤在平面图中单独标注过尺寸的柱子，应该在立面图的相应位置标注该柱子的立面信息。 ⑥高差与立面尺寸一定要按要求标注，不能遗漏

7.3.4 围墙详图

1. 围墙详图设计概述

围墙是园区根据用地红线划定范围的标志，围墙的绘制包含两个层面的意义：总图层面和详图层面。

在总图层面，围墙要注意两点：

① 红线与围墙的关系。有的设计师会将围墙的中线落在用地红线上，意味着围墙的一半落在了用地红线之外，这明显是不合规的。如果在绘制围墙时需要保持围墙突出面与用地红线重合又是否合理呢？当围墙外轮廓与用地红线重叠时围墙的基础和垫层的部分会侵入红线之外。根据《民用建筑设计统一标准》(GB 50352—2019) 第 4.3.1 条，除骑楼、建筑连接体、地铁相关设施及连接城市的管线、管沟、管廊等市政公共设施以外，建筑物及其附属设施不应突出道路红线或用地红线建造。规范分别对地下设施和地上设施的范围进行了定义，地下设施的范围为："应包括支护桩、地下连续墙、地下室底板及其基础、化粪池、各类水池、处理池、沉淀池等构筑物及其他附属设施。"地上设施的范围为：应包括门廊、连廊、阳台、室外楼梯、凸窗、空调机位、雨篷、挑檐、装饰构架、固定遮阳板、台阶、坡道、花池、围墙、平台、散水明沟、地下室进风及排风口、地下室出入口、集水井、采光井、烟囱等。"由此可见围墙及围墙基础属于建筑附属设施范畴，那么围墙的基础就不应该超出用地红线，尤其是墙柱结合的围墙柱基础边线不能超出用地红线。

② 围墙标准段与非标准段的关系。在围墙的绘制过程中，会采用标准段的做法来绘制围墙详图。但是场地每一边的长度不一定与围墙标准段的长度成整倍数，总会出现不是标准段的情况，因此，在总图部分给出围墙定位平面图可以很好地验核哪些部位出现了非标准段，以及需要补充重点部位的非标准段围墙详图。下图为某项目围墙定位平面图的北侧局部，可以看到围墙标准段中心线长度为 5 070 mm，但是在北入口处，以及围墙转角等位置难以保证符合标准段尺寸，如果是重要位置，比如北入口，则需要结合北入口节点绘制围墙立面图及详图；如果是非重要位置，则至少需要文字备注进行做法说明。

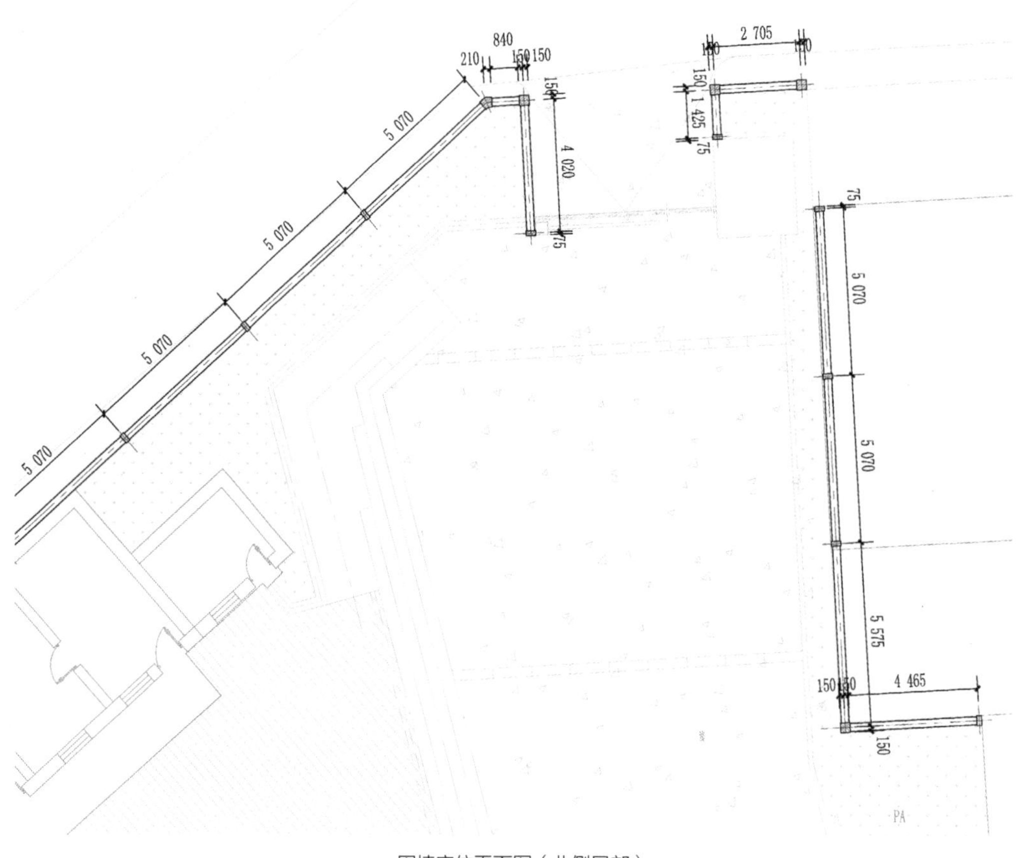

围墙定位平面图（北侧局部）

下图是北入口的详图，图中明确地标明了北入口平面的各种尺寸，包括围墙。同时不同的立面图中也反映出围墙不同立面的尺寸情况和样式，这样就能使重点区域的围墙部分得到充分的表达，指导现场施工。

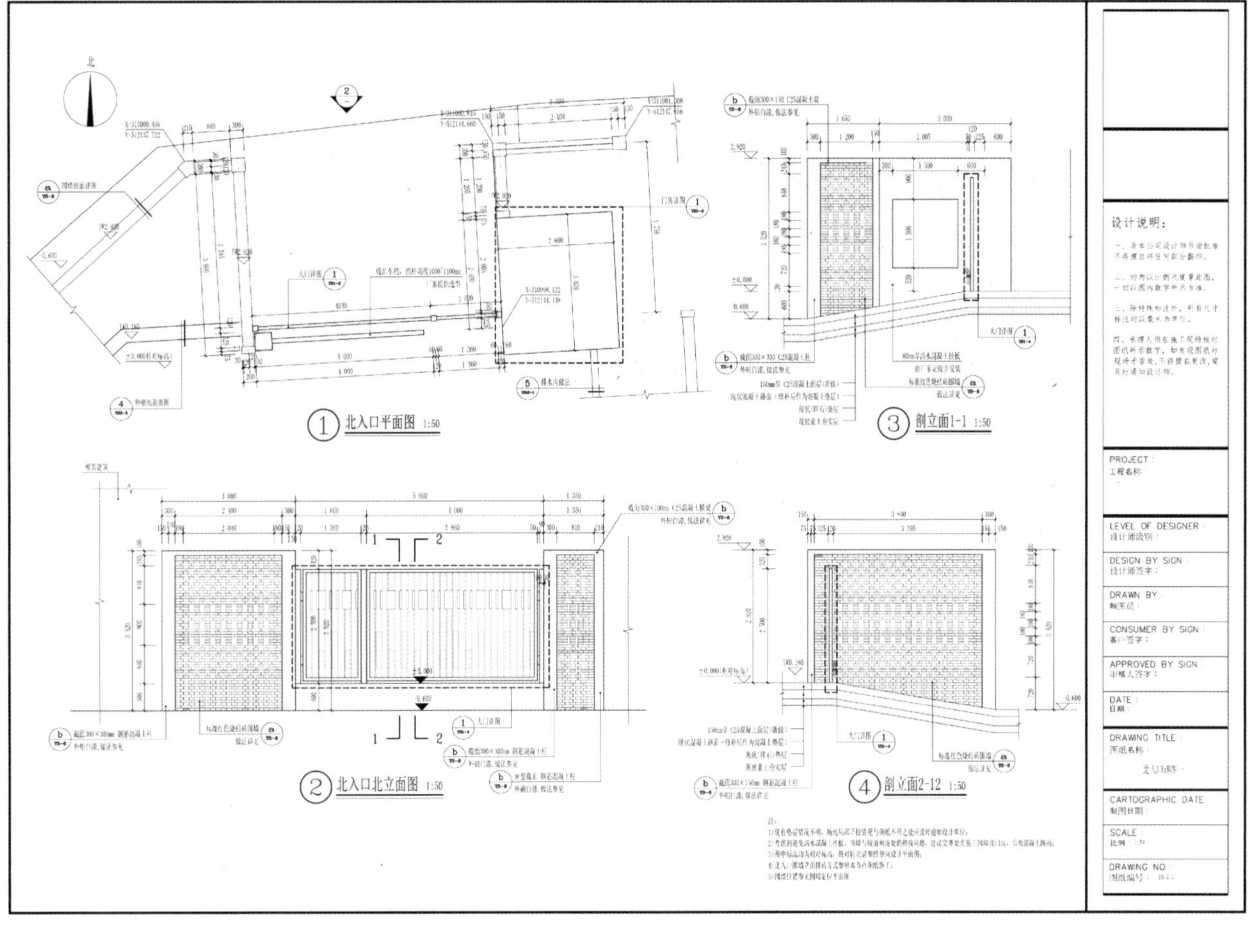

北入口详图

在详图层面需要注意以下两点：

① 竖向对围墙外立面的影响。

竖向包括围墙沿纵向高差变化和围墙内、外高差变化两方面。围墙沿纵向的高差变化对围墙外立面样式影响较大，包括对高度、分段、虚实等方面的影响。在方案设计之初首先应该将用地红线内外高差进行梳理，尤其是大市政竖向变化比较复杂的地方，再了解清楚围墙涉及的竖向高差问题，结合整体风格，有针对性地选择既美观又便于解决工程问题的围墙样式，比如竖向变化较大，不适合做镂空围墙时，就应该选择实墙或者实墙与镂空结合的样式。

② 竖向对围墙做法的影响。

当竖向变化对围墙造成较大侧压时，必须将工程安全放在设计首位，在设计过程中要与结构专业保持沟通，图纸必须由结构专业进行深化或验核，不允许在该问题上随意模仿、照搬图集，以避免出现工程问题甚至工程事故。

2. 围墙详图设计示例

下图是某项目场地与周边环境关系及竖向示意，场地呈长方形，北围墙外是代征绿地和市政道路，南侧紧邻城市流域。原场地标高比南侧城市流域常水位标高高 0.3 ~ 0.4 m，比北侧市政道路标高低 2.2 ~ 2.3 m，为了使场地与市政道路高差降低，建设方对场地进行整体回填，以抬高场地内部的标高。

若以城市流域常水位标高为相对零标高，场地整体回填后相对标高为 2.05 m，这也导致回填后的场地比南围墙外高 2.05 m，比北侧代征绿地高 1.3 m。下图大致表现了围墙内外竖向关系，可以看出南北围墙都面临与外部的高差问题，其中最大的问题是南围墙内侧比围墙外侧已经高 2.05 m 了，加上围墙应该比园内地面高 2 ~ 2.5 m，那么从外侧城市流域看向南围墙高度至少是 4 m。

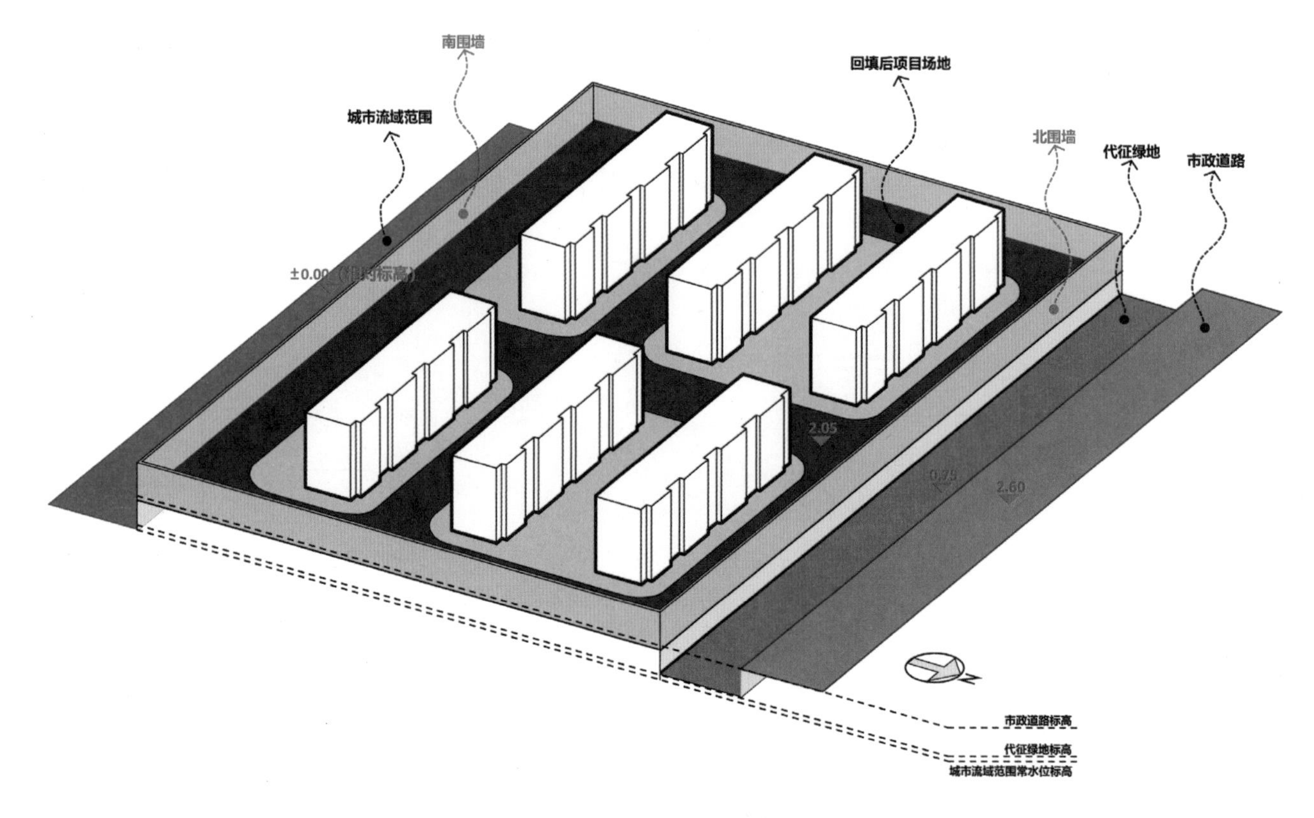

项目场地及周边情况示意

对于这样的高度，景观施工图设计师应该建立起安全意识，对于超过 3 m 高同时存在较大内外高差的围墙已经属于挡墙的范畴，需要与结构专业设计师共同协作完成，但是当时的设计师并没有对比重视，反而用通图（对于项目中同一类构筑物采用通用做法表示，以减少工作量）表示南北围墙，忽略了该项目中东、南、西、北四处的围墙存在不同情况的现状，盲目省工，无法正确表达不同现状条件下围墙的不同做法，最后施工单位无法施工。调整图纸成本大幅增加，与甲方原本批复的预算差别较大，导致各种工程协商增项、调整，对工期造成严重影响。同时也要指出图纸的质量还意味着一旦工程出现问题，在责任认定中，图纸的准确性能够帮助设计公司规避项目风险，因此，对待图纸必须有严谨的态度。

接下来对原图及调整后的图纸进行分析，以期说明围墙详图的设计重点。下图即为未做修改调整的图纸。这张图纸中包含的不仅有围墙表达的工程问题，还有施工设计初学者容易出现的共性问题，是一张景观施工图常见问题比较集中的图纸。现结合施工图制图和该围墙工程问题两方面进行分析与说明。

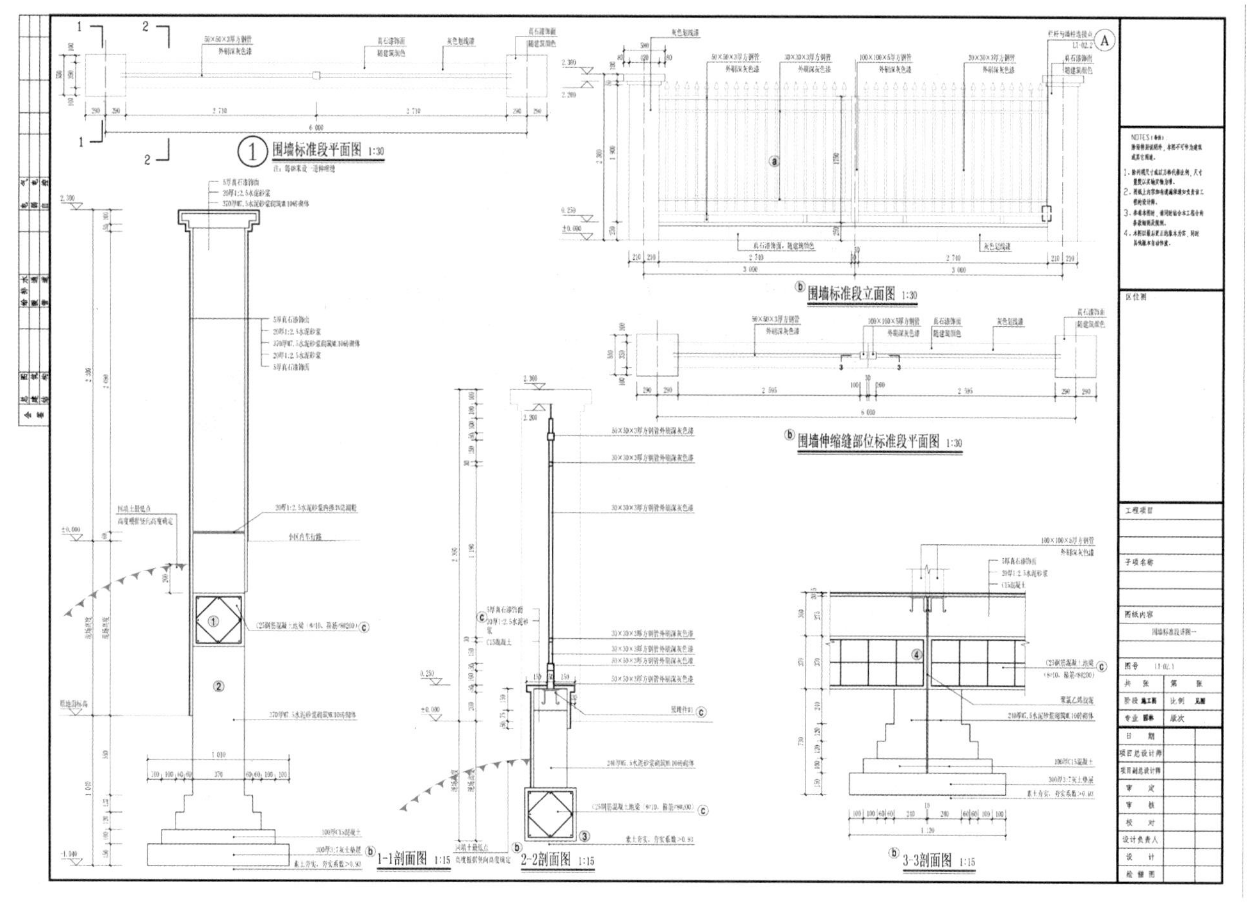

原围墙施工图纸

从整体来看，本图在工程中有以下几个主要问题：

① 钢筋混凝土地梁位置不对。

设计师错把回填以后的土层当成了地基土层，使混凝土地梁高悬于地基土之上，无法起到地梁应有的作用。随着回填土的流失或板结下降，混凝土地梁可能裸露于地面。

圈梁位置不确定。图纸中的表述为“现场高度”，意味着圈梁不能在一个稳定高度上形成一个整体，而是随现场高度变化，这完全背离了设置圈梁的初衷。

② 结构材料选择不正确。

如此高度的围墙，使用 370 砖柱不论是柱尺寸还是材料的选择都不符合工程现状需求，极易失稳发生断裂倒塌，同时还与混凝土地梁形成了“强梁弱柱”的不良结构形式。

③ 实墙部分基础做法不正确。

a. 混凝土圈梁直接落在回填土上，由于回填土的不稳定性，圈梁容易发生不均匀沉降导致局部变形甚至整体失稳。

b. 圈梁高度与柱高度不能相互对应形成整体。

④ 伸缩缝做法不正确。

a. 该处应该设置沉降缝，而非伸缩缝，而且不论沉降缝还是伸缩缝都应该设置在柱处，而非根据主观臆断随意设置。

b. 沉降缝处的基础做法除了依然形成了“强梁弱柱”的形式以外，基础埋深与柱和实墙处基础不在统一标高处。

c. 沉降缝处钢筋混凝土梁上还有一层 275 mm 厚的 C15 混凝土，但是在其他剖面处并未见该部分。同时，该处加上抹灰厚度以后标高都在院内地面标高以下，类似这样前后图标高对照不严谨的问题，在初学施工图设计时是很容易出现的一类问题。

此外原图还存在诸多工程问题，比如地梁跨度过大、混凝土压顶是通长还是局部、钢筋标号错误、铁艺与柱固定方式未表达等问题，在此不一一赘述。

根据这张围墙通用做法图纸，笔者尝试通过模型还原这张图纸表达的结构关系，以便读者能对照发现图纸中的问题。

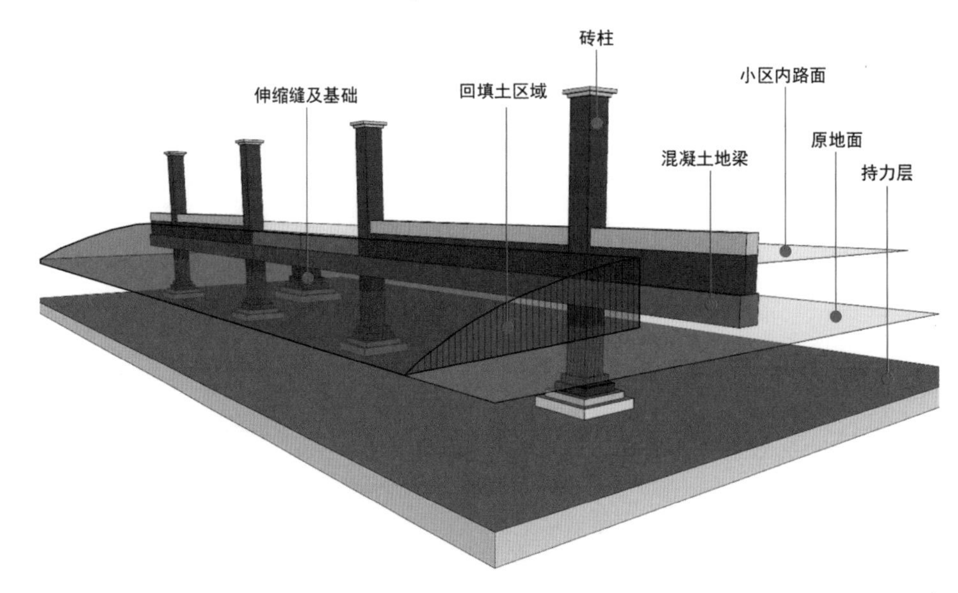

原围墙错误施工图纸所示结构示意

如何避免上述问题呢？除了建立良好的安全意识、专业协调意识以外，良好的制图习惯也有助于规避图纸缺图、漏图，平面、立面、剖面不对应的情况，还能及时帮助设计师发现构件与构件处连接的问题。接下来对上图中制图不规范的问题进行整体说明。

① 缺图严重。

经过前人不断探索建立的平面图、立面图、剖面图、节点详图的制图顺序与结构图纸的制图顺序有其科学道理。这一套制图系统或者说制图逻辑可以很好地帮助我们及时发现制图过程中需要交代的地方是否都有明确的图纸及文字说明。在这套图纸中，看似也遵循了平面、立面、剖面的顺序，却是为了顺序而顺序，为形式上的制图，没有明白这个顺序中包含自查这个重要环节，或者说为了省事，将如此复杂场地竖向关系下的围墙图纸用通图来表达。比如在剖面已经明确看出围墙内外的高差关系，但是在立面中只画了围墙内侧的立面，而没有画围墙外侧立面，导致围墙外侧立面做法未知。

② 图号标注缺失。

没有图号，就不能正确地建立跨图纸索引的准确性。

③ 各类标注问题。

图纸中存在各类标注漏标、错标等问题。造成这一类问题的主要原因有：缺乏基本工程概念；缺乏基本制图知识；缺乏严谨的制图习惯或者不够细致。

为了更好地说明该图中的问题，首先我们整体来看修改后的南围墙图纸所包含的主要内容，并且将修改后的图纸与原围墙图纸进行对照说明。

由于原围墙做法问题，导致施工单位现场无法施工且第一次按照钢筋混凝土做法调整后的围墙工程费用大幅度增加，在甲方提出不负担该部分新增费用，由施工单位自行解决的前提下（EPC 项目），施工单位只能向设计师提出新增围墙做法要在安全的前提下尽可能节约成本，结合成本与施工技术等因素，选择钢筋混凝土框架与预制混凝土板相结合的做法。调整后的图纸一共包含四张，前两张是南围墙的标准段做法，后两张是南围墙沉降缝处的做法。

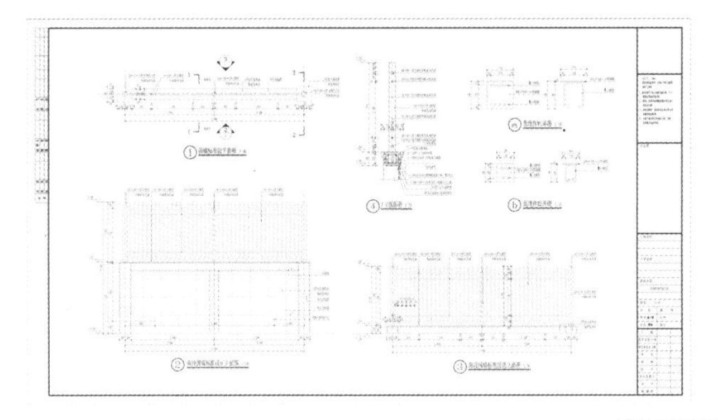
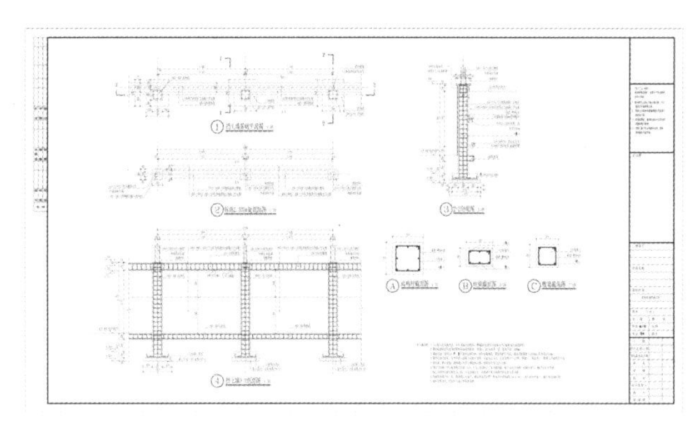

南围墙标准段图纸示意

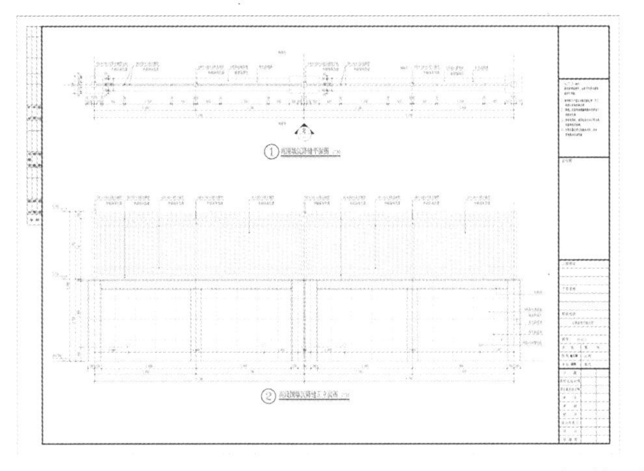
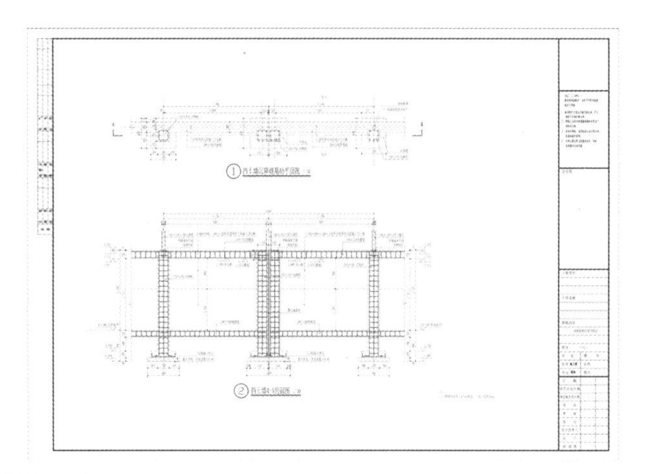

南围墙沉降缝图纸示意

另外严谨规范的图纸可以为设计单位规避实际工程中因质量问题引发的纠纷。在该项目的施工中，现场采用了建筑拆迁后的楼板冒充图纸要求的全新Ⅱ级预应力混凝土空心板，导致项目还未正式交付使用就出现预制板开裂的情况，有的裂缝甚至达到 2~3 cm。一旦预制板断裂，会造成回填土坍塌、园区内路面塌陷等严重问题。一旦发生此类事故，施工图纸会成为设计单位和设计师最重要的凭证，因此养成严谨、严格的制图习惯是设计师最基本、最重要的职业要求。

下面逐一对比原围墙图纸与调整后围墙图纸的差别，以及调整后围墙图纸的重点。

南侧围墙施工完成现状

原围墙图纸和调整后图纸对比及说明

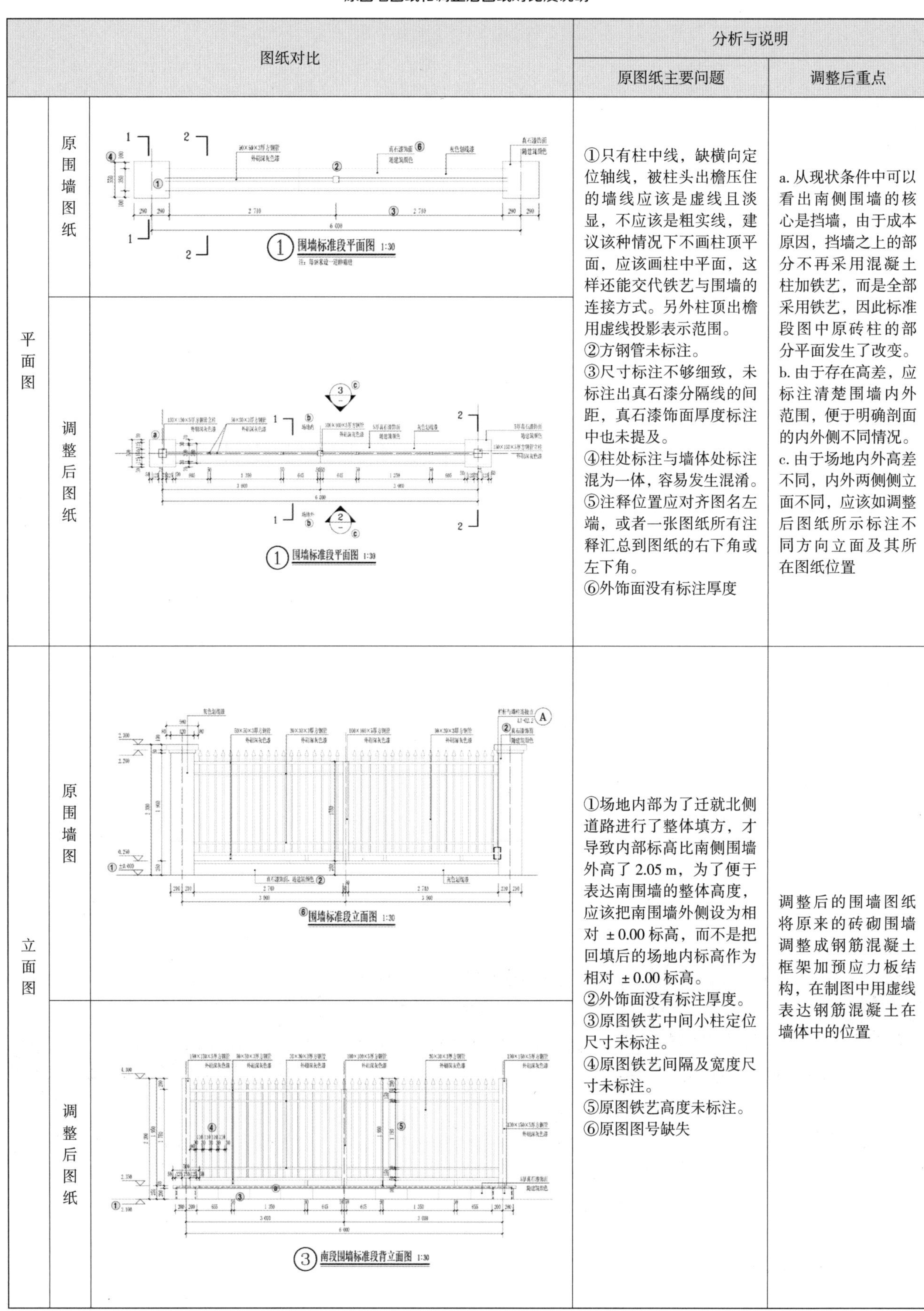

图纸对比			分析与说明	
			原图纸主要问题	调整后重点
平面图	原围墙图纸	① 围墙标准段平面图 1:30	①只有柱中线，缺横向定位轴线，被柱头出檐压住的墙线应该是虚线且淡显，不应该是粗实线，建议该种情况下不画柱顶平面，应该画柱中平面，这样还能交代铁艺与围墙的连接方式。另外柱顶出檐用虚线投影表示范围。 ②方钢管未标注。 ③尺寸标注不够细致，未标注出真石漆分隔线的间距，真石漆饰面厚度标注中也未提及。 ④柱处标注与墙体处标注混为一体，容易发生混淆。 ⑤注释位置应对齐图名左端，或者一张图纸所有注释汇总到图纸的右下角或左下角。 ⑥外饰面没有标注厚度	a. 从现状条件中可以看出南侧围墙的核心是挡墙，由于成本原因，挡墙之上的部分不再采用混凝土柱加铁艺，而是全部采用铁艺，因此标准段图中原砖柱的部分平面发生了改变。 b. 由于存在高差，应标注清楚围墙内外范围，便于明确剖面的内外侧不同情况。 c. 由于场地内外高差不同，内外两侧侧立面不同，应该如调整后图纸所示标注不同方向立面及其所在图纸位置
	调整后图纸	① 围墙标准段平面图 1:30		
立面图	原围墙图	⑥围墙标准段立面图 1:30	①场地内部为了迁就北侧道路进行了整体填方，才导致内部标高比南侧围墙外高了 2.05 m，为了便于表达南围墙的整体高度，应该把南围墙外侧设为相对 ±0.00 标高，而不是把回填后的场地内标高作为相对 ±0.00 标高。 ②外饰面没有标注厚度。 ③原图铁艺中间小柱定位尺寸未标注。 ④原图铁艺间隔及宽度尺寸未标注。 ⑤原图铁艺高度未标注。 ⑥原图图号缺失	调整后的围墙图纸将原来的砖砌围墙调整成钢筋混凝土框架加预应力板结构，在制图中用虚线表达钢筋混凝土在墙体中的位置
	调整后图纸	③ 南段围墙标准段背立面图 1:30		

续表

图纸对比			分析与说明	
			原图纸主要问题	调整后重点
立面图	调整后新增图纸	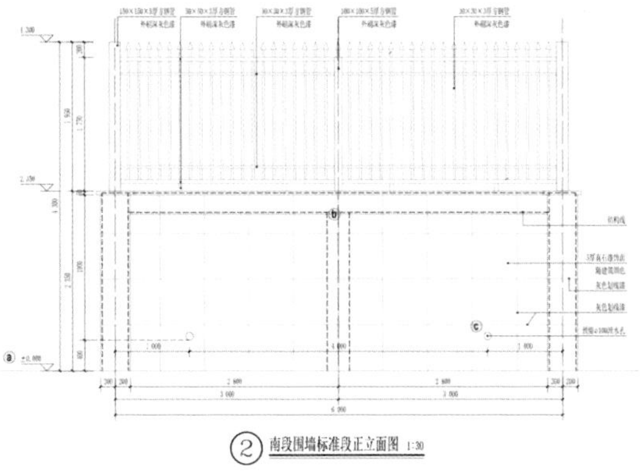 ② 南段围墙标准段正立面图 1:30	原图纸未绘制南侧围墙外立面图，无法直观地看出南围墙内外两侧立面的变化及对应关系	a. 通过南围墙外侧立面图的绘制，完整地表达原地面标高到围墙完成面的标高。 b. 在制图中用虚线表达钢筋混凝土结构部分在墙体中的位置。 c.2 m 高的回填土需要考虑排水的问题，避免水分滞留土壤中引起冻胀，同时还应注意内侧管口过滤，避免土壤流失导致内部土层下陷
剖面图	原围墙图纸	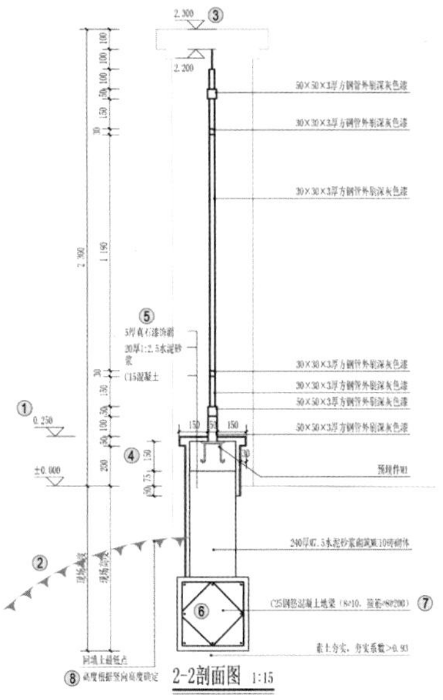 2-2剖面图 1:15	①竖向标高不应以场地内回填地面为 ±0.00 标高。 ②混凝土梁标高不可能随现场高度来回变化，因此结合①出现的问题，±0.00 标高应该以围墙外原地面为准，才能正确反映关键位置的标高情况。 ③标高标注位置不规范，应在同一直线上，并位于尺寸标注的同侧。 ④尺寸标注不规范，与主尺寸无对应关系，不能指导定位。 ⑤做法索引位置与文字标注未对应，混凝土压顶未单独标注尺寸，不明白是混凝土墩还是通长混凝土压顶。 ⑥混凝土梁做法有问题，设置位置有问题，梁下无垫层且每一跨梁长度过长，容易产生挠曲变形。 ⑦钢筋标索引号不对。 ⑧未加图号	—
剖面图	调整后新增图纸	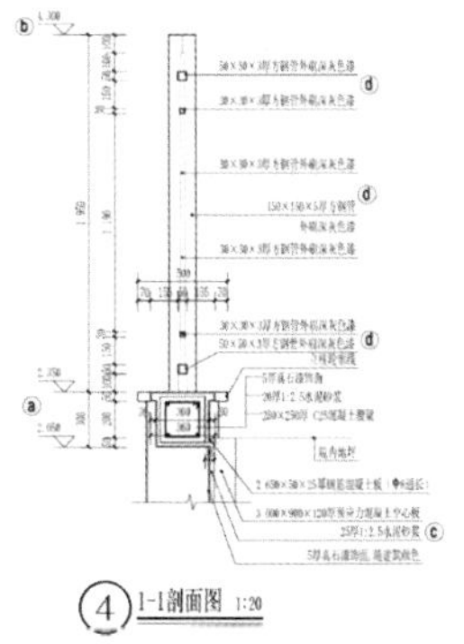 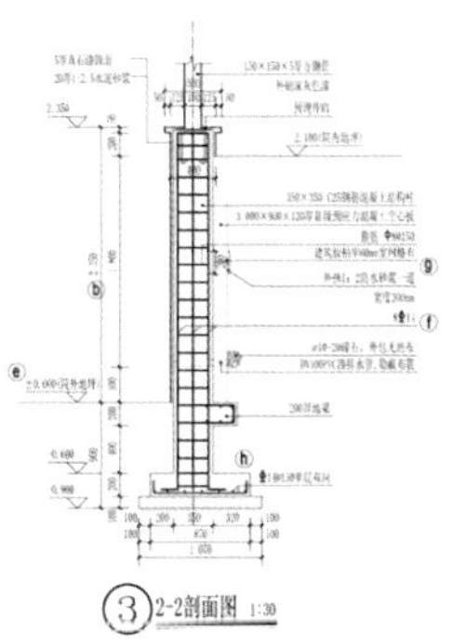 ④ 1-1剖面图 1:20 ③ 2-2剖面图 1:30	原图纸未绘制回填后柱基础结构做法详图	a. 以南围墙外侧原地面标高为 ±0.00 标高，反映围墙的完整高度。 b. 标高在尺寸线同侧。 c. 预应力混凝土板面层做法完整、明确。 d. 铁艺标注完整。 e. 原地面标高为 ±0.00 标高。 f. 回填部分要考虑排水。 g. 两块预应力混凝土板衔接处要考虑接缝的处理。 h. 偏心柱做法

新增围墙图纸及说明

围墙标准段	新增图纸	重点说明
平面图	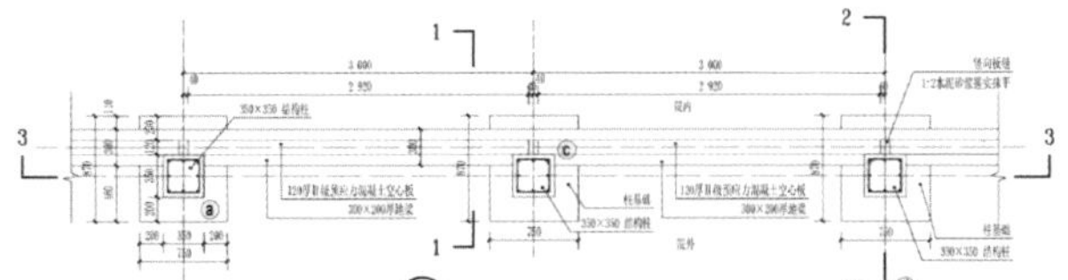 ① 挡土墙基础平面图 1:30 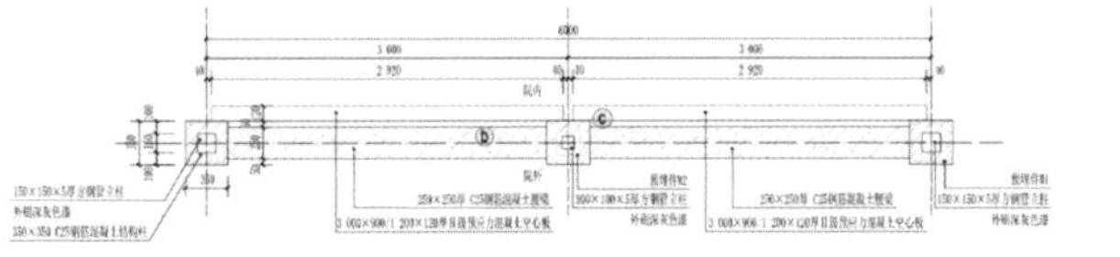 ② 标高2.325m处剖面图 1:30	a. 考虑抗倾覆及预应力混凝土板安装位置等问题，基础偏心。 b. 钢筋混凝土腰梁与柱的关系。另外为了固定上部铁艺在项目中使用的是混凝土压顶，这种情况需要标明混凝土压顶是通长还是混凝土墩，避免出现原图中的含混不清的情况。 c. 预应力混凝土板与基础及柱的关系。 d. 不同竖向高度处平面图或剖面图，用于表达不同高度处的结构关系及做法
剖面图	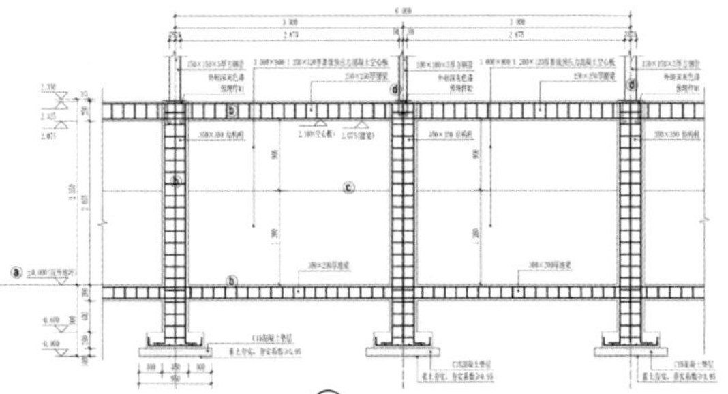 ④ 挡土墙3-3剖面图 1:30	a. 与平面图及立面图上竖向关系相对应的标高标注。 b. 结构柱、腰梁、地梁等与结构设计相关部分应该有相应的结构配筋图纸，在本图中有三个部分对应的配筋图，因此在挡土墙3—3剖面图中只表述了对象的名称，没有重复书写配筋情况。 c. 由于本做法采用了两块预应力混凝土板组合安装，考虑到两块板之间的缝隙问题，在立面图中不应只画一根线，而应该表示出板与板之间的缝隙，这样才能对应剖面2—2中对两块板缝隙处的处理方法。 d. 与上部方钢管立柱的关系，不同规格预埋件应标注清晰，最好给出预埋件图号索引
配筋截面图	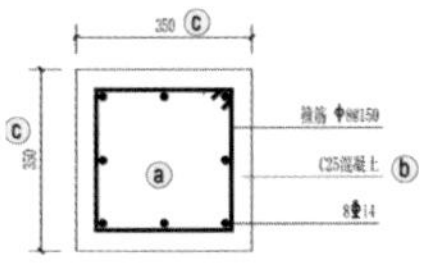 Ⓐ 结构柱截面图 1:10 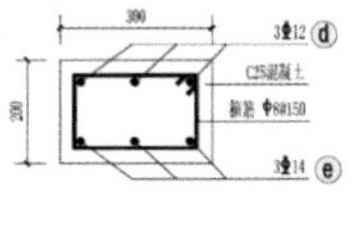 Ⓑ 地梁截面图 1:10 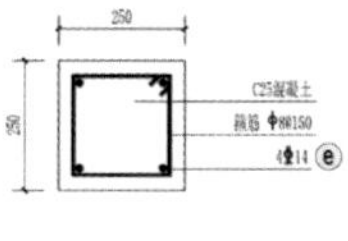 Ⓒ 腰梁截面图 1:10	a. 在绘制钢筋混凝土截面配筋图时，不使用混凝土填充，第一是便于更清楚的识图，第二是更符合结构设计的图纸表达规范。 b. 混凝土强度等级。 c. 混凝土柱、梁截面尺寸。 d. 钢筋符号、标号要符合相关规范及规格要求，在立面、剖面图中出现在相同位置的钢筋标注应前后一致。 e. 使用了不同规格、不同牌号的钢筋时，所有不同钢筋均应标注，比如地梁上部钢筋使用了3根直径12 mm的二级钢筋，下部使用了3根直径14 mm的二级钢筋，那么上、下部每一根钢筋都需要引线标注。如果地梁处4根钢筋都是一样的型号和规格，那么可以只引出其中一根，但是需要在文字中标注出相同型号和规格的钢筋数量
说明及备注	挡土墙说明：1. 空心板与结构株连接：凿开混凝土结构柱，Φ8锚筋与预应力混凝土空心板的加长板筋焊接。 2. 横向板缝处需用建筑胶粘牢60mm宽网格布，外抹1：2防水砂浆一道，宽度不低于200mm。 3. 基础混凝土采用C25，Φ、Φ分别表示HPB300、HRB400级钢筋；钢筋保护层厚度：基础及挡墙挡土面40mm，其他部位25mm； 4. 墙背后填土要求：采用砂类土或粘土夹碎石回填，务必分层压实，压实系数不小于92%，膨胀土、淤泥质土、耕植土不能用作回填土。 5. 做好施工排水设施，保持施工中挡土墙基坑干燥，基底须入持力层≥200。 6. 预应力混凝土空心板等级为Ⅱ级、C30、五孔，安装时上下皮不能倒置，板上皮对应内侧，接触回填土，板下皮对应外侧。 7. 板上开洞时应避开板肋及主筋，当无法避开时，应换算开洞后板的弯矩及剪力设计值。 8. 待钢筋混凝土柱、板、腰梁施工完成后，确定泄水孔位置（泄水孔距离地面0.3m~0.4m），进行孔内外施工，最后再完成回填土。 9. 如有异常情况，须及时与设计师联系处理。	本页图纸的共性要求、说明等可以在图纸右下角集中表达，如本图中的挡土墙说明；有时针对某一个平面图或者剖面图需要有一个单独说明，通常以“注”的形式将说明文字放置在该平面或剖面图的图名之下

新增围墙图纸及说明

围墙沉降缝		
新增图纸		重点说明
平面图	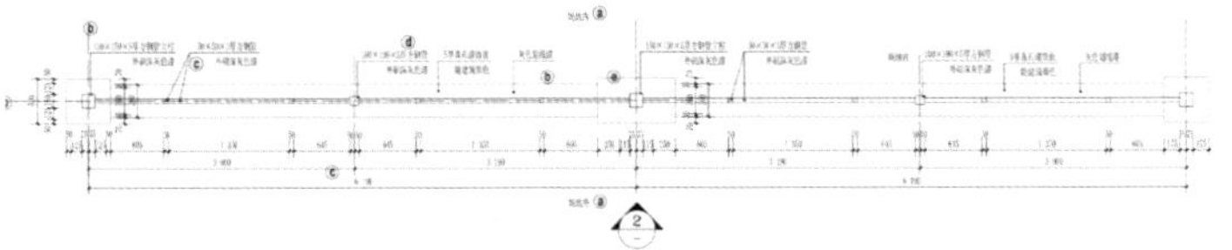 ①南围墙沉降缝平面图 1:30	a. 场地内外范围，便于对应剖面图的内外场地。 b. 明确柱中线、墙体中线。 c. 与柱中线、墙体中线相对应的尺寸标注，清晰地表达关键部位的尺寸、定位关系。 d. 清晰的规格、材质及索引标注（需要有索引的地方应标注索引图号）。 e. 沉降缝衔接处与其他柱下柱头及基础不同
立面图	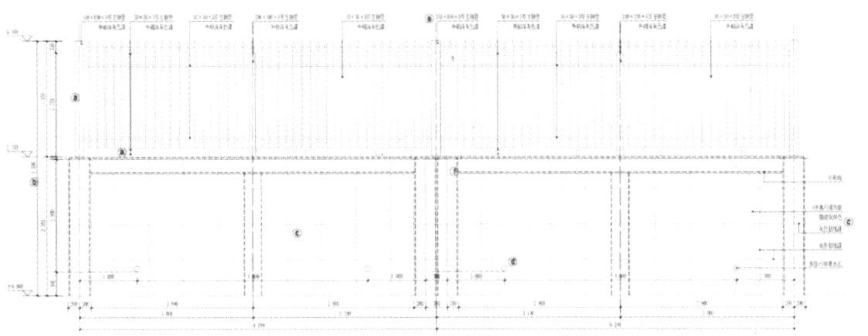 ②南段围墙沉降缝正立面图 1:30	a. 平、立面一定要严格对应，尤其是像 a_1 处小柱这类比较小的构件，容易在平、立面制图及标注中被忽略，因此越是小的构件或细节越是要引起重视。 b. 要注意竖向尺寸标注不是每个表示尺寸的地方都要加竖向标高的符号，而是应该加在重要的地方，比如 ±0.00 标高处、材料改变之处、重要的变截面处、压顶与墙身改变处、做法改变处等。 c. 立面材料规格样式，包括图与标注，不能只写标注不画立面细部。 d. 墙面预留洞口、预埋钢筋等细节要给出点位、尺寸及标注说明。 e. 平面、立面标注要相互对应，另外平面上看不见的立面材料及各种标注在立平面上不要漏标； f. 内部结构范围线可以用虚线表示，用以明确结构与完成面的关系
基础平面图	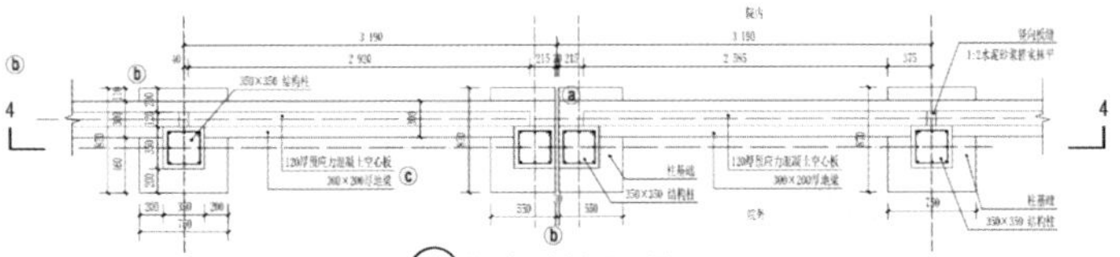 ①挡土墙沉降缝基础平面图 1:30	a. 沉降缝、伸缩缝等构造要按照相应要求绘制。 b. 沉降缝处、地梁与柱交接处等细部尺寸标注应简洁明了，不宜过度标注。 c. 地梁、柱下独立基础等构筑物轮廓线作为看线时要采用相应的线型准确表达其尺寸、位置等
剖面图	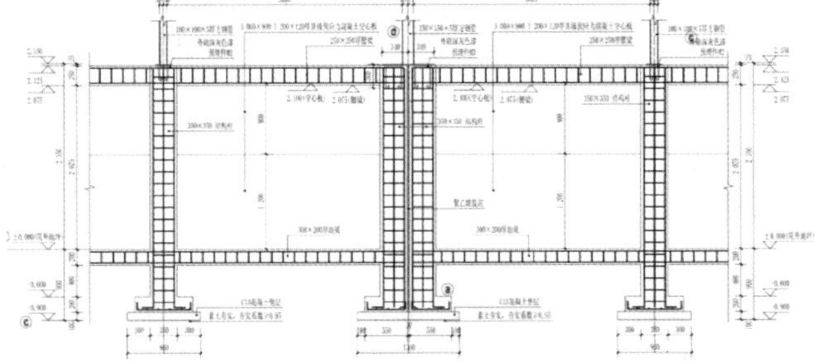 ②挡土墙4-4剖面图 1:30	a. 沉降缝、伸缩缝等构造要按照相应要求绘制，且平面、立面的结构、尺寸标注等应保持对应与一致。 b. 竖向标高首先定准 ±0.00（相对标高），向下为负，向上为正。 c. 基础埋深指底部一层垫层底面标高，基础埋深要符合项目所在区位冻土深度要求。 d. 沉降缝处上部铁艺栏杆做法可以采用左图所示共用一根方钢管，也可以采用两根方钢管各自位于柱中的方式，对结构影响可以忽略。若上部结构是砖砌或者钢筋混凝土结构，则需要完全拆分成两个独立区域，不可以基础以下拆分、地面以上部分不拆开

7.3.5 园区出入口详图设计

1. 设计重点概述

这里将居住区、校园、产业园区、工厂等相对独立的工作、生活空间统称为园区。园区出入口作为该区域的门户，承担着交通、安全、展示等多重功能，是园区的重要节点。尽管不同类型的园区在入口处功能不同，但是出入口基本的构筑元素大致相同，主要包括以下部分：

① 入口门头及门房。

② 拦车器或者伸缩门。

③ 大门。

④ LOGO 墙或者标识物。

⑤ 园区围墙。

⑥ 人行通道等非机动车道。

⑦ 机动车道。

⑧ 监控。

⑨ 停车空间。

⑩ 共享单车停车区域。

⑪ 人流集散区域。

⑫ 旗杆、标识牌、灯具等公共设施。

以下为北京顺义区住宅产业化研究基地南入口平面图以及北京新华 1949 创意产业园区西入口与北入口实景。对比两个园区入口可以看出不同类型园区在入口处细节设计不同，但是所包含的主要元素与上述所列举元素基本一致，只是有时会根据实际情况和需求而有所取舍。

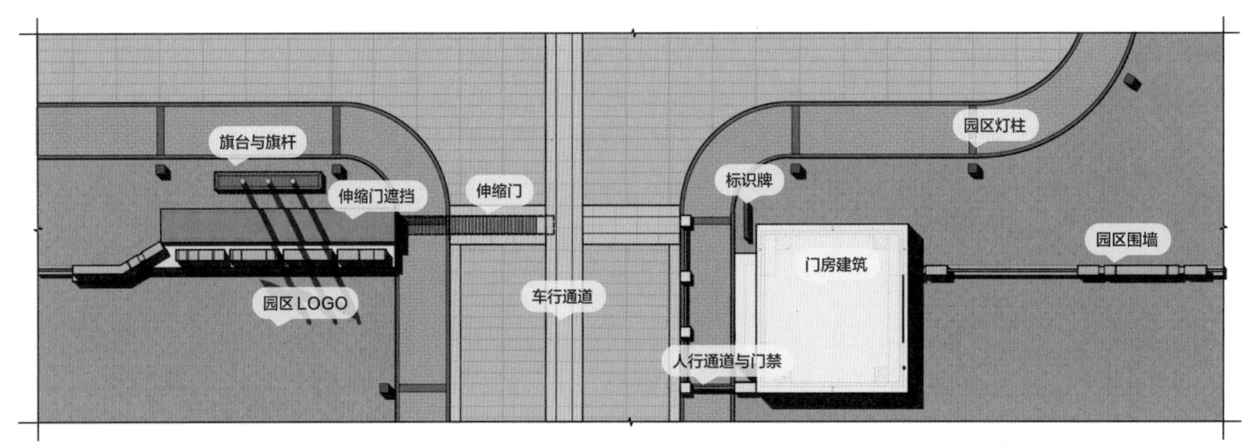

住宅产业化研究基地南入口平面图

新华 1949 创意产业园区西入口

新华 1949 创意产业园区北入口

2. 居住区出入口常见类型及设计重点

现在以居住区为例，对出入口设计重点进行梳理和阐述。

居住区入口按照主次不同，在门头、门房、车道、入口围墙等构筑物形式的设计上有所不同，但交通的组织以及安全性应作为出入口设计的重点。根据交通功能的不同，下面列举了几种常见的入口形式，为了突出入口处交通关系，暂未放置门头，仅放置门房。此外除了列出的设计内容之外，不同的园区也会因为需求不同而增加不同的设计内容，比如有的园区入口需要考虑旗杆、景石、水景等，但是不论增加什么，都需要对所增加内容的位置、规模、形态等进行反复考虑。

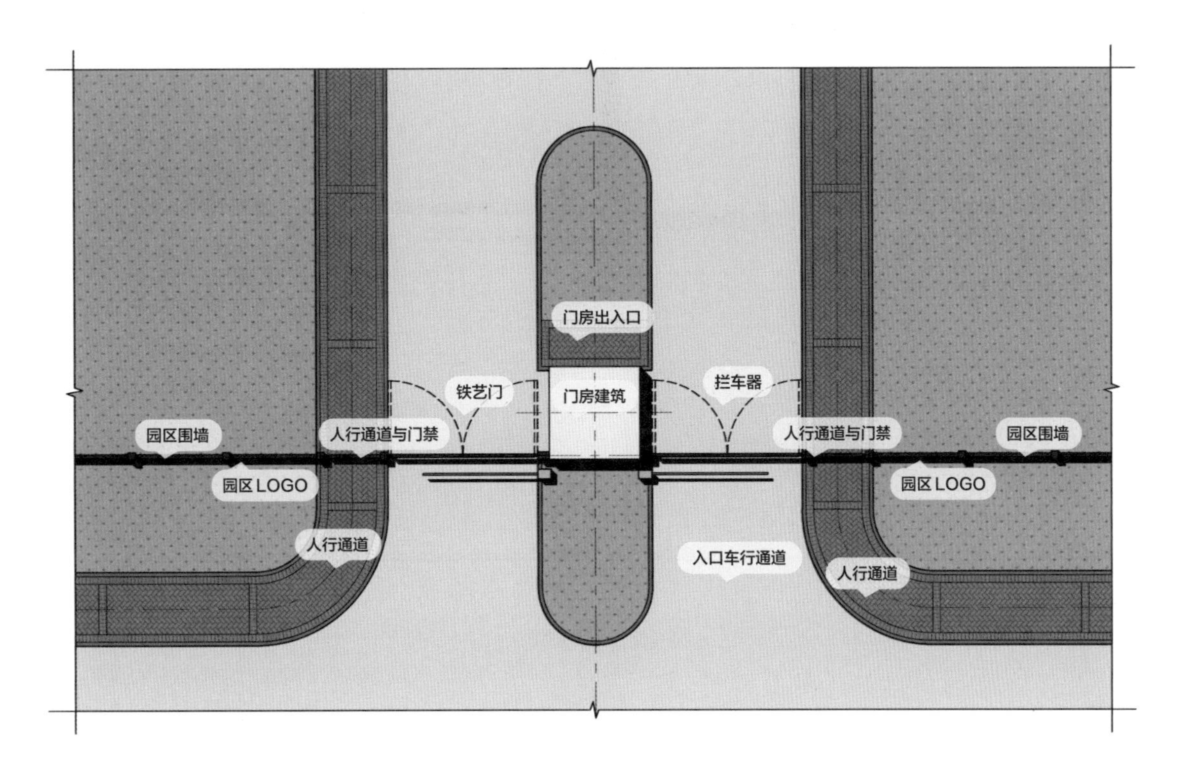

居住区出入口形式一

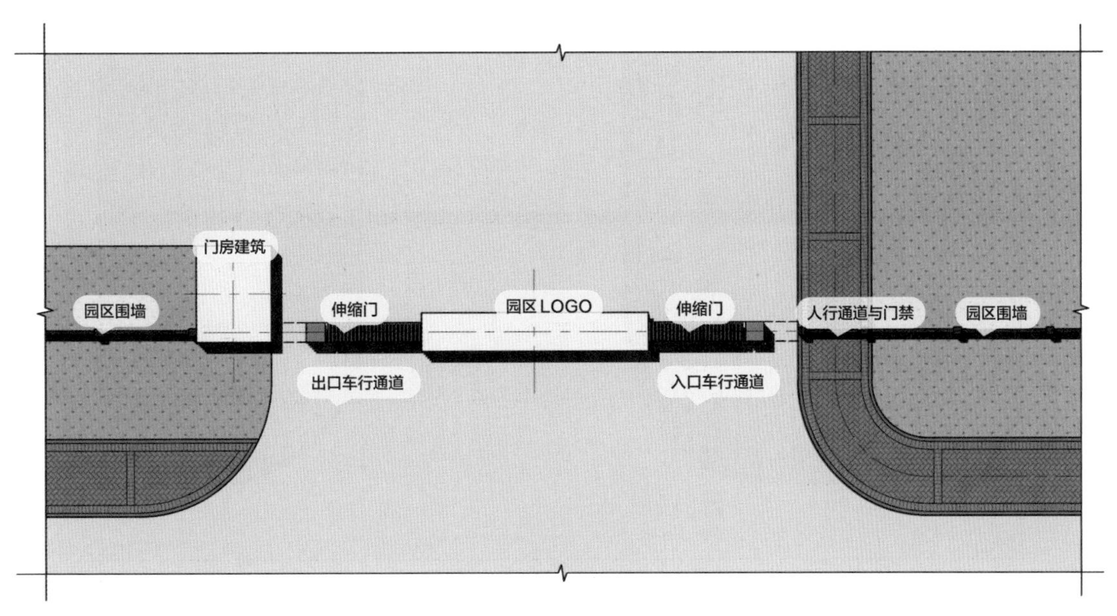

居住区出入口形式二

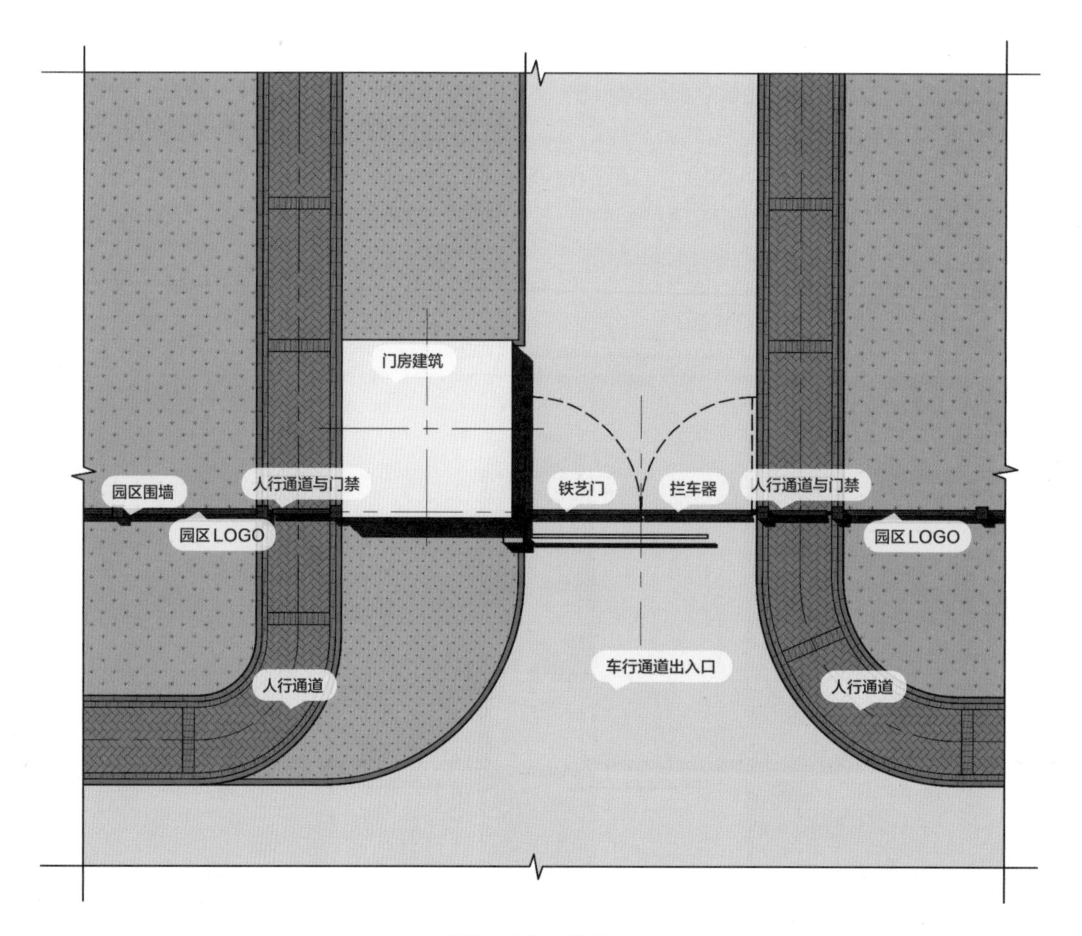

居住区出入口形式三

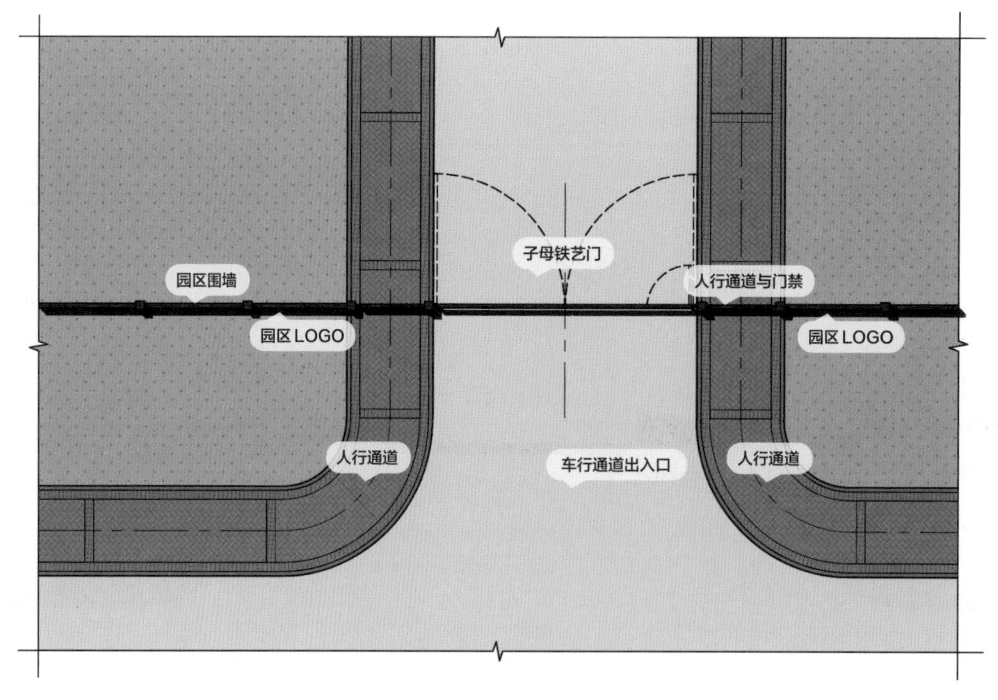

居住区出入口形式四

居住区出入口设计重点列表

<table>
<tr><th rowspan="2">序号</th><th rowspan="2">设计对象</th><th rowspan="2">设计内容</th><th colspan="3">设计重点</th><th rowspan="2">备 注</th></tr>
<tr><th>设计子项</th><th colspan="2">说 明</th></tr>
<tr><td rowspan="15">1</td><td rowspan="15">入口道路</td><td rowspan="4">车行道</td><td>宽度</td><td colspan="2">净宽需满足消防要求</td><td rowspan="4">铺装材料类型、厚度等需要满足一般车行及消防车行驶的荷载要求</td></tr>
<tr><td rowspan="2">平面石</td><td>有</td><td>规格及与路缘石关系</td></tr>
<tr><td>无</td><td>铺装收边应该怎么处理</td></tr>
<tr><td>车道</td><td colspan="2">是出入同口，还是单进单出</td></tr>
<tr><td rowspan="3">人行道</td><td>宽度</td><td colspan="2">考虑人行门禁设备，不宜过窄</td><td rowspan="3">—</td></tr>
<tr><td rowspan="2">道牙</td><td>与车行路相邻一侧</td><td>结合车行路路缘石设计</td></tr>
<tr><td>与绿地相邻一侧</td><td>结合海绵城市要求综合考虑是平是立</td></tr>
<tr><td rowspan="6">非机动车道</td><td rowspan="2">自行车</td><td>与人行共用通道</td><td>①人行道与人行门宽度。
②开门方向（左或右）。
③门禁设置位置（左或右）。
④无障碍设计及设置位置</td><td rowspan="2">—</td></tr>
<tr><td>不与人行共用通道</td><td>综合考虑入口处交通关系，及与园区内部交通衔接等问题</td></tr>
<tr><td rowspan="2">货运三轮车</td><td>与人行共用通道</td><td>①人行道与人行门宽度。
②开门方向（左或右）。
③门禁设置位置（左或右）。
④无障碍设计及设置位置。</td><td>—</td></tr>
<tr><td>不与人行共用通道</td><td>综合考虑入口处交通关系，及与园区内部交通衔接等问题</td><td rowspan="5">—</td></tr>
<tr><td rowspan="2">共享单车</td><td>进入园区</td><td>①地面停车区域设置。
②车辆管理问题</td></tr>
<tr><td>禁止进入园区</td><td>是否设置园区外停车区域，规模如何控制</td></tr>
<tr><td rowspan="2">减速带</td><td>长度与宽度</td><td colspan="2" rowspan="2">在无国家规范时，可参照相关行业规范</td></tr>
<tr><td>凸起高度</td></tr>
</table>

续表

<table>
<tr><th rowspan="2">序号</th><th rowspan="2">设计对象</th><th rowspan="2">设计内容</th><th colspan="4">设计重点</th><th rowspan="2">备注</th></tr>
<tr><th>设计子项</th><th colspan="3">说明</th></tr>
<tr><td rowspan="11">2</td><td rowspan="11">园区围墙</td><td rowspan="5">LOGO 墙</td><td rowspan="3">LOGO 墙墙体</td><td colspan="2">位置</td><td>①与围墙结合 / 与门房结合。
②单侧 / 双侧</td><td rowspan="5">—</td></tr>
<tr><td colspan="2">电源</td><td>预 LOGO 电源，并与电气专业交底</td></tr>
<tr><td colspan="2">与大门关系</td><td>结合大门样式综合考虑，如是否设置伸缩门隐蔽空间等</td></tr>
<tr><td rowspan="2">LOGO 字体</td><td colspan="2">位置</td><td>①考虑视线位置。
②考虑墙体前灌注设计高度及乔木设计点位</td></tr>
<tr><td colspan="2">样式</td><td>参考方案设计</td></tr>
<tr><td rowspan="6">围墙</td><td rowspan="2">标准段围墙</td><td colspan="2">柱间距尺寸不变</td><td>应根据标准段做法绘制施工图</td><td rowspan="3">围墙在用地转角处或为迁就出入口等造成局部围墙区段不是标注段尺寸，但是围墙样式与标准段保持一致</td></tr>
<tr><td colspan="2">柱间距尺寸变化</td><td>参照标准段样式给出该区段柱点位、样式，以及节点细部做法</td></tr>
<tr><td>非标准段围墙</td><td colspan="3">根据非标准段方案绘制施工图</td></tr>
<tr><td rowspan="3">墙身灯具</td><td colspan="2">部位</td><td>灯具所在墙体部位不同，考虑做法以及与面层衔接问题</td><td rowspan="2">—</td></tr>
<tr><td colspan="2">电源</td><td>预电源，并与电气专业交底</td></tr>
<tr><td colspan="2">开启方式</td><td>①分线路间隔开启,还是同时全部开启。
②根据灯具开启模式与电气专业交底</td><td>开启方式包括正常照明模式、省电模式，以及节庆模式等</td></tr>
<tr><td rowspan="6">3</td><td rowspan="6">社区交通管理</td><td rowspan="6">车行管理装置</td><td rowspan="4">拦车器</td><td colspan="2">位置</td><td>①与铁艺大门的位置关系。
②与门房门窗位置关系</td><td rowspan="6">—</td></tr>
<tr><td rowspan="2">整体样式</td><td>杆样式</td><td>①单杆。
②双杆。
③带广告牌等</td></tr>
<tr><td>显示器</td><td>①显示屏与拦车器一体化。
②显示器与拦车器分离</td></tr>
<tr><td colspan="2">电源</td><td>根据整体样式考虑预留电源接口数量及位置，并与电气专业交底</td></tr>
<tr><td rowspan="2">铁艺大门</td><td rowspan="2">电动平开</td><td>单扇</td><td rowspan="2">①电动铁艺门需预留电源，并与电气专业沟通。
②开启半径范围内对周边交通与景观的影响。
③对门房出入口的影响</td></tr>
<tr><td>双扇</td></tr>
</table>

续表

序号	设计对象	设计内容	设计重点				备注
			设计子项	说明			
3	社区交通管理	车行出入口管理装置	铁艺大门	电动推拉	单扇	①推拉门轨道是否隐蔽。 ②开启足够宽度所需时长与门扇数量的联系。 ③推拉轨道与轨道隐蔽	—
					双扇		
				手动平开	单扇	①门扇数量与重量对手动开启难易程度的影响。 ②开启半径范围内对周边交通与景观的影响。 ③对门房出入口的影响	—
					双扇		
				手动推拉	单扇	①门扇数量与重量对手动开启难易程度的影响。 ②推拉门轨道位置与轨道隐蔽	
					双扇		
				是否与挡车器同时存在	是	位置关系	—
					否	如园区人流较大，会造成门扇频繁开启，若常开，则不利于管理	
			伸缩门	开启方式	两侧收拢	①是否需要设置隐蔽伸缩门。 ②与人行道交叉时，人行道与车行路面有高差时如何处理。 ③开启足够通行宽度所需时间	—
					单侧收拢		
					中间收拢		
		非机动车与人行管理	门禁门	宽度		应以非机动车中的较大宽度非机动车宽度及转弯半径为准，如三轮货运车	—
				开启方向		主要考虑推自行车、三轮车的人如何开门方便	
				样式		与大门形态、风格协同考虑	
4	管理用房	门房或岗亭	门窗	开启位置		①窗口结合视线要求。 ②门结合进出是否方便，是否有利于打开与关闭。 ③种植与门窗位置校核	—
			卫生间	需要		①上下水问题。 ②影响门房尺寸大小。 ③与建筑专业衔接	
				不需要		—	
			暖气	需要		供暖管线与暖通专业衔接	—
				不需要		—	
			其他配置	必须选项		①控制台、桌、椅。 ②控制台中要预留电源，与电气专业衔接。 ③前后室、床、制冷制暖设备。 ④集中供暖与暖通专业对接，非集中供暖与电气专业衔接，电自采暖与电气专业衔接，燃气自采暖与燃气专业衔接	—
				可选选项			
5	大门门头		根据方案设计深化，其中涉及门房、LOGO 等元素的地方参见上述设计重点综合考虑				

注：出入口处重点不限于以上内容。

3. 门房在初步设计中的常见问题

对于门房、门头等需要建筑审批的构筑物，景观设计专业一般仅提供方案或初步设计图纸，此后由建筑设计院或其他具有建筑结构设计资质的机构出具门房、门头等构筑物的结构深化图纸，并根据相关要求报建。那么对于门头、门房的设计有哪些注意事项呢？

1）入口大门（或者门头）及门房的属性问题

在具体分析景观施工图设计中的问题之前，先看居住区规划设计中门房、门头等构筑物的属性问题。

根据我国目前的法律、法规、规章，房地产建设项目的行政许可程序主要分为六个阶段：

第一，选址定点；

第二，规划总图审查及确定规划设计条件；

第三，初步设计及施工图审查；

第四，规划报建图审查；

第五，施工报建；

第六，建筑工程竣工综合验收备案。

在第二阶段“规划总图审查及确定规划设计条件”中有一条是规划部门对规划总图进行评审，核发建筑用地规划许可证。《中华人民共和国城乡规划法》第三十七、三十八条规定：“由城市、县人民政府城乡规划主管部门依据控制性详细规划核定建设用地的位置、面积、允许建设的范围，核发建设用地规划许可证。”由此，可以看到，控制性详细规划是核发建设用地许可证的重要依据，控规包含哪些主要内容呢？主要有以下四点：

① 土地使用性质及其兼容性等用地功能控制要求。

② 容积率、建筑高度、建筑密度、绿地率等用地指标。

③ 基础设施、公共服务设施、公共安全设施的用地规模、范围及具体控制要求，地下管线控制要求。

④ 基础设施用地的控制界线（黄线）、各类绿地范围的控制线（绿线）、历史文化街区和历史建筑的保护范围界线（紫线）、地表水体保护和控制的地域界线（蓝线）“四线”及控制要求。

需要注意的是第③点中提到的“基础设施、公共用地服务设施、公共安全设施的用地规模、范围及具体控制要求”，《中华人民共和国物权法》第六章中提出的“共有部分”包含：① 建筑物的基础、承重结构、外墙、屋顶等基本结构部分，通道、楼梯、大堂等公共通行部分，消防、公共照明等附属设施、设备，避难层、设备层或者设备间等结构部分。② 其他不属于业主专有部分，也不属于市政公用部分或者其他权利人所有的场所及设施等。

因此，可以明确看出，建筑入口门房、大门等构筑物属于社区的公共服务设施，根据相关要求，建筑物门房、大门等需要办理建筑用地规划许可证，其实是属于建筑规划设计的范畴。但在实际过程中，社区出入口的设计常常由景观设计专业连同整个园区环境进行综合考虑，但是景观设计专业又不具备出具这些构筑物施工图纸的条件，因此，景观设计专业一般仅提供初步设计图纸，再由相关专业深化。在这个过程中就意味着景观师需要了解这些构筑物设计的基本功能要求，同时又需要和深化施工图纸的专业做好衔接和交底，这也对景观施工图设计师提出了更高的要求。

2）门房初步设计中的具体问题说明

① 给水排水问题。

下图为一社区门房底平面图，在图纸中明确给出了可供建筑深化的门房初步设计相关信息。

查看下面的门房底平面图可以注意到，该门房的尺寸是 3 500 mm × 3 000 mm，比一般的门房要大一些，这是什么原因造成的呢？详细了解之后发现，甲方要求这个门房要包含一个洗手池及一个蹲位的卫生间。由于前面我们提到的门房其实属于建筑设计的范畴，并且景观设计专业进行初步设计以后还要将图纸交接给建筑设计专业进行深化，导致景观设计专业认为布置卫生间和洗手池是建筑专业的工作，因此尽管考虑了总体尺寸，但是并没有在图纸中对洗手池及卫生间位置进行布置或者文字性的说明。倘若在交接工程中出现遗忘或疏漏，最后的结果就是建筑结构专业只进行了结构的深化设计，而没有为门房预留上下水点位及其与管线连接图纸，以及相关的设备设施等。由于缺少相关图纸，造成施工图预算缺项，在后期增项过程中设计师需要承担相应的设计变更风险。

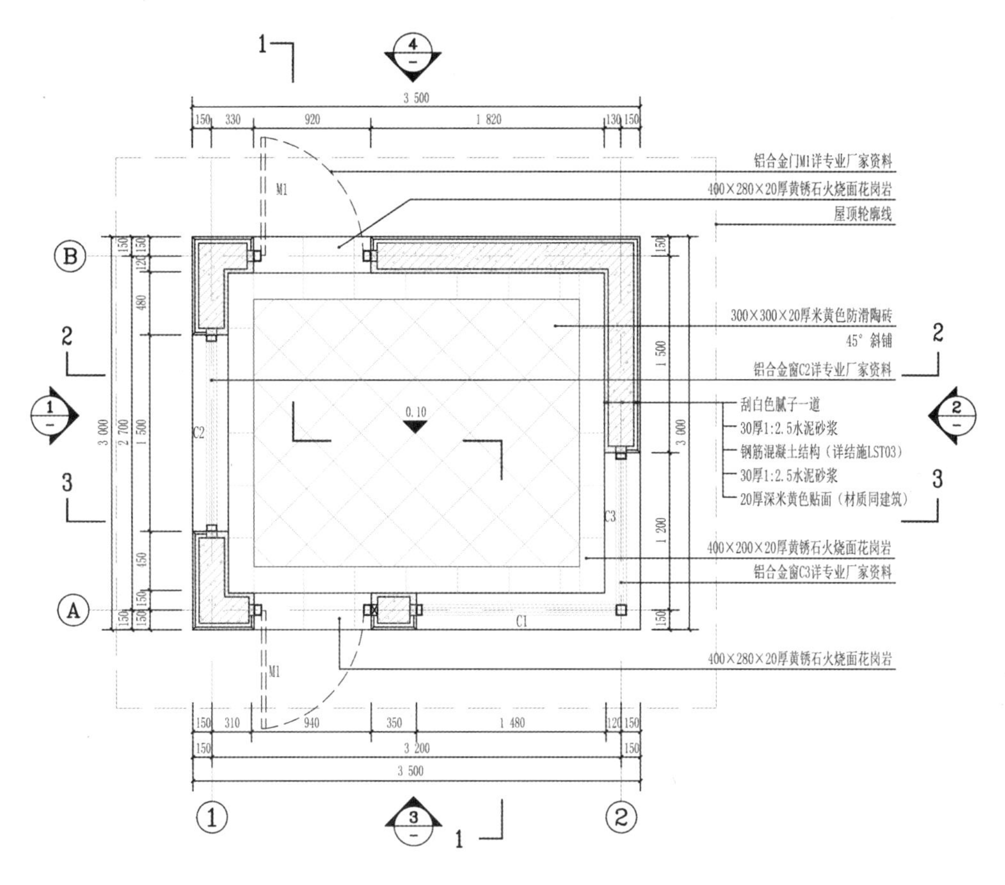

门房底平面图

② 电气问题。

除了给水、排水的问题外，绘制门房的初步设计中经常容易忽略的还有预留电源接口的问题。门房涉及的用电主要包含室内和室外两方面。

a. 室内：各种监控仪器、室内照明用电。若卫生间需要热水器还应考虑热水器电源及插座功率问题。

b. 室外：门房墙面或檐口下的景观照明用电、监控设备用电铁艺门、挡车器等的用电。

尽管室内排线属于内装的范畴，景观设计应尽量配合室内设计进行图纸深化交接。对于门房的外立面照明用电，初步设计图纸上应该尽可能详细地给出墙面壁灯、线性灯、射灯、监控等的位置、规格，以及一些可以辅助电气施工图纸设计的景观节点详图。总体来说，我们在门房的图纸中一定要明确提示电气专业在此处预留相关设施的电源。

3）门窗尺寸及门窗与墙体连接处说明

① 门窗尺寸。

在绘制入口门房的图纸时，由于墙体饰面材料有“贴”与“挂”的区别，饰面与结构面之间的间距是不同的。因此，在画门窗样式的时候经常会产生疑问：门窗的尺寸应该标多少？是洞口饰面完成面净尺寸，还是洞口结构完成面净尺寸呢？

根据《民用建筑通则》（GB 50352—2019）第 6 章中提到的门窗加工的尺寸，应按门窗洞口设计尺寸扣除墙面装修材料的厚度，按净尺寸加工。

由此可见，在绘制门窗样式的时候应该根据洞口净尺寸确定门窗外轮廓尺寸。同时应考虑外立面门窗边框厚度及整体效果。

② 结构完成面与门窗框间距的控制范围。

《铝合金门窗》（02J 603-1）中对洞口与门、窗框缝的规定见下表。

门窗洞口预留缝隙列表

饰面材料	缝隙 /mm	饰面材料	缝隙 /mm
贴面金属材料	≤ 5	贴面砖	≤ 25
清水墙	≤ 15	挂石料	≤ 50

③ 洞口收边细部处理。

赖荣乐在《短槽不锈钢托板干挂石材幕墙安装存在问题对策探讨》一文中提道："石材在门窗侧边应考虑收至门窗边，门窗侧边就要预留 75 mm 作为石材安装空间，故门窗结构洞口预留时应一边至少放大 75 mm 以保证石材可以和门窗框衔接。"

通过上述几处关于门窗尺寸设计的表述，再结合景观施工图（初步设计）图纸来说明以上问题。下图是某居住区门房的尺寸平面图，外立面采用石材干挂的方式，室内墙面用涂料喷涂的方式。放大的门窗与洞口交接处的图纸，如下图所示。

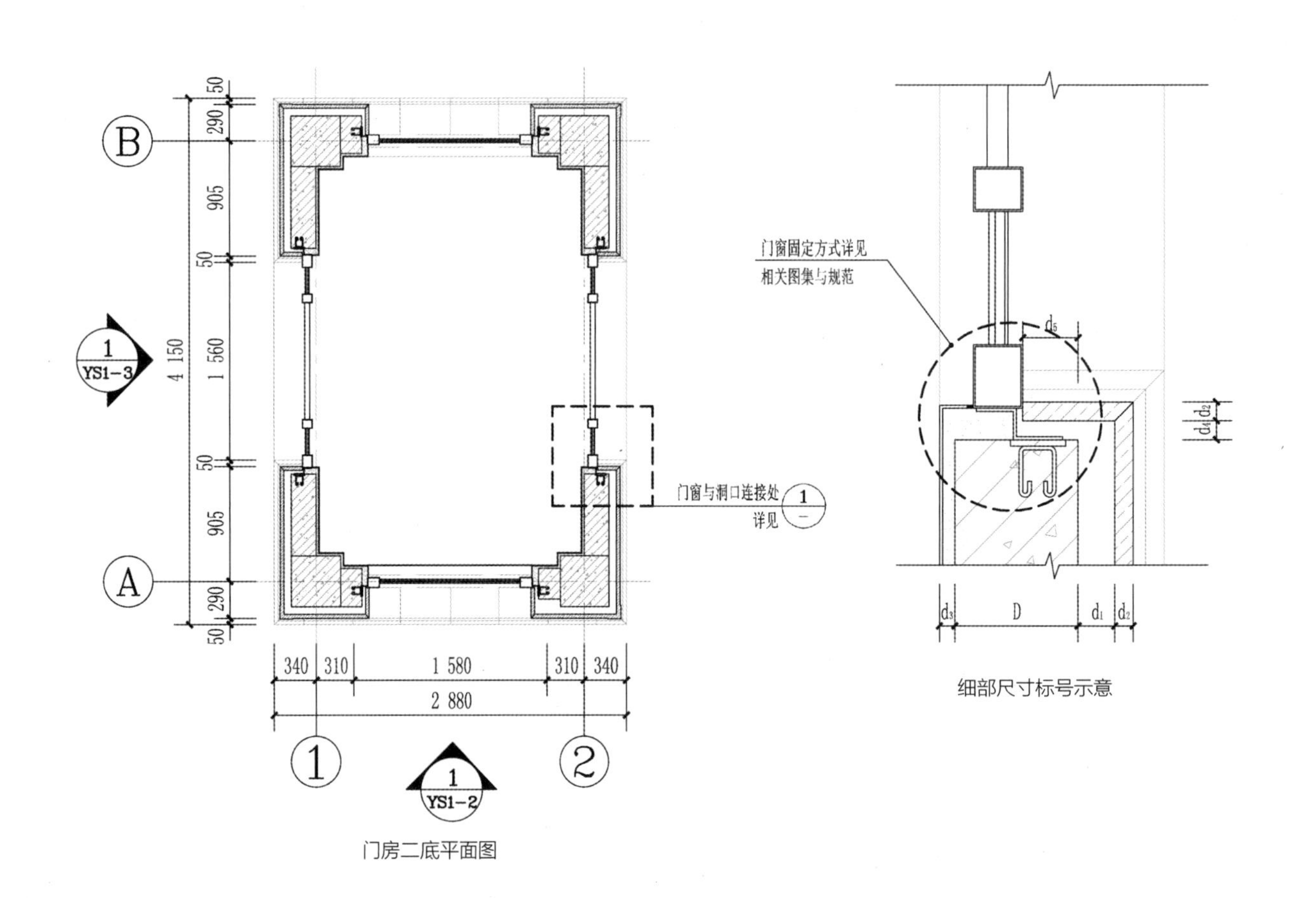

门房二底平面图

细部尺寸标号示意

门窗洞口细部尺寸范围列表

符号	说 明		取值范围 /mm	备注
D	墙体厚度		—	根据方案及结构要求取值
d_1	石材干挂的缝隙		60~120	常用估值，具体取值可参见《干挂饰面石材及其金属挂件》（JC 830.2—2005）
d_2	干挂石材厚度	镜面板	20~30	参见《实用建筑装饰材料手册》（郭道明编）
		粗面板	50、60、70、100 等	
d_3	内墙结构面到完成面厚度		—	根据方案及构造要求取值
d_4	洞口与门窗框缝隙		≤ 50	参照第 221 页门窗洞口预留缝隙列表
d_5	门窗侧边预留石材宽度		≥ 75	参照本页"③洞口收边细部处理。"相关内容

4. 园区出入口绘制示例

下图方案为某学校南侧主入口效果图，从图中可以看出入口大门包括一面 LOGO 景墙、一面浮雕景墙、车行铁艺门、人行铁艺门，以及浮雕景墙后面的门卫室。结合前面每个要素的重点分析，按照平面图、立面图、剖面图、节点详图的制图顺序，逐一分析大门详图设计要点。

首先看此节点图纸的总体情况。由于本次出图图幅要求统一按照 A1 总图及详图出图，而不是以往总图按照 A1、详图按照 A2 的方式出图，因此在详图排版上与前面围墙详图、水景详图等略有不同。可以看出由于图幅变大，每一张图纸包含的内容增加，因此在排图和选择排版比例时都应做出相应的预判，例如通过天正建筑软件中的插入图框命令可以实现图纸的预排版，本节不对天正以及 CAD 软件做过多介绍，详情可以参见其他绘图软件教程。

从水景、围墙开始，笔者将每个节点的图纸做如下总览，主要有两个目的：第一是让施工图设计初学者对图纸的逻辑关系有一个整体概念，建立起施工图按平面图、立面图、剖面图、详图顺序制图的习惯；第二是尽量采用图面相对规范的图纸，让读者对施工图排图的图面严谨度和美观度有初步的了解。

南入口效果图

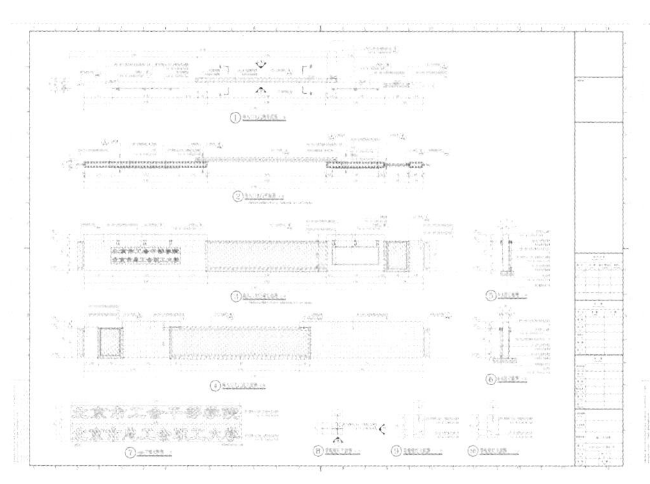
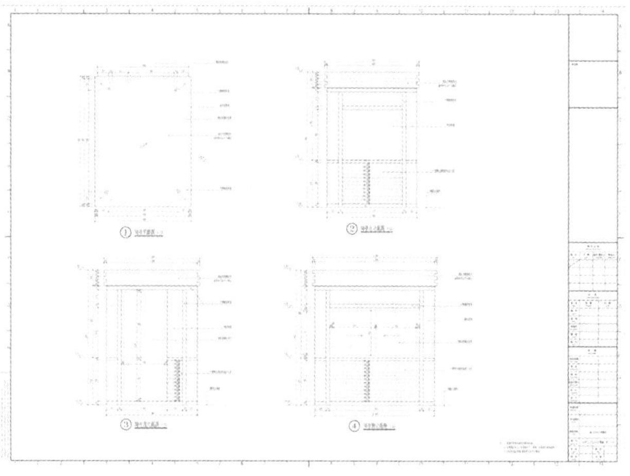

南入口详图图纸总览一

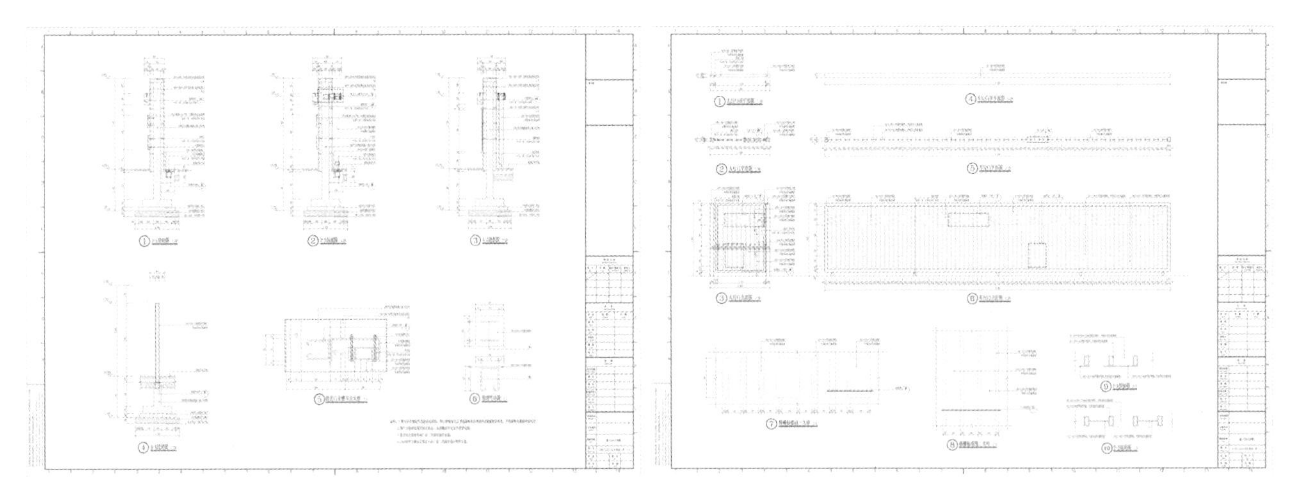

南入口详图图纸总览二

入口大门图纸重点说明

<table>
<tr><th colspan="3">图纸内容及重点说明</th></tr>
<tr><td rowspan="2">平面图</td><td colspan="2">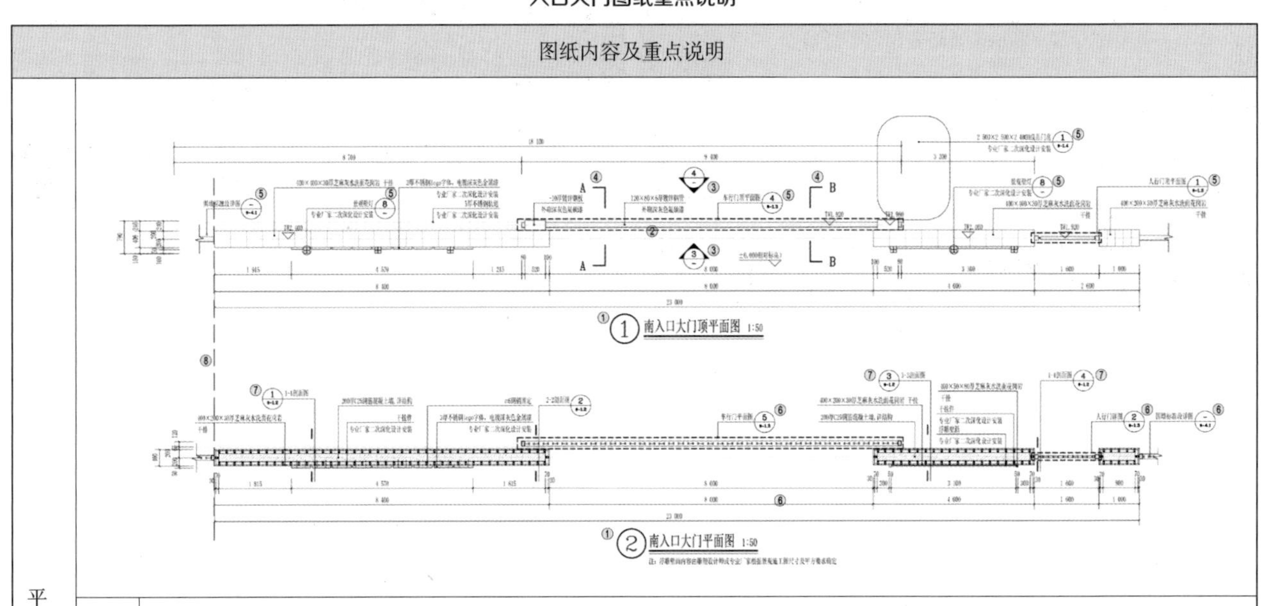
</td></tr>
<tr><td>重点说明</td><td>从该节点整体图纸中可以看出，不论是前述水景、围墙，还是本图的入口大门依然遵循平面、立面、剖面、大样的逻辑关系，对刚开始学习施工图设计的设计师来说，一定要反复强化这个顺序，明白这个顺序所包含的制图逻辑。结合前面入口大门的设计思路汇总，分析该入口大门的组成主要包含景墙、车行出入口、人行出入口、门卫房以及与围墙相衔接的部分，这些重点在平面图中都应该有所表达，不在本图的构筑物详图要标注索引。

图①为南入口大门顶平面图：
①顶平面与平面或者底平面的区别是顶平面需要表达出立面看不见的部分，比如构筑物顶部的各种内容，包括材料的材质、规格、做法等，有时在门头等构筑物中还需要表达出屋面排水方向及排水口位置（门头、门房等构筑物需要对接建筑、结构工程、给水排水等专业）。
②不论顶平面在前还是底平面在前，入口大门所有需要绘制详图的内容均应绘制出来（除了墙体中凹进去的构筑物、装饰、雕塑、挂件等从平面图看不见的或者不直观的部分）。
③大门入口正立面、北立面情况不一致的需要索引看的方向，并在立面图中绘制所看一侧的立面图。
④不同部位或不同剖面方向的剖面。
⑤门卫房以及与围墙相衔接的部分，这些重点在平面图中都应该有所表达，不在本图的构筑物详图要标注索引。

图②为南入口大门平面图（或者底平面图）：
⑥所有可见的、需要索引的部分如果与顶平面中为同一对象，则索引号中的图号及其所在图纸中的编号前后均应一致。
⑦根据《房屋建筑制图统一标准》（GB/T 50001—2017），剖面不在本图的应使用剖切索引号表示该剖面的剖切方向（短线在引线哪一侧就表示往哪一侧看）以及剖面图所在的图纸位置编号。
⑧同一对象的顶、底平面图起始端应对齐</td></tr>
</table>

续表

<table>
<tr><th colspan="3">图纸内容及重点说明</th></tr>
<tr><td rowspan="2">立面图</td><td colspan="2">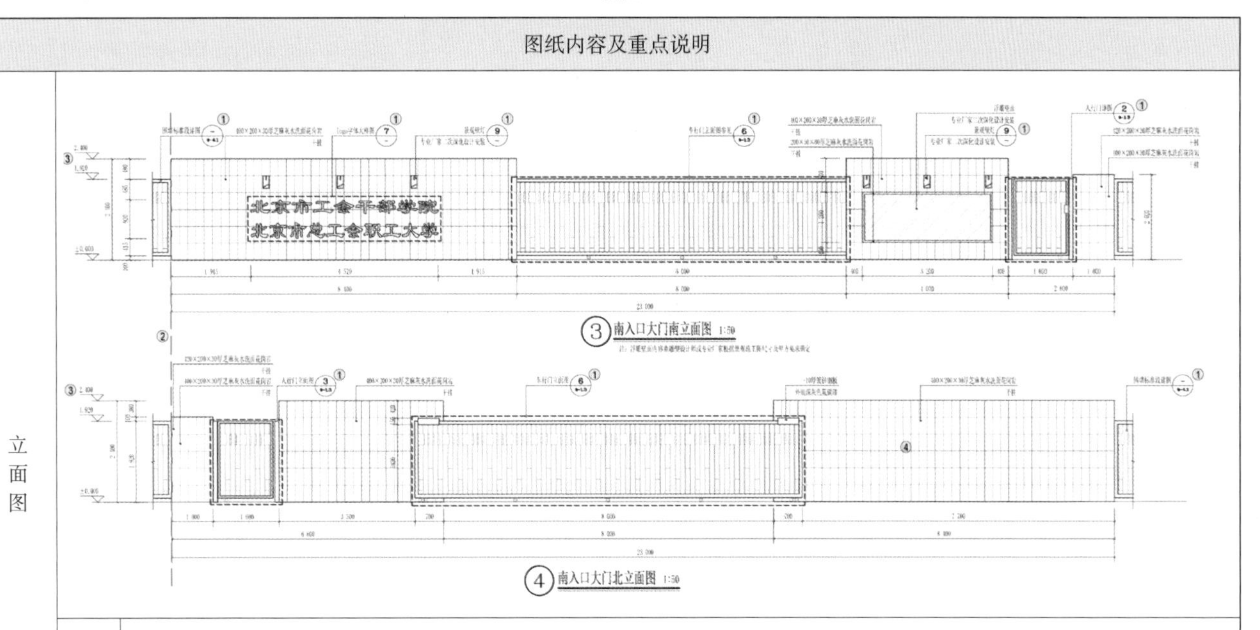
</td></tr>
<tr><td>重点说明</td><td>图③、图④分别为南入口大门南立面图及北立面图：
①所有可见的、需要索引的部分如果与顶平面及底平面中为同一对象，则索引号中的图号及其所在图纸中的编号前后均应一致。
②同一张图上平面图的起始端应该对齐，此外顶、底平面，南、北立面之间起始线也要对整齐。这一点适用于所有构筑物的平面图、立面图绘制，不论所绘制对象是坐凳一类小构筑物还是景墙、廊架等大构筑物。
③竖向标高要与尺寸标注相结合，要明确表达出构筑物顶、底标高（一般在此处使用相对标高 ±0.00，能更直观地反映构筑物的高度）及立面上需要表达高度的对象所在标高，如灯具、LOGO 等。此外还需要注意标注的规范性。
④图纸本身的绘制必须严谨，外立面材料、铁艺、灯具、雕塑等均应按照实际尺寸制图，尤其外立面材料禁止盲目使用、乱用填充，如果没有准确的填充，要么自定义新填充，要么通过 CAD 软件制图命令按实际情况绘制</td></tr>
<tr><td rowspan="2">剖立面图</td><td colspan="2">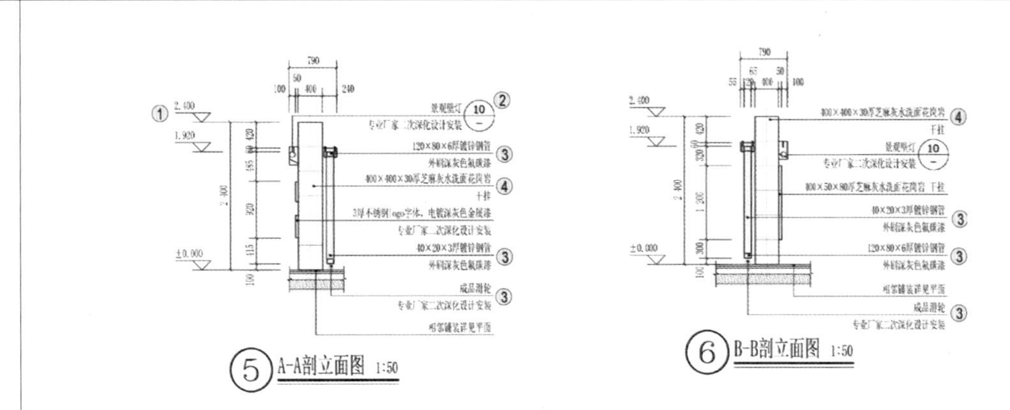
</td></tr>
<tr><td>重点说明</td><td>图⑤、图⑥分别为 A—A 剖立面图及 B—B 剖立面图：
①无论立面图还是剖立面图，竖向标高同样要与尺寸标注相结合，要明确表达出构筑物顶、底标高（一般在此处使用相对标高 ±0.00，可以更直观地反应构筑物的高度）及立面上需要表达高度的对象所在标高，如灯具、LOGO 等。
②需要绘制详图的部分按照图纸所在位置标注索引。
③对于铁艺门等附属于墙体的结构可以在这张图上表达材质，也可以采用索引的方式，将铁艺大门的所有做法、细部尺寸、材料等在铁艺大门的详图中表达。
④墙体立面材料必须标注</td></tr>
</table>

续表

图纸内容及重点说明		
剖面图	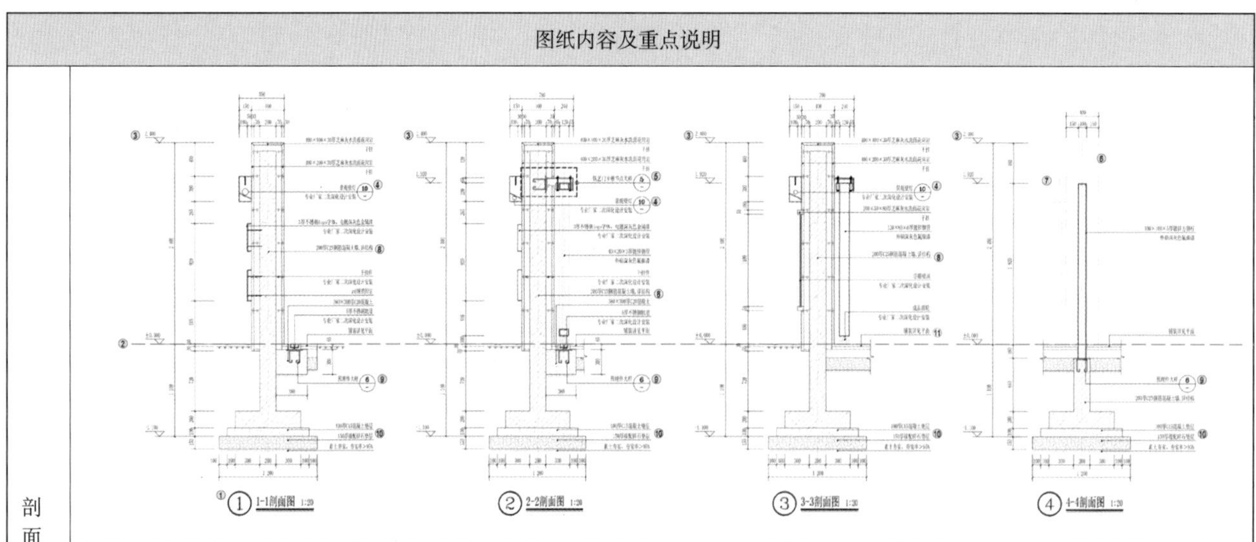 ① 1-1剖面图 1:20　② 2-2剖面图 1:20　③ 3-3剖面图 1:20　④ 4-4剖面图 1:20	
	重点说明	图①～图④ 分别为 1—1、2—2、3—3、4—4 剖面图： ① 剖面图主要表现物体的结构关系，而剖立面图除了表达被剖切物体的结构，还要表达前后物体之间的关系，比如上页立面图的 4—4 铁艺门与其后方的群体侧立面。 ② 不同部位的剖面图和立面图一样，需要使相对标高 ±0.00 处于同一条水平线上，有助于直观地表达不同位置的剖面情况； ③每一个剖面图或者立面图都要表达竖向，不能因为这些图在同一页，并且图纸对齐，就省略后面的竖向标注。 ④ 同一物体在不同剖面位置可见时，都需要标注索引，并且索引号需一致。 ⑤ 构件细部需要绘制大样，并且在能看见该构件的所有图纸中标注索引。 ⑥ 该使用看线或者投影线的地方需要使用相应线条，以突出图纸的进深关系，此外还应该注意投影线是虚线还是实线。 ⑦ 当前面标注了索引的图，比如灯具，在这里已经成为剖面4—4中非重点(淡显处理)的话，则不用在该剖面图中标注索引。 ⑧ 考虑到该墙体的高度和需要干挂石材外饰面，墙体采用钢筋混凝土墙，需要索引到结构专业图纸；如果结构专业图纸在项目中不单独成册，而是和园建详图在一起，则可以按详图索引方式索引结构所在的详图位置。 ⑨ 预埋构件需绘制详图及在本图中标注索引，预埋构件基本不出现看线情况。 ⑩ 基础做法必须标注，不论每一个剖面处是相同的基础做法，还是不同的基础做法。 ⑪该点高亮强调是因为很多时候做铺装设计未考虑滑轮在地面的轨迹与铺装关系，尤其是墙后是绿地的情况，导致铁艺门的滑道没有硬质基础可以安放。如果不用地面滑道，则需要考虑吊轨的高度、位置、安装荷载等问题
配筋截面	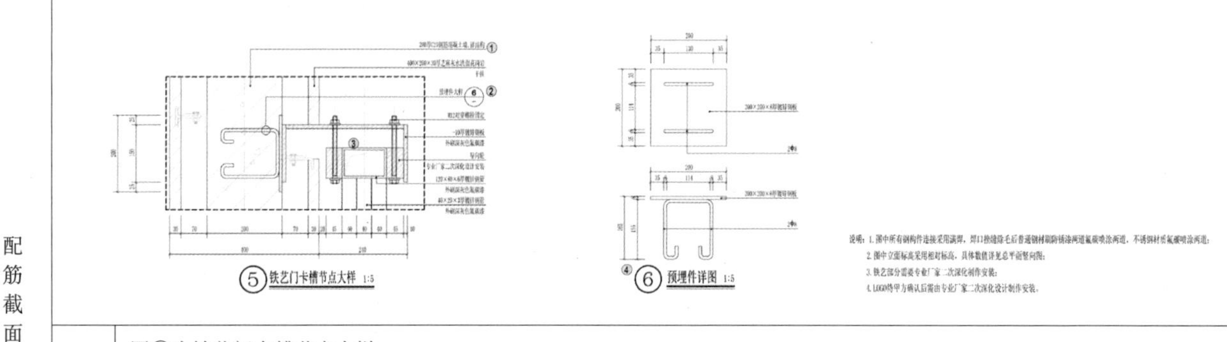 ⑤ 铁艺门卡槽节点大样 1:5　⑥ 预埋件详图 1:5	
	重点说明	图⑤为铁艺门卡槽节点大样： ① 同剖面图第⑧条。 ② 同剖面图第⑨条。 ③ 节点构造处应尽可能交代清楚，比如铁艺门卡槽的固定方式、滑轮、铁艺门安装与石材干挂的关系等。厂家提供的深化方案可能与节点大样不同，但是图纸中依然要尽可能多且清楚地表达各要素。 ④ 预埋构件可以参见图集《钢筋混凝土结构预埋件》（16G362）。 ⑤ 本页图纸中需要整体说明或者强调的内容，可以通过"说明"或者"注"的方式在图纸右下角集中表达。其中需要甲方确定、厂家二次深化等关键问题，除了图纸上标注以外，在说明中再次强调也可以引起重视

续表

图纸内容及重点说明		
大门详图	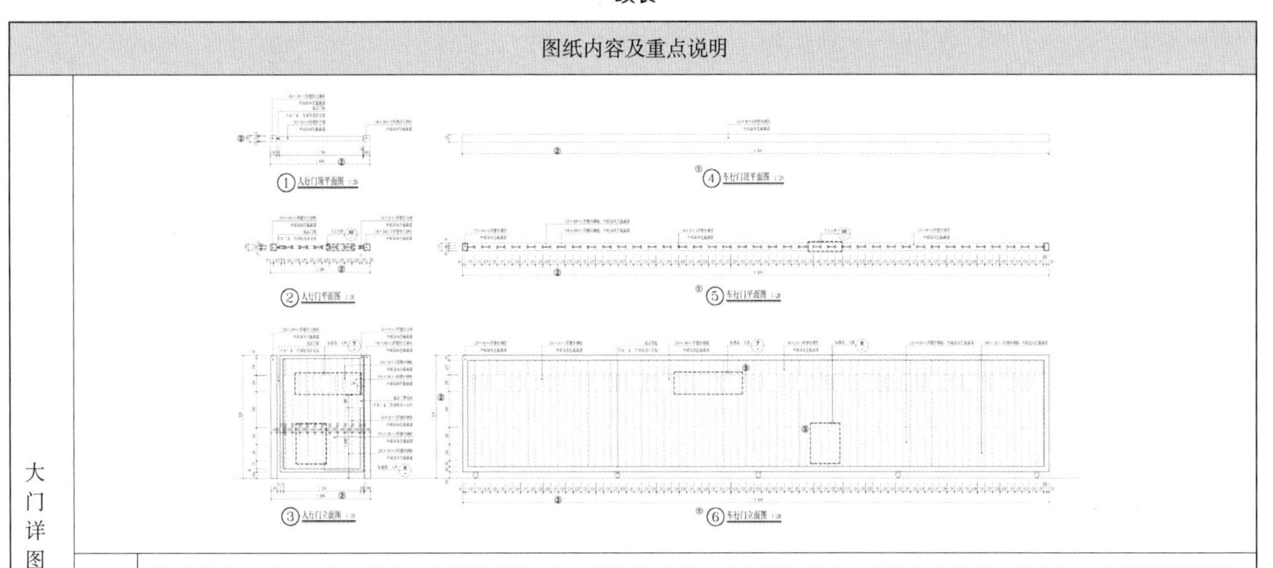	
	重点说明	铁艺部分相对于一个大门的土建部分来说，属于附属的结构，在制图的时候一般是把大门的土建部分交代清楚以后开始绘制附属部分。结合前面出入口设计重点表格中提到的相关问题，在大门绘制过程中要逐一考虑，比如大门的打开方式是平开还是推拉，是手动还是电动；人行门是否安装门禁；车行出入口是否还要安装车挡等问题。在图纸上，这些问题都要逐一进行交代和说明。 ① 从制图顺序上来看，铁艺门详图仍然遵循平面图、立面图、剖面图的制图顺序。 ② 不论顶平面标注、底平面标注还是立面、剖面标注，都应该有对应的重点，比如在本图中顶平面只能看见铁艺门顶部轮廓，那么标注的重点关注的就是总体长宽；底平面能看见每一根铁艺栏杆还有铁艺大门的外轮廓（看线），那么尺寸标注就应该在总体尺寸标注下重点表达铁艺栏杆间距、方管尺寸等；立面除了能看见外轮廓、铁艺栏杆，还能看见物体高度，因此与顶底平面相同的地方需要和顶底平面标注一致，顶底平面表达不了的地方，立面图就应该重点标注，比如竖向尺寸及标高。 ③ 这是一直在强调的施工图的表达问题，什么级别的图纸就应该对应什么等级的标注，不该在总图出现的细节标注就不要出现在总图，同样道理，在上述立面图中出现的一些铁艺细部做法就应该单独索引以后，在相应的细部详图中进行标注，而不是意图在节点平立面这种等级的图纸中对细部这种等级的对象进行细节标注，这样只会影响平、立面图的表达效率。也会导致细部表达不清的问题
节点详图	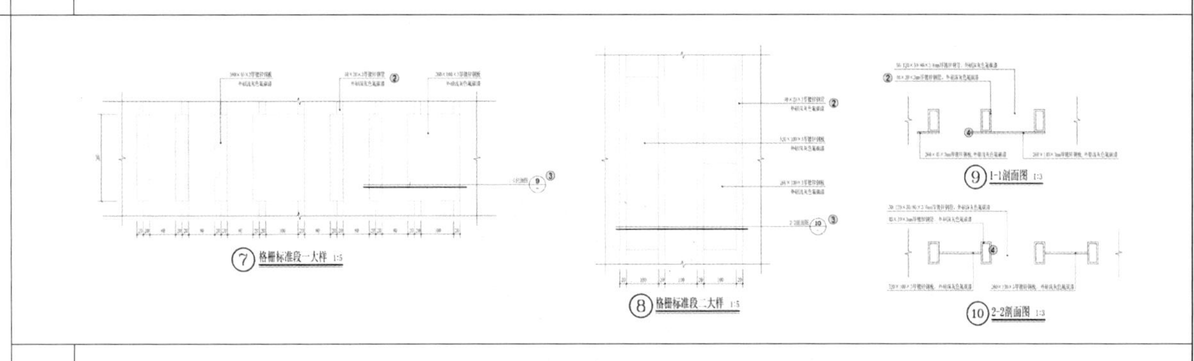	
	重点说明	① 需要详细说明但是在平、立面中又不能细致表达的部分需要通过节点详图的方式进行单独说明，这时通常采用的比例为 1 ： 5、1 ： 2，甚至有时会采用 1 ： 1、1 ： 0.5 的比例。 ② 同一部位在不同的图中标注要一致。 ③正确使用剖切索引号表达剖面与剖切位置不在同一张图的情况。 ④正确使用不同材质的填充图案

续表

图纸内容及重点说明		
门房尺寸详图	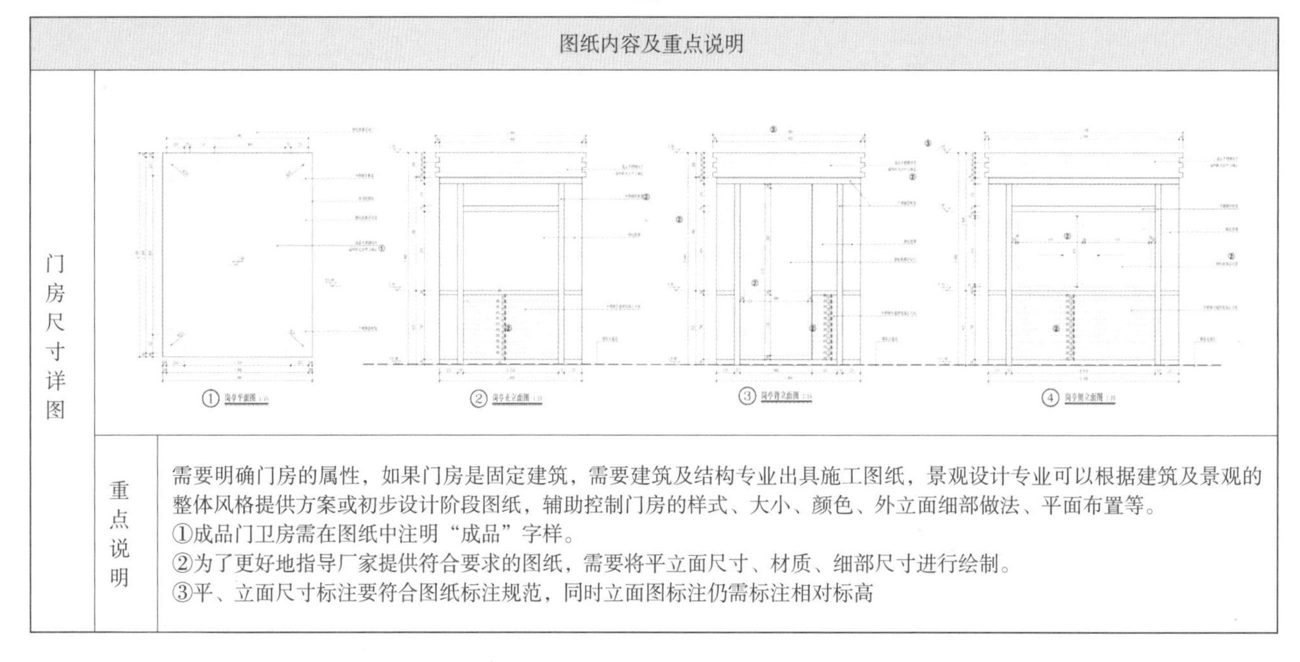	
	重点说明	需要明确门房的属性，如果门房是固定建筑，需要建筑及结构专业出具施工图纸，景观设计专业可以根据建筑及景观的整体风格提供方案或初步设计阶段图纸，辅助控制门房的样式、大小、颜色、外立面细部做法、平面布置等。 ①成品门卫房需在图纸中注明“成品”字样。 ②为了更好地指导厂家提供符合要求的图纸，需要将平立面尺寸、材质、细部尺寸进行绘制。 ③平、立面尺寸标注要符合图纸标注规范，同时立面图标注仍需标注相对标高

7.3.6 建筑出入口设计重点分析

1. 建筑出入口概述

建筑出入口的类型不同，对于出入口的设计要求也不同，例如对于一些高端居住社区、酒店式公寓，会在一层门厅设置管理处，负责快递管理、物品存放、来访人员接待等类似管家的服务，搬家、医疗救助等通过地下停车场解决。对于这类居住区，首层室外入户空间更看重建筑入户的品质感，强化景观效果；对于办公建筑来说，首层建筑出入口会设置落客区、标识景观、地库出入口等；对于综合体，还会有商业、酒店等产业布局。不论什么类型的建筑入口，设计师对于建筑出入口周边环境美观和功能性的各种需求应充分考虑，对于这些功能如何解决、由何种专业解决等提出不同的策略，例如有的办公楼收发快递、接收送餐等会由室内设计师考虑设置在建筑内，有的则需要在园区出入口由景观设计师结合园区管理、交通等问题综合考虑。因此，了解建筑出入口的基本功能组成，对于设计该区域景观有积极的帮助。

酒店或酒店式公寓出入口实景

商业建筑出入口实景

办公建筑出入口实景

2. 常见问题

1）设计范围界定问题

对于园区而言，景观的设计范围一般是指建筑范围以外，红线以里的区域。但是对于“建筑以外”这个界限的界定（是否包含散水）需要视设计任务而定。从构造角度来说，散水属于建筑范畴，但如果要求将散水连同景观整体考虑，则应当把散水列入景观范畴。此时除了设计面积有所增加以外，还涉及前期与建筑专业的衔接。另外现代建筑是否可省略建筑散水，也是一些建筑设计师在探讨的问题，同时值得景观设计师关注。

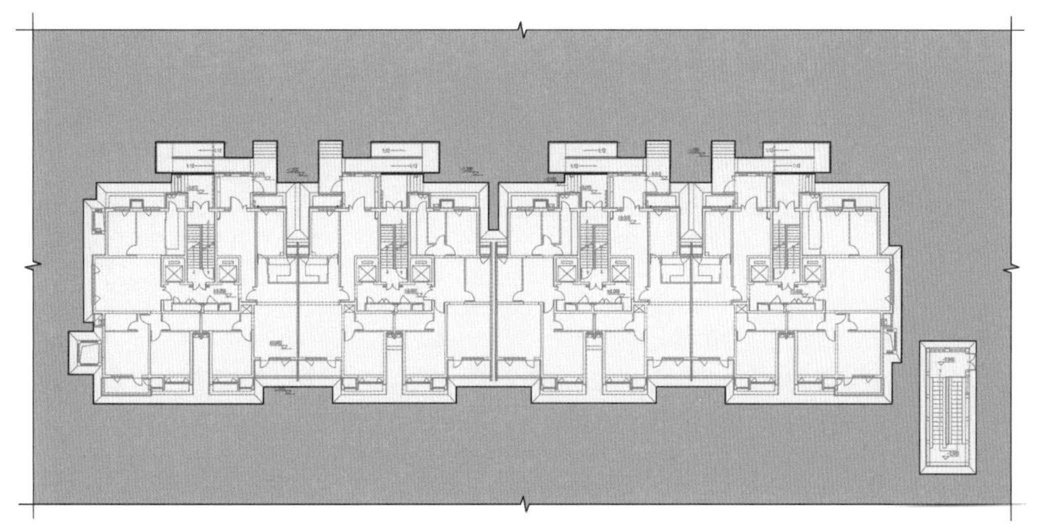

景观设计范围（不含建筑散水）

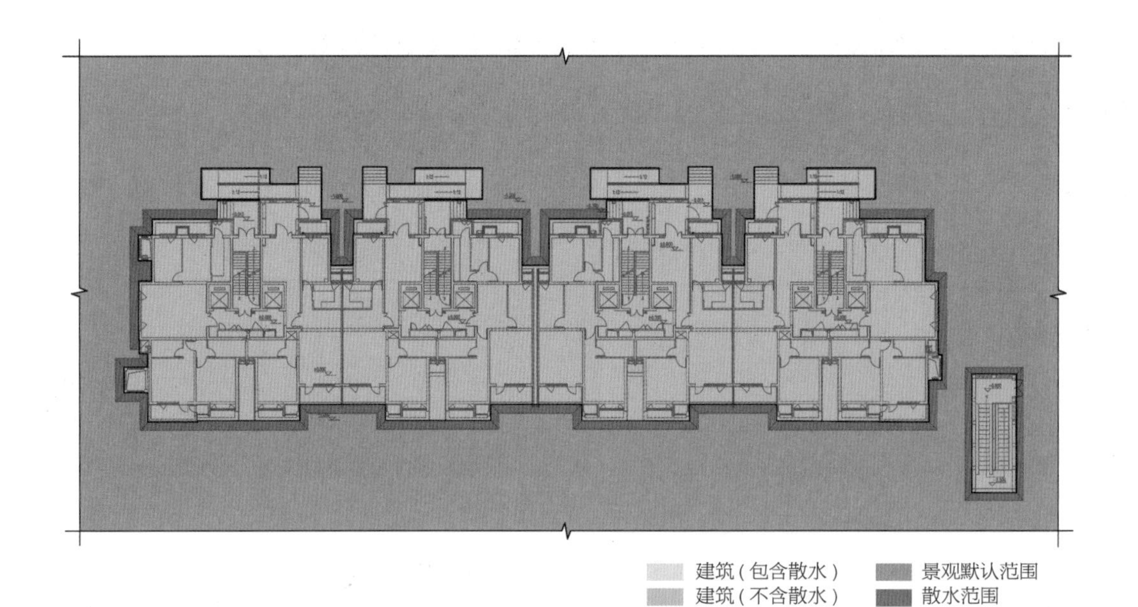

景观设计范围（包含建筑散水）

2）专业交界面问题

除了从平面图中划分景观设计的范围以外，建筑竖向的构造、设备，以及建筑入口处的构筑物仍然使景观设计专业在设计时面临诸多隐性问题，尤其是建筑设计与景观设计以及项目建设同步进行的项目，使景观设计专业对建筑最终完成情况缺乏准确的了解，导致产生设计误差。例如在居住区景观设计中，建筑雨水管线的排水口与景观的衔接、无障碍坡道细节处理，以及散水与景观衔接等问题都应该作为提升整体景观品质的重要区域进行细致考量。

建筑落水管收口

无障碍坡道细节

散水衔接处及雨水篦子细节处理

此外，在某些项目中需要景观设计专业对无障碍坡道栏杆、坡道铺装、踏步铺装等结合整体进行调整，需要景观设计专业与业主方、建筑设计专业、施工单位等在前期沟通设计内容、方案设计、施工图设计、施工配合等各个阶段及时沟通、配合。

3）公共服务设施问题

建筑出入口作为使用频繁的区域，除了美观以外，还有更多功能性的需求。除了常规的标识牌、垃圾收集处、宣传栏、休息坐凳、灯具设施、自行车停车处等，随着现代生活而增加的便民取件柜、电动摩托车充电处等，也需要结合建筑出入口的样式、范围等综合考虑是否设置，以及设置的数量、规模、形式等问题。

垃圾收集处与宣传栏

建筑入户前广场与标识牌

电动自行车充电处

电动汽车充电处

智能快递柜

自行车棚

搬家、医疗救护等停车空间

7.4 无障碍设计

近年来，无障碍问题得到了越来越多的关注和重视。作为景观设计专业的从业人员，如何改善外部生活环境设施，为各类人群提供更安全舒适的生活是本专业能为社会所尽的微薄之力。

无障碍设计不应局限于仅方便某些特定群体，而应该在满足特定人群需求的基础上，为更多群体的不同使用需求提供更多的便利。从景观设计专业角度来看，施工图设计师需要对无障碍设施有基本的了解，才能在深化方案设计的过程中更好地实现方案设计的意图，并解决方案设计中的问题。

7.4.1 缘石坡道

1. 定义与类型

缘石坡道是指位于人行道口或人行横道两端，为了避免人行道路缘石带来的通行障碍，方便行人进入人行道的一种坡道。

常见的缘石坡道有全宽式缘石坡道、单面坡缘石坡道、双面坡缘石坡道、二面坡缘石坡道、扇形单面坡缘石坡道等多种缘石坡道形式。

2. 规范中的设计要求

根据《无障碍设计规范》（GB 50763—2012），缘石坡道应符合下列规定。

① 缘石坡道坡面应平整、防滑。

② 缘石坡道的坡口与车行道之间宜没有高差；当有高差时，坡口高出车行道的地面不应大于 10 mm。

③ 在选择缘石坡道类型时宜优先选用全宽式单面坡缘石坡道。

④ 坡度要求。

a. 全宽式单面坡缘石坡道的坡度不应大于 1 ： 20。

b. 三面坡缘石坡道正面及侧面的坡度不应大于 1 ： 12。

c. 其他形式的缘石坡道的坡度均不应大于 1 ： 12。

⑤ 宽度要求。

a. 全宽式单面坡缘石坡道的宽度应与人行道宽度相同。

b. 三面坡缘石坡道的正面坡道宽度不应小于 1.20 m。

c. 其他形式的缘石坡道的坡口宽度均不应小于 1.50 m。

3. 图示及说明

1）全宽式缘石坡道

全宽式缘石坡道根据所处部位的不同，分为以下几种情况：

① 十字路口全宽式单面坡缘石坡道。

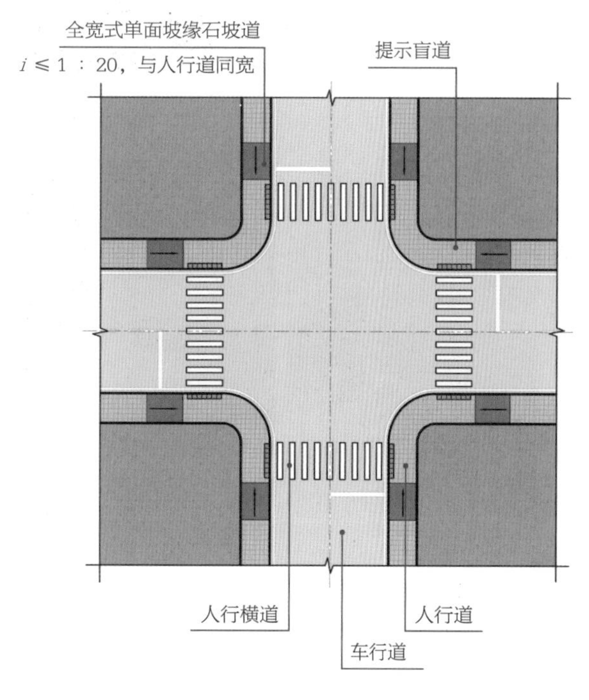

十字路口全宽式单面坡缘石坡道平面图

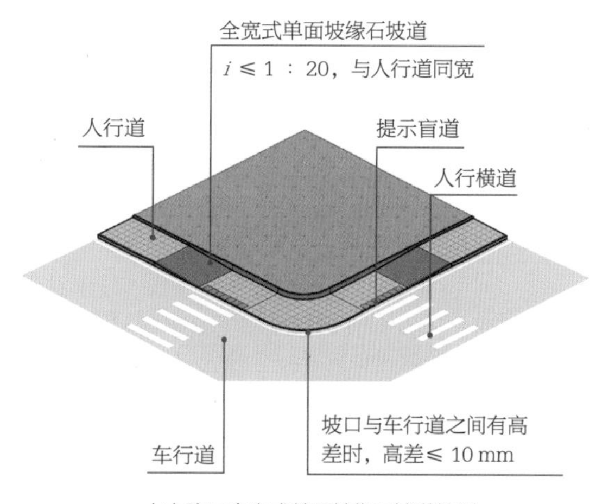

十字路口全宽式单面坡缘石坡道轴测

全宽式单面坡缘石坡道实例

② 人行道口全宽式单面坡缘石坡道。

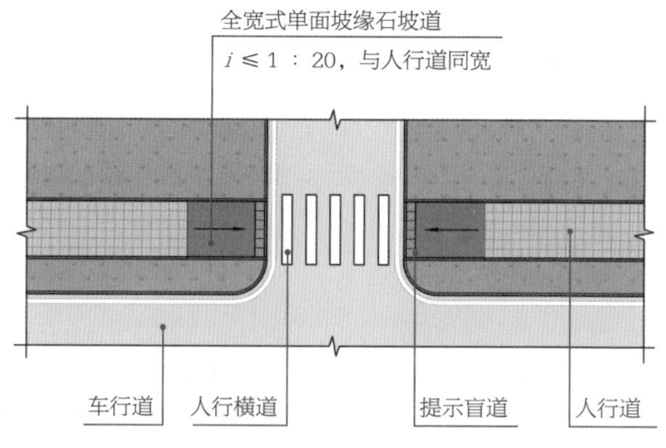

人行道口全宽式单面坡缘石坡道平面图

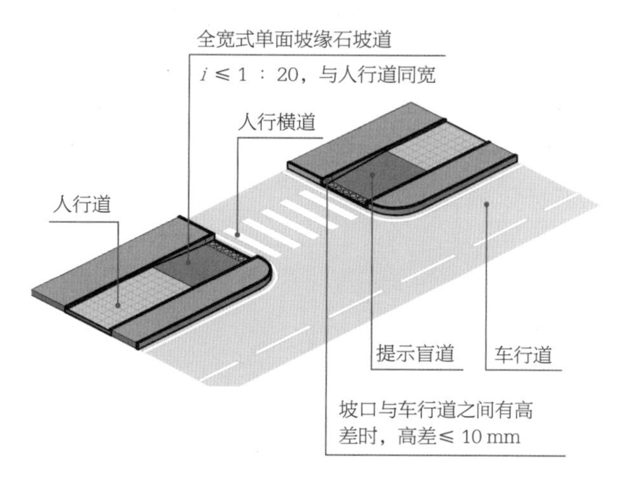

人行道口全宽式单面坡缘石坡道轴测

③ 人行道中间部位全宽式单面坡缘石坡道。

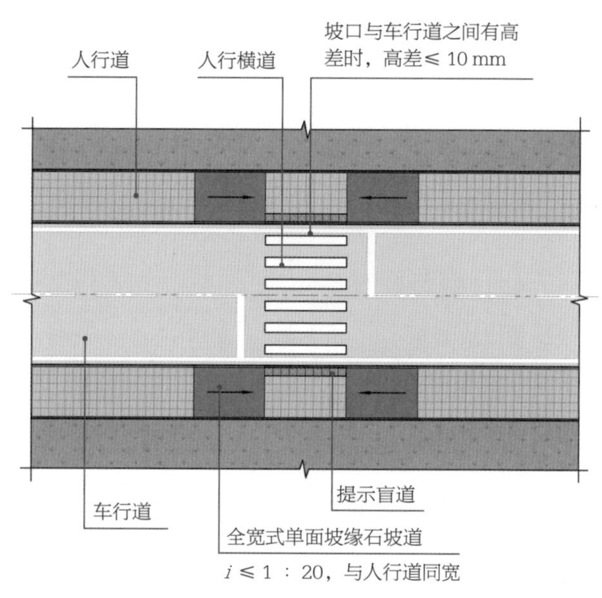

人行道中间部位全宽式单面坡缘石坡道平面图

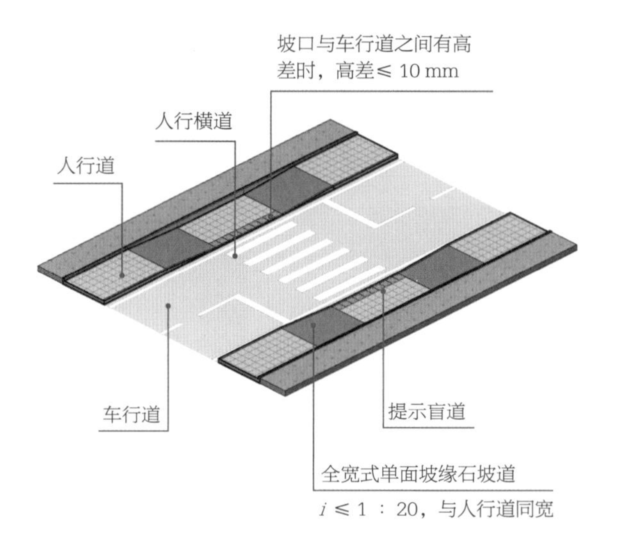

人行道中间部位全宽式单面坡缘石坡道轴测

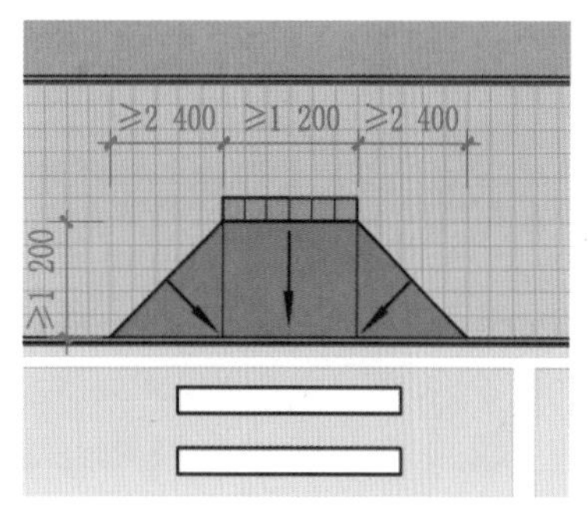

三面坡缘石坡道尺寸示意

②人行道中间部位三面坡缘石坡道。

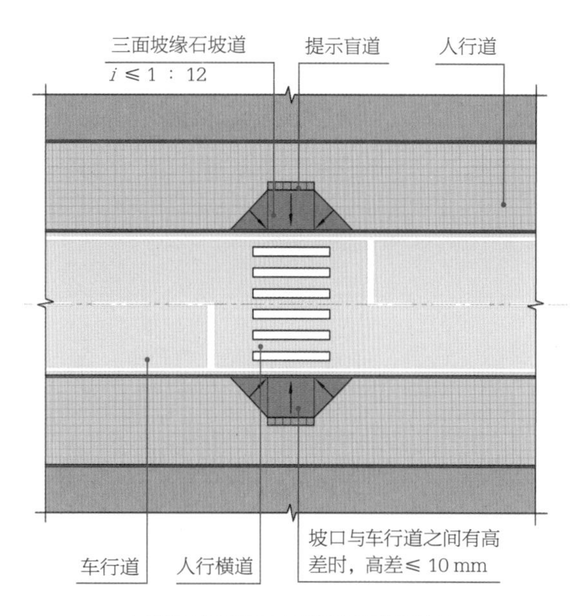

人行道中间部位三面坡缘石坡道平面图

2）三面坡缘石坡道

①十字路口三面坡缘石坡道。

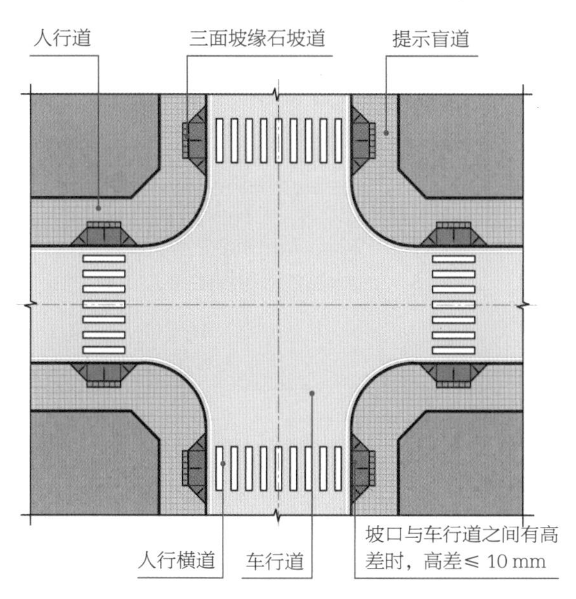

十字路口三面坡缘石坡道平面图

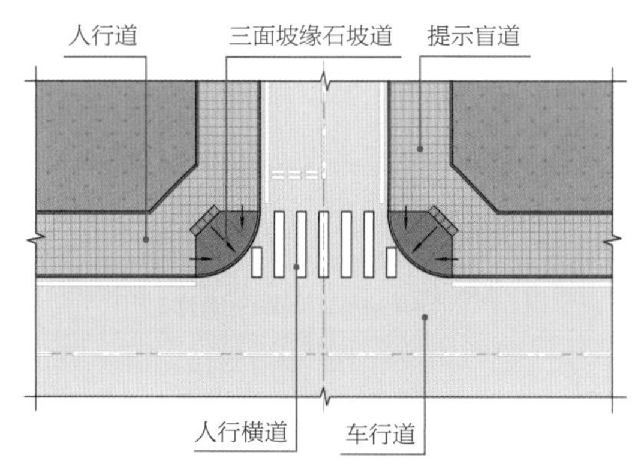

人行路口三面坡缘石坡道平面图

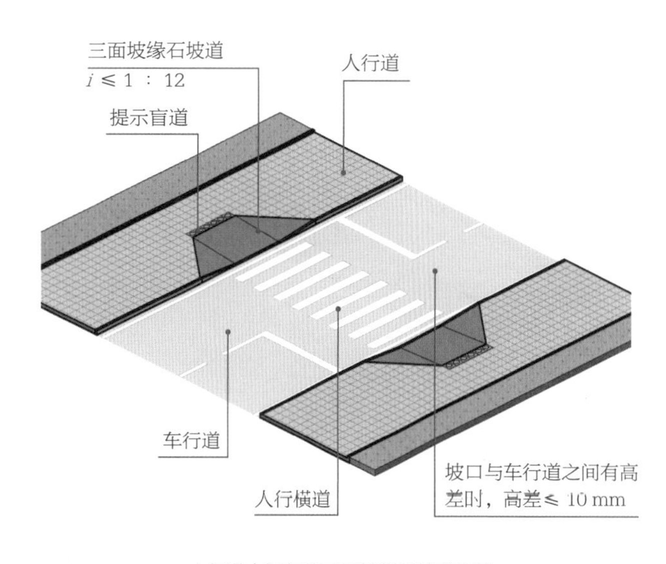

人行道中间部位三面坡缘石坡道轴测

人行道中间部位三面坡缘石坡道实例
（注：受限于现场实地尺寸等因素，三角坡面宽度往往达不到 2 400 mm）

3）单面坡缘石坡道

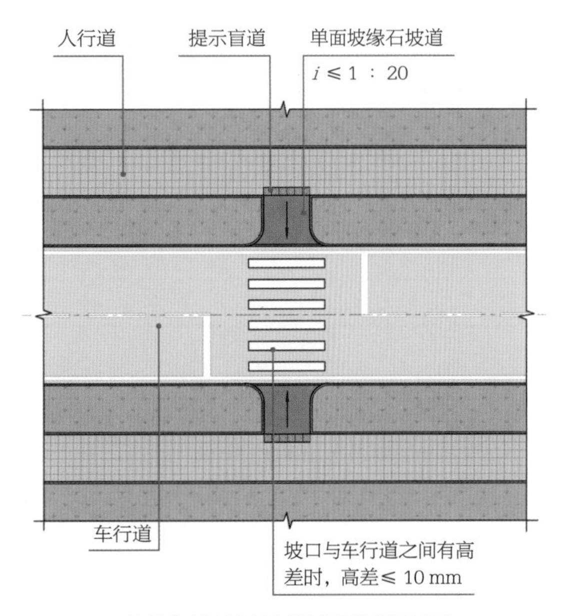

人行道中间部位单面坡缘石坡道平面图

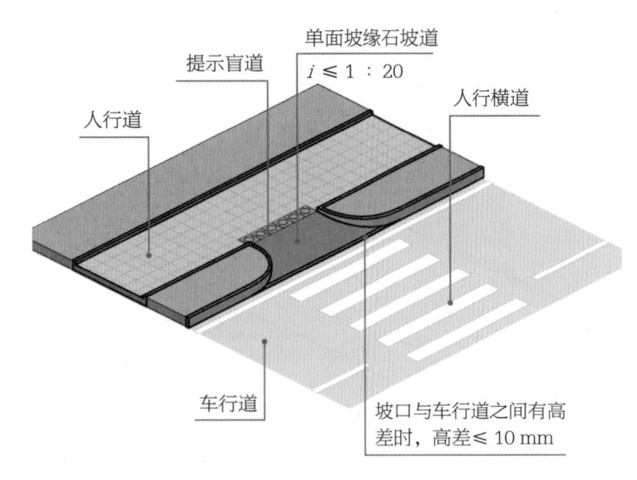

人行道中间部位单面坡缘石坡道轴测图

4）双面坡缘石坡道

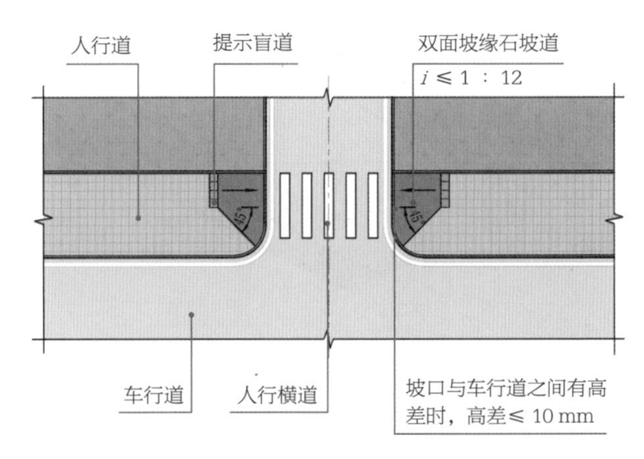

人行道口双面坡缘石坡道平面图

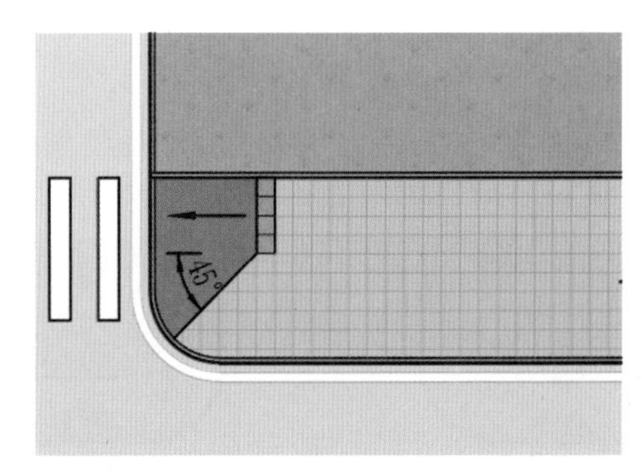

双面坡缘石坡道尺寸示意

5）扇形单面坡缘石坡道

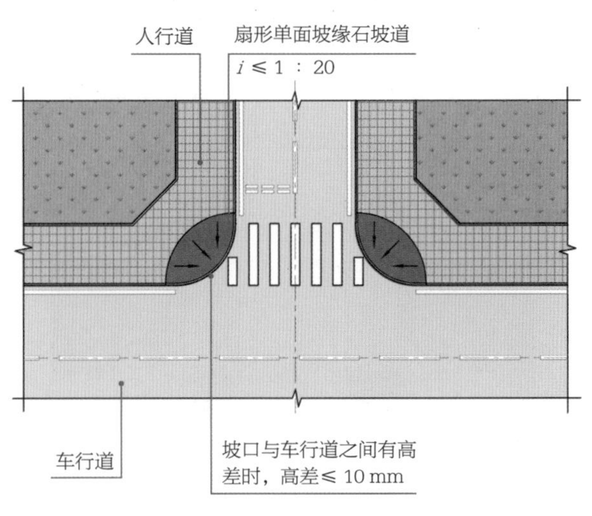

人行道口扇形单面坡缘石坡道平面图

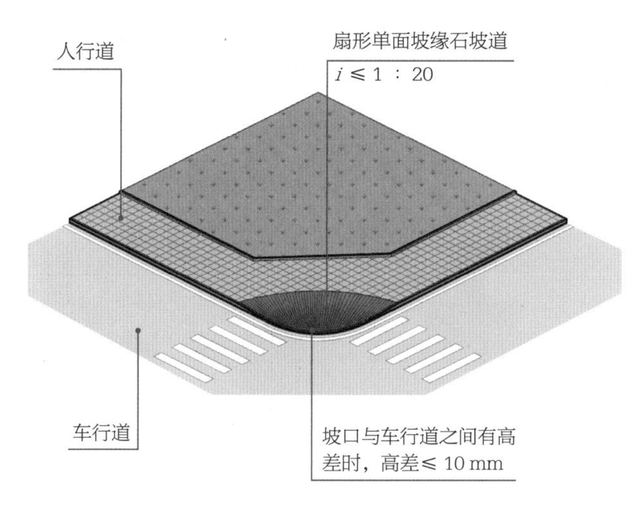

人行道口扇形单面坡缘石坡道轴测图

7.4.2 盲道

在《无障碍设计规范》（GB 50763—2012）中对盲道有明确的规定。

① 盲道按其使用功能可以分为行进盲道和提示盲道。

② 盲道的纹路应凸出地面 4 mm 高。

③ 盲道的铺设应连续，应避开树木（穴）、电线杆、拉线等障碍物，其他设施不得占用盲道。

④ 盲道的颜色宜与相邻的人行道铺面的颜色形成对比，并与周围景观相协调，宜采用中黄色。

⑤ 盲道型材表面应防滑。

1. 行进盲道

① 行进盲道应与人行道的走向一致。

② 行进盲道的宽度宜为 250 ~ 500 mm。

③ 行进盲道宜在距离围墙、花台、绿化带 250~500 mm 处设置。

④ 行进盲道宜在距树池边缘 250 ~ 500 mm 处设置。如无树池，行进盲道与路缘石上沿在同一水平面时，距路缘石不应小于 500 mm；行进盲道比路缘石上沿低时，距路缘石不应小于 250 mm。

⑤ 盲道应避开非机动车停放的位置。

⑥ 行进盲道的触感条规格应符合下表的规定。

行进盲道的触感条规格

部位	尺寸要求 /mm
面宽	25
底宽	35
高度	4
中心距	62~75

2. 提示盲道

① 行进盲道在起点、终点、转弯处及其他有需要处应设提示盲道，当盲道的宽度不大于 300 mm 时，提示盲道的宽度应大于行进盲道宽度。

② 提示盲道的触感圆点规格应符合下表的规定。

提示盲道的触感圆点规格

部 位	尺寸要求 /mm
表面直径	25
底面直径	35
圆点高度	4
圆点中心距	50

提示盲道实景

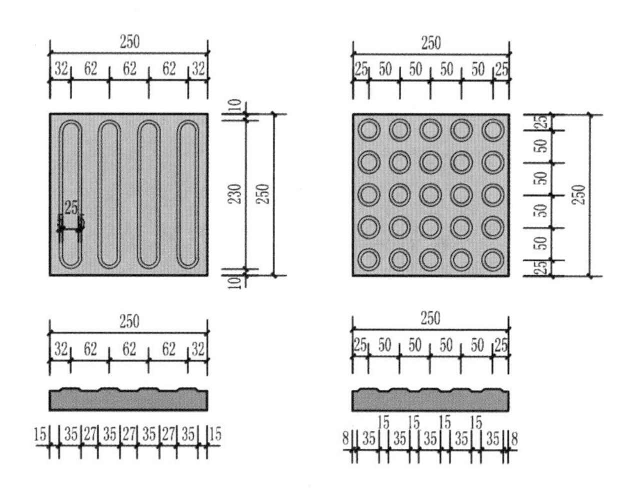

行进盲道与提示盲道平面尺寸示意

根据相关规范及图集中规定，盲道砖普遍采用 250 mm × 250 mm，但是景观中常用人行道铺装模数多为 100 mm 或 200 mm， 在与 250 mm × 250 mm 盲道砖进行搭配时常常出现无法对缝的现象，因此在市政道路实际工程中也经常使用 200 mm × 200 mm、300 mm × 300 mm 规格盲道砖。

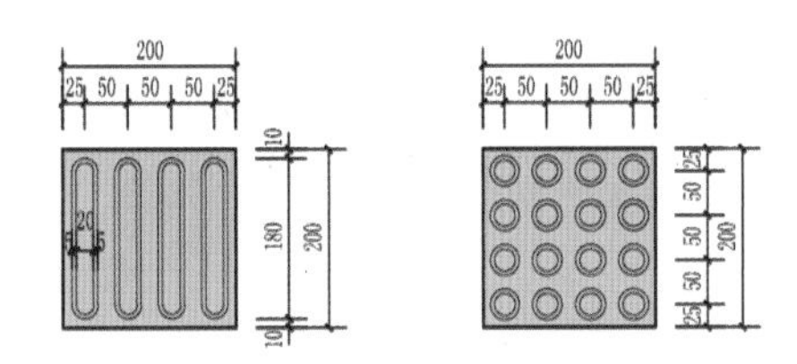

200 mm×200 mm 行进盲道与提示盲道平面尺寸示意

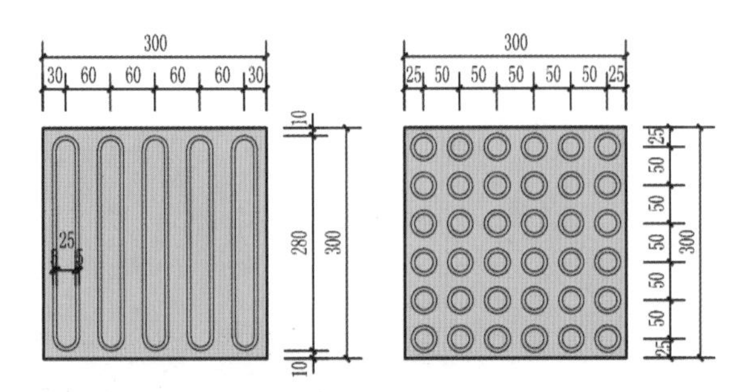

300 mm×300 mm 行进盲道与提示盲道平面尺寸示意

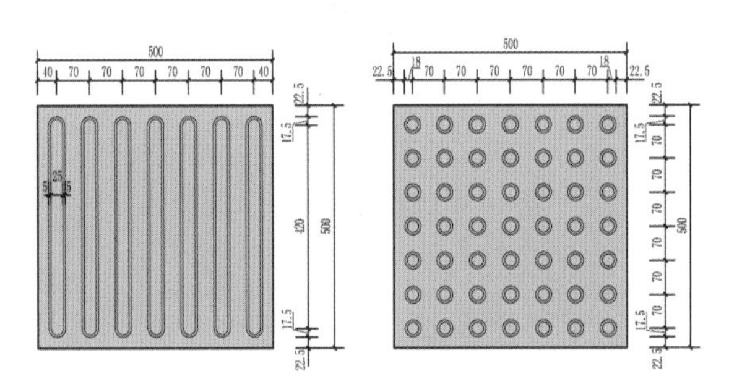

500 mm×500 mm 行进盲道与提示盲道平面尺寸示意

在盲道的设置中，提示盲道位于行进盲道的两端，下图给出了 250 ~ 500 mm 规格的盲道砖起点和端点的排布样式。可以看出不论 200 mm×200 mm 或是 250 mm×250 mm 小规格的盲道砖，还是 500 mm×500 mm 大规格的盲道砖，在起点和端点都遵循这个样式。但是对于盲道转角处、十字交会处、丁字交会处，小规格与大规格盲道砖的处理方法不同。

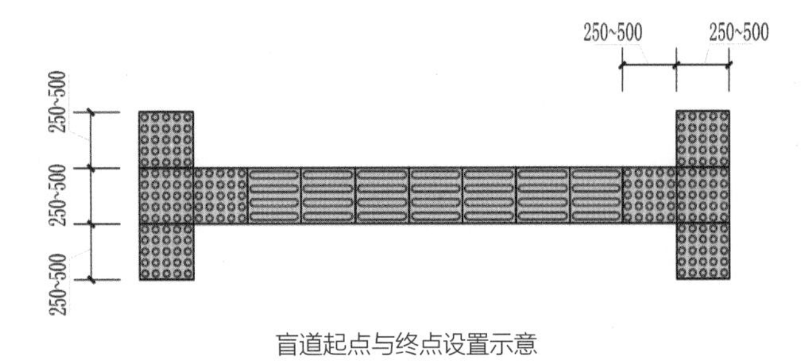

盲道起点与终点设置示意

300 mm×300 mm 及以下规格盲道砖交会时，提示盲道的宽度需大于行进盲道的宽度，如下图所示。

当使用 400 mm×400 mm 或 500 mm×500 mm 规格盲道砖时，提示盲道的宽度可与行进盲道总宽度一致。

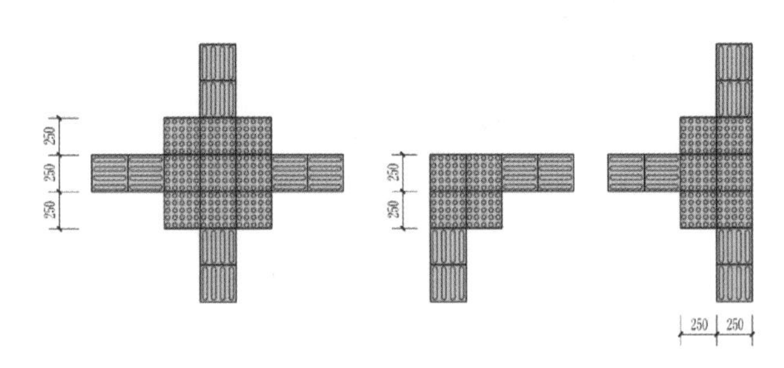

小规格盲道砖交会处行进盲道与提示盲道的关系

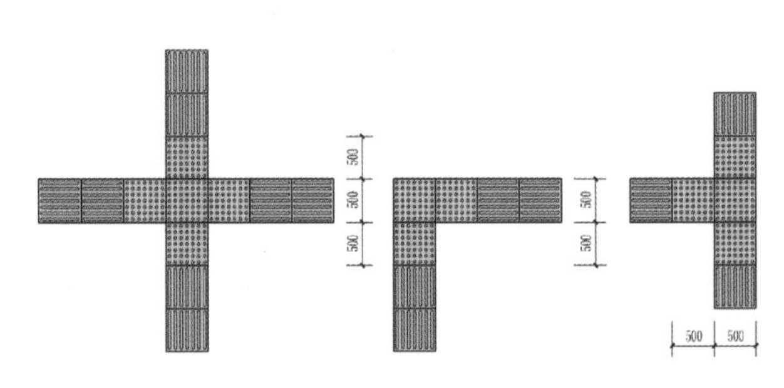

大规格盲道砖交会处行进盲道与提示盲道的关系

当在人行道内出现障碍物时，不论小规格还是大规格盲道砖，都需要按照下图所示围绕障碍物设置提示盲道。

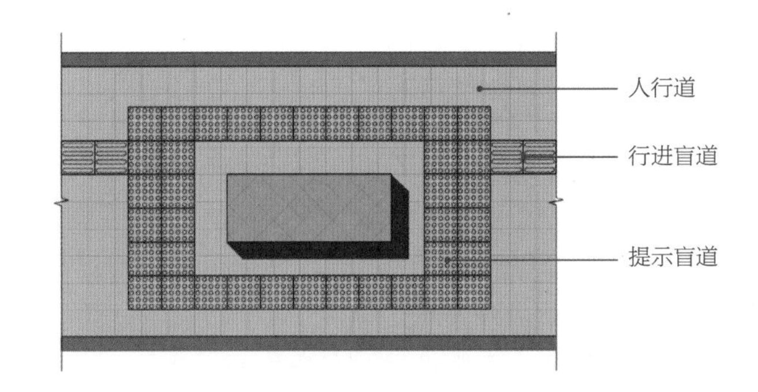

另外在实际生活中出现很多“形式主义”盲道、“面子工程”盲道，没有切实满足有视力障碍及行动障碍人士的需求，随心所欲地设置无障碍设施，导致这些设施既发挥不出有效的作用，有时甚至会成为一种误导，增加视力障碍人士的出行危险。因此不论设计师还是施工单位，都应该对无障碍设施十分重视。

行进盲道

提示盲道

大规格盲道砖交会处

遇障碍物提示盲道与行进盲道转折

7.4.3 轮椅坡道、无障碍楼梯与台阶、扶手

1. 轮椅坡道规范要求

① 轮椅坡道宜设计成直线形、直角形或折返形。

② 轮椅坡道的净宽度不应小于 1.00 m，无障碍出入口的轮椅坡道净宽不应小于 1.20 m。

③ 轮椅坡道的高度超过 300 mm 且坡度大于 1 ∶ 20 时，应在两侧设置扶手，坡道与休息平台的扶手应保持连贯，扶手应符合规范要求。

④ 轮椅坡道的最大高度和水平长度应符合下表的规定。

轮椅坡道的最大高度和水平长度

坡度	最大高度 /m	水平长度 /m
1 ∶ 20	1.20	24.00
1 ∶ 16	0.90	14.40
1 ∶ 12	0.75	9.00
1 ∶ 10	0.60	6.00
1 ∶ 8	0.30	2.40

⑤ 轮椅坡道的坡面应平整、防滑、无反光。

⑥ 轮椅坡道的起点、终点和中间休息平台的水平长度不应小于 1.50 m。

⑦ 轮椅坡道临空侧应设置安全阻挡措施。

⑧ 轮椅坡道应设置无障碍标识，标识应符合相关规范要求。

另外考虑到轮椅的常用尺寸及回转范围，L 形、凹形、回字形坡道在转角处的平台宽度应满足下图中的宽度要求。

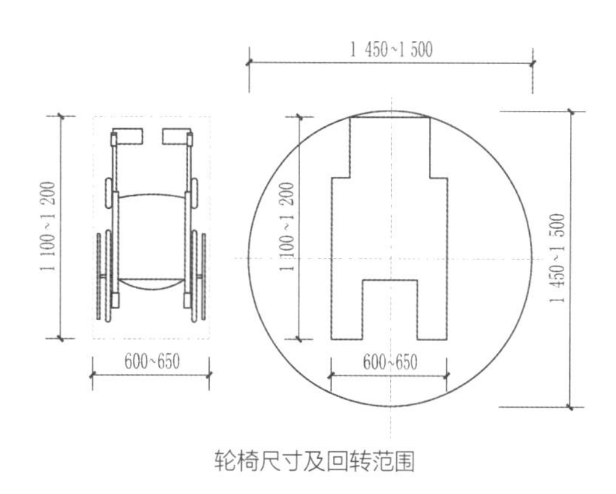

轮椅尺寸及回转范围

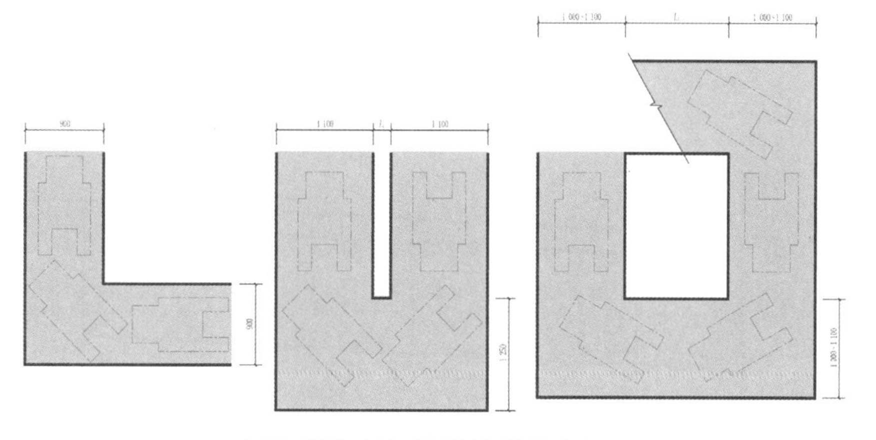

L 形、凹形、回字形坡道转角处平台宽度

2. 无障碍楼梯

① 宜采用直线形楼梯。

② 公共建筑楼梯的踏步宽度不应小于 280 mm， 踏步高度不应大于 160 mm。

③ 不应采用无踢面和直角形突缘的踏步。

④ 宜在两侧均做扶手。

⑤ 如采用栏杆式楼梯，在栏杆下方宜设置安全阻挡措施。

⑥ 踏面应平整防滑或在踏面前缘设防滑条。

⑦ 在距踏步起点和终点 250 ~ 300 mm 宜设提示盲道。

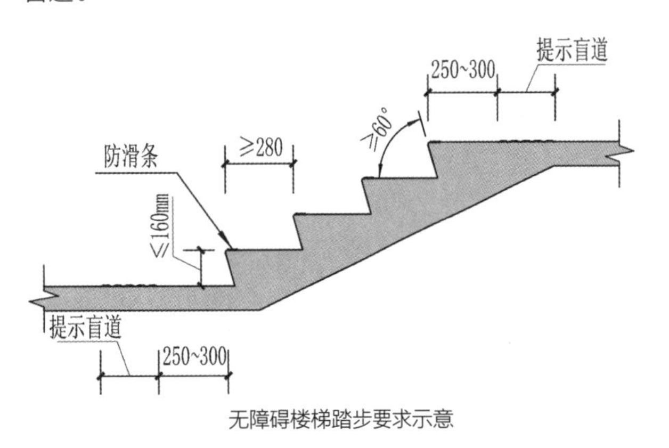

无障碍楼梯踏步要求示意

⑧ 踏面和踢面的颜色宜有区分和对比。

⑨ 楼梯上行及下行的第一阶宜在颜色或材质上与平台有明显区别。

3. 无障碍台阶

① 公共建筑的室内外台阶踏步宽度不宜小于 300 mm，踏步高度不宜大于 150 mm，且不应小于 100 mm。

② 踏步应防滑。

③ 三级及三级以上的台阶应在两侧设置扶手。

④ 台阶上行及下行的第一阶台阶宜在颜色或材质上与其他阶有明显区别。

4. 扶手

无障碍坡道扶手应满足下列要求。

① 无障碍单层扶手的高度应为 850 ~ 900 mm，双层扶手的上层扶手高度应为 850 ~ 900 mm，下层扶手高度应为 650 ~ 700 mm。

② 扶手应保持连贯，靠墙面的扶手的起点和终点处应水平延伸不小于 300 mm 的长度。

③ 扶手末端应向内拐到墙面或向下延伸不小于 100mm，栏杆式扶手应向下呈弧形或延伸到地面上固定。

④ 扶手靠墙时，扶手内侧与墙面的距离不应小于 40mm。

⑤ 扶手应安装坚固，形状易于抓握。圆形扶手的直径应为 35 ~ 50 mm，矩形扶手的截面尺寸应为 35 ~ 50 mm。

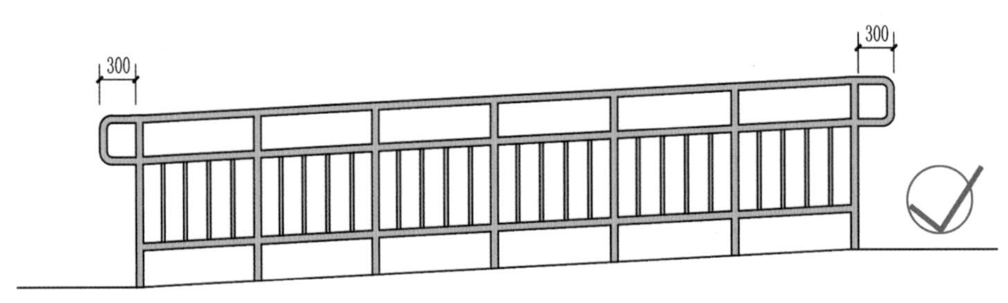

扶手起始端延伸 300 mm 形成弧形

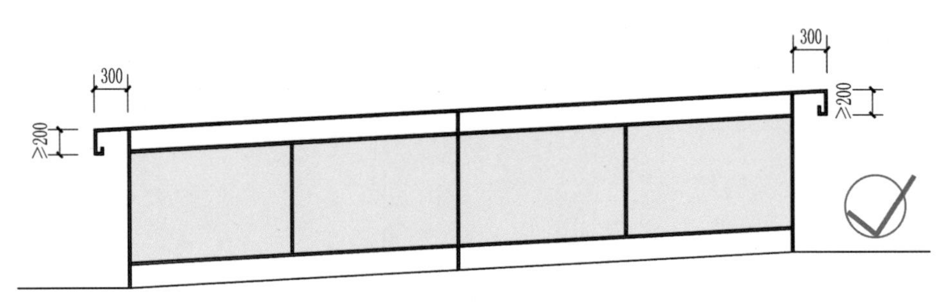

扶手起始端延伸 300 mm 下弯与内折

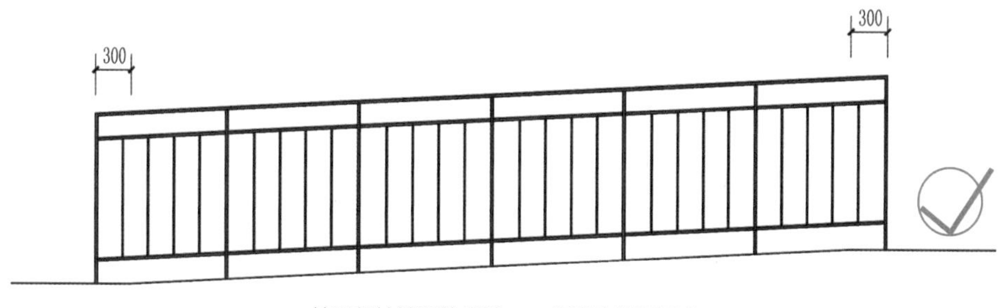

扶手起始端延伸 300 mm 延伸到地面固定

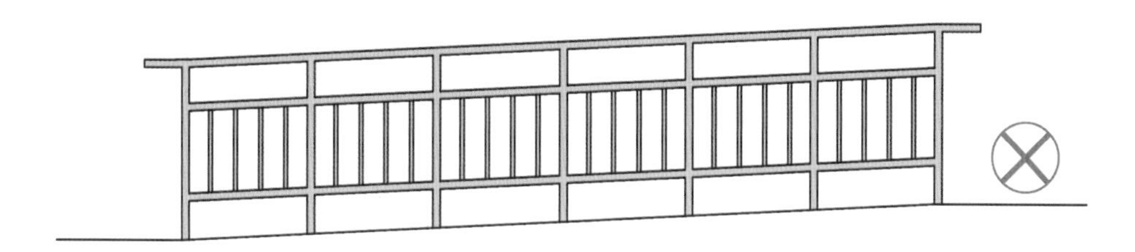

扶手起始端延伸但未下弯

⑥ 扶手的材质宜选用防滑、热惰性指标好的材料。

⑦ 交通建筑、医疗建筑和政府接待部门等公共建筑，在扶手的起点与终点应设盲文说明牌（作者注：扶手上的盲文触摸牌）。

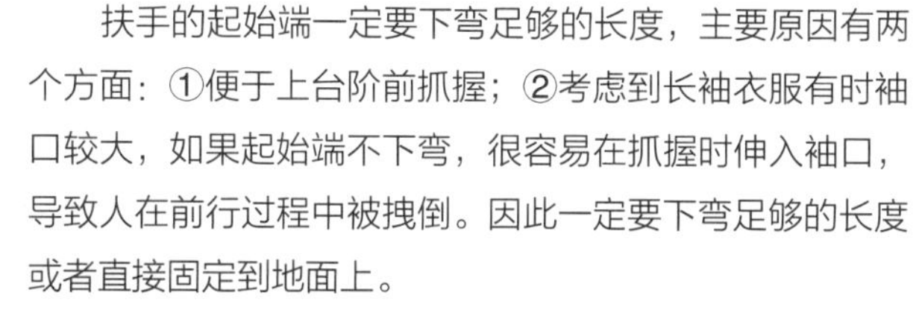

扶手的起始端一定要下弯足够的长度，主要原因有两个方面：①便于上台阶前抓握；②考虑到长袖衣服有时袖口较大，如果起始端不下弯，很容易在抓握时伸入袖口，导致人在前行过程中被拽倒。因此一定要下弯足够的长度或者直接固定到地面上。

扶手起始端未下弯

扶手起始端下弯长度不足

扶手起始端直接固定到地面上

扶手起始端合理下弯

第 8 章 地基基础与常见基础形式

8.1 概述

对于建筑及土木工程专业来说，工程地质与地基基础是一门很重要的课程。工程地质学是研究与工程建设有关的地质问题的一门学科，而地基基础是研究地基及包含基础的地下结构设计和施工的一门学科。对于景观专业来说，我们的项目类型从庭院景观、居住区景观、城市公共空间到河道景观、山地景观、生态修复等，包含的内容丰富多样，涉及的地基情况也各不相同，因此景观设计师需要对工程地质与地基基础有一定的了解。

由于学科建设的重点不同，在此不涉及土木工程专业中对地基基础的计算，只是希望通过简单易懂的图示，帮助大家理解地基基础与景观施工图制图中关系比较密切的知识点。

我们将建筑构筑物分为上部结构与基础两个组成部分。通常室外地面标高以上的部分叫上部结构，室外地面标高以下的部分称为下部结构或者基础。此外基础实际包含两部分——地基与基础。

地基指承受基础传来荷载的土层，基础指下部结构底部尺寸经过扩大后的截面。此外，将与基础底面相接触的第一层土层称为持力层，持力层以下的土层称为下卧层，如下图所示。

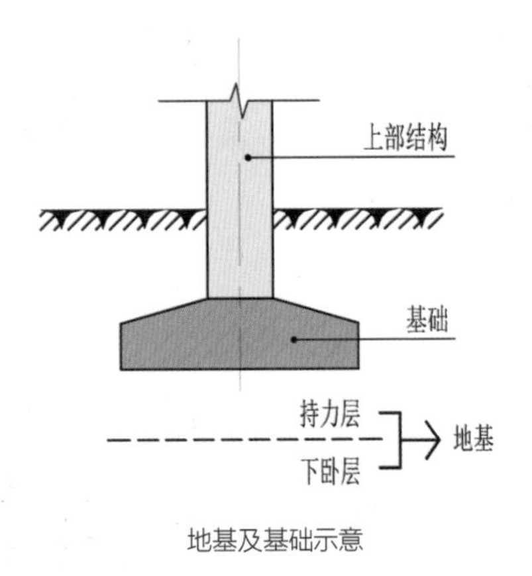

地基及基础示意

选择合适的基础类型包括两个主要方面：了解地基土质和了解基础类型。

下面先来简单了解地基土，以及针对不同的土质而选择合适的地基处理方式。

8.2 地基土质

8.2.1 土

1. 土的概念

土是岩石经过风化、搬运、沉积等外力作用形成的产物，是由各种大小不同的土粒按各种比例组成的集合体。

土颗粒之间的孔隙中包含着水和气体，因此土是一种三相体系。土体的物理性质，比如轻重、软硬、干湿、松密等在一定程度上决定了土的力学性质。而土体的物理性质是由土体的三相物质的性质、相对含量以及土的结构构造等因素决定的。

2. 土的成因

从土的概念中我们可以得知，土是由岩石经过风化、剥蚀、搬运、沉积而形成的大小悬殊的颗粒，是覆盖在地表碎散的、没有胶结或弱胶结的颗粒堆积物。同时，土在漫长的地质年代中发生复杂的物理化学变化，经压密固结、胶结硬化等作用最终形成岩石。我们在工程中遇到的土大多是第四纪沉积土。土也是土木工程专业中土力学研究的主要对象。

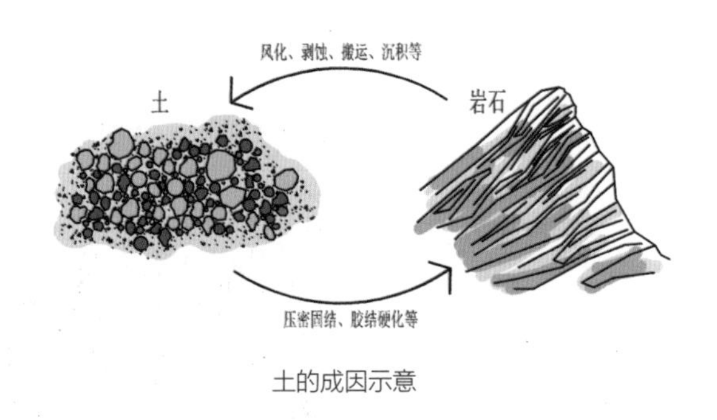

土的成因示意

8.2.2 土的三相

土是松散的颗粒集合体，它是由固体颗粒、液体和气体三部分组成（也称为三相系）。土的固体颗粒一般是由矿物质组成的，有时候也会有一些动植物的腐殖质，动物残骸等。土中的液体包含两种情况，一种是存在在矿物质中的水，即矿物成分水，比如石膏（$CaSO_4 \cdot 2H_2O$）中的 H_2O 就属于矿物成分水。另一种是存在与固体颗粒之间的水，分为结合水、液态水、气态水、固态水（冰）。土中的气体主要是空气和水气。由于固体颗粒是构成土的骨架主体，因此本节主要介绍土中的固体颗粒。

土的固体颗粒

1）土的矿物成分

土的固体颗粒包括无机矿物颗粒和有机质，它们是构成土的骨架的基本物质。土的无机矿物成分可以分为原生矿物和次生矿物两大类。

原生矿物是岩石物理风化生成的颗粒，次生矿物是指岩石中矿物经化学作用后形成的新的矿物，两者对比见下表。

原生矿物与次生矿物的对比

对比内容	风化作用	矿物成分	比表面积（单位体积内颗粒的总面积）	吸附水的能力	典型矿物
原生矿物	物理风化	与母岩相同，土粒较粗，多呈浑圆状、块状或板状	较小	较弱	漂石、卵石、砾石（圆砾、角砾），以及单矿物颗粒中的石英、长石、云母等
次生矿物	化学风化	与母岩完全不同	由于其粒径非常小（小于 2μm），因此比表面积很大	很强（会导致发生一系列物理及化学变化）	高岭石、伊利石、蒙脱石等

各种矿物对风化作用的抵抗能力不同，这主要取决于矿物的晶格稳定性。各种造岩矿物的相对稳定性见下表。

造岩矿物的相对稳定性

造岩矿物	相对稳定性
石英	极稳定
白云母、正长石、斜长石	稳定
角闪石、辉石	不太稳定
黑云母、橄榄石、黑绿石、方解石、白云石、石膏、各种黏土矿物	不稳定

此外，在一般情况下，矿物在风化中的稳定性由大到小的顺序是：氧化物＞硅酸盐＞碳酸盐和硫化物。当岩石中不稳定矿物含量较多时，岩石抗风化能力较弱；相反，当岩石中稳定和极稳定矿物较多时，其抗风化能力较强。

2）土粒的粒组划分

天然土由无数大小不同的土粒组成，土粒的大小称为粒度。土颗粒的大小相差悬殊，有大于几十厘米的漂石，也有小于几微米的胶粒，同时土粒的形状往往不规则，因此很难直接测量土粒的大小，只能用间接的方法来定量描述土粒的大小和各种颗粒的相对含量。工程上通常用不同粒径颗粒的相对含量来描述土的颗粒组成情况。这种指标称为土的粒度成分，又称为土的颗粒级配。

土粒的粒组划分

粒组统称	粒组名称		粒径范围 /mm	一般特征
巨粒	漂石或块石颗粒		＞ 200	透水性很大，无黏性，无毛细水
	卵石或碎石颗粒		60~200	
粗粒	圆砾或角砾颗粒	粗	20~60	透水性大，无黏性，毛细水上升高度不超过粒径大小
		中	5~20	
		细	2~5	
	砂粒	粗	0.5~2	易透水，当混入云母等杂质时透水性减小，而压缩性增加；无黏性，遇水不膨胀，干燥时松散；毛细水上升高度不大，随粒径变小而增大
		中	0.25~0.5	
		细	0.075 ~0.25	
细粒	粉粒		0.005~0.075	透水性小，湿时稍有黏性，遇水膨胀小，干时稍有收缩；毛细水上升高度较大较快，极易出现冻胀现象
	黏粒		＜ 0.005	透水性很小，湿时稍有黏性、可塑性，遇水膨胀大，干时收缩显著；毛细水上升高度大，但速度较慢

8.2.3 地基岩土的分类

《建筑地基基础设计规范》（GB 50007—2011）把作为建筑物的地基岩土分为岩石、碎石土、砂土、粉土、粘性土和人工填土六类。

1. 岩石

岩石是指颗粒间牢固连接，形成整体或具有节理、裂隙的岩石。岩石的完整程度可以按照下表所示划分为完整、较完整、较破碎、破碎和极破碎。

岩石完整度划分

完整程度等级	完整性指数
完整	＞ 0.75
较完整	0.75~0.55
较破碎	0.55~0.35
破碎	0.35~0.15
极破碎	＜ 0.15

注：完整性指数为岩体纵波波速与岩块纵波波速之比的平方。选定岩体、岩块测定波速时应有代表性。

2. 碎石土

碎石土为粒径大于 2 mm 的颗粒含量超过全重 50% 的土。碎石土分为漂石、块石、卵石、碎石、圆砾和角砾，见下表。

碎石土的分类

土的名称	颗粒形状	粒组的含量
漂石	圆形及亚圆形为主	粒径大于 200 mm 的颗粒含量超过全重的 50%
块石	菱角形为主	
卵石	圆形及亚圆形为主	粒径大于 20 mm 的颗粒含量超过全重的 50%
碎石	菱角形为主	
圆砾	圆形及亚圆形为主	粒径大于 2 mm 的颗粒含量超过全重的 50%
角砾	菱角形为主	

3. 砂土

砂土为粒径大于 2 mm 的颗粒含量不超过全重 50%，粒径大于 0.075 mm 的颗粒含量超过 50% 的土。砂土分为砾砂、粗砂、中砂、细砂和粉砂。

砂土的密实度可根据标准贯入式锤击实验结果分为松散、稍密、中密、密实四类，见下表。

砂土的分类

土的名称	粒组的含量
砂砾	粒径大于 2 mm 的颗粒含量占全重的 25%~50%
粗砂	粒径大于 0.5 mm 的颗粒含量占全重的 50%
中砂	粒径大于 0.25 mm 的颗粒含量占全重的 50%
细砂	粒径大于 0.75 mm 的颗粒含量占全重的 85%
粉砂	粒径大于 0.75 mm 的颗粒含量占全重的 50%

注：分类时应按粒组分含量栏从上到下以最先符合者确定。

砂土的密实度分类

标准贯入式锤击次数 N	粒组的含量
$N \leq 10$	松散
$10 < N \leq 15$	稍密
$15 < N \leq 30$	中密
$N > 30$	密实

注：当用静力触探探头阻力判定砂土的密实度时，可根据当地经验确定。

4. 粉土

粉土是指塑性指数 I_p 小于或等于 10，且粒径大于 0.075 mm 的颗粒含量不超过全部质量的 50% 的土。粉土的性质位于砂土和黏性土的过渡带之间，因此粉土表现出砂土和黏性土的双重性。

目力鉴别粉土和黏性土

鉴别项目	摇振反应	光泽反应	干强度	韧性
粉土	迅速、中等	无光泽反应	低	低
黏性土	无	有光泽、稍有光泽	高、中等	高、中等

5. 黏性土

黏性土是指塑性指数 I_p 大于 10 的土。塑性指数 I_p 在 10~17（≤ 17）之间的土为粉质黏土，塑性指数 I_p 大于 17 的为黏土。

黏性土的分类

塑性指数 I_p	土的类型
$I_p > 17$	黏土
$10 < I_p \leq 17$	粉质黏土

注：塑性指数由相应于 76 g 圆锥体沉入土样中深度为 10 mm 时测定的液限计算而得。

黏性土按沉积年代又可分为老黏性土、一般黏性土和新近沉积的黏性土。老黏性土是指第四纪更新世（Q3）及其以前沉积的黏性土，它广泛分布于长江中下游、湖南、内蒙古等地。其沉积年代久，工程性能好。通常在物理性质指标相近的条件下，比一般黏性土强度高而压缩性低。一般黏性土是指第四纪全新世（Q4）沉积的黏性土，在工程上最常遇到。它的透水性较小，其力学性质在各类土中属于中等。新近沉积的黏性土是指文化期以来新近沉积的黏性土，其沉积年代较短，结构性较差，一般压缩尚未稳定，且强度很低，其主要分布于山前洪冲积扇的表层以及掩埋的湖、塘、沟、谷和河水泛滥区。

6. 人工填土

人工填土是指由于人类活动而堆积的土，其物质成分杂乱，均匀性较差。根据其物质组成和成因可分为素填土、压实填土、杂填土和冲填土。

素填土是由碎石、砂土、黏土、黏性土等组成的填土。其不含杂质或杂质很少，按主要组成物质分为碎石素填土、砂性素填土、粉性素填土及黏性素填土，经分层压实或夯实的素填土称为压实填土。杂填土为含有大量建筑垃圾、工业废料或生活垃圾等杂物的填土，按组成物质分为建筑垃圾土、工业垃圾土及生活垃圾土。冲填土是由水力冲填泥砂形成的填土。

同时，人工填土还可以按照堆填时间分为老填土和新填土，通常把堆填时间超过 10 年的黏性填土或超过 5 年的粉性填土称为老填土，其余称为新填土。

除上述六类土外，《建筑地基基础设计规范》（GB 50007—2011）中还对淤泥和淤泥质土、红黏土、膨胀土以及湿陷性土进行了分类，在此不再赘述。

8.3 地基处理方式及基础类型

由于不同区域的土体不同，不同深度的土质也不同。面对淤泥、淤泥质土、冲积土、杂填土或其他高压缩性土层构成的地基，当地基的承载力或变形不能满足要求时，可根据软弱地基土的埋深，结合施工条件、材料供应等情况，选择适当的人工地基处理方法。

8.3.1 常见地基处理方式

随着景观设计专业研究对象的延伸，在不同类型的项目中，景观设计师不得不面临更多样化的基地现状，了解地基处理的常见方法可为设计师带来更多解决现状问题的参考。在此介绍几种景观中常见的地基处理方法。

其中第 3、4 种方式的主要区别是软弱土与密实土的相对位置不同，由于在土力学中的基础产生的等压线呈扩散状态，应该使作用于软弱土层的压力小于软弱土的承载力值，以保证基础的稳定。

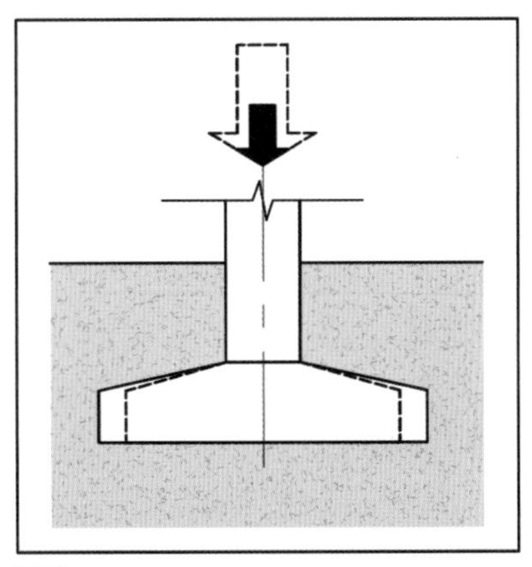
1 减轻自重、增加基础面积

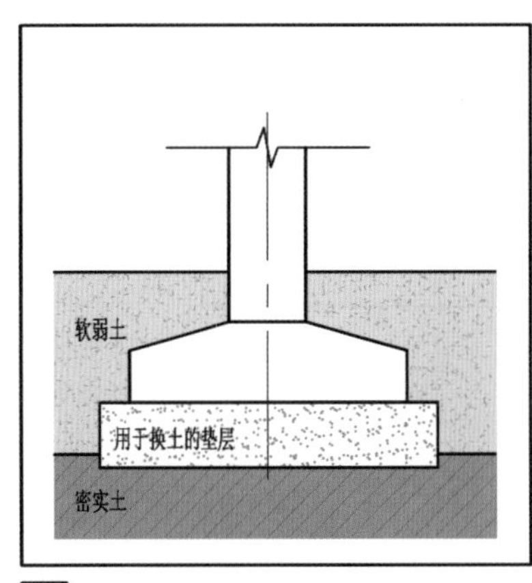

2 换土垫层

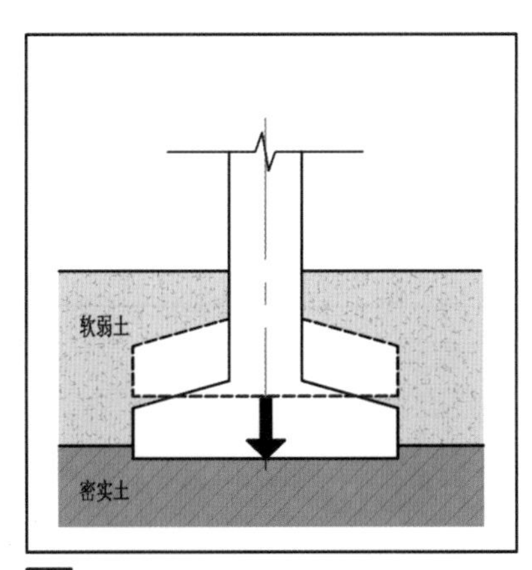

3 增加基础埋深

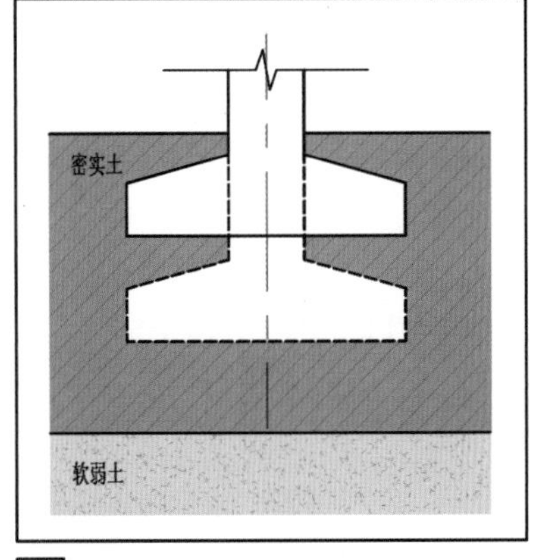

4 做浅基础

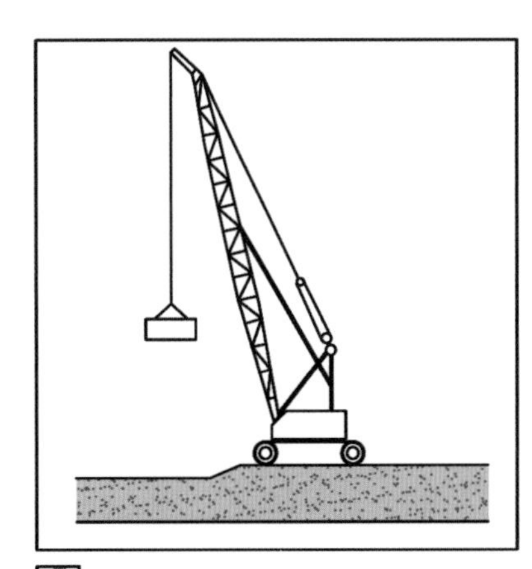
5 重锤夯实

6 机器碾压

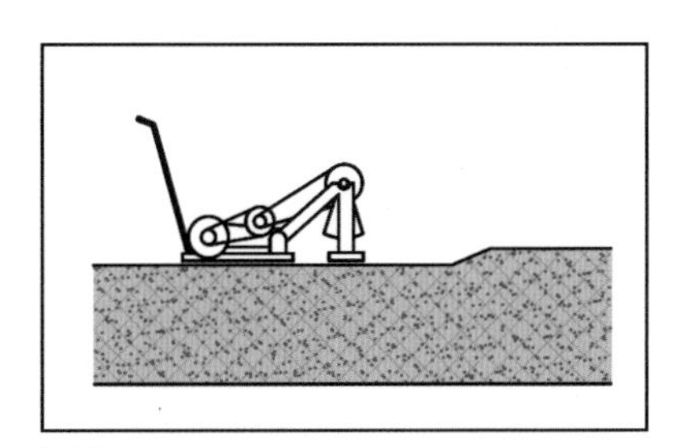
7 振动压实

常见地基处理方法示意

8.3.2 地基的基础类型

1. 基础分类方式与类型

基础按照不同方式可分为不同类型，主要包括以下几种，见下表。

基础分类方式及类型

分类方式	基础类型
按开挖深度	深基础、浅基础
按受力特点	刚性基础、柔性基础
按构造类型	柱下独立基础、条形基础、筏型基础、箱型基础、桩基础
按材料类型	灰土基础、砖基础、毛石基础、混凝土基础、钢筋混凝土基础

在景观设计中最常见的类型有柱下独立基础、条形基础两类，此外，为了突出基础材料类型，也经常按材料划分基础类型。

2. 按基础构造分类的常见基础类型

1）柱下独立基础

柱下独立基础主要用于柱下，是扩展基础的一种。按照施工方法分为现浇与预制两种。按照结构形式分主要有普通柱下独立基础与杯形独立基础，见下表。

常见普通柱下独立基础及杯形独立基础

基础类型		基础剖面形状示意
普通柱下独立基础	单阶普通柱下独立基础	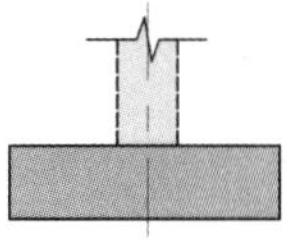
	阶形普通柱下独立基础	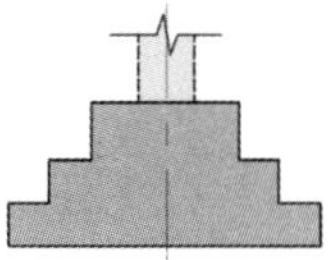
	坡形截面普通柱下独立基础	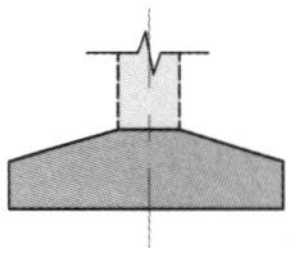
杯形独立基础	阶形截面杯形独立基础（一）	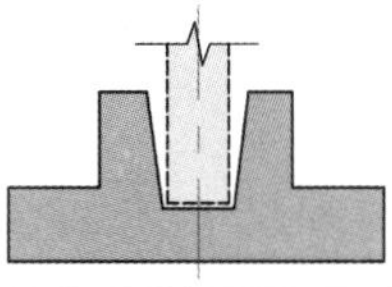
	阶形截面杯形独立基础（二）	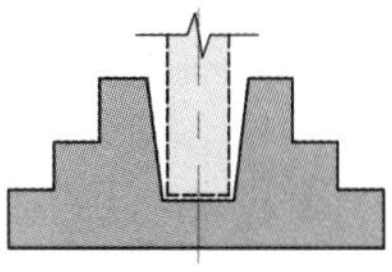
	阶形截面高杯形独立基础（一）	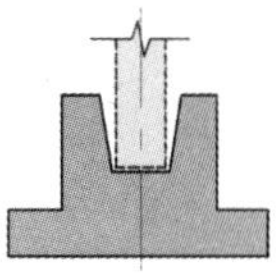
	阶形截面高杯形独立基础（二）	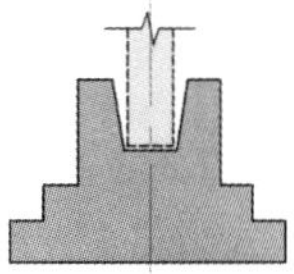
	坡形截面杯形独立基础	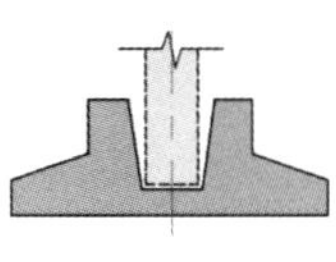
	坡形截面高杯形独立基础	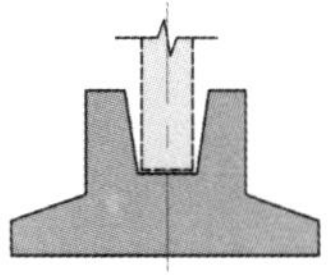

注：①杯形基础适用于采用预制钢筋混凝土柱、墙等的工业厂房、围墙等情况。
②高杯形基础适用于基础埋深较大的情况，现浇的坡形和阶形截面柱下独立基础适用于现浇钢筋混凝土柱的情况。

在景观施工图设计中，由于景观构筑物的荷载和自重相对于建筑来说都较小，对于高杯形等复杂形式的柱下独立基础使用较少，但单阶柱下独立基础、坡形截面柱下独立基础以及阶形截面杯形基础在景观构筑物中的使用非常常见。在下一节示例分析中会介绍坡形柱下独立基础与阶形截面杯形基础的运用。

2）条形基础

在基础设计中，将沿墙或沿柱列连续设置的基础称为条形基础。按上部结构的类型划分包括墙下条形基础与柱下条形基础两种，如下图所示。砖墙墙下条形基础参见第 1 章相关内容。

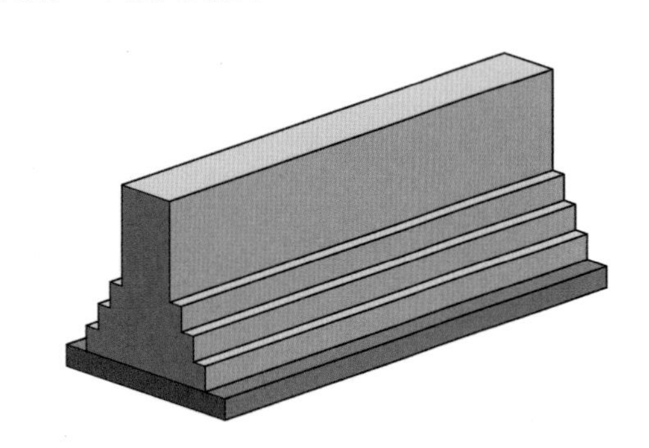

墙下条形基础

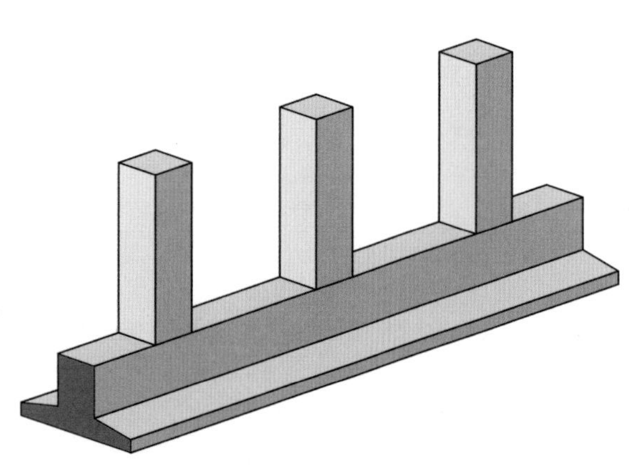

柱下条形基础

凝土基础是刚性基础，恰恰相反，钢筋混凝土由于具有更高的抗拉、抗弯强度，而属于柔性基础。下面通过简单的图文介绍刚性基础与柔性基础的基础知识。

1）刚性基础

① 基本概念及主要类型。

刚性基础是指由砖、毛石、混凝土或毛石混凝土、灰土和三合土等材料组成的，且不需配置钢筋的墙下条形基础或柱下独立基础。这类基础又被称为无筋扩展基础。

② 刚性角。

由于刚性基础要保证基础内的拉应力、剪应力不超过材料本身的抗拉、抗剪设计强度值，因此基础的每个台阶的宽度与高度之比（宽高比）不能超过一定的数值。每一种材料在传力过程中都有一个将力扩散到较大面积上的角度 α，被称为刚性角。不同材料的 α 角不同，如下图所示（砖基础刚性角计算详见第 1 章第 34 页）。

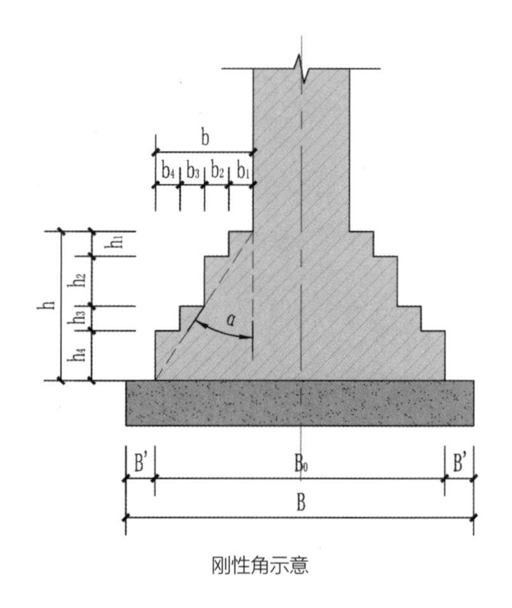

刚性角示意

3. 按受力特点分类的常见基础类型

在景观工程中除了经常按基础构造划分基础类型外，还常按基础受力方式来描述基础类型。基础按照受力特点可以分为刚性基础与柔性基础两类。对于这两个名称，不少景观设计师会产生误解，以为“刚性”就是能承受更大荷载、强度更高的基础形式，因此会误以为钢筋混

根据实验研究和工程实践经验，当基础的材料选定（强度已知）和基础底面的反力 P 确定以后，只要 $b:h$ 的比值小于某一个允许值，就可以保证基础不发生破坏。不同材料的宽高比的允许值见下表。在景观施工图设计的过程中，可以根据不同材料的高宽比允许值（见下表）来检验基础的设计尺寸是否在允许的范围内。

各种材料的刚性基础台阶高宽比允许值

基础材料	质量要求	台阶高宽比 $b:h$		
		$P_k \leq 100$	$100 < P_k \leq 200$	$200 < P_k \leq 300$
混凝土基础	C15 混凝土	1 ∶ 1.00	1 ∶ 1.00	1 ∶ 1.25
毛石混凝土基础	C15 混凝土	1 ∶ 1.00	1 ∶ 1.25	1 ∶ 1.50
砖基础	砖不低于 MU10、砂浆不低于 M5	1 ∶ 1.50	1 ∶ 1.50	1 ∶ 1.50
毛石基础	砂浆不低于 M5	1 ∶ 1.25	1 ∶ 1.50	—
灰土基础	体积比为 3 ∶ 7 或 2 ∶ 8 的灰土，其最小干密度为：粉土 1 550 kg/m^3 粉质黏土 1 500 kg/m^3 黏土 1 450 kg/m^3	1 ∶ 1.25	1 ∶ 1.50	—
三合土基础	体积比 1 ∶ 2 ∶ 4 ~ 1 ∶ 3 ∶ 6（石灰∶砂∶骨料），每层约虚铺 220 mm，夯至 150 mm	1 ∶ 1.50	1 ∶ 2.00	—

注：①表中 P_k 为作用标准组合时的基础底面处的平均压力值（kPa）。
②阶梯形毛石基础的每阶伸出宽度，不宜大于 200 mm。
③当基础由不同材料叠合组成时，应对接触部分做抗压验算。
④混凝土基础单侧扩展范围内基础底面处的平均压力值超过 300 kPa 时，尚应进行抗剪验算；对于基底反力集中于立柱附近的岩石地基，应进行局部受压承载力验算。

2）柔性基础

柔性基础指钢筋混凝土基础。在这里有人可能产生疑问，钢筋混凝土基础的承载力及强度往往大于素混凝土、毛石等材料组成的基础，为什么把钢筋混凝基础称为柔性基础，而素混凝土基础、毛石基础、砖基础等称为刚性基础呢？这是由于钢筋基础在受力过程中可以抵抗拉应力，使基础不容易发生脆性断裂（类似于有延展性），因而把钢筋混凝土基础称为柔性基础。钢筋混凝土基础能与上部结构结成一个整体，其强度、耐久性、抗冻性都比刚性基础高，且能承受弯矩。因此，基础的高度可以减少，从而减少了基础埋深，减少了开挖基坑的费用。

刚性基础与柔性基础各有优缺点，尤其是在景观设计中，不能为了提高安全系数盲目使用钢筋混凝土基础，造成结构强度的浪费以及成本的增加。应综合考虑上部结构的特点，选择适合的基础及结构类型。

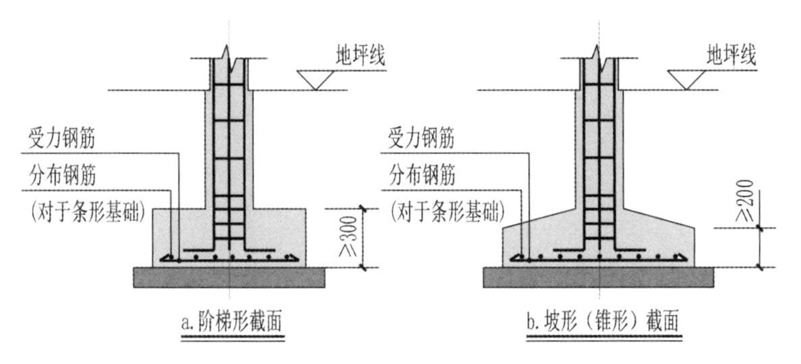

基础与上部结构为一个整体

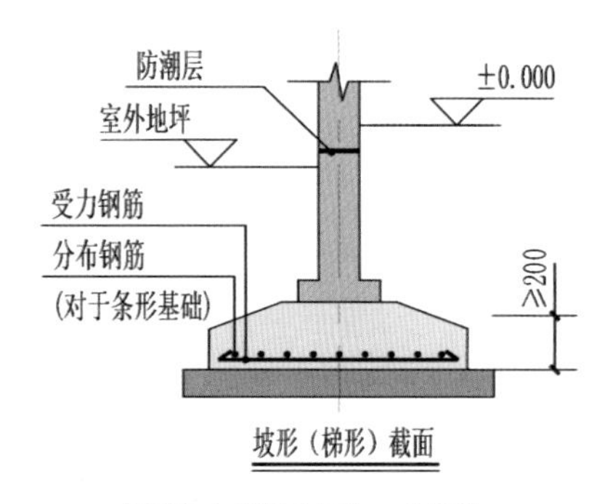

基础与上部结构不为一个整体

8.4 景观施工图示例

8.4.1 普通柱下独立基础

普通柱下独立基础在景观工程中的运用比较广泛，主要在廊架、围墙、滨水挑台等构筑物基础中使用。前面章节中已经介绍了挡墙式围墙的施工图绘制，在这里以钢筋混凝土柱与砖墙结合的围墙园建详图为例重点介绍普通柱下独立基础的绘制要点。

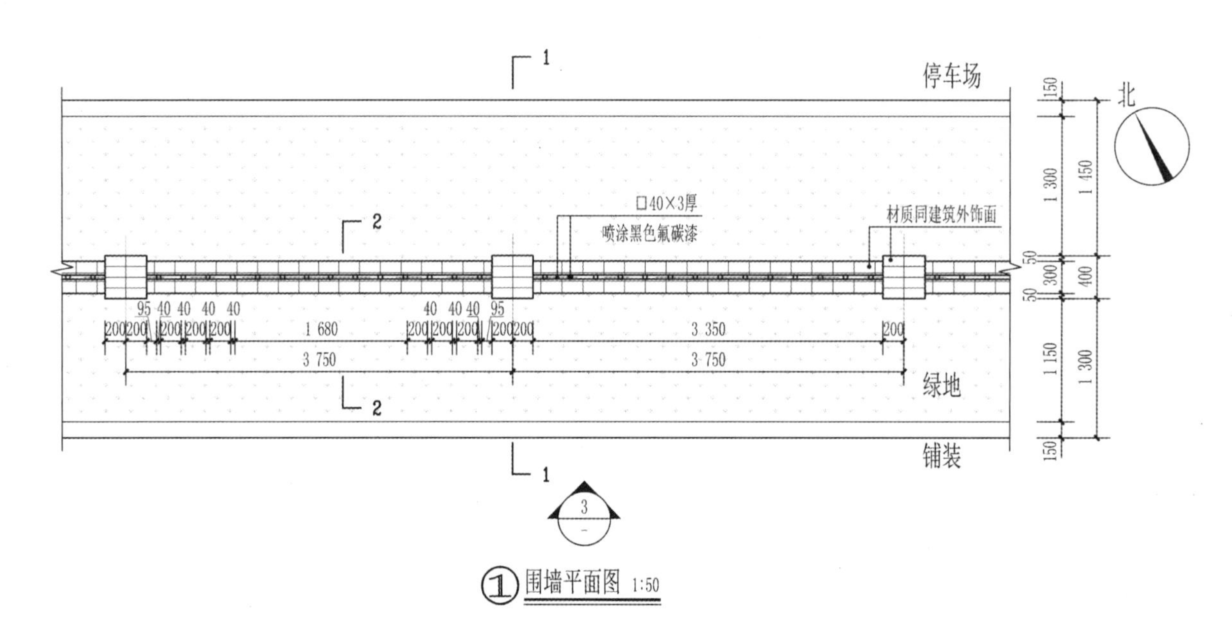

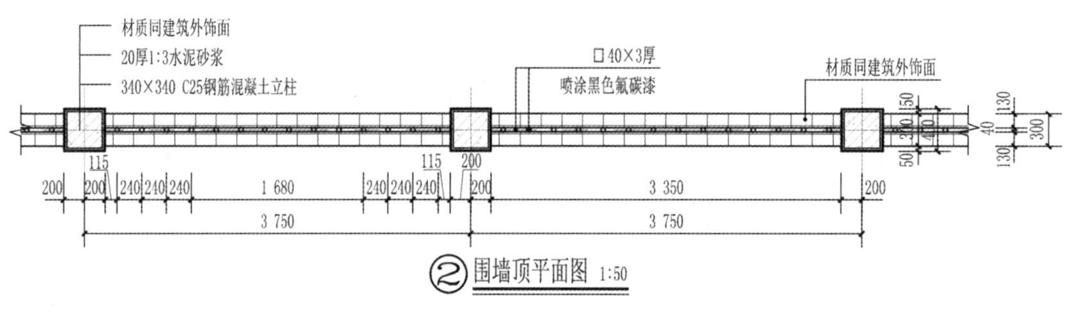

普通柱下独立基础围墙（节点）平面图及围墙顶平面图纸示意

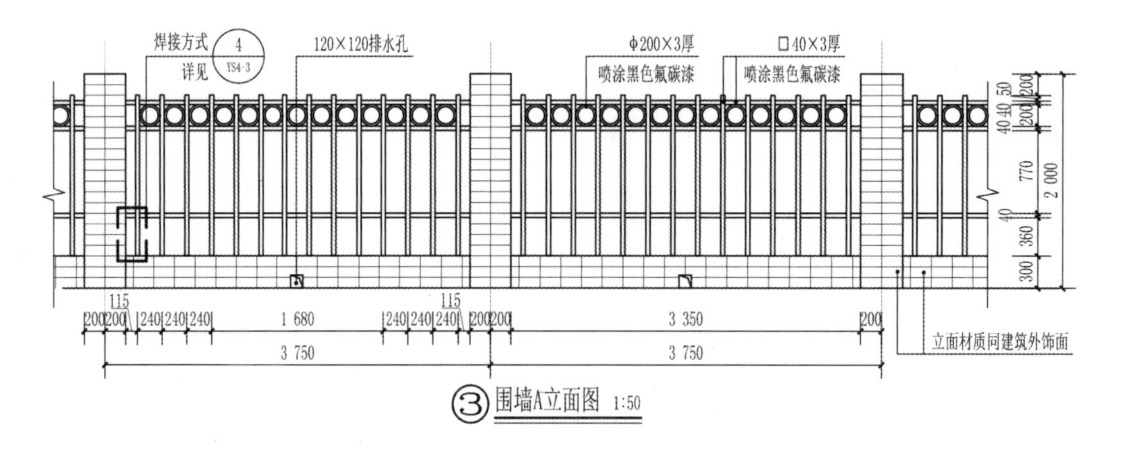

普通柱下独立基础围墙立面图纸示意

以上为围墙平面及立面图示意，前面景观小品详图设计章节中对详图绘制已经有专门介绍，此处不再赘述，需要说明的是围墙平面图与围墙顶平面图或者围墙底平面图的区别。对于围墙这一类涉及场地内外分界，或者需要交代绘图对象与周边环境关系的小品，笔者习惯先绘制一个类似方案节点的小品节点平面图，用以交代该小品所处的周边情况，比如相邻区域哪些地方是铺装，哪些是草地，或者相邻区域标高变化情况等，用以帮助在绘制立面图、剖面图时表达小品与周围场地的关系。这一点仅属于个人制图习惯，读者可以根据图纸表达的需求进行参考。

绘制完成平、立面图以后，就是剖面图的绘制。该围墙为钢筋混凝土柱下独立加上砖砌实墙组合而成的围墙，因此剖面需要剖切柱子与墙体两个位置，分别用以体现钢筋混凝土柱与砖墙不同的做法。当钢筋混凝土柱需要结构专业单独进行配筋时，在景观设计专业的图纸中仅需要通过钢筋混凝土填充表达柱子的材料（填充的相关注意事项详见第 1 章）。另外在砖砌部分要注意高度与砖模数的关系以及砖基大放脚的正确简化画法。

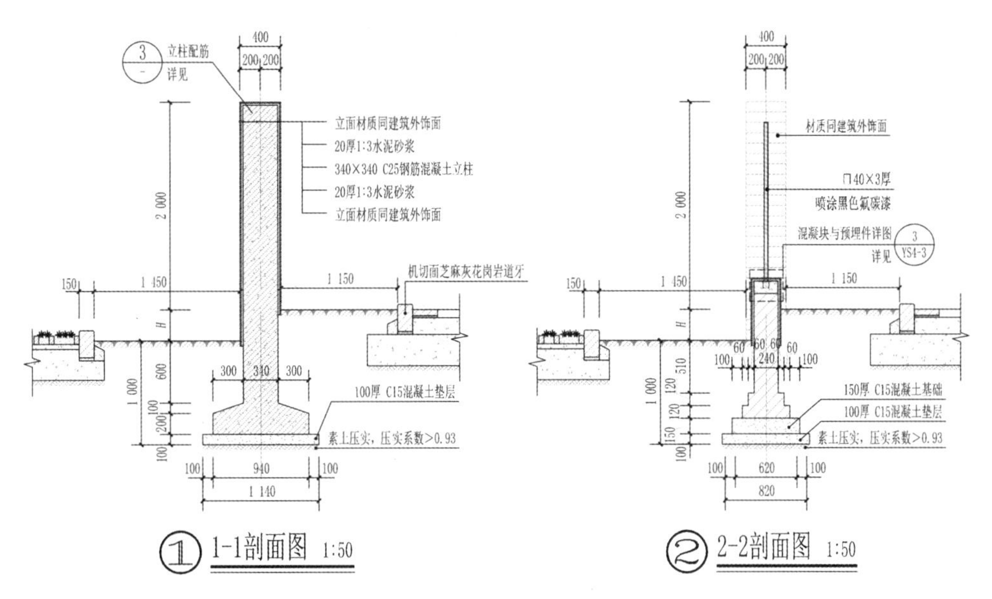

普通柱下独立基础围墙剖面图纸示意

若一个项目涉及的结构图纸非常多，或者相关单位对项目出图有要求等，需要将结构部分图纸单独成册，在景观设计专业图纸中就要对有结构图纸的对象及部位进行索引标注，并注明结构图纸详见相关专业；如果没有强制性要求，结构图纸则可以附在相关节点之后，则只用索引结构图纸位置，而无须注明“见结构专业图纸”。如右图所示，该围墙柱下独立结构配筋图纸直接附在了围墙详图中。

从前述剖面图可以看出场地内外有高差，那么在该柱结构图纸中也应该尽可能地表示出高差变化，第一可以保证图纸的统一性，第二可以在制图过程中验证柱基础埋深是否符合较低一侧基础埋深的要求［（可参见《冻土地区建筑地基基础设计规范》（JGJ 118—2011）中冻土厚度的相关数据）］。

从图纸来看，本围墙采用坡形（锥形）结构，在表达立面配筋的同时，需要上下对齐按照结构平法要求绘制基础顶面图。为了节约篇幅没有上下排列右侧两图，另按照平法制图标准绘制的结构图纸可以不画出填充。

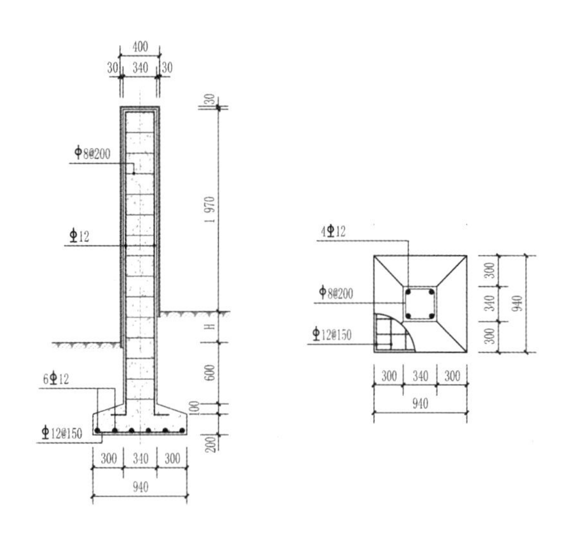

③ 立柱配筋详图 1:50

普通柱下独立基础围墙立柱配筋图纸示意

8.4.2 杯形基础

示例：某科技产业园区围墙。

某科技产业园区围墙标准段详图。该产业园区主要从事预制混凝土产品的研发和生产，要求将园区围墙设计为展示园区预制混凝土产品的展示墙。围墙为钢筋混凝土预制构件加铁艺，预制构件部分由工厂加工后在现场拼装和安装固定。考虑到预制构件的片状结构，因此基础采用杯形基础，方便现场进行固定。

以其中一片构件为例进行分析。首先，对于构件本身来说，该构件地上及地下部分加起来总高 2 500 mm，总宽 3 560 mm，有灯槽的地方高度和厚度会降低，吊装时构件很容易在截面薄弱处发生应力集中现象导致开裂，甚至断裂。为了减轻吊装时的材料负担，可将每一片墙体分成三段，加工时预埋卡口，在现场吊装预位后进行安装固定。其次，吊装到指定位置以后，若要将构件固定在基础上，同时尽量保证每一片墙体不发生错动，杯形基础就派上用场了。

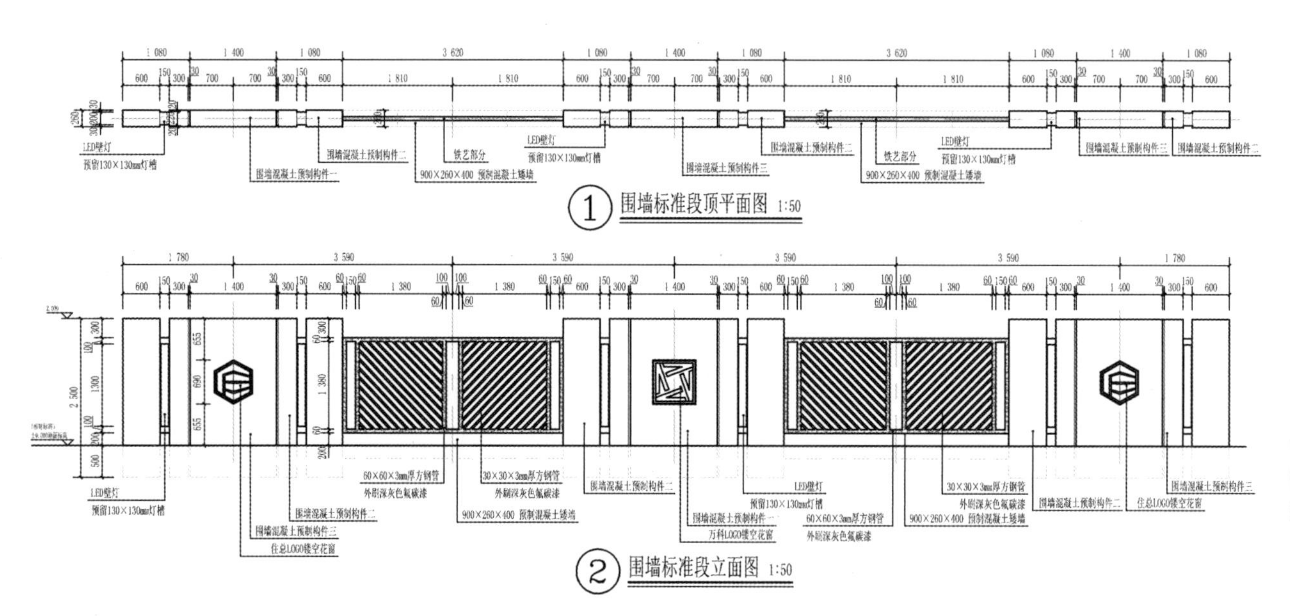

杯形基础围墙平、立面图纸示意

前文在分析廊架设计重点时讲过标注立面构筑物时可以不标注标高，在该图中为了强调构件埋入地面以下的深度以及完成后地坪线所在位置，因此标注了标高。

下面是为了固定每一片预制构件的杯形基础结构图纸。现场定位、支模制作好杯形基础以后，先垫一层细石混凝土，然后将预制构件吊装落位到指定位置，再向杯形基础中填入细石混凝土，振捣密实，使细石混凝土的高度与杯口平齐。稳定后再拆除墙体外设，固定装置。

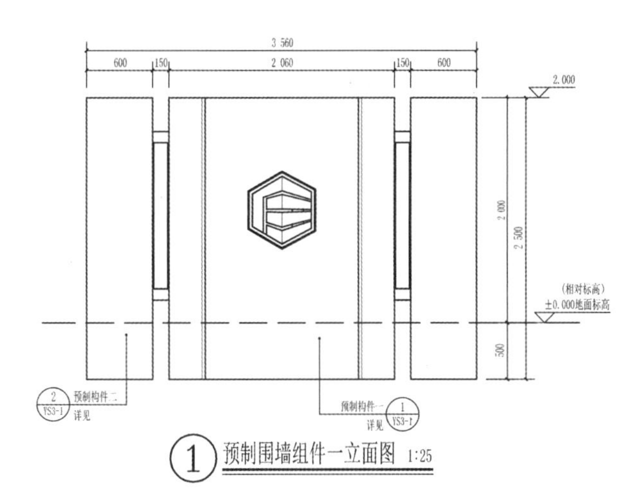

预制构件立面图纸示意

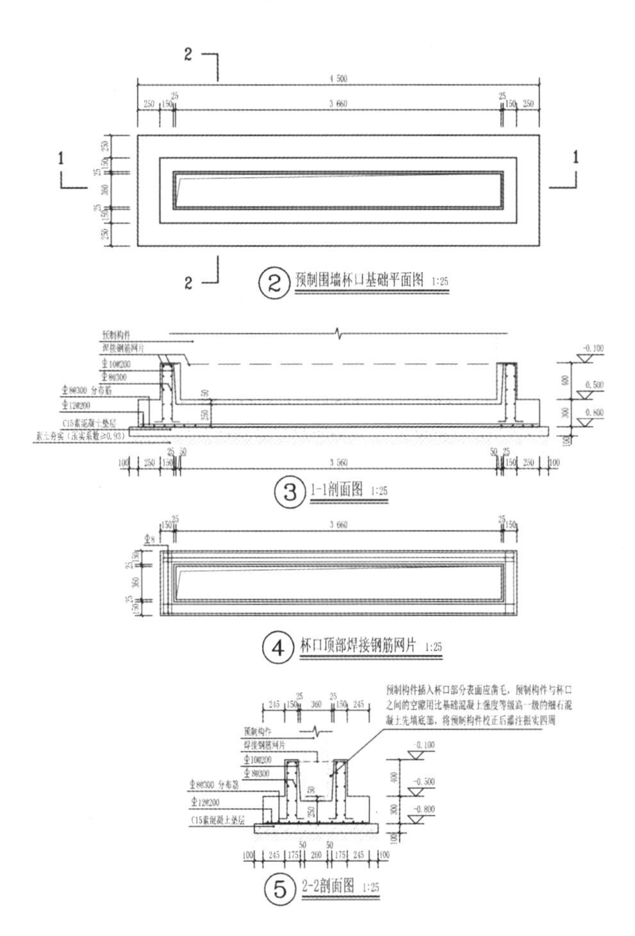

杯形基础结构图纸示意

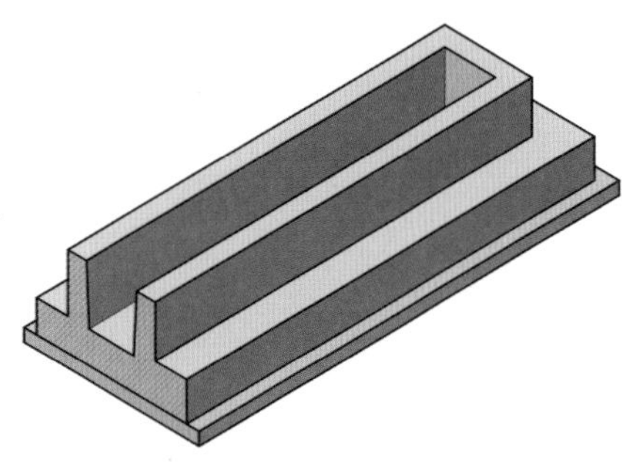

① 浇筑杯形基础。

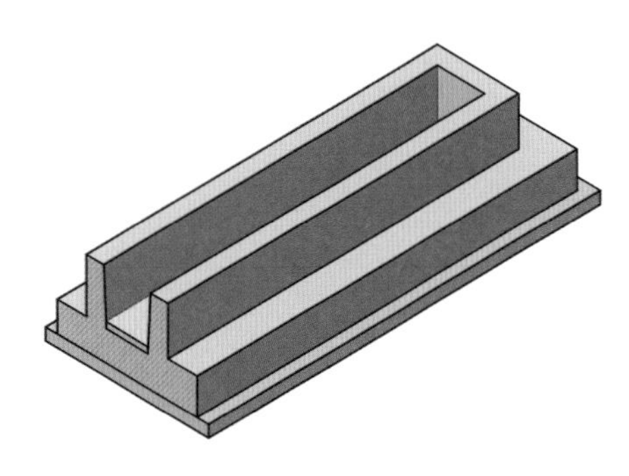

② 在杯底垫细石混凝土（黄色所示）。

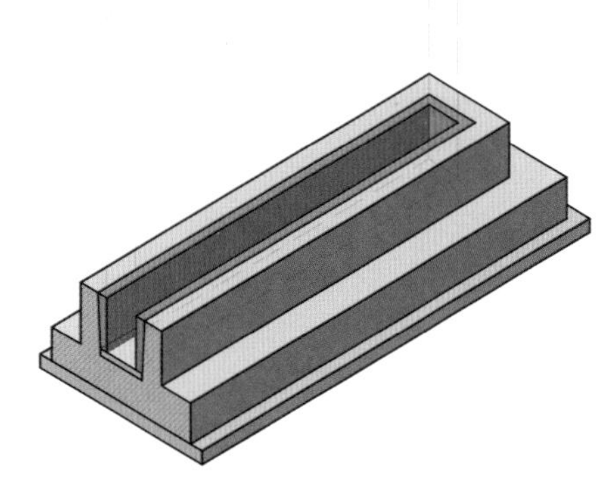

③ 吊装预制混凝土构件落位以后，向构件与杯形基础内壁之间灌注细石混凝土，振捣密实以后使之与杯顶齐平。

杯形基础施工过程示意

第 9 章 竖向设计基础

9.1 概述

竖向设计是与水平面垂直方向上的高程设计，也称竖向规划。它对景观设计中各个景点、设施及地貌在高程上起总体控制的作用。

9.1.1 竖向设计中的重要概念

关于竖向设计有三个重要概念：高程、等高线、坡度。

1. 高程

地面上一点到大地水准面的铅垂距离，称为该点的绝对高程，通常简称为高程或标高。根据 1956 年黄海高程系和 1985 年国家高程基准确定的中国的水准原点在青岛市观象山。“1956 年国家高程基准”中水准原点的高程为中水准原点的高。之后国家根据 1952—1979 年的青岛验潮观测值，组合了若干年的验潮观测值，求得黄海海水的平均高度，确定“1985 年国家高程基准”中水准原点的高程为 72.260 4 m，为零点起算高程，是国家高程控制的起算点。

2. 等高线

等高线是用一组垂直间距相等且平行于水平面的假想面，与自然地貌相交所得到的交线在平面上的投影。因此一张完整的等高线图包含四个要素。

①海拔（绝对高度）：以海平面为起点，地面某点高出海平面的垂直距离。由于海水平面在不停变化，以及地球表面的重力也各不相同等各种因素的影响，每个国家都有自己的平均海平面，也就是大地水准面。

② 相对高度：某一个点高出另一个点的垂直距离。

③ 等高距：相邻等高线之间的高度差。需要注意的是同一幅地图中等高距相等。

④ 等高线图：用等高线表示一个地区的实际高度和高低起伏的地图。

此外等高线还具有以下几点重要性质：

a. 同一条等高线上所有的点，其高程都相等。

b. 每一条等高线都是闭合的。有时在图纸的显示范围内看似等高线不闭合，但是与相邻图纸拼接后仍然是闭合的，这一性质也是检验竖向设计正确与否的关键之一。

c. 等高线水平间距的大小，表示地形的缓或陡。

d. 等高线一般不相交或重叠，只有在悬崖处等高线才可能出现相交的情况，在某些垂直于地面的峭壁、驳岸、挡土墙等处等高线才会重合。

3. 坡度

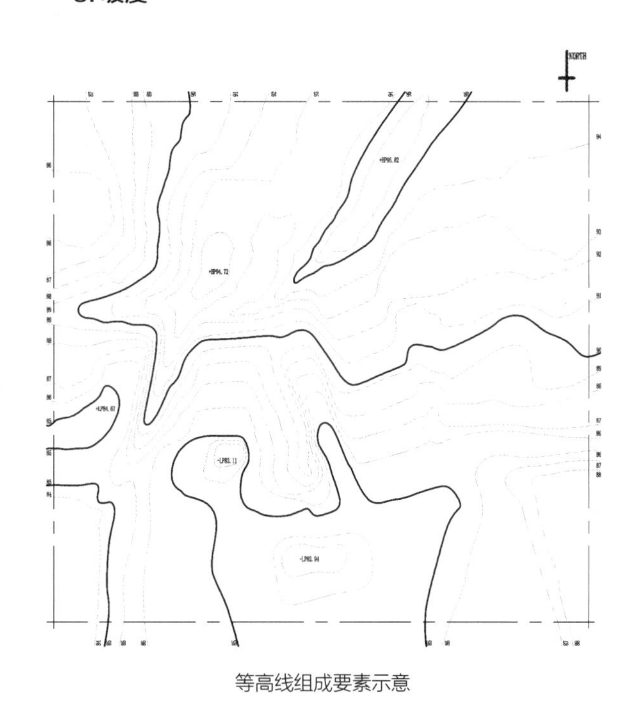

等高线组成要素示意

通常把坡面的垂直高度 h 和水平距离 l 的比叫作坡度（或叫作坡比），用字母 i 表示，其数值表示地表的陡缓。

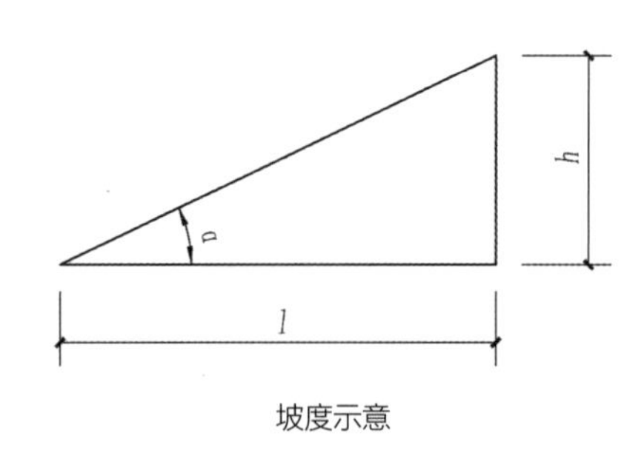

坡度示意

坡度计算公式：

$$i = \frac{h}{l} \times 100\%$$

式中：i —— 坡 度，单位 %；

h ——地形图上任意两点的高差，单位 m；

—— 任意两点的水平距离，单位 m。

9.1.2 坡度与角度的对比

从坡度的定义中，可以发现尽管都是在对 α 进行描述，但是坡度和角度并非同一概念。在景观工程中常说无障碍坡度小于或等于8%，并不说无障碍坡度角小于或等于8° ，因此为了表示两者的区别，下图将坡度与角度进行对应，并将其在景观中的使用范围进行了整理。当描述坡度达到100%，即 1 时，坡角为 45° 。

特殊角度的三角函数值

角度	0°	30°	45°	60°	90°
sin α	0	$\sqrt{\frac{2}{2}}$	$\sqrt{\frac{2}{2}}$	$\sqrt{\frac{2}{2}}$	1
cos α	1	$\sqrt{\frac{2}{2}}$	$\sqrt{\frac{2}{2}}$	$\sqrt{\frac{2}{2}}$	0
tan α	0	$\frac{\sqrt{3}}{3}$	1	$\frac{\sqrt{3}}{3}$	—
cot α	—	$\frac{\sqrt{3}}{3}$	1	$\frac{\sqrt{3}}{3}$	0

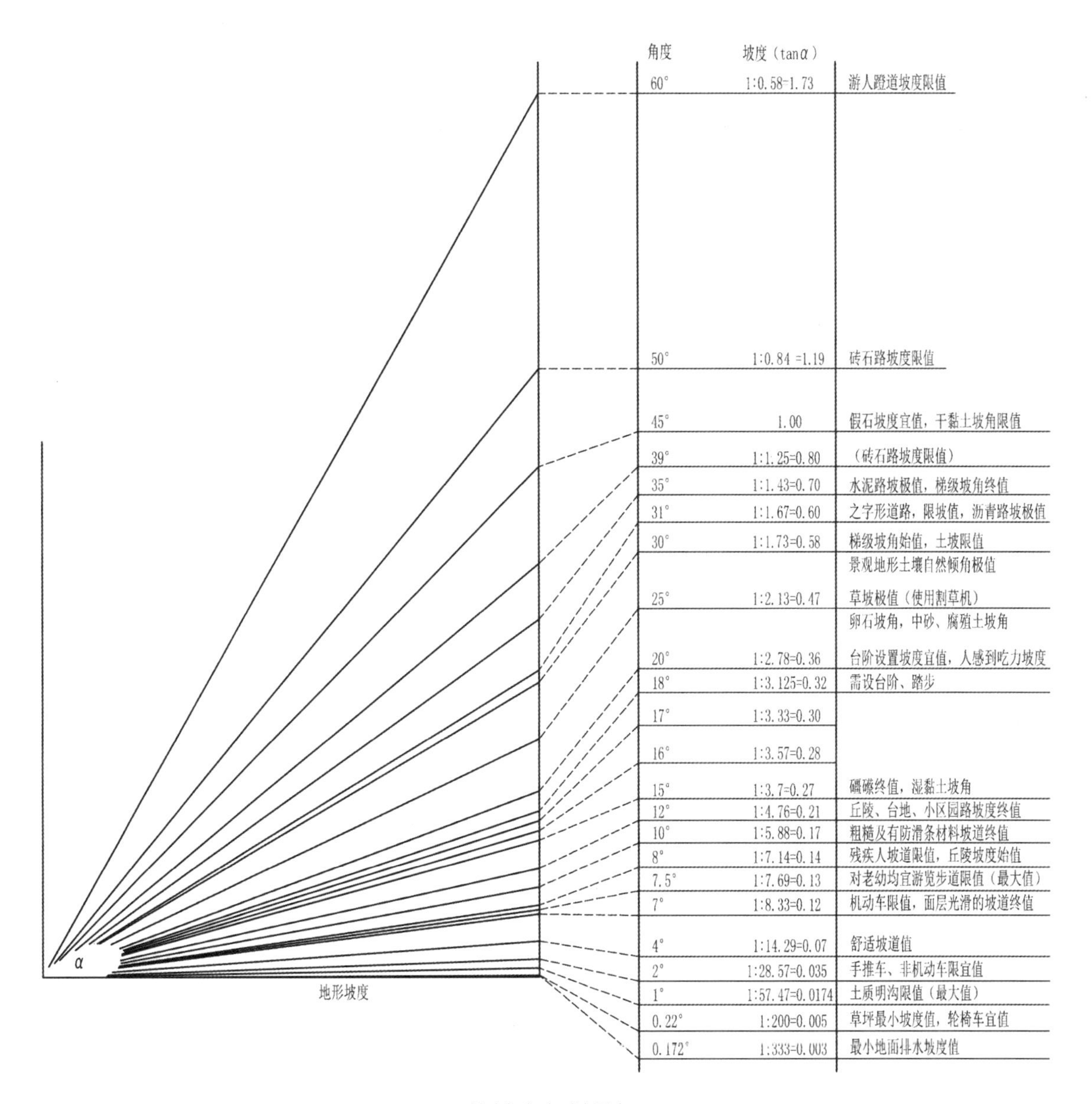

坡度与角度对比示意

9.1.3 场地排水坡度的主要形式

1. 单坡向一面坡

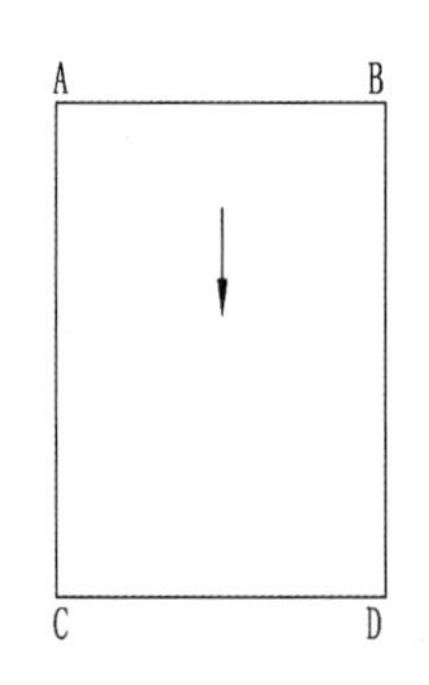

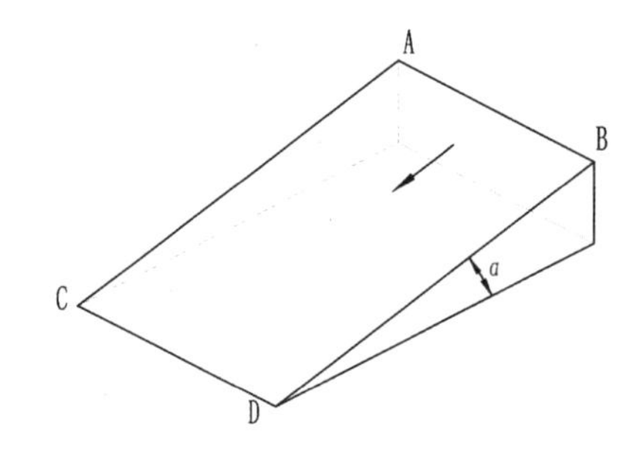

2. 双坡向单面坡

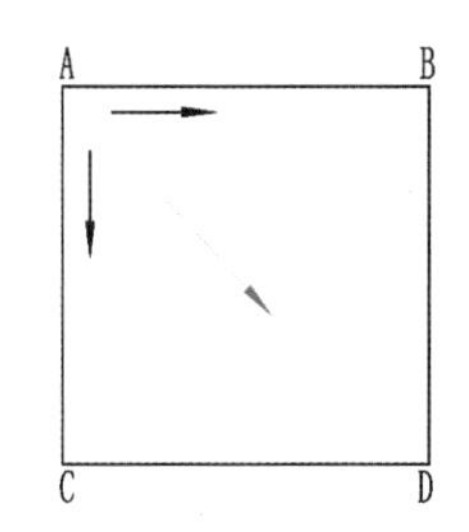

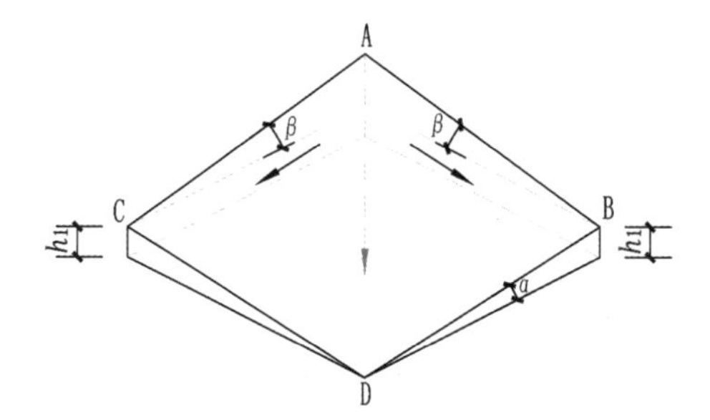

3. 双坡向双面坡

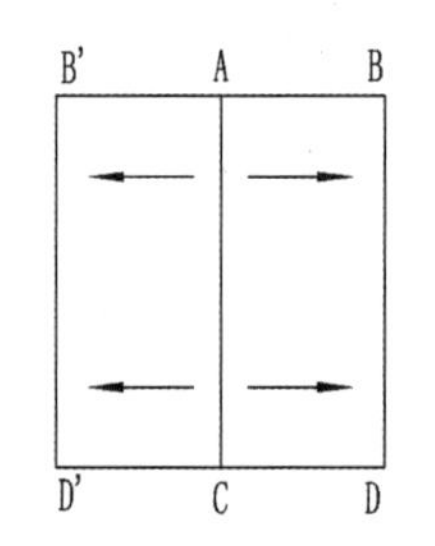

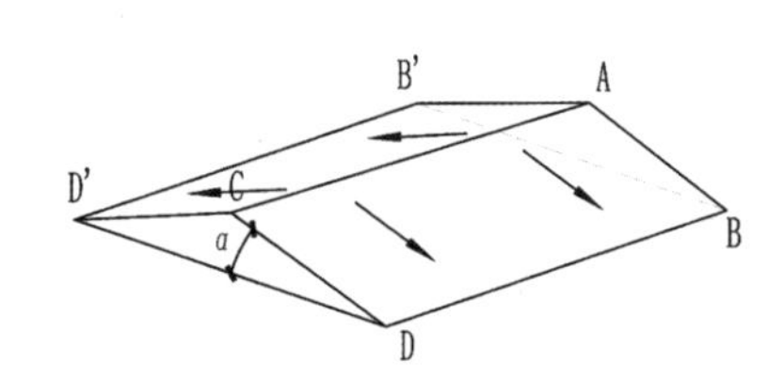

4. 三坡向双面坡

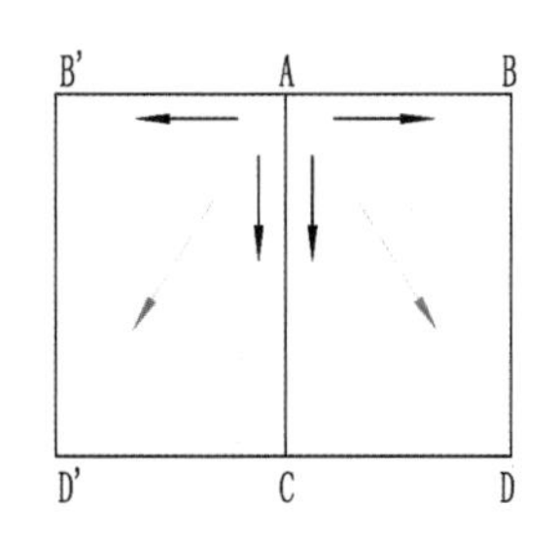

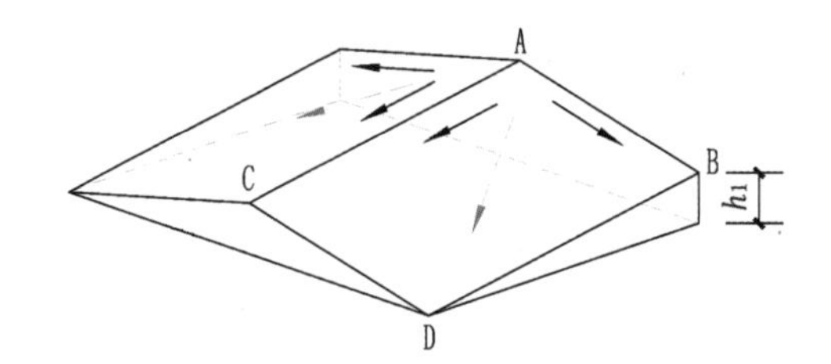

5. 四坡向四面坡

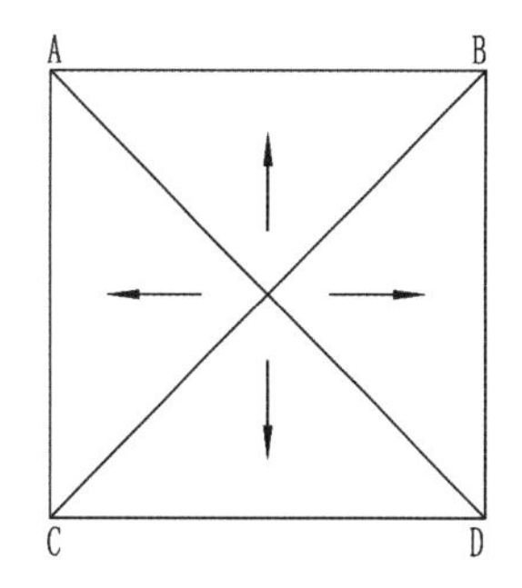

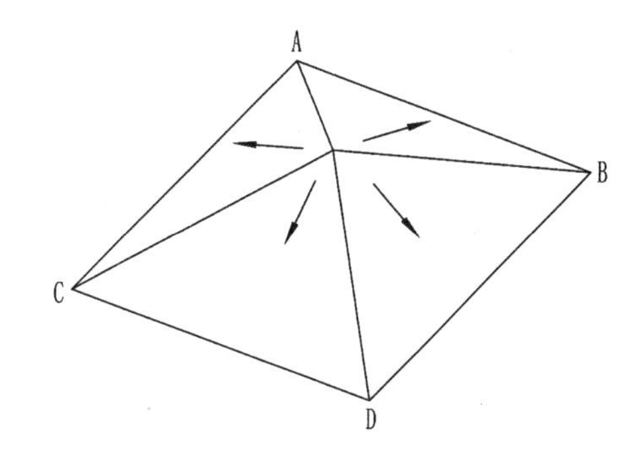

9.2 道路竖向设计

道路是场地设计最重要的组成部分，道路的分类方式有很多，可以按照车速、等级、位置等进行分类。从专业角度来说道路可以分为城际道路、城市道路、内部道路，由于城际与城市道路竖向设计是一个复杂的体系，因此本书只基于内部道路对道路竖向设计进行基本的介绍。

9.2.1 道路竖向设计规范

《城乡建设用地竖向规划规范》(CJJ 83—2016) 中，对场地坡度、道路坡度等竖向设计坡度、坡长等有相关规定。

1) 城市主要建设用地选择与布局中的坡度规定

城市主要建设用地选择与布局中的坡度规定

用地名称		最小坡度 /%	最大坡度 /%
城镇中心用地	自然坡度	3	宜小于 20
	规划坡度		宜小于 15
居住用地	自然坡度		宜小于 25
	规划坡度		宜小于 25
工业、物流用地	自然坡度		宜小于 15
	规划坡度		宜小于 10
乡村建设用地	在条件允许的情况下可以选择自然坡度大于 25% 的用地		

2) 城镇道路机动车车行道规划纵坡

城镇道路机动车车行道规划纵坡

用地名称	设计速度 /km/h	最小坡度 /%	最大坡度 /%
快速路	60~100	0.3	4~6
主干路	40~60		6~7
次干路	30~50		6~8
支路（街坊）	20~40		7~8

3) 非机动车车行道规划纵坡与限制坡长

非机动车车行道规划纵坡与限制坡长

坡度 /%	自行车限制坡长 /m	三轮车限制坡长 /m
3.5	150	—
3.0	200	100
2.5	300	150

注：①机动车与非机动车混行时，其纵坡应按照非机动车车道纵坡取值。
②道路横坡宜为 1%~2%。
③该规范未明确三轮车动力类型。

4）道路纵、横坡示意

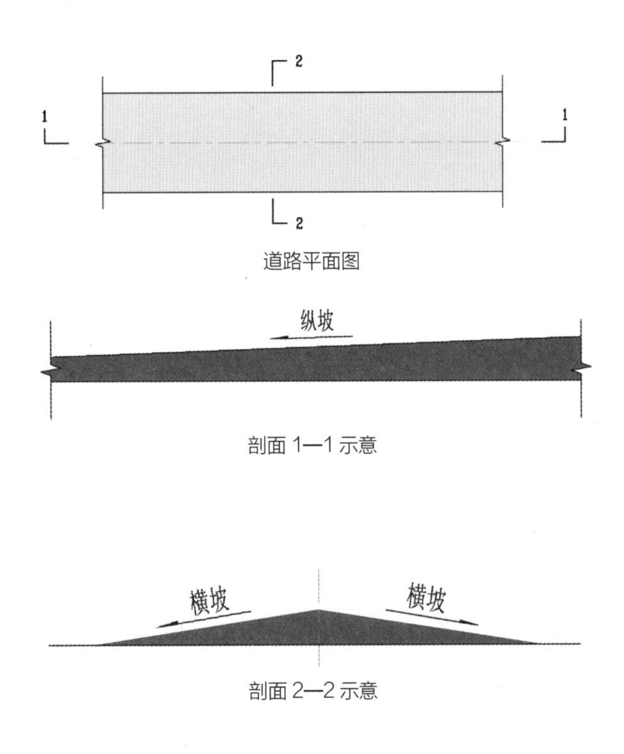

道路平面图

剖面 1—1 示意

剖面 2—2 示意

9.2.2 道路组成与定位

1. 道路的组成

从平面图的角度来看，道路线形的组成包含两个基本元素：切线和曲线，可以简单理解为直线段部分和转弯部分。其中切线用于确定道路的路径，曲线用于改变道路的方向，曲线的样式和组合决定着道路给人的整体感受及安全性。

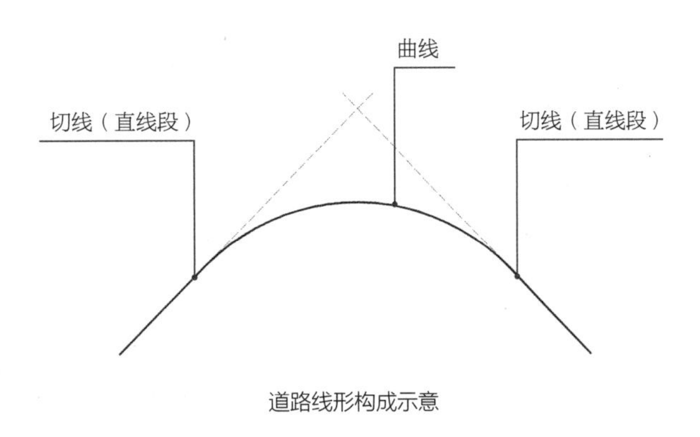

道路线形构成示意

曲线的类型很多，从便于工程施工放线角度来看，设计中主要采用的曲线为圆弧曲线，即有固定半径的圆弧线。圆弧曲线和自由曲线的区别在于自由曲线的每一单位长度的变化都带来半径的变化，并且此变化无法用公式表达。由于自由曲线变化随机且复杂，不利于工程施工，因此在设计中一般采用圆弧曲线。

1）道路曲线基本类型

由圆弧曲线组成的道路曲线有四种基本类型，分别是：单曲线、复曲线、反向曲线、断背曲线。另外对于立交桥等立体交通来说还有螺旋曲线这类比较复杂的曲线形态，这里主要介绍前面四种基本曲线。

① 单曲线。

单曲线具有单一的半径，是道路设计中最常见的曲线类型。

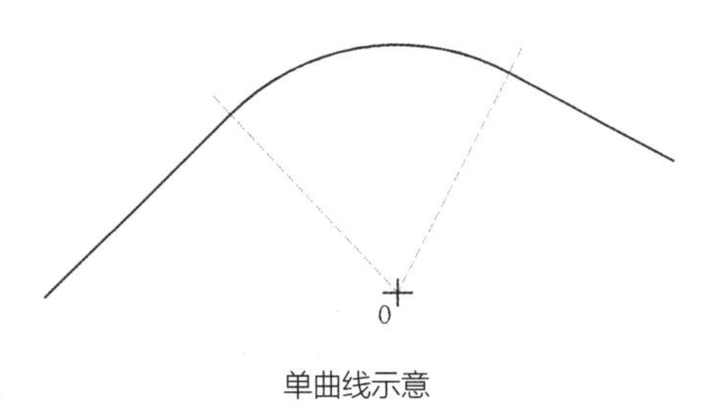

单曲线示意

② 复曲线。

复曲线为多条曲线，是指在同一方向上由两段及以上连续的、半径不同的曲线段构成的曲线。为了保持视线流畅及施工方便，组成复曲线每段曲线的半径尽量保持相差不超过 50%。

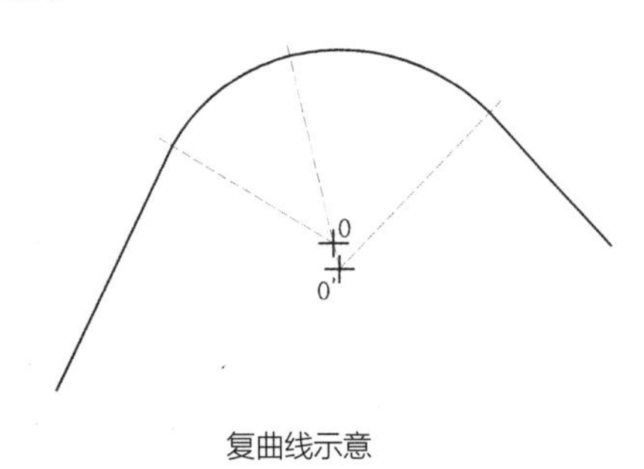

复曲线示意

③ 反向曲线。

反向曲线是指由两段方向相反的圆弧组成的曲线。考虑到车速、视线范围、转弯半径等多种因素，通常两段圆弧之间由两段圆弧端点处的切线相连。切线的长度必须在车速允许前提条件下进行考虑，车速限制越高，切线长度越长。

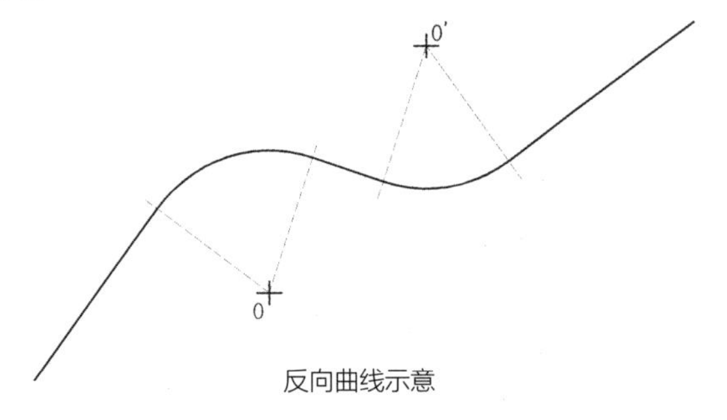

反向曲线示意

④ 断背曲线。

断背曲线是指由两段方向相同的圆弧组成的曲线，圆弧之间由切线连接。如果两段弧线之间的距离较近，连续往一个方向转弯可能会导致视线受影响，存在交通隐患，在条件允许的情况下，可以将两段圆弧曲线整合为一段单曲线，或增加两段圆弧线之间切线的长度。

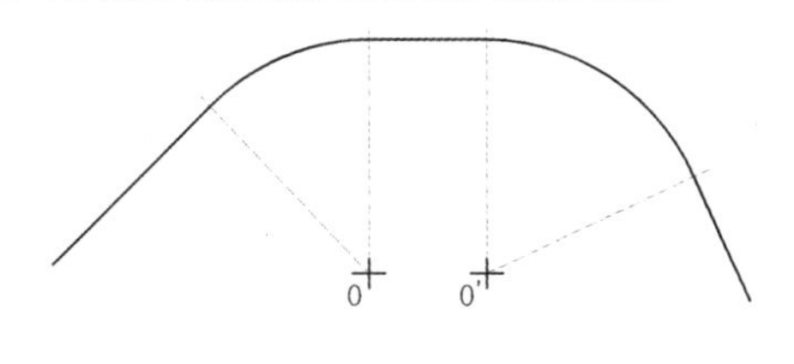

断背曲线示意

2）圆弧曲线的组成

圆弧曲线有相对应的半径和圆心，可以将圆弧曲线看作圆上某一段圆弧，因此圆弧曲线具有圆形的特征，具体如下：

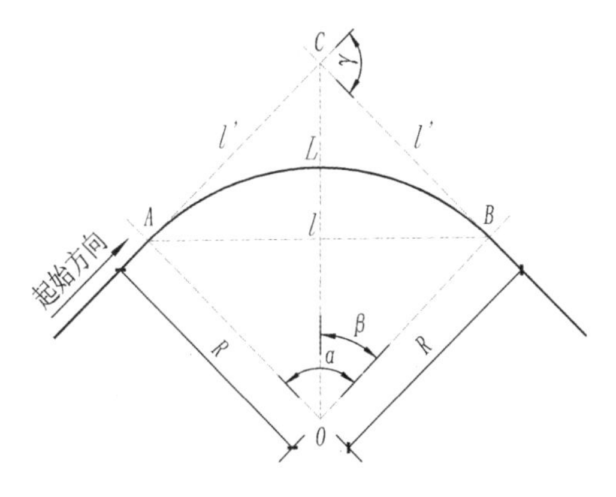

水平圆弧曲线的组成示意

① 圆弧圆心点 O：圆弧曲线所在圆的圆心。

② 半径 R：圆心点到圆弧的距离。

③ 曲线长度 L：也称为弧长，即圆弧上两点之间走过圆弧的距离。

④ 弦长 l：圆弧上两点之间的直线距离。

⑤ 曲线起点 A：沿曲线放线方向上曲线的端点。起点根据放线方向不同而不同，当上图从右向左放线时，起点为 B 点。

⑥ 切点 / 端点 B：曲线除起点、端点外的另一端点。

⑦ 交点 C：两条切线相交的点。

⑧ 切线长度 l'：指从交点 C 到起点 A 或到切点 B 之间的距离。对于单曲线来说，两者距离相等。

⑨ 圆弧角度 α：圆弧圆心点分别与起点、端点连线后形成的面向圆弧一侧的夹角。

以上组成部分在设计市政道路选线过程中起着非常重要的作用，在景观施工图设计中圆心点、半径、圆弧起点、切点、弧长这五个重要部分决定了圆弧的形状和位置。为了得到最优曲线，设计师需要深入地了解制图过程中圆弧曲线的特点。

在 CAD 软件制图中，所有的线由线和控制点组成，圆弧曲线也不例外。圆弧曲线虽然与圆形有着密不可分的关系，但是圆弧曲线和圆形在制图中有本质的不同，不同点在于圆弧曲线的位置由起点和切点决定，圆形由圆心决定。因此在圆弧曲线中更关注的应是起点、切点和弧长。

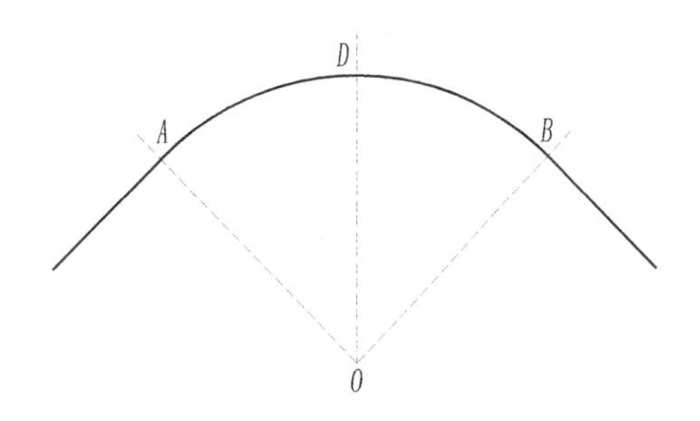

CAD 图纸中圆弧曲线的控制点示意

CAD 软件制图中圆弧曲线有三个控制点，其中两个分别是起点 A、切点 B，它们决定了圆弧曲线的位置，而中点 D 则决定了圆弧半径的大小，这一点和圆形通过半径决定圆的大小又有所不同。在制图过程中 A、B 点一定的情况下拉拽 D 点到 D' 点，就会导致圆弧大小、圆弧圆心点位置、圆弧切线的改变。

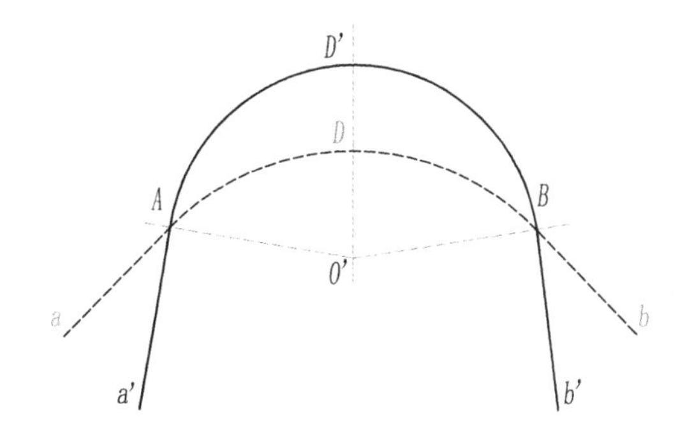

改变曲线中点 D 对圆弧线的影响示意

因此在图纸中定位一条圆弧曲线就产生了四种方式：

① 采用圆心、半径、起点、端点的表示方式。

② 采用起点、中点、端点的表示方式。

③ 采用圆心、圆弧角度、起点、半径的表示方式。

④ 采用起点、端点、弧长的表示方式。

有时为了实现准确的效果，会混合使用这几种标注方式，但是不建议全部标注出来，会导致图面混乱，影响识图。

2. 道路的定位

前面分析了道路的组成——直线与圆弧曲线，也介绍了圆弧曲线的定位方式，对于道路的定位来说就是将直线与圆弧曲线的位置确定下来，以确定道路的路由。

通过道路常见截面形式可以发现道路的中线一般较两侧高，截面呈中部隆起形状。为了减少放线的误差，在实际施工过程中一般先确定道路的中心线，再向两侧确定道路的宽度。因此，在绘制施工图时应该以道路的中心线为基准线（在此不考虑特殊情况），尺寸定位与道路竖向设计都是依据中线进行的。

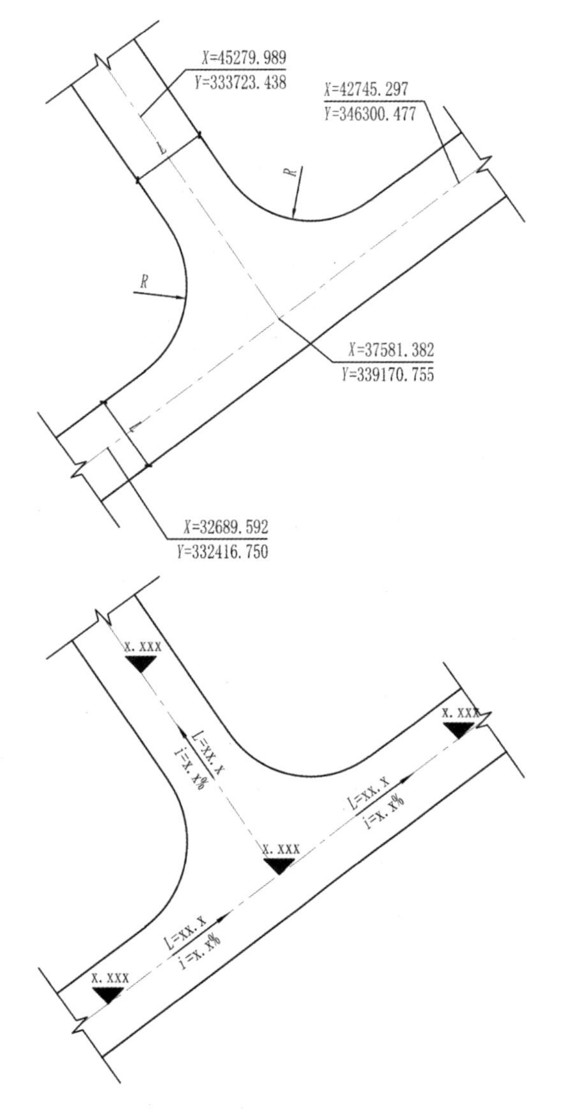

道路中心线在定位与竖向标注中的运用示意

9.2.3 道路竖向的确定

前面介绍了规范关于坡长以及纵坡、横坡的坡度的规定，如何利用这些进行道路竖向设计呢？

根据坡度计算公式 $i=\frac{h}{l}\times 100\%$ ，对于竖向设计有两种基本的方式：坡度一定和坡高一定。

1. 坡度一定

坡度一定的情况适合于城市道路、园区道路竖向设计，因为规范给定了最小坡度与最大坡度。通过选择坡度值，根据市政道路和建筑的标高，控制园内道路投影长度，从而确定坡长。

下面通过简单的图示说明园区内道路设计整体思路。

第一步：先定入户铺装标高。由于建筑先于景观施工，因此建筑首层出入口标高一定，即 *A*、*A'* 两点标高确定。为了防止雨水向建筑入口倒灌，园区道路设计过程中一般要保证 *B*、*B'* 点标高小于 *A* 和 *A'* 点标高，即 *B*、*B'* 两点低，*A* 和 *A'* 两点高。

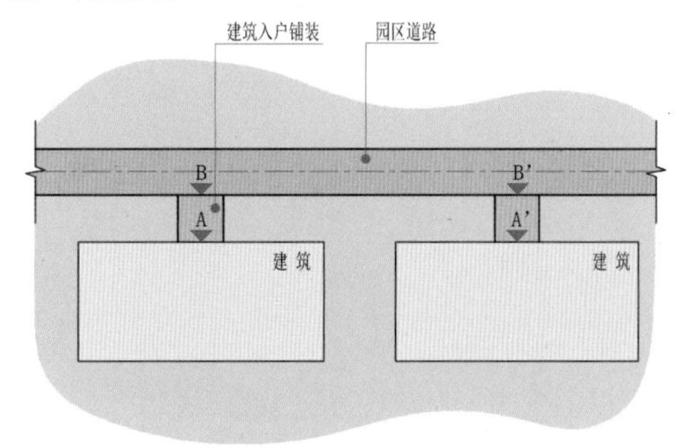

园区道路竖向设计示意一

第二步：控制入户前车行路标高。考虑到建筑入口前场地与道路相接，如果道路有坡度，入户前场地与道路相连处势必随道路坡度的变化而变化，影响铺装设计，坡度较大时还会影响使用。因此对于下图红色线框范围内道路会考虑按照场地最小坡度 0.3% 进行设计，可以避免入户铺装与道路衔接处在较短距离内出现较大坡度变化。

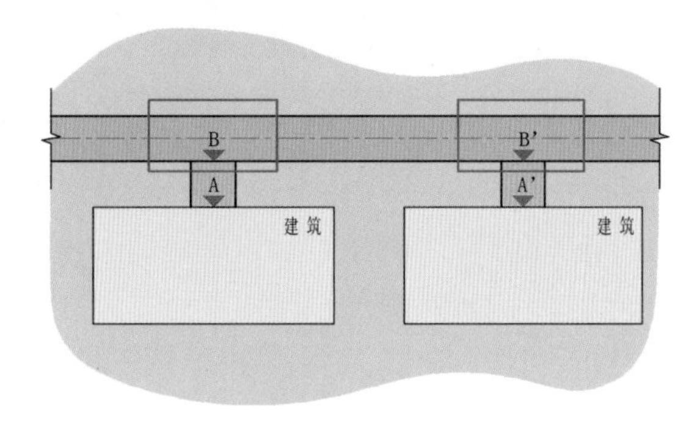

园区道路竖向设计示意二

第三步：推导车行路整体标高。那么对于园区道路来说能调整园区道路标高的区域就落在了蓝色线框表示的部分。此时，根据建筑首层竖向，以及周边已经推导出的竖向标高就可以对 C、D、E、F 点的标高进行确定。

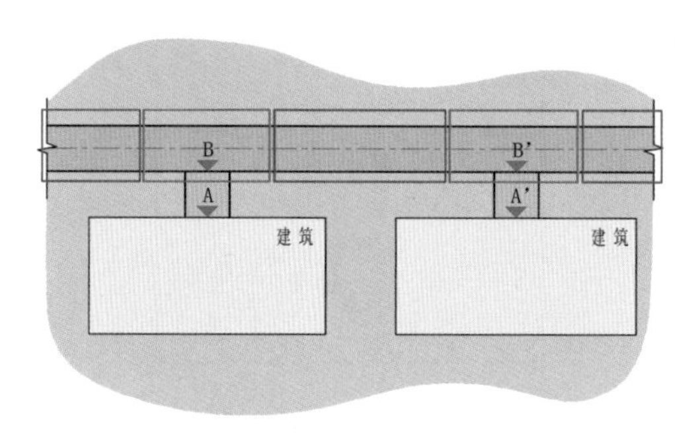

园区道路竖向设计示意三

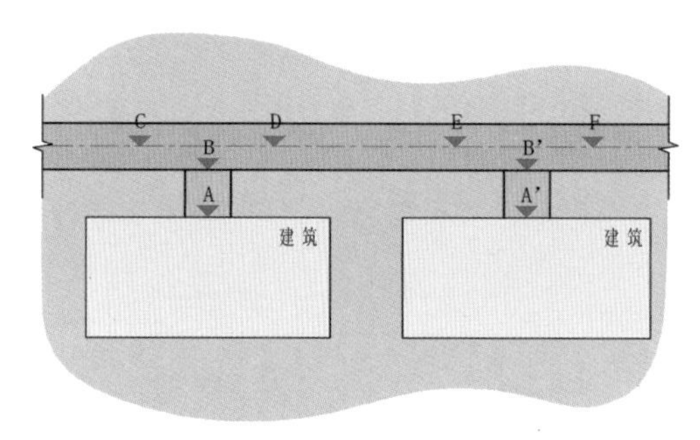

园区道路竖向设计示意四

第四步：验核竖向。由于建筑出入口标高和市政道路标高是确定的，当园区道路竖向设计出现问题时，会导致在道路闭环的某一处竖向不能顺利衔接到一起，比如在很短的距离内产生了很大的高差，不能通过放坡来解决问题，需要对园区道路的标高进行局部甚至整体修改，以满足竖向设计规范要求和使用要求。

常见的场地排水组织关系有：① 在入口处 C、D 的标高 > A 的标高 > B 的标高 > 市政道路标高；② 在园区内部则存在多种情况，比如，G、H 的标高 > E、F 的标高 > C、D 的标高 > A 的标高 > B 的标高 > 市政道路标高，或者 C、D 的标高 > A 的标高 > B 的标高，且 C、D 的标高 > E、F 的标高，G、H 的标高 > E、F 的标高，即在内部 E、F 为低点，场地纵剖成为一个折线形的排水组织关系。不管如何组织排水，其根本目的就是避免建筑周边雨水淤积滞留而对建筑结构产生侵蚀，危害建筑稳定性。

第五步：道路竖向确定以后，开始进行园区内场地竖向的设计，比如建设活动场地、休闲小广场等。对于重要场地来说，有时需要和道路竖向一同在设计之初进行考虑。

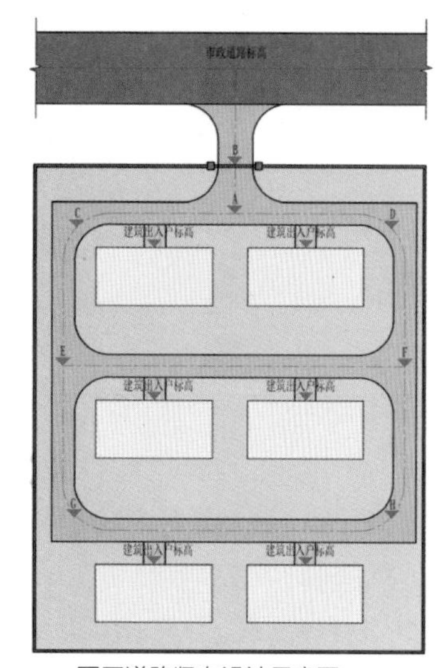

园区道路竖向设计示意五

2. 坡高一定

坡高一定的情况在山地景观设计中最常见。由于山地高差用等高线来表达，每根等高线的高程一定，意味着在坡度计算公式中坡高一定。对于山地景观来说，最复杂的一点是选择登山路径，合理的规划路径对于山地行走、山地救援、山体保护等多方面来说意义重大，那么如何在山地景观设计中进行路径的选择呢?

示例：选择一条坡度不大于 8% 的路由连接 A 点与 B 点。

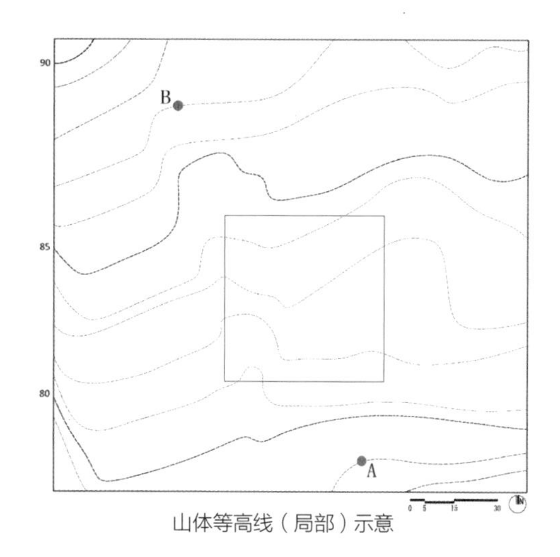

山体等高线（局部）示意

分析：从等高线的数值可以看出相邻等高线的高差为 1 m，即坡高 h 为 1 m。当坡度最大为 8% 时，根据坡度计算公式 $i=h/l$ 可知 $l=h/i$，即 l=12.5 m。

我们从上图 A、B 两点间选择一个局部放大进行分析（上图虚线框所示）。假设已经选出了 C 点，现在要选择下一个点 D。

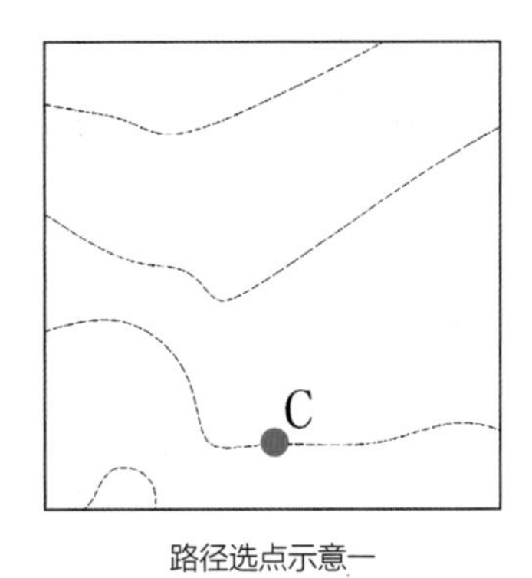

路径选点示意一

从前面的计算已知，当两根等高线上两点间的距离大于 12.5 m 时，两点间的坡度肯定小于 8%。因此以 *C* 点为圆心，12.5 m 为半径画圆。这时会出现三种情况——相交、相切、不相交。

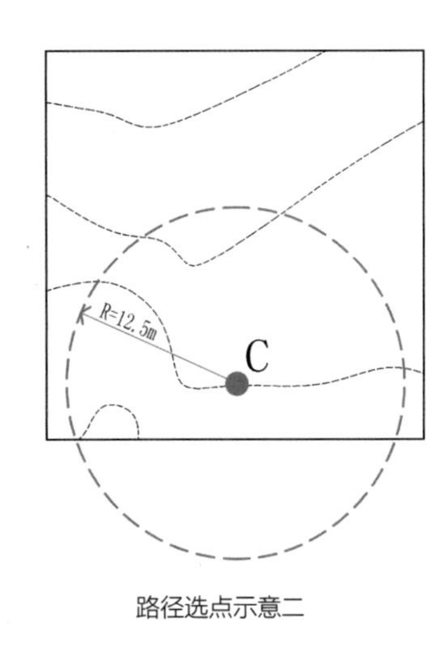

路径选点示意二

1）相交

当出现相交的情况时，说明 *C* 点与 1、2 点中任意一点的连线坡度都为 8%，也就是说只要不在 1、2 点之间的点，其他点都满足坡度要求。

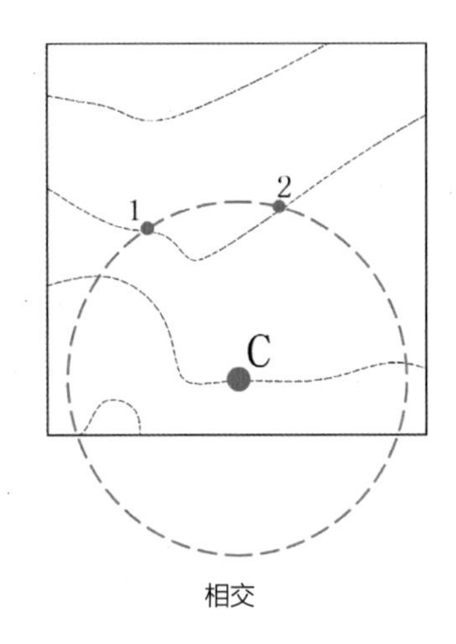

相交

2）相切

当出现相切的情况时，说明 *C* 点与 1 点的连线坡度为 8%，即该等高线上所有的点都满足坡度要求。

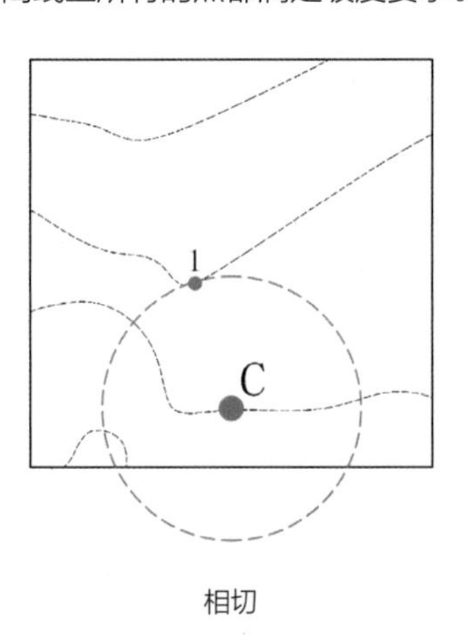

相切

3）不相交

不相交说明 *C* 点和下一根等高线上任意一点的连线距离都大于 12.5 m，即该等高线上所有点都满足坡度小于 8%。

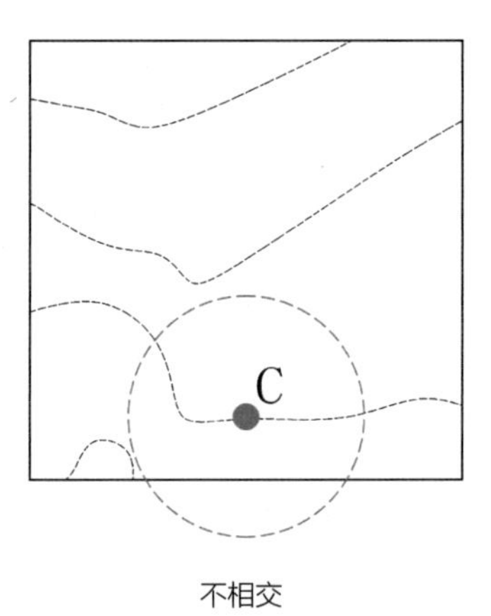

不相交

这时应如何决定呢？由于选线是连续的过程，因此首先以 8% 的坡度为基准，初步选择一条路由（下图只是展示了选择的步骤，而非两条等高线之间的水平距离都小于 12.5 m）。

为了便于看清选线的过程，在下图中一直以左侧交点（绿点）为选择点，可以发现到一定的位置以后红线无法从 *A* 点到 *B* 点。因此必须对选点进行调整，尤其是遇到不相交的情况，看似每个点都满足坡度要求，但是从整体选线来看，一定有相对更好的选点。

再对上述选线进行调整。为了表示选择的点位和路由，左右两侧的焦点分别用绿色、蓝色表示。以某一个颜色的点为圆心时，圆圈和路径就是相应的颜色。可以看出最后

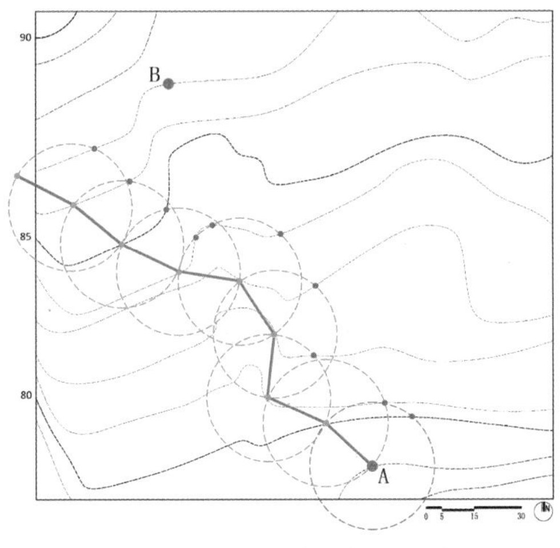

第一次选点示意

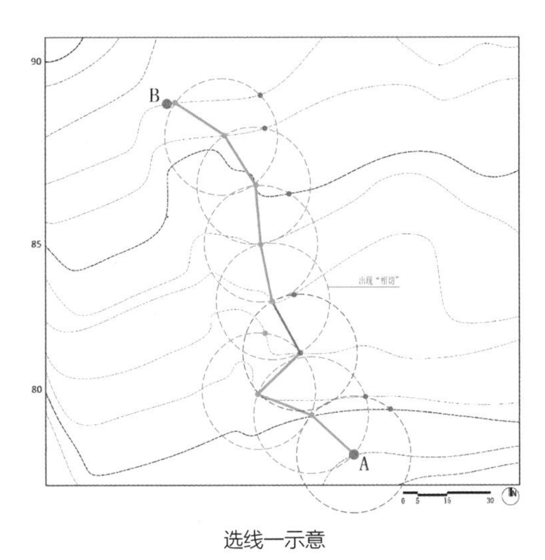

选线一示意

选线二示意

能到达 B 点的选线通常是一条综合了两个颜色的选线。山路路径的选择并不唯一，但不论如何，通过科学的计算方法选择路径可以方便施工，同时也可避免对山体植被造成不可挽回的破坏。

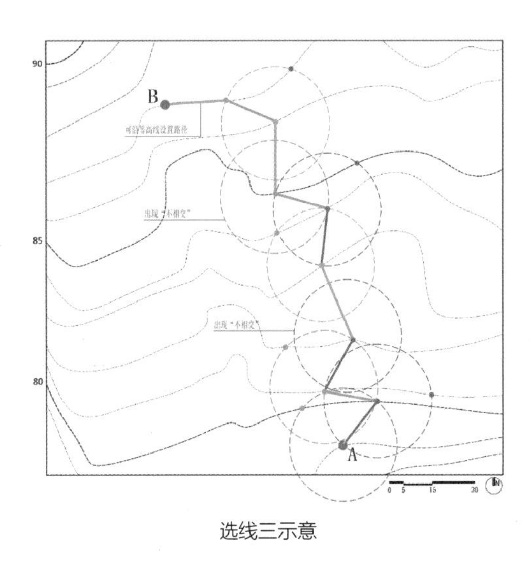

选线三示意

9.2.4 道路与等高线

根据前述山体道路选线示例，当我们选择出路口以后，会发现道路中心线与等高线的交点 c 与同一标高上道路边缘的两点 1 和 2 之间的距离不同。

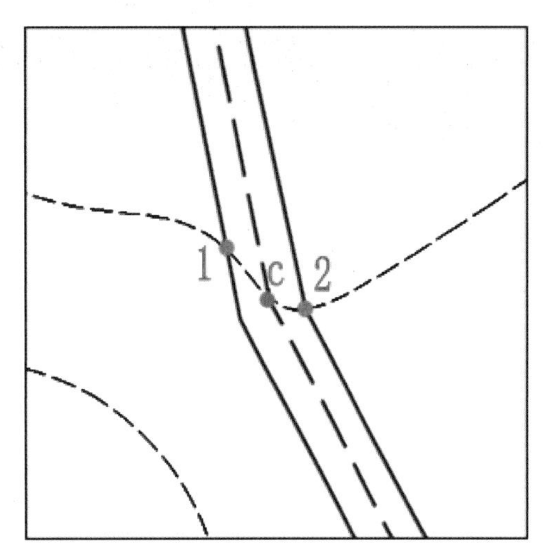

同一等高线上道路中心线与道路边缘的关系

此时就出现一个问题：当道路排水为双坡双向排水时，中心线到同一标高下的道路两侧边缘不仅角度不同，长度也不同，也就是说在同一标高的道路横剖面上将出现复杂的变坡情况或者局部道路宽度和坡度同时改变的情况。如果道路为单面排坡，也会出现横截面上排坡不能有效控制。为了避免这类情况发生，需要对等高线进行局部调整，以尽量保证道路在连续的横剖面上形成流畅的坡度关系，避免形式不合理的路面坡度关系。

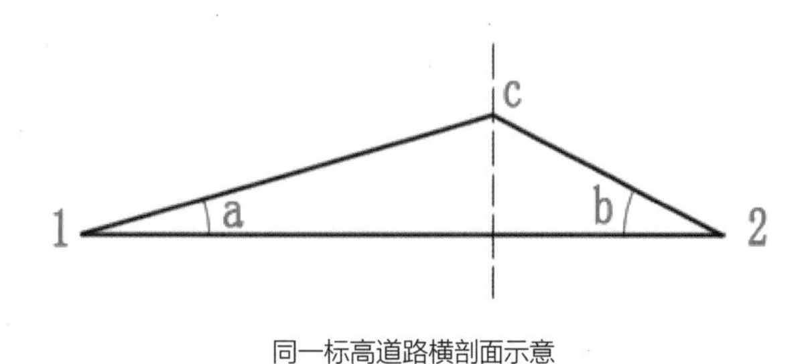

同一标高道路横剖面示意

1. 常见道路横截面排坡形式

前面我们提到了场地排水坡度的几种情况，对于道路来说，除了纵坡排水以外，横向坡度排水是道路最快地将路面积水排至边沟或周边绿地的一种方式。常见的道路横截面形式主要有以下三种：单坡、双坡、拱形坡。

道路横断面形式：单坡（左）、双坡（中）、拱形坡（右）

2. 道路等高线绘制

1）单坡道路

示例 1：已知道路宽度为 5 m，道路纵坡为 5%，横坡为 3%，道路边缘 *A* 点标高为 50.00，*A* 点到 *B* 点的距离为 9 m。求 *B* 点标高及道路等高线。

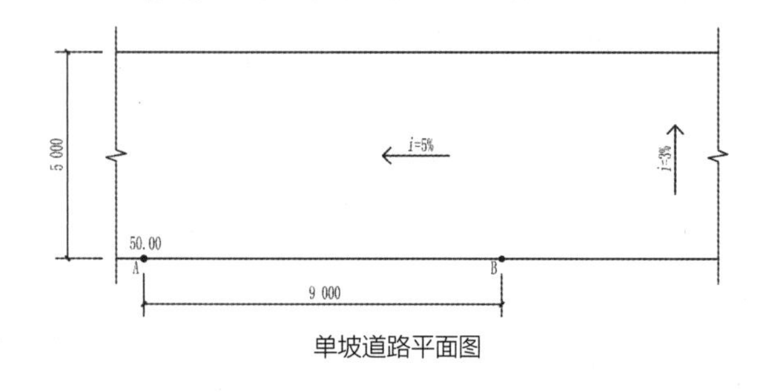

单坡道路平面图

解：已知 *A* 点标高为 50.00，道路横坡 3%，根据坡度公式 *i*=*h*/*l* 可以得到 *C* 点标高为 49.85。再根据道路纵坡求得与 *C* 点同侧边线上标高为 50.00 的点 *D*。将 *A* 点与 *D* 点连接在一起，即得到标高为 50.00 的等高线。同理算出其他标高点，并将同标高的点连接起来。最后可得 *B* 点处标高为 50.45，等高线求解如下图所示。

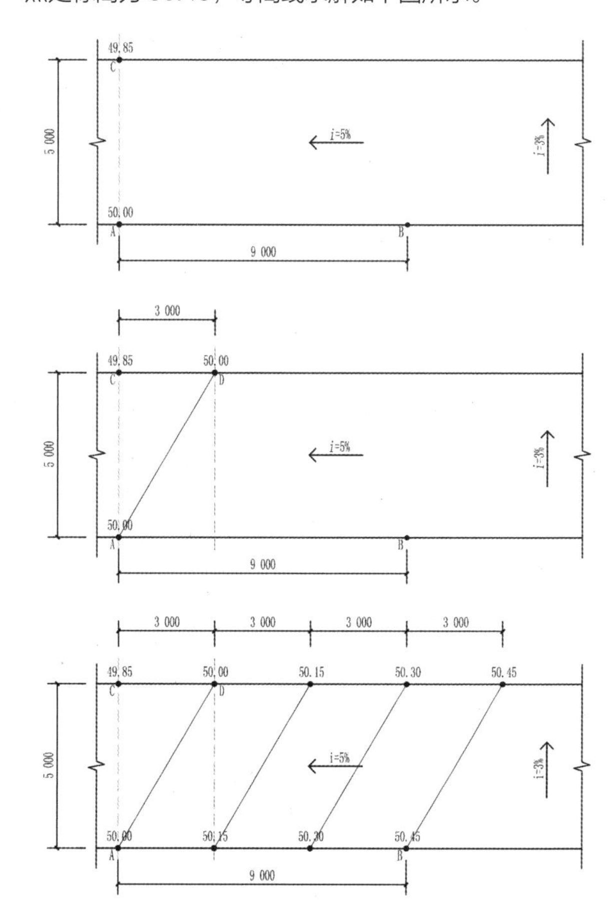

单坡道路等高线求解过程示意

2）双坡道路

示例 2：已知道路宽度为 10 m，道路纵坡为 5%，横坡为 3%，道路边缘 *A* 点标高为 50.00，*A* 点到 *B* 点的距离为 9 m。求 *B* 点标高及道路等高线。

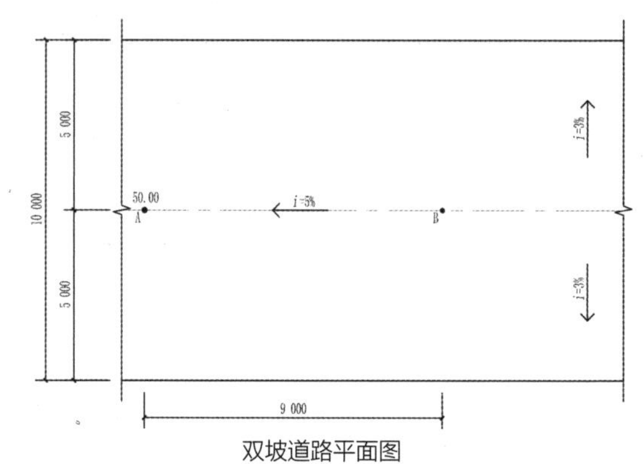

双坡道路平面图

因双坡道路等高线求解与单坡原理相同，此处不再赘述。

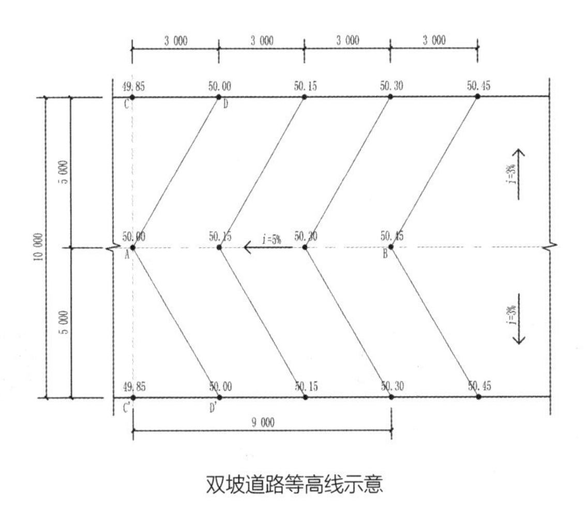

双坡道路等高线示意

3）含边沟与平缘石的单坡道路

单坡道路和双坡道路图示分析了道路等高线计算原理与绘制过程，在实际工程中道路常含有路缘石，在城际公路、山路等道路两侧还常有边沟。

示例 3：已知道路宽度为 5 m，两侧平缘石宽 0.2 m，道路纵坡为 5%，横坡为 3%，道路边缘 *A* 点标高为 50.00，*A* 点到 *B* 点的距离为 9 m，路肩宽度 1m，坡度 5%，边沟一侧沟壁宽度 1 m，坡度 50%，另一侧沟壁宽度 2 m，坡度 30%。求 *B* 点标高及道路等高线。

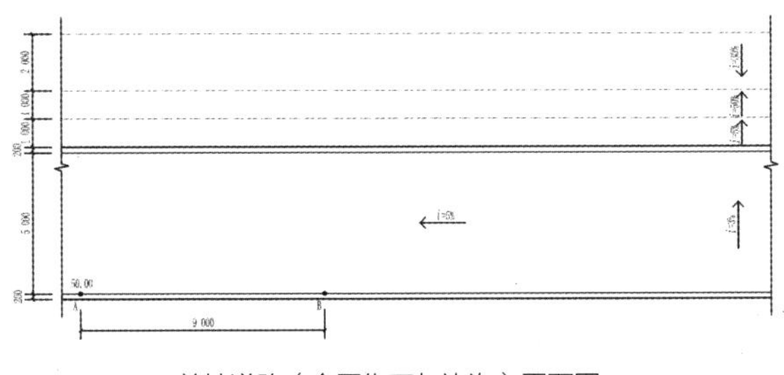

单坡道路（含平缘石与边沟）平面图

解：根据单坡计算过程，可以得到 *D* 点标高为 50.00，由于存在平缘石，因此，*E* 点标高也为 50.00。根据道路路肩宽度 1 m，坡度 5%，道路纵坡为 5%，可以求出 F 点标高为 49.95，如下图（a）所示。

又因为边沟一侧沟壁宽度为 1 m，坡度为 50%，可以求出 *H* 点标高为 49.50。根据道路纵坡为 5%，可以求出 *I* 点标高为 50.00。同理另一侧沟壁宽度为 2 m，坡度为 30%，可以求出 *J* 点标高为 50.60。道路纵坡为 5%，可以求出 *K* 点标高为 50.00。将标高同为 50.00 的点连接起来就形成了标高为 50.00 的等高线。同理可以求出 B 点标高为 50.45，等高线如下图（d）所示。

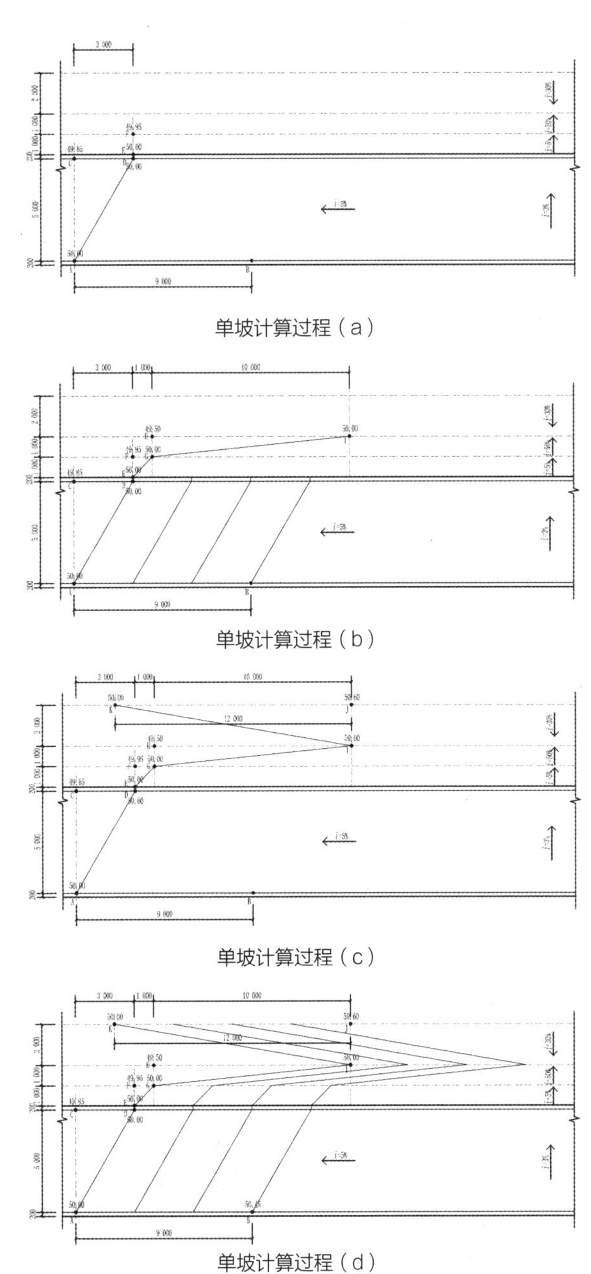

单坡计算过程（a）

单坡计算过程（b）

单坡计算过程（c）

单坡计算过程（d）

单坡道路（含平缘石与边沟）等高线求解过程示意

4）含边沟与平缘石的双坡道路

示例 4：已知道路宽度为 10 m，两侧平缘石宽 0.2 m，道路纵坡为 5%，横坡为 3%，道路边缘 *A* 点标高为 50.00，*A* 点到 *B* 点的距离为 9 m，路肩宽度 1 m，坡度 5%，边沟一侧沟壁宽度 1 m，坡度 50%，另一侧沟壁宽度 2 m，坡度 30%。求 *B* 点标高及道路等高线。

根据前述含路缘石及边沟单坡道路等高线计算过程与计算原理，可以得出 B 点标高以及等高线，如下图所示。

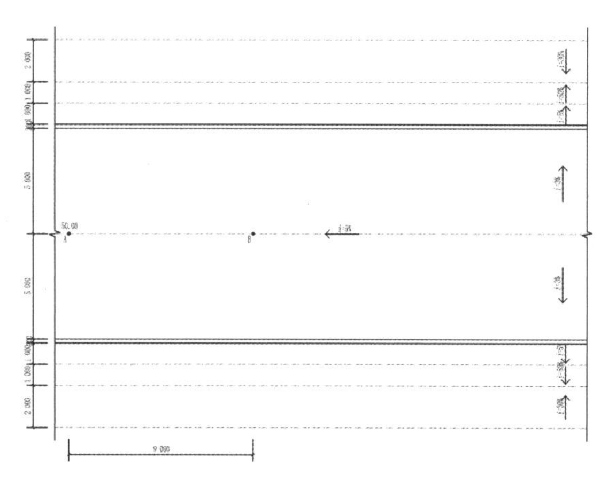

双坡道路（含平路缘石与边沟）平面图

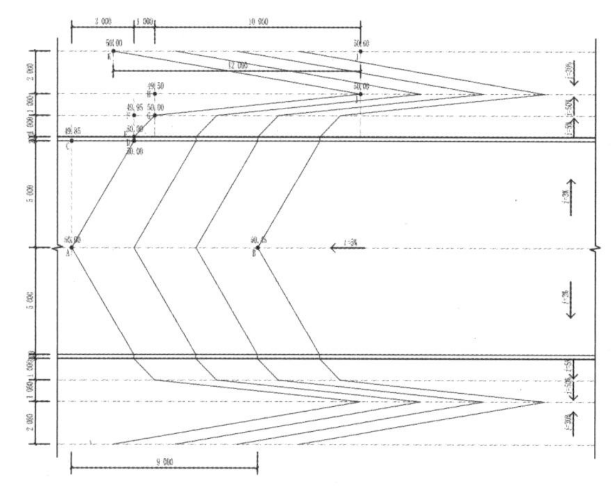

双坡道路（含平缘石与边沟）等高线示意

单坡道路（含平缘石与边沟）横截面示意　　双坡道路（含平缘石与边沟）横截面示意

9.2.5 场地与等高线

1. 自然堆坡与护坡

等高线改造是对自然山体的改造，包含对原有山体的挖方和填方。当对山体进行填方时，所填材料在未加任何防护手段而保持稳定时，此时所形成的斜面与水平面的夹角就叫安息角。安息角代表材料在斜面上处于下滑临界状态，也就是说再多一点点，材料就会发生滑坡。

安息角示意

安息角与材料的材质、密度、颗粒形状、颗粒大小、材料摩擦系数、外部环境等多种因素有关，因此不同的材料安息角不同。比如堆积密度为 1.4 ~ 1.65 t/m^3 的干细沙安息角为 30° ~ 45°，堆积密度为 1.7 t/m^3 的湿黏土安息角为 27° ~ 45°。同一种材料在不同的堆积环境下，安息角也会发生变化，从常见材料的安息角度范围来看，最大安息角一般为 50° 左右，也就是说根据坡度公式，h/l 约为 1。

当实际状况要在相对短的投影长度内达到要求的高度时，即堆坡角度过大，就需要采取额外的手段。这时常用的就是护坡与挡墙，护坡是对坡体的保护，挡墙可以在强化坡脚的同时减小堆坡角度。护坡和挡墙也可以同时使用。

毛石挡土墙

2. 台地等高线绘制示例

在山地中有一场地，长为 18 m，宽为 14 m。已知建筑西北侧和西南侧交点标高为 442.00，场地整体坡度为 3%，如何改造现有地形使之满足要求？

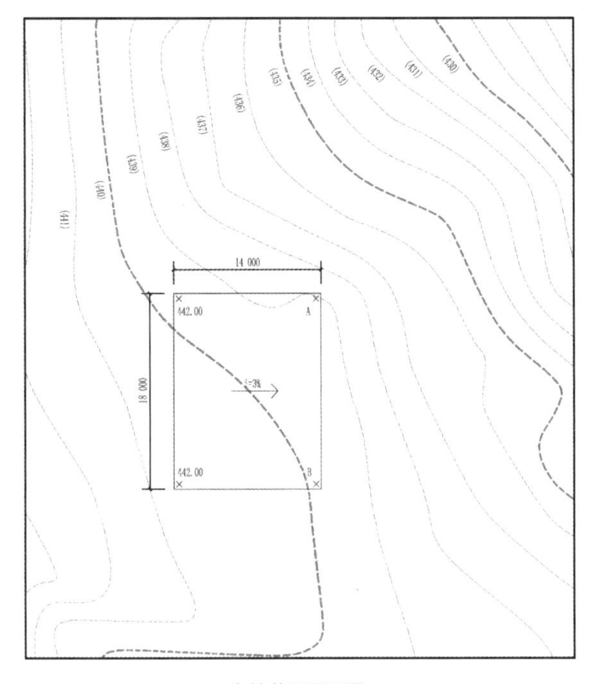

台地范围平面图

解：场地宽 14 m，根据 3% 的排坡要求，求出 A、B 两点的标高为 441.58。

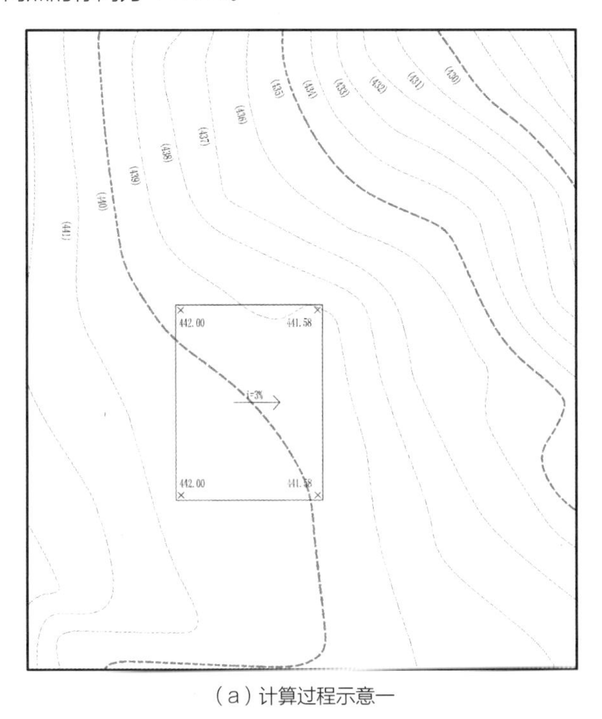

（a）计算过程示意一

根据前面所述安息角和护坡问题，考虑变坡稳定，先以坡度 1 ：3 的堆坡角度对山体进行填方设计。

边坡坡度为 1 ：3，即水平投影距离每 3 m 对应高程 1 m。当堆坡比例为 1 ：3 时，标高为 442.00 一侧平台边缘与 441.00 这根等高线水平投影距离为 3 m，而标高为 441.58 一侧平台边缘与 441.00 这根等高线距离为：$x/3=0.58/1$，所以 x=1.74 m=1 740 mm。沿场地四角画辅助线，并在辅助线上按对应投影距离代表高程的变化绘制参考点，将同标高对应的参考点用直线连接起来，如图（b）（c）所示。

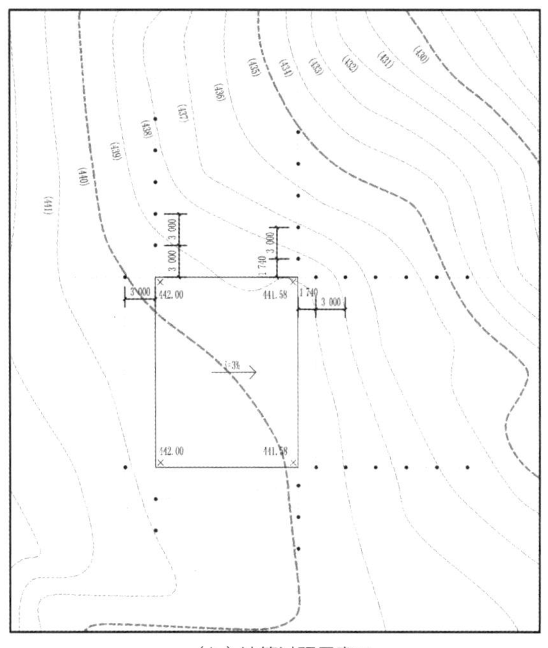

（b）计算过程示意二

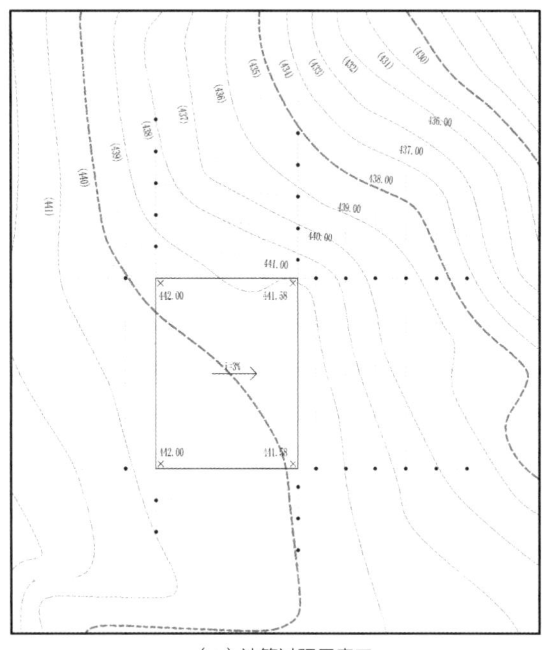

（c）计算过程示意三

此时发现一个问题，当改造的地形与相对应的等高线连接时，436.00 这根堆坡线的东北交点已经接近 430.00 这根现状等高线了，这说明最初选择 1 ：3 的堆坡角度对于现状地形来说过于平缓了，将产生较大的填方土方量，因此，必须调整堆坡角度。

首先对现状地形进行观察，可以看出场地处于地形中一块较为平缓的用地，但是周边的地形坡度大多在 1 ：2.5~1 ：2 之间，为了使填方等高线能尽快过渡到现有地形坡度中，改用坡度比为 1 ：1 的变坡角度，重复上述计算过程，可以得到如图（d）所示等高线。

当采用边坡率 1 ：1 可以使填方尽快融入现状等高线时，堆坡角度为 45°，不论山体为何种地质条件，此时的安息角已接近甚至超出了临界值，为了避免变坡滑坡，需要考虑对变坡进行支护或者砌筑挡土墙。

在场地与等高线图中，当进行到图（d）所示步骤时，对于等高线绘制来说，如果按照该结果进行建设，在填方过程中人工填土与自然坡度之间需要更平缓的过渡，同时，人工填土在转折处棱角过于分明会更容易使土体遭到侵蚀，因此需要在变坡的顶端和底端增加平缓的过渡空间。另外改造等高线一般用实线表示，自然等高线一般用虚线表示。

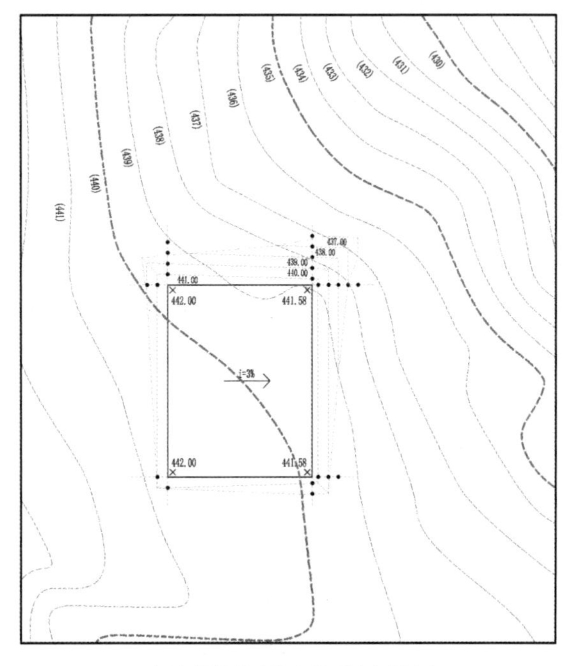

（d）调整坡度比率以后等高线示意

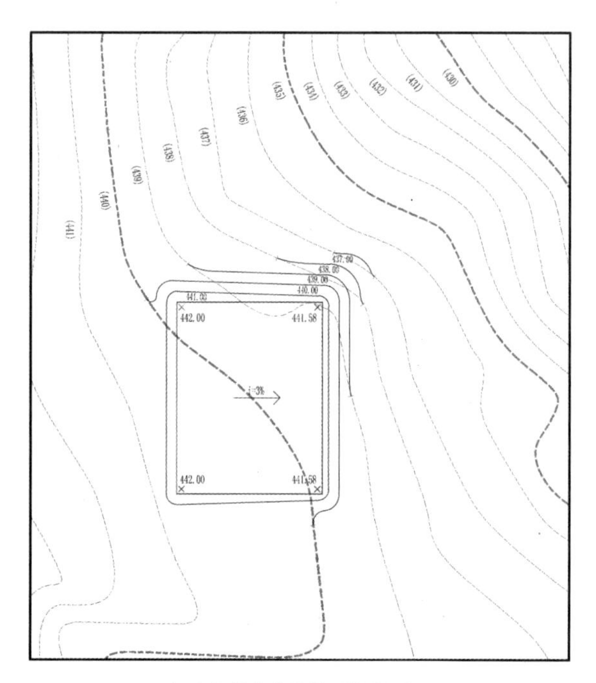

（e）调整等高线线形使之圆滑

可以发现堆坡线为 437.00 时，等高线东北角点与 436.00 等高线已经不相交了，说明此时最低一根 437.00 填方等高线已经融入了现状地形。

下图对前后两次边坡率截面进行了对比，当现状地形比较缓和时，可以采用较小边坡率；当现状山体坡度较大，不允许坡体投影距离过长时，则需要采用较大边坡率。

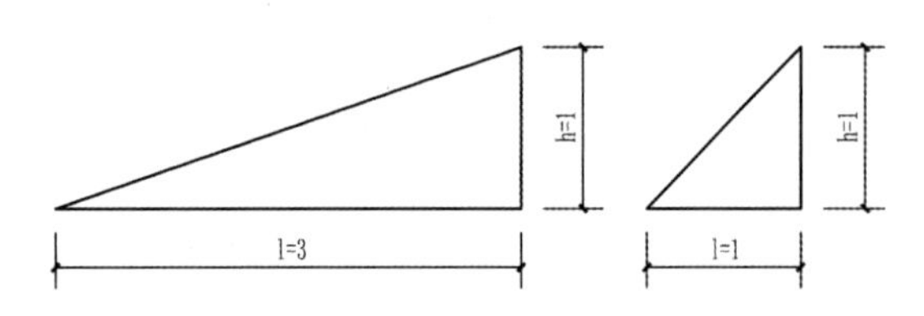

边坡率 1 ：3 与 1 ：1 截面对比示意

如果将道路等高线与台地等高线的画法相结合，就形成了景观施工图竖向设计图纸的表达方式。需要说明的是，在景观设计专业实际图纸中很少看到严格按照排坡方式，平、立道牙等来表达道路等高线的方式。当等高线需要穿过道路时通常采用等高线与道路中心线垂直的方式来表示，可能是出于节约制图成本的考虑，毕竟道路的断面做法有专门的详图进行表达，不需要通过过于繁复的等高线来表示，但是等高线的绘制原理是每一个景观设计师应该掌握的基础知识。

9.3 楼梯

9.3.1 楼梯竖向设计规范

《城乡建设用地竖向规划规范》（CJJ 83—2016）中关于楼梯、踏步设计有以下规定。

① 人行梯道按其功能和规模可分为三级：

一级梯道为交通枢纽地段的梯道和城镇景观性梯道；

二级梯道为连接小区间步行交通的梯道；

三级梯道为连接组团间步行交通或入户的梯道。

② 梯道宜设置休息平台，每个梯段踏步不应超过 18 阶，踏步最大步高宜为 0.15 m；二、三级梯道连续升高超过 5.0 m 时，除设置休息平台外，还宜设置转向平台，且转向平台的深度不应小于梯道宽度。

③各级梯道的规划指标宜符合下表规定。

各级梯道的规划指标

梯道等级	宽度 /m	坡度 /%	休息平台深度 /m
一级	≥ 10.0	≤ 25	≥ 2.0
二级	≥ 4.0，＜ 10.0	≤ 30	≥ 1.5
三级	≥ 2.0，＜ 4.0	≤ 35	≥ 1.5

9.3.2 台坡结合常见问题

1. 设计规范问题

假设某踏步有七阶，每阶踏面宽度 400 mm，每阶高度 150 mm，因此七阶的高度一共是 1.05 m，从下图中可以看出坡长为 2.8 m，得出坡道的坡度为：i=1.05/2.8=0.375，也就是说踏步两侧的坡度为 37.5%，这显然不符合相关规范中对于坡道坡度的规定。

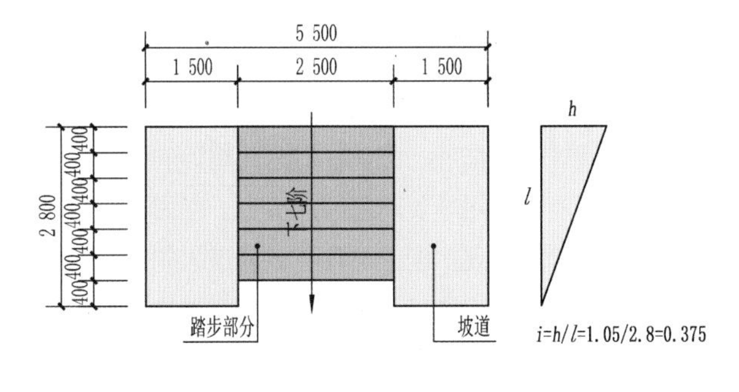

踏步坡度计算示意

2. 做法问题

示例：下图分别表示两个踏步的平面图。两个踏步皆由踏步部分与坡道两部分组成，踏步部分均为七阶，踏面宽度 400 mm，每阶高度 150 mm。比较哪一种设计方式更合理。

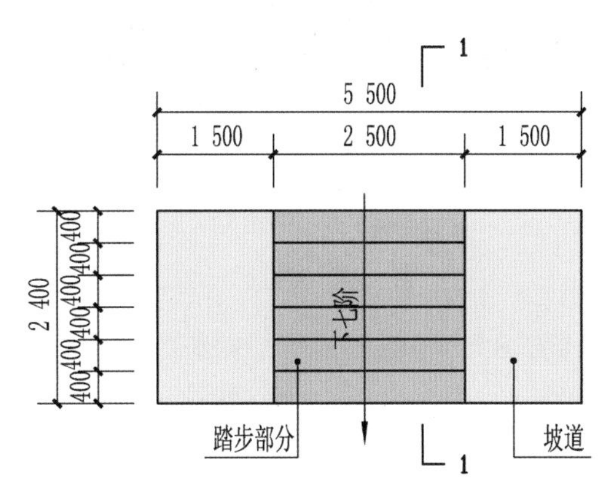

踏步一平面图

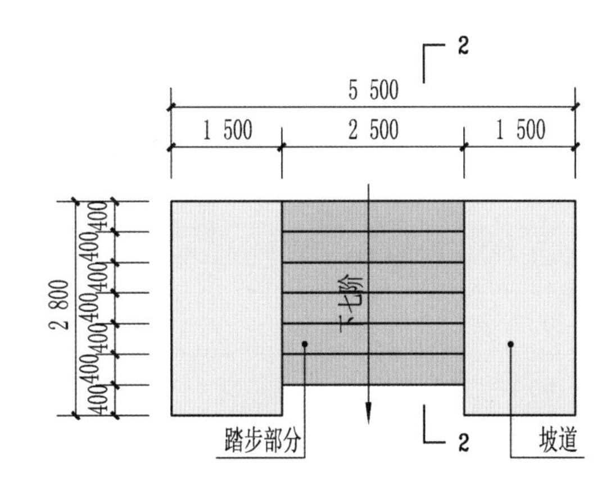

踏步二平面图

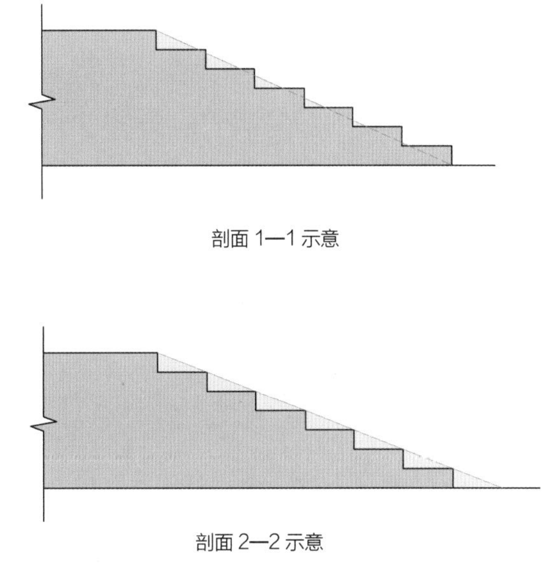

剖面 1—1 示意

剖面 2—2 示意

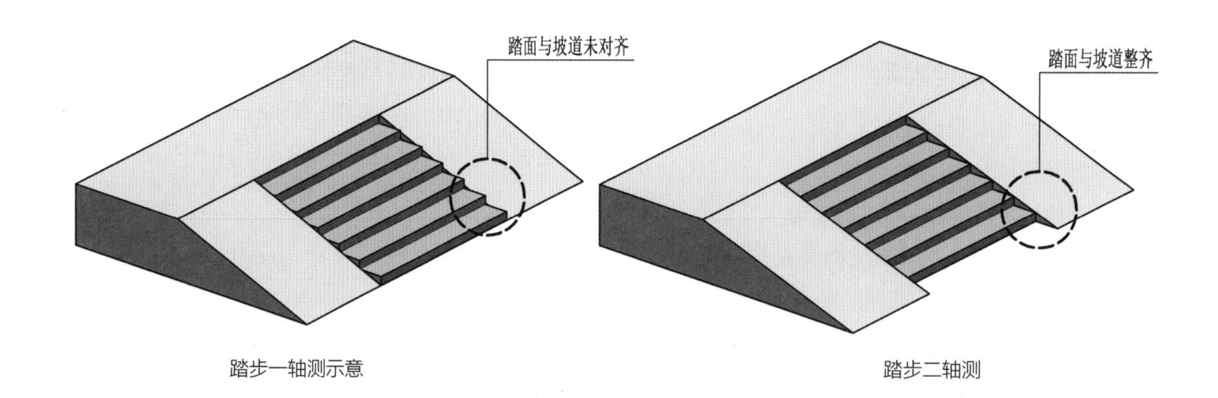

踏步一轴测示意　　踏步二轴测

从踏步部分与坡道的关系来看，踏步二比踏步一更合理。那为什么有时候会画出踏步一这种平面的形式呢？主要是因为完整的外轮廓使得踏步与周边场地的铺装更好搭接。因此，在设计时稍不留心就会画出踏步一的形式。需要注意的是尽管踏步二在做法上成立，但是在规范上仍然存在问题。此外，底部缺口在铺装设计中也应该予以考虑。

根据《无障碍设计规范》（GB 50763—2012），轮椅坡道的最大高度和水平长度应符合下表要求。

轮椅坡道的最大高度和水平长度

坡度	最大高度 /m	水平长度 /m
1 ∶ 20	1.20	24.00
1 ∶ 16	0.90	14.40
1 ∶ 12	0.75	9.00
1 ∶ 10	0.60	6.00
1 ∶ 8	0.30	2.40

注：其他坡度可以按插入法计算。

也就是说前述七步台阶按照规范计算坡长至少为 19.2 m，如下图所示。

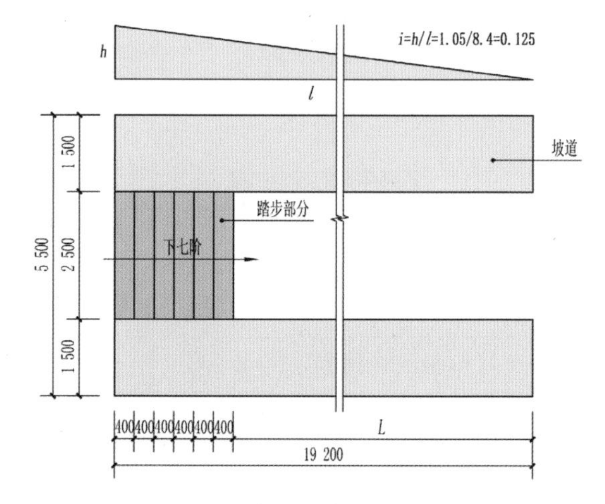

无栏杆时无障碍坡长与坡度示意

同时《无障碍设计规范》（GB 50763—2012）也规定“轮椅坡道的高度超过 300 mm 且坡度大于 1 ∶ 20 时，应在两侧设置扶手，坡道与休息平台的扶手应保持连贯。”不加扶手可能导致坡长过长，增加扶手可以减少坡长，但是需要考虑扶手的样式，甚至整个踏步的样式。这无疑为设计带来了难度。

有时即使增加了栏杆，也同样存在坡长过长的问题。为了解决坡道与踏步长度之间的问题，延伸出很多坡台结合的方式，但即便如此，现实中仍然存在很多不符合无障碍坡道坡度要求的情况。因此，在深化设计的过程中涉及如何协调规范、实用与美观之间的关系。比如下图样式二和样式三，尽管美观，但仍然存在坡度过大的问题，是否可以牺牲更多的面积去延长坡长，同时又考虑景观效果，是设计师应该去思考的核心问题。

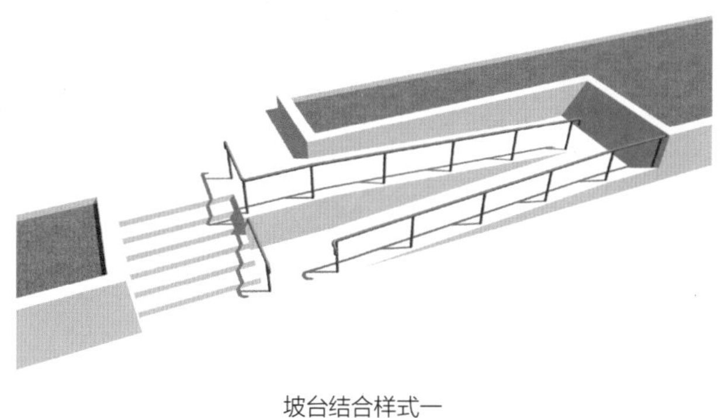

坡台结合样式一

坡台结合样式二

坡台结合样式三

9.3.3 踏步角度与排坡

确定踏步坡度，应考虑到行走舒适、攀登效率和空间状态因素。一般来说，室外场地坡度大于 1 ∶ 8 或 1 ∶ 10 时就应该设置踏步，但是否必须达到这个坡度才可设置踏步，需要根据实际情况来判断。以高度 h=500 mm、长度 l=4000 mm、坡度 1 ∶ 8 为例，若设计为坡道为人行走时有俯冲或攀爬之感，但是若设计为踏步，人行走时则会感觉比较轻松。

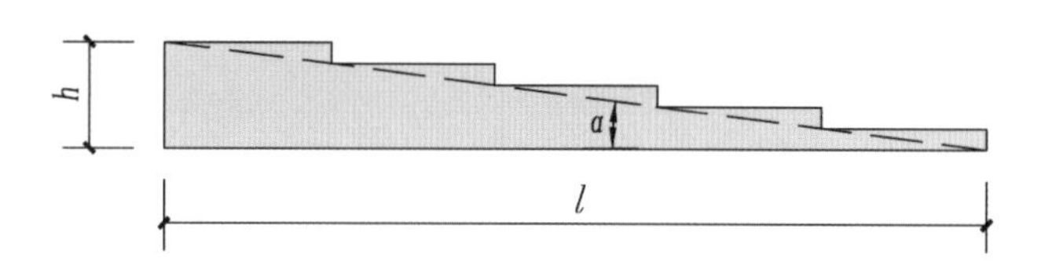

坡度 1 ∶ 8 时的踏步剖面图

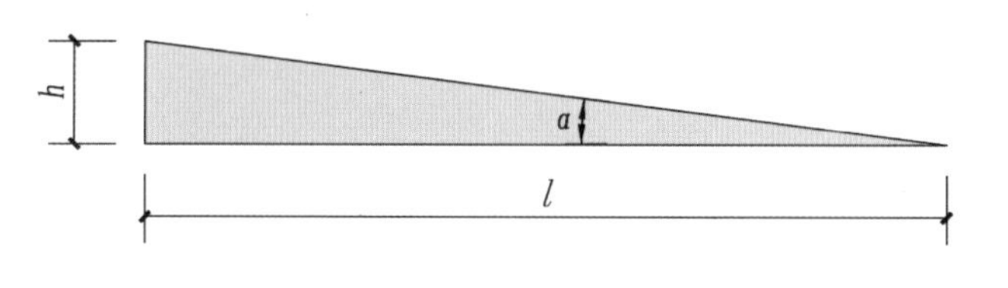

坡度 1 ∶ 8 时的坡道剖面图

除了前面提到的踏步与坡道组合时要考虑坡度以外，踏步本身的排坡也需要做适当的考虑，尤其是当踏步的面宽较大，且台阶数较多时，比如山地公园园路中的踏步、台阶等。

倘若在踏步中考虑排坡的话，会影响踏步两侧收边的立面做法。

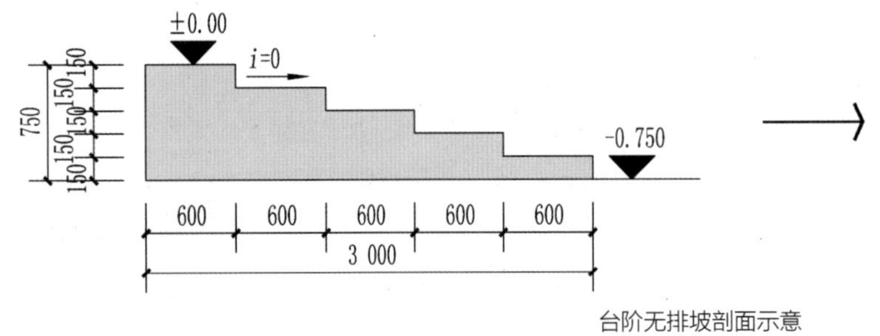

当踏步的每一节台阶本身没有排坡的时候，踏步第一阶标高与最后一阶的标高之差等于每阶踏步的高度之和。

台阶无排坡剖面示意

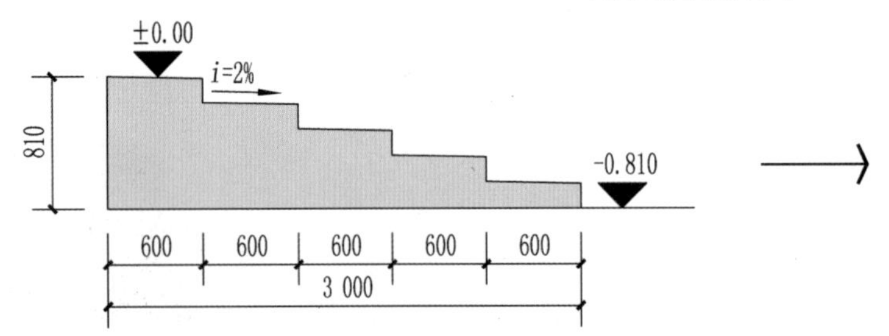

为了比较明显地看出台阶排坡对竖向的影响，现假设每一阶台阶有 2% 的排坡。此时，踏步第一阶标高与最后一阶的标高之差等于每阶踏步的高度加上每阶台阶排坡的高差之和。

台阶有排坡剖面图

对比上图踏步无排坡与有排坡两种情况，可以发现当每一阶踏步设置了排坡以后，对于一些构筑物立面铺装比较规则的情况而言，台阶的排坡造成了构筑物立面材料局部贴面切割问题，影响构筑物立面效果，也为工程造成难度。因此，如果踏步设置了排坡，需要根据情况调整构筑物立面贴面方式。

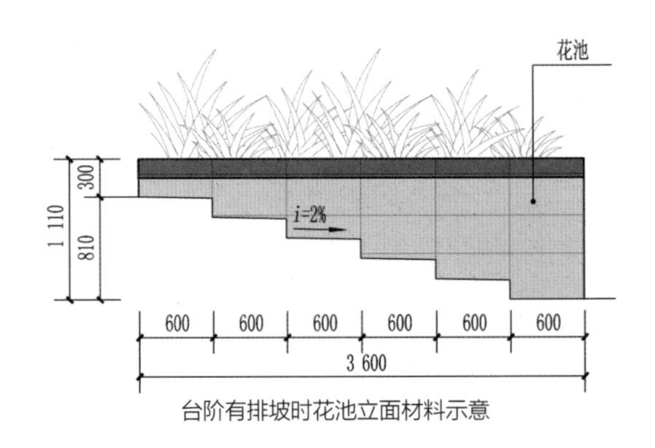

台阶有排坡时花池立面材料示意

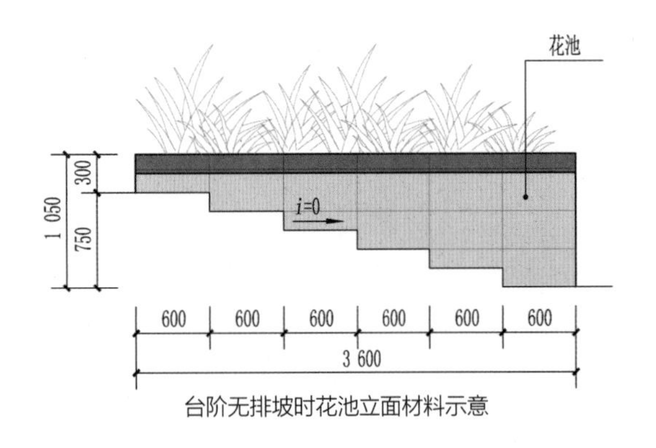

台阶无排坡时花池立面材料示意

当踏步设置排坡的时候，为了使与踏步相邻处花池不产生细碎切砖，花池壁可以采取混凝土现浇，或者石材沿垂直向铺设的方式，以免如前图所示踏步踏面与树池贴面横向拼接缝之间形成夹角。

此外，还可以通过不规则的材料来设计花池壁，或者通过踏步本身的设计来解决排坡和排水的问题。

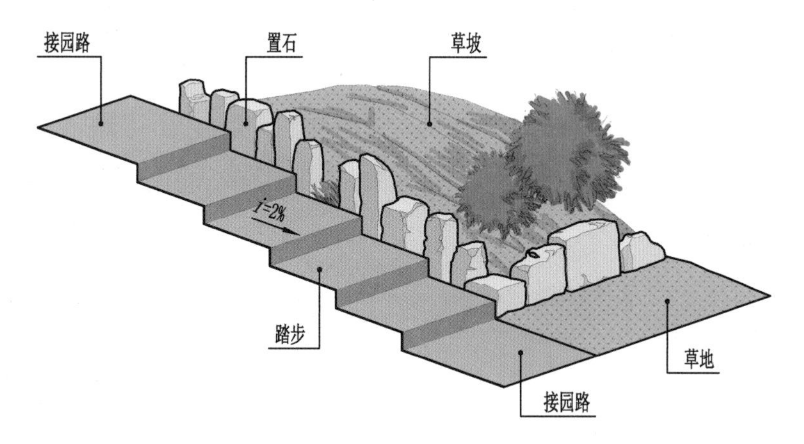

踏步与树池衔接做法一剖切轴测示意

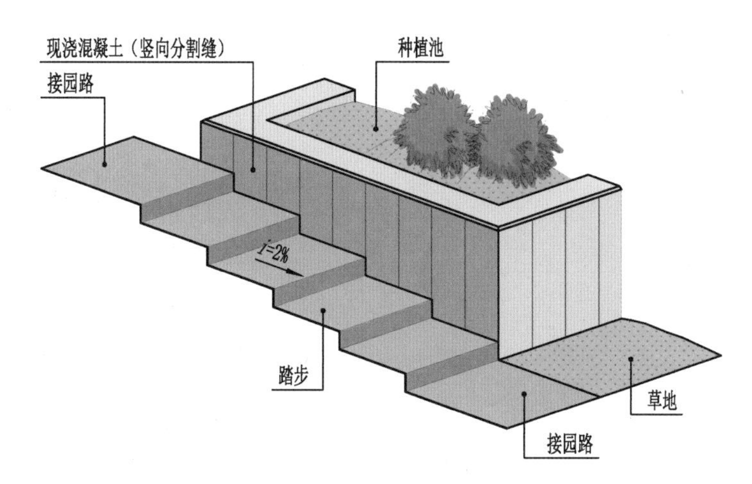

踏步与树池衔接做法二剖切轴测示意

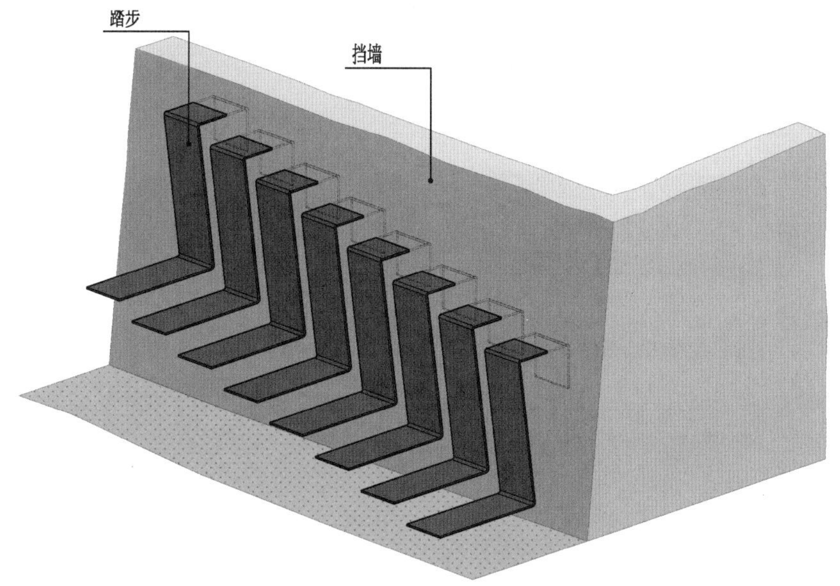

踏步与挡墙衔接做法剖切轴测示意

9.3.4 踏步拉槽、出檐与厚度

为了实现踏面防滑、踢面防滴水，设计师经常在踏面设置拉槽或者使踏面出檐。但是在实际工程中，踏步拉槽、出檐与厚度之间的关系不合理往往会导致踏面沿拉槽处、踏步出檐处，以及面材与面材衔接处等薄弱位置出现应力集中，发生踏步踏面破损。

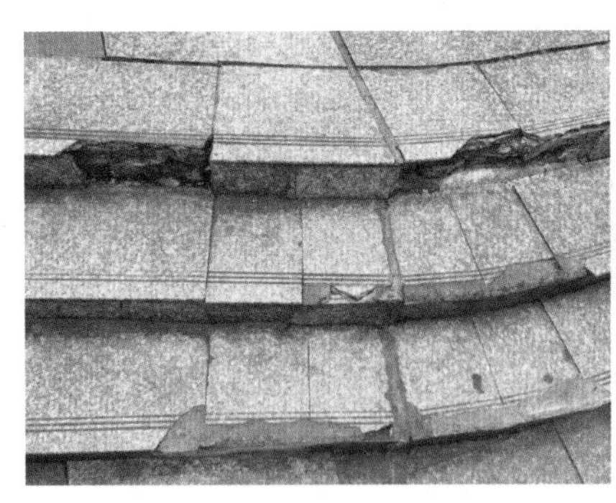

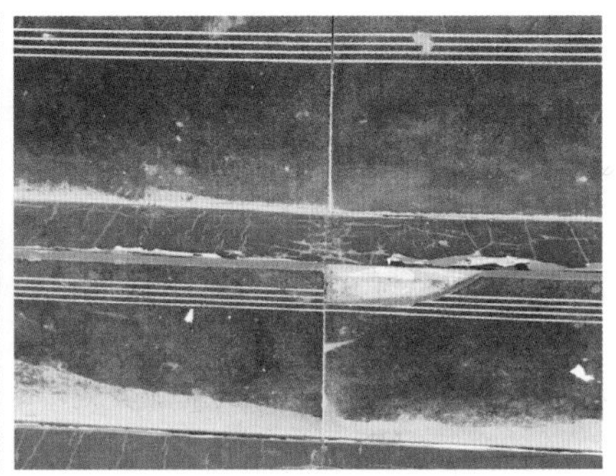

踏面拉槽及出檐破坏实例

另外受石材本身的脆性、受力方式及受力点位、石材厚度、施工工艺等因素的影响，即使没有踏面拉槽，踏面也容易在边缘处发生破损及断裂，影响踏步的使用。

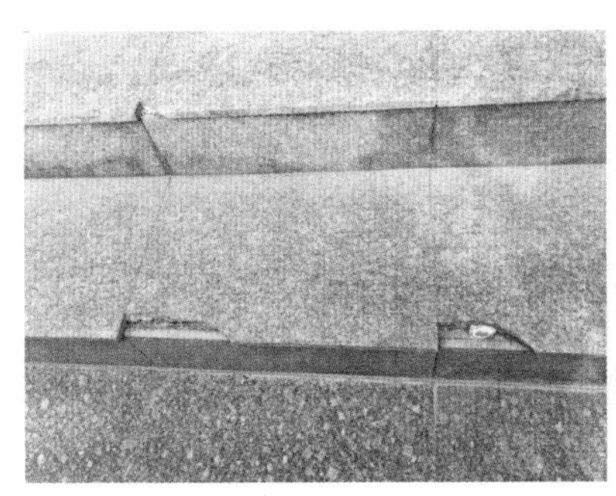
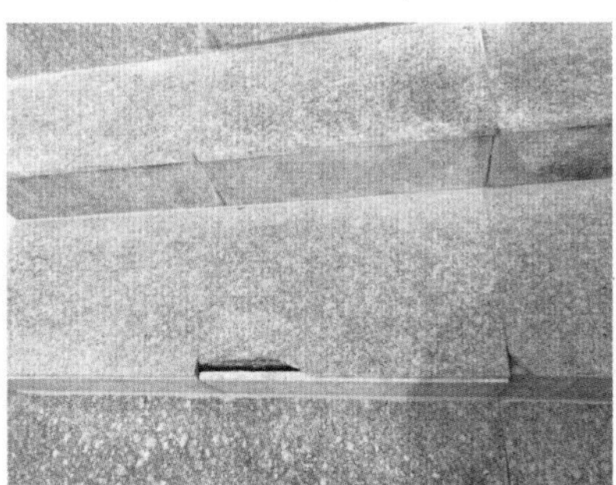

踏面边缘破坏实例

为了解决这个问题，在踏步的设计过程中有几种主要方式：①控制拉槽的深度、宽度，以及拉槽面积占整个踏面宽度的比例；②在踏面材料厚度较小的情况下，减小踏面出檐的长度；③增加踏面材料厚度，比如在有的项目中采用整石作为踏步；④提高施工工艺，控制施工质量；⑤拉槽起始线距离踏面边缘保持一定距离。

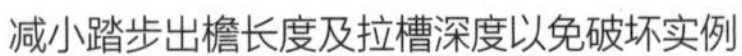

减小踏步出檐长度及拉槽深度以免破坏实例

整石踏步